U0155431

Excel
实战 技巧精粹
第**2**版

Excel Home◎编著

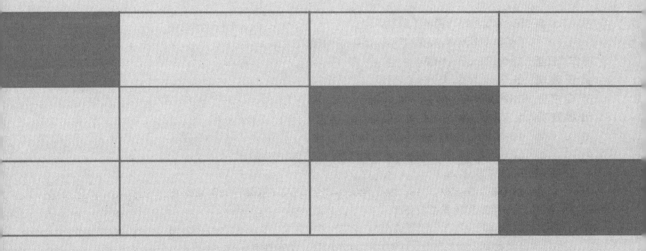

北京大学出版社
PEKING UNIVERSITY PRESS

内 容 简 介

　　本书以Excel 2016为蓝本，通过对ExcelHome技术论坛中上百万个提问的分析与提炼，汇集了用户在使用Excel 2016过程中最常见的需求，通过几百个实例的演示与讲解，将Excel高手的过人技巧手把手地教给读者，并帮助读者发挥创意，灵活有效地使用Excel来处理工作中的问题。书中介绍的Excel应用技巧覆盖了Excel的各个方面，全书共分为4篇25章，内容涉及Excel基本功能、Excel数据分析、函数与公式应用、图表与图形、VBA应用等内容，附录中还提供了Excel限制和规范、Excel常用快捷键等内容，方便读者随时查看。

　　本书内容丰富、图文并茂，可操作性强且便于查阅，能有效帮助读者提高Excel的使用水平，提升工作效率。

　　本书主要面向Excel的初、中级用户以及IT技术人员，对于Excel高级用户也具有一定的参考价值。

图书在版编目(CIP)数据

Excel实战技巧精粹 / Excel Home编著. — 2版. —北京：北京大学出版社，2020.8
ISBN 978–7–301–31401–2

Ⅰ.①E… Ⅱ.①E… Ⅲ.①表处理软件 Ⅳ.①TP391.13

中国版本图书馆CIP数据核字(2020)第115760号

书　　　名	Excel实战技巧精粹（第2版）
	EXCEL SHIZHAN JIQIAO JINGCUI（DI-ER BAN）
著作责任者	Excel Home　编著
责 任 编 辑	张云静　吴秀川
标 准 书 号	ISBN 978–7–301–31401–2
出 版 发 行	北京大学出版社
地　　　址	北京市海淀区成府路205 号　100871
网　　　址	http://www.pup.cn　　新浪微博：@北京大学出版社
电 子 信 箱	pup7@pup.cn
电　　　话	邮购部 010–62752015　发行部 010–62750672　编辑部 010–62570390
印 刷 者	天津中印联印务有限公司
经 销 者	新华书店
	787毫米×1092毫米　16开本　39.75印张　1039千字
	2015年2月第1版
	2020年8月第2版　2020年8月第1次印刷
印　　　数	1–8000册
定　　　价	108.00元

INTRODUCTION 前言

◈ 写作背景

作为知名的华语 Office 技术社区，在最近几年中，我们致力于打造适合于中国用户阅读和学习的"宝典"，先后出版了"应用大全"系列丛书、"实战技巧精粹"系列丛书、"高效办公"系列丛书和"别怕"系列丛书等经典学习教程。

这些图书的成功不仅源于论坛近 500 万名会员和广大 Office 爱好者的支持，更重要的原因在于我们的专家们拥有多年实战所积累的丰富经验，他们比其他任何人都更了解中国用户的困难和需求，也更了解如何以适合中国用户的理解方式来展现 Office 的丰富技巧。

Excel 2016 是 Excel 发展历程中又一个里程碑级的作品，相较早期版本，它不但提供了数项令人眼前一亮的新功能，同时也更适用于当下"大数据"和"云"特点下的数据处理工作。

为了让广大用户尽快了解和掌握 Excel 2016，我们组织了多位来自 ExcelHome 的中国资深 Excel 专家，从数百万技术交流帖中挖掘出网友们最关注或最迫切需要掌握的 Excel 应用技巧，重新演绎、汇编，打造出这部全新的《Excel 实战技巧精粹》（第 2 版）。

本书秉承了 ExcelHome "精粹"系列图书简明、实用和高效的特点，以及"授人以渔"式的分享风格。同时，通过提供大量的实例，并在内容编排上尽量细致和人性化，在配图上采用 ExcelHome 图书特色的"动画式演绎"风格，让读者能方便而又愉快的学习。

◈ 本书内容概要

本书着重以 Excel 2016 为软件平台，同时面向由 Excel 2007、Excel 2010 和 Excel 2013 升级而来的老用户以及初次接触 Excel 的新用户。在介绍 Excel 2016 的各项应用与特性的同时，兼顾早期版本的使用差异和兼容性问题，使新老用户都能够快速地掌握 Excel 应用技巧，分享专家们所总结的经验。

本书共包括 4 篇 25 章及 4 则附录，从 Excel 的工作环境和基本操作开始介绍，逐步深入地揭示了数据处理和分析、函数公式应用、图表图形的使用，以及 VBA 和宏的应用等各个部分的实战经验技巧。全书共为读者提供了 330 多个具体实例，囊括了数据导入、数据区域转换、排序、筛选、分类汇总、合并计算、数据有效性、条件格式和数据透视表等常用的 Excel 功能，还包括函数公式、图表图形、VBA 和 Power BI 等高级功能的使用介绍和具体案例分析。

第 1 篇　常用数据处理与分析

本篇主要向读者介绍有关 Excel 的一些基础应用，包括 Excel 的工作环境、对工作表和工作簿的操作技巧，以及数据录入与表格格式化处理等内容。同时介绍在 Excel 中进行数据分析的多种技巧，包括排序、筛选、数据验证、格式化数据，以及 Power Query 数据清洗和数据透视表、规划求解等功能的运用技巧。

第 2 篇　使用函数与公式进行数据统计

函数与公式是 Excel 的特色功能之一，也是最能体现其出色计算和快速统计能力的功能之一，灵活使用函数与公式可以大大提高数据处理分析的能力和效率。本篇主要讲解函数与公式的基本使用方法，以及各种常用统计计算的思路与方法。通过对本篇的学习，读者能够逐步熟悉 Excel 常用函数与公式的使用方法和应用场景，并有机会深入了解这些函数不为人知的一些特性。

第 3 篇　数据可视化

大数据时代来临，如何将纷杂、枯燥的数据以图形的形式表现出来，并能从不同的维度观察和分析就显得尤为重要。本篇将重点介绍数据可视化技术中的条件格式、常用商务图表及交互式图表和非数据类图表与图形的处理。

第 4 篇　VBA 实例与技巧

即使不是一个专业的程序开发员，掌握一些简单的 VBA 技巧仍将受用无穷。越来越多的实践证明，支持二次开发的软件能够拥有更强大的生命力。掌握一些 VBA 的技巧，可以使用户完成一些常规方法下无法做到的事情。本篇简单介绍了 Excel 中有关宏和 VBA 的使用技巧。

附录 A　Excel 2016 规范与限制

附录 B　Excel 2016 常用快捷键

附录 C　Excel 2016 简繁英文词汇对照表

附录 D　高效办公必备工具 ——Excel 易用宝

当然，要想在一本书里罗列出 Excel 的所有技巧是不可能的事情，所以我们只能尽可能多地把最通用和实用的一部分挑选出来，展现给读者，尽管这些仍只不过是冰山一角。对于我们不得不放弃的其他技巧，读者可以登录 ExcelHome(http://www.excelhome.net) 网站，在海量的文章库和发帖中搜索自己所需要的技巧。

◇ 读者对象

本书面向的读者群是 Excel 的中、高级用户以及 IT 技术人员，因此，希望读者在阅读本书之前具备 Windows XP 及更高版本、Excel 2003 及更高版本的使用经验，了解键盘与鼠标在 Excel 中的使用方法，掌握 Excel 的基本功能和对菜单命令的操作方法。

另外，如果读者不清楚自己属于 Excel 用户群中的哪一个层级 —— 这是很现实的问题，迄今为止，微软公司自己也没有发布过一个标准来划分用户的水平，本书在绪论部分为读者准备了这方面的内容。

◈ 本书约定

在正式开始阅读本书之前，建议读者花几分钟时间了解一下本书在编写和组织上使用的一些惯例，这会对您的阅读有很大的帮助。

软件版本

本书的写作基础是安装于 Windows 10 操作系统上的中文版 Excel 2016。尽管如此，除少数特别注明的部分以外，本书中的技巧也适用于 Excel 的早期版本，如 Excel 2007、Excel 2010 和 Excel 2013。

菜单指令

我们会这样来描述在 Excel 或 Windows 以及其他 Windows 程序中的操作，比如在讲到对某张 Excel 工作表进行隐藏时，通常会写成：在 Excel 功能区中单击【开始】选项卡中的【格式】下拉按钮，在其扩展菜单中依次选择【隐藏和取消隐藏】→【隐藏工作表】。

鼠标指令

本书中表示鼠标操作的时候都使用标准方法："指向""单击""右击鼠标""拖动""双击"等，您可以很清楚地知道它们表示的意思。

键盘指令

当读者见到类似 <Ctrl+F3> 这样的键盘指令时，表示同时按下 <Ctrl> 键和 <F3> 键。

<Win> 表示 Windows 键，就是键盘上画着 ▦ 的键。本书还会出现一些特殊的键盘指令，表示方法相同，但操作方法会稍有不同，有关内容会在相应的技巧中详细说明。

Excel 函数与单元格地址

本书中涉及的 Excel 函数与单元格地址将全部使用大写，如 SUM()、A1:B5。但在讲到函数的参数时，为了和 Excel 中显示一致，函数参数全部使用小写，如 SUM (number1,number2, ...)。

◈ 阅读技巧

本书的章节顺序原则上按照由浅入深的功能板块划分，但这并不意味着读者需要逐页阅读。读者完全可以凭着自己的兴趣和需要，选择其中的某些技巧来读。

当然，为了保证对将要阅读到的技巧能够做到良好的理解，建议读者可以从难度较低的技巧开始学习。万一遇到读不懂的地方也不必着急，可以先"知其然"而不必"知其所以然"，参照我们的示例文件把技巧应用到练习或者工作中去，以解燃眉之急。然后在空闲的时间，通过阅读其他相关章节的内容，或者按照我们在本书中提供的学习方法把自己欠缺的知识点补上，那么就能逐步理解所有的技巧了。

读者可以扫描右侧二维码关注微信公众号，输入代码"12389"，下载本书的示例文件学习资源。

◇ 致谢

本书由 ExcelHome 周庆麟策划并组织编写，第 1 章、第 8~9 章和第 15 章由张建军编写；第 2~3 章、第 7 章、第 11 章、第 13 章和第 19 章由邵武编写；第 4~6 章和第 10 章由祝洪忠编写；第 21~24 章由郑晓芬编写；第 12 章、第 14 章由余银编写；第 16~18 章由巩金玲编写；第 20 章由祝洪忠和巩金玲共同编写；第 25 章由郗金甲编写，最后由周庆麟和祝洪忠完成统稿。

感谢 ExcelHome 全体专家作者团队成员对本书的大力支持和帮助，尤其是本书 2003~2013 版本的原作者 —— 王建发、陈国良、李幼义和方骥等，他们为本系列图书的出版贡献了重要力量。

ExcelHome 论坛管理团队和 ExcelHome 云课堂教管团队长期以来都是 EH 图书的坚强后盾，他们是 ExcelHome 中最可爱的人。最为广大会员所熟知的代表人物有朱尔轩、林树珊、吴晓平、刘晓月、赵文妍、黄成武、孙继红、王建民、周元平、陈军、顾斌、郭新建等，在此向这些最可爱的人表示由衷的感谢。

衷心感谢 ExcelHome 论坛的百万会员，是他们多年来不断地支持与分享，才营造出热火朝天的学习氛围，并成就了今天的 ExcelHome 系列图书。

衷心感谢 ExcelHome 微博的所有粉丝和 ExcelHome 微信的所有好友，你们的"赞"和"转"是我们不断前进的新动力。

◇ 后续服务

在本书的编写过程中，尽管我们的每一位团队成员都未敢稍有疏虞，但纰缪和不足之处仍在所难免。敬请读者能够提出宝贵的意见和建议，您的反馈将是我们继续努力的动力，本书的后继版本也将会更臻完善。

您可以访问 http://club.excelhome.net，我们开设了专门的板块用于本书的讨论与交流。您也可以发送电子邮件到 book@excelhome.net，我们将尽力为您服务。

同时，欢迎您关注我们的官方微博和微信，这里会经常发布有关图书的更多消息，以及大量的 Excel 学习资料。

新浪微博：@ExcelHome

腾讯微博：@excel_home

微信公众号：ExcelHome

CONTENTS 目 录

第 3 章　借助数据验证限制录入内容

第 4 章　数据处理与编辑

第 5 章　借助 Power Query 处理数据

第 6 章　格式化数据

第 7 章　排序和筛选

第 8 章　借助数据透视表分析数据

第 9 章 使用高级工具处理分析数据

第 10 章 文档打印与输出

第 2 篇 使用函数与公式进行数据统计

第 11 章 函数与公式基础

第 22 章 实用商务图表

绪论：最佳 Excel 学习方法

本部分内容并不涉及具体的 Excel 应用技巧，但如果读者阅读本书的真正目的是提高自己的 Excel 水平，那么本部分则是技巧中的技巧，是全书的精华。我们强烈建议您认真阅读并理解本章中所提到的内容，它们都是根据我们的亲身体会和无数 Excel 高手的学习心得总结而来。

在多年的在线答疑和培训活动中，我们一直强调不但要"授人以鱼"，更要"授人以渔"，我们希望通过展示一些例子，教给大家正确的学习方法和思路，从而能让大家举一反三，通过自己的实践来获取更多的进步。

基于以上这些原因，我们决定把这部分内容作为全书的首篇，希望成为读者今后的 Excel 学习之路上的一盏指路灯。

❶ 数据分析报告是如何炼成的

在这个信息爆炸的时代，人们每天都在面对着巨量的、不断快速增长的数据，各行各业中都有越来越多的人从事与数据处理和分析相关的工作。大到商业组织的市场分析、生产企业的质量管理、金融机构的趋势预测，小到普通办公文员的部门考勤报表，几乎所有的工作都依赖对大量的数据进行处理分析之后形成的数据报告。

数据分析工作到底是做些什么？数据报告究竟是如何"炼成"的呢？

从专业角度来讲，数据分析是指用适当的统计分析方法对收集来的数据进行分析，以求理解数据并发挥数据的作用。数据分析工作通常包含五大步骤：需求分析、数据采集、数据处理、数据分析和数据展现。

图 0-1 数据分析五大步骤

不要把数据分析想象得太复杂和神秘。简单地说，做数据报告和裁缝做衣服是一样的，都是根据客户的需求和指定的材料，制作出对客户有价值的产品。

1-1 需求分析

裁缝做衣服之前最重要的事情，就是了解客户的想法和需求并测量客户的身形。衣服要在什么场合和季节穿、需要什么样的款式风格、有没有特别的要求等。这个过程必须非常认真仔细，如果不能真正了解客户想要什么，就难以做出令客户满意的衣服；如果把客户的身材量错了，那么将来做出来的衣服一定是个"杯具"。

同样，需求分析是制作数据报告的必要和首要环节。我们必须首先了解报告阅读者的需求，才能确定数据分析的目标、方式和方法。

图 0-2　了解需求

在实际工作中，如果有新的数据报告任务，最好先问清楚这个报告的用途、形式、重点目标和完成时限。即使给你任务的人已经帮你做了个草样，也不要立即按框填数，而是通过了解报告需求来确定报告的制作方式。原因很简单，一来你才是最终为这份报告内容负责的人，只有你最清楚如何让报告满足需求；二来也许那份草样并没有考虑到所有细节，与其事后修补不如一开始就按你的思维开展工作。

不要抱着"多一事不如少一事"的态度，省掉这个环节。要知道，报告不合格，最后无论是挨批还是返工，倒霉的人还是你。

1-2　数据采集

在确定好目标和设计方案之后，裁缝接下来就要开始安排布料和辅料，并且保证这些材料的数量和质量都能够满足制衣的需求。

图 0-3　收集数据

与此相类似，在完成前期的需求分析过程之后，就要开始收集原始数据材料。数据采集就是收集相关原始数据的过程，为数据报告提供最基本的素材来源。

在现实中，数据的来源方式可能有很多，比如网站运营时在服务器数据库中所产生的大量运营数据、企业进行市场调查活动所收集来的客户反馈表、公司历年经营所产生的财务报表等。这些生产经营活动都会产生大量的数据信息，数据采集工作所要做的就是获取和收集这些数据，并集中统一地保存到合适的文档中用于后期的处理。

采集数据的数量要足够多，否则可能不足以发现有价值的数据规律，此外，采集的数据也要符合其自身的科学规律，虚假或错误的数据最终都无法生成可信而可行的数据报告。这就要求在数据收集的过程中不仅需要科学而严谨的方法，并且对异常数据要具备一定的甄别能力。例如，通过市场调研活动收集数据，就必须事先对调研对象进行合理的分类和取样。

1-3　数据处理

方案和布料都已准备妥当，接下来裁缝就要根据设计图纸来剪裁布料了，将整幅的布料裁剪成前片、后片、袖子、领子等一块块用于后期缝制拼接的基本部件。布料只有经过一道道的加工处理才能被用来缝制衣服，制作数据报告也是如此。

采集到的数据只有继续进行加工整理，才能形成合理的规范样式，用于后续的数据分析运算，因此数据处理是整个过程中一个必不可少的中间步骤，也是数据分析的前提和基础。数据经过加工处理，可以提高可读性，更方便运算，反之，如果跳过这个过程，不仅会影响到后期的运算分析效率，更有可能得到错误的分析结果。

例如，在收集到客户的市场调查反馈数据以后，所得到的数据都是对问卷调查的答案选项，这些ABCD的选项数据并不能直接用于统计分析，而是需要进行一些加工处理，比如将选项文字转换成对应的数字，这样才能更好地进行后续的数据运算和统计。

图 0-4　处理数据

1-4　数据分析

剪裁完成后的工作主要是缝制和拼接等成衣工序，在前期方案和材料都已经准备妥当的情况下，这个阶段的工作就会比较顺利，按部就班依照既定的方法就可以实现预定的目标。

经过加工处理之后的数据可用于进行运算统计分析，通过一些专门的统计分析工具以及数据挖掘技术，可以对这些数据进行分析和研究，从中发现数据的内在关系和规律，获取有价值、有意义的信息。例如，通过市场调查分析，可以获知产品的主要顾客对象、顾客的消费习惯、潜在的竞争对手等一系列有利于进行产品市场定位决策的信息。

数据分析过程需要大量的统计和计算，通常都需要科学的统计方法和专门的软件来实现，例如Excel中就包含了大量的函数公式以及专门的统计分析模块来处理这些需求。

图 0-5　对数据进行分析

1-5　数据展现

衣服缝制完成之后要向客户进行成果展现，或是让客户直接试穿，或是使用模特进行展示。衣服的整体穿着效果、鲜明的设计特点以及为客户量身定做的价值所在是展现的主要目标。

与此类似，数据分析的结果最终要形成结论，这个结论要通过数据报告的形式展现给决策者和客

图 0-6　结论的展现

户。数据报告中的结论要简洁而鲜明，让人一目了然，同时还需要足够的论据支持，这些论据就包括分析的数据以及分析的方法。

因此，在最终形成的数据报告中，表格和图形是两种常见的数据展现方式。通常情况下，图形图表的效果更优于普通的数据表格。因为，对于数据来说，使用图形图表的展现方式是最具说服力的，图表具有直观而形象的特点，可以化冗长为简洁，化抽象为具体，使数据和数据的关系得到最直接有效地表达。例如，要表现一个公司经营状况的趋势性结论，使用一串枯燥的数字远不如一个柱形图的排列更能说明问题。

经过上面这几个步骤的操作，就可以形成一份完整的数据报告，其中的价值将会在决策和实践中得以体现。

② 成为 Excel 高手的捷径

作为在线社区的版主或者培训活动的讲师，我们经常会面对这样的问题："我对 Excel 很感兴趣，可是不知道要从何学起？""有没有什么方法能让我快速成为 Excel 高手？""你们这些高手是怎么练成的？"……这样的问题看似简单，回答起来却远比解决一两个实际的技术问题复杂得多。

到底有没有传说中的"成为 Excel 高手的捷径"呢？回答是：有的。

这里所说的捷径，是指如果能以积极的心态、

图 0-7　成为 Excel 高手的必备条件

正确的方法和持之以恒的努力相结合，并且主动挖掘学习资源，那么就能在学习过程中尽量不走弯路，从而用较短的时间去获得较大的进步。千万不要把这个捷径想象成武侠小说里的情节 —— 某某人无意中得到一本功夫秘籍，转眼间就天下第一了。如果把功夫秘籍看成学习资源的话，虽然优秀的学习资源肯定存在，但绝对没有什么神器能让新手在三两天里一跃而成为顶尖高手。

下面，从心态、方法和资源三个方面来详细阐述如何成为一位 Excel 高手。

2-1 心态积极，无往不利

能够愿意通过读书来学习 Excel 的人，至少在目前阶段拥有学习的意愿，这一点是值得肯定的。我们见到过许多的 Excel 用户，虽然水平很低，但从来不会主动进一步了解和学习 Excel 的使用方法，更不要说自己找些书来读了。面对日益繁杂的工作任务，他们宁愿加班加点，也不肯动点脑筋来提高自己的水平，偶尔闲下来就上网聊天，逛街看电视，把曾经的辛苦都抛到九霄云外去了。

人们常说，兴趣是最好的老师，压力是前进的动力。要想获得一个积极的心态，最好能对学习对象保持浓厚的兴趣，如果暂时提不起兴趣，那么请重视来自工作或生活中的压力，把它们转化为学习的动力。

下面罗列了一些 Excel 的优点，希望对提高大家的学习积极性有所帮助。

1. 一招鲜，吃遍天

Excel 是个人计算机普及以来用途最广泛的办公软件之一，也是 Microsoft Windows 平台上最

成功的应用软件之一。说它是普通的软件可能已经不足以形容它的威力，事实上，在很多公司，Excel 已经完全成为一种生产工具，在各个部门的核心工作中发挥着重要的作用。无论用户身处哪个行业、所在公司是否已经实施信息系统，只要需要和数据打交道，Excel 几乎是不二的选择。

Excel 之所以有这样的普及性，是因为它被设计成为一个数据计算与分析的平台，集成了最优秀的数据计算与分析功能，用户完全可以按照自己的思路来创建电子表格，并在 Excel 的帮助下出色地完成工作任务。

如果能熟练使用 Excel，就能做到"一招鲜，吃遍天"，无论在哪个行业哪家公司，高超的 Excel 水平都能在职场上助您成功。

2. 不必朝三暮四

在电子表格软件领域，Excel 唯一的竞争对手就是自己。基于这样的绝对优势地位，Excel 已经成为事实上的行业标准。因此，您大可不必花时间去关注别的电子表格软件。即使需要，以 Excel 的功底去学习其他同类软件，学习成本也会非常低。如此，学习 Excel 的综合优势就很明显了。

3. 知识资本的保值

尽管自诞生以后历经多次升级，而且每次升级都带来新的功能，但 Excel 极少抛弃旧功能。这意味着不同版本中的绝大部分功能都是通用的。所以，无论您现在正在使用哪个版本的 Excel，都不必担心现有的知识会被很快淘汰掉。从这个角度上讲，把时间投资在学习 Excel 上，是相当保值的。

4. 追求更高的效率

在软件行业曾有这样一个二八定律，即 80% 的人只会使用一个软件 20% 的功能。在我们看来，Excel 的利用率可能更低，它最多仅有 5% 的功能被人们所常用。为什么另外 95% 的功能都没有被使用上呢？主要有三个原因。

一是不知道有 95% 的功能；二是知道还有别的功能，不知道怎么去用；三是觉得自己现在所会够用了，其他功能暂时用不上。很难说清楚这三种情况的比例，但如果属于前两种情况，那么请好好地继续学习。先进的工作方法一定能带给你丰厚的回报 —— 无数的人在学到某些对他们有帮助的 Excel 技巧后都会感叹："这一下，原来要花上几天的工作，现在只要几分钟了……"

如果您属于第三种情况，嗯 —— 您真的认为自己属于第三种情况吗？

2-2 方法正确，事半功倍

学习任何知识都是讲究方法的，学习 Excel 也不例外。正确的学习方法能使人不断进步，而且是以最快的速度进步。错误的方法则会使人止步不前，甚至失去学习的兴趣。没有人天生就是 Excel 专家，下面总结了一些典型的学习方法。

1. 循序渐进

我们把 Excel 用户大致分为新手、初级用户、中级用户、高级用户和专家五个层次，如图 0-8 所示。

对于 Excel 的新手，我们建议先从扫盲做起。首先需要买一本 Excel 的入门教程或权威教程，有条件的话参加一下正规培训机构的初级班。在这个过程中，学习者需要大致了解到 Excel 的基本操作方法和常用功能，诸如输入数据、查找替换、设置单元格格式、排序、汇总、筛选和保存工作簿等。如果学习者有其他应用软件的使用经验，特别是其他Office组件的使用经验，这个过程会很快。

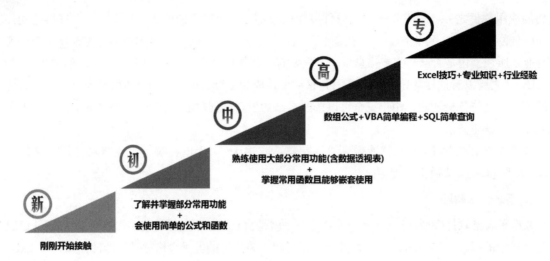

图 0-8　Excel 用户水平的 5 个层次

　　但是要注意，现在的任务只是扫盲，不要期望过高。千万不要以为知道 Excel 的全部功能菜单就是精通 Excel 了。别说在每项菜单命令后都隐藏着无数的玄机，仅是 Excel 的精髓 —— 函数，学习者还没有深入接触到。当然，经过这个阶段的学习，学习者应该可以开始在工作中运用 Excel 了，比如建立一个简单的表格，甚至画一张简单的图表。这就是人们常说的初级用户水平。

　　接下来，要向中级用户进军。成为中级用户有三个标志：一是理解并熟练使用各个 Excel 菜单命令，二是熟练使用数据透视表，三是至少掌握 20 个常用函数以及函数的嵌套运用，必须掌握的函数有 SUM 函数、IF 函数、SUMIFS 函数、VLOOKUP 函数、INDEX 函数、MATCH 函数、OFFSET 函数、TEXT 函数等。当然，还有些中级用户会使用简单的宏 —— 这个看起来很了不起的功能，即使如此，我们还是认为他应该只是一名中级用户。

　　我们接触过很多按上述标准评定的"中级用户"，他们在自己的部门甚至公司里已经是 Excel 水平最高的人。高手是寂寞的，所以他们都认为 Excel 也不过如此。一个 Excel 的中级用户，应该已经有能力解决绝大多数工作中遇到的问题，但是，这并不意味着 Excel 无法提供出更优的解决方案。

　　成为一个高级用户，需要完成三项知识的升级，一是熟练运用数组公式，也就是那种用花括号包围起来的，必须用 <Ctrl+Shift+Enter> 组合键才能完成录入的公式；二是能够利用 VBA 编写不是特别复杂的自定义函数或过程；三是掌握简单的 SQL 语法以便完成比较复杂的数据查询任务。如果进入了这三个领域，学习者会发现另一片天空，以前许多看似无法解决的问题，现在解决却是多么的容易。

　　那么，哪种人可以被称作 Excel 专家呢？很难用指标来评价。如果把 Excel 的功能细分来看，精通全部的人想必寥寥无几。Excel 是应用性非常强的软件，这意味着一个没有任何工作经验的普通学生是很难成为 Excel 专家的。从某种意义上来说，Excel 专家也必定是某个或多个行业的专家，他们都拥有丰富的行业知识和经验。高超的 Excel 技术配合行业经验来共同应用，才有可能把 Excel 发挥到极致。同样的 Excel 功能，不同的人去运用，效果将是完全不同的。

　　能够在某个领域不断开发出新的 Excel 用法，这种人，可以被称作专家。在 Excel Home 网站上，那些受人尊敬的、可以被称为 Excel 专家的版主与高级会员，无一不是各自行业中的出类拔萃者。所以，如果希望成为 Excel 专家，就不能单单学习 Excel 了。

2. 挑战习惯，与时俱进

如果您是从 Excel 2007 或更高的版本开始接触 Excel 电子表格的，那么恭喜您，因为您一上手就使用到了微软公司花费数年时间才研发出的全新程序界面，它将带来非凡的用户体验。

对于已经习惯 Excel 2003 或更早版本 Excel 的用户而言，要从旧有的习惯中摆脱出来迎接一个完全陌生的界面，确非易事。很多用户都难以理解为何从 Excel 2007 开始要改变界面，甚至有一些用户因为难以适应新界面而仍然选择使用 Excel 2003。

微软公司是一家成熟而且成功的软件公司，没有理由无视用户的需求而自行其是。改变程序界面的根本原因只有一个，就是用更先进和更人性化的方式来组织不断增加的功能命令，让用户的操作效率进一步提高。而对于这一点，包括本书作者团队在内的所有已经升级到 Excel 最新版本的 Excel Home 会员，都因为自己的亲身经历而深信不疑。

创新必定要付出代价，但相较升级到新版本 Excel 所得到的更多新特性，花费最多一周时间来熟悉新界面是值得的。从微软公司公布的 Office 软件发展计划可以看出，这一程序界面将会在以后的新版本中继续沿用，Excel 2003 的程序界面将逐渐成为历史。因此，过渡到新界面的使用将是迟早的事情，既然如此，何不趁早行动？

2-3 善用资源，学以致用

除少部分 Excel 发烧友（别怀疑，这种人的确存在）外，大部分人学习 Excel 的目的是解决自己工作中的问题和提升工作效率的。问题，常常是促使人学习的一大动机。如果您还达不到初级用户的水平，建议按前文中所讲先扫盲；如果您已经具有初级用户的水平，带着问题学习，不但进步快，而且很容易对 Excel 产生更多的兴趣，从而获得持续的成长。

遇到问题时，如果知道应该使用什么功能，但是对这个功能又不太会用，此时最好的解决办法是用 <F1> 调出 Excel 的联机帮助，集中精力学习这个需要掌握的功能。这一招在学习 Excel 函数的时候特别适用，因为 Excel 有几百个函数，想用人脑记住全部函数的参数与用法几乎是不可能的。Excel 的联机帮助是最权威、最系统也是最优秀的学习资源之一，而且因为在一般情况下，它都随同 Excel 软件一起被安装在计算机上，所以也是最可靠的学习资源 —— 如果你上不了网，也没办法向别人求助。

如果对所遇问题不知从何下手，甚至不能确定 Excel 能否提供解决方法时，可以求助于他人。此时，如果身边有一位 Excel 高手，或者能马上联系到一位高手，那将是一件非常幸运的事情。如果没有这样的受助机会，也不用担心，还可以上网搜索解决方法，或者到某些 Excel 网站寻求帮助。关于如何利用互联网来学习 Excel，请参阅后面第三部分内容。

当利用各种资源解决了自己的问题时，一定很有成就感，此时千万不要停止探索的脚步，争取把解决方法理解得更透彻，能做到举一反三。

Excel 实在是博大精深，在学习过程中如果遇到某些知识点暂时用不着，不必深究，但一定要了解，而不是简单地忽略。说不定哪天就需要用到某个功能，Excel 里面明明有，可是您却不知道，以至于影响到寻找答案的速度。在学习 Excel 函数的过程中，这一点也是需要特别注意的。比如，作为一名财会工作者，可能没有必要花很多精力去学习 Excel 的工程函数，而只需要了解到，Excel 提供了很多的工程函数，就在函数列表里面。当有一天需要用到它们时，可以在函数列表里面查找适合的函数，并配合查看帮助文件来快速掌握需要的函数。

多阅读 Excel 技巧或案例方面的文章与书籍，能够拓宽您的视野，并从中学到许多对自己有帮助的知识。在互联网上，介绍 Excel 应用的文章很多，而且可以免费阅读，有些甚至是视频文件或者动画教程，这些都是非常好的学习资源。比网上教程更系统和专注的是图书，所以多花点时间在书店，也是个好主意。对于朋友推荐或者经过试读以后认为确实对自己有帮助的书，可以买回家仔细研读。

我们经常遇到这样的问题"学习 Excel，什么书比较好"——如何挑选一本好书，真是个比较难回答的问题，因为不同的人，需求是不一样的，适合一个人的书，不见得适合另一个人。另外，从专业角度来看，Excel 图书的质量良莠不齐，有许多看似精彩，实则无用的书。所以，选书之前，除了听别人的推荐或到网上书店查看书评以外，最好还是能够自己翻阅一下，先读前言与目录，然后再选择书中您最感兴趣的一章来读。

学习 Excel，阅读与实践必须并重。阅读来的东西，只有亲自在计算机上实践几次，才能把别人的知识真正转化为自己的知识。通过实践，还能够举一反三，即围绕一个知识点，做各种假设来测试，以验证自己的理解是否正确和完整。

我们所见过的很多高手，实践的时间远远大于阅读的时间，因为 Excel 的基本功能是有限的，不需要太多文字去介绍。而真正的成长来源于如何把这些有限的功能不断排列组合以创新用法。伟人说"实践出真知"，在 Excel 里，不但实践出真知，而且实践出技巧，比如本书中的大部分技巧，都是大家"玩"出来的。

一件非常有意思的事情是，当微软公司 Excel 产品组的人见到由用户发现的某些绝妙的技巧时，也会感觉非常新奇。设计者自己也无法预料自己的程序会被用户衍生出多少奇思妙想的用法，由此可见 Excel 是多么的值得去探索啊！

③ 通过互联网获取学习资源和解题方法

如今，善于使用各种搜索功能在互联网上查找资料，已经成为信息时代的一项重要生存技能。因为互联网上的信息量实在太大了，大到即使一个人 24 小时不停地看，也永远看不完。而借助各式各样的搜索，人们可以在海量信息中查找到自己所需要的部分来阅读，以节省时间，提高学习效率。

本技巧主要介绍如何在互联网上寻找 Excel 学习资源，以及寻找 Excel 相关问题的解决方法。

3-1 搜索引擎的使用

搜索引擎，是近年来互联网上发展迅猛的一项重要技术，它的使命是帮助人们在互联网上寻找自己需要的信息。为了准确而快速地搜索到自己想要的内容，向搜索引擎提交关键词是最关键的一步。以下是几个注意事项：

1. 关键词的拼写一定要正确

搜索引擎会严格按照使用者所提交的关键词进行搜索，所以关键词的正确性是获得准确搜索结果的必要前提。比如，明明要搜索 Excel 相关的内容，可是输入的关键词是"excle"，结果可想而知。

2. 多关键词搜索

搜索引擎大都支持多关键词搜索，提交的关键词越多，搜索结果越精确，当然，前提是使用者所提交的关键词能够准确地表达目标内容的意思，否则就会适得其反——本应符合条件的搜索结果被排除了。比如，想要查找 Excel 数组公式方面的技术文章，可以提交关键词为"Excel 数组公式"。如何更好地构建关键词，需要利用搜索引擎多多实践，熟能生巧。

3. 定点搜索

如今，互联网上的信息量正趋向"泛滥"，即使借助搜索引擎，往往也难以轻松地找到需要的内容。而且，由于互联网上信息复制的快速性，导致在搜索引擎中搜索一个关键词，虽然有大量结果，但大部分的内容都是相差无几的。

如果在搜索的时候限制搜索范围，对一些知名或熟悉的网站进行定点搜索，就可以在一定程度上解决这个问题。假设要指定在拥有数百万 Excel 讨论帖的 ExcelHome 技术论坛中搜索内容，可以在搜索引擎的搜索框中，先输入关键字，然后输入"site:club.excelhome.net"即可，如图 0-9 所示。

图 0-9　在搜索引擎中搜索 Excel 技术文章

虽然各搜索引擎的页面和特点不同，但它们的用法都相差无几。更多的搜索引擎技巧，不在本书的讨论范围之内，读者可以在搜索引擎里提交"搜索引擎 技巧"这样的关键词去查找相关的文章。

3-2 搜索业内网站的内容

基于搜索引擎的技术特点，它们一般情况下只能查找到互联网上完全开放性的网页。而如果目标网页所采用的技术与搜索引擎的机器人不能很好地沟通（这常表现在动态网站上），或者目标网页没有完全向公众开放，那么就可能无法被搜索引擎找到。而后者，往往都拥有大量专业的技术资料，而且其自身也提供非常精细化的搜索功能，是我们所不能忽略的学习资源。

对于这种网站，可以先利用搜索引擎找到它的入口，然后设法成为它的合法用户，那么就可以享用其中的资源了。比如说想知道 Excel 方面有哪些这样的网站系统，可以用"Excel 网站"作为关键词在搜索引擎中搜索，出现在前几页的网站一般都是比较热门的网站。

3-3 在新闻组或 BBS 中学习

新闻组或 BBS 是近年来互联网上非常流行的一种网站模式，它的主要特点是每个人在网站上都有充分的交互权力，可以自由讨论技术问题，同时网站的浏览结构和所属功能非常适合资料的整理归集和查询。

虽然网络是虚拟的，但千万不要因此就在上面胡作非为，真实社会中的文明礼貌在网络上同样适用。如何在新闻组或 BBS 上正确地求助与学习，是成为技术高手的必修课。

本书不讨论新闻组或者 BBS 的具体操作方法，只介绍通用的行为规则。作为全球知名的 Excel 技术社区的管理人员之一，我曾见到很多网友在 BBS 上因为有不正确的态度或行为，导致不但没有获取帮助，反而成为大家厌恶的对象。下面节选一篇我们在 BBS 上长期置顶，并且广受欢迎的文章——《ExcelHome 最佳学习方法》，完整版的原文网址为 http://club.excelhome.net/thread-117862-1-1.html，可扫描下面的二维码前往阅读。

在 Excelhome 论坛，当提出一个问题，能够得到怎样的答案，取决于解出答案的难度，同样取决于您提问的方法。本文旨在帮助您提高发问的技巧，以获取您最想要的答案。

发帖提问之前

在本 BBS 提出问题之前，检查您有没有做到以下几点：

（1）查看 Excel 自带的帮助文件。

（2）查看精华帖、得分帖、推荐帖、置顶帖。

（3）使用论坛搜索功能。

如何发帖提问

如果您已经按照上述内容完成了提问之前的三个步骤，那么参照以下几个原则进行发帖提问会对您有所帮助。

（1）明白您所要达到的目的，并准确的表述。漫无边际的提问是近乎无休无止的时间黑洞，通常来说我们并没有太多的时间去揣摩您要达到的目的。因此应该明白，您来到这里是要提出问题，而不是回答我们对您的问题所产生的问题。准确表述您的问题会使您更快地获得需要的答案。您提问的内容越明确，得到的答案就越具体，这一点至关重要。否则，您可能什么也得不到，甚至因此被我们的管理人员删除发帖。

（2）善于使用附件。使用附件往往能带给您更大的帮助，而且也会显得更有诚意。在使用附件时，提问者一般会随机列举数字，这并不是一个很好的习惯。因为对于要解决问题的复杂性，随机列数是很难全面反映出来的。建议提问者在上传附件时能够从工作文件中抽取数据而不是自己编制数据。

为了保证您保存在文件中的隐私资料不被泄露，您可以在文件上传前对其进行相应处理。

（3）使用含义丰富、描述准确的标题。使用"救命""求助""跪求""在线等"之类的标题并不能够确保您的问题会得到我们更多的重视。在标题中简洁描述问题对我们以及希望通过搜索获取帮助的其他提问者都是一个很好的方法。糟糕的标题会严重影响您的帖子吸引眼球的能量，也符合被版主删除的条件。

（4）谨慎选择版块。本论坛按技术领域划分了多个版块，每个版块只讨论各自相关的话题，所以并不是每个版块都能对您提出的问题作出反应。"休闲吧"的好心人或许会回答您如何在 Excel 里排序的问题，但是把"寻求邮件发送代码"的帖子发在"Excel 基础应用"版块的确是一个很糟糕的做法。当然，在探讨 Excel 程序开发的版块发帖请教函数应用也不是一个好的做法，反之亦然。

每个版块都有各自的说明，请一定要对号入座。如果在不正确的版块发表话题，最直接的后果将是可能没人理会您的问题，当然，您的发帖也可能会被管理人员移动到正确的版块，或者锁定、删除。

（5）绝对不要重复发帖。重复发帖除了有害于您的形象之外，并不能保证您的问题能够得到解决。因此请做到：

不要在同一个版块发同样的帖子；

不要在不同板块发同样的帖子（我们并不只是在一个版块逗留）。

（6）谦虚有礼，及时反馈。使用"谢谢"并不会花费很多时间，但的确能够吸引更多的人乐意帮助您解决问题。而使用挑衅式的语言，诸如"高手都去哪里了？""天下最难的问题""一个弱智的问题"或者较粗鲁的文字只会让人反感。

认真地理解别人给出的答案

如果您得到了需要的答案，我们也为您感到高兴，如果您能够参照下面的几个做法，将会使更多的人从您的行为中获得益处：

（1）说声"谢谢"会让我们感到自己所做的努力是值得的，也会让其他人更乐于帮助您；

（2）简短的说明并介绍问题是如何解决的，会使他人能更容易从您的经验中获得帮助。

如果我们提供的答案不能解决您的问题，对此我们也感到非常遗憾，而且也衷心希望在您解决了问题之后，能够把您的方法与更多人共享。

无论您的问题是否得到解决，请把最新的进程和结果进行反馈，以便让大家（包括那些帮助您的人和其他正在研究同一问题的人）都能及时了解。

当您拥有了良好的学习心态、使用了正确的学习方法并掌握了充足的学习资源之后，通过不懈的努力，终有一天，您也能成为受人瞩目和尊敬的 Excel 高手，并能从帮助他人解决疑难中得到极大的满足和喜悦。

3-4 在视频网站中学习

随着上网速度的整体提高，视频这种最生动的媒介形式可以很方便地获取和在线观看。与图文形式的图书或网页相比，视频教程的学习效果无疑是更为出色的。

目前，在国内知名的视频网站上，会有许多有关 Excel 的学习教程，可以利用视频网站的搜索功能方便地找到它们。但值得注意的是，因为视频网站都允许用户任意上传分享，所以很有可能出现一个视频 N 个版本以及看了上集找不到下集的情况。所以，应该找到视频原创者的主页进行选择观看。

ExcelHome 在最近几年里已经免费分享了数千分钟的视频学习教程，供大家观看学习。只要进入 http://www.excelhome.net/video/ 就可以找到这些教程，如图 0-10 所示。

图 0-10　ExcelHome 论坛中的视频教程

3-5 利用微博和微信学习

　　微博和微信是近几年来非常热门的社交化媒体，随着越来越多传统网站和精英人物的加入，其中的学习资源也丰富起来。只需要登录自己的账号，然后关注那些经常分享 Excel 应用知识的微博，就可以源源不断地接受新内容推送。

　　微博和微信是移动互联网时代的主要媒体形式之一，其最大的特点是每则消息都非常短小精悍，因此非常适合时间碎片化的人群使用。但是因为其社交属性鲜明，内容过于分散，所以不利于系统详细地学习，需要与其他学习形式配合使用。

　　以新浪微博为例，如果是在 PC 上，可以访问 http://weibo.com，注册自己的账号，然后关注感兴趣的账号，就可以方便地浏览对应的话题。如果是在平板电脑或手机上，需要先安装新浪微博的 App，然后就可以登录并使用了。

　　微信账号分为个人账号、订阅号、服务号和企业号。普通用户的账号都是个人号，定位与 QQ 类似。订阅号、服务号和企业号则属于公众号，意味着其主要功能是面向大众提供资讯和服务的。

　　图 0-11 展示了 ExcelHome 官方微信（订阅号）的部分资讯推送记录。

图 0-11　借助 ExcelHome 官方微信学习 Excel 技巧

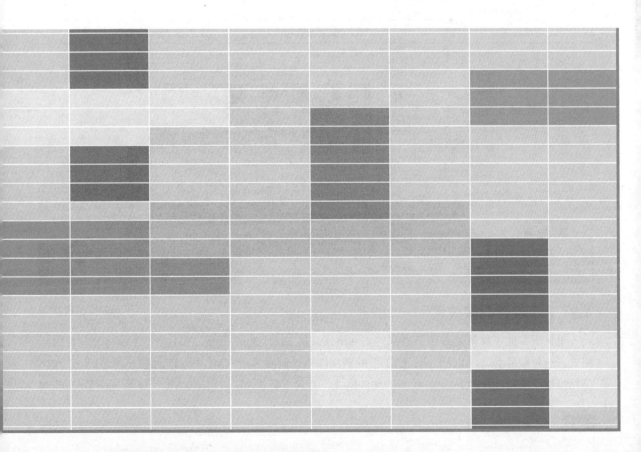

第 1 篇

常用数据处理与分析

本篇主要向读者介绍有关 Excel 的一些基础应用，包括 Excel 的工作环境、对工作表和工作簿的操作技巧，以及数据的录入与表格的格式化处理方面等内容。同时介绍在 Excel 中进行数据分析的多种技巧，包括排序、筛选、数据验证、格式化数据，以及 Power Query 数据清洗和数据透视表、规划求解等功能的运用技巧。

第1章 玩转 Excel 文件

本章主要介绍 Excel 文件的特点、Excel 文件格式的转换、保护工作簿、修复受损的 Excel 文件以及协同办公等。

技巧 1 Excel 2016 与早期版本的 Excel 在文件格式上的差异

1.1 不同的文件扩展名和图标

与 Excel 97-2003 版本工作簿相比，Excel 2007 及以上版本的工作簿文件在格式上发生了较大改变，文件扩展名也有所不同。表 1-1 对不同版本的文件扩展名进行了对比。

表 1-1　不同版本的文件扩展名对比

文件类型	Excel 1997-2003 版本扩展名	Excel 2007 及以上版本扩展名
工作簿	.xls	.xlsx
模板	.xlt	.xltx
加载宏	.xla	.xlam
工作区	.xlw	.xlw（从 2013 版本开始取消了此功能）
启用宏的工作簿	无	.xlsm
启用宏的模板	无	.xltm
二进制工作簿	无	.xlsb

不同版本的常用文件类型图标如图 1-1 所示。

图 1-1　不同版本的文件图标对比

> **提示**
>
> Excel 2016 不再提供"保存工作区"命令，因此不能创建工作区文件（*.xlw）。但是仍然可以打开在早期版本的 Excel 中创建的工作区文件（*.xlw）。

1.2 新的文件封装技术

早期版本的工作簿是基于二进制的文件格式，从 Excel 2007 开始，引用了一种基于 XML 的新格式。这种被称为"Office Open XML"的新文件格式同时基于 XML 和 ZIP 存档技术。Excel 2016 仍然延续使用"Office Open XML"的文件格式，并且支持"Strict Open XML"与"Open Document

Format（ODF）1.2"电子表格文件格式的保存和打开。

新的文件格式改善了文件和数据的管理功能，改进了受损文件的恢复以及与行业系统的互操作性，扩展了以前版本的二进制文件的功能。

Excel 2016 创建的文件实际上是一个压缩文档，存储相同容量的信息将占用更小的磁盘空间，通过重命名将 Excel 2016 的文件扩展名改为"zip"或"rar"，然后使用任何一款通用的解压工具，就可以将其解压为一个遵循 XML 文件结构的文件包，如图 1-2 所示。

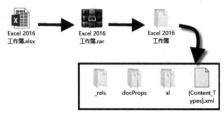

图 1-2　深度了解 Excel 2016 文件格式

技巧 2　转换 Excel 97-2003 版本工作簿为 Excel 2016 文件格式

在 Excel 2016 中打开 Excel 97-2003 的工作簿文件时，该文件将自动运行在兼容模式下，此时 Excel 2016 的新功能和新特性的使用将会受到限制。如果不再希望在早期版本程序中使用该工作簿文件，可以将该工作簿转换为 Excel 2016 文件格式。转换格式后的工作簿就可以应用所有的 Excel 2016 新增功能和增强特性，而且文件也会变得更小。

下面介绍两种文件格式转化的方法。

2.1　使用"另存为"方法

操作步骤如下。

步骤① 单击【文件】选项卡，在弹出的扩展菜单中依次单击【另存为】→【浏览】命令，弹出【另存为】对话框，如图 1-3 所示。也可以直接按 <F12> 功能键调出【另存为】对话框。

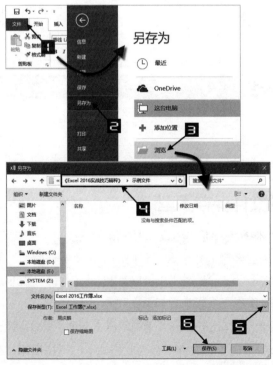

图 1-3　使用"另存为"方法转换文件格式

步骤② 选择文件保存位置，输入文件名称，在【保存类型】下拉列表中选择 Excel 2016 默认的文件类型 Excel 工作簿（*.xlsx）。

步骤③ 单击【保存】按钮关闭对话框，生成该文件的 .xlsx 格式副本。

> **提示**
>
> 　　使用"另存为"方法生成的 Excel 2016 工作簿文件依旧运行在兼容模式下，只有关闭再重新打开工作簿文件，才能运行在正常模式下。

2.2 使用"转换"方法

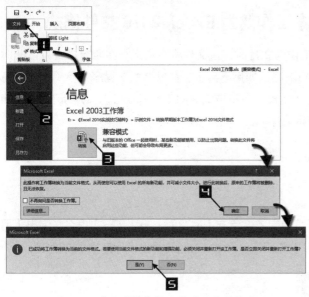

操作步骤如下。

单击【文件】选项卡，在弹出的扩展菜单中，依次单击【信息】→【转换】命令，在弹出的对话框中单击【确定】按钮，完成格式转换。如图 1-4 所示，单击【是】按钮关闭对话框后，Excel 程序将重新打开转换格式后的 Excel 2016 工作簿，标题栏中"兼容模式"字样消失。

虽然以上两种方法都可以转换早期工作簿为 Excel 2016 格式的工作簿文件，但它们是有区别的，如表 1-2 所示。

图 1-4　使用"转换"方法更改文件格式

表 1-2　转换早期版本工作簿文件格式的两方法对比

比较项目	"另存为"方法	"转换"方法
早期版本工作簿文件	不删除	删除
工作模式	兼容模式	正常模式
新工作簿文件格式	可以选择多种文件格式	Excel 工作簿（.xlsx 或 .xlsm）

技巧 3　设置默认的文件保存类型

　　Excel 2016 的默认文件保存类型是"Excel 工作簿（*.xlsx）"。当需要和使用早期版本的 Excel 用户交互共享数据，或者需要经常制作包含宏代码的工作簿文件时，可能希望默认的文件保存类型为"Excel 97-2003 工作簿（*.xls）"或"Excel 启用宏的工作簿（*.xlsm）"。可以通过改变 Excel 2016 的默认文件保存类型来实现，操作步骤如下。

步骤① 单击【文件】选项卡，在弹出的扩展菜单中单击【选项】命令，弹出【Excel 选项】对话框。

步骤② 在【保存】选项卡中单击【将文件保存为此格式】的下拉按钮，在弹出的下拉列表中选择"Excel 97-2003 工作簿（*.xls）"，如图 1-5 所示。

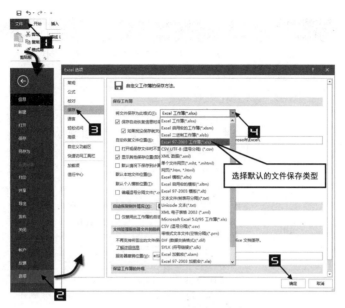

图 1-5 设置默认的文件保存类型

步骤③ 单击【确定】按钮关闭【Excel 选项】对话框，完成设置。

设置默认的文件保存类型后，在首次保存新工作簿时，【另存为】对话框中的【保存类型】就会被预置为的新文件格式，如图 1-6 所示。

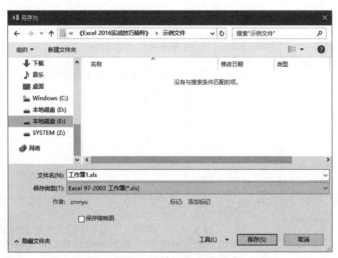

图 1-6 默认保存类型

不同格式的 Excel 文件格式具有不同的扩展名、存储机制及限制，如表 1-3 所示。

表 1-3 文件保存类型的简要说明

Excel 文件格式	扩展名	存储机制和限制说明
Excel 工作簿	.xlsx	Excel 2007 及以上版本默认基于 XML 的文件格式。不能存储 VBA 宏代码或 Microsoft Office Excel 4.0 宏工作表（.xlm）
Excel 启用宏的工作簿	.xlsm	Excel 2007 及以上版本基于 XML 和启用宏的文件格式。可存储 VBA 宏代码和 Excel 4.0 宏工作表（.xlm）

Excel 文件格式	扩展名	存储机制和限制说明
Excel 二进制工作簿	.xlsb	Excel 2007 及以上版本的二进制文件格式
Excel 97-2003 工作簿	.xls	Excel 97-2003 的二进制文件格式
XML 数据	.xml	XML 数据格式
单个文件网页	.mht、.mhtm	单个文件网页（MHT 或 MHTML）。此文件格式集成嵌入图形、小程序、链接文档以及在文档中引用的其他支持项目
网页	.htm、.html	超文本标记语言（HTML）。如果从其他程序复制文本，Excel 将不考虑文本的固有格式，而以 HTML 格式粘贴文本
模板	.xltx	Excel 2007 及以上版本的 Excel 模板默认文件格式。不能存储 VBA 宏代码或 Excel 4.0 宏工作表（.xlm）
Excel 启用宏的模板	.xltm	Excel 2007 及以上版本的 Excel 模板启用宏的文件格式。可存储 VBA 宏代码和 Excel 4.0 宏工作表（.xlm）
Excel 97-2003 模板	.xlt	Excel 模板的 Excel 97-2003 的二进制文件格式（BIFF8）
文本文件（制表符分隔）	.txt	将工作簿另存为以制表符分隔的文本文件，以便在其他 Microsoft Windows 操作系统上使用，并确保正确解释制表符、换行符或其他字符。仅保存活动工作表
Unicode 文本	.txt	将工作簿另存为 Unicode 文本，是一种由 Unicode 协会开发的字符编码标准
XML 电子表格 2003	.xml	XML 电子表格 2003 文件格式
Microsoft Excel 5.0/95 工作簿	.xls	Excel 5.0/95 二进制文件格式
CSV（逗号分隔）	.csv	将工作簿另存为以制表符分隔的文本文件，以便在其他 Microsoft Windows 操作系统上使用，并确保正确解释制表符、换行符或其他字符。仅保存活动工作表
带格式文本文件（空格分隔）	.prm	Lotus 以空格分隔的格式。仅保存活动工作表
DIF（数据交换格式）	.dif	数据交换格式，仅保存活动工作表
SYLK（符号连接）	.slk	符号连接格式。仅保存活动工作表
Excel 加载宏	.xlam	Excel 2007-2016 基于 XML 和启用宏的加载项格式。加载项是用于运行其他代码的补充程序。支持使用 VBA 项目和 Excel 4.0 宏工作表（.xlm）
Excel 97-2003 加载宏	.xla	Excel 97-2003 加载项。即设计用于运行其他代码的补充程序。支持 VBA 项目的使用
PDF	.pdf	XML 纸张规范（XPS）。此文件格式保留文档格式并允许文件共享。联机查看或打印 PDF 格式的文件时，该文件可保留预期的格式，无法轻易更改文件中的数据。对于要使用专业印刷方法进行复制的文档，PDF 格式也很有用
XPS 文档	.xps	XML 纸张规范（XPS）。此文件格式保留文档格式并允许文件共享。联机查看或打印 XPS 文件时，该文件可保留预期的格式，并且他人无法轻易更改文件中的格式
Strict Open XML 电子表格	.xlsx	Excel 工作簿文件格式（.xlsx）的 ISO 严格版本
Open Document 电子表格	.ods	Open Document 电子表格。可以保存 Excel 2016 文件，从而可以在使用 Open Document 电子表格格式的电子表格应用程序（如 Google Docs 和 OpenOffice.org Calc）中打开这些文件。您也可以使用 Excel 2016 打开 .ods 的电子表格。保存及打开文件时可能会丢失格式设置

如果将默认的文件保存类型设置为"Excel 97-2003 工作簿"，那么在 Excel 2016 中新建工作簿时将运行在【兼容模式】下，如图 1-7 所示。

图 1-7　默认文件保存类型对 Excel 运行模式的影响

技巧 4　调整功能区的显示方式

处理大数据时，有时候希望在显示器上尽可能多地显示工作表区域的内容，而忽略 Excel 程序界面中的其他部分，这时可以考虑使用以下几种方法调整功能区的显示方式。

4.1　隐藏功能区中的命令按钮

方法① 双击 Excel 功能区中任意一个选项卡，即可隐藏功能区的命令按钮展示区。再次双击任意选项卡，则恢复显示命令按钮展示区。

方法② 按 <Ctrl+F1> 组合键，实现功能区命令按钮的显示与隐藏。

方法③ 鼠标悬停在功能区的任意选项卡，右击鼠标，在弹出的快捷菜单中选择【折叠功能区】命令，如图 1-8 所示。

方法④ 单击【折叠功能区】按钮，隐藏命令按钮，如图 1-9 所示。

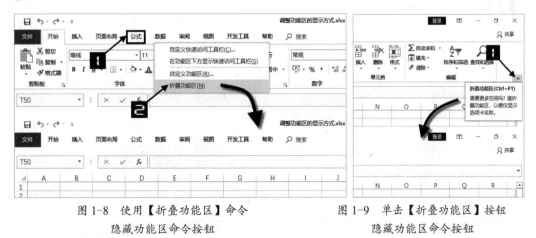

图 1-8　使用【折叠功能区】命令
隐藏功能区命令按钮

图 1-9　单击【折叠功能区】按钮
隐藏功能区命令按钮

4.2　自动隐藏功能区

依次单击【功能区显示选项】按钮→【自动隐藏功能区】命令，可以将 Excel 的整个功能区都隐藏起来，如图 1-10 所示。

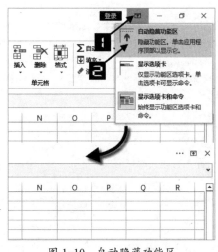

图 1-10　自动隐藏功能区

此时鼠标单击标题栏将出现功能区，单击工作区时功能区的菜单将自动隐藏。

此外，在【功能区显示选项】下拉菜单中，还可以对功能区的【显示选项卡】【显示选项卡和命令】进行设置。

技巧 5　自定义快速访问工具栏

【快速访问工具栏】位于功能区上方，默认包含了【保存】【撤销】【恢复】3个命令按钮。用户可以根据需要快速添加或删除其所包含的命令按钮。使用【快速访问工具栏】可减少对功能区中命令的操作频率，提高常用命令的访问速度。下面介绍在【快速访问工具栏】中添加/删除命令的几种常用方法。

5.1　在自定义快速访问工具栏中添加/删除内置命令

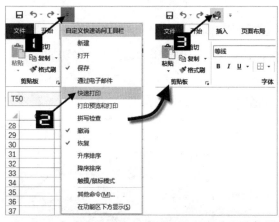

图 1-11　在【快速访问工具栏】添加/删除内置命令

【自定义快速访问工具栏】的下拉菜单中内置了几项常用命令，用户可以便捷地添加到【快速访问工具栏】，下面以添加/删除【快速打印】为例，演示添加/删除内置命令的方法。

单击【快速访问工具栏】右侧的【自定义快速访问工具栏】下拉按钮，在弹出的快捷菜单中单击【快速打印】命令，如图1-11所示。

当需要在【快速访问工具栏】上删除【快速打印】按钮时，可以右击该命令，在弹出的快捷菜单中单击【从快速访问工具栏删除】命令。

5.2　通过自定义快速访问工具栏的"其他命令"添加/删除命令

除预置的几项常用命令外，用户还可以使用【自定义快速访问工具栏】按钮下的【其他命令】，将不在功能区的命令添加到工具栏，或者将最常用的命令放在最顺手的地方。下面以添加【数据透视表和数据透视图向导】为例，介绍添加【其他命令】的用法。

步骤① 单击【自定义快速访问工具栏】下拉按钮，在弹出的快捷菜单中单击【其他命令】，弹出【自定义快速访问工具栏】对话框。

步骤② 在左侧【从下列位置选择命令】下拉列表中选择【不在功能区中的命令】选项。

步骤③ 在命令列表中选中【数据透视表和数据透视图向导】选项，单击【添加】按钮，【数据透视表和数据透视图向导】命令即被添加到【快速访问工具栏】中，如图1-12所示。

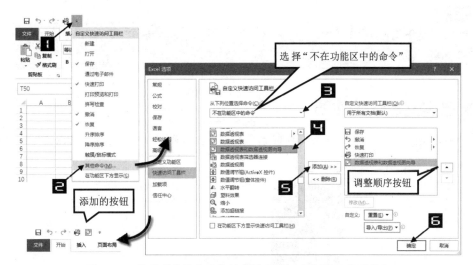

图 1-12　使用【其他命令】为快速访问工具栏添加常用按钮

步骤④ 单击【确定】按钮关闭对话框，完成【数据透视表和数据透视图向导】按钮的添加。

要删除【快速访问工具栏】上的命令按钮，可以参照以上步骤。在图 1-11 中的【自定义快速访问工具栏】命令列表中选中要删除的命令，依次单击【删除】→【确定】按钮，关闭对话框，即可完成目标命令的删除。

提 示

> 在图 1-12 中单击【自定义快速访问工具栏】右侧的【调整顺序】按钮，可以调整命令按钮在【快速访问工具栏】中的排列顺序。命令列表中的各命令按照字母升序排列，利用这一规律，可以快速找到相应命令。

5.3　从其他位置为快速访问工具栏添加命令

功能区中的命令、下拉列表中的命令甚至整个命令组都可以添加到【快速访问工具栏】。下面以【公式】选项卡中的【插入函数】按钮为例，演示向【快速访问工具栏】中添加 / 删除功能区命令的方法。

单击【公式】选项卡，将光标悬停在【插入函数】按钮上，右击鼠标，在弹出的快捷菜单中选择【添加到快速访问工具栏】命令，如图 1-13 所示，此时【插入函数】按钮即被添加到【快速访问工具栏】中。

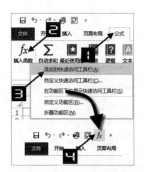

图 1-13　添加【插入函数】按钮命令

图 1-14　删除【插入函数】按钮命令

> **提 示**
>
> 若想从【快速访问工具栏】中删除命令，只需将鼠标悬停在要删除的命令按钮上右击鼠标，在弹出的快捷菜单中选择【从快速访问工具栏删除】命令即可，如图 1-14 所示。

技巧 6 自定义默认工作簿

启动 Excel 2016 时，默认会显示开始屏幕。开始屏幕左侧显示了最近使用的文档，右侧则显示了一些 Excel 模板文件，如图 1-15 所示。

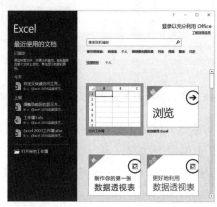

图 1-15 启动 Excel 显示的开始屏幕

6.1 跳过开始屏幕

通过如下设置可以跳过开始屏幕，直接新建一个空白文档。

步骤① 单击【文件】选项卡，单击【选项】命令。

步骤② 在弹出的【Excel 选项】对话框【常规】选项卡中找到【启动选项】，取消选中【此应用程序启动时显示开始屏幕】复选框，如图 1-16 所示。

图 1-16 Excel 启动时跳过开始屏幕

步骤③ 单击【确定】按钮，关闭【Excel 选项】对话框。

再次启动 Excel 2016 时，将跳过开始屏幕，直接创建一个空白工作簿。

6.2 自定义默认工作簿

Excel 2016 空白工作簿默认包含 1 个工作表，字体为"正文字体"，字号为 11 号。用户如果希望修改这些默认设置，可以通过自定义默认工作簿的方法，具体步骤如下。

步骤① 启动 Excel 程序，此时创建了一个空白工作簿，对该工作簿进行个性化设置，例如文档主题、文档属性、页面设置等。

文档主题决定了工作簿的整体界面风格，可以根据工作需要设定适合的文档主题，在【页面布局】选项卡中单击【主题】下拉按钮，在弹出的主题库中选中对应的文档主题缩略图即可，如图 1-17 所示。

文档属性记录了工作簿文件的"标题""标记"和"作者"等详细文档信息。可以通过单击【文件】选项卡，在右侧单击【添加标题】【添加标记】等进行设置。另外，用户还可以单击【显示所有属性】按钮，显示更丰富的文档属性信息，如图 1-18 所示。

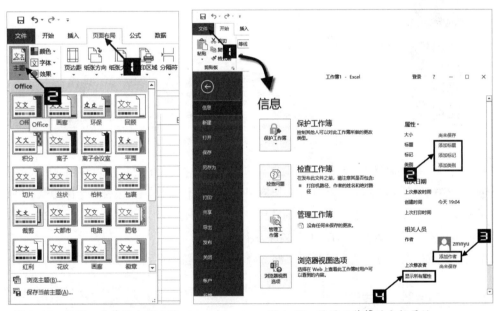

图 1-17　设置工作簿的文档主题　　　　图 1-18　设置工作簿的文档属性

在【页面布局】选项卡中可以完成页面属性的相关设置，主要包括页边距、页眉页脚、行高和列宽等。

步骤② 设置完成后，单击【文件】选项卡，在弹出的扩展菜单中选择【另存为】→【计算机】→【浏览】命令。也可以按 <F12> 功能键，弹出【另存为】对话框。

步骤③ 在【另存为】对话框中，选择【保存类型】为"Excel 模板（*.xltx）"。

> **注意**
>
> 如果所设置的模板中包含 VBA 宏代码，则【保存类型】应选择为"Excel 启用宏的模板（*.xltm）"。

步骤④ 输入文件名为"工作簿"，选择【保存位置】为"XLSTATR"文件夹。此文件夹在 Office 安装路径的"\root\Office16\"子文件夹下，例如"C:\Program Files (x86)\Microsoft Office\root\Office16\XLSTART"。最后单击【保存】按钮，关闭【另存为】对话框，如图 1-19 所示。

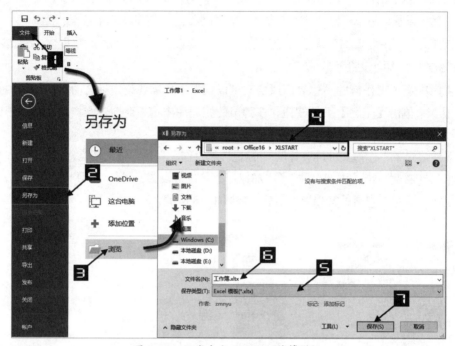

图 1-19　保存自定义默认工作簿模板

设置完成后，每次启动 Excel 时，新建的空白工作簿或按 <Ctrl+N> 组合键创建的工作簿都将以之前创建的模板文件为蓝本。但是在该工作簿中新插入工作表时，工作表还是保持默认的设置状态，如果需要新建工作表仍然具有该模板的特性，则需要创建一个名为"Sheet.xltx"的 Excel 工作表模板文件，并将它保存到"XLSTATR"文件夹中。

如果需要修改模板，可以先打开模板文件，修改后再重新保存到"XLSTATR"文件夹即可。

技巧 7　为工作簿"减肥"

在长期使用过程中，Excel 工作簿会出现体积越来越大、响应越来越慢的情况，有时这些体积"臃肿"的工作簿文件里却只有少量数据。造成 Excel 工作簿体积虚增的原因及解决方法有以下几种。

7.1　工作表中存在大量的细小图形对象

工作表中存在大量的细小图形对象，那么工作簿文件体积就可能在用户不知情的情况下暴增，这是一种很常见的"Excel 肥胖症"，可以使用以下方法检查和处理工作表中的图形对象。

步骤① 在【开始】选项卡中依次单击【查找和选择】→【选择窗格】命令，弹出【选择】窗格，如图 1-20 所示。如果【选择】窗格中罗列了很多未知对象，说明工作簿文件因此而虚增了体积。

图 1-20 通过【选择窗格】查看工作表中的对象

步骤② 在【开始】选项卡中依次单击【查找和选择】→【定位条件】命令，在弹出的【定位条件】对话框中选择【对象】按钮，单击【确定】按钮关闭对话框，如图 1-21 所示。

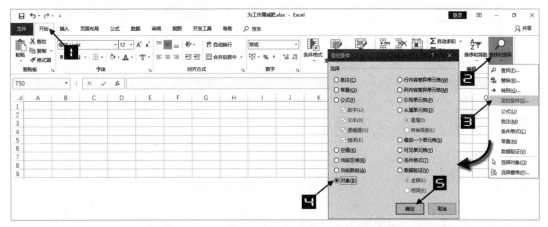

图 1-21 通过【定位条件】选中工作表中的对象

步骤③ 按 <Delete> 键，删除所选中的对象。

注意

> 如果在选中的对象中有需要保留的对象，则需要在删除前先保持 <Ctrl> 键按下，用鼠标单击需要保留的对象，取消选中，然后再执行步骤 3。如果工作簿中有多张工作表，需要对每张工作表分别进行上述操作。

7.2 较大的区域设置了单元格格式和条件格式

当在工作表中设置大量的单元格格式或条件格式时，工作簿的体积也会增大。当工作表内的数据很少或没有数据，但工作表的滚动条滑块很短，并且向下或向右拖动滑块可以到达很大的行号或列标时，则说明有较大的区域被设置了单元格格式或条件格式。

针对这种情况，处理方法如下。

步骤① 选中没有数据的区域，在【开始】选项卡中单击【单元格样式】命令，在弹出的下拉菜单中选择【常规】，如图 1-22 所示。此操作将删除选中区域的单元格格式。

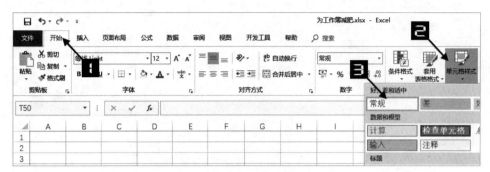

图 1-22　删除选中区域的单元格格式

步骤② 在【开始】选项卡中依次单击【条件格式】→【清除规则】→【清除所选单元格的规则】命令，此操作将删除选中区域的条件格式，如图 1-23 所示。

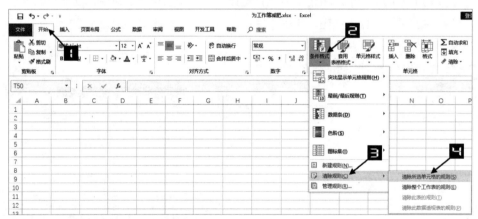

图 1-23　删除选中区域的条件格式

7.3　大量区域中包含数据验证

当工作表中大量的单元格区域内设置了不必要的数据验证，也会造成工作簿文件体积增大，处理步骤如下。

步骤① 选中设置了多余数据验证的单元格区域。

步骤② 在【数据】选项卡中依次单击【数据验证】→【数据验证】命令，在弹出的【数据验证】对话框中，单击【全部清除】按钮，最后单击【确定】按钮关闭对话框，即可清除多余的数据验证，如图 1-24 所示。

图 1-24　清除选中区域的数据验证

7.4　包含大量复杂公式

如果工作表中包含大量公式，而且每个公式又包含较多字符，也会造成工作簿文件体积增大。这种情况往往还伴随打开工作簿时程序响应迟钝的现象。这时就要对公式进行优化，尽量使用高效率的函数公式、减少公式中常量字符数量，这样能提高计算效率，减少工作簿的体积。有关函数公式的相关内容，请参阅本书后续章节。

7.5　工作表中含有大容量的图片元素

如果使用了较大容量的图片作为工作表的背景，或者把 BMP 和 TIFF 等大容量格式的图片插入工作表中，也会造成文件体积增大。因此，当需要把图片添加表工作表中时，应该先对图片进行转换、压缩，比如转换为 JPG 或 PNG 等图片格式，再应用到 Excel 工作簿中。

7.6　共享工作簿引起的体积虚增

长时间使用的共享工作簿文件，也可能会有体积虚增的情况。由于多人同时使用，产生了很多过程数据，这些数据被存放在工作簿中而没有及时清理。

对于这种情况，可以取消共享工作簿然后保存文件，通常就能达到恢复工作簿文件正常体积的效果。如果需要继续共享，再次开启共享工作簿功能即可。

技巧 8　快速修复样式过多的文件

一个 Excel 工作簿文件，在长期使用过程中可能会产生较多的单元格样式，如图 1-25 所示。通过【开始】选项卡的【单元格样式】下拉列表命令查看单元格样式列表，会发现存在大量的自定义单元格样式，并且这些自定义单元格样式无法删除。

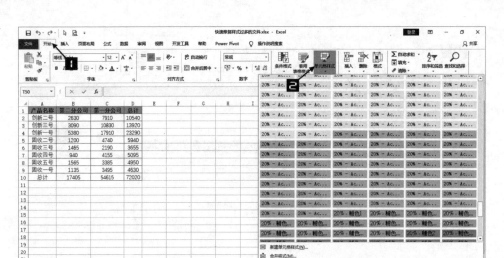

图 1-25　查看单元格样式

这种现象不但会造成工作簿体积增大，严重时还会使新增的单元格格式无法保存。修复样式过多的文件操作步骤如下。

步骤①　通过【重命名】的方法，修改工作簿文件的扩展名为".rar"，在弹出的【重命名】对话框中，单击【是】关闭对话框完成重命名，如图 1-26 所示。

步骤②　双击重命名后的压缩文件，以系统默认的解压软件（如 WinRAR）打开，然后双击打开"xl"文件夹，在"xl"文件夹中，右击鼠标"styles.xml"，在弹出的快捷菜单中选择【删除文件】，然后在打开的【删除】对话框中，选择【是】关闭对话框，完成删除操作，如图 1-27 所示。

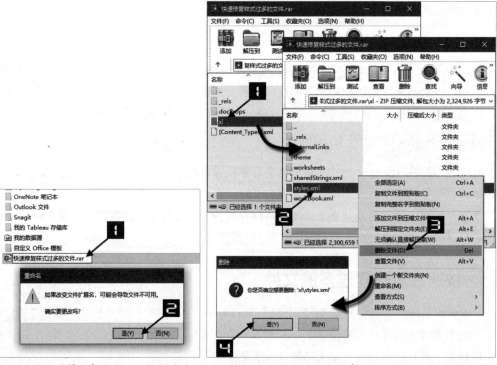

图 1-26　将工作簿重命名为".rar"格式文件　　图 1-27　删除压缩文件中的"styles.xml"文件

步骤③ 关闭压缩软件（本例中是 WinRAR）程序。

步骤④ 重复步骤 1 的操作，修改工作簿文件的扩展名为".xlsx"。

步骤⑤ 双击打开此工作簿，在弹出的【Microsoft Excel】对话框中单击【是】按钮，在弹出的提示对话框中，可以查看到"已修复的记录"，点击【关闭】按钮关闭对话框，如图 1-28 所示。

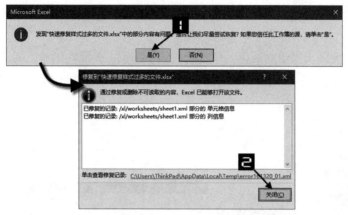

图 1-28　修复工作簿

步骤⑥ 在修复后的工作簿中【开始】选项卡下，单击【单元格样式】下拉菜单，可以看到修复后的【单元格样式】下拉列表已恢复到默认状态，如图 1-29 所示。

图 1-29　修复后的【单元格样式】下拉列表

注意

通过此方法修复样式过多的文件后，原有的单元格格式可能丢失，但数据不会受到影响。

技巧⑨ 修复受损的 Excel 文件

　　Excel 具备自动修复受损工作簿的功能。当 Excel 打开受损文件时，修复功能将自动执行。这个功能在很多时候很有效，可以修复大部分数据，但往往会丢失格式信息。

9.1　手动修复受损的 Excel 文件

操作步骤如下。

步骤①　单击【文件】选项卡，在弹出的扩展菜单中单击【打开】命令，单击右下方的【恢复未保存的工作簿】命令，弹出【打开】对话框，选中需要修复的目标文件。

步骤②　单击【打开】下拉按钮，在弹出的快捷菜单中选择【打开并修复】命令。

步骤③　在弹出的对话框中单击【修复】按钮，关闭对话框，Excel 将在打开该工作簿文件时进行修复。

步骤④　修复完成后会弹出提示对话框，单击【关闭】按钮，关闭对话框，如图 1-30 所示，通过该对话框也可以查看修复的详细内容。

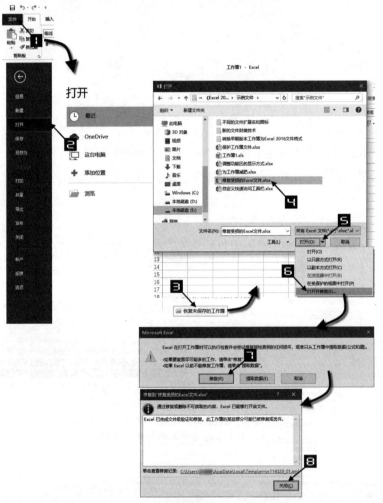

图 1-30　手动修复受损的工作簿

修复完成后，在标题栏的工作簿名称后面会有"修复的"字样。

9.2　利用专业的修复软件修复

如果 Excel 自带的修复工具不能修复，还可以借助专业的修复软件，如 Recover for Excel 或是

EasyRecover 等。以上两款专业修复软件为商业软件，非注册版本仅提供了有限的功能。

提 示

部分受损严重的文件会无法修复或是仅能保留文档中的部分信息。

9.3 设置自动保存时间间隔

用户可以调整 Excel 自动保存的时间间隔，以防止 Excel 意外退出时工作簿未保存所带来的损失。

步骤① 单击【文件】选项卡→【选项】命令，在弹出的【Excel 选项】对话框中切换到【保存】选项卡。

步骤② 在【保存自动恢复信息时间间隔】中设置合适的时间，如图 1-31 所示。如果设置为 10 分钟，那么 Excel 将每隔 10 分钟自动保存一次。

图 1-31 设置自动保存时间间隔

步骤③ 单击【确定】按钮，关闭对话框。

通过以上设置，即使编辑工作簿时一直不进行"保存"操作，Excel 也会根据设置的时间间隔自动保存。当工作簿意外退出时，Excel 将自动以最近一次保存时的内容进行恢复，并且将恢复的工作簿文件保存在【自动恢复文件位置】所指定的路径下，用户可自行更改该路径。

注 意

如果在编辑过程中手动执行了"保存"操作，则之前自动保存的文件会被删除。因此不要过于依赖自动保存。对于重要文件，应该及时备份，多重备份。

技巧 10 使用"Excel 易用宝"快速合并和拆分多个工作簿数据

Excel 易用宝是由 Excel Home 开发的一款免费 Excel 功能扩展工具软件，下载地址为 http://yyb.excelhome.net/。

10.1 快速合并多个工作簿数据

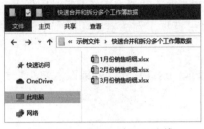

图 1-32 需要合并的工作簿

为了便于数据集中管理或数据统计分析，有时需要将多个工作簿中的数据合并到一个工作簿中，如图 1-32 所示某公司每月的销售数据分别存放在一个工作簿中。现需要将其第一季度的销售数据汇总到一个工作簿中，可以借助 Excel Home 官方插件"易用宝"来完成，操作步骤如下。

**步骤① **新建一个工作簿，在【易用宝】选项卡中依次单击【工作簿管理】→【合并工作簿】命令。

**步骤② **在弹出的【Excel 易用宝 - 合并工作簿】对话框中选择需要合并的工作簿所在的路径。此时【可选工作簿】列表框中显示该路径下所有非隐藏工作簿。

**步骤③ **在【可选工作簿】列表框中将要合并的工作簿移至【待合并工作簿】列表框中。

**步骤④ **对工作簿中存在"空工作表""隐藏工作表""同名工作表"处理方式进行相应设置，最后单击【合并】按钮，如图 1-33 所示。

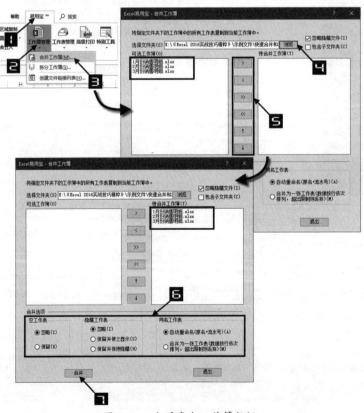

图 1-33 合并多个工作簿数据

此时，所需合并的多个工作簿中的多个工作表合并到该新建工作簿中，如图 1-34 所示。

▲	A	B	C	D	E	F	G	H	I	J	K	L	M	N
1	合同编号	客户编号	客户姓名	产品分类	产品名称	产品期限	金额	考核系数	划扣日	出借日	到期日	理财师工号	理财师姓名	营业部
2	TZ00143	K00080	穆春	固收类	固收四号	9	295	0.75	2019/3/3	2019/3/3	2019/12/3	LC010	李财10	一分第二营业部
3	TZ00417	K00076	宋清	创新类	创新一号	12	790	1	2019/3/4	2019/3/5	2020/3/4	LC019	李财19	一分第二营业部
4	TZ00418	K00043	彭玘	创新类	创新一号	12	320	1	2019/3/4	2019/3/5	2020/3/4	LC016	李财16	一分第二营业部
5	TZ00144	K00055	郭盛	固收类	固收二号	3	235	0.25	2019/3/4	2019/3/4	2019/6/4	LC006	李财6	一分第二营业部
6	TZ00419	K00022	李逵	固收类	固收二号	9	230	0.75	2019/3/4	2019/3/5	2019/12/4	LC019	李财19	一分第二营业部
7	TZ00308	K00096	李立	固收类	固收一号	1	160	0.1	2019/3/5	2019/3/6	2019/4/5	LC011	李财11	一分第一营业部
8	TZ00035	K00026	李俊	创新类	创新二号	12	530	1	2019/3/5	2019/3/6	2020/3/6	LC002	李财2	一分第一营业部
9	TZ00036	K00047	裴宣	固收类	固收二号	3	55	0.25	2019/3/5	2019/3/6	2019/6/5	LC004	李财4	一分第一营业部
10	TZ00420	K00084	薛永	创新类	创新三号	6	275	0.5	2019/3/5	2019/3/9	2019/9/5	LC020	李财20	一分第一营业部
11	TZ00309	K00044	单廷珪	固收类	固收五号	12	260	1	2019/3/5	2019/3/6	2020/3/6	LC013	李财13	一分第一营业部
12	TZ00421	K00092	朱贵	创新类	创新三号	36	530	2	2019/3/7	2019/3/7	2022/3/6	LC015	李财15	一分第二营业部
13	TZ00422	K00095	蔡庆	创新类	创新三号	24	350	1.5	2019/3/6	2019/3/7	2021/3/6	LC017	李财17	一分第二营业部
14	TZ00145	K00010	柴进	固收类	固收四号	9	145	0.75	2019/3/6	2019/3/6	2019/12/6	LC007	李财7	一分第二营业部
15	TZ00146	K00094	蔡福	固收类	固收四号	9	270	0.75	2019/3/7	2019/3/8	2019/12/7	LC010	李财10	一分第二营业部
16	TZ00037	K00054	吕方	创新类	创新三号	36	540	2	2019/3/7	2019/3/8	2022/3/7	LC003	李财3	一分第一营业部
17	TZ00038	K00041	郝思文	固收类	固收二号	3	75	0.25	2019/3/7	2019/3/8	2019/6/7	LC001	李财1	一分第一营业部
18	TZ00147	K00034	解珍	固收类	固收四号	9	120	0.75	2019/3/11	2019/3/11	2019/12/10	LC006	李财6	一分第二营业部
19	TZ00148	K00004	公孙胜	固收类	固收一号	1	5	0.1	2019/3/11	2019/4/10	2019/4/10	LC006	李财6	一分第二营业部
20	TZ00039	K00030	张顺	创新类	创新二号	24	780	1.5	2019/3/9	2019/3/11	2021/3/10	LC005	李财5	一分第一营业部
21	TZ00040	K00003	吴用	固收类	固收一号	9	60	0.75	2019/3/9	2019/3/11	2019/12/10	LC003	李财3	一分第一营业部

图 1-34 合并后的新工作簿

10.2 快速拆分工作簿

为了便于文件分发与交互，有时候需要将一个工作簿中的多个工作表拆分为多个独立的新工作簿，然后将它们分发给相关的部门或人员。下面以拆分一季度销售明细为例，演示如何拆分工作簿，操作步骤如下。

步骤① 打开需要拆分的工作簿。

步骤② 在【易用宝】选项卡中依次单击【工作簿管理】→【拆分工作簿】命令。

步骤③ 在弹出的【Excel 易用宝 - 拆分工作簿】对话框中设置拆分后新工作簿存放的路径。

步骤④ 将【可选工作表】列表框中的工作表移动至【待拆分工作表】窗格中。

步骤⑤ 在【拆分选项】中对"忽略隐藏工作表""忽略空工作表""保存时直接覆盖目标文件夹中的同名工作簿"处理方式进行相应设置，单击【拆分】按钮完成拆分，如图 1-35 所示。

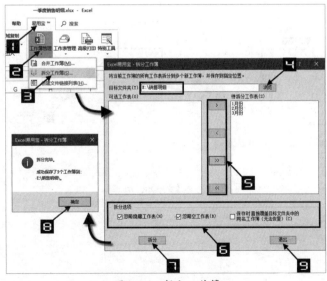

图 1-35 拆分工作簿

图 1-36 拆分后生成的新工作簿

步骤⑥ 弹出的提示框中，显示了拆分后工作簿存放的路径及拆分后的工作簿数量。单击【确定】和【退出】按钮，关闭【Excel 易用宝-拆分工作簿】对话框。

此时，目标文件夹下生成新的工作簿，每个月份的销售明细对应一个单独的工作簿文件，如图 1-36 所示。

技巧 11 使用 OneDrive 保存并共享工作簿

OneDrive 是微软的新一代网络存储工具，由 SkyDrive 更名而来，它支持用户通过 Web、移动设备、PC 端等来访问。使用 OneDrive 可以在未安装 Excel 程序的设备上通过浏览器来查看并简单编辑 Excel 工作簿，还能轻松与他人共享工作簿，实现多人协同编辑。

11.1 登录到 OneDrive

使用 OneDrive 之 前，需要在 "https://signup.live.com/" 上注册一个 Microsoft 账户，用于登录到 OneDrive。使用 Excel 2016 登录到 OneDrive 的方法如下。

步骤① 依次单击【文件】→【另存为】→【OneDrive】→【登录】命令，打开【登录】对话框。

步骤② 输入登录账户，然后单击【下一步】按钮，打开【输入密码】对话框。

步骤③ 在打开的【输入密码】对话框中输入密码，然后单击【登录】按钮，如图 1-37 所示。

成功登录后，如图 1-38 所示。

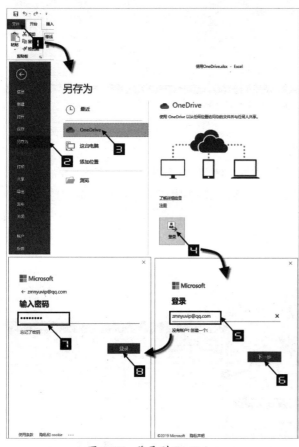

图 1-37 登录到 OneDrive

图 1-38　成功登录 OneDrive

11.2　将工作簿保存到 OneDrive

登录到 OneDrive 后，用户可以快捷地将工作簿保存到 OneDrive 上，方法如下。

步骤①　打开需要上传到 OneDrive 的工作簿，如 "使用 OneDrive.xlsx"。

步骤②　依次单击【文件】→【另存为】→【OneDrive- 个人】→【OneDrive- 个人】命令，打开【另存为】对话框。

步骤③　在打开的【另存为】对话框选择一个保存路径，如 "OneDrive\Documents\"，单击【保存】按钮关闭【另存为】对话框，如图 1-39 所示。

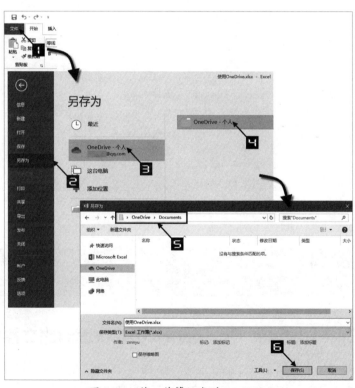

图 1-39　将工作簿保存到 OneDrive

此时，该工作簿即成功保存在云端 "OneDrive\Documents\" 目录下，在不同设备上登录同一个 OneDrive 账户，可以轻松访问该工作簿。

11.3　通过"获取共享链接"功能，共享工作簿

将工作簿保存到 OneDrive 后，可以轻松地和他人共享，通过"获取共享链接"功能共享工作

簿的方法如下。

步骤① 打开已上传到 OneDrive 的工作簿，如"使用 OneDrive.xlsx"。

步骤② 单击【共享】命令，弹出【共享】设置对话框。

步骤③ 单击【获取共享链接】命令，再单击【创建编辑链接】按钮，获得共享工作簿链接，如图 1-40 所示。

步骤④ 单击【复制】按钮，将链接复制到系统剪贴板上，可方便地分发给需要共享该工作簿的用户。

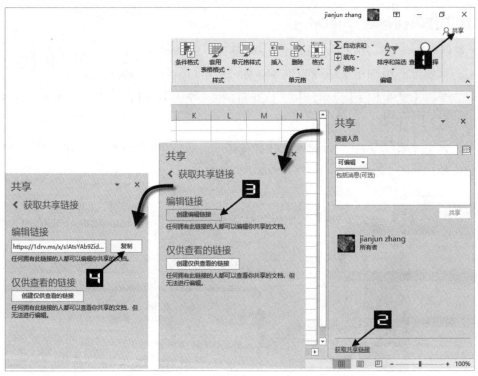

图 1-40　通过"获取共享链接"功能共享工作簿

提 示

如果希望共享用户仅有查看权限，而不希望编辑该文件，可以通过"创建仅供查看的链接"功能来实现。由于网络限制，通过"获取共享链接"功能共享工作簿时生成的链接有可能无法正常打开。

技巧 12　使用 Spreadsheet Compare 2016 快速对比文件内容

从 Excel 2013 版开始，新增了"Spreadsheet Compare"工具。此工具是基于 Excel 的一款数据对比软件，可以快速比较两个 Excel 工作簿之间的差异，包括格式、宏、内容、公式、名称等信息，并且将不同之处用报告的形式体现出来。相比人工对比效率快，准确率高。

例如，如图 1-41 所示，"成绩表 02.xlsx"是在"成绩表 01.xlsx"的基础上修改部分数据而来的，使用"Spreadsheet Compare 2016"，能够直观地对比出"成绩表 02.xlsx"修改了哪些内容。

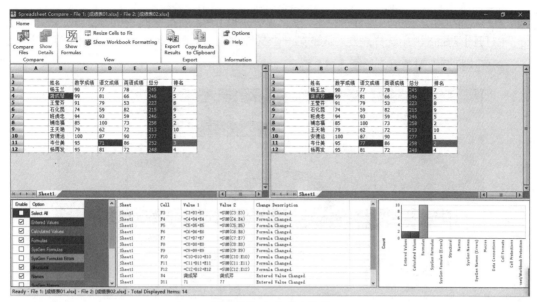

图 1-41　文件对比结果

具体操作步骤如下。

步骤① 在安装 Excel 2016 的计算机上，依次单击【开始】菜单，在【Microsoft Office 2016 工具】下拉菜单中选择【Spreadsheet Compare 2016】命令，即可运行"Spreadsheet Compare 2016"工具，如图 1-42 所示。

> **提 示**
>
> "Spreadsheet Compare 2016"没有简体中文版本，因此本例中的操作界面均为英文。

步骤② 单击"Spreadsheet Compare 2016"工具左上角的【Compare Files】按钮，打开【Compare Files】对话框，如图 1-43 所示。

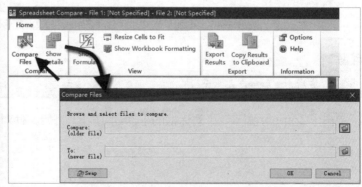

图 1-42　运行"Spreadsheet Compare 2016"软件

图 1-43　打开"Compare Files"对话框

步骤③ 在【Compare Files】对话框中，单击【Compare】文本框右侧的 ▣ 按钮，在弹出的【打开】对话框中，选择需要对比的第一个文件，如 "成绩表 01.xlsx"，单击【打开】按钮，关闭【打开】对话框，如图 1-44 所示。

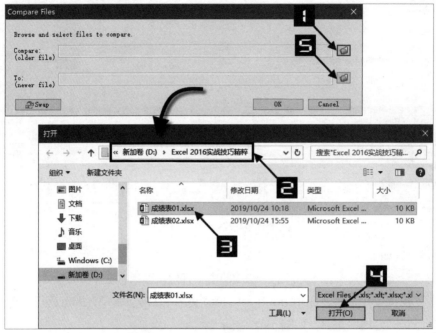

图 1-44　选择 Compare 文件

步骤④ 单击【To】文本框右侧的 ▣ 按钮，参考步骤 3 添加需要对比的第二个文件，如 "成绩表 02.xlsx"，添加完成后的【Compare Files】对话框如图 1-45 所示。

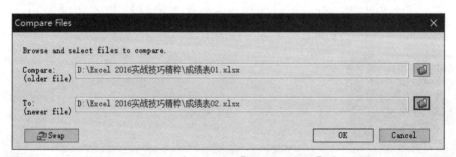

图 1-45　添加比对文件后的【Compare Files】对话框

提　示

如图 1-45 所示添加对比文件后，单击左下角的【Swap】按钮，可以将两个文件位置对调。

步骤⑤ 单击【Compare Files】对话框的【OK】按钮，开始文件对比，对比后的结果如图 1-46 所示。

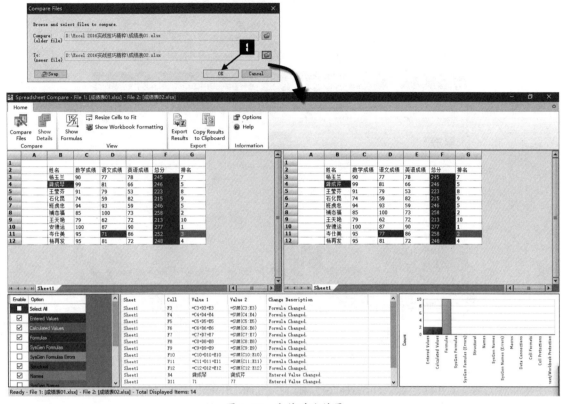

图 1-46　文件对比结果

对比结果解析：

（1）功能区下方为表格展示区，展示了两个表格的内容，并高亮显示差异单元格，不同的颜色代表差异类型不同，比如绿色表示"单元格值差异"，如 B4 单元格和 D11 单元格。

（2）下方左侧为对比选项区，展示了执行本次对比时所选的对比选项，本例中保持软件的默认设置。

（3）下方中间为差异内容区，以列表方式显示了两个文件的差异，包含差异所在的工作表名、单元格地址、两表的当前内容及差异类别。

（4）下方最右侧为各类差异数量的图形展示，以柱形图的形式展示了不同差异类型的单元格数量，比如"Formulas"类差异有 10 个。

步骤⑥ 单击【Export Results】按钮，在打开的【另存为】对话框中，选择保存路径，输入文件名称，然后单击【保存】按钮命令，可把当前对比结果导出为"Excel 工作簿"文件，如图 1-47 所示。

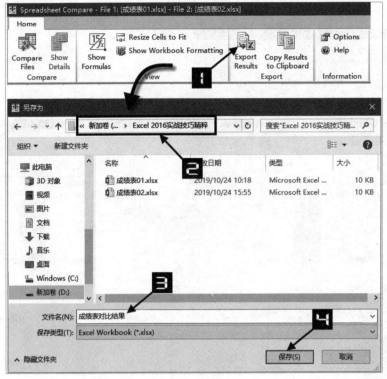

图 1-47　导出文件对比结果

　　文件对比结果工作簿包含"Differences"和"Compare Setup"两个工作表，"Differences"工作表是对比结果，"Compare Setup"工作表是执行本次对比时的设置信息，如图 1-48 所示。

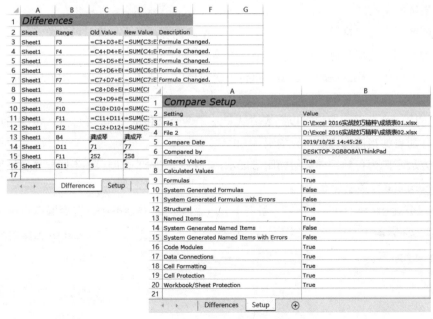

图 1-48　导出的文件对比结果

第 2 章 数据录入技巧与管理规范

Excel 是一款优秀的数据存储和处理软件，不仅支持录入多种类型的数据，还可以从其他数据源导入数据。在 Excel 中可以通过筛选、汇总等数据处理功能将庞大的原始数据归纳整理成自己需要的样式并进行有效分析，还可以通过制作图表可视化输出。而合理、高效地录入数据是这一切操作的基础，如果数据录入不规范，后期进行统计分析时会遇到非常大的困难。掌握科学的数据录入、数据表管理规范和操作技巧，可以有效地提高数据录入效率并使数据处理分析变得简单易行。

本章主要介绍 Excel 中规范的数据表结构和不同类型数据录入的方法与技巧。

技巧 13 规范的数据表和不规范的数据表

建立规范的数据表是后期对数据进行查询、汇总、可视化输出的基础，在录入数据之前需要先设计好数据表结构。一般规范的数据表应如图 2-1 所示。

	A	B	C	D	E	F	G
1	序号	日期	产品编号	产品名称及规格	单位	入库单单据号	数量
2	1	2019/08/30	8722200351	触发器 CD-7C	只	201908-01824	1200
3	2	2019/09/04	83108231	FSLTG82 E40 投光灯	只	201909-03128	50
4	3	2019/09/07	8722200351	触发器 CD-7C	只	201909-03130	1500
5	4	2019/09/09	834400	FSLFG400 泛光灯	只	201909-00328	130
6	5	2019/09/10	83108131	FSLTG81 E40 投光灯	只	201909-00328	118
7	6	2019/09/13	83108131	FSLTG81 E40 投光灯	只	201909-01471	150
8	7	2019/09/17	834400	FSLFG400 泛光灯	只	201909-02308	203
9	8	2019/09/19	834200A	FSLFG200-A 泛光灯	只	201909-01141	100
10	9	2019/09/23	834301	FSLFG301 泛光灯	只	201909-01105	200

图 2-1 规范的数据表

图2-1所示的规范数据表有以下几个特征。

- 工作表存储的内容概括为“产品入库明细表”并作为工作表标签，不采用在第一行用合并单元格的方式存放表格名称“产品入库明细表”。
- 数据表从 A1 单元格开始，上方无空行，左侧无空列。
- 数据表第一行为标题行，标题行无合并单元格，无空单元格，并且无多行表头和重复标题。
- 数据表第一列为从 1 开始递增的不重复编号，其他每个字段下存储的数据类型一致，例如 B 列“日期”字段均为可识别的日期型数据，G 列“数量”字段均为数值。
- 每个基本的信息单元均设置一列存储，例如 E 列“单位”字段单独为一列，不能与数量合并成字符串存储。
- 每个单元格内容中没有无用的前后空格及其他不可见字符。

图 2-2 所示是一个典型的不规范数据表。

	A	B	C	D	E	F
1	产品入库明细表					
2	日期	产品编号	供应商	入库信息		
3				产品名称及规格	入库单单据号	数量
4	2019/08/30	8722200351	南平市延平区容大电器厂	触发器 CD-7C	201908-01824	1200只
5	19.09.04	83108231	佛山天宇照明有限公司	FSLTG82 E40 投光灯	201909-03128	50只
6	2019/09/07	8722200351	南平容大	触发器 CD-7C	201909-03130	1500只
7	2019/09/29	87512、87514	泛明灯具厂	补偿电容 12μF 补偿电容 14μF	201909-00910、201910-00275	300只+500只
8	2019/09/09	834400	北京泛明灯具厂	FSLFG400 泛光灯	201909-00328	130只
9	09.10	83108131	乐清市铭星照明电器有限公司	FSLTG81 E40 投光灯	201909-00328	118只
10					201909-01471	150只
11	09/17	834400	铭星照明	FSLFG400 泛光灯	201909-02308	203只
12	2019/09/19	834200A	济南天极之光有限公司	FSLFG200-A 泛光灯	201909-01141	100只
13	2019/09/20	834301	铭星公司	FSLFG301 泛光灯	201909-01105	200只
14	2019/09/25	863400	泛明灯具厂	高压钠灯镇流器400W	201909-02067	600只
15	2019/09/27	8641000	乐清铭星	CWA漏磁镇流器1000W	201909-00232	120只
16	2019/10/03	834400	济南天极	FSLFG400 泛光灯	201910-01346	100只
17	2019/10/04	87512	乐清铭星	补偿电容 12μF	201910-01642	500只
18	2019/10/09	834100A	北京泛明	FSLFG100-A 泛光灯	201910-00737	100只
19	2019/10/14	87514	济南天极之光有限公司	补偿电容 14μF	201910-00275	500只
20	2019/10/15	83108328	南平市延平区容大电器厂	FSLTG83 E27 投光灯	201910-01049	100只
21	2019/10/18	87514	佛山天宇照明有限公司	补偿电容 14μF	201910-01786	800只

图 2-2 不规范的数据表

图 2-2 所示的不规范数据表有以下几个特征：

● 数据表并非从工作表首行开始，标题行有合并单元格且为多重标题。

● "日期"字段下有不规范日期格式，如 A9 单元格、A11 单元格等，汇总分析时 Excel 无法识别
为日期。

● 数据表第 9 行和第 10 行有合并单元格。

● "供应商"字段下的供应商名称全称和简称混用，且同一公司简称也不尽相同。

● "数量"字段填写的不是数值，而是带有单位的文本，如"50 只"。

● 第 7 行中存在一个单元格内输入了用顿号分隔的多条信息的情况，F7 单元格输入"300 只 +
500 只"，这些数据在筛选、统计计算时将无法直接使用和识别。

注 意

　　不规范的数据表可能导致后期无法使用数据透视表、筛选、复制粘贴或函数公式等统计分析功能，所
以在录入数据之前需要设计好规范的数据表结构。

技巧 14　一维表和二维表

　　数据表中每个字段下列示的是同性质数据，每行为一个完整的数据记录的表称为"一维表"，
如图 2-3 所示。一般存储原始记录时都应使用一维表。

　　数据表中首行及首列均为不同字段，行字段和列字段交叉位置存储同时满足行和列字段数据的
表格称为"二维表"。图 2-4 所示的是一个典型的二维表，首列为产品名称，首行为销售地区，中
间数据部分为不同产品在不同销售地区的销售额。

	A	B	C
9	销售地区	产品名称	销售金额
10	福建	DY-412A	83,700
11	福建	TDS-2140	642,500
12	江苏	DY-412A	195,300
13	江苏	USV-748H	35,700
14	江西	DY-412A	14,400
15	江西	TDS-2140	86,400
16	江西	USV-748H	198,000
17	浙江	DY-412A	331,200
18	浙江	SSU-3122	419,700
19	浙江	TDS-2140	27,300

图 2-3　一维表

	A	B	C	D	E
1	产品名称	福建	江苏	江西	浙江
2	DY-412A	83700	195,300	14400	331200
3	SSU-3122				419700
4	TDS-2140	642500		86400	27300
5	USV-748H		35,700	198000	

图 2-4　二维表

提 示

　　一维表和二维表可以通过函数公式或数据透视表等功能相互转换，关于二维表转换一维表的操作方法，
可参考技巧 86。

技巧 15　数据表的分类

　　根据数据表的用途和组织方式，数据表一般分为"源数据表""汇总数据表"和"最终呈现报
表"三种。

　　"源数据表"指最原始明细数据记录的集合，其作用为按最小单元记录数据，为"汇总数据表"
统计分析打下良好的基础。图 2-5 为典型的"源数据表"，最明细的原始数据存储在规范的数据表

结构中,"源数据表"中数据组织有序,每个字段下数据类型统一且均为标准、可识别的数据类型。

"汇总数据表"指在"源数据表"基础上将数据提炼、汇总后得到的更能体现出所关注信息的数据表。图 2-6 为典型的"汇总数据表",这个表格将"源数据表"中销售金额按照产品分类进行了汇总,可以清晰地看出每个产品分类的销售情况。

	A	B	C	D	E	F	G
1	合同编号	客户编号	客户姓名	产品分类	产品名称	产品期限	金额
2	TZ00001	K00054	吕方	创新类	创新一号	12	330
3	TZ00002	K00024	穆弘	固收类	固收五号	12	85
4	TZ00101	K00025	雷横	固收类	固收一号	1	45
5	TZ00102	K00002	卢俊义	创新类	创新三号	36	850
6	TZ00103	K00098	焦挺	固收类	固收三号	6	275
7	TZ00401	K00013	鲁智深	固收类	固收一号	6	160
8	TZ00301	K00059	扈三娘	固收类	固收五号	12	235
9	TZ00302	K00060	鲍旭	创新类	创新一号	12	540
10	TZ00104	K00021	刘唐	固收类	固收三号	6	45
11	TZ00303	K00096	李立	创新类	创新二号	24	160

图 2-5 源数据表

	A	B	C	D
1	产品分类	1月	11月	12月
2	创新类	17510	14900	15340
3	固收类	6650	9110	8510
4	总计	24160	24010	23850

图 2-6 汇总数据表

提 示

一般情况下,"汇总数据表"也满足规范数据表的特征。同时,"汇总数据表"也可作为"源数据表"进一步被其他"汇总数据表"提炼、汇总或引用。

多数情况下,"汇总数据表"可满足大部分数据使用者的需求,但在某些特殊情况下还需要根据数据使用者的习惯或喜好调整表格数据的列示样式(例如添加合并单元格等),根据这些特定的需求加工后的数据表,通常称为"最终呈现报表"。

技巧 16 控制活动单元格移动方向

默认情况下,在工作表中录入数据并按 <Enter> 键后,活动单元格会向下移动一行。有些时候,在单元格中录入数据后希望活动单元格向右移动,例如录入某个员工姓名、年龄、岗位等不同字段信息。还有一些情况,需要灵活地控制活动单元格的其他移动方向,例如向左或向上。下面介绍常见的控制活动单元格移动方向的技巧。

16.1 通过 Excel 选项设置控制活动单元格移动方向

在 Excel 选项中可以设置按 <Enter> 键后活动单元格的移动方向。具体操作步骤如下。

步骤① 单击功能区【文件】选项卡→【选项】命令,打开【Excel 选项】对话框。

步骤② 在【Excel 选项】对话框中单击【高级】选项卡,在【编辑选项】区域中单击【方向】下拉按钮,在弹出的下拉列表中可以选择按 <Enter> 键后想要活动单元格移动的方向。最后单击【确定】按钮关闭【Excel 选项】对话框,如图 2-7 所示。

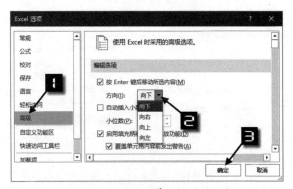

图 2-7 设置活动单元格移动方向

16.2　通过键盘控制活动单元格移动方向

使用键盘也可以控制录入数据后活动单元格的移动方向，常用方法有以下几种。

方法① 使用方向键控制活动单元格移动方向。当通过鼠标单击选中单元格后直接使用键盘录入数据且未在单元格编辑模式下单击鼠标左键时，录入完成后，按不同的方向键，活动单元格将移动到当前录入单元格的对应方向。例如，单击选中 D6 单元格，通过键盘录入"ExcelHome"后按向上的方向键，活动单元格将移动到 D5 单元格。

方法② 使用 <Shift> 键和 <Tab> 键。默认情况下，按 <Enter> 键活动单元格向下移动一行，按 <Tab> 键活动单元格向右移动一列。如果按住 <Shift> 键的同时再按 <Enter> 键或 <Tab> 键，活动单元格将向上或向下移动。

技巧 17　在单元格区域中遍历单元格

当需要在一个矩形区域中录入数据时，通常的操作方式是在当前单元格录入数据后按 <Enter> 键或按左右方向键移动活动单元格位置。当一行或一列数据录入完成后，需要用鼠标定位下一行或下一列的开始位置录入数据。这种录入方式需要在鼠标和键盘之间不断切换，数据录入效率不高。下面介绍两种快速切换到下一行或下一列开始位置单元格的方法。

	A	B	C	D	E	F	G
1	姓名	性别	籍贯	部门	职位	工龄（年）	月工资
2	林达	男	哈尔滨	销售部	助理	11	4750
3							

图 2-8　<Tab> 键与 <Enter> 键配合使用

	A	B	C	D	E	F	G
1	姓名	性别	籍贯	部门	职位	工龄（年）	月工资
2	林达	男	哈尔滨	销售部	助理	11	4750
3							
4							
5							
6							

图 2-9　选定区域后按 <Tab> 键或 <Enter> 键

方法① 如图 2-8 所示，在 A 列数据录入完毕后使用 <Tab> 键向右移动活动单元格，当 G 列数据录入完成后按 <Enter> 键，活动单元格将直接切换到下一行的 A 列单元格。

方法② 先选定需要录入数据的矩形区域，按 <Tab> 键活动单元格将按照从左到右，从上到下的顺序切换并遍历所选区域。按 <Enter> 键活动单元格将按从上到下，从左到右的顺序切换并遍历所选区域，如图 2-9 所示。

技巧 18　多个单元格内同时录入相同内容

某些情况下，需要在多个单元格内同时录入相同内容，可以按以下步骤操作：按住 <Ctrl> 键选择需要录入相同内容的多个单元格或单元格区域，在编辑栏中输入需要的内容按 <Ctrl+Enter> 组合键，如图 2-10 所示。

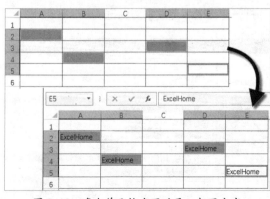

图 2-10　多个单元格内同时录入相同内容

技巧 19 快速录入上方单元格内容

如图 2-11 所示，需要在信息表中录入员工信息，第一行中已经录入了职位"助理"，在录入第二行数据时，赵凯的职位也需要输入"助理"，可以将活动单元格切换到 E3 单元格，然后按 <Ctrl+D> 组合键快速将 E2 单元格内容复制到 E3 单元格。

	A	B	C	D	E	F	G
1	姓名	性别	籍贯	部门	职位	工龄（年）	月工资
2	林达	男	哈尔滨	销售部	助理	11	4750
3	赵凯	男	葫芦岛	销售部			

图 2-11　<Ctrl+D> 组合键快速录入上方单元格内容

如需录入左侧单元格内容，可以按 <Ctrl+R> 组合键。

技巧 20 使用记录单功能快速标准化录入内容

在需要录入多字段内容的数据表时，可以使用"记录单"功能。具体操作步骤如下。

步骤① 单击数据表标题下的任意单元格，如 A2。

步骤② 单击功能区右侧的【操作说明搜索】文本框，在文本框中输入"记录单"，在弹出的下拉列表中单击【记录单】功能弹出数据录入界面。

步骤③ 单击数据录入界面的【新建】按钮，在各文本框中依次输入需要录入的内容。

步骤④ 录入完成后单击【关闭】按钮关闭对话框。

操作完成后，原数据表就新增了一条数据内容，如图 2-12 所示。

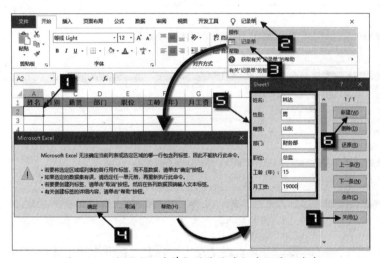

图 2-12　使用"记录单"功能快速标准化录入内容

技巧 21 多窗口协同工作

在查看数据量比较多的表格时，能够同时显示工作表或是工作簿的不同部分，方便用户查看数据。操作步骤如下。

步骤① 依次单击【视图】→【新建窗口】命令，Excel 将为当前工作簿新建一个窗口，标题栏中的工作簿名称后将自动添加"：1"和"：2"，以此来标识不同的窗口。

步骤② 依次单击【视图】→【全部重排】命令，在弹出的【全部重排】对话框中选择【水平并排】

单选按钮，选中【当前活动工作簿的窗口】复选框。最后单击【确定】按钮，关闭【重排窗口】对话框，如图 2-13 所示。

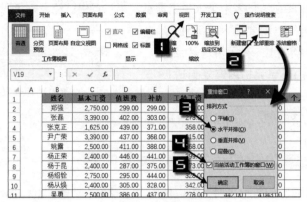

图 2-13　重排窗口

此时，即可在两个 Excel 程序窗口中显示当前工作簿中的内容。在任何窗口中进行改动时，两个窗口中的内容都会自动更新，如图 2-14 所示。

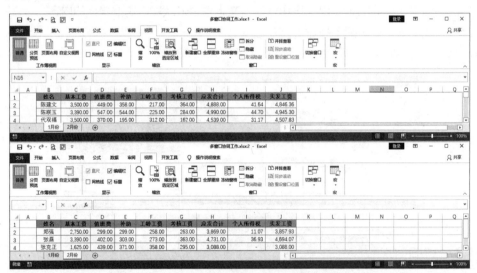

图 2-14　同时显示同一工作簿内不同工作表的内容

如果同时打开了其他工作簿，并且未在【重排窗口】对话框中选中【当前活动工作簿的窗口】复选框，则可以实现同时浏览不同工作簿的效果。

在【视图】选项卡下的【窗口】命令组中，还包含与窗口操作有关的多个命令按钮，如图 2-15 所示。

图 2-15　【窗口】命令组中的其他命令按钮

21.1 隐藏 / 取消隐藏

单击【隐藏】按钮将隐藏当前活动窗口，单击【取消隐藏】
按钮将弹出【取消隐藏】对话框，在对话框中选中目标工作簿，
然后单击【确定】按钮，可以取消对目标工作簿的隐藏，如图2-16
所示。

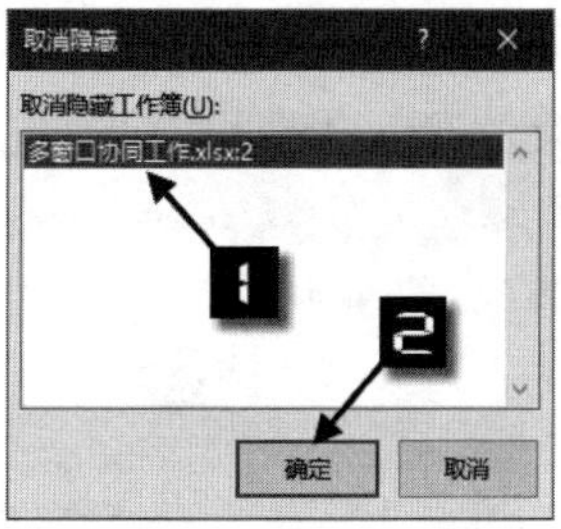

图 2-16　取消隐藏

21.2 并排查看

单击【并排查看】按钮，可以调出【并排查看】对话框，通过设置可以指定目标窗口与当前活动窗口进行并排查看。

21.3 同步滚动和重设窗口位置

只有在【并排查看】按钮处于高亮时，【同步滚动】按钮和【重设窗口位置】按钮才有效。单击【同步滚动】按钮使其处于高亮状态，然后拖动滚动条，此时处于【并排查看】状态的窗口将同步滚动。

单击【重设窗口位置】按钮，处于【并排查看】状态的窗口将重置成水平并排排列状态。

21.4 切换窗口

当同时打开多个工作簿时，单击【切换窗口】按钮，可以在下拉列表中单击目标工作簿名称进行快速切换，如图 2-17 所示。

图 2-17　切换窗口

技巧 22 控制自动超链接

默认情况下，在单元格中输入邮件或是网址时，Excel 会自动将其转换为超链接。当鼠标悬停在带有超链接的单元格时，光标会变成手的形状，如图 2-18 所示。此时单击鼠标，Excel 会启动系统默认的邮件程序或是打开该链接。

图 2-18　含超链接的单元格

如果不需要将输入的邮箱或是网址进行转换，可以使用以下几种方法取消超链接。

22.1 关闭超链接自动转换

如果在单元格中输入的内容被自动转换为超链接，可以按 <Ctrl+Z> 组合键转换，也可以先输入一个英文状态半角单引号"'"，然后输入邮箱或网址。

Excel 允许用户关闭超链接自动转换功能，操作方法如下。

步骤① 依次单击【文件】选项卡→【选项】命令，打开【Excel 选项】对话框。

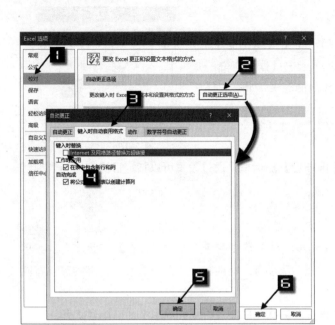

图 2-19　关闭超链接自动转换功能

步骤② 单击【校对】选项卡，在右侧区域单击【自动更正选项】按钮，打开【自动更正】对话框。

步骤③ 单击【键入时自动套用格式】选项卡，取消选中【Internet 及网络路径替换为超链接】复选框，最后依次单击【确定】按钮关闭对话框，如图 2-19 所示。

22.2　选定超链接单元格

如果要选中包含超链接的单元格，可以使用以下几种方法。

方法① 将光标移动到单元格上方，按住鼠标左键不放稍作移动，当鼠标指针由手形变成空心十字形时释放鼠标。

方法② 先选中附近的单元格，再用方向键移动到包含超链接的单元格。

方法③ 在编辑栏左侧的名称框中输入单元格地址，按 <Enter> 键。

技巧 23　删除现有的超链接

如果希望删除工作表中现有的超链接，可以先选中含有超链接内容的单元格区域，然后右击鼠标，在弹出的快捷菜单中选择【删除超链接】命令即可，如图 2-20 所示。

如果仅需要删除超链接而保留单元格中现有的格式，可以在【开始】选项卡下单击【清除】下拉按钮，在下拉菜单中选择【清除超链接(不含格式)】命令，如图 2-21 所示。

图 2-20　使用快捷菜单删除超链接

图 2-21　清除超链接时保留格式

技巧 24 恢复文本网址的超链接

在工作表中输入网址或邮箱时,由于 Excel 会自动将其转换为超链接,如果不小心误点超链接,会给数据录入带来很大不便。在录入较多的网址或邮箱时,可以按照以下步骤,使录入过程更加方便。

步骤① 参考技巧 22.1 所示步骤,在 Excel 自动更正选项中取消选中【Internet 及网络路径替换为超链接】复选框,然后输入网址或邮箱。

步骤② 参考技巧 22.1 所示步骤,在 Excel 自动更正选项中选中【Internet 及网络路径替换为超链接】复选框。

步骤③ 在首个相邻单元格中输入完整的邮箱地址,按 <Enter> 键。然后双击该单元格右下角的填充柄,将内容复制到最后一行,接下来单击填充区域右下角的【填充选项】下拉按钮,在下拉列表中选择【快速填充】命令,如图 2-22 所示。

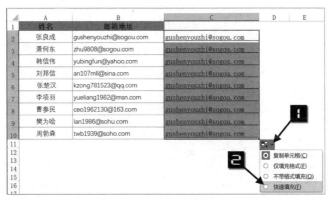

图 2-22 快速填充

步骤④ 选中快速填充后的单元格区域,如 C2:C10,按 <Ctrl+C> 组合键复制。然后单击 B2 单元格,按 <Ctrl+V> 组合键粘贴。

步骤⑤ 选中 B 列数据区域,添加单元格边框,最后删除 C 列的内容即可。

技巧 25 提取超链接信息

从网页或其他超文本中复制数据到 Excel 工作表中时,可能会包含一些超文本链接,如图 2-23 所示。

通过自定义函数的方式,能够提取出超链接信息,具体步骤如下。

图 2-23 带有超链接的内容

步骤① 按 <Alt+F11> 组合键,打开 VBA 编辑器。

步骤② 依次单击【插入】→【模块】命令,插入一个新的模块。

步骤③ 双击"模块 1"打开对应的代码窗口,在代码窗口中输入以下代码,如图 2-24 所示。

```
Function GetAddress(HyCell)
```

```
    Application.Volatile True
    With HyCell.Hyperlinks(1)
        GetAddress = IIf(.Address = "", .SubAddress, .Address)
    End With
End Function
```

图 2-24　编写提取超链接信息的自定义函数

步骤④ 按 <Alt+F11> 组合键返回 Excel 工作簿窗口。

通过以上操作，生成了一个名为"GetAddress"的自定义函数，用于提取超链接的链接地址。

步骤⑤ 在 B1 单元格中输入以下公式，将公式向下复制，提取后的结果如图 2-25 所示。

```
=GetAddress(A1)
```

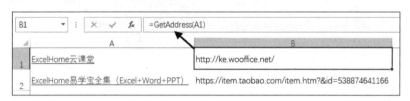

图 2-25　自定函数提取超链接信息

最后将文档保存为"Excel 启用宏的工作簿"，也就是".xlsm"格式即可。

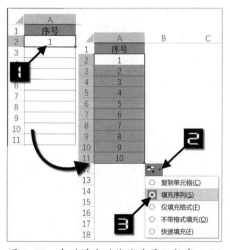

图 2-26　自动填充功能快速录入数字 1~10

技巧 26　自动填充

Excel 中的自动填充功能可以有效地提高数据录入效率，也是数据处理的常用功能之一，可以实现多种数据的快速录入和填充。例如，要录入数字 1~10，可以按以下步骤快速完成。

在 A2 单元格中输入数字 1，将鼠标光标移动到 A2 单元格右下角，当鼠标指针变成黑色十字填充柄时，向下拖动鼠标左键至 A11 单元格，然后单击【自动填充选项】悬浮框中的【填充序列】单选按钮完成填充，如图 2-26 所示。

技巧 27 文本循环填充

对于普通文本而言，选中单个单元格，拖曳单元格右下角的填充柄填充时单元格内容将自动复制。如果选中包含不同内容的多个单元格矩形区域拖曳填充，Excel 将对选中的单元格区域内容进行循环复制。

如图 2-27 所示，需要将 A2 和 A3 单元格的内容循环向下复制，可以按以下步骤完成。

步骤① 选中 A2:A3 单元格区域。

步骤② 将鼠标光标移动到 A3 单元格右下角，当鼠标指针变成黑色十字填充柄时，向下拖动鼠标左键，A2:A3 单元格内容将被循环复制。

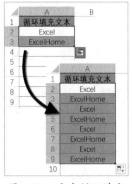

图 2-27 文本循环填充

> **提示**
>
> 当选中包含数字的多单元格矩形区域下拉填充时，Excel 会按其识别的数字规律填充。例如，假设 A1 单元格存储数字 5，A2 单元格存储数字 15，由于 A2 单元格的值比 A1 单元格的值大 10，因此当同时选中 A1:A2 单元格向下填充时会生成 5、15、25、35……间隔为 10 的递增序列。

技巧 28 日期录入技巧

28.1 按日填充日期

首先在 A2 单元格中输入一个起始日期，将鼠标光标移动到 A2 单元格右下角，当光标变成黑色十字填充柄时下拉即可。

28.2 填充工作日

如果只需要填充工作日，可以按以下步骤操作。

在 A2 单元格中输入一个起始日期，将鼠标光标移动到 A2 单元格右下角，当光标变成黑色十字填充柄时下拉，然后单击【自动填充选项】悬浮框，在弹出的下拉列表中单击【填充工作日】单选按钮，如图 2-28 所示。

图 2-28 填充工作日

> **提示**
>
> "自动填充选项"不仅可按日、按工作日填充日期，还可以按年和月填充日期。

技巧 29 快速录入时间

29.1 按小时录入时间

在 A2 单元格输入起始时间，如"10:33:00"，将鼠标光标移动到 A2 单元格右下角，当光标变成黑色十字填充柄时向下拖动，即可按小时录入时间。

29.2 按固定间隔录入时间

有些时候不仅需要按小时录入时间，也可能需要按固定的间隔录入时间，间隔可能是若干分钟、若干小时等。如需要按 3 小时间隔录入时间，可以按以下步骤操作。

在 A2 单元格输入起始时间，在 A3 单元格输入起始时间 3 小时后的时间，同时选中 A2:A3 单元格区域，将鼠标光标移动到 A3 单元格右下角，当光标变成黑色十字填充柄时下拉即可。

技巧 30 使用墨迹公式功能输入数学公式

Excel 2016 新增了"墨迹公式"功能，可以使用鼠标或触屏笔更方便地输入数学公式。使用"墨迹公式"功能输入数学公式的操作步骤如下。

步骤① 依次单击【插入】→【公式】按钮，在弹出的下拉列表中单击【墨迹公式】命令，调出【数学输入控件】对话框。

步骤② 在【数学输入控件】对话框中间的黄色区域部分用触屏笔或鼠标写入数学公式，输入时，可在上方预览识别结果，如果识别错误可选择擦除、选择和更正及清除等功能来调整。

步骤③ 输入完成后单击【插入】按钮完成数学公式的输入，如图 2-29 所示。

图 2-29 使用"墨迹公式"功能插入数学公式

技巧 31 输入上标和下标

Excel 中可以将字符设置为上标或下标。例如，输入"200m^2"可以通过以下步骤来完成。

步骤① 在单元格中输入"200m2"，在编辑栏中拖动鼠标选中最后一个字符"2"，右击鼠标，在弹出的快捷菜单中单击【设置单元格格式】命令，调出【设置单元格格式】对话框。

步骤② 选中【设置单元格格式】对话框【特殊效果】区域中【上标】复选框。最后单击【确定】按钮完成设置，如图 2-30 所示。

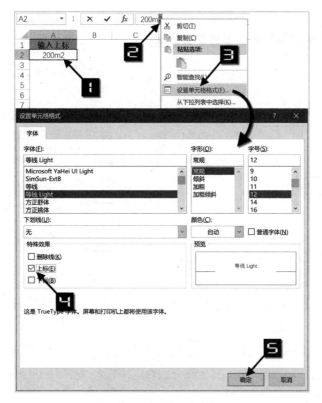

图 2-30 输入上标

技巧 32 录入分数

在日常工作中，某些情况下需要输入分数，例如 1/2、17/4 等，直接输入时可能会被 Excel 识别为日期格式。如果想输入正确的分数，需要了解分数在单元格中的存储格式。

分数在单元格中的存储格式如下。

整数部分 + 空格 + 分子 + 反斜杠（/）+ 分母

分数分为真分数、带分数和假分数 3 种类型，以下介绍这 3 种类型分数的输入方法。

32.1 录入真分数

真分数指分子小于分母的分数，其值小于 1，即整数部分为 0 的分数。在 Excel 中输入真分数时，要在整数部分输入 0 进行占位。例如，要在 A2 单元格输入 "2/7"，需要在单元格内输入 "0 2/7"，即依次输入 0、空格、2、反斜杠和 7。

32.2 录入带分数

带分数的值大于 1，由整数部分和分数部分组成，且分数部分必须为真分数。例如要在 A2 单元格输入 "五又七分之三" 时，需要在 A2 单元格内输入 "5 3/7"，即依次输入 5、空格、3、反斜杠和 7。

32.3 录入假分数

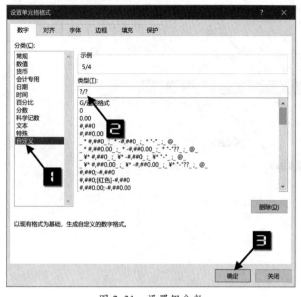

图 2-31 设置假分数

默认情况下，单元格内输入的分数无法显示为假分数样式，但可以通过设置单元格格式来实现假分数的显示。例如，需要在 A2 单元格输入"5/4"，可以按以下步骤操作。

步骤① 在 A2 单元格中首先输入带分数"1 1/4"，按 <Enter> 键完成输入。

步骤② 单击 A2 单元格，按 <Ctrl+1> 组合键，调出【设置单元格格式】对话框。

步骤③ 单击【数字】选项卡中【分类】组中的"自定义"选项，将右侧【类型】文本框中的数字格式代码"# ?/?"更改为"?/?"。

步骤④ 单击【确定】按钮关闭【设置单元格格式】对话框，如图 2-31 所示。

设置完成后，在 A2 单元格中输入其他假分数时直接输入"分子 + 反斜杠（/）+ 分母"即可，无须先输入带分数形式。

技巧 33 录入身份证号及超长数字

Excel 单元格中存储的数字如果超过 11 位，默认情况下将会以科学计数法的方式显示。Excel 可处理的数字精度最大为 15 位，超过 15 位的部分都会被作为 0 存储。因此，在默认情况下输入纯数字的身份证号和超过 15 位的银行卡号时，单元格返回的数值及样式将不符合预期。

例如，需要在 B2 单元格输入身份证号"230103199003244227"，在 C2 单元格输入银行卡号"6226670803789217"时，会出现如图 2-32 所示的结果，单元格显示为科学计数法，并且超过 15 位的数字部分都变成 0。

如果需要单元格中显示正确的身份证号和超长数字，需要以文本方式存储。一般可以使用以下两种方法。

方法① 在输入的身份证号或超长数字的第一位数字之前输入一个英文半角状态的单引号"'"，这个符号是告诉 Excel 此单元格的内容将以文本方式存储数据，如图 2-33 所示。

	A	B	C
1	姓名	身份证号	银行卡号
2	张燕兵	2.30103E+17	6.22667E+15
3	白露		
4	赵琦		
5	李兵		
6	毕春艳		

图 2-32 默认情况下输入身份证和超长数字将出错

B2　　fx　'230103199003244227

	A	B	C
1	姓名	身份证号	银行卡号
2	张燕兵	230103199003244227	
3	白露		

图 2-33 输入超长数字时先输入一个单引号

方法② 选中需要输入身份证号和超长数字的单元格区域，将【数字格式】设置为【文本】，然后输入身份证号和超长数字即可，如图 2-34 所示。

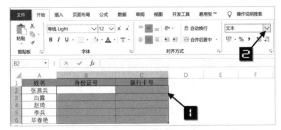

图 2-34　设置单元格为文本格式后录入

技巧 34　快速输入特殊字符

在实际工作中，经常需要在 Excel 中输入一些特殊字符，大部分特殊字符都可以在【插入】选项卡的【符号】按钮所对应的字符库中选取。

34.1　通过菜单功能插入特殊字符

以插入商标符号"™"为例，通过菜单功能插入特殊字符的步骤如下。

步骤①　选中要插入特殊字符的单元格，如 A2 单元格。

步骤②　依次单击【插入】→【符号】按钮，调出【符号】对话框。

步骤③　在【符号】对话框中切换到【特殊字符】选项卡，单击【字符】列表框中的"商标"项。

步骤④　最后单击【插入】按钮即可，如图 2-35 所示。

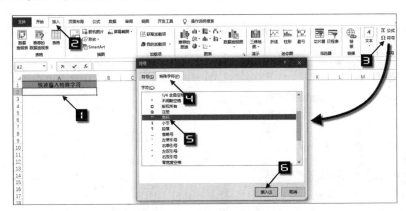

图 2-35　插入商标符号

提示

直接双击【字符】列表框中的项也可以快速在单元格内插入特殊字符。

在【符号】对话框中的【符号】选项卡下选择不同的"字体"和"子集"，可以选择更多的特殊符号，如图 2-36 所示。

注意

由于不同计算机上安装的字体存在不同，因此在一台计算机上输入的特殊字符可能在另外一台计算机上会无法显示。

图 2-36　查看更多特殊字符

34.2　用键盘录入特殊字符

对于日常工作中需要频繁录入的符号，可以通过按"Alt+ 数字键"的方式快速录入，其中数字键为数字小键盘的数字。例如，需要输入"√"，可以按住 <Alt> 键不放，在数字小键盘依次输入"41420"，最后松开 <Alt> 键完成"√"的录入。

使用笔记本电脑的用户需要切换到数字键盘模式下，在英文半角状态下方能输入。

常见的特殊字符和其输入方式如表 2-1 所示。

表 2-1　用键盘录入常见的特殊字符

符号	名称	输入方式
々	汉字替代符	Alt+41385
±	加减号	Alt+41408
×	错号	Alt+41409
2	平方	Alt+178
3	立方	Alt+179

技巧 35　自动更正的妙用

Excel 的"自动更正"功能不仅能帮助用户更正常见错别字、修正英文拼写等错误，还可以更快速地录入一些常用短语或特殊字符。

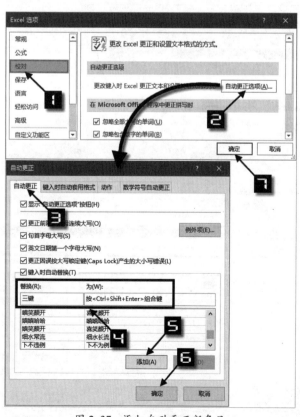

图 2-37　添加自动更正新条目

例如输入字符"三键"，需要系统自动替换为"按 <Ctrl+Shift+Enter> 组合键"，设置步骤如下。

步骤①依次单击【文件】→【选项】命令，打开【Excel 选项】对话框。

步骤②在【Excel 选项】对话框中切换到【校对】选项卡，单击【自动更正选项】区域中的【自动更正选项】按钮，调出【自动更正】对话框。

步骤③在【替换】文本框中输入"三键"，在【为】文本框中输入"按 <Ctrl+Shift+Enter> 组合键"，单击【添加】按钮完成新条目的添加。

步骤④单击【确定】按钮返回【Excel 选项】对话框，再次单击【确定】按钮关闭对话框，如图 2-37 所示。

设置完成后，在工作表中输入"三键"，按 <Enter> 键后将会被自动替换为

"按 <Ctrl+Shift+Enter> 组合键"。

如果需要删除自动更正条目，可以在【自动更正】对话框的条目列表中单击选中该条目，然后单击【删除】按钮即可。

提 示

自动更正功能在所有 Office 组件中通用，因此在 Excel 中添加的自定义更正条目，在 Word 和 Power-Point 中同样可以使用。

技巧 36 快速导入 Web 数据

Excel 2016 中可以导入 Web 数据并实时更新。例如需要导入"上证 A 股涨幅排行前 20 名"的数据，操作步骤如下。

步骤① 依次单击【数据】→【新建查询】→【从其他源】→【自网站】按钮。

步骤② 在弹出的【从 Web】对话框中输入网址 http://quote.eastmoney.com/center/gridlist.html#sh_a_board，单击【确定】按钮，如图 2-38 所示。

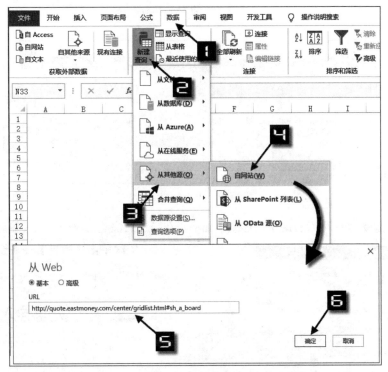

图 2-38　新建查询

步骤③ 在【导航器】的【显示选项】区域中单击 Table 标签，右侧【表视图】选项卡下会显示出选定 Table 的具体内容。本例选择导入"Table 0"对应的数据内容，单击【加载】按钮完成数据导入，如图 2-39 所示。

导入后的效果如图 2-40 所示。

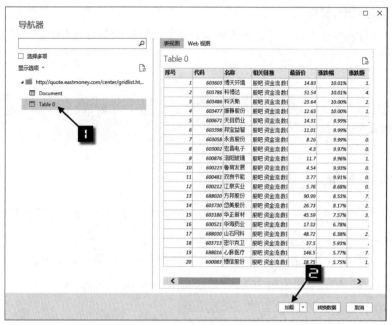

图 2-39　导航器界面

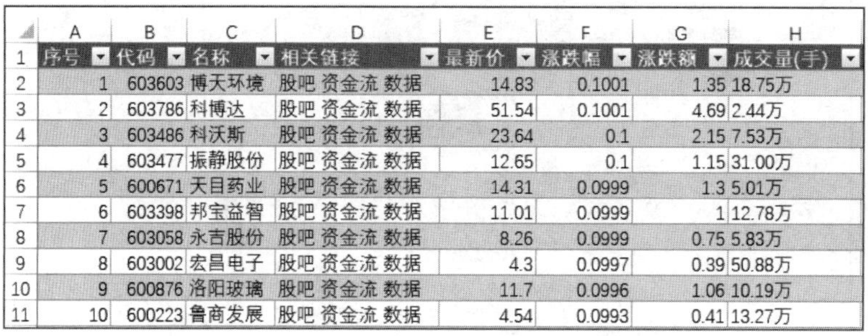

	A	B	C	D	E	F	G	H
1	序号	代码	名称	相关链接	最新价	涨跌幅	涨跌额	成交量(手)
2	1	603603	博天环境	股吧 资金流 数据	14.83	0.1001	1.35	18.75万
3	2	603786	科博达	股吧 资金流 数据	51.54	0.1001	4.69	2.44万
4	3	603486	科沃斯	股吧 资金流 数据	23.64	0.1	2.15	7.53万
5	4	603477	振静股份	股吧 资金流 数据	12.65	0.1	1.15	31.00万
6	5	600671	天目药业	股吧 资金流 数据	14.31	0.0999	1.3	5.01万
7	6	603398	邦宝益智	股吧 资金流 数据	11.01	0.0999	1	12.78万
8	7	603058	永吉股份	股吧 资金流 数据	8.26	0.0999	0.75	5.83万
9	8	603002	宏昌电子	股吧 资金流 数据	4.3	0.0997	0.39	50.88万
10	9	600876	洛阳玻璃	股吧 资金流 数据	11.7	0.0996	1.06	10.19万
11	10	600223	鲁商发展	股吧 资金流 数据	4.54	0.0993	0.41	13.27万

图 2-40　导入 Web 数据

如果需要更新数据，可以右键单击任意单元格，在弹出的快捷菜单中单击【刷新】命令，或者依次单击【数据】→【全部刷新】按钮即可。

	A	B	C	D	E	F
1	日期	货号	品名	颜色	数量	金额
2	2019/9/11	G9H26A	足球上衣	黑黄	30	¥2,310.00
3	2019/9/12	G9H34B	篮球裤	深灰红	22	¥1,364.00
4	2019/9/13	G9H44B	运动裤	黑	40	¥3,160.00
5	2019/9/13	G9H44B	运动裤	深灰	42	¥3,318.00
6	2019/9/14	G9H25B	足球裤	红白	70	¥3,500.00
7	2019/9/19	G9H35B	篮球裤	彩蓝黑	82	¥4,264.00
8	2019/9/24	G9H25A	足球上衣	彩蓝黑	53	¥4,134.00
9	2019/9/24	G9H28B	足球裤	彩蓝	92	¥7,176.00
10	2019/9/26	G9H26B	足球裤	白彩蓝	30	¥1,950.00
11	2019/9/28	G9H35A	篮球上衣	彩蓝黑	19	¥1,463.00
12	2019/10/2	G9H44A	运动上衣	深灰	88	¥6,952.00
13	2019/10/9	G9H25B	足球裤	彩蓝黑	18	¥1,188.00
14	2019/10/11	G9H26B	足球裤	黑黄	95	¥6,175.00

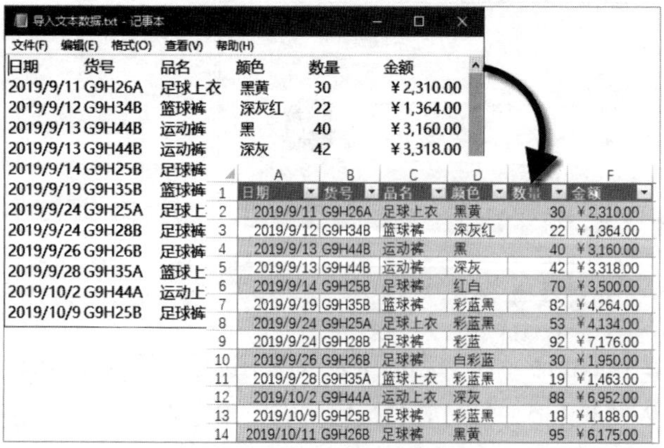

图 2-41　需要导入的数据

技巧 37　快速导入文本数据

在日常工作中，往往需要在 Excel 中处理不同来源的数据，以文本文件格式（.txt 文件）来存储的数据就是其中一种。如图 2-41 所示，需要将文本文件数据导入 Excel 中，操作步骤如下。

步骤① 依次单击【数据】→【新建查询】→【从文件】→【从文本】命令，调出【导入数据】对话框。浏览选中需要导入的文本文件，单击【导入】按钮，如图 2-42 所示。

图 2-42 导入数据

步骤② 在弹出的操作窗口中，依次选择【文件原始格式】和【分隔符】样式。本例文件原始格式选择为"-- 无 --"，分隔符选择为"制表符"，最后单击【加载】按钮完成导入，如图 2-43 所示。

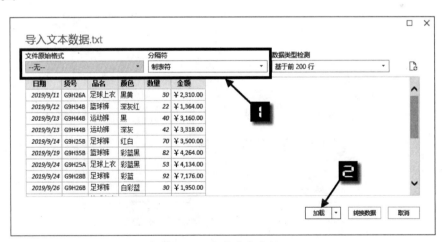

图 2-43 加载文本数据

技巧38 快速导入 Access 数据

通过获取外部数据功能，Excel 可以将 Access 数据库文件中的数据导入工作表中，操作步骤如下。

步骤① 依次单击【数据】→【新建查询】→【从数据库】→【从 Microsoft Access 数据库】命

令，弹出【导入数据】对话框。浏览选中需要导入的 Access 数据库文件，单击【导入】按钮，如图 2-44 所示。

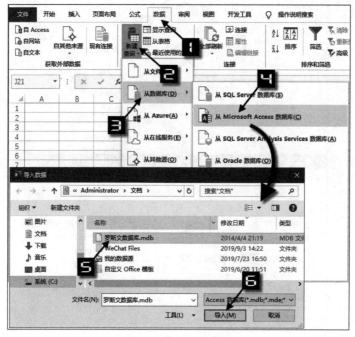

图 2-44　导入数据库文件

步骤② 在弹出的【导航器】界面中，单击数据表名称列表中需要导入的表名称，最后单击【加载】按钮完成数据导入，如图 2-45 所示。

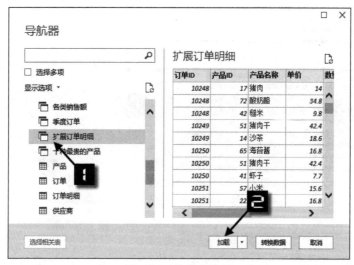

图 2-45　导航器界面

	A	B	C	D
1	名称	区域	年销售量	油站等级 (1-4)
2	朝周站	南区	3,230.00	
3	方井站	东区	4,000.00	
4	国友站	西区	6,700.00	
5	建宁站	南区	1,800.00	
6	零宝站	东区	12,000.00	
7	刘东站	南区	7,999.00	
8	长山站	东区	8,000.00	
9	苏友站	南区	6,000.00	
10	天台站	东区	5,800.00	

图 3-1　录入油站等级

第3章　借助数据验证限制录入内容

Excel 的"数据验证"功能在规范数据录入、提升数据录入效率和准确性方面有着重要作用，使用"数据验证"功能可限制录入某些内容，在录入不符合要求的数据时弹出警示对话框提示更正数据或取消录入。此外，利用"数据验证"功能还可以制作多级下拉列表，利用"圈释无效数据"功能可查看不符合要求的数据等。本章主要介绍"数据验证"的常用技巧。

技巧 39　数据验证基础

39.1　限制输入整数

如图 3-1 所示，需要在表格 D 列录入每个油站的等级，录入内容限制为数字为 1~4。操作步骤如下。

步骤① 选中 D2:D10 单元格区域，单击【数据】选项卡下的【数据验证】按钮，调出【数据验证】对话框。

步骤② 在【数据验证】对话框的【设置】选项卡中，单击【验证条件】组的【允许】下拉按钮，在下拉列表中选择"整数"，在【数据】下拉列表中选择"介于"，在【最小值】文本框中输入"1"，【最大值】文本框中输入"4"。单击【确定】按钮完成设置，如图 3-2 所示。

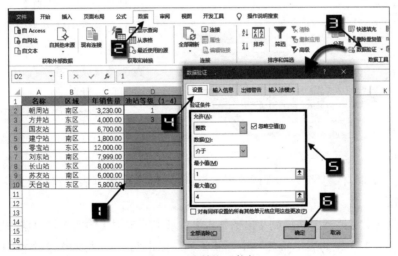

图 3-2　限制输入整数

设置完成后，D2:D10 单元格区域仅允许输入 1、2、3、4 这 4 个整数，如果输入超出范围的数值、小数或文本，按 <Enter> 键确认后会弹出如图 3-3 所示的错误提示。单击【重试】按钮将返回单元格编辑模式并可以重新输入或修改数据，单击【取消】按钮将清空已录入内容并退出单元格编辑模式。

除可限制输入整数外，【数据验证】对话框【允许】下拉列表还可以选择"任何值""小数""序列""日期""时间""文本长度"及"自定义"等，如图 3-4 所示。

图 3-3　超出限定范围弹出错误提示　　　图 3-4　数据验证"允许"设置的内容

当选择"任何值"时，单元格内录入内容无限制，可以输入任意值；选择"自定义"时可以通过函数公式来设置单元格录入内容的限制条件。

39.2　提示输入内容并设置出错警告

"数据验证"功能还可以在录入时提示输入内容的限制条件，并设置输入错误时的警告文字。

仍以上例数据表为例，如果需要在单击选中录入性别的单元格时显示屏幕提示文本，可以通过以下步骤来完成。

图 3-5　设置屏幕提示文本

在【数据验证】对话框中切换到【输入信息】选项卡，选中【选定单元格时显示输入信息】复选框，在【标题】文本框中输入"输入提示"，在【输入信息】文本框中输入"请通过下拉列表选择驾驶员性别"，最后单击【确定】按钮完成设置。

操作完成后，单击 B2 单元格时屏幕上会出现关于录入信息的提示，如图 3-5 所示。

"数据验证"能够自定义录入错误时的提示信息，仍以上例数据表为例，自定义错误提示信息可以按以下步骤来完成。

在【数据验证】对话框中切换到【出错警告】选项卡，选中【输入无效数据时显示出错警告】复选框，在【样式】下拉列表中选择一个样式，如"停止"。在【标题】文本框中输入"输入错误！"，在【错误信息】文本框中输入"请通过下拉列表选择驾驶员性别'男'或'女'，请勿输入其他内容！"，最后单击【确定】按钮完成设置。

设置完成后，当在 B2 单元格内输入"男""女"之外的内容时，会弹出如图 3-6 所示对话框，对话框的名称和内容均是自定义的内容。单击【重试】按钮重新编辑单元格内容，单击【取消】按钮取消当前输入。

图 3-6 自定义错误提示信息

【出错警告】选项卡的【样式】下拉列表中共有"停止""警告""信息"三个选项，对应图标及功能如表 3-1 所示。

表 3-1 "停止""警告""信息"对应功能

图标	类型	用途
	停止	阻止用户在单元格中输入无效数据 "停止"警告消息有以下两个选项：重试或取消
	警告	警告用户输入的数据无效，但不会阻止他们输入无效数据 出现"警告"消息时，用户可以单击"是"接受无效输入，单击"否"编辑无效输入或单击"取消"删除无效输入
	信息	告知用户输入的数据无效，但不会阻止他们输入无效数据。这种类型的出错警告最灵活 出现"信息"警告消息时，用户可以单击"确定"接受无效输入或单击"取消"拒绝无效输入

如果在【样式】下拉列表中选择"警告"或"信息"，当录入"男""女"之外的内容时会分别出现如图 3-7 所示的的对话框。如果点击"是"或"确定"按钮，当前编辑内容会保留在单元格内。

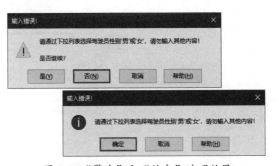

图 3-7 "警告"和"信息"选项效果

39.3 使用公式作为验证条件

数据验证可以使用公式作为验证条件，具体操作过程如下：在【数据验证】对话框的【设置】选项卡下，单击【允许】下拉按钮，在下拉列表中选择【自定义】，然后在【公式】文本框中输入公式。当公式判断结果返回 TRUE 或非 0 数值时，可以允许输入内容，如果公式判断结果返回 FALSE 或 0，则不允许输入内容。

图 3-8　使用公式作为验证条件

如图 3-8 所示，使用以下公式用来判断 A4 单元格是否包含 "@" 字符。

```
=ISNUMBER(FIND("@",A4))
```

如果 A4 单元格输入内容包含 "@"，FIND 函数将返回数字，ISNUMBER 函数判断是否为数值后结果返回 TRUE，Excel 允许输入内容。如果 A4 单元格输入内容不包含 "@"，FIND 函数将返回错误值，ISNUMBER 函数将返回 FALSE，输入内容将被拒绝，需要更正已输入内容或取消输入。

> **注　意**
>
> 设置数据验证后，通过复制粘贴的方式仍可将不符合数据验证条件的数据录入，无法达到限制输入的目的。

技巧 40　限制输入配偶姓名

如图 3-9 所示，需要在 C 列设置限制条件，仅当 B 列内容为 "是" 时，C 列才能输入内容。操作步骤如下。

步骤①　选中 C2:C8 单元格区域，依次单击【数据】→【数据验证】按钮，调出【数据验证】对话框。

步骤②　在【设置】选项卡下的【允许】下拉列表中选择 "自定义"，取消选中【忽略空值】复选框。

步骤③　在【公式】文本框中输入 "=B2="是""，单击【确定】按钮完成设置，如图 3-10 所示。

	A	B	C
1	姓名	是否有配偶	配偶姓名
2	孙海群		
3	李宏海		
4	孙晓杰		
5	张宏华		
6	张志锋		
7	李少锋		
8	李建涛		

图 3-9　需要录入配偶姓名的表格

图 3-10　设置过程

设置完成后，只有当 B 列单元格为 "是" 时 C 列才可以输入。

在数据验证中使用公式，对单元格区域的引用同样需要注意区分相对引用和绝对引用。通常情况下，可以按照在活动单元格中输入公式的方式设置引用方式。本例中选中 C2:C8 单元格区域设置数据验证，C2 单元格为活动单元格，输入的公式引用 B2 单元格，表示引用公式所在行的 B 列单元格进行判断。

修改数据验证中的公式时，如果需要通过按方向键移动光标位置，需要先将光标放在【公式】文本框内，按 <F2> 功能键启动编辑模式。

技巧 41 圈释无效数据

使用"圈释无效数据"功能，可以在已经输入的数据表中对数据的有效性和正确性进行检验与标识。如图 3-11 所示，D 列已经录入了下一年的预算数字，需要标识出下一年预算没有超过本年度预计金额 110% 的数据。

操作步骤如下。

步骤① 选中 D2:D10 单元格区域，依次单击【数据】→【数据验证】按钮，调出【数据验证】对话框。

步骤② 在【设置】选项卡下的【允许】下拉列表中选择"自定义"，取消选中【忽略空值】复选框。

步骤③ 在【公式】文本框中输入以下公式，单击【确定】按钮完成设置，如图 3-12 所示。

```
=D2>=C2*110%
```

图 3-11 预算数据　　　图 3-12 在已录入的数据区域设置有效性

设置完成后，在【数据】选项卡下依次单击【数据验证】→【圈释无效数据】命令，D 列所有下一年预算没有超过本年度预计金额 110% 的数据都将被红色椭圆标识圈标注出来，如图 3-13 所示。

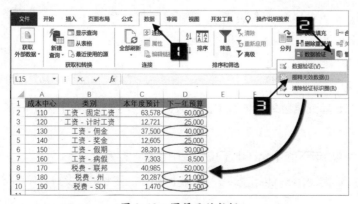

图 3-13 圈释无效数据

如果需要去掉红色椭圆标识圈，可以依次单击【数据】→【数据验证】→【清除验证标识圈】命令来完成。

技巧 42 限制输入重复内容

42.1 限制单列不能输入重复内容

如图 3-14 所示，需要在 B 列为 A 列的部门名称设置编码，要求编码不能重复，如果编码重复则弹出提示并不允许输入。

操作步骤如下。

步骤① 选中 B2:B9 单元格区域，依次单击【数据】→【数据验证】按钮，调出【数据验证】对话框。

步骤② 在【设置】选项卡下的【允许】下拉列表中选择"自定义"。

步骤③ 在【公式】文本框中输入以下公式，单击【确定】按钮完成设置，如图 3-15 所示。

```
=COUNTIF(B:B,B2)=1
```

图 3-14　编码重复则不允许输入

图 3-15　限制输入重复内容

COUNTIF 函数判断 B 列单元格输入的内容是否在 B 列里仅出现了一次，如果是，则可录入，如果出现次数大于 1 就说明重复，不允许录入。

42.2 限制多列不能输入重复内容

有时需要根据多个字段的内容设置输入限制条件，如图 3-16 所示，要求在"部门""姓名"和"年龄"三个字段内容均重复时不允许录入数据。

操作步骤如下。

	A	B	C
1	部门	姓名	年龄
2	销售部	张思悦	26
3	财务部	张燕梅	28
4	审计部	胡菁	28
5	保全不	汪菊芳	35
6	教务部	李志强	38
7	教务部	李志强	
8	教务部		

图 3-16　三列都重复值不允许录入

步骤① 选中 A2:C16 单元格区域，依次单击【数据】→【数据验证】按钮，调出【数据验证】对话框。

步骤② 在【设置】选项卡下的【允许】下拉列表中选择"自定义"。

步骤③ 在【公式】文本框中输入以下公式，单击【确定】按钮完成设置，如图 3-17 所示。

```
=COUNTIFS($A:$A,$A2,$B:$B,$B2,$C:$C,$C2)=1
```

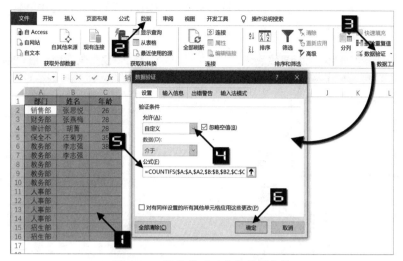

图 3-17　设置多列不重复限制条件

　　设置完成后，当同一行中输入的"部门""姓名"和"年龄"三个字段内容与其他行的对应字段内容完全相同时，Excel 会弹出警告对话框不允许输入，如图 3-18 所示。

　　关于 COUNTIF 和 COUNTIFS 函数的详细用法，请参阅技巧 237 和技巧 238。

图 3-18　多列重复时提示

技巧 43　限制输入空格

　　输入两个字的姓名时，有些用户习惯在姓与名之间插入空格以达到与三个字姓名对齐的目的。但这种方式对后期数据处理会带来一定影响，因此在数据录入时要禁止录入空格。如图 3-19 所示，当输入姓名为"李君"时，如果在中间插入一个空格，将弹出提示框提示拒绝输入。

　　操作步骤如下。

图 3-19　输入空格时提示出错

步骤① 选中 A2:A8 单元格区域，依次单击【数据】→【数据验证】按钮，调出【数据验证】对话框。

步骤② 在【设置】选项卡下的【允许】下拉列表中选择"自定义"。

步骤③ 在【公式】文本框中输入以下公式，如图 3-20 所示。

```
=NOT(ISNUMBER(FIND(" ",A2)))
```

　　FIND 函数在 A2 单元格里查找空格，如果找到就返回数字，否则返回错误值。ISNUMBER 函数判断 FIND 函数返回的是否是数字，如果是数字则返回 TRUE（代表单元格内容包含空格），否则返回 FALSE（代表单元格内容不包含空格）。NOT 函数将 ISNUMBER 函数产生的 TRUE 或 FALSE 分别转化为 FALSE 和 TRUE，从而达到限制录入空格的目的。

步骤④ 单击【出错警告】选项卡，选中【输入无效数据时显示出错警告】复选框，在【标题】文本框中输入"警告！"，在【错误信息】文本框中输入"不能在姓名中间输入空格！"，单击【确定】按钮完成设置，如图3-21所示。

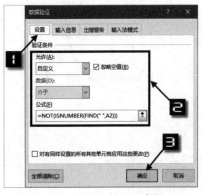

图 3-20　限制输入空格

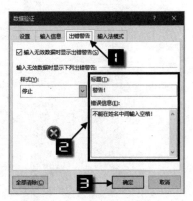

图 3-21　设置提示内容

如果是英文姓名，允许单词之间有一个空格，但不允许在字符串首尾插入多余空格，可以使用以下公式设置数据验证条件。

```
=A2=TRIM(A2)
```

TRIM函数可以去除多余的空格，单词之间的单个空格不会受影响。

关于FIND函数的详细用法，请参阅技巧195。

技巧 44　创建下拉列表，规范数据录入，提高录入效率

使用数据验证功能可以创建下拉列表，允许自定义设置固定内容以供选择，一方面可以规范数据录入，另一方面可以提高录入效率。如图3-22所示，单击B列单元格时，单元格右侧会出现下拉箭头，单击下拉箭头将弹出部门名称备选项，单击部门名称即可完成录入。

图 3-22　使用下拉列表录入

常见的创建下拉列表方法有如下几种。

44.1　直接引用存储下拉列表内容的单元格区域

步骤① 选中B2:B8单元格区域，依次单击【数据】→【数据验证】按钮，调出【数据验证】对话框。

步骤② 在【设置】选项卡下的【允许】下拉列表中选择"序列"，选中【提供下拉箭头】复选框。

步骤③ 单击【来源】文本框右侧的折叠按钮，选择存储部门名称的单元格区域"$D$2:$D$8"，单击【确定】按钮完成设置，如图3-23所示。

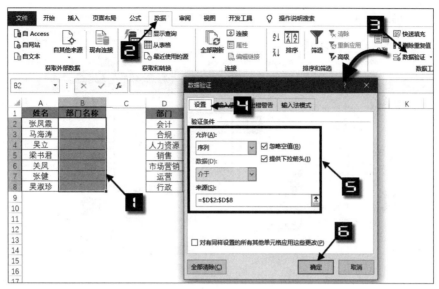

图 3-23 选择下拉列表来源

当使用固定区域作为下拉列表数据源时，需要注意单元格地址行列均应绝对引用，下拉列表数据源可与数据验证所在单元格位于不同工作表。

44.2 直接输入下拉列表的备选项

如图 3-24 所示，这是某单位驾驶员身份信息表的部分内容，需要在 B 列提供性别选项的下拉列表以规范并快速完成录入。

	A	B	C	D
1	姓名	性别	身份证号码	车牌号
2	孙海群			
3	李宏海			
4	孙晓杰			
5	张宏华			
6	张志锋			
7	李少锋			
8	李建涛			

图 3-24 需要录入性别的表格

操作步骤如下。

步骤① 选中 B2:B8 单元格区域，依次单击【数据】→【数据验证】按钮，调出【数据验证】对话框。

步骤② 在【数据验证】对话框的【设置】选项卡中，单击【验证条件】组的【允许】下拉按钮，在列表中选择"序列"，选中【提供下拉箭头】复选框。

步骤③ 在【来源】文本框中输入"男,女"，单击【确定】按钮完成设置。

设置完成后，单击 B2:B10 单元格区域中的任意单元格，单元格右侧会出现下拉箭头，单击下拉箭头会出现包含性别的下拉列表，在列表中单击"男"或"女"即可在单元格中录入相应内容，如图 3-25 所示。

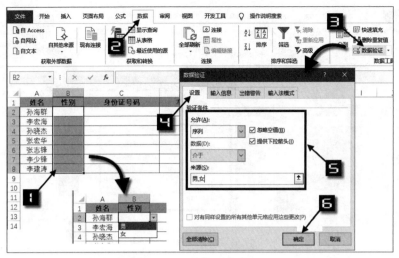

图 3-25　设置性别选项

提 示

直接在【来源】处输入下拉列表的备选项时，需要用半角逗号作为分隔符。

44.3　使用定义的静态名称

数据验证中可以使用定义的名称作为下拉列表数据源，操作步骤如下。

步骤① 选中 D2:D8 单元格区域，在名称框中输入"部门"，按 <Enter> 键，将该区域定义名称为"部门"，如图 3-26 所示。

步骤② 打开【数据验证】对话框，在【设置】选项卡下的【允许】下拉列表中选择"序列"，选中【提供下拉箭头】复选框。

步骤③ 在【来源】文本框中输入"= 部门"，单击【确定】按钮完成设置，如图 3-27 所示。

图 3-26　定义"部门"名称

图 3-27　设置引用的名称

以上方法创建的下拉列表固定引用 $D$2:$D$8 单元格区域，如果需要在 D 列增加部门名称时下拉列表自动更新，可以通过插入表格来实现。操作步骤如下。

步骤① 单击选中任意一个部门名称所在单元格，如 D2，按 <Ctrl+T> 组合键调出【创建表】对话框，保留默认选项，按【确定】按钮将数据区域转换为"表格"，如图 3-28 所示。

步骤② 在 D9 单元格中录入"后勤"。单击 B3 单元格的下拉按钮，下拉列表中会显示新添加的"后勤"这个部门名称，如图 3-29 所示。

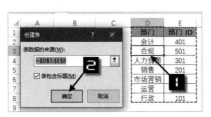

图 3-28　创建表

图 3-29　创建表格后下拉列表自动更新

44.4　使用定义的动态名称

除插入表格可以使下拉列表自动扩展外，也可以通过定义动态扩展的名称来实现。沿用上例数据表，按以下步骤操作也可实现下拉列表根据部门名称的增加而自动扩展。

步骤① 单击需要使用名称的第一个单元格，本例为 B2，然后依次单击【公式】→【定义名称】按钮，调出【新建名称】对话框。在【名称】文本框中输入"动态部门"，在【引用位置】文本框中输入以下公式，单击【确定】按钮关闭【新建名称】对话框，如图 3-30 所示。

```
=OFFSET(Sheet3!$D$1,1,0,COUNTA(Sheet3!$D:$D)-1,1)
```

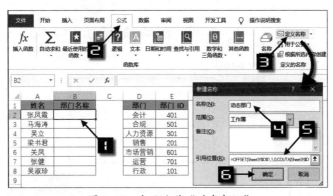

图 3-30　定义名称"动态部门"

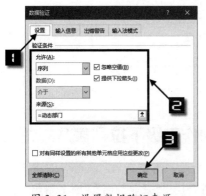

图 3-31　设置数据验证来源

步骤② 选中 B2:B8 单元格区域，依次单击【数据】→【数据验证】按钮，打开【数据验证】对话框。在【设置】选项卡下的【允许】下拉列表中选择"序列"，选中【提供下拉箭头】复选框。

步骤③ 在【来源】文本框中输入"= 动态部门"，单击【确定】按钮完成设置，如图 3-31 所示。

关于 OFFSET 函数的详细用法，请参考技巧 228。

44.5　INDIRECT 函数结合静态名称

沿用上例数据表，利用 INDIRECT 函数结合静态名称创建下拉列表。

步骤① 选中 D1:D8 单元格区域，依次单击【公式】→【根据所选内容创建】按钮，调出【根据所选内容创建名称】对话框。在对话框中选中【首行】复选框，取消选中其他复选框，最后单击【确定】按钮关闭对话框，如图 3-32 所示。

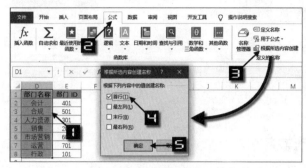

图 3-32　定义名称

步骤② 选中 B2:B8 单元格区域，依次单击【数据】→【数据验证】按钮，打开【数据验证】对话框。在【设置】选项卡下的【允许】下拉列表中选择"序列"，选中【提供下拉箭头】复选框。

步骤③ 在【来源】文本框中输入以下公式，单击【确定】按钮完成设置，如图 3-33 所示。

```
=INDIRECT($B$1)
```

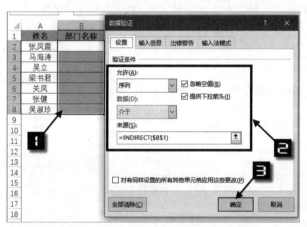

图 3-33　INDIRECT 函数结合静态名称

使用名称可以方便后期维护，同时也可以非常方便地实现二级联动下拉列表。

关于 INDIRECT 函数的详细用法，请参阅技巧 226。

图 3-34　费用类型及明细科目

技巧45　制作二级下拉列表

如图 3-34 所示，需要在 A2 单元格创建下拉列表选择"管理费用""营业费用""财务费用"三个费用类型，在 B2 单元格根据 A2 单元格选择的费用类型提供对应明细科目选项。

操作步骤如下。

步骤① 选中 D1:F7 单元格区域，按 <Ctrl+G> 组合键调出【定位】对话框。单击【定位条件】按钮，在弹出的【定位条件】对话框中单击【常量】单选按钮，最后点击【确定】关闭对话框，如图 3-35 所示。操作完成后 D1:F7 单元格区域所有非空单元格均被选中。

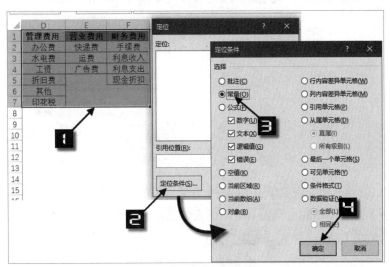

图 3-35　选中科目名称

步骤② 依次单击【公式】→【根据所选内容创建】按钮，调出【根据所选内容创建名称】对话框。

步骤③ 在【根据所选内容创建名称】对话框中，选中【首行】复选框，取消选中其他复选框，单击【确定】按钮完成设置，如图 3-36 所示。

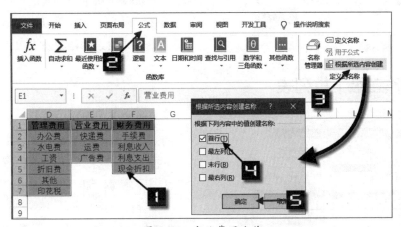

图 3-36　定义费用名称

步骤④ 单击选中 A2 单元格，依次单击【数据】→【数据验证】按钮，调出【数据验证】对话框。

步骤⑤ 在【设置】选项卡【验证条件】组的【允许】下拉列表中选择"序列"。

步骤⑥ 单击【来源】文本框输入公式"=$D$1:$F$1"，单击【确定】按钮完成设置，如图 3-37 所示。

设置完成后，A2 单元格下拉列表中将出现三种费用类型的下拉列表。

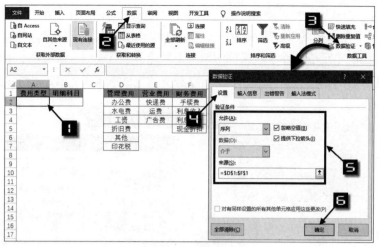

图 3-37　制作费用类型下拉列表

步骤⑦　单击选中 B2 单元格，依次单击【数据】→【数据验证】按钮，调出【数据验证】对话框。在【设置】选项卡下的【允许】下拉列表中选择"序列"，在【来源】文本框输入以下公式，最后单击【确定】按钮完成设置。

```
=INDIRECT(A2)
```

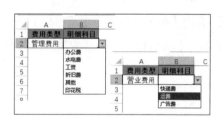

图 3-38　二级下拉列表

设置完成后，B2 单元格会根据 A2 单元格的费用类型提供对应明细科目的下拉列表，如图 3-38 所示。

如果二级下拉列表的数据内容是固定不变的，使用此方法可以快速制作二级下拉菜单，无须复杂的函数公式。

技巧 46　制作三级下拉列表

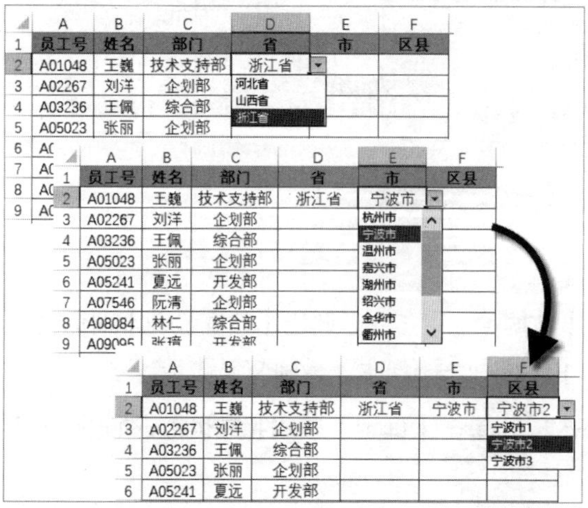

图 3-39　需要录入省、市、区县信息的表格

如图 3-39 所示，是某公司员工信息表的部分内容，需要在 D 列、E 列和 F 列设置下拉列表，要求"市"根据"省"自动变化，"区县"根据"市"自动变化。

操作步骤如下。

步骤①首在"数据"工作表中准备好地址数据库，本例为模拟数据，如图 3-40 所示。

步骤②依次单击【公式】→【定义名称】按钮，调出【新建名称】对话框。在【名称】文本框中输入"省"，在【引用位置】文本框中输入以下公式，单击【确定】按钮关闭对话框。

	A	B	C	D	E	F	G	H	I	J	K
1	一级菜单		二级菜单			三级菜单数据					
2	省		省	城市		区县1	区县2	区县3	区县4	区县5	区县6
3	河北省		河北省	石家庄市		石家庄市1	石家庄市2	石家庄市3			
4	山西省		河北省	唐山市		唐山市1	唐山市2	唐山市3	唐山市4	唐山市5	
5	浙江省		河北省	秦皇岛市		秦皇岛市1	秦皇岛市2				
6			河北省	邯郸市		邯郸市1	邯郸市2	邯郸市3			
7			河北省	邢台市		邢台市1	邢台市2	邢台市3	邢台市4	邢台市5	
8			河北省	保定市		保定市1	保定市2				
9			河北省	张家口市		张家口市1	张家口市2	张家口市3			
10			河北省	承德市		承德市1	承德市2	承德市3			
11			河北省	沧州市		沧州市1	沧州市2	沧州市3	沧州市4		
12			河北省	廊坊市		廊坊市1	廊坊市2				
13			河北省	衡水市		衡水市1	衡水市2	衡水市3	衡水市4		
14			山西省	太原市		太原市1	太原市2	太原市3	太原市4		
15			山西省	大同市		大同市1	大同市2	大同市3			
16			山西省	阳泉市		阳泉市1	阳泉市2	阳泉市3			
17			山西省	长治市		长治市1	长治市2	长治市3			
18			山西省	晋城市		晋城市1	晋城市2	晋城市3			
19			山西省	朔州市		朔州市1	朔州市2	朔州市3			

Sheet1 数据

图 3-40　地址数据库

```
=OFFSET(数据!$A$3,0,0,COUNTA(数据!$A:$A)-2,1)
```

公式中的“COUNTA(数据!$A:$A)”部分返回结果 5，为 A 列非空单元格数量，减去 2 得到 A 列存储省份单元格的数量 3。OFFSET 函数以 A3 单元格为基准，偏离 0 行 0 列，新引用的行数为 3 行，最终得到 A3∶A5 单元格区域的引用。

步骤3 在 Sheet1 工作表中单击 E2 单元格，然后参考步骤 2 中的方法，定义名称“市”，公式为：

```
=OFFSET(数据!$D$2,MATCH($D2,数据!$C:$C,0)-2,0,COUNTIF(数据!$C:$C,$D2),1)
```

公式中的“MATCH($D2,数据!$C:$C,0)-2”部分，判断已选择省份在“数据”工作表 C 列中的位置，减去 2 后作为 OFFSET 函数向下偏移的行数。OFFSET 函数的第 3 个参数，也就是新引用的行数，使用 COUNTIF 函数计算得到的已选择省份在“数据”工作表 C 列出现的次数。

步骤4 在 Sheet1 工作表中单击 F2 单元格，参考步骤 2 中的方法，定义名称“区县”，公式为：

```
=OFFSET(数据!$F$2,MATCH($E2,数据!$D:$D,0)-2,0,1,COUNTA(OFFSET(数据!$F$2:$Z$2,
MATCH(Sheet1!$E2,数据!$D:$D,0)-2,0)))
```

公式中的“MATCH(Sheet1!$E2,数据!$D:$D,0)-2”部分，根据已选择“市”的信息判断三级菜单数据所在行数，“COUNTA(OFFSET(数据!$F$2∶$Z$2,MATCH(Sheet1!$E2,数据!$D:$D,0)-2,0))”部分，用于判断三级菜单数据的个数。

步骤5 选中B2∶B9单元格区域，依次单击【数据】→【数据验证】按钮，调出【数据验证】对话框。

步骤6 在【设置】选项卡【验证条件】组的【允许】下拉列表中选择“序列”。

步骤7 单击【来源】文本框输入公式“= 省”，单击【确定】按钮完成设置。

步骤8 按步骤 7 的方法分别设置 E 列和 F 列数据验证条件，【来源】文本框中输入的公式分别为“= 市”和“= 区县”。

设置完成后，在 D 列选择省份后，E 列能够根据省份显示对应下拉列表，F 列能够根据 E 列的选择显示对应下拉列表。

关于 OFFSET 函数和 MATCH 函数的详细用法，请参考技巧 227 和技巧 228。

第4章 数据处理与编辑

数据的基本处理与编辑是各项统计分析的前提和基础，本章内容主要包括工作簿与工作表的基础操作和保护，查找替换、填充、分列、格式刷及删除重复项、分类汇总、合并计算等各种常用的数据处理功能操作介绍。通过本章的学习，读者能够提高数据处理与编辑能力，为数据统计分析工作奠定基础。

技巧 47 更改 Excel 的默认字体和字号

图 4-1 公式中的双引号无法区分

Excel 2016 默认字体为"正文字体"，字号为 11号。使用默认字体字号时，在编辑栏内会较难判断公式中使用的是英文半角还是中文全角状态的标点符号，从而影响公式的使用，如图 4-1 所示。

更改 Excel 默认字体和字号的操作步骤如下。

步骤① 依次单击【文件】→【选项】，打开【Excel 选项】对话框，切换到【常规】选项卡下。

步骤② 单击【使用此字体作为默认字体】的下拉按钮，选择合适的默认字体，如"宋体"。单击【字号】下拉按钮，选择默认字号，如"12"。设置完成后单击【确定】按钮，在弹出的 Excel 提示框中再次单击【确定】按钮，如图 4-2 所示。

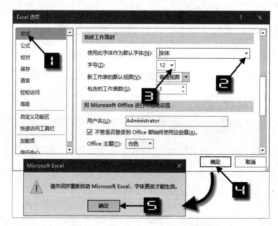

图 4-2 设置默认字体和字号

设置完成后新建一个 Excel 工作簿，即可显示为自定义的默认字体和字号。在"宋体"效果下，公式中的半角和中文符号更便于区分，如图 4-3 所示。

图 4-3 公式中的双引号区分比较明显

技巧 48 使用冻结窗格功能查看大表格

在数据量比较多的工作表中浏览数据时，行列标题会随着工作表右侧和底部的滚动条调整而自动隐藏，使用户无法直观了解当前数据所属的字段，如图 4-4 所示。

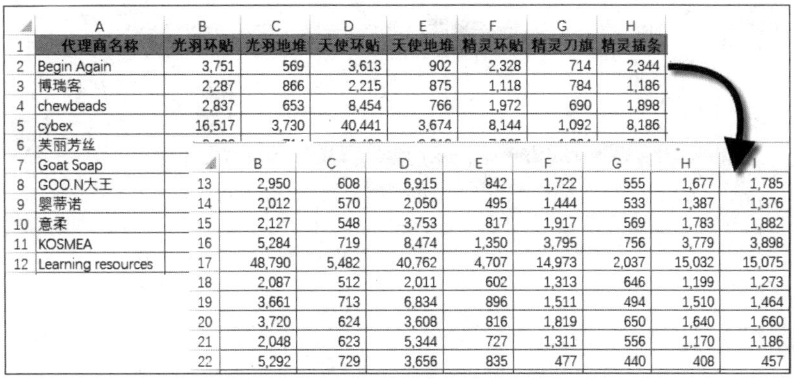

	A	B	C	D	E	F	G	H	
1	代理商名称	光羽环贴	光羽地堆	天使环贴	天使地堆	精灵环贴	精灵刀旗	精灵插条	
2	Begin Again	3,751	569	3,613	902	2,328	714	2,344	
3	博瑞客	2,287	866	2,215	875	1,118	784	1,186	
4	chewbeads	2,837	653	8,454	766	1,972	690	1,898	
5	cybex	16,517	3,730	40,441	3,674	8,144	1,092	8,186	
6	芙丽芳丝								

		B	C	D	E	F	G	H	I
7	Goat Soap								
8	GOO.N大王	13	2,950	608	6,915	842	1,722	555	1,677	1,785
9	婴蒂诺	14	2,012	570	2,050	495	1,444	533	1,387	1,376
10	意柔	15	2,127	548	3,753	817	1,917	569	1,783	1,882
11	KOSMEA	16	5,284	719	8,474	1,350	3,795	756	3,779	3,898
12	Learning resources	17	48,790	5,482	40,762	4,707	14,973	2,037	15,032	15,075
		18	2,087	512	2,011	602	1,313	646	1,199	1,273
		19	3,661	713	6,834	896	1,511	494	1,510	1,464
		20	3,720	624	3,608	816	1,819	650	1,640	1,660
		21	2,048	623	5,344	727	1,311	556	1,170	1,186
		22	5,292	729	3,656	835	477	440	408	457

图 4-4 不显示行列标题的数据表

使用冻结窗格功能，能够使数据表的行列标题始终显示。

48.1　冻结首行或冻结首列

单击数据区域中的任意单元格，如 C5，然后在【视图】选项卡下单击【冻结窗格】→【冻结首行】命令，如图 4-5 所示。

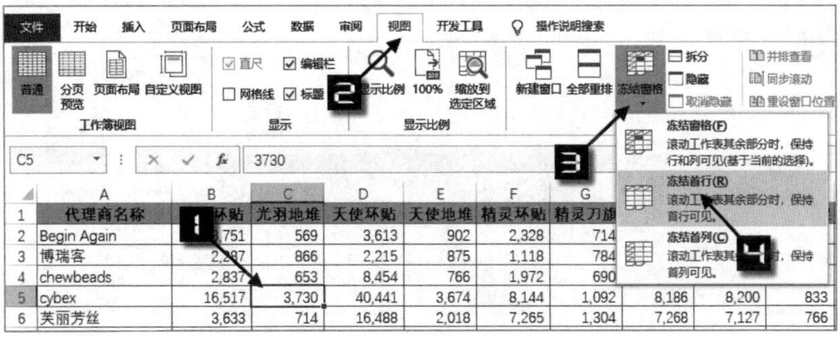

图 4-5 冻结首行

操作完成后，会在工作表的第一行下显示黑色的冻结线。再次拖动工作表右侧的滚动条浏览数据时，工作表的首行将始终显示，如图 4-6 所示。

图 4-6 首行始终显示

与此类似，如果在【视图】选项卡下单击【冻结窗格】→【冻结首列】命令，拖动工作表底部的滚动条时，最左侧列将始终显示。

【冻结首列】和【冻结首行】功能仅可以使用其一，如果要取消冻结状态，可以依次单击【视图】→【冻结窗格】→【取消冻结窗格】命令，如图 4-7 所示。

图 4-7　取消冻结窗格

48.2　同时冻结行列

当工作表中的数据结构比较复杂时，往往希望始终显示顶端的几行和左侧的几列，使用冻结窗格功能也可以实现。

在图 4-8 所示的工资表中，需要顶端两行的标题和左侧四列的人员信息始终显示时，可以先单击要冻结列数的右侧一列与冻结行数的下方一行交叉处，本例中需要冻结 4 列 2 行，因此要单击 E3 单元格。然后依次单击【视图】→【冻结窗格】→【冻结窗格】命令。

图 4-8　工资表

设置完成后，再次拖动工作表右侧和底端的滚动条浏览数据时，顶端的两行标题和左侧的 4 列信息将始终处于显示状态，如图 4-9 所示。

	A	B	C	D	X	Y	Z	AA	AB
1	序号	发薪月	姓名	身份证号	人员类别	社保申报基数	社会住房基数		
2							养老失业	工伤医疗生育	住房公积金
36	34	2019年2月	邹永忠	410205195506041021	本城	2,148	3,387	5,080	2,148
37	35	2019年2月	周光明	410205198202120517	本城	2,148	3,387	5,080	2,148
38	36	2019年2月	舒前银	410205198201200523	本城	2,000	3,387	5,080	2,000
39	37	2019年2月	刘魁	410204200708080050	本城	7,000	7,000	7,000	7,000
40	38	2019年2月	江建安	410205198811120512	本城	4,583	4,583	5,080	4,583
41	39	2019年2月	马锐	410205200306210517	本城	4,583	4,583	5,080	4,583
42	40	2019年2月	冯明芳	410205199607200051X	本城	6,667	6,667	6,667	6,667
43	41	2019年2月	金定华	410205198603150549	本城	5,250	5,250	5,250	5,250
44	42	2019年2月	李福学	410205198802240512	本城	6,667	6,667	6,667	6,667

图 4-9　冻结窗格后的工资表

技巧 49　在工作表中跳转位置

在工作表中的数据量较多时，如果要定位到某个单元格，除拖动工作表右侧和底端的滚动条之外，借助鼠标和使用一些组合键，能够使操作更加快捷。

49.1 跳转到 A 列单元格

按下 <Home> 键，能够快速切换至活动单元格所在行的 A 列，如图 4-10 所示。

如果工作表中执行了【冻结窗格】操作，按 <Home> 键后将定位至活动单元格所在行的冻结线右侧单元格，如图 4-11 所示。

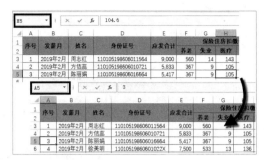

图 4-10　快速切换活动单元格位置

图 4-11　在冻结窗格后的工作表中快速移动光标

49.2 跳转到 A1 单元格和已使用区域的右下角单元格

有两种方法能够将光标快速切换到 A1 单元格。一是按 <Ctrl+Home> 组合键，二是在名称框中输入 "A1" 然后按 <Enter> 键，如图 4-12 所示。

图 4-12　跳转到 A1 单元格

按 <Ctrl+End> 组合键或是依次按下 <End> 键和 <Home> 键，可以快速定位到已使用区域的最右下角单元格。

49.3 定位到行列的始末端单元格

在没有空白单元格的数据区域内，使用 <Ctrl> 键结合方向键，能够快速定位到活动单元格所在行列的起始单元格或末端单元格。例如，按 <Ctrl+ ← > 或 <Ctrl+ → > 组合键可以定位到活动单元格所在行的最左侧或最右侧单元格。按 <Ctrl+ ↑ > 或 <Ctrl+ ↓ > 组合键，可以定位到活动单元格所在列的顶部或底端单元格。

除此之外，将光标靠近活动单元格的边框，待光标变成十字箭形状时双击，也能实现快速跳转的效果，如图 4-13 所示。

图 4-13 双击活动单元格边框实现跳转

提 示

如果表格内的数据不连续，使用以上方法将定位到与活动单元格相邻数据区域的最外侧单元格。

技巧 50 快速选取单元格区域

在数据处理过程中，经常需要对多个单元格或是多个单元格区域进行批量操作。例如，对工作表添加框线时，就要先选中要处理的单元格区域，然后再进行设置。以下介绍选取单元格区域的几种快捷方法。

50.1 选择矩形区域

在数据量比较少的工作表中，一般是通过拖动鼠标来选择连续的单元格区域。也可以先单击待选取区域的左上角的单元格，然后按住 <Shift> 键不放，再单击待选取区域右下角的单元格，即可选中对应的矩形区域，如图 4-14 所示。

图 4-14 选取矩形区域

另一种方法是以扩展式选定方式选取数据区域。先单击要选取的起始单元格，然后按 <F8> 功能键，再单击其他单元格，即可选中一个矩形区域。按 <Esc> 键可退出扩展式选定方式。

50.2 选择与活动单元格相邻的区域

单击数据区域中的任意单元格，然后按 <Ctrl+A> 组合键，可快速选中与活动单元格相邻的所有数据区域单元格。如果按两次 <Ctrl+A> 组合键，则会选中整个工作表。

50.3 选择不连续的单元格区域

要选择不连续的单元格区域时，可以先拖动鼠标选中第一个单元格区域，然后按住 <Ctrl> 键不放，依次拖动鼠标选择其他区域即可，如图 4-15 所示。

图 4-15 选择不连续的单元格区域

50.4 选取整行或整列数据区域

在没有空白单元格的数据区域内，使用 Shift 键 +<Ctrl> 键结合方向键，能够快速选取活动单元格所在行列的数据范围。例如，按 <Ctrl+Shift+ ← > 或 < Ctrl+Shift+ → >组合键可以选中从活动单元格开始到该行的最左侧或最右侧单元格区域。按 < Ctrl+Shift+ ↑ > 或 < Ctrl+Shift+ ↓ >组合键，可以选中从活动单元格开始到该列的顶部或底端单元格。

如果表格内的数据不连续，使用以上方法将选中从活动单元格开始到数据相邻区域的单元格范围，如图 4-16 所示。

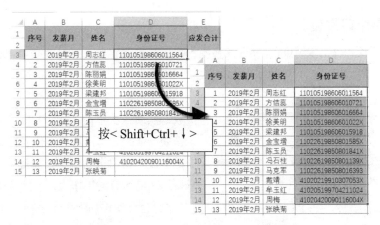

图 4-16 选择数据相邻区域的单元格范围

50.5 使用名称框选择数据区域

通过名称框能够快速完成区域的选取。如果需要在数据量比较大的表格中，选择部分数据区域进行操作时，此方法会非常简便。

例如，要在图 4-17 所示的表格中选取 A1:H150 单元格区域，可以在名称框中输入 "A1:H150"，然后按 <Enter> 键即可。

图 4-17　使用名称框选取单元格区域

借助"定义名称"功能，给某个单元格区域设置一个直观的名称，以此来标识不同的区域，能够使单元格区域的选取更加方便。例如，要在图 4-17 所示的表格中，分别对姓名和性别所在的区域定义名称，操作步骤如下。

首先选中姓名所在区域，在名称框中输入"姓名"，按 <Enter> 键。再选中性别所在区域，在名称框中输入"性别"，按 <Enter> 键，如图 4-18 所示。

设置完成后，单击名称框下拉菜单，可以在下拉列表中选择已定义的名称，即可快速选中对应区域，如图 4-19 所示。

图 4-18　使用名称框定义名称

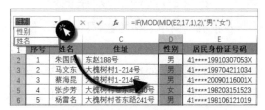

图 4-19　在名称框中选择已定义名称的数据区域

关于定义名称的详细内容，请参阅定义名称的常用方法。

50.6　选取多个工作表

Excel 允许在多个工作表中同时进行某些操作，例如设置字体、字号或是单元格颜色以及输入编辑内容等。

图 4-20　选取多个工作表

选取多个工作表的方法是先按住 <Ctrl> 键不放，然后依次单击工作表标签来选中要处理的工作表。或是先单击左侧工作表标签，按住 <Shift> 键不放，再单击右侧工作表标签来选取两个工作表之间的所有的工作表，如图 4-20 所示。

选择多个工作表后，在工作表顶端的工作簿名称后会自动添加［组］字样，如图 4-21 所示。此时，针对组内任意工作表的单元格进行操作，都会作用于组内其他工作表的对应单元格。

图 4-21　组合工作表

如果要取消成组工作表，可以单击未被选中的任意工作表，或是在工作表标签上右击鼠标，在弹出的快捷菜单中选择【取消组合工作表】命令即可，如图 4-22 所示。

技巧 51 选择指定条件的单元格区域

使用 Excel 中的定位功能，能够帮助用户快速选择符合特定条件的单元格或单元格区域，以便对其进行进一步的操作。

例如，要快速选中工作表中所有包含公式的单元格，可以在【开始】选项卡中依次单击【查找和选择】→【定位条件】命令，然后在弹出的【定位条件】对话框中选中【公式】单选按钮，最后单击【确定】按钮，此时即可将工作表中所有包含公式的单元格全部选中，如图 4-23 所示。

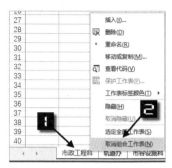

图 4-22 取消组合工作表

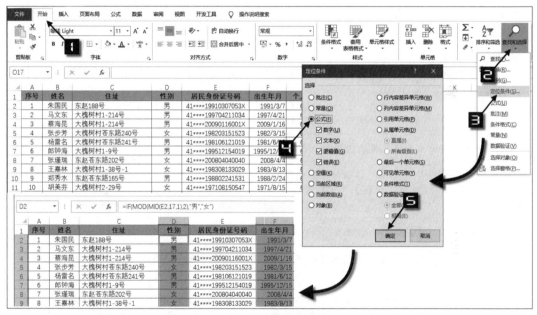

图 4-23 定位包含公式的单元格

也可以按 <F5> 功能键或是 <Ctrl+G> 组合键，打开【定位】对话框，然后在对话框中单击【定位条件】按钮弹出【定位条件】对话框，选中【公式】单选按钮，单击【确定】按钮即可，如图 4-24 所示。

如果事先选中的是一个单元格区域，会在当前选定区域中定位符合条件的单元格。如果事先只选中一个单元格，则会在整个工作表中进行定位并选中符合条件的所有单元格。如果没有符合条件的单元格，Excel 会弹出【未找到单元格】的提示对话框。

【定位条件】对话框中的各个选项的含义如表 4-1 所示。

图 4-24 【定位】和【定位条件】对话框

表 4-1   定位条件说明

选项	含义
批注	所有包含批注的单元格
常量	所有不包含公式的非空单元格。在"常量"下方的复选框中，可以进一步筛选常量的数据类型，包括数字、文本、逻辑值和错误值
公式	所有包含公式的单元格。在"公式"下方的复选框中，可以进一步筛选公式结果的数据类型，包括数据、文本、逻辑值和错误值
空值	所有空单元格
当前区域	与活动单元格相邻的非空单元格区域
当前数组	如果选中数组中的一个单元格，使用此定位条件可以选中该数组中包含的所有单元格
对象	当前工作表中的图片、图表、自选图形和插入的文件等对象
行内容差异单元格	选定区域中，每一行的数据均以活动单元格所在列作为参照，横向比较数据，选定与参照数据不同的单元格
列内容差异单元格	选定区域中，每一列的数据均以活动单元格所在行作为参照，纵向比较数据，选定与参照数据不同的单元格
引用单元格	当前单元格所使用的公式中，所引用的其他单元格
从属单元格	与引用单元格相对应，选定在公式中引用了当前单元格的所有单元格。可在【从属单元格】下方的复选框中进一步筛选从属的级别，包括【直属】和【所有级别】
最后一个单元格	选择工作表中含有数据或者格式的区域范围中最右下角的单元格
可见单元格	仅选中处于可见状态的单元格，忽略通过筛选、隐藏等操作产生的不可见单元格
条件格式	包括【相同】或者【全部】两个子选项。选择【相同】时，将定位到与当前单元格所使用条件格式规则相同的其他单元格。选择【全部】时，将定位到所有设置了条件格式的单元格
数据验证	包括【相同】或者【全部】两个子选项。选择【相同】时，将定位到与当前单元格所使用数据验证规则相同的其他单元格。选择【全部】时，将定位到所有设置了数据验证的单元格

技巧 52 快速填充合并单元格

通常情况下，根据 Excel 表格的不同用途，可以将其分为基础数据表格、计算汇总表格和报表表格三种。

基础数据表格是指没有经过任何分析和处理的明细数据，如员工信息表、资产明细表等，主要用于数据分析汇总时的数据源。在基础数据表中，应尽量不使用合并单元格，否则会对后续的汇总分析带来很多麻烦。对于包含合并单元格的工作表，使用以下方法可以实现快速填充。

步骤① 首先选中数据区域，在【开始】选项卡下单击【合并后居中】按钮，取消单元格的合并状态。然后按 <Ctrl+G> 组合键，调出【定位】对话框，单击【定位条件】按钮，打开【定

位条件】对话框。选中【空值】单选按钮，最后单击【确定】按钮，此时将选中数据区域
中的所有空白单元格，如图 4-25 所示。

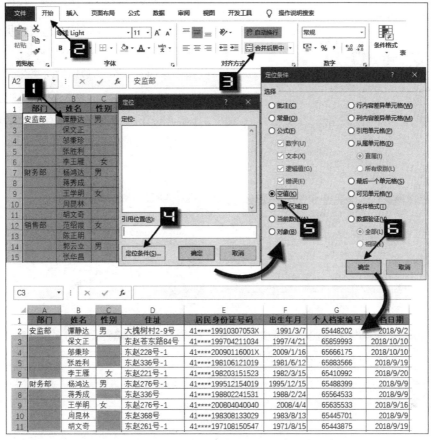

图 4-25　取消合并后定位空白单元格

步骤② 此时在名称框中会显示活动单元格的地址"C3"，接下来在编辑栏中输入等号，然后输入
与活动单元格相邻的上一个单元格地址，本例为 C2，按 <Ctrl+Enter> 组合键，如图 4-26
所示。

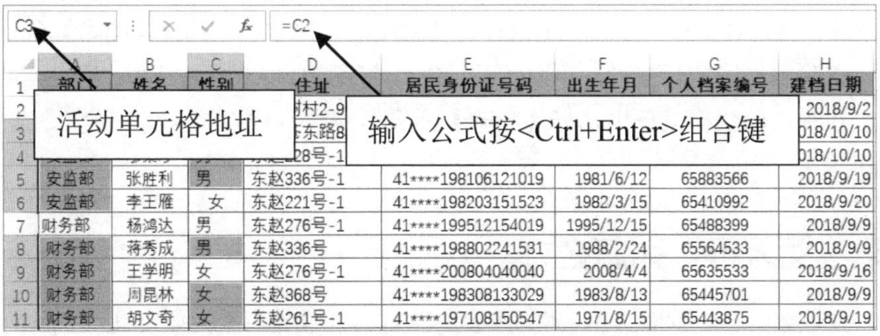

图 4-26　在多个单元格中输入公式

　　<Ctrl+Enter> 组合键的作用是在多个单元格内同时输入相同的内容或公式。

步骤③ 为了不影响后续的排序筛选等操作，可以选中数据区域后按 <Ctrl+C> 组合键复制，再右

图 4-27 将公式结果粘贴为值

击鼠标粘贴为值，如图 4-27 所示。

技巧 53 快速插入、删除行或列

在日常工作中，经常需要在已有数据的工作表中插入新的行或列。

以插入空白列为例，常用方法是先单击要插入位置的列标，然后右击鼠标，在快捷菜单中选择【插入】命令，Excel 将在所选列左侧插入一个空白列，新插入列的列宽与其左侧列的列宽相同，如图 4-28 所示。

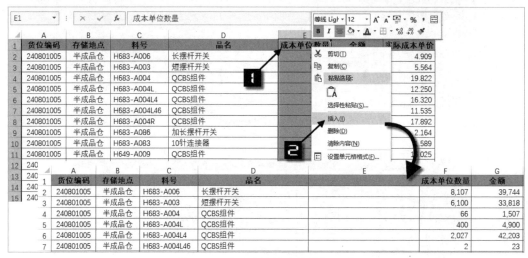

图 4-28 使用右键快捷菜单插入列

也可以先单击要插入位置的列标，然后按 <Ctrl+Shift+=> 组合键插入空白列。或者按住 <Ctrl> 键不放，按数字小键盘的加号 "+" 即可。插入行的方法与插入列的方法类似，不再赘述。

如果要同时插入多行或多列，可以先选中多行或多列后再执行插入行或列的操作，新插入的行列数将与事先所选中的行、列数相同。

如果不再需要表格中已有的行或列，有多种方法可以将其删除。以删除行为例，常用方法是先选中需要删除的一行或者多行，然后右击鼠标，在弹出的快捷菜单中选择【删除】命令。

如果需要删除不连续的行或列，可以按住 <Ctrl> 键不放，在行号或列标上依次单击选中，然后右击鼠标，在弹出的快捷菜单中选择【删除】命令，或者按住 <Ctrl> 键不放，按数字小键盘的减号 "–" 即可。

技巧 54 无法插入行、列怎么办

插入行、列或删除行、列时，Excel 工作表的总行、列数并不会发生变化。插入行、列时，只是将当前选定位置之后的行、列连续往后移动，而在当前选定位置之前腾出插入的空位，位于表格最末的空行或者空列则被移除。删除行、列时，Excel 会在行、列的末尾位置自动加入新的空白行、列，使行、列的总数始终保持 1048576 行 16384 列。

基于这个原因，如果工作表的最后一行或者最后一列不为空，则不能执行插入行或列的操作。如果在这种情况下选择“插入”操作，则会弹出如图 4-29 所示的对话框框，提示用户只有清除工作表最后的行列内容后，才能在表格中插入新的行或者列。

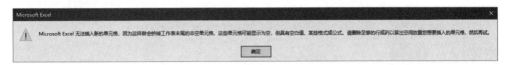

图 4-29　无法插入新的单元格

技巧 55 快速改变行列次序

如果需要改变工作表中行、列内容的位置或顺序，可以通过移动行或列的操作来实现。

以移动行为例，首先选中需要移动的行，按 <Ctrl+X> 组合键。然后选中目标位置所在行，单击右键，在弹出的快捷菜单中选择【插入剪切的单元格】命令，即可完成移动行的操作。

使用鼠标拖动的方法，也可以完成行或列的移动，而且操作更加直接、简便。

首先选中需要移动的数据区域，将光标移动至所选区域的边框线上，当指针显示为黑色十字箭头时，按下鼠标左键的同时按住 <Shift> 键不放，拖动鼠标移动到目标位置松开左键，释放 <Shift> 键，即可完成行或列的移动，如图 4-30 所示。

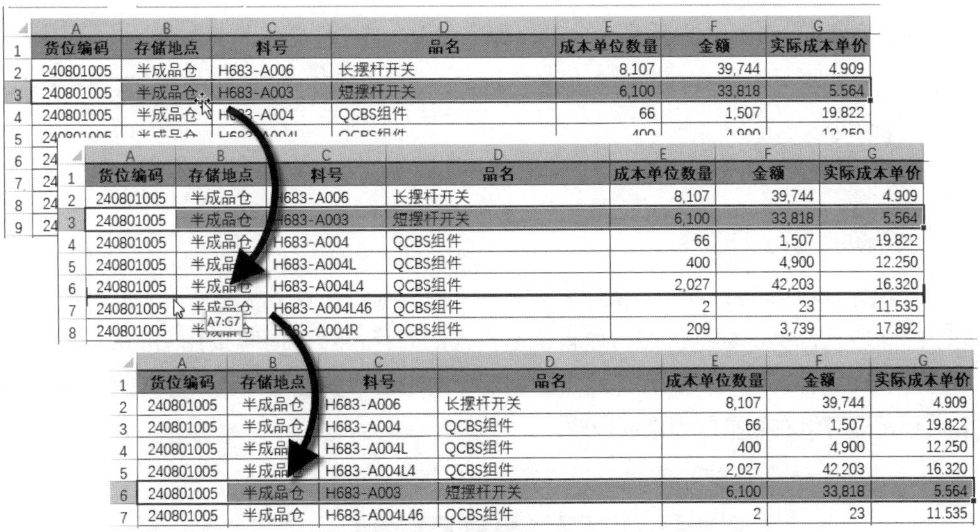

	货位编码	存储地点	料号	品名	成本单位数量	金额	实际成本单价
2	240801005	半成品仓	H683-A006	长摆杆开关	8,107	39,744	4.909
3	240801005	半成品仓	H683-A004	QCBS组件	66	1,507	19.822
4	240801005	半成品仓	H683-A004L	QCBS组件	400	4,900	12.250
5	240801005	半成品仓	H683-A004L4	QCBS组件	2,027	42,203	16.320
6	240801005	半成品仓	H683-A003	短摆杆开关	6,100	33,818	5.564
7	240801005	半成品仓	H683-A004L46	QCBS组件	2	23	11.535

图 4-30　拖动鼠标完成行的移动

技巧 56 隐藏工作表内的数据

如果不想让其他人看到工作表中的部分内容，可以对行或列进行隐藏。

56.1　隐藏指定行列

以隐藏列为例，首先选中要隐藏的单列或多列，再依次单击【开始】→【格式】→【隐藏和取消隐藏】→【隐藏列】命令，如图 4-31 所示。

图 4-31　隐藏列

隐藏行的操作方法与此类似。

选中整行或者整列后，也可以右击鼠标，在弹出的快捷菜单中选择【隐藏】命令。

56.2　显示被隐藏的行列

如果要取消行、列的隐藏状态重新恢复显示，也有多种方法可以实现。

方法①　以取消隐藏列为例，先选中包含隐藏列的区域，然后依次单击【开始】→【格式】→【隐藏和取消隐藏】→【取消隐藏列】命令，即可将该区域中隐藏的列恢复显示。

方法②　如果选中的是包含隐藏列的多列范围，也可以右击鼠标，在弹出的快捷菜单中选择【取消隐藏】命令。

取消隐藏行的操作方法与此类似。

56.3　隐藏多余的行列

在一些数据报表中，可以通过设置隐藏多余的空白行列，使表格看起来更加美观。

如图 4-32 所示，单击数据区域右侧首个空白列的列标，然后同时按住 <Shift> 键和 <Ctrl> 键不放，按方向键的右箭头"→"，快速选中右侧所有空白列。右击鼠标，在弹出的快捷菜单中选择【隐藏】命令，即可将右侧空白列全部隐藏。

图 4-32　隐藏空白列

接下来单击数据区域底部首个空白行的行号，同时按住 <Shift> 键和 <Ctrl> 键不放，按方向键的向下箭头"↓"，快速选中底部所有空白行。右击鼠标，在弹出的快捷菜单中选择【隐藏】命令，即可将底部空白行全部隐藏。

处理完成后的表格，将不显示多余的行号和列标，如图 4-33 所示。

	A	B	C	D	E
1	产品分类	产品名称	理财师姓名	金额(万元)	出单件数
2	创新类	创新二号	李财20	620	1
3			李财16	470	1
4			李财19	430	1
5			李财17	350	1
6			李财18	220	1
7		创新三号	李财19	1850	3
8			李财15	530	1
9			李财16	280	1
10		创新一号	李财19	2660	4
11			李财16	1500	4
12	创新类 汇总			8910	18
13	固收类	固收二号	李财16	485	2
14			李财20	155	1
15		固收三号	李财20	690	3
16			李财19	160	1
17			李财17	90	1
18			李财16	70	1
19		固收四号	李财20	370	2
20			李财15	250	1
21			李财19	230	1
22	固收类 汇总			2500	13
23	总计			11410	31

图 4-33　隐藏多余行列的表格

技巧 57　调整单元格中的行间距

在日常工作中，经常会处理一些文字比较多的内容。如果同一个单元格内有较多的文字，并且设置为自动换行，各行文字之间会显得比较拥挤，如图 4-34 所示。

图 4-34　单元格中各行文字比较拥挤

可以借助显示拼音字段的方法来调整单元格中的行间距。首先选中要处理的单元格，然后单击【开始】选项卡下的【显示或隐藏拼音字段】命令，如图 4-35 所示。

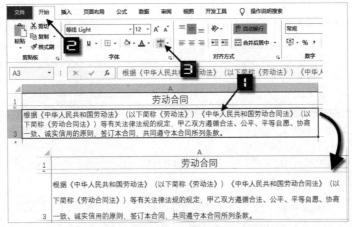

图 4-35　显示或隐藏拼音字段

如果需要对行间距进行更细致的调整，可以先选中要处理的单元格，再依次单击【开始】→【显示或隐藏拼音字段】下拉按钮，在下拉菜单中选择【拼音设置】命令。在弹出的【拼音属性】对话框中，切换到【字体】选项卡，在右侧的字号列表中调整字号，字号越大，行间距就会越大，最后单击【确定】按钮完成设置，如图4-36所示。

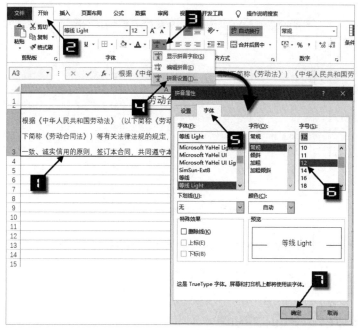

图4-36　设置拼音属性

技巧 58 工作表太多也能快速切换

在实际工作中，为了便于数据管理和维护，在同一个工作簿中往往会包含多个工作表。如需在不同工作表之间进行切换，可以直接在目标工作表标签上单击即可，如图4-37所示。

如果工作簿内包含较多的工作表，标签栏上会无法显示所有工作表标签，单击标签栏左侧的工作表导航按钮，能够滚动显示不同的工作表标签，如图4-38所示。

	A	B	C	D	E
1	货品ID	货品名称	货品编码	规格	订货单位
2	12358	云笋	D10131	1000克*10袋/件	件
3	12093	玉米粒	DK0004	360g*24袋/件	箱
4	12082	鸭血	DF0009	个	个
5	12074	小王子原味脆皮肠	DF0001	800g*10袋/件	件
6	12088	鲜竹荪	DF0015		斤
7	12089	鲜豆皮	DF0016		斤
8	12090	仙草汁	DK0001	6斤/桶	桶

图4-37　切换工作表

	A	B	C	D
1	货品ID	货品名称	货品编码	规格
2	12358	云笋	D10131	1000克*10袋/件
3	12093	玉米粒	DK0004	360g*24袋/件
4	12082	鸭血	DF0009	
5	12074	小王子原味脆皮肠	DF0001	800g*10袋/件
6	12088	鲜竹荪	DF0015	
7	12089	鲜豆皮	DF0016	
8	12090	仙草汁	DK0001	6斤/桶

图4-38　工作表导航按钮

除此以外，通过调节水平滚动条的位置，能够增加工作表标签区域的显示宽度，以便于显示更多的工作表标签，如图4-39所示。

另外，还可以在工作表导航栏上右击鼠标，然后在弹出的【激活】对话框中选择需要切换的工作表名称，最后单击【确定】按钮切换到该工作表，如图4-40所示。

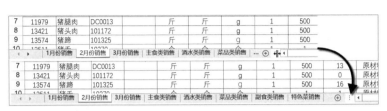

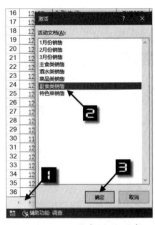

图 4-39 调整水平滚动条　　　　　　图 4-40 工作表标签列表

使用<Ctrl+Page Up>和<Ctrl+Page Down>组合键，能够分别切换到上一张工作表和下一张工作表。

技巧 59 快速调整窗口显示比例

通过调整 Excel 窗口的显示比例，能够放大或缩小工作表显示区域，便于用户根据需要查看数据。调整显示比例有以下几种方法。

方法① 在【视图】选项卡下的【显示比例】命令组中，包含【显示比例】【100%】和【缩放到选定区域】3 个命令按钮。如果单击【显示比例】命令，将弹出【显示比例】对话框。在对话框中能够选择预先设定的缩放比例，也可以单击【自定义】单选按钮，然后在右侧的文本框中输入所需的缩放比例，允许范围为 10%~400%。

如果选择【恰好容纳选定区域】命令，则 Excel 会对当前选定的表格区域在 10%~400% 的范围内自动进行缩放，以使当前窗口恰好完整显示所选定的区域，如图 4-41 所示。

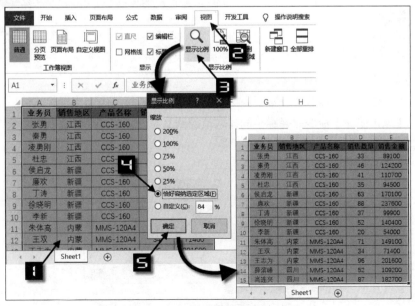

图 4-41 使用功能区命令调整显示比例

【视图】选项卡下的【缩放到选定区域】命令与【显示比例】对话框中的【恰好容纳选定区域】命令作用相同，如果单击【100%】按钮，则将经过缩放处理的表格区域恢复到默认的 100% 状态。

方法② 在 Excel 窗口右下角的状态栏中调整【显示比例】缩放滑块，或是单击滑块两侧的缩小按钮 "-" 和放大按钮 "+"，能够快速调整显示比例。单击滑动条右侧的【缩放级别】按钮 "100%"，将打开【显示比例】对话框，如图 4-42 所示。

图 4-42　在状态栏中调整显示比例

方法③ 按住 <Ctrl> 键不放滚动鼠标滚轮，可以方便地调整显示比例。

技巧⟨60⟩ 深度隐藏工作表

一些包含重要数据并且不需要经常修改的工作表，例如客户信息表、供货价格表等，可以将其隐藏，使数据相对更加安全。隐藏工作表的常用方法是在需要隐藏的工作表标签上右击鼠标，然后在弹出的快捷菜单中选择【隐藏】命令，如图 4-43 所示。

Excel 允许选择多个工作表标签同时进行隐藏操作，但是不允许将工作簿内的所有工作表全部隐藏。如果工作簿中仅有一张可视的工作表，当尝试隐藏时会弹出如图 4-44 所示的对话框。

图 4-43　通过右键快捷菜单隐藏工作表

图 4-44　Excel 不允许隐藏全部工作表

如果要取消工作表的隐藏状态，常用方法是在任意工作表标签上右击鼠标，然后在弹出的快捷键菜单中选择【取消隐藏】命令。在弹出的【取消隐藏】对话框中选择需要取消隐藏的工作表，最后单击【确定】按钮，如图 4-45 所示。

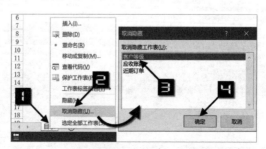

图 4-45　通过右键快捷菜单取消隐藏工作表

每次只能取消一张工作表的隐藏状态，无法对多张工作表批量取消隐藏。

借助免费插件"Excel 易用宝"，可以更加灵活地设置工作表隐藏或取消隐藏。

如果希望隐藏的工作表不会被轻易发现，可以在 VBE 窗口中进行设置。

在任意工作表标签上右击鼠标，然后在弹出的快捷键菜单中选择【查看代码】命令，进入 VBE 窗口界面。在【工程资源管理器】窗口中单击选中要隐藏的工作表，然后在【属性】窗口中将 Visible 属性设置为"2-xlSheetVeryHidden"，最后单击【视图 Microsoft Excel】按钮返回 Excel 工作表界面，如图 4-46 所示。

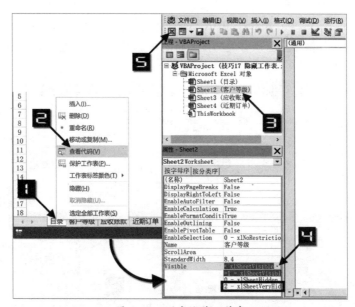

图 4-46　深度隐藏工作表

工作表被设置深度隐藏后，功能区中的【取消隐藏工作表】命令和右键菜单中的【取消隐藏】命令无法对其产生作用。

取消隐藏工作表时，可以再次进入 VBE 窗口，在【工程资源管理器】窗口中单击选中要取消隐藏的工作表，然后在【属性】窗口中将 Visible 属性设置为"-1-xlSheetVisible"即可。

"Visible"属性值 -1、0、2 分别代表可见、隐藏和绝对隐藏。

技巧 61　使用 F4 键重复上一步操作

如果在数据处理与编辑过程中有一些重复性操作，可以借助 <F4> 功能键来实现快速重复上一步操作。可重复的操作包括插入或删除单元格、插入或删除行列、设置单元格格式、插入图形、设置图表系列格式、使用右键快捷菜单操作的插入或删除工作表等。

并非所有操作都可以借助 <F4> 功能键重复，例如通过单击【新工作表】按钮命令插入工作表，或是通过拖动鼠标调整行高列宽等，都无法借助 <F4> 功能键实现重复操作。

技巧 62 保护工作簿增加信息数据的安全性

如果工作簿中包含一些比较重要的信息，可以使用保护工作簿功能增加信息数据的安全性。

62.1 保护工作簿

打开需要设置保护的工作簿，依次单击【审阅】→【保护工作簿】按钮，弹出【保护结构和窗口】对话框。

选中【结构】复选框时，将禁止在当前工作簿中插入、删除、移动、复制、隐藏或取消隐藏工作表，并且禁止对工作表重命名。

【窗口】选项仅在 Excel 2007、Excel 2010、Excel 2011 for Mac 和 Excel 2016 for Mac 版本中可用，选中此选项后，当前工作簿中与窗口有关的按钮将不再显示，同时禁止新建、放大、缩小、移动或拆分工作簿窗口。

在【密码】文本框中可以根据需要设置密码，设置完成后单击【确定】按钮，如图 4-47 所示。

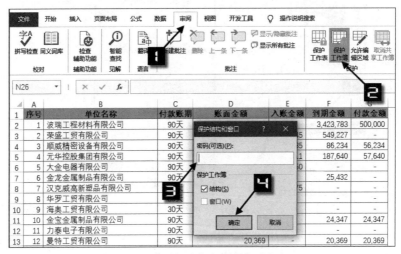

图 4-47 【保护结构和窗口】对话框

62.2 加密工作簿

使用加密工作簿功能，能够限定使用密码才能打开工作簿。有两种方法可以完成工作簿的加密，具体如下。

方法① 单击【文件】选项卡，在【信息】对话框中依次单击【保护工作簿】→【用密码进行加密】按钮，弹出【加密文档】对话框。输入密码后单击【确定】按钮，Excel 会弹出【确认密码】对话框，要求用户再次输入密码进行确认，确认密码后，单击【确定】按钮完成设置，如图 4-48 所示。

当该工作簿下次被打开时将提示输入密码，如果不能输入正确的密码，将无法打开。如果要解除工作簿的打开密码，可以按上述步骤再次打开【加密文档】对话框，删除现有密码即可。

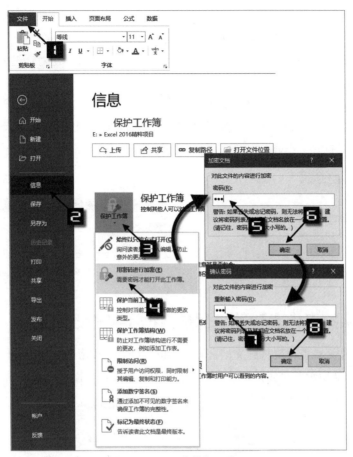

图 4-48 设置工作簿打开密码 1

方法② 按 <F12> 功能键打开【另存为】对话框，依次单击【工具】→【常规选项】按钮，打开【常规选项】对话框，在【打开权限密码】文本框中输入密码，单击【确定】按钮，然后在弹出的【确认密码】对话框中重新输入密码确认，单击【确定】按钮返回【另存为】对话框，最后单击【保存】按钮，如图 4-49 所示。

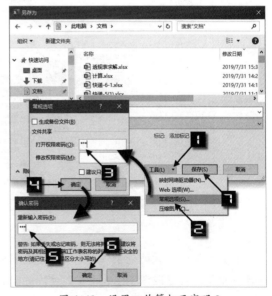

图 4-49 设置工作簿打开密码 2

技巧 63 以副本或只读方式打开重要文档

在执行工作簿加密时打开的【常规选项】对话框中，可以根据需要设置更多的保存选项。

如果选中【生成备份文件】复选框，则每次保存工作簿时，都会自动创建备份文件。用户可以在需要时打开备份文件，以便得到上一次保存的文件。备份文件只会在保存时生成，从备份文件中也只能获取前一次保存时的状态，不能恢复到更早以前的状态。

如果选中【修改权限密码】复选框，重新打开此工作簿时，会弹出对话框要求输入密码或者以"只读"方式打开文件，如图4-50所示。

在"只读"方式下，对工作簿内容所做的修改只能保存副本，而不能保存原文件。

如果选中【建议只读】复选框，再次打开此工作簿时，会弹出如图4-51所示的对话框，建议用户以"只读"方式打开工作簿。

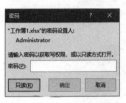
图 4-50　要求输入密码

图 4-51　建议只读

技巧 64　使用保护工作表功能，保护数据不被修改

除使用加密工作簿功能设置打开文档密码外，也可以对工作簿中的部分工作表进行加密保护。例如，希望将图4-52所示的"凭证记录"工作表设置密码保护，操作步骤如下。

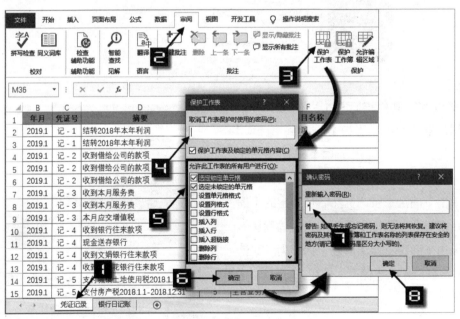
图 4-52　保护工作表

首先切换到"凭证记录"工作表，依次单击【审阅】→【保护工作表】按钮，弹出【保护工作表】对话框。在【取消工作表保护时使用的密码】文本框中，可以根据需要输入密码。然后在【允许此工作表的所有用户进行】列表框中选中允许操作的项目，再单击【确定】按钮。接下来在弹出的【确认密码】对话框中重新输入密码进行确认，最后单击【确定】按钮完成设置。

此时，如果尝试对单元格内容进行编辑，Excel将弹出如图4-53所示的对话框，拒绝用户编辑。

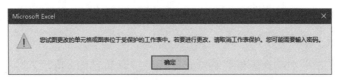

图 4-53　Excel 对话框

设置工作表保护后，当前工作表中的部分功能区命令会变成灰色不可用状态，部分功能将无法使用，例如插入数据透视表、插入图表等，如图 4-54 所示。

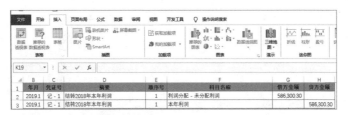

图 4-54　部分功能区命令不可用

如果要取消工作表保护，可以在【审阅】选项卡下单击【撤销工作表保护】按钮，在弹出的【撤销工作表保护】对话框【密码】文本框中输入之前设定的密码，最后单击【确定】按钮，如图 4-55 所示。

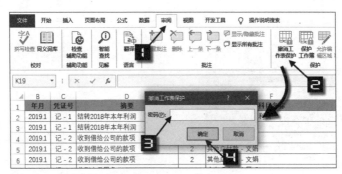

图 4-55　撤销工作表保护

技巧 65 给工作表设置不同编辑权限

在默认情况下，Excel 的“保护工作表”功能作用于整张工作表，使用【允许用户编辑区域】功能，能够对工作表中的不同区域分别设置单独的密码。以图 4-56 所示的数据为例，需要将 E 列和 F~I 列分别设置单独的密码，操作步骤如下。

	A	B	C	D	E	F	G	H	I
1	入库日期	物料名称	规格型号	单位	数量	单价	金额	已付款	未付款
2	6月25日	碳钢水表	DN100	个					
3	6月25日	双金属温度计	300℃	个					
4	6月25日	包装机吸盘固定	BZ1522	盘					
5	6月25日	包装机压力检测管	BZC15233	条					
6	6月25日	热合机链条导向块	BZC30125	条					
7	6月25日	热合机旋转弹簧	800n	个					
8	6月25日	不锈钢网	200目	平方米					
9	6月25日	LED灯管	18W	个					
10	6月26日	模拟定位器	200T	个					
11	6月26日	传感器定位销	200T	个					

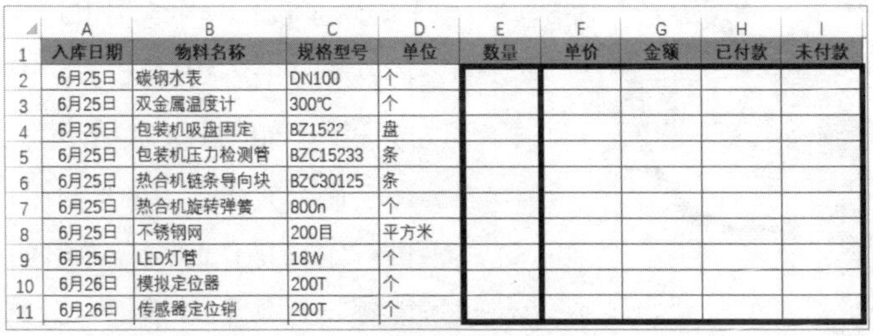

图 4-56　对不同区域分别设置密码

步骤① 依次单击【审阅】→【允许用户编辑区域】按钮，弹出【允许用户编辑区域】对话框。在对话框中单击【新建】按钮，弹出【新区域】对话框。

步骤② 在【标题】文本框中输入区域名称或是使用系统默认名称，然后在【引用单元格】编辑框中输入或选择区域范围，本例为"=E2:E19"。接下来在【区域密码】编辑框中输入密码，如"123"，最后单击【确定】按钮。在弹出的【确认密码】对话框中再次输入密码进行确认，单击【确定】按钮返回【允许用户编辑区域】对话框，如图4-57所示。

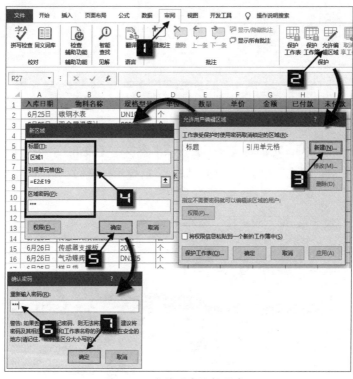

图 4-57 允许用户编辑区域

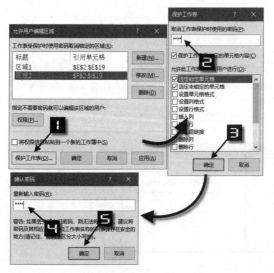

图 4-58 保护工作表

步骤③ 用同样的方法创建新区域，区域范围设置为"=F2:I19"，设置区域密码，例如"456"。

步骤④ 在【允许用户编辑区域】对话框中单击【保护工作表】按钮，在弹出的【保护工作表】对话框中输入密码，例如"1234"，然后单击【确定】按钮，在弹出的【确认密码】对话框中再次输入密码进行确认，单击【确定】按钮完成设置，如图4-58所示。

设置完成后，如果对受保护的单元格区域内进行编辑操作时，会弹出如图4-59所示的【取消锁定区域】对话框，只有输入正确密码才能对该区域进行编辑。

如果要取消允许用户编辑区域，可以先取消工作表保护，然后依次单击【审阅】→【允许用户编辑区域】按钮，在弹出【允许用户编辑区域】对话框中先选中对应的区域名称，再单击【删除】按钮，最后单击【确定】按钮即可，如图 4-60 所示。

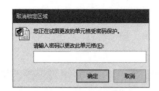

图 4-59 【取消锁定区域】对话框

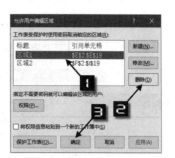

图 4-60 删除允许用户编辑区域规则

技巧 66 保护单元格中的公式

如果工作表由多人维护编辑，为了避免表格中的公式被他人编辑或修改，可以借助定位与保护工作表功能，使包含公式的单元格不允许编辑。

以图 4-61 所示的值班表为例，其中的部分单元格中包含公式，现在需要将这些单元格进行保护。

姓名	星期一	星期二	星期三	星期四	星期五	星期六	星期日	距下次值班天数
李文秀			√	√	√			4
杜月娥		√		√				3
马金花			√		√			4
萧艳梅	√		√	√				2
何玉萍					√			6
朱玉洁		√						3
陈晓伟	√				√			2
海达明	√	√			√			2
文伯仲	√		√					2
万先和				√	√			5

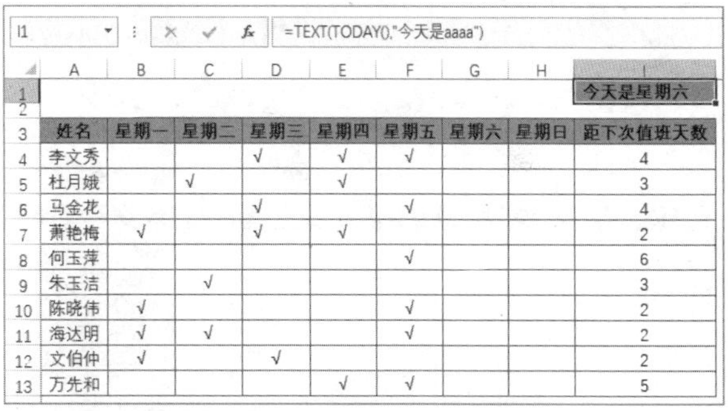

图 4-61 包含公式的值班表

单元格是否允许被编辑，取决于单元格是否被设置为“锁定”状态，以及当前工作表是否执行了【工作表保护】命令。当执行了【工作表保护】命令后，所有被设置为“锁定”状态的单元格将不允许再被编辑，而未被设置“锁定”状态的单元格则仍然可以被编辑。

Excel 默认单元格为“锁定”状态，操作时先将所有单元格取消锁定状态，然后再选中需要保护的单元格区域设置成锁定状态，最后执行工作表保护。操作步骤如下。

步骤① 单击工作表左上角的行号与列标交叉位置，全选工作表。然后按 <Ctrl+1> 组合键打开【设置单元格格式】对话框，切换到【保护】选项卡下，取消选中【锁定】复选框，最后单击【确定】按钮，如图 4-62 所示。

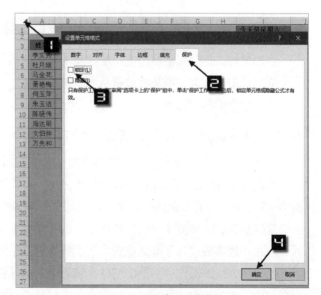

图 4-62 取消单元格锁定状态

步骤② 按 <Ctrl+G> 组合键调出【定位】对话框，单击【定位条件】按钮，在弹出的【定位条件】对话框中选中【公式】复选框，最后单击【确定】按钮，此时工作表中所有包含公式的单元格都会被选中，如图 4-63 所示。

步骤③ 保持公式所在单元格的选中状态，按 <Ctrl+1> 组合键再次调出【设置单元格格式】对话框，在【保护】选项卡下选中【锁定】复选框，最后单击【确定】按钮，如图 4-64 所示。

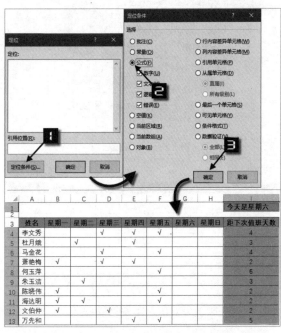

图 4-63 定位包含公式的单元格

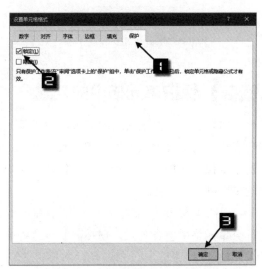

图 4-64 将公式所在单元格设置为锁定

步骤④ 依次单击【审阅】→【保护工作表】按钮，参考技巧64所示步骤完成工作表保护设置即可。

技巧 67 使用选择性粘贴功能保留数据部分属性

使用剪切、复制和粘贴功能，能够将工作表中的数据移动或复制到其他位置。复制操作是得到原数据的副本，而剪切则是将数据从原区域中移走。使用选择性粘贴功能，还可以在粘贴时有选择地保留数据中的部分属性。

67.1 在【粘贴选项】中选择粘贴方式

图 4-65 是一份销售汇总表，现在需要调整其布局结构。

首先选中 A1:D5 单元格区域，按 <Ctrl+C> 组合键复制，然后单击目标区域的首个单元格，本例为 A8 单元格，右击鼠标，在弹出的快捷菜单中选择【转置】命令即可，如图 4-66 所示。

复制数据后，单击【开始】选项卡下的【粘贴】下拉按钮，在【粘贴选项】列表中可以选择公式、公式和数字格式、保留源格式、无边框等更多粘贴选项，如图 4-67 所示。

执行复制粘贴操作后，单击粘贴区域右下角的【粘贴选项】按钮，也会出现类似的下拉列表供用户选择，如图 4-68 所示。

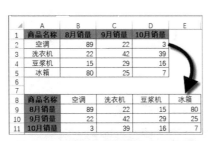

图 4-65　调整销售汇总表布局结构

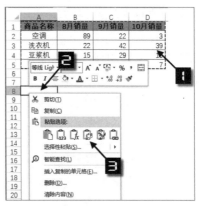

图 4-66　使用右键快捷菜单转置数据

　　如果复制的对象设置了自定义样式的图表，【粘贴选项】的显示界面会有所不同。单击选中要应用格式的图表，然后单击【开始】选项卡下的【粘贴】下拉按钮，在【粘贴选项】列表选择【选择性粘贴】命令，弹出【选择性粘贴】对话框。在对话框中选中【格式】单选按钮，最后单击【确定】按钮，即可将自定义的图表样式复制到目标图表中，如图 4-69 所示。

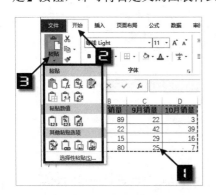

图 4-67　粘贴选项

图 4-68　【粘贴选项】
下拉列表

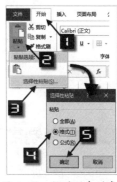

图 4-69　针对图表对象
的粘贴选项

67.2　借助选择性粘贴转换文本型数字

　　使用"选择性粘贴"功能，能够选择更多类型的粘贴方式。在图 4-70 所示的记账表中，包含一些文本型的数字，现在需要将这些文本型数字转换为可计算的数值型数字。

　　一般情况下，可以选中包含文本型数字的单元格，单击【错误提示】的屏幕提示下拉按钮，在下拉列表中选择【转换为数字】命令，如图 4-71 所示。

	A	B	C	D	E
1	日期	交易类型	凭证号	借方发生额	贷方发生额
2	20190129	转账	21781169	0	139
3	20190130	转账	26993402	0	597
4	20190130	转账	29241611	0	139
5	20190131	转账	30413947	1123.8	0
6	20190131	转账	32708047	0	1900.3
7	20190201	转账	37378081	1233.5	0
8	20190201	转账	38684365	0	199
9	20190201	转账	41802427	0	267.1
10	20190201	转账	42656071	178.8	0
11	20190202	转账	44353741	0	1324.8
12	20190202	转账	46723925	1478.9	0
13	20190202	转账	48771371	0	59.7

图 4-70　包含文本型数据的记账表

图 4-71　使用错误提示按钮转换文本型数字

如果需要处理的数据量比较大，可以借助【选择性粘贴】中的运算功能，快速实现文本型数字到数值型数字的转换。

在任意空白单元格中输入数字1，按 <Ctrl+C> 组合键复制。然后选中需要转换的目标单元格区域，右击鼠标，在弹出的快捷菜单中选择【选择性粘贴】命令，弹出【选择性粘贴】对话框。

在对话框的【粘贴】区域选中【数值】单选按钮，在【运算】区域选中【乘】单选按钮，最后单击【确定】按钮即可，如图 4-72 所示。

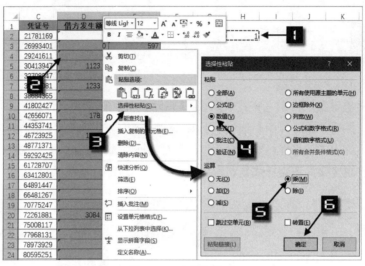

图 4-72　选择性粘贴

技巧 68　复制带图片的表格内容

对于一些带有图片的表格内容，在复制数据时也需要借助选择性粘贴功能进行简单的处理，否则会使行高和列宽发生变化，同时图片也会变形。如图 4-73 所示，是某公司生产计划表的部分内容，需要将其中的第三行和第四行的内容复制到"目标工作表"中。

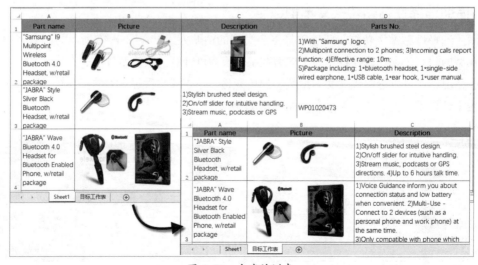

图 4-73　生产计划表

操作步骤如下。

步骤① 单击选中任意一个图片，再按 <Ctrl+A> 选中全部图片，右击鼠标，在弹出的快捷菜单中选择【大小和属性】命令，在弹出的【设置图片格式】任务窗格中，切换到【大小和属性】选项卡，在【属性】命令组中选中【随单元格改变位置和大小】单选按钮，如图4-74 所示。

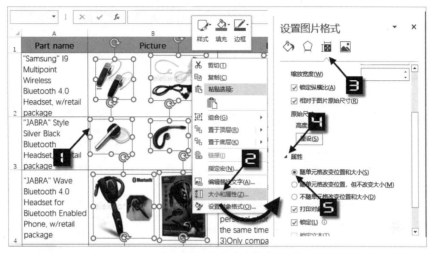

图 4-74　设置图片格式

步骤② 在行标签上拖动鼠标选中要复制的行号，按 <Ctrl+C> 组合键复制，切换到目标工作表中，单击 A2 单元格，按 <Ctrl+V> 组合键粘贴。然后单击屏幕上的【粘贴选项】按钮，在下拉列表中选择【保留源列宽】命令即可，如图 4-75 所示。

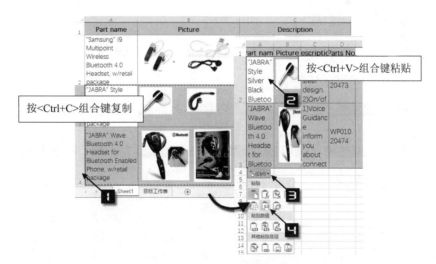

图 4-75　复制和粘贴表格内容

技巧 69 使用【跳过空单元】功能合并数据

【跳过空单元】是【选择性粘贴】对话框中的功能之一，如果复制的区域中包含空单元格，选择该选项时 Excel 将不会覆盖空单元格所对应的被粘贴区域，也就是在粘贴时忽略所复制区域中的空单元格。

图4-76 是一份从公司生产管理系统里导出的 BOM 表，需要将 C 列的焊接件图号和 B 列的图号合并为一列。

操作步骤如下。

步骤① 选中 C2:C842 单元格区域，按 <Ctrl+C> 复制。

步骤② 选中 B2 单元格，右击鼠标，在弹出的快捷菜单中选择【选择性粘贴】命令。

步骤③ 在弹出【选择性粘贴】对话框中选中【跳过空单元】复选框，最后单击【确定】按钮即可，如图 4-77 所示。

图 4-76　系统导出的 BOM 表

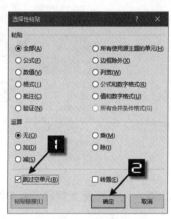

图 4-77　跳过空单元

技巧 70　快速删除重复值

如果要删除一组数据中的重复记录，得到其唯一值，可以使用删除重复值功能。

70.1　在单列数据中删除不重复记录

图 4-78 是某公司员工信息表的部分内容，要根据 D 列的部门记录，提取出不重复的部门清单。

	A	B	C	D	E	F	G	H	I	J
1	序号	姓名	性别	部门	专业名称	身份证号码	入职日期			部门
2	1	赵晓东	男	基建科	土木工程	41****198202120517	2019/5/2			基建科
3	2	苗祖萍	女	质检科	药学与生物工程	41****198201200523	2018/6/12			质检科
4	3	张志群	男	研发中心	数字与信息	41****200708080050	2019/5/2			研发中心
5	4	李文立	男	企管科	经济管理	41****198811120512	2019/5/2			企管科
6	5	颜子然	男	基建科	建筑工程	41****200306210517	2018/6/12			仓储科
7	6	孙大岭	男	研发中心	物理与电子工程	41****19960720051X	2019/5/2			信息科
8	7	罗黔云	女	仓储科	运输物流	41****198603150549	2018/6/12			对外贸易科
9	8	王学勇	男	信息科	电子与通信	41****198802240512	2019/5/2			技术科
10	10	董继分	男	基建科	环境与土木工程	41****199311210516	2019/5/2			
11	11	张文东	女	研发中心	自动化工程	41****198910150522	2018/6/12			
12	12	文亿超	男	对外贸易科	应用英语	41****198109270510	2019/5/2			
13	14	李瑞清	女	信息科	信息技术	41****198605170527	2018/6/12			
14	15	范永娟	女	企管科	经济学	41****197709020529	2018/6/12			
15	16	薛玉峰	男	对外贸易科	商务韩语	41****197702110513	2019/5/2			
16	17	李文化	男	技术科	机电工程	41****200804250013	2019/5/2			
17	20	苗祖萍	女	质检科	药学与生物工程	41****198201200523	2018/6/12			

图 4-78　提取不重复的部门清单

操作步骤如下。

步骤① 选中 D1:D17 单元格区域，按 <Ctrl+C> 组合键复制，然后单击右侧任意空白单元格，如 J1，按 <Ctrl+V> 组合键粘贴。

步骤② 单击 J 列数据区域中的任意单元格，依次单击【数据】→【删除重复值】按钮，在弹出的 【删除重复值】对话框中保留【数据包含标题】复选框的选中状态，单击【确定】按钮，然 后在弹出的 Excel 提示对话框中再次单击【确定】按钮即可，如图 4-79 所示。

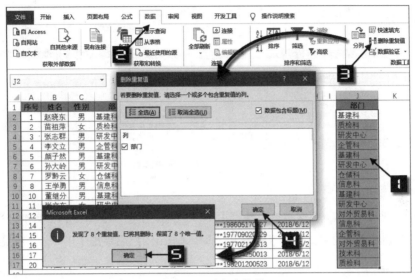

图 4-79　删除重复值

70.2　在多列数据中删除不重复记录

在【删除重复值】对话框中，可以根据实际情况选择包含重复值的列。当所选中的各列在其他 行中都有相同内容时，Excel 才判定为重复记录。

在图 4-78 所示的员工信息表中，要删除可能存在的重复记录，操作步骤如下。

步骤① 单击数据区域中的任意单元格，依次单击【数据】→【删除重复值】按钮，弹出【删除重 复值】对话框。

步骤② 在【删除重复值】对话框取消选中【序号】复选 框，表示除序号列之外，其他姓名、性别、部门和 专业名称等列与其他行中的内容完全相同时，才会 判断为重复数据。最后单击【确定】按钮，在弹出 的 Excel 提示对话框中再次单击【确定】按钮即 可，如图 4-80 所示。

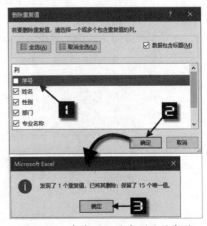

技巧 71 分列功能的妙用

使用分列功能，可以将数据按照某种特征快速拆分到 多列，也可以快速转换数据类型。

图 4-80　在多列记录中删除重复值

71.1 按"分隔符号"拆分科目名称

图 4-81 是某酒店低值易耗品领用记录的部分内容，需要将 G 列的会计科目按科目级别拆分到不同的列中。

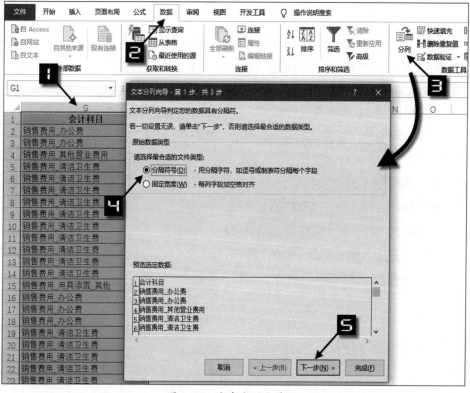

图 4-81 低值易耗品领用记录

操作步骤如下。

步骤① 单击列标选中 G 列，依次单击【数据】→【分列】按钮，在弹出的【文本分列向导－第 1 步，共 3 步】对话框中，选中【分隔符号】单选按钮，然后单击【下一步】按钮，如图 4-82 所示。

图 4-82 文本分列向导 1

步骤② 在弹出的【文本分列向导－第 2 步，共 3 步】对话框中，选中【分隔符号】区域的【其他】
复选框，在右侧的文本框中输入下划线 "_"，然后单击【下一步】按钮，如图 4-83 所示。

步骤③ 在弹出的【文本分列向导－第 3 步，共 3 步】对话框中保留默认选项，直接单击【完成】
按钮，如图 4-84 所示。

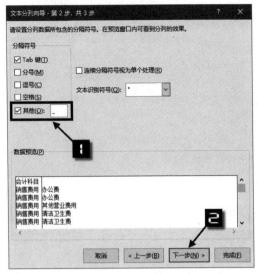

图 4-83　文本分列向导 2

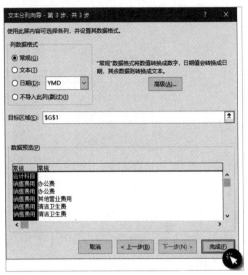

图 4-84　文本分列向导 3

步骤④ 单击 G 列列标，选中 G 列，然后单击【开始】选项卡下的【格式刷】按钮，在 H~I 列列
标上拖动鼠标，将 G 列格式复制到 H~I 列，如图 4-85 所示。

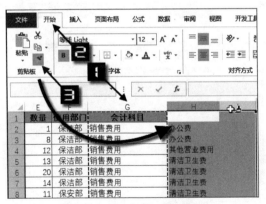

图 4-85　使用格式刷复制格式

最后分别修改 G~I 列的字段标题为 "一级科目" "二级科目" 和 "三级科目"，适当调整列宽
即可。

71.2　按 "固定宽度" 提取身份证号码中的出生年月

按固定宽度分列，能够在字符串的指定位置开始，提取出固定长度的字符。

身份证号码中的第 7 至 14 位数字是出生日期代码，例如 19860512，即表示出生日期为 1986
年 5 月 12 日。如图 4-86 所示，需要在员工信息表中，根据身份证号码提取出员工的出生日期。

序号	姓名	性别	部门	专业名称	身份证号码	出生年月
1	赵晓东	男	基建科	土木工程	41****198202120517	
2	苗祖萍	女	质检科	药学与生物工程	41****198201200523	
3	张志群	男	研发中心	数字与信息	41****200708080050	
4	李文立	男	企管科	经济管理	41****198811120512	
5	颜子然	男	基建科	建筑工程	41****200306210517	

序号	姓名	性别	部门	专业名称	身份证号码	出生年月
1	赵晓东	男	基建科	土木工程	41****198202120517	1982/2/12
2	苗祖萍	女	质检科	药学与生物工程	41****198201200523	1982/1/20
3	张志群	男	研发中心	数字与信息	41****200708080050	2007/8/8
4	李文立	男	企管科	经济管理	41****198811120512	1988/11/12
5	颜子然	男	基建科	建筑工程	41****200306210517	2003/6/21
6	孙大岭	男	研发中心	物理与电子工程	41****19960720051X	1996/7/20
7	罗黔云	女	仓储科	运输物流	41****198603150549	1986/3/15
8	王学勇	男	信息科	电子与通信	41****198802240512	1988/2/24
10	董继分	男	基建科	环境与土木工程	41****199311210516	1993/11/21

图 4-86　从身份证号码中提取出生日期

操作步骤如下。

步骤① 选中 F2:F16 单元格区域，依次单击【数据】→【分列】，在弹出的【文本分列向导－第 1 步，共 3 步】对话框中，选中【固定宽度】单选按钮，然后单击【下一步】按钮，如图 4-87 所示。

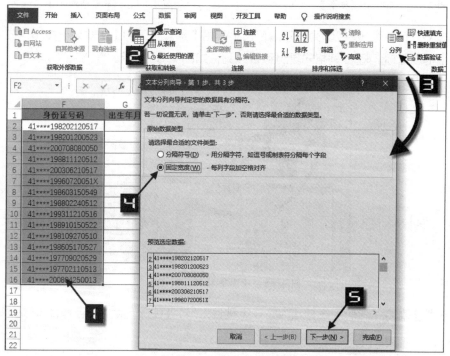

图 4-87　按固定宽度分列 1

步骤② 此时弹出【文本分列向导－第 2 步，共 3 步】对话框。在【数据预览】区域左起第 7 位数字之前的位置单击鼠标，预览区域中会出现以黑色箭头形状表示的分隔位置，然后单击第 15 位数字之前的位置，如果单击后发现分隔符位置不正确，可以拖动鼠标进行移动。

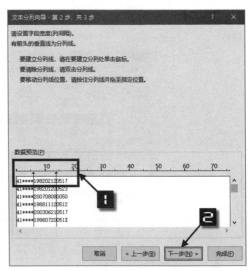

最后单击【下一步】按钮，如图4-88所示。

步骤③ 在弹出的【文本分列向导 - 第3步，共3步】对话框中：

（1）单击【数据预览】区域最左侧的列标，选中【不导入此列(跳过)】单选按钮。

（2）单击【数据预览】区域最右侧的列标，选中【不导入此列(跳过)】单选按钮。

（3）单击【数据预览】区域中间列的列标，选中【日期】单选按钮，在右侧的下拉列表中选择"YMD"。Y、M、D分别表示年、月、日的英文首字母，在处理其他数据时，此处可以根据数据结构的不同选择对应的日期格式。

（4）在【目标区域】编辑框中输入要存放结果的首个单元格地址，如$G$2，最后单击【完成】按钮，如图4-89所示。

图 4-88　按固定宽度分列 2

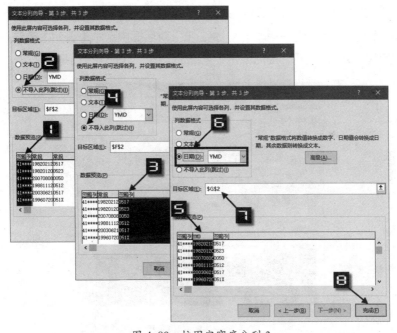

图 4-89　按固定宽度分列 3

提　示

在步骤3中，如果【目标区域】保留默认选项，分列后的结果会覆盖原数据。

71.3　转换不规范日期格式

在实际工作中，经常会遇到一些不规范的日期数据，例如使用6位数字"20190122"表示的2019年1月22日，在Excel中将无法识别为真正的日期。使用分列功能，能够将此类不规范日期快速转换为Excel能识别的日期格式。

图 4-90 是从系统导出的部分凭证记录，需要将 A 列的 6 位数字转换为日期格式。

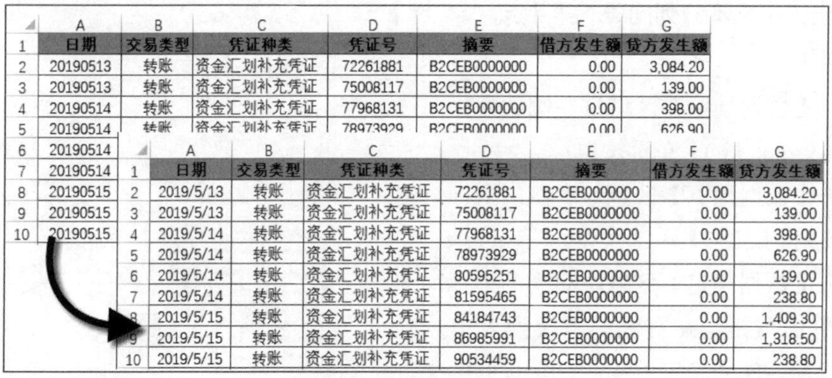

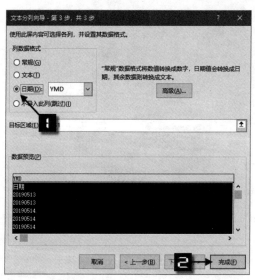

	A	B	C	D	E	F	G
1	日期	交易类型	凭证种类	凭证号	摘要	借方发生额	贷方发生额
2	2019/5/13	转账	资金汇划补充凭证	72261881	B2CEB0000000	0.00	3,084.20
3	2019/5/13	转账	资金汇划补充凭证	75008117	B2CEB0000000	0.00	139.00
4	2019/5/14	转账	资金汇划补充凭证	77968131	B2CEB0000000	0.00	398.00
5	2019/5/14	转账	资金汇划补充凭证	78973929	B2CEB0000000	0.00	626.90
6	2019/5/14	转账	资金汇划补充凭证	80595251	B2CEB0000000	0.00	139.00
7	2019/5/14	转账	资金汇划补充凭证	81595465	B2CEB0000000	0.00	238.80
8	2019/5/15	转账	资金汇划补充凭证	84184743	B2CEB0000000	0.00	1,409.30
9	2019/5/15	转账	资金汇划补充凭证	86985991	B2CEB0000000	0.00	1,318.50
10	2019/5/15	转账	资金汇划补充凭证	90534459	B2CEB0000000	0.00	238.80

图 4-90　转换不规范日期

操作步骤如下：

步骤① 单击 A 列列标选中 A 列，依次单击【数据】→【分列】按钮，在弹出的【文本分列向导 - 第 1 步，共 3 步】对话框中保留默认选项，单击【下一步】按钮。

步骤② 在弹出的【文本分列向导 - 第 2 步，共 3 步】对话框中保留默认选项，单击【下一步】按钮。

步骤③ 在弹出的【文本分列向导 - 第 3 步，共 3 步】对话框中选中【日期】单选按钮，在右侧的下拉列表中选择"YMD"，最后单击【完成】按钮，如图 4-91 所示。

图 4-91　使用分列功能转换不规范日期

参考本例中的步骤，还能够完成文本型数字和数值型数字的格式相互转换。

71.4　清除不可见字符

从系统导出的数据中，经常会有一些不可见字符，影响数据的汇总计算。使用分列功能，能够快速清除大部分类型的不可见字符。

图 4-92 是某公司从系统导出的凭证记录，拖动鼠标选中 G 列数据区域后，任务栏中会仅显示计数结果，现在需要清除其中的不可见字符。

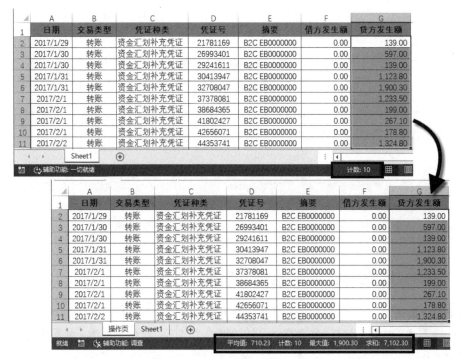

图 4-92　带有不可见字符的工作表

先单击 G 列列标选中 G 列，然后依次单击【数据】→【分列】按钮，在弹出的【文本分列向导-第 1 步，共 3 步】对话框中保留默认选项，直接单击【完成】按钮即可。

71.5　计算文本算式

在一些工程项目中，经常会使用文本算式来表达工程量，借助分列功能，能够将结构简单的文本算式转换为实际的计算结果。

如图 4-93 所示，B 列是用文本算式表达的工程量，现在需要计算出算式结果。

操作步骤如下。

步骤① 依次单击【文件】→【选项】，打开【Excel 选项】对话框。切换到【高级】选项卡，拖动右侧滚动条到最底端，选中【转换 Lotus1-2-3 公式】复选框，最后单击【确定】按钮，如图 4-94 所示。

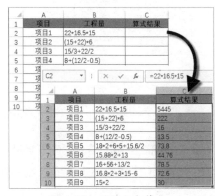

图 4-93　转换文本算式

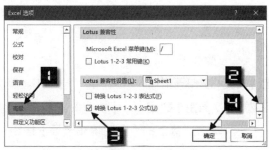

图 4-94　【Excel 选项】对话框

步骤② 选中 B2:B10 单元格区域的文本算式，按 <Ctrl+C> 组合键复制，单击 C2 单元格，按 <Enter> 键将数据粘贴到 C 列。

步骤③ 保持 C2:C10 单元格的选中状态，依次单击【数据】→【分列】按钮，在弹出的【文本分列向导－第 1 步，共 3 步】对话框中保留默认选项，直接单击【完成】按钮。

步骤④ 再次打开【Excel 选项】对话框，取消选中【转换 Lotus1-2-3 公式】复选框，最后单击【确定】按钮。否则在工作表中输入日期数据时会被识别为减法。

提 示

Lotus1-2-3 是一款早期的电子表格，当 Excel 刚刚推出时很多用户已经习惯了 Lotus1-2-3，因此微软采取了与 Lotus1-2-3 兼容的策略，保留了【转换 Lotus1-2-3 公式】和【转换 Lotus1-2-3 表达式】两个选项。Excel 表格中输入函数或者进行计算要先输等号，但是在 Lotus1-2-3 中不需要输入等号。

技巧 72 用快速填充功能拆分或合并数据

使用【快速填充】功能，能够完成对数据的拆分或合并，让一些字符串处理工作变得更加简单。在单元格中输入示例内容后，Excel 会自动分析示例内容与同一行中其他单元格数据的位置或间隔符号等规律，并将此规律应用到同一列中的其他单元格，生成相应的填充内容。

图 4-95 是某公司员工信息表的部分内容，需要根据 F 列的身份证号码提取出生日期，并与 B 列的姓名进行连接。

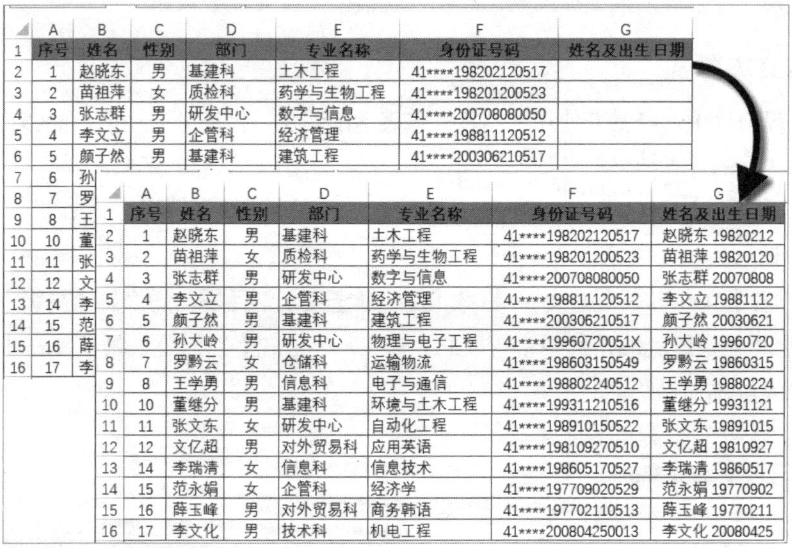

	A	B	C	D	E	F	G
1	序号	姓名	性别	部门	专业名称	身份证号码	姓名及出生日期
2	1	赵晓东	男	基建科	土木工程	41****198202120517	赵晓东 19820212
3	2	苗祖萍	女	质检科	药学与生物工程	41****198201200523	苗祖萍 19820120
4	3	张志群	男	研发中心	数字与信息	41****200708080050	张志群 20070808
5	4	李文立	男	企管科	经济管理	41****198811120512	李文立 19881112
6	5	颜子然	男	基建科	建筑工程	41****200306210517	颜子然 20030621
7	6	孙大岭	男	研发中心	物理与电子工程	41****19960720051X	孙大岭 19960720
8	7	罗黔云	女	仓储科	运输物流	41****198603150549	罗黔云 19860315
9	8	王学勇	男	信息科	电子与通信	41****198802240512	王学勇 19880224
10	10	董继分	男	基建科	环境与土木工程	41****199311210516	董继分 19931121
11	11	张文东	女	研发中心	自动化工程	41****198910150522	张文东 19891015
12	12	文亿超	男	对外贸易科	应用英语	41****198109270510	文亿超 19810927
13	14	李瑞清	女	信息科	信息技术	41****198605170527	李瑞清 19860517
14	15	范永娟	女	企管科	经济学	41****197709020529	范永娟 19770902
15	16	薛玉峰	男	对外贸易科	商务韩语	41****197702110513	薛玉峰 19770211
16	17	李文化	男	技术科	机电工程	41****200804250013	李文化 20080425

图 4-95 连接姓名和出生日期

操作步骤如下。

步骤① 在 G2 单元格输入示例字符“赵晓东 19820212”。

步骤② 依次单击【数据】→【快速填充】按钮，也可以双击 G2 单元格右下角的填充柄向下填充，再单击屏幕上的【自动填充选项】按钮，在快捷菜单中选择【快速填充】命令，或是按 <Ctrl+E> 组合键，如图 4-96 所示。

图 4-96　使用自动填充选项实现快速填充

　　快速填充必须在数据区域的相邻列内才能使用，在横向填充时不起作用。快速填充功能虽然可以很方便地实现数据的拆分和合并，但是如果原始数据区域中的数据发生变化，填充的结果并不能随之自动更新。

> **注 意**
>
> 　　使用快速填充仅适合处理规律性比较强的数据，否则会无法完成填充，或者得到的结果与希望的结果有出入，因此在实际使用时有一定的局限性。

技巧 73 快速选择分析工具

　　使用快速分析功能，能够快速应用条件格式、图表、数据透视表等分析工具。使用鼠标选取某个单元格区域后，会在所选区域的右下角显示出【快速分析】按钮，Excel 能够根据所选取的数据类型和数据结构，智能地给出格式化、图表、汇总、表格以及迷你图等分析选项供用户选择。

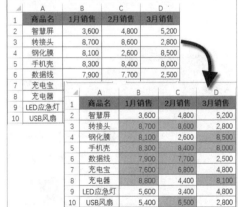

图 4-97　突出显示 6000 元以上的销售记录

73.1　突出显示 6000 元以上的销售数据

　　图 4-97 是某公司一季度销售数据表的部分内容，需要将 6000 元以上的销售记录标记颜色来突出显示。

　　操作步骤如下。

步骤① 选中 B2:D10 单元格区域，单击右下角的【快速分析】按钮，或是按 <Ctrl+Q> 组合键，弹出【快速分析】浮动窗口。

步骤② 在【快速分析】浮动窗口中切换到【格式化】选项卡下，单击【大于】按钮，弹出【大于】对话框。

步骤③ 在【大于】对话框中【为大于以下值的单元格设置格式】编辑框中输入“6000”，最后单击【确定】按钮，如图 4-98 所示。

如果不再需要突出显示效果，可以再次选中 B2:D10 单元格区域，单击右下角的【快速分析】按钮，打开【快速分析】浮动窗口。切换到【格式化】选项卡下，单击【清除格式】按钮即可，如图 4-99 所示。

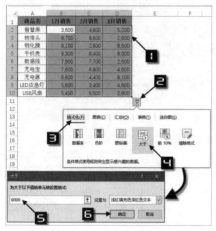

图 4-98 快速格式化

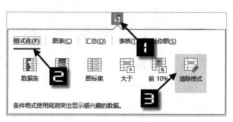

图 4-99 清除格式

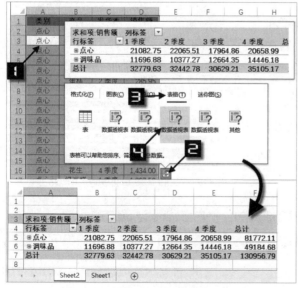

	A	B	C	D
1	类别	产品	发货季	销售额
2	点心	饼干	1 季度	1,685.36
3	点心	饼干	2 季度	2,646.08
4	点心	饼干	3 季度	1,849.70
5	点心	饼干	4 季度	999.01
6	点心	蛋糕	1 季度	817.00
7	点心	蛋糕	2 季度	285.95
8	点心	蛋糕	3 季度	668.80
9	点心	蛋糕	4 季度	1,159.00
10	点心	桂花糕	2 季度	4,252.50
11	点心	桂花糕	3 季度	1,360.80
12	点心	桂花糕	4 季度	1,701.00

图 4-100 销售数据表

73.2 按类别和发货季汇总销售数据

图 4-100 是某公司销售数据表的部分内容，现在需要按类别和发货季进行汇总。

操作步骤如下。

步骤① 单击数据区域任意单元格，如 A3，按 <Ctrl+A> 组合键选中整个数据区域。单击右下角的【快速分析】按钮，弹出【快速分析】浮动窗口。

步骤② 在【快速分析】浮动窗口中切换到【表格】选项卡下，此时会出现多个与表以及数据透视表有关的快速分析建议按钮。在按钮上移动光标，Excel 会自动显示对应的预览效果，单击该按钮，即可自动在新工作表中创建一个数据透视表，来显示数据分析的结果，如图 4-101 所示。

图 4-101 按类别和发货季汇总销售数据

技巧 74 精确替换内容

查找与替换是数据整理过程中的一项常用功能，能够帮助用户根据某些内容特征查找到符合条件的数据再进行相应处理或是将某些内容替换为新的内容。

查找和替换功能默认为模糊匹配方式。使用查找功能时，会以包含关键字的单元格进行匹配，使用替换功能时，则会将单元格中包含的关键字全部替换为其他内容。

如图 4-102 所示，需要将员工信息表中考核系数为 0 的单元格替换为"待定"，如果使用默认的模糊匹配方式，替换后的数据会变得十分混乱。

用户可以根据需要选择使用精确匹配方式，操作步骤如下。

步骤① 依次单击【开始】→【查找和选择】按钮，在下拉列表中单击【替换】命令，或是按 <Ctrl+H> 组合键调出【查找和替换】对话框。

步骤② 在【查找内容】文本框中输入"0"，在【替换为】文本框中输入要替换的内容"待定"。

步骤③ 单击【选项】按钮，展开更多与查找替换有关的选项。选中【单元格匹配】复选框，单击【全部替换】按钮，在弹出的 Excel 提示对话框中单击【确定】按钮，最后单击【关闭】按钮完成替换，如图 4-103 所示。

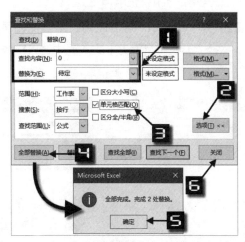

图 4-102　替换后的数据变得十分混乱　　　图 4-103　精确替换

提　示

> 在执行替换操作时，如果【替换为】文本框中不输入内容，则相当于将查找内容删除。

技巧 75 在指定范围内替换不规范日期

如果单击任意单元格再进行查找和替换，默认处理的范围为整个工作表。如果先选中一个单元格区域后再执行查找或替换操作，则仅在指定范围中查找或替换内容。

图 4-104 是某公司凭证登记表的部分内容，由于 A 列输入的日期是以小数点做间隔的不规范形式，需要将其快速转换为真正的日期格式。

日期	交易类型	凭证种类	凭证号	摘要	借方发生额	贷方发生额
2019.5.13	转账	资金汇划补充凭证	72261881	B2CEB0000000	0.00	3,084.20
2019.5.13	转账	资金汇划补充凭证	75008117	B2CEB0000000	0.00	139.00
2019.5.14	转账	资金汇划补充凭证	77968131	B2CEB0000000	0.00	398.00
2019.5.14	转账	资金汇划补充凭证	78973929	B2CEB0000000	0.00	626.90
2019.5.14	转账	资金汇划补充凭证	80595251	B2CEB0000000	0.00	139.00
2019.5.14						
2019.5.15						
2019.5.15						
2019.5.15						
2019.5.16						
2019.5.16						

日期	交易类型	凭证种类	凭证号	摘要	借方发生额	贷方发生额
2019/5/13	转账	资金汇划补充凭证	72261881	B2CEB0000000	0.00	3,084.20
2019/5/13	转账	资金汇划补充凭证	75008117	B2CEB0000000	0.00	139.00
2019/5/14	转账	资金汇划补充凭证	77968131	B2CEB0000000	0.00	398.00
2019/5/14	转账	资金汇划补充凭证	78973929	B2CEB0000000	0.00	626.90
2019/5/14	转账	资金汇划补充凭证	80595251	B2CEB0000000	0.00	139.00
2019/5/15	转账	资金汇划补充凭证	81595465	B2CEB0000000	0.00	238.80
2019/5/15	转账	资金汇划补充凭证	84184743	B2CEB0000000	0.00	1,409.30
2019/5/15	转账	资金汇划补充凭证	86985991	B2CEB0000000	0.00	1,318.50
2019/5/15	转账	资金汇划补充凭证	90534459	B2CEB0000000	0.00	238.80
2019/5/16	转账	资金汇划补充凭证	92550689	B2CEB0000000	0.00	696.50
2019/5/16	转账	资金汇划补充凭证	93944655	B2CEB0000000	0.00	1,173.00

图 4-104　处理不规范日期数据

Excel 中可识别的日期间隔符号包括短横线"-"和斜杠"/"两种，因此只要将 A 列数据中的小数点替换为二者之一即可。由于表格的 G 列中包含带有小数位的金额数据，因此在替换时需要先选中要处理的数据范围，操作步骤如下。

步骤① 单击 A2 单元格，然后按住 <Ctrl> 键和 <Shift> 键不放，按方向键的下箭头"↓"，选中 A 列的不规范日期所在区域。

步骤② 按 <Ctrl+H> 组合键调出【查找和替换】对话框，在【查找内容】文本框中输入小数点"."，在【替换为】文本框中输入横线"-"，单击【全部替换】按钮，在弹出的 Excel 提示对话框中单击【确定】按钮，最后单击【关闭】按钮完成替换，如图 4-105 所示。

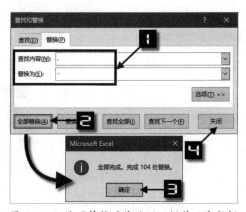

图 4-105　使用替换功能处理不规范日期数据

技巧 76　使用通配符替换符合条件的数据

Excel 中的通配符包括星号"*"和半角问号"?"两种，星号"*"表示任意多个字符，半角问号"?"表示任意一个字符。在查找和替换时，使用通配符能够实现更多个性化的设置。

76.1　将括号内的数据替换为空白

图 4-106 是某单位会计考核题目及参考答案的部分内容，现在需要将括号中的参考答案全部替换为空白。

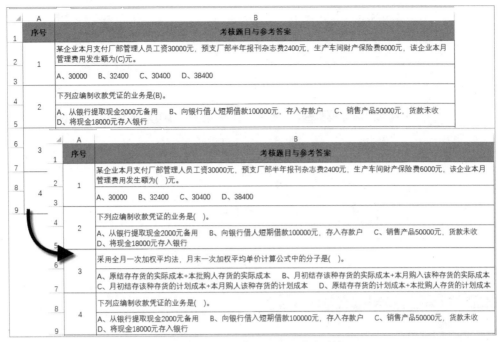

图 4-106　会计考核题目与参考答案

操作步骤如下。

步骤① 按 <Ctrl+H> 组合键调出【查找和替换】对话框。

步骤② 在【查找内容】文本框中输入"(*)"，在【替换为】文本框编辑框中输入"(　)"，单击【全部替换】按钮，在弹出的 Excel 提示对话框中单击【确定】按钮，最后单击【关闭】按钮完成替换，如图 4-107 所示。

本例中的查找内容为"(*)"，表示查找开头是左括号"("，结尾是右括号")"，中间是任意字符的所有内容，再将符合条件的内容替换为"(　)"。

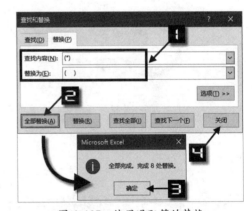

图 4-107　使用通配符的替换

提 示

在查找和替换中使用括号等符号时，需要和单元格中的符号一致，注意区分半角和全角。

76.2　替换带有特殊符号的数据

星号和半角问号具有通配符的特殊属性，如果数据本身包含星号和半角问号，在查找和替换时则需要进行特殊处理。

图 4-108 是某医药公司药品明细表的部分内容，需要将 C 列商品规格中用"*"表示的乘号换成"×"。

通用名称	包装单位	商品规格	计量规格	商品条码	剂型
阿那曲唑片（瑞宁得）	盒	1mg*14片	240		片剂
青霉胺片	片	0.125g*100片/瓶	180		片剂
人凝血因子Ⅷ	瓶	300IU/10ml/瓶	60		注射剂
人凝血因子Ⅷ	瓶	200IU/10ml/瓶	60		注射剂
马来酸氯苯那敏注射液	盒	1ml:10mg*10支	400		注射剂
普罗碘胺					

通用名称	包装单位	商品规格	计量规格	商品条码	剂型
阿那曲唑片（瑞宁得）	盒	1mg×14片	240		片剂
青霉胺片	片	0.125g×100片/瓶	180		片剂
人凝血因子Ⅷ	瓶	300IU/10ml/瓶	60		注射剂
人凝血因子Ⅷ	瓶	200IU/10ml/瓶	60		注射剂
马来酸氯苯那敏注射液	盒	1ml:10mg×10支	400		注射剂
普罗碘胺注射液	盒	2ml:0.4g×10支	300		注射剂
清开灵注射液	盒	2ml×10支	200	6933960000138	注射剂
碳酸氢钠注射液	盒	10ml:0.5g×5支	180		注射剂
血塞通注射液	盒	100mg×2ml×10支	300	6923812199127	注射剂
阿那曲唑片	盒	1mg×14片/瓶	1		片剂
阿那曲唑片	瓶	1mg×14片/瓶	100		片剂

图 4-108　药品明细表

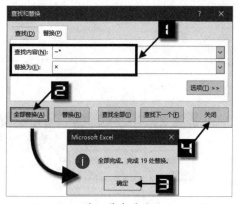

图 4-109　替换带有特殊符号的内容

操作步骤如下。

步骤① 按 <Ctrl+H> 组合键调出【查找和替换】对话框。

步骤② 在【查找内容】文本框中输入"~*"，在【替换为】文本框中输入"×"，单击【全部替换】按钮，在弹出的 Excel 提示对话框中单击【确定】按钮，最后单击【关闭】按钮完成替换，如图 4-109 所示。

如果要查找星号"*"和半角问号"?"，需要在字符前加上波浪线"~"，如果要查找字符"~"，则需要使用两个连续的波浪线表示，即"~~"。

技巧 77　将一列数据转换为多行多列

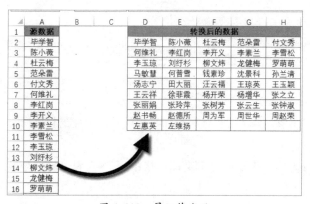

图 4-110　员工花名册

使用替换功能结合 Excel 中的自动填充，能够将单列数据转置为多行多列，使其更便于打印或浏览。

图 4-110 是某公司员工花名册的部分内容，需要将 A 列的员工姓名转换为多行多列的显示效果。

操作步骤如下。

步骤① 在 D2 单元格输入"A2&""""，拖动 D2 单元格右下角的填充柄，向右复制到 H2 单元格。

步骤② 在 D3 单元格输入 "A7&""",拖动 D3 单元格右下角的填充柄,向右复制到 H3 单元格,此时字符串中的数字会自动递增,如图 4-111 所示。

步骤③ 同时选中 D2:H3 单元格区域,拖动 H3 单元格右下角的填充柄,将内容复制填充到 D2:H10 单元格区域,如图 4-112 所示。

图 4-111　在工作表中输入单元格地址　　　　　　图 4-112　拖动填充柄填充内容

步骤④ 保持 D2:H10 单元格区域的选中状态,按 <Ctrl+H> 组合键调出【查找和替换】对话框。在【查找内容】文本框中输入 "A",在【替换为】文本框中输入 "=A",单击【全部替换】按钮,在弹出的 Excel 提示对话框中单击【确定】按钮,最后单击【关闭】按钮完成替换,如图 4-113 所示。

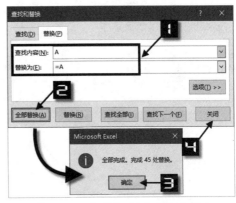

图 4-113　在字符 "A" 前加上等号

本例中,先利用 Excel 的自动填充功能,快速在各个单元格中填充单元格地址。然后使用替换的方法将字母 "A" 替换为 "=A",相当于将文本样式的单元格地址变成了带等号的公式,从而完成数据的转置。

如果等式引用的是空单元格,会返回无意义的 0,因此使用连接符 "&" 连接上一个空文本 """",使无意义的 0 值显示为空白。

技巧 78　制作斜线表头

斜线表头,是指在表格左上角单元格中分别写上水平方向和垂直方向的项目类别,然后使用斜线进行间隔的一种表头形式。斜线表头通常在一些有特殊要求的汇总报表中使用,在用于汇总分析的数据表中不建议使用斜线表头。

78.1　制作斜线表头

图 4-114 是某公司各部门费用汇总报表的部分内容,按照公司统一要求,需要制作斜线表头。

A	办公费	差旅费	交通费	宣传费	招待费
1 市场部	41,168.40	11,328.50	12,415.60	18,493.10	5,446.80
2 客服部	4,560.00	5,210.00	3,214.60	5,150.10	
3 生产部					
4					
5 维修部					
6 销售部					
7 行政部					
8 财务部					

项目\部门	办公费	差旅费	交通费	宣传费	招待费
1					
2 市场部	41,168.40	11,328.50	12,415.60	18,493.10	5,446.80
3 客服部	4,560.00	5,210.00	3,214.60	5,150.10	
4 生产部	17,563.50	6,118.50	2,681.00	6,321.50	1,236.80
5 维修部			700.00		
6 销售部	6,899.10			6,321.50	4,210.00
7 行政部	2,145.80		6,520.00		
8 财务部	1,542.00	800.00			2,105.50

图 4-114　部门费用汇总报表

操作步骤如下。

步骤① 适当调整用于存放斜线表头的 A1 单元格的行高、列宽以及字号大小，使其能够容纳表头文字。

步骤② 单击 A1 单元格，按 <Ctrl+1> 组合键打开【设置单元格格式】对话框，切换到【边框】选项卡下，单击【边框】区域右下角的斜线，最后单击【确定】按钮，如图 4-115 所示。

步骤③ 设置 A1 单元格的对齐方式为左对齐，然后输入表头文字"项目部门"。在编辑栏中把光标放到"项目"之后，按 <Alt+Enter> 组合键使其强制换行，最后按空格键适当调整文字位置即可，如图 4-116 所示。

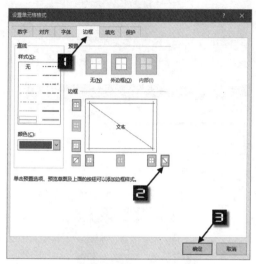

图 4-115　添加斜线边框

图 4-116　在编辑栏中调整文字位置

78.2　制作双斜线表头

双斜线表头的制作可以借助线条形状和文本框来制作。

操作步骤如下。

步骤① 首先调整 A1 单元格的行高和列宽。

步骤② 依次单击【插入】→【形状】→【直线】按钮，拖动鼠标在 A1 单元格中画出一条斜线，如图 4-117 所示。

步骤③ 按住 <Ctrl> 键拖动斜线，复制出一条新的斜线，适当调整斜线位置，效果如图 4-118 所示。

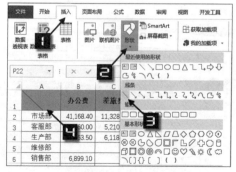

图 4-117　插入直线

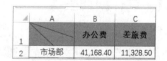

图 4-118　插入斜线后的效果

步骤④ 依次单击【插入】→【文本框】→【绘制横排文本框】命令，在工作表中拖动鼠标绘制一个文本框，如图 4-119 所示。

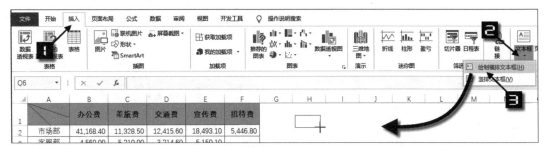

图 4-119　插入文本框

步骤⑤ 在文本框中输入"项目"，保持文本框的选中状态，依次单击【形状格式】→【形状填充】下拉按钮，在主题颜色面板中选择【无填充】。单击【形状轮廓】下拉按钮，在主题颜色面板中选择【无轮廓】，如图 4-120 所示。

步骤⑥ 适当调整文本框的字号大小。按住 <Ctrl> 键不放拖动复制文本框，将复制后的文本框修改文字为"部门"。再次复制出一个文本框，修改文字为"金额"，拖动文本框调整到合适的位置，完成后的效果如图 4-121 所示。

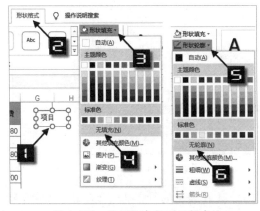

图 4-120　设置文本框形状格式

部门 \ 金额 \ 项目	办公费	差旅费	交通费	宣传费	招待费
市场部	41,168.40	11,328.50	12,415.60	18,493.10	5,446.80
客服部	4,560.00	5,210.00	3,214.60	5,150.10	
生产部	17,563.50	6,118.50	2,681.00	6,321.50	1,236.80
维修部				700.00	
销售部	6,899.10			6,321.50	4,210.00
行政部	2,145.80		6,520.00		
财务部	1,542.00	800.00			2,105.50

图 4-121　双斜线表头效果

技巧 79　添加批注对特殊数据进行说明

使用批注功能，可以对单元格中的内容添加一些注释和说明，方便自己或者其他用户更好地理解单元格中的内容含义。

79.1　添加和删除批注

如图 4-122 所示，是某公司销售记录表的部分内容，需要在 D3 单元格中添加批注，对数据进行进一步的说明。

可以使用以下几种方法插入批注，在批注框中输入内容后单击任意单元格即可。

方法① 选中D3单元格，右击鼠标，在弹出的快捷菜单中选择【插入批注】命令，如图4-123所示。

图 4-122　在单元格中添加批注

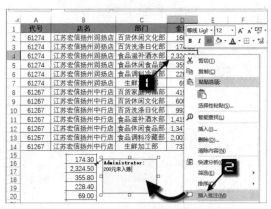

图 4-123　使用右键快捷菜单插入批注

方法② 选中 D3 单元格，依次单击【审阅】→【新建批注】按钮，如图 4-124 所示。

插入批注后的单元格右上角会出现一个红色三角形标记，当光标移动到该单元格位置时，会自动显示出批注内容。

如果希望批注内容始终显示，可以选中带有批注的单元格，然后右击鼠标，在快捷菜单中选择【显示/隐藏批注】命令。也可以在【审阅】选项卡下单击【显示/隐藏批注】按钮，如图4-125所示。

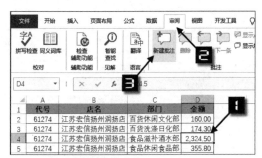

图 4-124　使用功能区命令新建批注

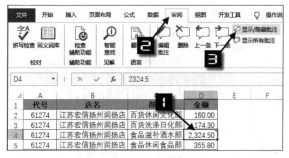

图 4-125　显示 / 隐藏批注

在【审阅】选项卡下连续单击【显示所有批注】按钮，工作表中的所有批注会在显示和隐藏状态之间切换。

要删除单元格中的批注时，可以选中带有批注的单元格，然后右击鼠标，在快捷菜单中选择【删除批注】命令，也可以在【审阅】选项卡下单击【删除】按钮。如果选中整个工作表后再执行删除批注操作，工作表中的所有批注都将被删除。

> **提示**
>
> 批注中的内容只适合查看，难以进行计算或处理，因此在实际工作中不能过多使用批注，必要时可以添加数据列作为备注，来替代批注功能。

79.2　快速恢复批注位置

如果在筛选状态下为单元格添加了批注，当取消筛选后再设置为显示所有批注时，批注的位置往往会发生改变，有些甚至超出视线范围。将批注快速恢复到默认位置的操作步骤如下。

步骤1 单击数据区域任意单元格，按 <Ctrl+A> 组合键选中整个数据区域，再按 <Ctrl+C> 组合键复制。

步骤2 插入一个新工作表，在新工作表中按 <Ctrl+V> 组合键粘贴数据。此时批注也会被一同复制粘贴，并且自动恢复到默认位置。

步骤3 将新工作表中的数据复制后粘贴到原工作表中，最后删除之前插入的工作表即可。

技巧80 中文简繁转换不求人

使用中文版 Excel 的中文简繁转换功能，可以快速将单元格中的内容在简体中文与繁体中文之间进行转换。

图 4-126 是某合资企业销售数据表的部分内容，需要将工作表中的简体中文转换为繁体中文。

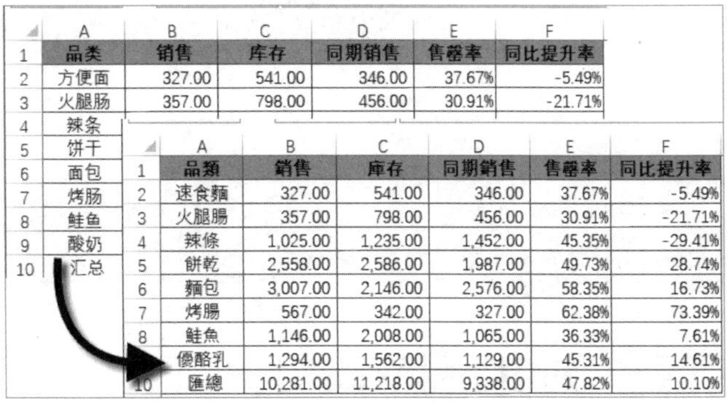

	A	B	C	D	E	F
1	品类	销售	库存	同期销售	售罄率	同比提升率
2	方便面	327.00	541.00	346.00	37.67%	-5.49%
3	火腿肠	357.00	798.00	456.00	30.91%	-21.71%
4	辣条					
5	饼干					
6	面包					
7	烤肠					
8	鲑鱼					
9	酸奶					
10	汇总					

	A	B	C	D	E	F
1	品類	銷售	庫存	同期銷售	售罄率	同比提升率
2	速食麵	327.00	541.00	346.00	37.67%	-5.49%
3	火腿腸	357.00	798.00	456.00	30.91%	-21.71%
4	辣條	1,025.00	1,235.00	1,452.00	45.35%	-29.41%
5	餅乾	2,558.00	2,586.00	1,987.00	49.73%	28.74%
6	麵包	3,007.00	2,146.00	2,576.00	58.35%	16.73%
7	烤腸	567.00	342.00	327.00	62.38%	73.39%
8	鮭魚	1,146.00	2,008.00	1,065.00	36.33%	7.61%
9	優酪乳	1,294.00	1,562.00	1,129.00	45.31%	14.61%
10	匯總	10,281.00	11,218.00	9,338.00	47.82%	10.10%

图 4-126 销售数据表

操作步骤如下。

步骤1 依次单击【文件】→【选项】，打开【Excel 选项】对话框。

步骤2 在【加载项】选项卡下单击【管理】右侧的下拉按钮，在下拉列表中选择【COM 加载项】，然后单击【转到】按钮，打开【COM 加载项】对话框。在【COM 加载项】对话框中选中【中文转换加载项】复选框，最后单击【确定】按钮，如图 4-127 所示。

图 4-127 添加中文转换加载项

添加中文转换加载项之后，在【审阅】选项卡下即可增加【中文简繁转换】的命令组。

步骤3 选中 A1:F10 单元格区域，依次单击【审阅】→【简转繁】按钮即可，如图 4-128 所示。

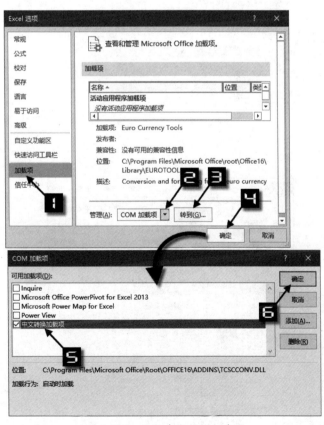

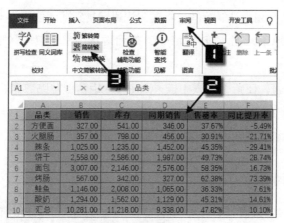

图 4-128　中文简体转繁体

提 示

　　另外，如果将简体转换为繁体，再将这些繁体转换为简体时，可能无法得到之前的简体内容。例如将"模板"转换为繁体的"範本"后，再次转换将得到简体的"范本"。

技巧 81　使用切片器筛选数据

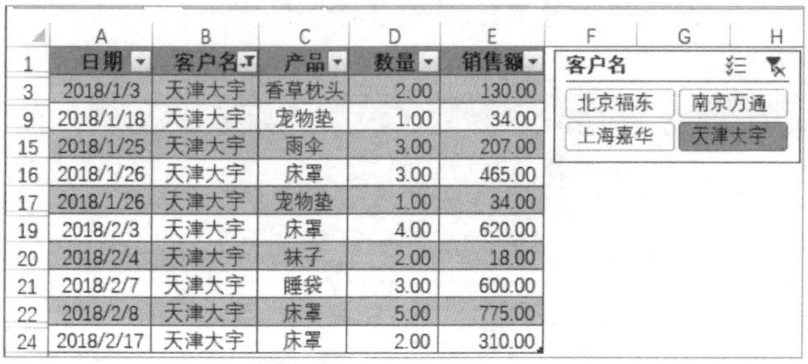

图 4-129　销售数据表

　　切片器是一种图形化的筛选方式，能够应用于"表格"和数据透视表以及数据透视图中，比常规的筛选功能更加方便灵活。

　　图 4-129 是某公司销售数据表的部分内容，需要加入切片器来筛选客户名。

　　操作步骤如下。

　　步骤1 单击数据区域任意单元格，如 A2，再依次单击【插入】→【表格】按钮，或是按 <Ctrl+T> 组合键，在弹出的【创建表】对话框中单击【确定】按钮，如图 4-130 所示。

　　步骤2 保持表格区域的选中状态，依次单击【表设计】→【插入切片器】按钮，弹出【插入切片器】对话框，其中包含当前表格中的所有字段名称。选中"客户名"复选框，最后单击【确定】按钮，如图 4-131 所示。

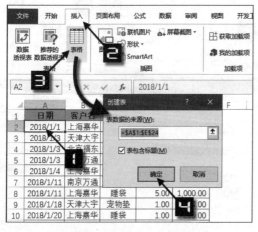

图 4-130　创建表

步骤③ 单击切片器，在【切片器】选项卡下，调整【列】右侧的微调按钮，使切片器以两列显示，如图 4-132 所示。

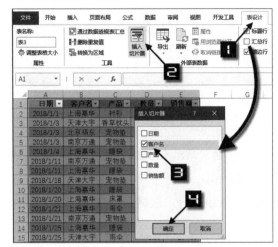

图 4-131　插入切片器

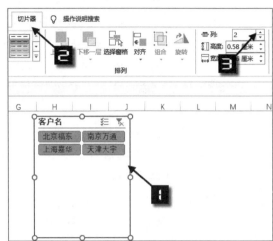

图 4-132　设置切片器显示的列数

最后拖动切片器边框适当调整大小。单击切片器中的客户名，即可在表格中显示出对应的记录。

在切片器中单击选中右上角的【多选】按钮，则可以同时选择查看多个客户的记录。单击切片器右上角的【清除筛选器】按钮，则可显示出全部数据记录，如图 4-133 所示。

如果不再需要切片器，可以单击切片器，按 <Delete> 键删除。也可以选中切片器后右击鼠标，在快捷菜单中选择【删除"字段名"】命令，如图 4-134 所示。

图 4-133　【多选】和【清除筛选器】按钮

图 4-134　删除切片器

技巧 82　在下拉列表中选择汇总方式

在"表格"中添加汇总行，能够使用下拉列表的方式快速选择不同的汇总方式，而不需要手工编辑公式。

图 4-135 是某公司销售数据表的部分内容，需要将其转换为"表格"并添加汇总行。

	A	B	C	D	E	F	G	H	I	J
1	货主名称	销售人	订单ID	发货日期	运货商	产品名称	单价	数量	折扣	总价
2	方先生	金士鹏	10659	2019/1/27	统一包裹	温馨奶酪	12.50	20.00	0.05	237.50
3	方先生	金士鹏	10659	2019/1/27	统一包裹	虾米	18.40	24.00	0.05	419.52
4	方先生	金士鹏	10659	2019/1/27	统一包裹	苏打水	15.00	40.00	0.05	570.00
5	方先生	孙林	10656	2019/1/27	急速快递	沙茶	23.25	3.00	0.10	62.77
6	方先生	孙林	10656	2019/1/27	急速快递	蚝油	19.45	28.00	0.10	490.14
7	方先生	孙林	10656	2019/1/27	急速快递	蛋糕	9.50	6.00	0.10	51.30
8	方先生	李芳	10681	2019/2/16	联邦货运	糖果	9.20	30.00	0.10	248.40

图 4-135　销售数据表

操作步骤如下。

步骤① 单击数据区域任意单元格，如 A5，按 <Ctrl+T> 组合键调出【创建表】对话框，保留默认选项，单击【确定】按钮，将数据区域转换为"表格"。

步骤② 在【表设计】选项卡下选中【汇总行】复选框，Excel 将在"表格"的最后一行自动增加一个汇总行，如图 4-136 所示。

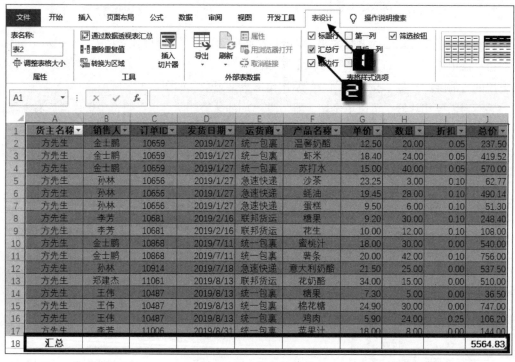

图 4-136　添加汇总行

图 4-137　在下拉列表中选择汇总方式

步骤③ 单击选中汇总行中的任意单元格，然后单击下拉按钮，在下拉列表中选择需要的汇总方式，该单元格中即可得到对应的计算结果，如图 4-137 所示。

技巧 83 插入、删除行保持连续的序号

使用常规方法生成的序号，在插入或是删除行后将会变得不再连续。借助"表格"能够自动填充公式的特性，能够生成在插入或删除后始终保持连续的序号。

图 4-138 是某公司销售记录表的部分内容，需要在 A 列生成序号。

序号	姓名	1月份	2月份	3月份	一季度合计
	汪蓓蓓	55	81	65	201
	王烨华	83	123	107	313
	杜东颖	74	97	77	248
	钟华玲	77	22	58	157
	倪燕华	45	115	78	238

图 4-138 销售记录表

操作步骤如下。

步骤① 单击数据区域任意单元格，如 A5，按 <Ctrl+T> 组合键调出【创建表】对话框，保留默认选项，单击【确定】按钮，将数据区域转换为"表格"。

步骤② 在 A2 单元格输入以下公式，按 <Enter> 键，如图 4-139 所示。

```
=ROW()-1
```

ROW 函数的作用是返回参数单元格的行号，如果省略参数，则返回公式所在单元格的行号。由于序号是从第 2 行开始，因此先使用 ROW 函数获得公式所在行的行号 2，再减去 1 使序号从 1 开始。

A2	=ROW()-1

序号	姓名	1月份	2月份	3月份	一季度合计
1	汪蓓蓓	55	81	65	201
2	王烨华	83	123	107	313
3	杜东颖	74	97	77	248
4	钟华玲	77	22	58	157
5	倪燕华	45	115	78	238

图 4-139 使用公式生成序号

设置完成后，在工作表中插入或是删除行，序号都将保持连续，如图 4-140 所示。

如果需要将"表格"转换为普通区域，可以单击"表格"区域中的任意单元格，在【表设计】选项卡下单击【转换为区域】按钮，在弹出的 Excel 对话框中单击【是】按钮，如图 4-141 所示。

图 4-140 序号始终保持连续

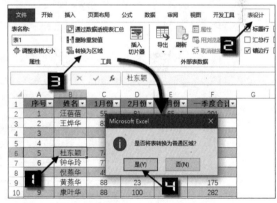

图 4-141 将"表格"转换为普通区域

转换为普通区域后的数据表，将无法继续使用"表格"中特有的功能。

技巧 84 用合并计算汇总进销存数据

使用合并计算，能够汇总或者合并多个数据源区域中的数据。图 4-142 是某公司产品出入库记录表的部分内容，需要以此生成汇总表。

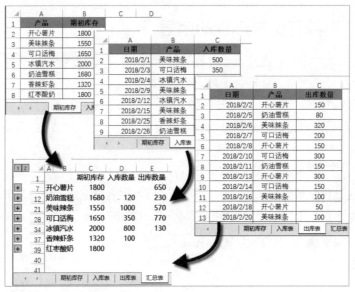

图 4-142　出入库记录

操作步骤如下。

步骤① 切换到"汇总表"，单击 A1 单元格，作为存放汇总结果的起始位置，然后依次单击【数据】→【合并计算】按钮，打开【合并计算】对话框，如图 4-143 所示。

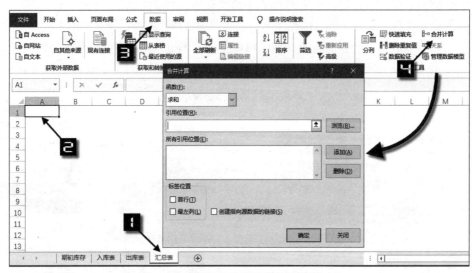

图 4-143　打开【合并计算】对话框

步骤② 保留【函数】组合框中的"求和"选项，单击【引用位置】编辑框右侧的折叠按钮，选中"期初库存"工作表的 A1:B8 单元格区域，单击【添加】按钮，如图 4-144 所示。

步骤③ 使用同样的方法添加"入库表"的 B1:C9 单元格区域和"出库表"的 B1:C17 单元格区域。在各工作表中选择数据区域时，注意最左侧列均为"产品"字段。

步骤④ 在【标签位置】区域依次选中【首行】和【最左列】以及【创建指向源数据的链接】复选框，最后单击【确定】按钮，如图 4-145 所示。

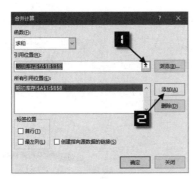 

图 4-144　添加引用位置　　　　　图 4-145　设置标签位置

步骤⑤ 调整各列位置，完成合并计算。

技巧 85　使用分类汇总统计不同商户类型的业务金额

分类汇总能够以数据表中的某一个字段作为分类依据，进行求和、计数、平均值等统计汇总。

图 4-146 是某商业银行的部分业务流水记录，需要按不同商户类型对金额进行汇总。

	A	B	C	D	E
1	网点名称	商户名称	商户类型	商户编号	金额
2	新华路支行	君利来五金经销处	家易通	429930350720041	5,331
3	花园路营业部	光联五金经销部	POS个人	429930150720279	12
4	银柏路营业部	婴倍爱母婴用品店	家易通	429930551370091	26
5	五一路支行	明珠商贸城周磊	家易通	429930951370188	5,719
6	北大街支行	华杰服饰销售中心	POS个人	429930151372734	12,028,143
7	银柏路营业部	桥东口腔诊所	POS个人	429930559760001	2
8	新华路支行	蝶恋花美容生活馆	家易通	429930259981999	71

	A	B	C	D	E
1	网点名称	商户名称	商户类型	商户编号	金额
15			POS个人 汇总		12,576,872
21			二维码商户 汇总		11,586
36			家易通 汇总		2,455,331
37			总计		15,043,789

图 4-146　业务流水记录

操作步骤如下。

步骤① 使用分类汇总功能时，需要先将待分类汇总的字段进行排序。单击商户类型所在列的任意单元格，如 C4，依次单击【数据】→【升序】按钮，使同一类的商户类型集中显示，如图 4-147 所示。

图 4-147　对数据排序处理

步骤② 单击数据列表中的任意单元格，如 C4，然后依次单击【数据】→【分类汇总】按钮，弹出【分类汇总】对话框。单击【分类字段】下拉按钮，在下拉列表中选择"商户类型"。【汇总方式】保留默认的"求和"，在【选定汇总项】区域中选中"金额"字段，再选中【汇总结果显示在数据下方】复选框，最后单击【确定】按钮，如图 4-148 所示。

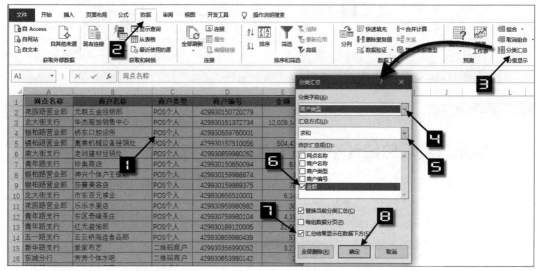

图 4-148　设置分类汇总

设置分类汇总后，工作表的左上角区域会自动添加用于折叠和展开数据的加、减号，以及表示分级的数字，点击加号、减号或是数字，可以展开或折叠对应级别的数据，如图 4-149 所示。

如果需要删除分类汇总，可以依次单击【数据】→【分类汇总】按钮，在弹出的【分类汇总】对话框中单击【全部删除】按钮即可，如图 4-150 所示。

图 4-149　折叠或展开数据图　　　　　　　　　　　　图 4-150　删除分类汇总

第 5 章 借助 Power Query 处理数据

Power Query 是微软智能化组件 Power BI 中的功能之一，用于数据的获取、清洗、转置和合并等处理，自 Excel 2016 版本开始成为 Excel 的内置功能。本章主要学习 Power Query 中有代表性的基础应用。

技巧 86 二维表转换为一维表

在日常工作中，经常会有一些布局比较特殊的表格，使用 Power Query 可以将其转换为便于统计汇总的数据列表。

表格根据结构的不同，可以分为一维表和二维表。所谓一维表就是字段和记录的简单罗列，每一行都是一条完整的记录，每一列用来存放一个字段，多用于流水表和明细表。如果将一维表的每一条记录看作一条线，二维表中的一条记录则相当于一张网，其特点是在多列中都有相同属性的数值，如图 5-1 所示，左侧为一维表样式，右侧为二维表样式。

	A	B	C
1	销售地区	产品名称	销售金额
2	福建	DY-412A	83,700
3	福建	TDS-2140	642,500
4	江苏	DY-412A	195,300
5	江苏	USV-748H	35,700
6	江西	DY-412A	14,400
7	江西	TDS-2140	86,400
8	江西	USV-748H	198,000
9	浙江	DY-412A	331,200
10	浙江	SSU-3122	419,700
11	浙江	TDS-2140	27,300

	A	B	C	D	E
1	名称	福建	江苏	江西	浙江
2	DY-412A	83,700.00	195,300.00	14,400.00	331,200.00
3	SSU-3122				419,700.00
4	TDS-2140	642,500.00		86,400.00	27,300.00
5	USV-748H		35,700.00	198,000.00	
6	合计	726,200	231,000	298,800	778,200

图 5-1 典型的一维表和二维表样式

一维表的数据汇总要比二维表的数据汇总简单很多，因此基础数据要尽量采用一维表进行存储，以便对数据进行后续的加工处理。

图 5-2 是某公司销售数据表的部分内容。为了便于对数据进行汇总分析，需要将二维表形式的表格转换为一维表。

	A	B	C	D	E	F	G	H	I
1	品类	品牌	店铺	1月	2月	3月	4月	5月	6月
2	童装	叶王	十里河	46028	57789	37750	53740	26090	31043
3	童装	美赞	大羊坊	27553	51487	52986	52069	45661	8307
4	童装	瑞可	方庄路	31869	53988	3342			
5	童装	粒贝	八里桥	28160	24931	5693			
6	童装	芭适	潘家园	55868	63073	3496			
7	女装	舒培	十里河	44770	56009	2607			
8	女装	可为	大羊坊	19334	56416	3968			
9	女装	金王	方庄路	17543	43414	1320			
10	女装	美乐	八里桥	51492	56257	980			

	A	B	C	D	E
1	品类	品牌	店铺	月份	金额
2	童装	叶王	十里河	1月	46028
3	童装	叶王	十里河	2月	57789
4	童装	叶王	十里河	3月	37750
5	童装	叶王	十里河	4月	53740
6	童装	叶王	十里河	5月	26090
7	童装	叶王	十里河	6月	31043
8	童装	美赞	大羊坊	1月	27553
9	童装	美赞	大羊坊	2月	51487
10	童装	美赞	大羊坊	3月	52986
11	童装	美赞	大羊坊	4月	52069
12	童装	美赞	大羊坊	5月	45661
13	童装	美赞	大羊坊	6月	8307
14	童装	瑞可	方庄路	1月	31869
15	童装	瑞可	方庄路	2月	53988

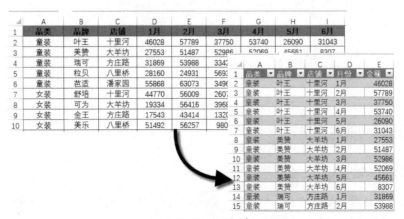

图 5-2 销售数据表

操作步骤如下。

步骤① 单击数据区域的任意单元格，例如 A2，然后依次单击【数据】→【从表格】按钮，在弹出的【创建表】对话框中单击【确定】按钮，打开【Power Query 编辑器】窗口。

步骤② 按住 <Ctrl> 键不放，依次选取要转换一维表的维度字段的列标，本例中为"品类""品牌"和"店铺"字段，然后依次单击【转换】→【逆透视列】下拉按钮，在下拉菜单中选择【逆透视其他列】命令，如图 5-3 所示。

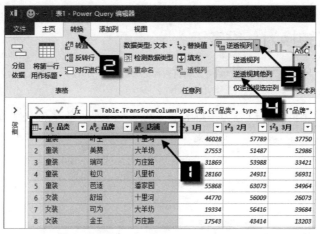

图 5-3　逆透视其他列

步骤③ 双击"属性"列的标题栏进入编辑状态，修改为"月份"。同样的方法，将"值"字段的标题修改为"金额"。最后依次单击【主页】→【关闭并上载】按钮，将数据上载到工作表中，如图 5-4 所示。

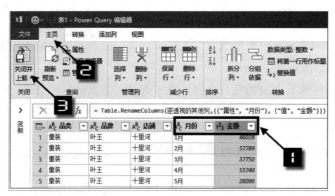

图 5-4　将数据上载到工作表

技巧 87　处理不规范数据

87.1　拆分同一单元格中的姓名

图 5-5 展示了一份不规范的员工信息表，各部门的人员姓名存放在一个单元格内，姓名中间使用顿号（"、"）进行间隔。现在需要将该表格转换为规范的数据列表。

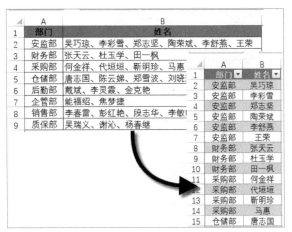

图 5-5　员工信息表

操作步骤如下。

步骤① 单击数据区域任意单元格，如 B3，然后依次单击【数据】→【从表格】按钮，在弹出的【创建表】对话框中单击【确定】按钮，如图 5-6 所示。

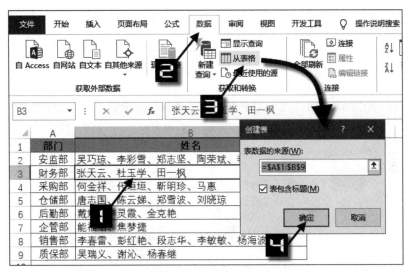

图 5-6　从表格加载数据

步骤② 在打开的【Power Query 编辑器】窗口中单击【姓名】列的列标，然后切换到【转换】选项卡下，单击【拆分列】下拉按钮，在下拉菜单中选择【按分隔符】命令，弹出【按分隔符拆分列】对话框。

步骤③ 在【选择和输入分隔符】区域，Excel 会先对数据进行智能分析然后给出建议的分隔符号，用户也可以根据需要在下拉列表中选择分隔符号或者直接输入分隔符号。本例使用 Excel 建议的分隔符号 "、"。

步骤④ 单击【高级选项】按钮，选中【拆分为】选项下的【行】单选按钮，最后单击【确定】按钮，如图 5-7 所示。

步骤⑤ 依次单击【主页】→【关闭并上载】按钮，将数据加载到新工作表中，如图 5-8 所示。

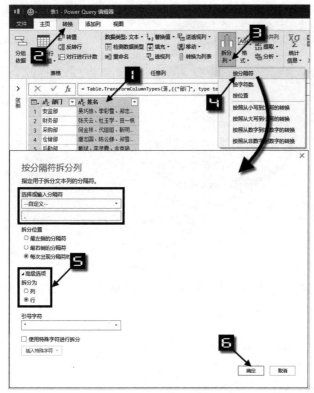

图 5-7　按分隔符拆分列

图 5-8　关闭并上载

　　如果员工信息表中的数据发生变化或是新增了其他部门的记录，只需在结果工作表中依次单击【数据】→【全部刷新】按钮，或是右击数据区域任意单元格，然后在快捷菜单中选择【刷新】命令即可刷新工作表中的数据，如图 5-9 所示。

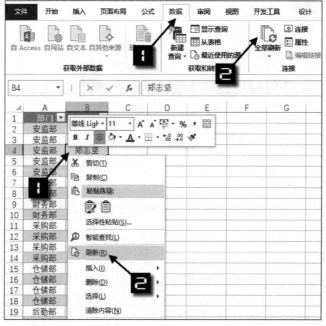

图 5-9　刷新数据

87.2 将客户信息拆分为多列显示

图 5-10 展示了某公司客户信息表的部分内容，B 列的联系人信息中包含姓名、电话和职务等信息，需要将其中的姓名、电话和职务信息拆分到多列显示。

操作步骤如下。

步骤① 单击数据区域任意单元格，如 A3，然后依次单击【数据】→【从表格】按钮，在弹出的【创建表】对话框中单击【确定】按钮，打开【Power Query 编辑器】窗口。

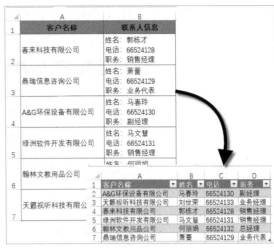

图 5-10 客户信息表

步骤② 单击"联系人信息"的字段标题，然后依次单击【主页】→【拆分列】→【按分隔符】命令，弹出【按分隔符拆分列】对话框。

步骤③ 在【选择和输入分隔符】下的文本框中，按 <Delete> 键清除 Excel 给出的建议分隔符号。单击【高级选项】按钮，选中【拆分为】选项下的【行】单选按钮。选中【使用特殊字符进行拆分】复选框，单击【插入特殊字符】下拉按钮，在下拉列表中选择【换行】命令，最后单击【确定】按钮，如图 5-11 所示。

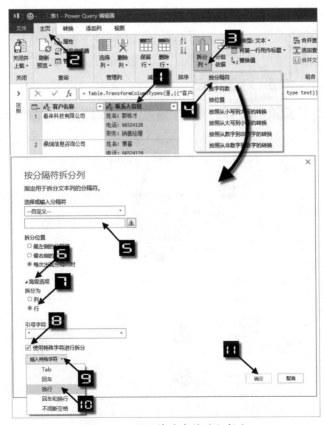

图 5-11 使用特殊字符进行拆分

步骤④ 保持"联系人信息"字段的选中状态，依次单击【主页】→【拆分列】→【按分隔符】命令，弹出【按分隔符拆分列】对话框，保留默认选项，单击【确定】按钮，如图5-12所示。

图 5-12　按分隔符拆分列

步骤⑤ 单击"联系人信息.1"的字段标题，然后依次单击【转换】→【透视列】按钮。在弹出的【透视列】对话框中，单击【值列】下拉按钮，选择拆分出的"联系人信息.2"字段。单击【高级选项】按钮，单击【值聚合函数】下拉按钮，在下拉列表中选择【不要聚合】命令，最后单击【确定】按钮，如图5-13所示。

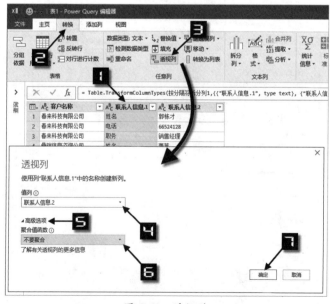

图 5-13　透视列

步骤⑥ 依次单击【主页】→【关闭并上载】按钮，将数据上载到工作表中。

技巧 88 合并分析多个工作表中的数据

使用 Power Query 能够快速合并多个工作表中的数据，使其更便于汇总分析。图 5-14 展示了某公司不同区域销售记录表的部分内容，分别存放在同一工作簿的不同工作表中。现在需要对多个工作表中的数据按照品牌、销售区域来汇总对应的销售额。

销售日期	销售区域	货号	品牌	货季	性别	吊牌价	销售数量	销售吊牌额
2018/3/23	福州	F48716	华胜	18Q1	MEN	499	1	499
2018/3/23	福州	X12191	华胜	18Q1	MEN	329	1	329

销售日期	销售区域	货号	品牌	货季	性别	吊牌价	销售数量	销售吊牌额
2018/3/23	泉州	D86056	华胜	18Q1	WOMEN	469	1	469
2018/3/23	泉州	D86984	华胜	18Q1	WOMEN	429	1	429

销售日期	销售区域	货号	品牌	货季	性别	吊牌价	销售数量	销售吊牌额
2018/1/1	厦门	377781-010	华森	17Q3	MEN	249	3	747
2018/1/1	厦门	377781-731	华森	17Q4	MEN	249	2	498
2018/1/1	厦门	377787-010	华森	17Q3	MEN	329	1	329
2018/1/1	厦门	449794-091	华森	18Q1	MEN	249	1	249
2018/1/1	厦门	519505-477	华森	17Q3	MEN	229	1	229
2018/1/1	厦门	519977-021	华森	18Q2	MEN	179	2	358
2018/1/1	厦门	529753-010	华森	17Q4	WOMEN	329	1	329
2018/1/1	厦门	532500-011	华森	17Q4	MEN	399	1	399
2018/1/1	厦门	543179-011	华森	17Q3	MEN	429	1	429
2018/1/1	厦门	543367-077	华森	17Q4	MEN	1199	1	1199
2018/1/1	厦门	634872-021	华森	18Q2	MEN	179	1	179

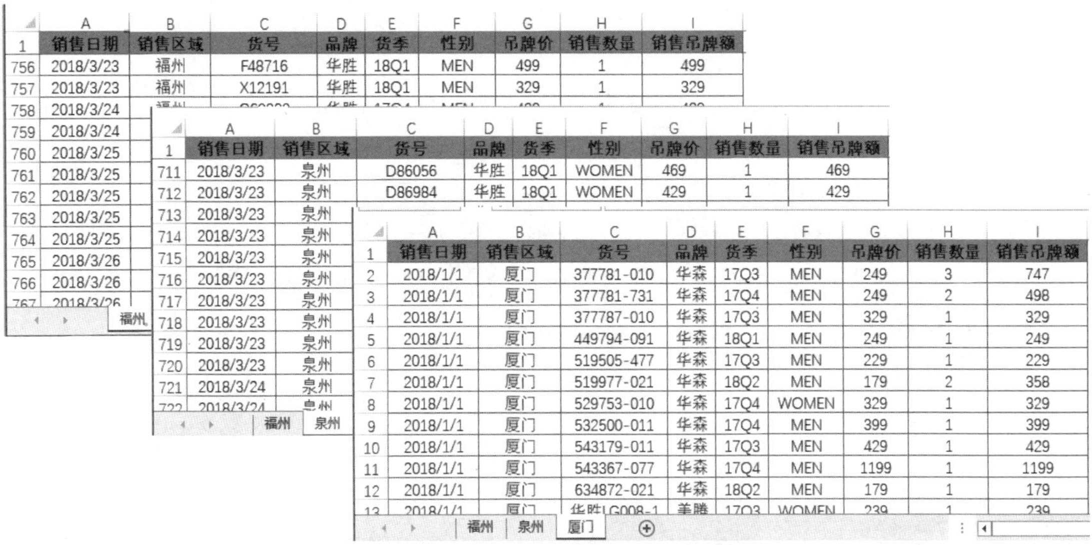

图 5-14 销售数据

操作步骤如下。

步骤① 新建一个用于存放合并数据的工作簿。依次单击【数据】→【新建查询】→【从文件】→【从工作簿】命令，在弹出的【导入数据】对话框中选择目标工作簿，单击【导入】按钮，如图 5-15 所示。

图 5-15 选择目标工作簿

步骤② 在弹出的【导航器】对话框中单击选中工作簿名称，再单击【转换数据】按钮，将数据加载至【Power Query 编辑器】，如图 5-16 所示。

步骤③ 在【查询设置】窗格【应用的步骤】区域中，单击选中“源”，然后在编辑栏中将公式中的参数“null”更改为“true”，按 <Enter> 键确认，如图 5-17 所示。此步骤能够将工作表中第一行的内容识别为字段标题，当各工作表中的字段顺序不一致时，合并后各个列的数据不会出现错位。

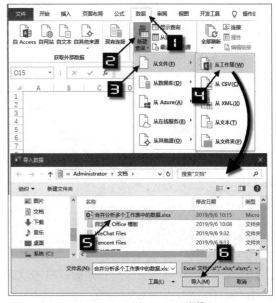

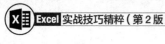

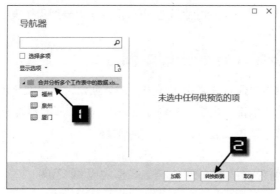

图 5-16　导航器对话框

图 5-17　修改公式参数

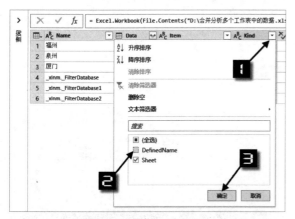

图 5-18　选择数据源类型

步骤④ 如果在工作表中执行了筛选、高级筛选或是设置了打印区域、插入了"表格"等操作时，系统会自动增加一些隐藏的名称。在合并时需要将这些隐藏的名称通过筛选屏蔽掉，否则合并后的数据会有重复。单击【Kind】字段的筛选按钮，在筛选器中取消选中"DefinedName"的复选框，单击【确定】按钮，如图 5-18 所示。

提 示

在实际工作中，如果汇总表与数据源位于同一个工作簿，还需要对【Name】列的工作表名称进行筛选，否则合并后的数据记录会成倍增加。

步骤⑤ 单击选中"Data"列的列标，右击鼠标，在快捷菜单中选择【删除其他列】命令，如图 5-19 所示。

步骤⑥ 单击"Data"列列标右侧的展开按钮，在扩展菜单中取消选中【使用原始列名作为前缀】的复选框，单击【确定】按钮，如图 5-20 所示。

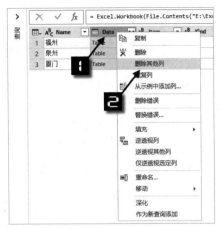

图 5-19　删除其他列

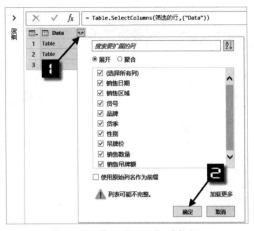

图 5-20　展开"Date"列数据

步骤⑦ 合并后的表格有可能包括空白单元格区域，可以单击其中一列的筛选按钮，如"销售区域"列，在扩展菜单中取消选中"null"复选框，最后单击【确定】按钮，如图5-21所示。

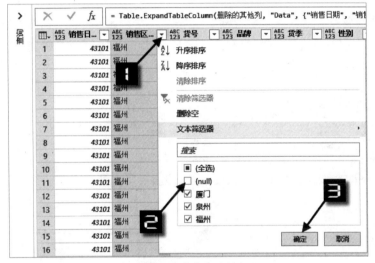

图 5-21　筛选多余的列标题

步骤⑧ 依次单击【主页】→【关闭并上载】→【关闭并上载至 …】命令，在弹出的【加载到】对话框中，选中【仅创建连接】单选按钮，然后单击【加载】按钮创建一个查询连接，如图 5-22 所示。

　　如果在【加载到】对话框中选择数据显示方式为"表"，合并后的数据将以表格的形式加载到工作表中。

步骤⑨ 在工作表中依次单击【插入】→【数据透视表】按钮，弹出【创建数据透视表】对话框。选中【使用外部数据源】单选按钮，然后单击【选择连接】按钮，在弹出的【现有连接】对话框中选中已创建的查询连接，单击【打开】按钮返回【创建数据透视表】对话框。单击【位置】编辑框右侧的折叠按钮，选择存放数据透视表的起始单元格，如 A1，最后单击【确定】按钮，创建一个空白的数据透视表，如图 5-23 所示。

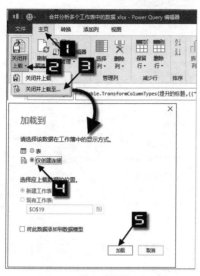

图 5-22 【加载到】对话框

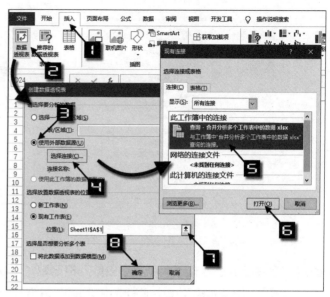

图 5-23 创建数据透视表

步骤⑩ 在【数据透视表字段】中，将"品牌"字段拖动到行区域，将"销售区域"字段拖动到列区域，将"销售吊牌额"字段拖动到值区域，即可实现按品牌、销售区域的销售汇总，如图 5-24 所示。

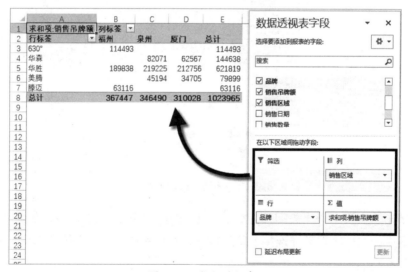

图 5-24 数据透视表

如果数据源工作簿中增加了其他销售区域的新工作表，可以在存放数据透视表的工作表中依次单击【数据】→【全部刷新】按钮，或是右击数据透视表的任意单元格，然后在快捷菜单中选择【刷新】命令即可。

技巧 89 合并不同工作簿多个工作表中的数据

使用 Power Query 除能够合并多个工作表中的数据以外，还可以合并不同工作簿内的多个工作表。图 5-25 展示了某集团下属各公司上半年的会计凭证记录，分别存放在不同工作簿的多个工作表中，多个工作簿均存放在同一文件夹中。为了便于数据汇总分析，需要将这些数据合并到同一个工作表。

操作步骤如下。

步骤① 新建一个用于存放合并数据的工作簿。依次单击【数据】→【新建查询】→【从文件】→【从文件夹】命令，在弹出的【文件夹】对话框中单击【浏览】按钮，打开【浏览文件夹】对话框。

步骤② 浏览选中数据源工作簿所在的文件夹，单击【确定】按钮返回【文件夹】对话框，再次单击【确定】按钮打开导航器对话框，如图 5-26 所示。

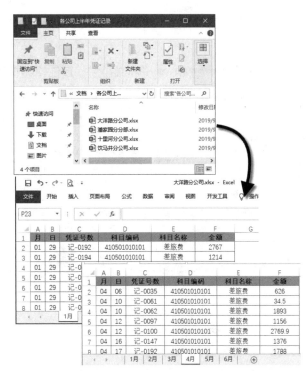

图 5-25

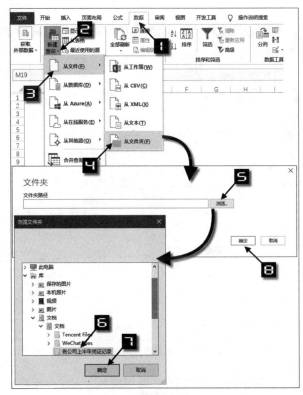

图 5-26　从文件夹导入数据

步骤③ 在导航器对话框中单击【转换数据】按钮，将数据加载到【Power Query 编辑器】，如图 5-27 所示。

步骤④ 在【Power Query 编辑器】中，按住<Ctrl>键不放分别选取 "Content" 和 "Name" 列，右击鼠标，在弹出的快捷菜单中选择【删除其他列】命令，如图 5-28 所示。

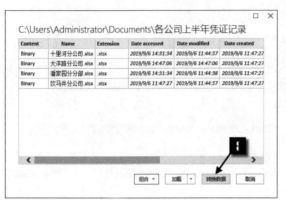

图 5-27 导航器 　　　　　　　　　　　　　图 5-28 删除其他列

步骤⑤ 依次单击【添加列】→【自定义列】按钮，弹出【自定义列】对话框。在【自定义列公式】编辑区输入以下公式，单击【确定】按钮，如图 5-29 所示。

```
=Excel.Workbook([Content],true)
```

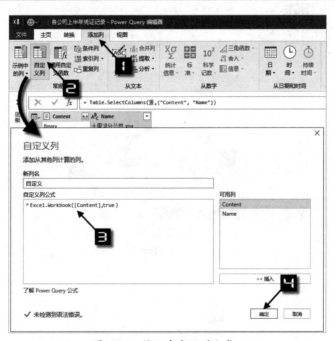

图 5-29 输入自定义列公式

Excel.Workbook 函数是 Power Query 中特有的常用函数之一，作用是从 Excel 工作簿中返回各工作表的记录。第 1 个参数是要解析的字段，第 2 个参数使用 true，表示使用数据表中的第一行作为列标题。

注 意

> Power Query 中的函数名称严格区分大小写，否则将无法正确计算。

步骤⑥ 单击"自定义"列标右侧的展开按钮，在扩展菜单中仅选中"Data"前的复选框，单击
【确定】按钮，如图 5-30 所示。

步骤⑦ 右击"Content"列的列标，在弹出的快捷菜单中选择【删除】命令，如图 5-31 所示。

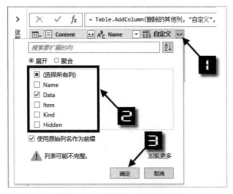

图 5-30 展开自定义列

图 5-31 删除"Content"列

步骤⑧ 单击"自定义 .Data"列标右侧的展开按钮，在扩展菜单中取消选中【使用原始列名作为
前缀】复选框，单击【确定】按钮，如图 5-32 所示。

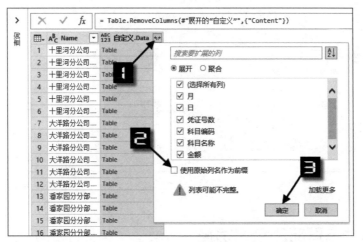

图 5-32 展开"自定义 .Data"列

步骤⑨ 将"Name"列的列标题修改为"分公司名称"。然后依次单击【转换】→【替换值】按
钮，弹出【替换值】对话框。在【要查找的值】文本框中输入".xlsx"，【替换为】文本框
保留空白，最后单击【确定】按钮，如图 5-33 所示。

步骤⑩ 依次单击【主页】→【关闭并上载至 ...】按钮，弹出【加载到】对话框。依次选中【表】
单选按钮和【现有工作表】单选按钮，单击右侧的折叠按钮选择存放数据的起始单元格，
如 A1，最后单击【加载】按钮，将合并后的数据加载到新工作表中，如图 5-34 所示。

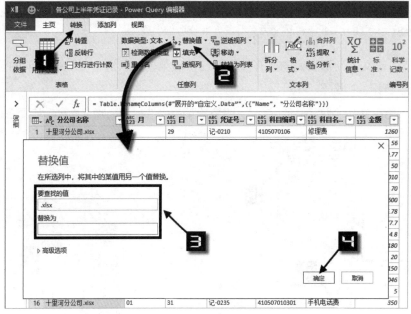

图 5-33　替换值

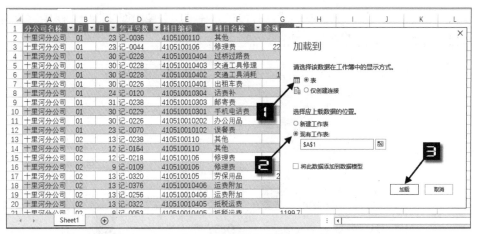

图 5-34　合并后的数据

技巧 90　设置动态更新的查询路径

在合并工作簿时，默认使用固定的文件路径，如果保存原始数据工作簿的文件夹路径发生变化，再使用刷新功能更新数据时，将弹出如图 5-35 所示的对话框，提示找不到数据源文件夹。

图 5-35　数据刷新时的错误提示

借助工作表函数，能够实现动态更新的文件夹查询路径。仍以技巧 89 的数据为例，操作步骤如下。

步骤① 新建一个工作簿，保存到数据源所在的文件夹内，命名为"汇总表 .xlsx"，如图 5-36 所示。

步骤② 将"Sheet1"的工作表名称重命名为"路径"，然后在 A2 单元格中输入以下公式，提取出带有工作簿名称和工作表名称的路径，如图 5-37 所示。

```
=CELL("filename")
```

图 5-36　将汇总表存放到数据源所在文件夹

图 5-37　使用公式提取文件路径

步骤③ 选中 A2 单元格，然后依次单击【数据】→【从表格】按钮，在弹出的【创建表】对话框中单击【确定】按钮，打开【Power Query 编辑器】窗口。

步骤④ 在【查询设置】窗格的【名称】文本框中，将连接名称修改为"动态路径"，如图 5-38 所示。

图 5-38　更改连接名称

步骤⑤ 接下来，需要去掉路径名称中的工作簿和工作表名称部分。依次单击【转换】→【拆分列】→【按分隔符】按钮，弹出【按分隔符拆分列】对话框。单击【选择或输入分隔符】下拉按钮，在下拉列表中选择"自定义"，然后在文本框中输入"["，最后单击【确定】按钮，如图 5-39 所示。此时会自动拆分为"路径名称 .1"和"路径名称 .2"两个字段。

步骤⑥ 依次单击【主页】→【新建源】→【文件】→【文件夹】按钮，在弹出的【文件夹】对话框中单击【浏览】按钮，浏览选中数据源工作簿所在的文件夹，单击【确定】按钮返回【文件夹】对话框，再次单击【确定】按钮，如图 5-40 所示。

步骤⑦ 在弹出的导航器对话框中单击【转换数据】按钮，如图 5-41 所示。

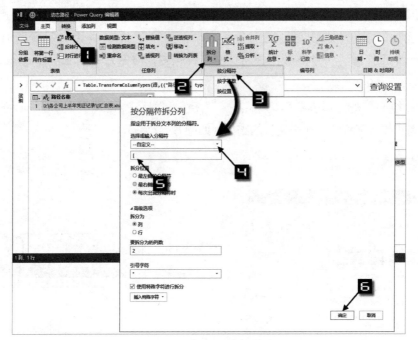

图 5-39　按分隔符拆分列

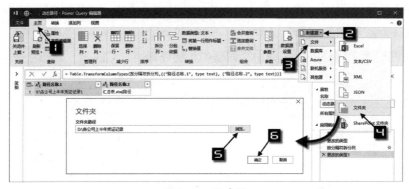

图 5-40　新建源

图 5-41　导航器对话框

步骤⑧ 在编辑栏中，将公式中表示文件夹路径的文本"D:\ 各公司上半年凭证记录 "更改为"动态路径 {0}[路径名称 .1]"，如图 5-42 所示。其中"动态路径"表示连接名称，"{0}"表示第一行，"[路径名称 .1]"表示字段名称。

图 5-42 更改公式中的参数

步骤⑨ 此时会出现一个警告提示，需要更改隐私级别的设置。依次单击【文件】→【选项和设置】→【查询选项】，在弹出的【查询选项】对话框中，单击【全局】区域下的【隐私】选项，在右侧的【隐私级别】区域选中【始终忽略隐私级别设置】单选按钮，最后单击【确定】按钮，如图 5-43 所示。

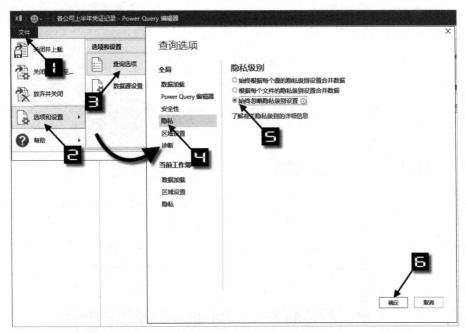

图 5-43 设置隐私级别

步骤⑩ 设置完成后，单击【主页】选项卡下的【刷新预览】按钮，如图 5-44 所示。

步骤⑪ 由于文件夹中包含汇总表工作簿，因此需要通过筛选将该工作簿在数据源中排除。单击【Name】字段的筛选按钮，在筛选器中取消选中"汇总表 .xlsx"以及临时文件"~$ 汇总表 .xlsx"的复选框，如图 5-45 所示。

图 5-44 刷新预览

步骤⑫ 参考技巧 89 步骤 4 至步骤 9 的方法，完成数据合并。

步骤⑬ 依次单击【主页】→【关闭并上载至 ...】按钮，将数据加载到工作表。此时会将路径名称的连接同时加载到工作表中，可以选中该工作表标签右击鼠标，在弹出的快捷菜单中选择【删除】命令，然后在弹出的 Excel 警告对话框中单击【删除】按钮即可，如图 5-46 所示。

图 5-45　筛选工作表名称

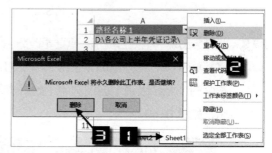

图 5-46　删除工作表

设置完成后，如果将数据源文件夹移动到其他位置，仍然可以实现正常刷新。

提示

借助 VBA 的方法也可以实现文件夹路径的自动更新，具体内容请参阅技巧 337。

技巧 91　根据指定条件提取数据

在日常工作中，经常会有一些需要按照指定条件提取数据的需求，使用 Power Query 也能够完成指定条件的提取，并且比使用数组公式提取数据的效率更高。

图 5-47 展示了某超市采购记录表的部分内容，需要从该表格中提取出指定供应商为"福满多"且折扣为 10% 以上，以及供应商为"佳佳乐"且折扣在 15% 以上的所有记录。

▲	A	B	C	D	E	F	G
1	订单ID	产品名称	单价	数量	折扣	供应商	货主
1650	10974	甜辣酱	43.9	10	0%	正一	唐小姐
1651	10975	胡椒粉	40	16	0%	妙生	王先生
1652	10975	浓缩咖啡	7.75	10	0%	义美	王先生
1653	10977	运动饮料	18	30	0%	成记	陈先生
1654	10977	蛋糕	9.5	30	0%	顺成	陈先生
1655	10977	猪肉干	53	10	0%	涵合	陈先生
1656	10977	甜辣酱	43.9	20	0%	正一	陈先生
1657	10978	胡椒粉	40	20	15%	妙生	李柏麟
1658	10978	花生	10	40	15%	康堡	李柏麟
1659	10978	虾米	18.4	10	0%	普三	李柏麟
1660	10978	蚝油	19.45	6	15%	康美	李柏麟
1661	10979	海鲜粉	30	18	0%	妙生	王先生
1662	10979	德国奶酪	38	20	0%	日正	王先生

图 5-47　采购记录表

操作步骤如下。

步骤① 首先在空白单元格区域中输入供应商名称和折扣标准，本例为 I2:J3 单元格区域，如图 5-48 所示。

步骤② 单击条件区域的任意单元格，例如 J2，然后依次单击【数据】→【从表格】，在弹出的【创建表】对话框中保留默认设置，单击【确定】按钮，将数据加载到【Power Query 编辑器】，如图 5-49 所示。

图 5-48 设置条件

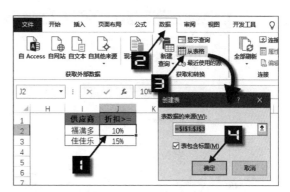

图 5-49 新建查询

步骤③ 为了便于识别，可以在【Power Query 编辑器】右侧的【查询设置】窗格的【名称】文本框中，将连接重命名为"查询条件"，然后依次单击【主页】→【关闭并上载】→【关闭并上载至 ...】命令，在弹出的【加载到】对话框中选中【仅创建连接】单选按钮，最后单击【加载】按钮，如图 5-50 所示。

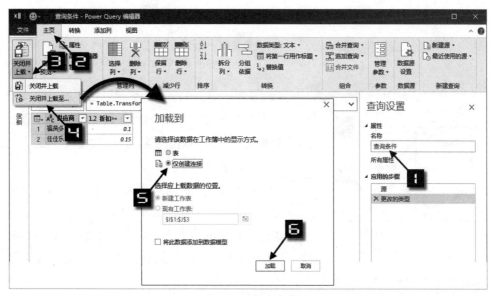

图 5-50 创建连接

步骤④ 单击数据源区域的任意单元格，参考步骤 3 的方法，将数据加载到【Power Query 编辑器】，将连接重命名为"数据源"。

步骤⑤ 接下来使用合并查询功能，在"数据源"和"查询条件"两个连接之间建立关联。依次单击【主页】→【合并查询】→【将查询合并为新查询】命令，在弹出的【合并】对话框中：

1. 单击连接下拉按钮，在下拉列表中选择"查询条件"。

2. 依次单击"数据源"和"查询条件"两个连接中的共同列"供应商"。

3. 在【联接种类】下拉列表中选择"内部（仅限匹配行）"。

最后单击【确定】按钮，新建一个名为"Merge1"的查询，如图 5-51 所示。

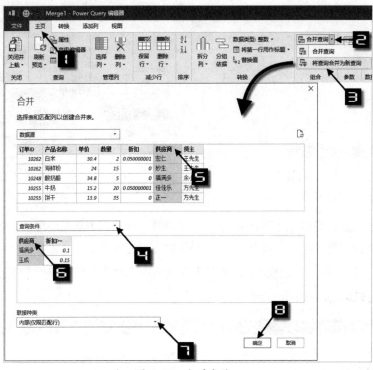

图 5-51 合并查询

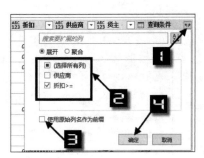

图 5-52 展开数据

步骤⑥ 单击"查询条件"列标题右侧的展开按钮，在扩展菜单中选中"折扣 >="前的复选框，取消选中【使用原始列名作为前缀】复选框，单击【确定】按钮，如图 5-52 所示。

此时得到了所有符合指定供应商的数据，接下来需要添加一个条件列，来判断折扣范围。

步骤⑦ 依次单击【添加列】→【条件列】按钮，打开【添加条件列】对话框。在【添加条件列】对话框中：

1. 保留新列名为默认的"自定义"。

2. 单击【列名】下拉按钮，在下拉列表中选择"折扣"。

3. 单击【运算符】下拉按钮，在下拉列表中选择"大于或等于"。

4. 单击【值】下拉按钮，在下拉列表中选择"选择列"，然后在右侧的下拉列表中选择"折扣 >="。

5.在【Then】文本框中输入1,在【ELSE】文本框中输入0,最后单击【确定】按钮,如图5-53所示。

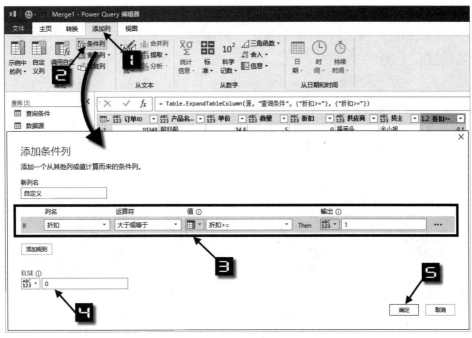

图 5-53 添加条件列

这里相当于使用IF函数对数据源中的"折扣"字段和查询条件中的"折扣>="字段进行判断,如果数据源中的折扣大于等于指定的折扣,就返回1,否则返回0。

步骤⑧ 单击【自定义】列标题右侧的筛选按钮,在扩展菜单中选中"1"前的复选框,单击【确定】按钮,如图5-54所示。

步骤⑨ 按下 <Ctrl> 键,依次选中"折扣 >="和"自定义"列,右击鼠标,在扩展菜单中选择【删除列】命令,如图5-55所示。

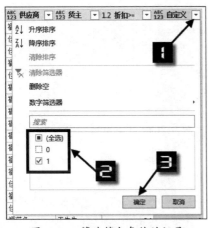

图 5-54 筛选符合条件的记录

图 5-55 删除列

步骤⑩ 依次单击【主页】→【关闭并上载】→【关闭并上载至 ...】命令,在弹出的【加载到】对话框中选中【仅创建连接】单选按钮，最后单击【加载】按钮。

步骤11 在工作表右侧的【工作簿查询】窗格中，右击名为“Merge1”的连接，在弹出的快捷菜单中单击【加载到...】命令，弹出【加载到】对话框。依次选中【表】单选按钮和【现有工作表】单选按钮，单击右侧的折叠按钮选择存放数据的起始单元格，如 L1，最后单击【加载】按钮，如图 5-56 所示。

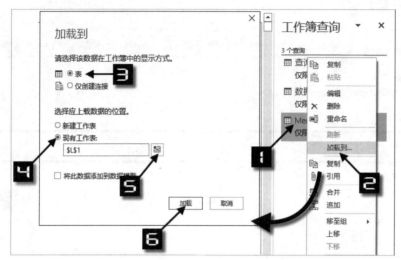

图 5-56　加载数据

设置折扣列的数据格式为百分比，完成后的结果如图 5-57 所示。

	C	D	E	F	G	H	I	J	K	L	M	N	O	P	Q
1	单价	数量	折扣	供应商	货主		供应商	折扣>		订单ID	产品名称	单价	数量	折扣	供应商
2	30.4	2	5%	宏仁	王先生		福满多	10%		10258	牛奶	15.2	50	20%	佳佳乐
3	24	15	0%	妙生	王先生		佳佳乐	15%		10258	白奶酪	25.6	6	20%	福满多
4	34.8	5	0%	福满多	余小姐					10314	白奶酪	25.6	40	10%	福满多
5	15.2	20	5%	佳佳乐	方先生					10327	牛奶	15.2	25	20%	佳佳乐
6	13.9	35	0%	正一	方先生					10330	酸奶酪	27.8	25	15%	福满多
7	44	30	0%	玉成	方先生					10335	牛奶	15.2	7	20%	佳佳乐
8	15.2	25	0%	小坊	方先生					10335	温馨奶酪	10	25	20%	福满多
9	18.6	9	0%	德昌	谢小姐					10335	白奶酪	25.6	6	20%	福满多
10	42.4	40	0%	涵合	谢小姐					10342	牛奶	15.2	24	20%	佳佳乐
11	15.2	50	20%	佳佳乐	王先生					10342	温馨奶酪	10	56	20%	福满多
12	25.6	6	20%	福满多	王先生					10372	酸奶酪	27.8	42	25%	福满多
13	16.8	15	15%	康富食品	谢小姐					10390	温馨奶酪	10	60	10%	福满多
14	42.4	35	15%	涵合	谢小姐					10390	酸奶酪	27.8	24	10%	福满多
15	7.7	10	0%	普三	谢小姐					10393	牛奶	15.2	25	25%	佳佳乐
16	15.2	35	0%	佳佳乐	陈先生					10440	牛奶	15.2	45	15%	佳佳乐
17	7.7	25	15%	普三	陈先生					10446	温馨奶酪	10	3	10%	福满多
18	16.8	20	0%	康富食品	陈先生					10469	牛奶	15.2	40	15%	佳佳乐
19	16.8	6	5%	菊花	陈先生					10475	温馨奶酪	10	35	15%	福满多
20	15.6	15	5%	宏仁	陈先生					10513	白奶酪	32	50	20%	福满多

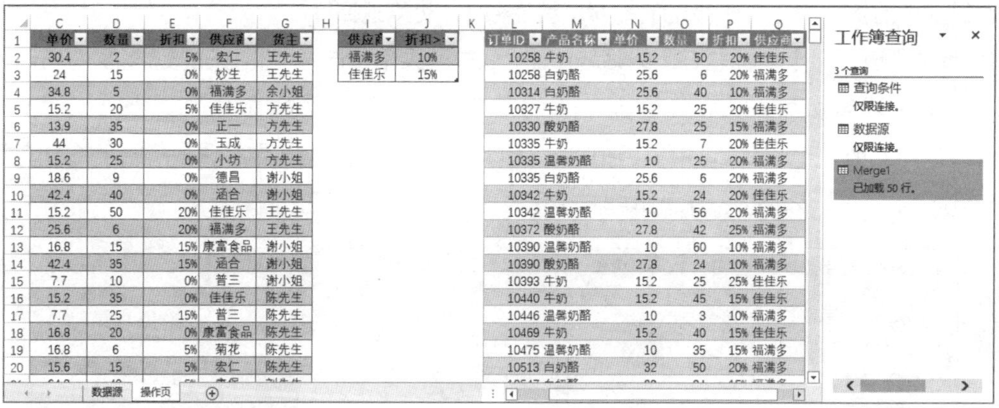

图 5-57　提取出指定条件的记录

修改了 I2:J3 单元格中的查询条件后，在汇总表的任意单元格右击鼠标，然后在快捷菜单中选择【刷新】命令，即可获取对应的结果。

技巧 92　按条件从文件夹中提取数据

借助 Power Query，能够根据指定的关键字从文件夹中动态提取出全部记录。

图 5-58 展示了某电商不同年度订单信息表的部分内容，各工作簿存放在同一文件夹中，工作表的字段顺序均一致。现在需要根据指定的快递公司简称关键字，在不打开数据源的前提下提取出

全部符合条件的记录。

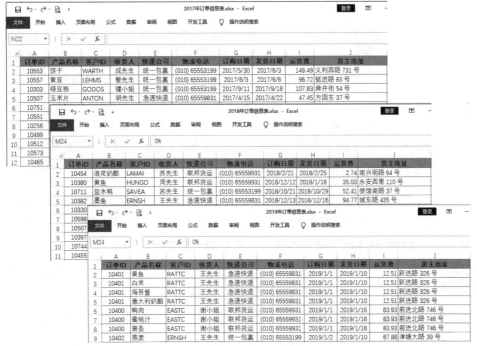

图 5-58 订单信息表

操作步骤如下。

步骤① 新建一个查询表工作簿,用来存放提取后的数据。在 A2 单元格中设置数据验证下拉列表,来选择快递公司的简称。单击 A2 单元格,然后依次单击【数据】→【数据验证】按钮,弹出【数据验证】对话框。单击【允许】下拉按钮,在下拉菜单中选择【序列】,在【来源】编辑框中输入"统一,急速,联邦",最后单击【确定】按钮,如图 5-59 所示。

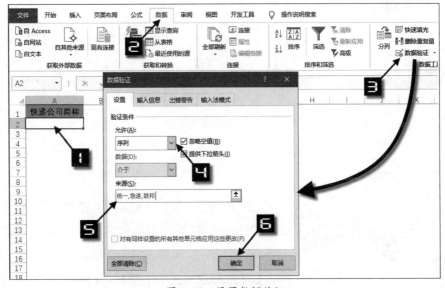

图 5-59 设置数据验证

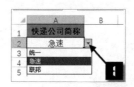

图 5-60　选择快速公司简称

步骤② 单击 A2 单元格的下拉按钮,在下拉菜单中选择一个快递公司简称,如图 5-60 所示。

步骤③ 单击 A2 单元格,然后依次单击【数据】→【从表格】,在弹出的【创建表】对话框中保留默认设置,单击【确定】按钮,将数据加载到【Power Query 编辑器】。

步骤④ 在 Power Query 编辑器中依次单击【主页】→【关闭并上载】→【关闭并上载至…】命令,在弹出的【加载到】对话框中选中【仅创建连接】单选按钮,最后单击【加载】按钮,如图 5-61 所示。

步骤⑤ 参考技巧 89 的步骤 1~ 步骤 8,以存放数据的文件夹为数据源创建一个数据连接。

步骤⑥ 参考技巧 89 的步骤 9,将"Name"列的列标题修改为"订单年度",然后将"订单信息表 .xlsx"替换为空白,使该列内容仅保留工作簿名称中的年份。

此时会得到两个查询,一个是来自查询表的快递公司关键字,另一个是来自数据源文件夹的全部记录,接下来需要建立两个查询的关系。

步骤⑦ 依次单击【添加列】→【自定义列】按钮,在弹出的【自定义列】对话框中,设置公式为"=1",单击【确定】按钮,如图 5-62 所示。

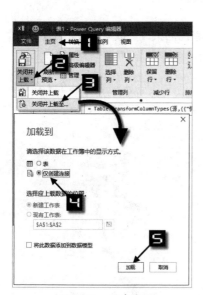

图 5-61　创建连接

图 5-62　添加自定义列 1

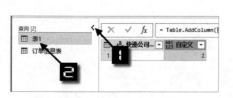

图 5-63　添加自定义列 2

步骤⑧ 单击左侧的【扩展导航窗格】按钮,在导航窗格中选中名为"表 1"的查询,参考步骤 7 中的方法添加自定义列,公式为"=1",如图 5-63 所示。

步骤⑨ 依次单击【主页】→【合并查询】→【将查询合并为新查询】命令,在弹出的【合并】对话框中:

1. 单击连接下拉按钮，在下拉列表中选择"订单信息表"。

2. 依次单击"数据源"和"查询条件"两个连接中的共同列"自定义"。

最后单击【确定】按钮，新建一个名为"Merge1"的查询，如图 5-64 所示。

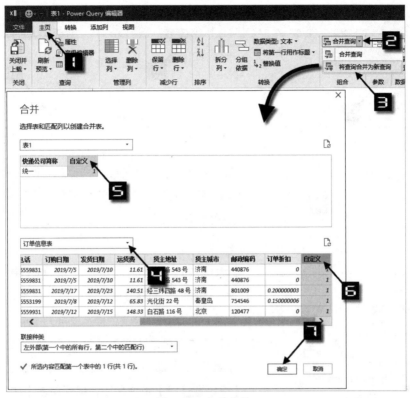

图 5-64　合并查询

步骤⑩ 单击"订单信息表"列标题右侧的展开按钮，在扩展菜单中取消选中【使用原始列名作为前缀】复选框，单击【确定】按钮，如图 5-65 所示。

此时，每一条订单信息表记录都连接上了快递公司的简称关键字，接下来需要添加一个条件列，来判断快递公司字段中是否包含快递公司的简称关键字。

步骤⑪ 依次单击【添加列】→【条件列】按钮，打开【添加条件列】对话框。在【添加条件列】对话框中：

1. 【新列名】保留系统默认的"自定义 .2"。

2. 单击【列名】下拉按钮，在下拉列表中选择"快递公司"。

3. 单击【运算符】下拉按钮，在下拉列表中选择"包含"。

图 5-65　展开数据

4. 单击【值】下拉按钮，在下拉列表中选择"选择列"，然后在右侧的下拉列表中选择"快递公司简称"。

5. 在【Then】文本框中输入"1"，在【ELSE】文本框中输入"0"，最后单击【确定】按钮，如图 5-66 所示。

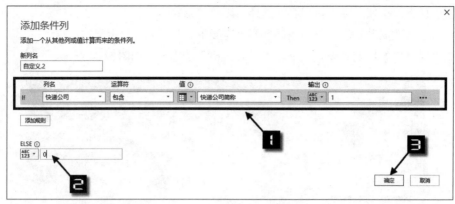

图 5-66 添加条件列

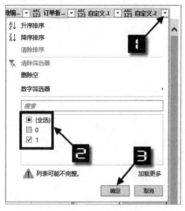

图 5-67 筛选符合条件的记录

步骤⑫单击【自定义 .2】列标题右侧的筛选按钮，在扩展菜单中选中"1"前的复选框，单击【确定】按钮，如图 5-67 所示。

步骤⑬按住 <Ctrl> 键不放，依次选中"快递公司简称""自定义""自定义 .1"和"自定义 .2"列，右击鼠标，在快捷菜单中选择【删除列】命令。

步骤⑭依次单击【主页】→【关闭并上载】→【关闭并上载至 ...】命令，在弹出的【加载到】对话框中选中【仅创建连接】单选按钮，最后单击【加载】按钮。

步骤⑮ 在工作表右侧的【工作簿查询】窗格中右击名为"Merge1"的连接，在弹出的快捷菜单中单击【加载到】命令弹出【加载到】对话框。依次选中【表】单选按钮和【现有工作表】单选按钮，单击右侧的折叠按钮选择存放数据的起始单元格，如 A4，最后单击【加载】按钮。

步骤⑯ "表格"字段标题默认会显示筛选按钮，可以单击表格区域的任意单元格，如 A2，再从【表格工具】的【设计】选项卡下取消【筛选按钮】复选框，使 A1 单元格不再显示筛选按钮，如图 5-68 所示。

图 5-68 取消筛选按钮

最后将“订购日期”和“发货日期”列的数字格式设置为“短日期”，将“折扣”列的数字格式设置为“百分比样式”，完成后的效果如图 5-69 所示。

	A	B	C	D	E	F	G	H	I	J	K	L	M	N
1	快递公司简称													
2	统一													
3														
4	快递公司简称	订单ID	产品名称	客户ID	收货人	快递公司	物流电话	订购日期	发货日期	运货费	货主地址	货主城市	邮政编码	订单折扣
5	统一	10250	猪肉干	HANAR	谢小姐	统一包裹	(010) 65553199	2019/7/8	2019/7/12	65.83	光化街 22 号	秦皇岛	754546	15%
6	统一	10254	汽水	CHOPS	林小姐	统一包裹	(010) 65553199	2019/7/11	2019/7/23	22.98	汉正东街 12 号	武汉	301256	15%
7	统一	10253	温馨奶酪	HANAR	谢小姐	统一包裹	(010) 65553199	2019/7/10	2019/7/16	58.17	新成东 96 号	长治	545486	0%
8	统一	10250	海苔酱	HANAR	谢小姐	统一包裹	(010) 65553199	2019/7/8	2019/7/12	65.83	光化街 22 号	秦皇岛	754546	15%
9	统一	10250	虾子	HANAR	谢小姐	统一包裹	(010) 65553199	2019/7/8	2019/7/12	65.83	光化街 22 号	秦皇岛	754546	0%
10	统一	10252	桂花糕	SUPRD	刘先生	统一包裹	(010) 65553199	2019/7/9	2019/7/11	51.3	东管西林路 87 号	长春	567889	5%
11	统一	10252	浪花奶酪	SUPRD	刘先生	统一包裹	(010) 65553199	2019/7/9	2019/7/11	51.3	东管西林路 87 号	长春	567889	5%
12	统一	10254	鸡精	CHOPS	林小姐	统一包裹	(010) 65553199	2019/7/11	2019/7/23	22.98	汉正东街 12 号	武汉	301256	0%
13	统一	10253	运动饮料	HANAR	谢小姐	统一包裹	(010) 65553199	2019/7/10	2019/7/16	58.17	新成东 96 号	长治	545486	0%
14	统一	10253	薯条	HANAR	谢小姐	统一包裹	(010) 65553199	2019/7/10	2019/7/16	58.17	新成东 96 号	长治	545486	0%
15	统一	10252	花奶酪	SUPRD	刘先生	统一包裹	(010) 65553199	2019/7/9	2019/7/11	51.3	东管西林路 87 号	长春	567889	0%
16	统一	10254	鸭肉	CHOPS	林小姐	统一包裹	(010) 65553199	2019/7/11	2019/7/23	22.98	汉正东街 12 号	武汉	301256	15%
17	统一	10256	盐水鸭	WELLI	何先生	统一包裹	(010) 65553199	2019/7/15	2019/7/17	13.97	山大北路 237 号	济南	873763	0%

图 5-69　按条件提取的数据

单击 A2 单元格下拉按钮选择不同快递公司简称后，依次单击【数据】→【全部刷新】按钮，或是在查询区域任意单元格右击鼠标，然后在弹出的快捷菜单中选择【刷新】命令即可。

第6章 格式化数据

在工作表中输入的数据，系统会自动应用默认的格式效果。用户可以根据需要对数据进行格式化处理，例如设置字体、字号、字体颜色、填充颜色、边框、对齐方式和数字格式等。本章主要学习工作表数据的格式化应用。

技巧 93 轻松设置单元格格式

用于设置单元格格式的命令主要集中在【开始】选项卡下的各个命令组中，便于用户调用，如图 6-1 所示。

图 6-1 【开始】选项卡下的命令组

图 6-2 浮动工具栏

除功能区中的命令外，如果在单元格上右击鼠标，会弹出针对当前内容的快捷菜单和浮动工具栏。在浮动工具栏中包括了常用的格式设置命令，便于用户选择使用，如图 6-2 所示。

设置单元格格式主要包括以下几个方面。

- 字体。一般情况下，表格中的中文字体可以选择"宋体"或是"等线"，字母或是数字字体可选择"Arial"，一个表格内使用的字体不宜太多。另外要注意选择使用系统内置字体，以免在其他计算机中打开文件时字体出现异常。

- 字号。字号的选择要结合表格的内容多少以及纸张大小进行设置。以 A4 纸张大小的表格为例，表格标题的字号通常选择 14~18 号，字段标题和正文部分的字号可以选择 10~12 号，表格标题和字段标题通常设置为字体加粗。同一类内容的字号大小前后要统一，字号类型不能设置太多。

- 边框。实际操作时，可以将整个表格全部加上边框，也可以只对主要层级的数据设置边框，或者分别设置不同粗细的边框效果。

- 对齐方式。通常情况下，对齐方式可以使用 Excel 中的默认设置，即数值靠右对齐、文本靠左对齐，字段标题可以设置为居中对齐。

- 颜色。颜色设置包括字体颜色和单元格填充颜色两种。选择颜色时注意不要过于鲜艳，同一个工作表中的颜色也不要太多，一般不超过 3 种颜色为宜。比较稳妥的办法是使用同一个色系，再以不同的颜色深浅进行区别。另外，设置填充颜色时要与字体颜色相协调。设置表格颜色时，可以参考已有表格的配色方案，也可以用互联网搜索引擎搜索"配色方案"，参照在线网站的配色方案进行设置，专业的配色网站会给出不同颜色的 RGB 值。

以如图 6-3 所示的销售数据表为例，通过设置单元格格式，能够使表格更加美观。

	A	B	C	D	E	F	G	H
1	发票编号	客户名称	收单地址	订单编号	物料描述	数量	单价	应收金额
2	8845588	易力达贸易有限公司	解放北路297号	88699337	X-431 Pro 专家版	11	2700	29700
3	8845588	易力达贸易有限公司	解放北路298号	88699337	胎压监测系统诊断工具	5	680	3400
4	8845528	肃威工业设备有限公司	第一新村9号226室	88699339	X-431 Pro 专家版	3	2700	8100
5	8845499	肃威工业设备有限公司	第一新村9号226室	88699888	TLT440W斜坡式泵站	2	12800	25600
6	8845499	肃威工业设备有限公司	第一新村9号226室	88699888	TLT441W斜坡式泵站	6	6400	38400

	A	B	C	D	E	F	G	H
1	发票编号	客户名称	收单地址	订单编号	物料描述	数量	单价	应收金额
2	8845588	易力达贸易有限公司	解放北路297号	88699337	X-431 Pro 专家版	11	2,700.00	29,700.00
3	8845588	易力达贸易有限公司	解放北路298号	88699337	胎压监测系统诊断工具	5	680.00	3,400.00
4	8845528	肃威工业设备有限公司	第一新村9号226室	88699339	X-431 Pro 专家版	3	2,700.00	8,100.00
5	8845499	肃威工业设备有限公司	第一新村9号226室	88699888	TLT440W斜坡式泵站	2	12,800.00	25,600.00
6	8845499	肃威工业设备有限公司	第一新村9号226室	88699888	TLT441W斜坡式泵站	6	6,400.00	38,400.00
7	8845499	肃威工业设备有限公司	第一新村9号226室	88699888	TLT442W斜坡式泵站	4	5,400.00	21,600.00
8	8845508	肃威工业设备有限公司	第一新村9号226室	88699340	TLT443W斜坡式泵站	9	6,400.00	57,600.00
9	8845508	肃威工业设备有限公司	第一新村9号226室	88699340	TLT444W斜坡式泵站	4	5,400.00	21,600.00
10	8845583	州新商贸有限公司	城关2057号B二楼二厅	88699338	TLT632AF泵站380V/50HZ	2	13,200.00	26,400.00

图 6-3 销售数据表

操作步骤如下。

步骤① 单击数据区域任意单元格，按 <Ctrl+A> 组合键选中整个数据区域，在【开始】选项卡下单击【字体】下拉按钮，在下拉列表中选择一种字体，如"等线"，如图 6-4 所示。

图 6-4 设置字体

步骤② 选中字段标题所在单元格区域，本例为 A1:H1，依次单击【开始】→【字号】下拉按钮，在下拉列表中选择 12，如图 6-5 所示。

图 6-5 设置字号

步骤③ 保持 A1:H1 单元格区域的选中状态，依次单击【开始】→【填充颜色】下拉按钮，在主题颜色面板中选择"蓝色，个性色 5，淡色 40%"，如图 6-6 所示。

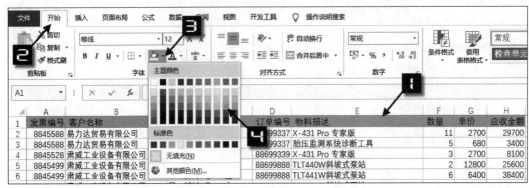

图 6-6　设置填充颜色

步骤④ 单击数据区域任意单元格，按 <Ctrl+A> 组合键选中整个数据区域，再按 <Ctrl+1> 组合键打开【设置单元格格式】对话框。在该对话框中，可以实现更加详细的单元格格式设置。

步骤⑤ 切换到【边框】选项卡下，在【样式】列表中选择一种线型。单击【颜色】下拉按钮，可以在主题颜色面板中选择预置的主题颜色，也可以单击【其他颜色】按钮打开【颜色】对话框。切换到【自定义】选项卡下，保留默认的【颜色模式】选项，分别在【红色】【绿色】和【蓝色】右侧的文本框中输入 RGB 值，如 194、212 和 222，最后单击【确定】按钮关闭【颜色】对话框返回【设置单元格格式】对话框，完成自定义颜色的设置。再单击【预置】区域的"外边框"和"内部"按钮选择应用边框效果的范围，最后单击【确定】按钮关闭对话框，如图 6-7 所示。

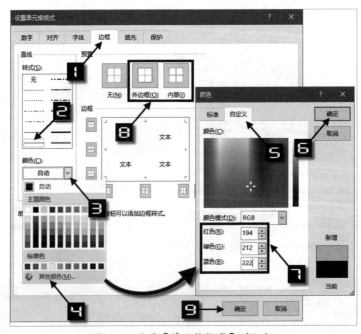

图 6-7　设置【单元格格式】对话框

步骤⑥ 对于表示金额的数字，可以设置千位分隔样式，使数据更便于阅读。选中 G2:H27 单元格区域，在【开始】选项卡下单击【数字】命令组中的【千位分隔样式】按钮，如图6-8所示。

图 6-8　设置千位分隔样式

步骤⑦ 在【视图】选项卡下取消选中【网格线】复选框，使工作表中的网格线不再显示，如图 6-9 所示。

如需清除已有的单元格格式，可以先选中数据区域，然后依次单击【开始】→【清除】→

图 6-9　取消显示网格线

【清除格式】命令。所选单元格区域将恢复为 Excel 默认格式效果，如图 6-10 所示。

图 6-10　清除格式

技巧 94　使用格式刷快速复制已有格式

使用格式刷功能，能够将已有格式快速应用到其他单元格区域、其他工作表或是已经打开的其他工作簿中。

图6-11是某公司员工花名册的部分内容，需要将Sheet1工作表中的格式复制到Sheet2工作表中。操作步骤如下。

步骤① 选中 Sheet1 工作表的 A1:C10 单元格区域，依次单击【开始】→【格式刷】按钮，此时光标变成➕▲形状，如图 6-12 所示。

	A	B	C
1	员工姓名	部门	职务
2	张天云	销售	经理
3	杜玉学	安监	部长
4	田一枫	计量	
5	李春雷	财务	
6	彭红艳	储运	
7	段志华	生产	
8	李敏敏	售后	
9	杨海波	质检	
10	何金祥	采购	
11			

	A	B	C
1	员工姓名	部门	职务
2	杨春继	储运	保管
3	李仕尧	生产	部长
4	赵兴梅	售后	主管
5	代利生	质检	化验
6	白伟	采购	采安
7	唐志国	计量	主管
8	陈云娣	销售	主管
9	郑雪波	安监	保安
10	刘晓琼	计量	司磅员
11	杨继芳	财务	部长
12	杨培坤	储运	主管

图 6-11　员工花名册

w

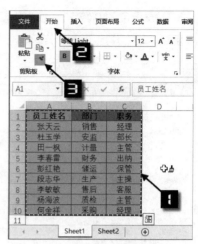

图 6-12　使用格式刷复制格式 1

	A	B	C
1	员工姓名	部门	职务
2	杨春继	储运	保管
3	李仕尧	生产	部长
4	赵兴梅	售后	主管
5	代利生	质检	化验
6	白伟	采购	主管
7	唐志国	计量	主管
8	陈云娣	销售	主管
9	郑雪波	安监	保安
10	刘晓琼	计量	司磅员
11	杨继芳	财务	部长
12	杨培坤	储运	主管
13	段天贵	生产	辅助工
14	王华祝	售后	客服
15	徐金莲	质检	化验
16	肖翠霞	采购	内勤
17			

图 6-13　使用格式刷复制格式 2

步骤 ❷ 切换到 Sheet2 工作表，将鼠标指针悬停在 A1 单元格，保持左键按下状态，拖动鼠标至数据区域的最后一个单元格，如 A15，释放鼠标即可，如图 6-13 所示。

由于两个工作表中的数据范围大小不一样，使用格式刷时会按照数据源区域的大小依次将格式应用到目标工作表中。可以再次使用格式刷功能，重新处理不符合要求的单元格。

选中数据区域后，在【开始】选项卡下双击【格式刷】按钮，可以在多个不连续的区域中重复使用格式刷功能。退出格式刷的使用状态时，可以再次单击【格式刷】按钮或是按 <Esc> 键。

提 示

使用格式刷时，如果源区域中使用公式设置了条件格式规则，需要注意检查条件格式公式中的引用变化。

技巧 95　清除身份证号码中的空格

借助格式刷和替换功能，能够清除身份证号码或银行卡号中多余的空格。

图 6-14 是从系统导出的部分员工银行卡开户信息，C 列中的身份证号码前后部分都有多个空格，为了便于数据的查询匹配，需要清除这些空格。

如果直接使用替换的方法清除空格，无论 C 列是否设置单元格格式为文本，替换后都会变成科学计数法，而且最后 3 位将变成 0，如图 6-15 所示。

工号	姓名	身份证号码	银行卡号	账户余额
1001	吴映仙	422827198207180081	910020020016200106666	1.00
1002	顾云珊	330824199007267026	910020020016200106667	1.00
1003	关义磊	330381198510127633	910020020016200106668	1.00
1004	熊兆麒	341221197812083172	910020020016200106669	1.00
1005	贺伯寅	340828198807144816	910020020016200106610	1.00
1006	李宝才	500222198609136656	910020020016200106611	1.00
1007	彭同茂	350322199102084373	910020020016200106612	1.00
1008	张永惠	530381197311133580	910020020016200106613	1.00
1009	张加云	411528196612213722	910020020016200106614	1.00
1010	杨鸿春	330302198802136091	910020020016200106615	1.00
1011	蒋琼玉	330324197109126142	910020020016200106616	1.00

图 6-14　身份证号码中带有空格

工号	姓名	身份证号码	银行卡号
1001	吴映仙	4.22827E+17	910020020016200106666
1002	顾云珊	3.30824E+17	910020020016200106667
1003	关义磊	3.30381E+17	910020020016200106668

图 6-15　直接替换空格后的身份证号码

操作步骤如下。

步骤① 在任意空白单元格，如 G3，输入一个半角单引号"'"。

步骤② 单击选中 G3 单元格，然后依次单击【开始】→【格式刷】按钮，再从 C2 开始拖动鼠标到 C 列最后一个有数据的单元格释放鼠标，此时 C 列中的身份证号码前都会添加一个半角单引号，如图 6-16 所示。

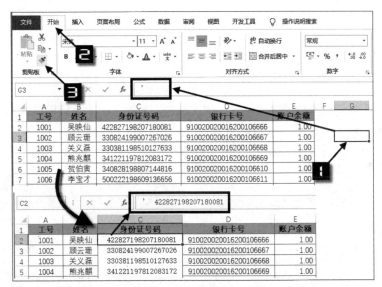

图 6-16　使用格式刷复制格式

步骤③ 按 <Ctrl+H> 组合键调出【查找和替换】对话框，在【查找内容】文本框中输入一个空格，直接点击【全部替换】按钮，然后在弹出的 Excel 提示对话框中单击【确定】按钮，最后单击【关闭】按钮完成替换。替换后的效果如图 6-17 所示。

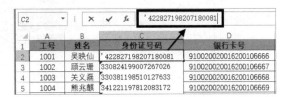

图 6-17　替换空格后的效果

步骤④ 单击 D 列（此列数据为文本格式）列标，再依次单击【开始】→【格式刷】按钮，此时光标变成 形，单击 C 列列标将格式复制到 C 列即可。

技巧 96 应用单元格样式对表格快速格式化

Excel 中包含多种内置的单元格样式，直接应用这些单元格样式，能够对表格格式进行快速设置，如图 6-18 所示。

姓名	外呼工号	累计交易额	累计年化额	累计回款额	投资回款比	奖励金额	所属团队	备注
季伟	8026	3583.33	17000	3583.33	63.95%	5733.85	电销一部	老用户
孙长军	8043	106.59	1279.19	106.59	47.06%	0.00	电销一部	老用户
梁云涛	8048	1286.47	280778.86	43568.65	12.32%	17061.37	集团公司	流失用户
马姗姗	8044	1573.66	8868.6	1582.1	112.86%	33.73	集团公司	老用户
麦成辉	8069	6204.84	58152.69	6204.84	18.55%	1079.31	大连公司	老用户
吴小惠	8077	4215.37	53074.87	4422.91	40.52%	0.00	大连公司	老用户
杨金玲	8050	28.05	336.68	28.05	86.50%	2957.08	大连公司	流失用户
张朝双	8038	17000	394589.26	157637.94	80.55%	0.00	广州公司	老用户
张腾霄	8075	266.66	3200	266.66	36.83%	431.45	大连公司	流失用户
张真毓	8078	1279.19	522644.59	123044.61	91.87%	113.56	广州公司	流失用户
郑凯洲	8056	3750	227424.99	38482.11	48.07%	19614.03	广州公司	流失用户
合计		39294.16	1567349.7	378927.79		47024.38		

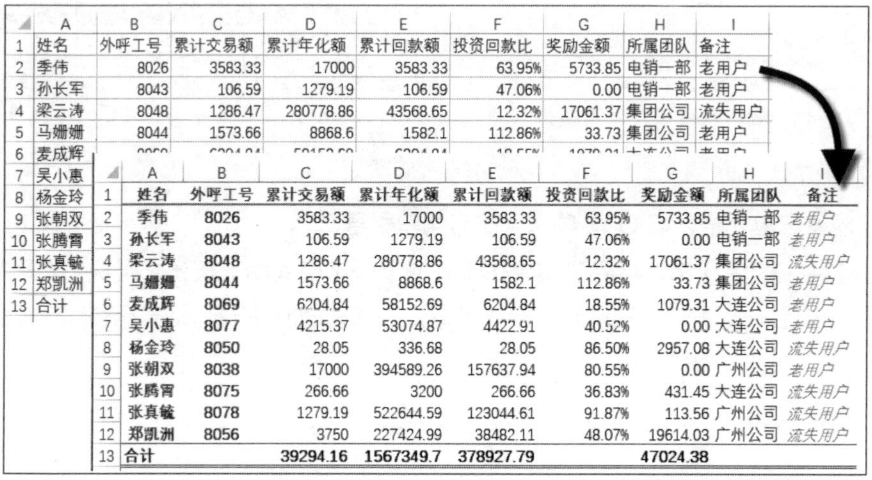

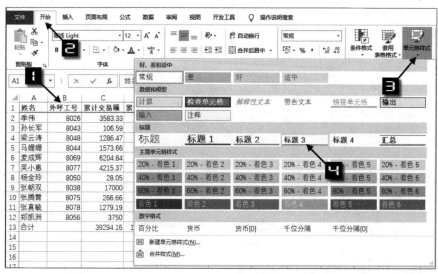

图 6-18 应用单元格样式效果

操作步骤如下。

步骤① 选中 A1:I1 单元格区域的字段标题，依次单击【开始】→【单元格样式】下拉按钮，在样式列表中单击“标题 3”，如图 6-19 所示。

图 6-19 应用单元格样式

步骤② 选中 A13:I13 单元格区域的合计项，依次单击【开始】→【单元格样式】下拉按钮，在样式列表中单击选择“汇总”。

步骤③ 选中 I2:I12 单元格区域的用户类型，设置【单元格样式】为“解释性文本”。

步骤④ 选中 A2:B12 单元格区域的姓名和外呼工号，设置【单元格样式】为“标题 4”。

步骤5 按下 <Ctrl> 键不放，依次选中 A1:I1 和 A2:B12 单元格区域，然后单击【开始】选项卡下的【居中】按钮，设置文本居中对齐，如图 6-20 所示。

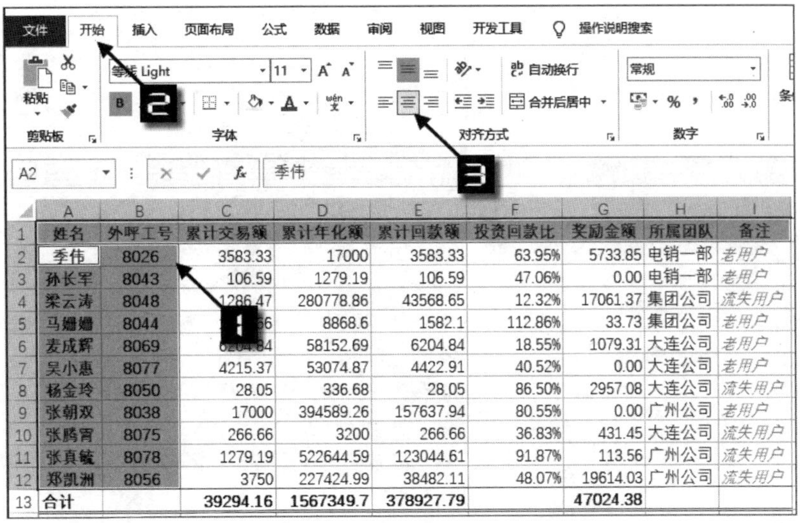

	A	B	C	D	E	F	G	H	I
1	姓名	外呼工号	累计交易额	累计年化额	累计回款额	投资回款比	奖励金额	所属团队	备注
2	季伟	8026	3583.33	17000	3583.33	63.95%	5733.85	电销一部	老用户
3	孙长军	8043	106.59	1279.19	106.59	47.06%	0.00	电销一部	老用户
4	梁云涛	8048	1286.47	280778.86	43568.65	12.32%	17061.37	集团公司	流失用户
5	马姗姗	8044	[illegible]	8868.6	1582.1	112.86%	33.73	集团公司	老用户
6	麦成辉	8069	6204.84	58152.69	6204.84	18.55%	1079.31	大连公司	老用户
7	吴小惠	8077	4215.37	53074.87	4422.91	40.52%	0.00	大连公司	老用户
8	杨金玲	8050	28.05	336.68	28.05	86.50%	2957.08	大连公司	流失用户
9	张朝双	8038	17000	394589.26	157637.94	80.55%	0.00	广州公司	老用户
10	张腾霄	8075	266.66	3200	266.66	36.83%	431.45	大连公司	流失用户
11	张真毓	8078	1279.19	522644.59	123044.61	91.87%	113.56	广州公司	流失用户
12	郑凯洲	8056	3750	227424.99	38482.11	48.07%	19614.03	广州公司	流失用户
13	合计		39294.16	1567349.7	378927.79		47024.38		

图 6-20 设置行、列标题居中对齐

步骤6 最后在【视图】选项卡下取消选中【网格线】复选框。

技巧 97 快速套用表格格式

图 6-21 是某公司销售数据表的部分内容，通过套用表格格式，也可以实现对数据的快速格式化设置。

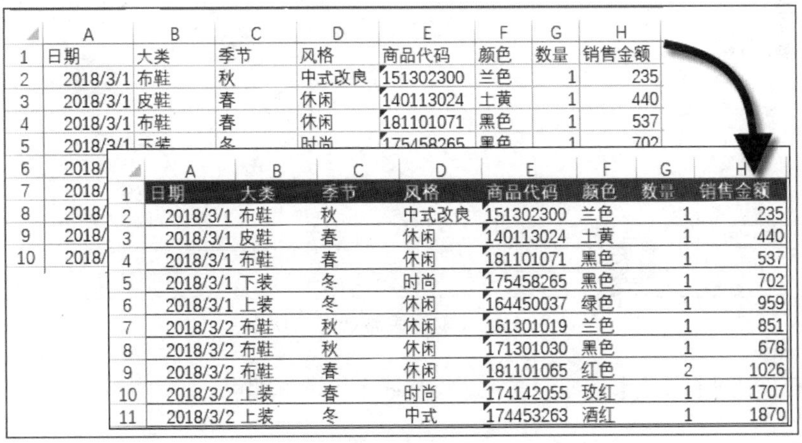

	A	B	C	D	E	F	G	H
1	日期	大类	季节	风格	商品代码	颜色	数量	销售金额
2	2018/3/1	布鞋	秋	中式改良	151302300	兰色	1	235
3	2018/3/1	皮鞋	春	休闲	140113024	土黄	1	440
4	2018/3/1	布鞋	春	休闲	181101071	黑色	1	537
5	2018/3/1	下装	冬	时尚	175458265	黑色	1	702
6	2018/3/1	上装	冬	休闲	164450037	绿色	1	959
7	2018/3/2	布鞋	秋	休闲	161301019	兰色	1	851
8	2018/3/2	布鞋	秋	休闲	171301030	黑色	1	678
9	2018/3/2	布鞋	春	休闲	181101065	红色	2	1026
10	2018/3/2	上装	春	时尚	174142055	玫红	1	1707
11	2018/3/2	上装	冬	中式	174453263	酒红	1	1870

图 6-21 销售数据表

操作步骤如下。

步骤1 单击数据区域中的任意单元格，如 A2，然后依次单击【开始】→【套用表格格式】下拉按钮，如图 6-22 所示。在表格样式列表中选择一种效果，如“蓝色 , 表样式浅色 9”，单击效果图标，在弹出的【套用表格格式】对话框中单击【确定】按钮，即可将该样式快速应用到工作表中。

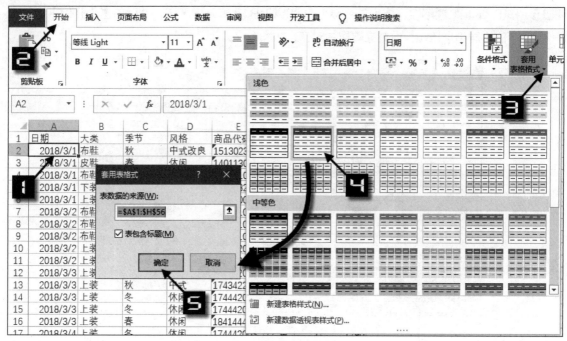

图 6-22　套用表格式

步骤② 此时表格中会默认添加筛选按钮，可以单击数据区域中的任意单元格，如 A2，然后在【表格工具】的【设计】选项卡下取消选中【筛选按钮】复选框，如图 6-23 所示。

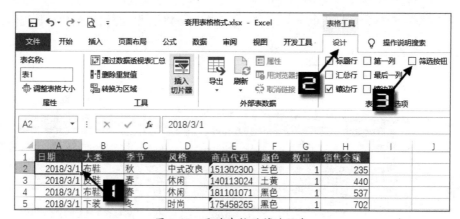

图 6-23　取消表格的筛选状态

步骤③ 最后在【视图】选项卡下取消选中【网格线】复选框即可。

技巧 98　使用主题功能更改表格风格

主题是包含颜色、字体和效果在内的一组格式选项组合，通过应用文档主题，可以快速更改表格风格，实现对整个数据表的颜色、字体等进行快速格式化。

98.1　选择主题效果

单击【页面布局】选项卡下的【主题】下拉按钮，在展开的主题样式列表中包含多种内置主题，单击对应的主题图标，即可为当前文档应用该主题，如图 6-24 所示。

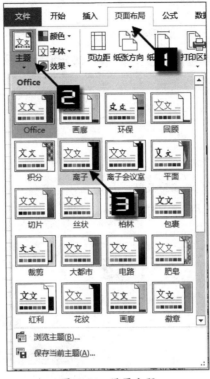

图 6-24　设置主题

更改主题后，在字体颜色、填充颜色等主题颜色面板中将显示不同的颜色效果。工作表中的自定义字体颜色、填充颜色以及网格线颜色都将发生改变，如图 6-25 所示。

	A	B	C	D	E	F	G
1	用户名称	商品名称	计量单位	销售数量	单价	总金额	备注
2	济北中学	带奖卡2KG特小晶味精	箱	5	135	675.00	
3	济北中学	10.5L上色好老抽	箱	3	100	300.00	
4	济北中学	6KG金字蚝油	箱	15	68	1,020.00	
5	济北中学	10.5L酿造白醋	箱	6	60	360.00	
6	济北						
7	济北						
8	济北						

	A	B	C	D	E	F	G
1	用户名称	商品名称	计量单位	销售数量	单价	总金额	备注
2	济北中学	带奖卡2KG特小晶味精	箱	5	135	675.00	
3	济北中学	10.5L上色好老抽	箱	3	100	300.00	
4	济北中学	6KG金字蚝油	箱	15	68	1,020.00	
5	济北中学	10.5L酿造白醋	箱	6	60	360.00	
6	济北中学	4.9L草菇老抽酱油	箱	3	95	285.00	
7	济北中学	新货4.9L味极鲜	pcs	20	95	1,900.00	

图 6-25　不同的主题效果

98.2　设置主题字体

除使用内置的主题样式外，还可以创建自定义的颜色、字体和效果组合。通过更改主题字体或是图形效果，可以对整个文档中的主题字体和图形效果进行批量更改，而无须选中单元格区域后再进行设置。

图 6-26 是某公司销售数据表的部分内容，需要为该表格设置主题字体。

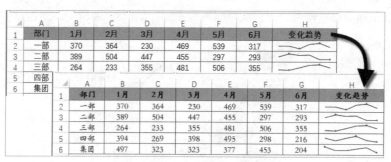

图 6-26　应用主题字体的工作表

操作步骤如下。

步骤① 选中 A1:H1 单元格区域的字段标题，依次单击【开始】→【字体】下拉按钮，在下拉列表的【主题字体】区域中选择【等线 Light（标题）】，如图 6-27 所示。

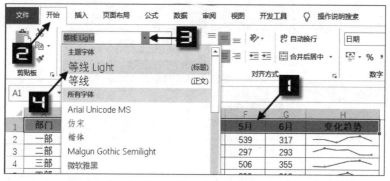

图 6-27　设置标题主题字体

步骤② 选中 A2:H6 数据区域的正文部分，依次单击【开始】→【字体】下拉按钮，在下拉列表的【主题字体】区域中选择【等线（正文）】，如图 6-28 所示。

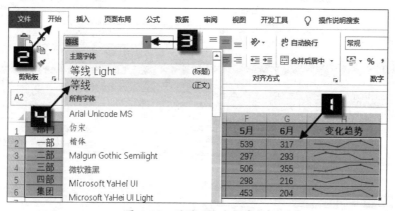

图 6-28　设置正文主题字体

步骤③ 设置完成后，在【页面布局】选项卡下单击【字体】下拉按钮，在下拉列表中选择一种主题字体，如"华文楷体"，工作表中的所有应用了主题字体的区域，字体效果都会自动发生变化，如图 6-29 所示。

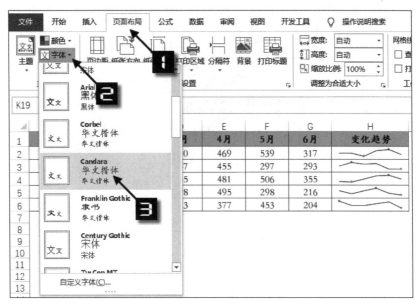

图 6-29　更改主题字体

98.3　设置自定义主题字体

除内置的主题字体外，还可以设置自定义的主题字体，操作步骤如下。

步骤①　依次单击【页面布局】→【字体】下拉按钮，在下拉列表的底部选择【自定义字体】命令，
弹出【新建主题字体】对话框。

步骤②　在【新建主题字体】对话框中可以分别设置西文和中文的标题字体与正文字体，在【名称】
文本框中为当前的主题字体进行命名，最后单击【保存】按钮，如图 6-30 所示。

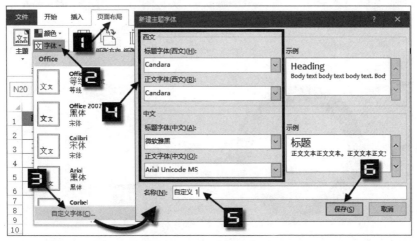

图 6-30　新建主题字体

设置完成后，自定义的主题字体即可添加到主题字体下拉列表中，如果不再需要该主题字体，
可以在主题字体图标上右击鼠标，在弹出的快捷菜单中单击【删除】命令即可，如图 6-31 所示。

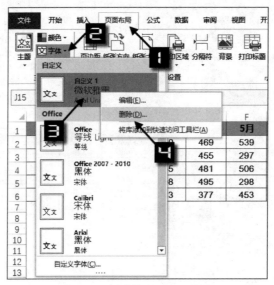

图 6-31　删除自定义主题字体

98.4　设置自定义主题效果

设置自定义主题效果，主要应用于工作表中插入的图表、形状等对象。

如图 6-32 所示，先单击选中工作表中已有的数据透视图，然后在【数据透视图工具】的【设计】选项卡下，选择一种内置的图表样式，如"样式 5"。

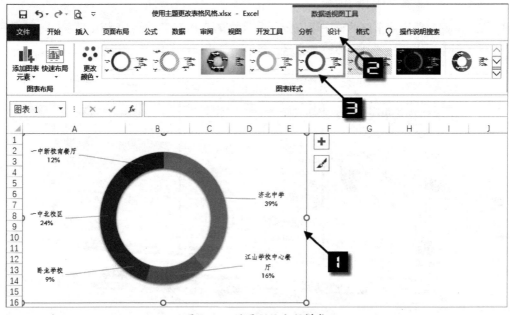

图 6-32　设置形状主题样式

设置完成后，依次单击【页面布局】→【效果】下拉按钮，在下拉列表中选择不同的效果选项时，图表效果会随之改变，如图 6-33 所示。

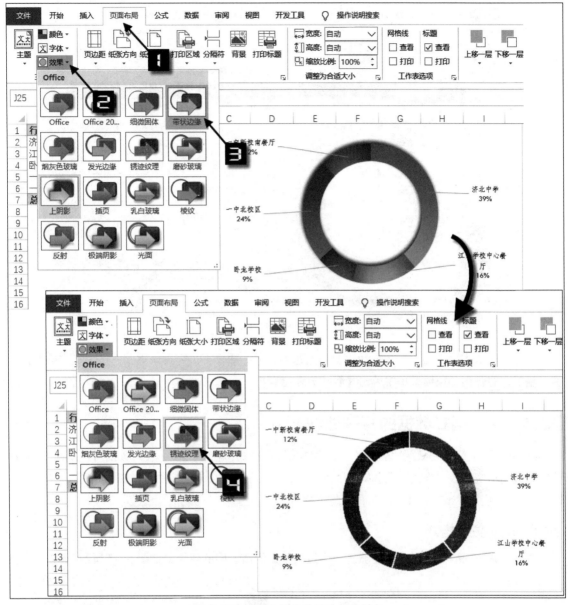

图 6-33　不同主题效果下的形状样式

98.5　保存自定义主题效果

用户在创建自定义的颜色、字体和效果组合之后，可以保存当前的主题效果，并且可以在其他文档中使用。操作步骤如下。

步骤①　依次单击【页面布局】→【主题】下拉按钮，在下拉列表的底部单击【保存当前主题】命令，弹出【保存当前主题】对话框。

步骤②　在【文件名】文本框中输入主题名称，如"我的主题.thmx"，最后单击【确定】按钮完成设置，如图 6-34 所示。

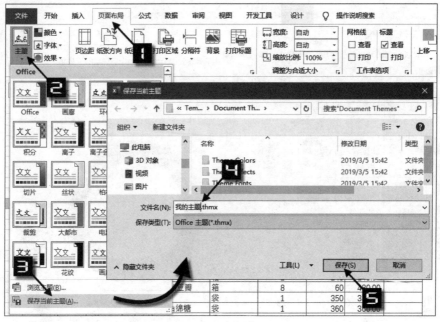

图 6-34　保存当前主题

自定义文档主题保存后，会自动添加到主题列表中。如果不再需要该主题，可以在主题图标上右击鼠标，在弹出的快捷菜单中单击【删除】命令即可。

技巧 99　文本格式数据的特殊处理

Excel 默认的数字格式为"常规"，也就是无特定格式。在单元格中录入数据时，Excel 会自动检测并应用相应的数字格式。例如输入"2019-12-31"，Excel 会自动应用日期格式，输入"5-12"，Excel 会自动应用"m" 月 "d" 日 ""的自定义格式。

99.1　设置数字格式

通过设置不同的数字格式，能够使同一组数字显示出不同的效果。如图 6-35 所示，A2 单元格

图 6-35　设置数字格式

中输入"5-12"后显示为"5 月 12 日"，如果选中该单元格，在【开始】选项卡下单击【数字格式】下拉按钮，然后在下拉列表中选择"常规"，A2 单元格将显示为 2019 年 5 月 12 日的日期序列值 43597。因此在日常工作中，如果工作表中的数字内容显示异常，首先应检查是否设置了正确的数字格式。

99.2 文本和数字格式的互换

【开始】选项卡下的【数字格式】下拉列表中包括常规、数字、货币、会计专用、短日期、长日期、时间、百分比、分数、科学计数和文本等格式选项。除文本格式外，选择其他格式命令时，均可以使已选中单元格区域中的数字格式发生改变。

图 6-36 是某公司从系统中导出的材料出库记录，其中 E 列的数量为文本格式，无法进行求和等汇总，需要将其转换为常规格式。

使用如下两种方法都可以将文本型数字转换为常规格式的数字。

方法① 单击选中 E2 单元格，按 <Ctrl+Shift+ ↓ >组合键选中 E 列数据区域。单击屏幕上的【错误提示器】按钮，在下拉列表中选择【转换为数字】命令，如图 6-37 所示。

	A	B	C	D	E	F	G
1	出库日期	出库单号	材料编码	材料名称	数量	规格型号	出库类别
2	2019/1/12	4011000021172	WL250088	密封胶	4.0000		车间物料消耗
3	2019/1/12	4011000021172	WL250008	木压条	2.0000		车间物料消耗
4	2019/1/12	4011000021173	WL250037	开口肖	10.0000		车间物料消耗
5	2019/1/12	4011000021173	WL030024	平垫	10.0000	直径20	车间物料消耗
6	2019/1/12	4011000021173	WL250180	扫帚	1.0000		车间物料消耗
7	2019/1/12	4011000021174	WL150026	刮板链条	100.0000		车间物料消耗
8	2019/1/12	4011000021174	WL031179	不锈钢平垫	10.0000	直径18	车间物料消耗
9	2019/1/12	4011000021174	WL250297	耐油胶板	9.0000		车间物料消耗
10	2019/1/12	4011000021175	03010308	复写纸	1.0000		车间物料消耗

图 6-36　材料出库记录

图 6-37　错误提示器

方法② 单击 E 列列标选中该列，然后在【开始】选项卡下单击【数字格式】下拉按钮，在下拉列表中选择"常规"。保持 E 列的选中状态，切换到【数据】选项卡下，单击【分列】按钮，在弹出的【文本分列向导-第 1 步，共 3 步】对话框中保留默认设置单击【完成】按钮即可，如图 6-38 所示。

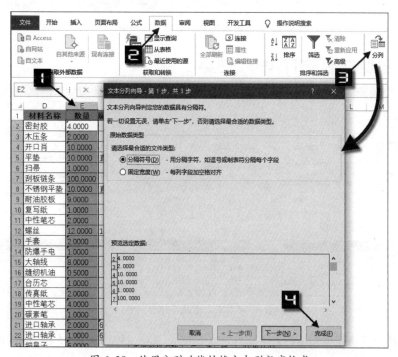

图 6-38　使用分列功能转换文本型数字格式

如果需要将常规格式的数字转换为文本格式时，先选中单元格区域，然后在【开始】选项卡下的【数字格式】下拉列表中选择"文本"格式选项，再重新输入内容或是双击已有内容的单元格，才可以应用新设置的格式。借助分列功能，能够使该过程更加快捷。

操作步骤如下。

步骤① 选中数据所在区域，然后依次单击【数据】→【分列】按钮，在弹出的【文本分列向导 - 第1步，共3步】对话框中保留默认设置单击【下一步】按钮。

步骤② 在弹出的【文本分列向导 - 第2步，共3步】对话框中再次单击【下一步】按钮，弹出【文本分列向导 - 第3步，共3步】对话框。在【列数据格式】区域中选中【文本】单选按钮，最后单击【完成】按钮即可，如图6-39所示。

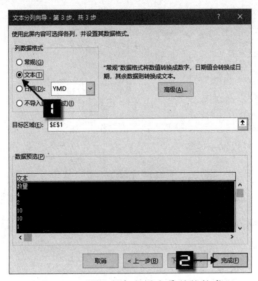

图6-39 使用文本分列向导转换格式

99.3 输入公式后不显示计算结果怎么办

如果在设置了文本格式的单元格中输入公式，将显示公式本身的内容，而不会显示计算结果，如图6-40所示。

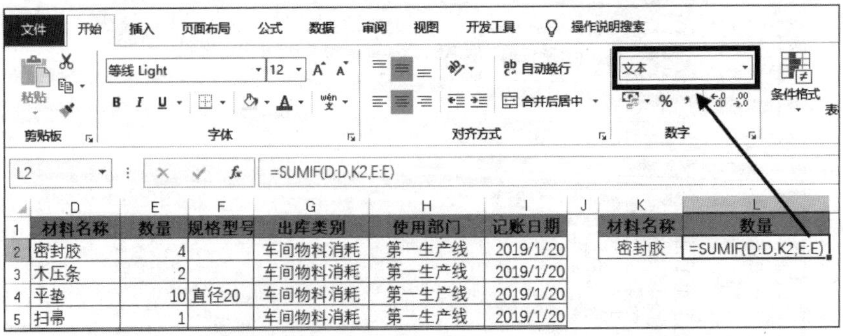

图6-40 公式不显示计算结果

此时可以将公式所在单元格的数字格式设置为常规，然后双击该单元格中的公式按 <Enter> 键，或是重新输入公式即可。

技巧 100 如何查看内置的数字格式代码

按 <Ctrl+1> 组合键打开【设置单元格格式】对话框，在【数字】选项卡下的【分类】列表中选择格式类型后，在对话框右侧的【类型】列表中能够选择更多的内置格式效果，如图 6-41 所示。

图 6-41 【设置单元格格式】对话框中的格式类型

通过以下步骤，可以查看内置数字格式所对应的格式代码。

步骤① 如图 6-42 所示，打开【设置单元格格式】对话框，在【数字】选项卡下单击【分类】列表中的某个格式分类，如"日期"。然后在右侧的【类型】列表中选择一种格式类型，如"2012 年 3 月 14 日"。

图 6-42 设置单元格格式

步骤② 在【分类】列表中单击【自定义】，即可在右侧的【类型】文本框中查看之前所选格式所对应的代码，如图6-43所示。

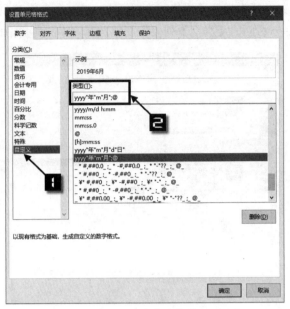

图 6-43　自定义格式

除内置的数字格式外，Excel还允许用户设置自定义的数字格式。了解现有数字格式的代码编写方式，可以改编出更加个性化的数字格式代码。

技巧101 奇妙的自定义格式代码

完整的自定义格式代码分为4个部分，以半角分号进行间隔，每个区段中的代码对应不同类型的数字格式：对正数应用的格式、对负数应用的格式、对零值应用的格式和对文本应用的格式。

101.1　少于4个区段的代码

在实际应用中，不需要严格按照4个区段的结构来编写格式代码，表6-1中列出了少于4个区段的代码结构含义。

表6-1　少于4个区段的自定义代码结构含义

区段数	代码结构含义
1	格式代码作用于所有类型的数值
2	第1区段作用于正数和零值，第2区段作用于负数
3	第1区段作用于正数，第2区段作用于负数，第3区段作用于零值

101.2　常用的格式代码符号

除特定的代码结构外，还需要了解代码字符及其含义。表6-2显示了编写格式代码时常用的格式代码符号及其对应的含义和作用。

表 6-2　常用代码符号及其含义作用

代码符号	符号含义及作用	格式代码	输入	显示
G/ 通用格式	无特定格式, 同"常规"格式	G/ 通用格式	10	10
#	数字占位符。也用于表示单元格中原有的数值。仅显示有效数字, 不显示无意义的零值	#.##	1.20	1.2
0	数字占位符, 也用于表示单元格中原有的数值。当数字比代码的数量少时, 显示无意义的零值	0.000	1.2	1.200
?	与"0"的作用类似, 但以显示空格代替无意义的零值	# ??/??	0.25	1/4 （前后有空格）
.	小数点			
%	百分数显示	0.0%	16	16.0%
,	千位分隔符	#,##0	1250	1,250
E	科学记数法符号	0.00E+00	9700	9.70E+03
" 文本 "	显示双引号之间的文本	" 已 "" 完 "" 成 "0.0%	16	已完成 16.0%
!	强制显示感叹号后的字符	0!.00	1	0.01
\	作用与"!"相同。此符号可用作代码输入, 但在输入后会以符号"!"代替其显示			
*	重复下一个字符, 按单元格的实际宽度填充	**	任意数字	*********
_	留出与下一个字符宽度相等的空格	0.00_	9900	9900.00 与单元格右侧边框距离一个字符
@	文本占位符, 表示单元格中原有的文本内容。	@公司	伟达	伟达公司
[黑色]、[白色]、[红色]、[青色]、[蓝色]、[黄色]、[洋红]、[绿色]	显示相应的字体颜色。中文版的 Excel 中允许使用中文颜色名称, 而英文版的 Excel 则只能使用对应的英文颜色名称 [black]、[white]、[red]、[cyan]、[blue]、[yellow]、[magenta] 和 [green]	[红色]0.0	22	22.0 （显示为红色）
[颜色 n]	显示以数值 n 表示的颜色。n 的范围在 1~56 之间	[颜色 3]0.0	22	22.0 （显示为红色）
[>]、[<]、[=]、[>=]、[<=]、[<>]	设置条件。由比较符号以及数值构成	[>60] 合格	66	合格
[DBNum1]	显示中文小写数字	[DBNum1]	123	一百二十三
[DBNum2]	显示中文大写数字	[DBNum2]	123	壹佰贰拾叁

101.3　日期时间格式相关的格式代码符号

与日期时间相关的常用自定义格式代码符号, 如表 6-3 所示。

表 6-3　与日期时间格式相关的格式代码符号

日期时间代码符	日期时间代码符号含义及作用
aaa	使用中文简称显示星期几（"一"～"日"）
aaaa	使用中文全称显示星期几（"星期一"～"星期日"）
d	使用没有前导零的数字来显示日期（1～31）
dd	使用有前导零的数字来显示日期（01～31）
ddd	使用英文缩写显示星期几（Sun～Sat）
dddd	使用英文全拼显示星期几（Sunday～Saturday）
m	使用没有前导零的数字来显示月份或分钟数 (1～12) 或 (0～59)
mm	使用有前导零的数字来显示月份或分钟数 (01～12) 或 (00～59)
mmm	使用英文缩写显示月份 (Jan～Dec)
mmmm	使用英文全拼显示月份 (January～December)
mmmmm	使用英文首字母显示月份 (J～D)
y 或是 yy	使用两位数字显示公历年份 (00～99)
yyyy	使用四位数字显示公历年份 (1900～9999)
h	使用没有前导零的数字来显示小时数 (0～23)
hh	使用有前导零的数字来显示小时数 (00～23)
s	使用没有前导零的数字来显示秒数 (0～59)
ss	使用有前导零的数字来显示秒数 (00～59)
[h]、[m]、[s]	显示超出进制的小时数、分数、秒数
AM/PM 或 A/P	在时间代码之后添加"AM""PM"或"A""P"，使用英文上下午显示 12 进制的时间
上午或下午	在时间代码之后添加"上午"或"下午"，使用中文上下午显示 12 进制的时间

技巧 102　在自定义格式中设置判断条件

　　包含条件值的格式代码，最多只能在前两个格式代码区段中以"比较运算符＋数值"的形式表示条件，第 3 区段自动对"除此以外"的情况应用格式，而不能再使用"比较运算符＋数值"的形式，第 4 区段"文本"则仍然只对文本型数据起作用。

　　包含条件值的格式代码区段可以少于 4 个，相关的代码结构含义如表 6-4 所示。

表 6-4　少于 4 个区段的包含条件值格式代码结构含义

区段数	代码结构含义
1	作用于满足条件时的格式
2	第 1 区段作用于满足条件时的格式，第 2 区段作用于其他情况的格式
3	第 1 区段作用于满足条件 1 时的格式，第 2 区段作用于满足条件 2 时的格式，第 3 区段作用于其他情况下的格式

102.1 快速输入员工性别

图 6-44 是某公司新入职员工信息表的部分内容，需要在 C 列输入员工性别，通过设置自定义数字格式的方法，可以实现数据的快速输入。

	A	B	C	D	E	F	G
1	序号	姓名	性别	专业名称	身份证号码	入职日期	试用期（月）
2	1	赵晓东		土木工程	41****198202120517	2019/5/2	3
3	2	苗祖萍		药学与生物工程	41****198201200523	2019/5/2	2
4	3	张志群		数字与信息	41****200708080050	2019/5/2	1
5	4	李文立		经济管理	41****198811120512	2019/5/2	6
6	5	颜子然		建筑工程	41****200306210517	2019/5/2	3
7	6	孙大岭		物理与电子工程	41****19960720051X	2019/5/2	2
8	7	罗黔云		运输物流	41****198603150549	2019/5/2	1
9	8	王学勇		电子与通信	41****198802240512	2019/5/2	6
10	10	董继分		环境与土木工程	41****199311210516	2019/5/2	3

图 6-44 员工信息表

操作步骤如下。

步骤① 选中需要输入性别的 C2:C17 单元格区域，按 <Ctrl+1> 组合键调出【设置单元格格式】对话框。

步骤② 在对话框中切换到【数字】选项卡下，单击【分类】列表中的【自定义】，在右侧的【类型】文本框中输入格式代码 "[=1] 男 ; 女"，最后单击【确定】按钮，如图 6-45 所示。

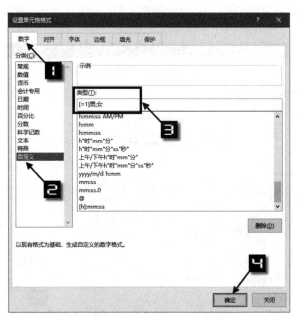

图 6-45 设置自定义单元格格式 1

设置完成后，在 C2:C17 单元格区域中输入 1 时，单元格中显示为"男"，输入大于等于 0 的其他数值时显示为"女"。

102.2 判断员工考核成绩是否合格

图 6-46 是某公司员工考核成绩表的部分内容，E 列是理论分和实操分相加后的总成绩。需要将大于等于 95 分的成绩显示为"优秀"，大于等于 80 分的成绩显示为"合格"，其他显示为"不合格"。

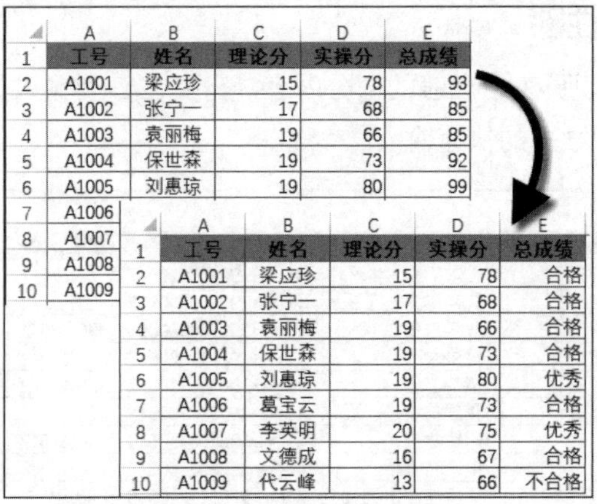

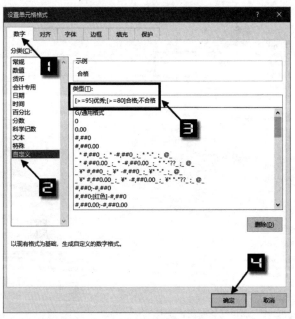

图 6-46　员工考核成绩表

操作步骤如下。

步骤① 选中总成绩所在的 E2:E10 单元格区域，按 <Ctrl+1> 组合键调出【设置单元格格式】对话框。

步骤② 在对话框中切换到【数字】选项卡下，单击【分类】列表中的【自定义】，在右侧的【类型】文本框中输入以下格式代码，最后单击【确定】按钮，如图 6-47 所示。

[>=95] 优秀；[>=80] 合格；不合格

图 6-47　设置自定义单元格格式 2

提　示

在格式代码中使用条件判断时，需要注意各个区段的条件设置方法，使用 ">" 或 ">=" 时，需要从高到低依次设置各分段的判断条件。使用 "<" 或 "<=" 时，需要从低到高依次设置各分段的判断条件。

技巧 103 按不同单位显示金额

在一些财务类的报表中，经常需要按不同的单位显示金额数据，如百元、千元、万元、十万元、百万元等。通过设置自定义的单元格格式，可以在不影响数据计算汇总的前提下，按照需求改变数据的显示效果。

103.1 按百元显示金额

图 6-48 是某公司财务报表的部分内容，需要将其中的金额以百元为单位进行显示。

	A	B	C
1	科目名称	借方	贷方
2	现金	478,505.00	610,894.96
3	银行存款(农行)	1,060,659.81	1,171,714.43
4	银行存款(工行)	698,571.70	782,631.90
5	应收账款	672,015.20	866,876.30
6	其他应收款		
7	坏账准备		
8	预付账款		
9	原材料		
10	库存商品		
11	待摊费用		
12	固定资产		
13	累计折旧		

	A	B	C
1	科目名称	借方	贷方
2	现金	4785.1	6108.9
3	银行存款(农行)	10606.6	11717.1
4	银行存款(工行)	6985.7	7826.3
5	应收账款	6720.2	8668.8
6	其他应收款	4699.4	3231.2
7	坏账准备	0.0	0.0
8	预付账款	1922.0	1700.0
9	原材料	50878.4	50156.0
10	库存商品	22646.9	20569.9

图 6-48　财务报表

操作步骤如下。

步骤① 选中金额所在的 B2:C40 单元格区域，按 <Ctrl+1> 组合键调出【设置单元格格式】对话框。

步骤② 在对话框中切换到【数字】选项卡下，单击【分类】列表中的【自定义】，在右侧的【类型】文本框中输入以下格式代码，将光标定位到 "%" 前，按 <Ctrl+J> 组合键，最后单击【确定】按钮，如图 6-49 所示。

```
0!.0,%
```

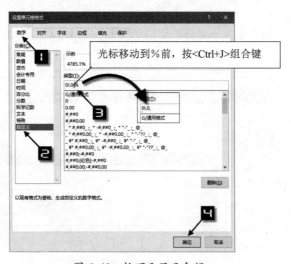

图 6-49　按百元显示金额

步骤③ 此时单元格中的金额之后仍然会显示"%"，保持 B2:C40 单元格区域的选中状态，在【开始】选项卡下先单击【自动换行】按钮，然后单击【顶端对齐】按钮即可，如图6-50所示。

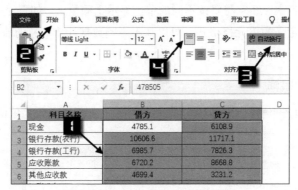

图 6-50　设置自动换行和顶端对齐

在格式代码中，百分号"%"的作用相当于将原数值放大100倍。逗号是千位分隔符，即原数值缩小为原来的1/1000。感叹号的作用是强制显示感叹号后的一位数值。

本例代码的含义是先将数值缩小为原来的1/1000再放大100倍，这样就相当于是最终缩小为原来的1/10，然后在最后一位数值之前强制显示小数点，最终形成百元显示效果。

此方式会让最后的"%"同时显示，因此使用<Ctrl+J>组合键加入换行符，目的是在同一单元格中将"%"强制显示在下一行，最后设置自动换行并调整对齐方式，使单元格中不显示百分号"%"。

103.2　按千元显示金额

仍然以103.1中的财务报表为例，如果希望按千元显示金额，操作步骤如下。

步骤① 选中金额所在的B2:C40单元格区域，按<Ctrl+1>组合键调出【设置单元格格式】对话框。

步骤② 在对话框中切换到【数字】选项卡下，单击【分类】列表中的【自定义】，在右侧的【类型】文本框中输入以下格式代码，最后单击【确定】按钮。

```
0.00 ,
```

自定义格式代码中使用了千位分隔符，作用是将原数值缩小为原来的1/1000。设置完成后的效果如图6-51所示。

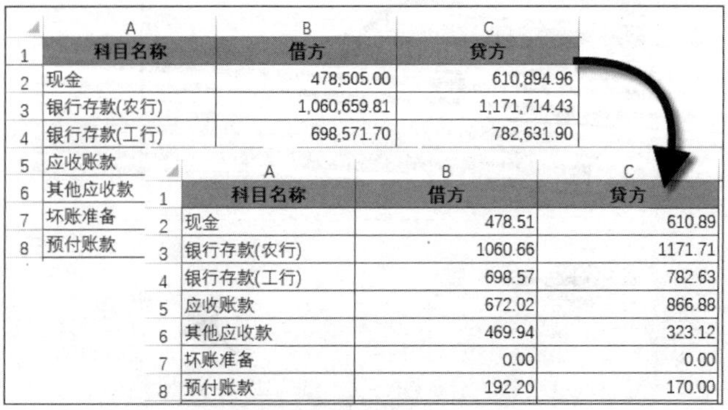

图 6-51　按千元显示金额

如果希望以十万元或百万元显示金额，可以参考以上步骤，分别使用以下自定义格式代码：

```
0!.00,
0.00  ,,
```

完成后的效果如图 6-52 所示。

图 6-52　按十万元和百万元显示金额

103.3　按整数万元显示金额

继续以技巧 103.1 中的财务报表数据为例，如果希望按整数万元显示金额，可参考技巧 103.1 中的步骤 1 和步骤 2，在【设置单元格格式】对话框的【类型】文本框中输入以下格式代码，再将光标定位到 % 前，按 <Ctrl+J> 组合键，最后单击【确定】按钮。

```
0,,%
```

保持 B2:C40 单元格区域的选中状态，在【开始】选项卡下先单击【自动换行】按钮，然后单击【顶端对齐】按钮。

本例使用的自定义格式代码中有两个千位分隔符，意思是将数值缩小为原来的 1/1000×1000，即一百万分之一，再加上"%"放大 100 倍，最终缩小为原来的 1/10000，显示为万元，完成后的效果如图 6-53 所示。

	A	B	C
1	科目名称	借方	贷方
2	现金	48	61
3	银行存款(农行)	106	117
4	银行存款(工行)	70	78
5	应收账款	67	87
6	其他应收款	47	32
7	坏账准备	0	0
8	预付账款	19	17

图 6-53　按整数万元显示金额

103.4　按两位小数的万元、带千位分隔符的万元和千万元显示金额

如果希望将技巧 103.1 中的财务报表金额显示为两位小数的万元，可参考技巧 103.1 中的步骤 1 和步骤 2，在【设置单元格格式】对话框的【类型】文本框中输入以下格式代码，再将光标定位

到 % 前，按 <Ctrl+J> 组合键，最后单击【确定】按钮。

```
0.00,,万%
```

保持 B2:C40 单元格区域的选中状态，在【开始】选项卡下先单击【自动换行】按钮，然后单击【顶端对齐】按钮，完成后的效果如图 6-54 所示。

	A	B	C
1	科目名称	借方	贷方
2	现金	47.85万	61.09万
3	银行存款(农行)	106.07万	117.17万
4	银行存款(工行)	69.86万	78.26万
5	应收账款	67.20万	86.69万
6	其他应收款	46.99万	32.31万
7	坏账准备	0.00万	0.00万
8	预付账款	19.22万	17.00万

图 6-54　按两位小数的万元显示金额

如果需要显示为带千位分隔符的万元，可以使用以下格式代码，其他步骤与设置两位小数万元的步骤相同。

```
#,###,,.00%
```

设置完成后的效果如图 6-55 所示。

	A	B	C
1	科目名称	借方	贷方
38	营业外收入	-	-
39	营业外支出	41,238.44	41,238.44
40	合计	22,761,098.99	22,761,098.99

	A	B	C
1	科目名称	借方	贷方
38	营业外收入	.00	.00
39	营业外支出	4.12	4.12
40	合计	2,276.11	2,276.11

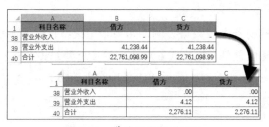

图 6-55　带千位分隔的万元

如果需要显示为千万元，可以使用以下格式代码，其他步骤与设置两位小数万元的步骤相同。

```
0,,,.00%
```

设置完成后的效果如图 6-56 所示。

	A	B	C
1	科目名称	借方	贷方
2	现金	478,505.00	610,894.96
3	银行存款(农行)	1,060,659.81	1,171,714.43
4	银行存款(工行)	698,571.70	782,631.90
5	应收账款		
6	其他应收款		
7	坏账准备		

	A	B	C
1	科目名称	借方	贷方
2	现金	0.05	0.06
3	银行存款(农行)	0.11	0.12
4	银行存款(工行)	0.07	0.08
5	应收账款	0.07	0.09
6	其他应收款	0.05	0.03

图 6-56　按千万元显示金额

注 意

在不同语言的系统和 Office 版本中，自定义格式代码的设置规则会有所不同，本书中的格式代码均依照简体中文版的 Windows10 和简体中文版 Office 进行设置。

技巧 104 用自定义格式直观展示费用增减

使用自定义格式代码除能够更改数字的显示方式以外，还可以根据指定的条件更改数字颜色。

图 6-57 是某公司费用报表的部分内容，通过设置自定义单元格格式，能够使数据增减变化更加直观。

	A	B	C	D
1	费用	2018年	2019年	同比增减
2	保险费	51,370.00	33,528.00	-34.73%
3	维修费	12,550.00	14,500.00	15.54%
4	杂志费	342.00	632.00	84.80%
5	办公费	123,984.00	155,304.00	25.26%
6	差旅费			
7	接待费			
8	会务费			
9	招聘费			
10	其他费用			
11	交通费			

	A	B	C	D
1	费用	2018年	2019年	同比增减
2	保险费	51,370.00	33,528.00	↓ 34.73%
3	维修费	12,550.00	14,500.00	↑ 15.54%
4	杂志费	342.00	632.00	↑ 84.80%
5	办公费	123,984.00	155,304.00	↑ 25.26%
6	差旅费	2,152.00	2,152.00	0.00%
7	接待费	2,808.00	3,354.00	↑ 19.44%
8	会务费	78,590.00	68,028.00	↓ 13.44%
9	招聘费	1,137.00	712.00	↓ 37.38%
10	其他费用	382.00	622.00	↑ 62.83%
11	交通费	5,584.00	9,862.00	↑ 76.61%

图 6-57　费用报表

操作步骤如下。

步骤① 选中 D2:D11 单元格区域，按 <Ctrl+1> 组合键调出【设置单元格格式】对话框。

步骤② 在对话框中切换到【数字】选项卡下，单击【分类】列表中的【自定义】，在右侧的【类型】文本框中输入以下格式代码，最后单击【确定】按钮，如图 6-58 所示。

```
[颜色3] ↑ 0.00%;[颜色10] ↓ 0.00%;0.00%
```

图 6-58　用不同颜色和箭头方向标记数据增减

在自定义格式代码中，能够以［颜色n］的形式设置颜色效果，其中n是1至56的数值。用户可以在示例文件中查看颜色索引对照表。

本例中的格式代码分为3个区段，用半角分号隔开，第1部分"［颜色3］↑ 0.00%"，表示对大于0的数值应用的格式，字体颜色使用红色，显示上箭头↑，百分数保留两位小数。

第2部分"［颜色10］↓ 0.00%"，表示对小于0的数值应用的格式，字体颜色使用绿色，显示下箭头"↓"，百分数保留两位小数。

第3部分"0.00%"是对等于0的数值应用的格式，表示使用保留两位小数的百分数。

在简体中文版的Office中，自定义格式中的颜色代码部分也可以使用以下几种形式：［黑色］、［蓝色］、［蓝绿色］、［绿色］、［洋红色］、［红色］、［白色］和［黄色］。

技巧 105 将自定义格式效果转换为实际内容

设置单元格格式只改变数据在单元格中的显示效果，不会影响数据本身的实际值。借助剪贴板功能，能够将自定义格式效果转换为单元格中的实际内容。

图6-59是某公司员工信息表的部分内容，B列的部门字段使用了自定义格式代码"东方集团@"，使部门名称前都添加了公司名称。现在需要将B列的自定义格式效果转换为单元格中的实际内容。

序号	部门	姓名	工号	职务
1	东方集团财务部	杨玉兰	90	财务部长
2	东方集团财务部	龚成琴	132	成本会计
3	东方集团销售部	王莹芬	91	销售经理
4	东方集团销售部	石化昆	74	销售主管
5	东方集团销售部	班虎忠	94	销售代表
6	东方集团销售部	褚态福	85	销售代表
7	东方集团采购部	王天艳	79	采购部长
8	东方集团采购部	安德运	100	采购经理
9	东方集团采购部	岑仕美	95	采购主管
10	东方集团质保部	杨再发	99	质检员

图6-59　设置了自定义格式的员工信息表

操作步骤如下。

步骤① 选中需要处理的B2:B11单元格区域，按 <Ctrl+C> 组合键复制。

步骤② 单击【开始】选项卡下的【剪贴板】扩展按钮，打开【剪贴板】窗格。单击【全部粘贴】按钮，最后单击【关闭】按钮关闭【剪贴板】窗格，如图6-60所示。

步骤③ 此时单元格中的公司名称的前缀会显示两次。保持B2:B11单元格区域的选中状态，单击【开始】选项卡下的【数字格式】下拉按钮，在下拉列表中选择"常规"。设置完成后，在编辑栏中即可显示转换后的单元格实际内容，如图6-61所示。

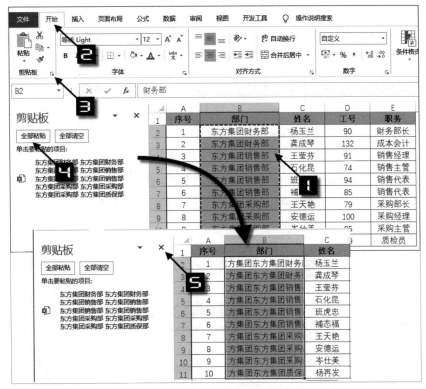

图 6-60 在剪贴板中粘贴内容

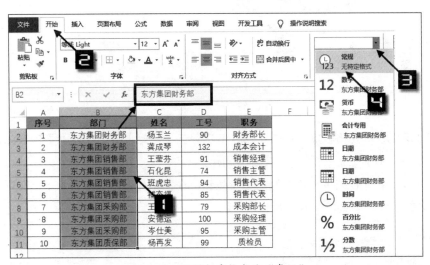

图 6-61 设置数字格式为"常规"

技巧 106 输入带方框的 √ 和 ×

除自定义格式外，使用一些特殊字体也能够改变单元格中的显示效果。

	A	B	C	D
1	日期	星期	计划安排	完成状况
2	6月25日	星期一	应知应会培训	☑
3	6月26日	星期二	体系认证培训	☒
4	6月27日	星期三	安全生产培训	☑
5	6月28日	星期四	新工岗位考核	☑
6	6月29日	星期五	成本分析会	☒
7	6月30日	星期六	每周管理例会	☒
8	7月1日	星期日	中层管理培训	☑

图 6-62　工作安排表

图 6-62 是某公司工作安排表的部分内容，需要在 D 列使用带方框的√和 × 表示该项计划是否完成。

操作步骤如下。

步骤① 选中需要输入完成状况的 D2:D8 单元格区域，依次单击【数据】→【数据验证】下拉按钮，弹出【数据验证】对话框。

步骤② 在【数据验证】对话框中切换到【设置】选项卡下，单击【允许】下拉按钮，在下拉列表中选择"序列"。在【来源】编辑框中输入"R,S"，最后单击【确定】按钮，如图 6-63 所示。

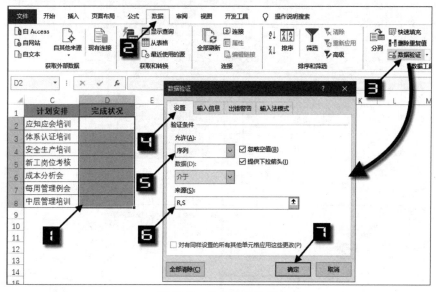

图 6-63　设置数据验证

步骤③ 保持 D2:D8 单元格区域的选中状态，依次单击【开始】→【字体】下拉按钮，在下拉列表中选择 "Wingdings 2"，如图 6-64 所示。

设置完成后，单击 D 列单元格右侧的下拉按钮，在下拉列表中选择 R 或 S，即可在单元格中显示为带方框的√或 ×，如图 6-65 所示。

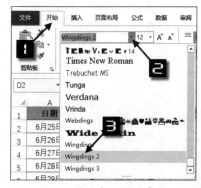

图 6-64　设置字体

	A	B	C	D
1	日期	星期	计划安排	完成状况
2	6月25日	星期一	应知应会培训	☑
3	6月26日	星期二	体系认证培训	☒
4	6月27日	星期三	安全生产培训	
5	6月28日	星期四	新工岗位考核	
6	6月29日	星期五	成本分析会	
7	6月30日	星期六	每周管理例会	
8	7月1日	星期日	中层管理培训	

图 6-65　在下拉列表中选择内容

技巧 107 数字格式不能保存怎么办

设置自定义数字格式虽然可以快速改变单元格中的显示效果，但有时也会带来一些负面影响。主要表现是文档保存后再次打开，工作表中的数字有可能会自动变成会计专用格式或是欧元格式。

出现这种情况时，可以按 <Ctrl+1> 组合键打开【设置单元格格式】对话框。在【数字】选项卡下单击【分类】列表中的【自定义】，然后选中格式代码列表中的自定义格式代码规则，单击【删除】按钮，最后单击【确定】按钮关闭对话框，如图 6-66 所示。

图 6-66　删除自定义格式代码

如果有多个自定义的格式代码，可以依次选中后分别将其删除。如果选中的是内置格式代码，【删除】按钮将呈灰色禁用状态。删除完毕后保存文件，重新打开时将不会再出现格式混乱问题。

第7章 排序和筛选

排序和筛选是 Excel 数据管理最常见的操作之一，排序可以按照一列或多列、升序或降序使表格中的数据顺序重新排列，或执行自定义排序以改变记录的排列方式。筛选可以快速隐藏无关的数据，只保留关注的数据记录。本章将重点介绍有关 Excel 排序和筛选方面的应用技巧。

技巧 108 按多个关键词排序

在对 Excel 表格进行排序时，如果只需要将其中一个字段作为关键字，可以选中该字段中的任意一个单元格，然后在【数据】选项卡下单击【升序】或【降序】按钮即可。如果需要同时按多个关键词排序，则需要使用以下方法来实现。

108.1 使用排序对话框

图 7-1 展示的是某公司销售人员的销售业绩情况表，需要按"销售人员""品名"和"销售金额"的次序同时升序排列。

	A	B	C	D	E	F	G	H
1	序号	销售地区	销售人员	品名	数量	单价¥	销售金额¥	销售年份
2	19	北京	赵琦	液晶电视	41	5,000	205,000.00	2020/02/13
3	36	杭州	毕春艳	液晶电视	24	5,000	120,000.00	2019/09/03
4	65	山东	杨光	显示器	14	1,500	21,000.00	2020/02/18
5	21	北京	赵琦	液晶电视	54	5,000	270,000.00	2019/03/22
6	51	南京						
7	69	上海						
8	1	北京						
9	61	山东						
10	28	北京						
11	15	北京						

	A	B	C	D	E	F	G	H
1	序号	销售地区	销售人员	品名	数量	单价¥	销售金额¥	销售年份
2	14	北京	白露	按摩椅	28	800	22,400.00	2019/08/16
3	15	北京	白露	按摩椅	45	800	36,000.00	2020/05/07
4	13	北京	白露	微波炉	24	500	12,000.00	2019/09/21
5	11	北京	白露	微波炉	27	500	13,500.00	2020/01/10
6	12	北京	白露	微波炉	69	500	34,500.00	2019/10/18
7	10	北京	白露	液晶电视	34	5,000	170,000.00	2019/12/01
8	9	北京	白露	液晶电视	43	5,000	215,000.00	2020/06/17
9	41	杭州	毕春艳	按摩椅	84	800	67,200.00	2019/10/25

图 7-1 需要排序的表格

步骤① 单击选中数据区域中的任意单元格，如 B2，然后依次单击【数据】→【排序】按钮调出【排序】对话框。

步骤② 在【排序】对话框的【主要关键字】下拉列表中选择"销售人员"，在【排序依据】下拉列表中选择"单元格值"，在【次序】下拉列表中选择"升序"。

步骤③ 单击【添加条件】按钮依次添加并设置"品名"和"销售金额"两个次要关键字。最后单击【确定】按钮完成多关键字的排序。

如图 7-2 所示。

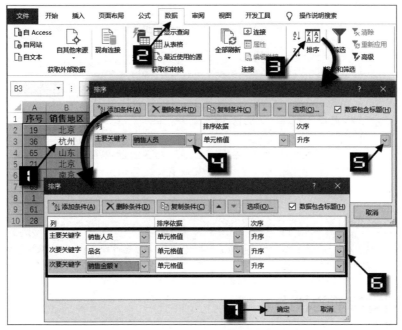

图 7-2　使用排序对话框进行多关键字排序

提 示

Excel 2016 的【排序】对话框中最多可同时设置 64 个关键字进行排序。

108.2　多次快速排序

除使用【排序】对话框外，也可以对不同字段依次排序来完成。

如图 7-3 所示，单击数据表 G 列的任意单元格，如 G2，依次单击【数据】→【升序】按钮完成对"销售金额"的升序排列。

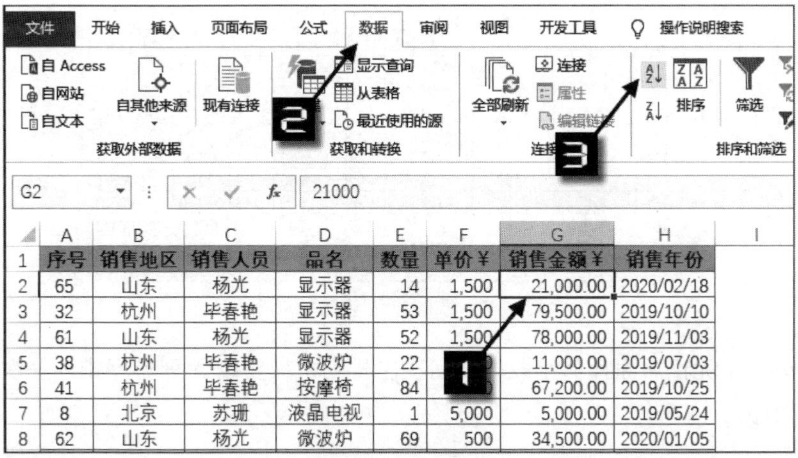

序号	销售地区	销售人员	品名	数量	单价¥	销售金额¥	销售年份
65	山东	杨光	显示器	14	1,500	21,000.00	2020/02/18
32	杭州	毕春艳	显示器	53	1,500	79,500.00	2019/10/10
61	山东	杨光	显示器	52	1,500	78,000.00	2019/11/03
38	杭州	毕春艳	微波炉	22		11,000.00	2019/07/03
41	杭州	毕春艳	按摩椅	84		67,200.00	2019/10/25
8	北京	苏珊	液晶电视	1	5,000	5,000.00	2019/05/24
62	山东	杨光	微波炉	69	500	34,500.00	2020/01/05

图 7-3　按"销售金额"升序排序

重复上述操作，分别对"品名"和"销售人员"字段进行升序排列，操作完成后效果如图 7-4 所示。

图 7-4　多次排序完成多关键字排序

提　示

Excel 对多次排序的处理规则是：先排序过的列，会在以后按其他列为标准的排序过程中尽量保持自己的顺序。因此，使用单字段多次排序时，需要先排次要关键字，后排顺序较为重要的关键字。

技巧 109　返回排序前的状态

对表格中的数据进行排序后，原有数据的排列顺序将被打乱，尤其是当对多个字段进行排序后，想恢复到排序前的状态会比较麻烦。

可以通过在原数据表中插入一个辅助列的方式来完成，辅助列的内容为一组从小到大连续排列的数字，用于记录原数据表的排列次序。图 7-5 是某公司销售记录表的部分内容，A 列为添加的辅助列。

图 7-5　添加连续数字辅助列

添加辅助列后，无论后面任何字段以任何次序排列，只要以 A 列升序排列一次就可以返回到排序前的原有次序。

技巧 110　自定义排序

在图 7-6 所示的销售记录表中，需要将销售地区按照"北京、南京、上海、杭州、山东"的顺序排列数据。

192

	A	B	C	D	E	F	G	H
1	序号	销售地区	销售人员	品名	数量	单价¥	销售金额¥	销售年份
2	60	山东	杨光	液晶电视	27	5,000	135,000.00	2019/02/22
3	67	上海	林茂	显示器	42	1,500	63,000.00	2019/02/28
4	23	北京	赵琦	微波炉	65	500	32,500.00	2019/03/02
5	59	山东	何庆	显示器	44	1,500	66,000.00	2019/03/02
6	5	北京	苏珊	显示器	33	1,500	49,500.00	2019/03/08
7	17	北京	赵琦	按摩椅	68	800	54,400.00	2019/03/10

	A	B	C	D	E	F	G	H
1	序号	销售地区	销售人员	品名	数量	单价¥	销售金额¥	销售年份
29	15	北京	白露	按摩椅	45	800	36,000.00	2020/05/07
30	9	北京	白露	液晶电视	43	5,000	215,000.00	2020/06/17
31	42	南京	高伟	按摩椅	3	800	2,400.00	2019/04/25
32	53	南京	高伟	跑步机	85	2,200	187,000.00	2019/04/30
33	48	南京	高伟	液晶电视	18	5,000	90,000.00	2019/05/16
34	46	南京	高伟	液晶电视	68	5,000	340,000.00	2019/05/17
35	49	南京	高伟	显示器	29	1,500	43,500.00	2019/06/23

图 7-6 销售记录表

按普通的方式，无论是升序还是降序都无法实现指定顺序的排序。为了达到按指定顺序排序的目的，首先需要创建一个自定义序列，操作步骤如下。

步骤① 在 J1:J5 单元格中依次输入"北京、南京、上海、杭州、山东"，选中 J1:J5 单元格区域，再依次单击【文件】→【选项】按钮，打开【Excel 选项】对话框。

步骤② 切换到【高级】选项卡下，拖动右侧的滚动条，在【常规】选项组中，单击【编辑自定义列表】按钮，打开【自定义序列】对话框。

步骤③ 在【自定义序列】对话框中保留默认选项，单击【导入】按钮，将事先选中的 J1:J5 单元格区域的内容导入自定义序列中，最后单击【确定】按钮返回【Excel 选项】对话框，再次单击【确定】按钮，关闭对话框。如图 7-7 所示。

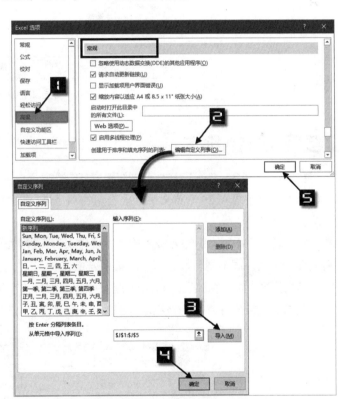

图 7-7 添加自定义序列

接下来，使用自定义序列对"销售区域"进行排序，操作步骤如下。

步骤① 单击选中数据表中的任意一个单元格，如 C2。然后依次单击【数据】→【排序】按钮调出【排序】对话框。

步骤② 在【主要关键字】下拉列表中选择"销售地区"，在【次序】下拉列表中选择"自定义序列"调出【自定义序列】对话框。

步骤❸ 在【自定义序列】对话框中单击新添加的销售地区序列。单击【确定】按钮返回【排序】对话框，再次单击【确定】按钮完成多关键字排序。如图 7-8 所示。

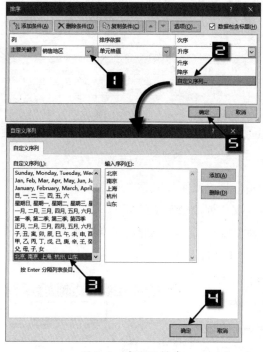

图 7-8　自定义排序

技巧 111　按笔划排序

在默认情况下，Excel 对汉字的排序方式是按拼音首字母进行的。以中文姓名为例，字母顺序按姓氏拼音首字母在 26 个英文字母中出现的顺序进行排列，如果同姓，则依次判断姓名的第二个和第三个字。

在日常工作中，有时需要按"笔划"顺序来排列姓名。这种排序的规则大致是按姓名首字的笔划数多少排列，同笔划数按起笔顺序排列（横、竖、撇、捺、折），笔划数和笔形都相同的字，按字体结构排列，先左右、再上下，最后是整体字。如果首字相同，则依次比较第二个字、第三个字。

图 7-9 是某公司销售记录表的部分内容，需要按笔划顺序对销售人员姓名进行排序。

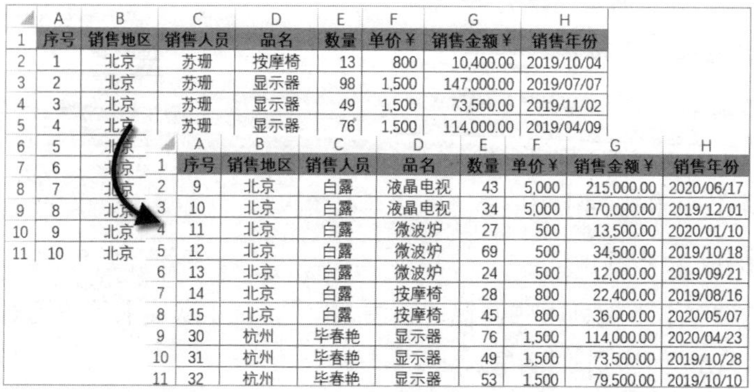

图 7-9　需要按笔划顺序排序的表

操作步骤如下。

步骤① 单击选中数据表中的任意一个单元格。依次单击【数据】→【排序】按钮调出【排序】对话框。

步骤② 在【主要关键字】下拉列表中选择"销售人员"。

步骤③ 单击【选项】按钮调出【排序选项】对话框，在【排序选项】对话框中单击【笔划顺序】单选按钮，然后单击【确定】按钮返回【排序】对话框，再次单击【确定】按钮完成排序操作，如图 7-10 所示。

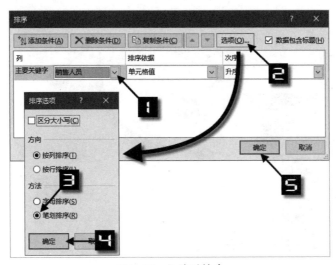

图 7-10　按笔划排序

> **提 示**
>
> Excel 中按笔划顺序的规则并不完全符合日常的判断习惯，对于相同笔划数的汉字，Excel 按照其内码顺序进行排列，而不是按照笔划顺序进行排列。对于简体中文版用户而言，相应的内码为 ANSI/OEM-GBK。

技巧 112 按行排序

Excel 默认按列方向对内容排序，除此之外，还能按照行排序。如图 7-11 所示的销售记录表中，A 列为销售地区，B1:G1 单元格区域为不同的销售日期，需要按日期升序排列。

	A	B	C	D	E	F	G
1	销售地区	8月16日	8月14日	8月13日	8月18日	8月15日	8月17日
2	北京	755	331	686	635	762	852
3	杭州	425	320	670	361	564	752
4	南京						
5	山东						
6	上海						

	A	B	C	D	E	F	G
1	销售地区	8月13日	8月14日	8月15日	8月16日	8月17日	8月18日
2	北京	686	331	762	755	852	635
3	杭州	670	320	564	425	752	361
4	南京	468	411	537	457	620	679
5	山东	358	464	324	742	816	673
6	上海	483	329	583	315	860	523

图 7-11　需要按行排序的表格

操作步骤如下。

步骤① 选中 B1:G6 单元格区域。依次单击【数据】→【排序】按钮，调出【排序】对话框。

步骤② 在【排序】对话框【主要关键字】下拉列表选择"行 1"，然后单击【选项】按钮弹出【排序选项】对话框。

步骤③ 在【排序选项】对话框中单击【按行排序】单选按钮，然后单击【确定】按钮返回【排序】对话框。

步骤④ 最后单击【确定】按钮关闭【排序】对话框。如图 7-12 所示。

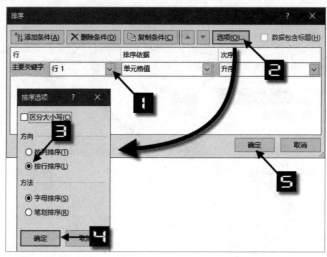

图 7-12　按行排序

技巧113　按颜色排序

在日常工作中，经常会为单元格设置背景色或字体颜色用来标注或区分特殊的数据。Excel 2016 支持按颜色排序，也可以按条件格式生成的颜色和图标排序。

113.1　将黄色单元格移动到表格最上面

图 7-13 是某公司销售明细表中的部分内容，部分行的数据标注为黄色，需要将黄色标注的行移动到表格最前面。

	A	B	C	D	E	F	G	H
1	序号	销售地区	销售人员	品名	数量	单价¥	销售金额¥	销售年份
2	1	北京	苏珊	按摩椅	13	800	10,400.00	2019/10/04
3	2	北京	苏珊	显示器	98	1,500	147,000.00	2019/07/07
4	3	北京	苏珊	显示器	49	1,500	73,500.00	2019/11/02
5	4	北京	苏珊	显示器				
6	5	北京	苏珊	显示器				
7	6	北京	苏珊	液晶电视				
8	7	北京	苏珊	液晶电视				
9	8	北京	苏珊	液晶电视				
10	9	北京	白露	液晶电视				
11	10	北京	白露	液晶电视				
12	11	北京	白露	微波炉				
13	12	北京	白露	微波炉				

	A	B	C	D	E	F	G	H
1	序号	销售地区	销售人员	品名	数量	单价¥	销售金额¥	销售年份
2	3	北京	苏珊	显示器	49	1,500	73,500.00	2019/11/02
3	6	北京	苏珊	液晶电视	53	5,000	265,000.00	2019/07/01
4	8	北京	苏珊	液晶电视	1	5,000	5,000.00	2019/05/24
5	10	北京	白露	液晶电视	34	5,000	170,000.00	2019/12/01
6	12	北京	白露	微波炉	69	500	34,500.00	2019/10/18
7	1	北京	苏珊	按摩椅	13	800	10,400.00	2019/10/04
8	2	北京	苏珊	显示器	98	1,500	147,000.00	2019/07/07
9	4	北京	苏珊	显示器	76	1,500	114,000.00	2019/04/09
10	5	北京	苏珊	显示器	33	1,500	49,500.00	2019/03/08

图 7-13　部分单元格设置为黄色的表格

单击选中任意一个黄色单元格，如D 4，右击鼠标，在弹出的快捷菜单中依次单击【排序】→【将所选单元格颜色放在最前面】命令，如图 7-14 所示。

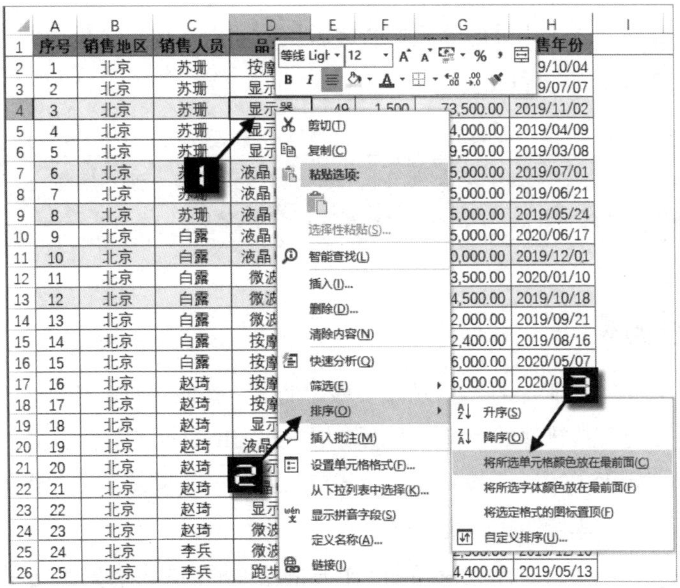

图 7-14　将黄色单元格排列到表格最前面

113.2　将黄色单元格靠前显示，且按销售金额升序排列

如果希望把黄色单元格靠前显示并且按照销售金额升序排列，可以按照以下步骤操作。

步骤① 单击选中数据表中的任意一个单元格，如C3。依次单击【数据】→【排序】按钮调出【排序】对话框。

步骤② 在【排序】对话框的【主要关键字】下拉列表中选择"销售金额 ￥"，在【排序依据】下拉列表中选择"单元格颜色"，在【次序】下拉列表中选择"黄色""在顶端"。

步骤③ 单击【复制条件】按钮，在【排序依据】下拉列表中选择"单元格值"，最后单击【确定】按钮完成操作，如图 7-15 所示。

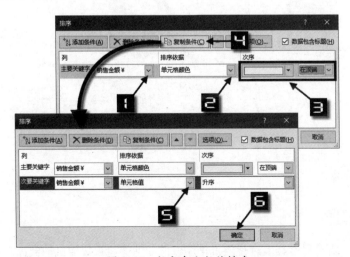

图 7-15　按颜色和数值排序

操作完成后，"销售金额"所有黄色单元格都移动到表格前面显示，且按数值大小升序排列。

113.3　按字体颜色或单元格图标排序

除单元格颜色外，Excel 还能根据单元格的字体颜色和由条件格式生成的单元格图标来排序。操作方法与前述技巧类似，不再赘述。

提示

> 尽管可以根据颜色和图标进行排序，但这不是一个好的习惯。对于作为数据源的表格来说，应设置单独的辅助列，使用描述性的文本或数值来标记需要特别关注的记录。

技巧 114　按季度排序

在实际工作中，有时要按照某种特定顺序排序。例如，按照字符串长短、按照月份或季度排序等。如果遇到 Excel 不能直接排序的情况，可以增加一列辅助数据进行标识。

如图 7-16 所示，需要对 2019 年度销售记录表中的数据按季度排序，操作步骤如下。

步骤 1　在 I1 单元格输入"季度"作为列标题。

步骤 2　在 I2 单元格输入以下公式用来返回 H2 单元格日期对应的季度，将公式向下填充至表格最后一行。

```
=LEN(2^MONTH(H2))
```

步骤 3　单击任意单元格，再依次单击【数据】→【升序】按钮，完成按季度排序，如图 7-16 所示。

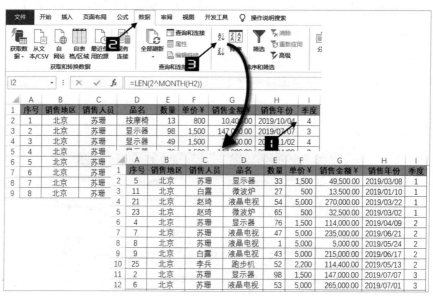

图 7-16　按季度排序

技巧 115　随机排序

在某些情况下，需要对数据表进行随机排序，例如抽奖、存货随机抽样盘点等，需要先打乱数据表的现有排列顺序，操作步骤如下。

步骤 1 在辅助列中输入“随机数”作为列标题，本例使用 I1 单元格。

步骤 2 在 I2 单元格输入以下公式，向下填充公式。

```
=RAND()
```

RAND 函数可生成随机数，无须输入参数。

步骤 3 单击任意单元格，再依次单击【数据】→【升序】按钮，即可实现对数据随机排序。

技巧 116 字母和数字混合排序

当需要排序的内容由字母和数字组成时，按默认的排序方式，可能达不到预期的结果。如图 7-17 所示，排序后的 A10、A127 排在了 A2 前面，不符合预期的结果。

在通常情况下，字母和数字混合的排序希望的规则是先比较字母的大小，然后再比较字母后面数字的大小。但 Excel 是按字符逐位比较的结果来排序的，因此普通升序排序无法实现预期的结果。

如果希望改变 Excel 的排序规则，可以通过添加辅助列来实现，操作步骤如下。

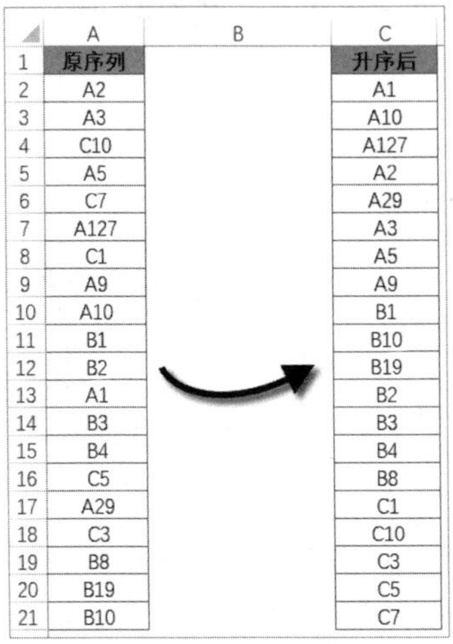

	A	B	C
1	原序列		升序后
2	A2		A1
3	A3		A10
4	C10		A127
5	A5		A2
6	C7		A29
7	A127		A3
8	C1		A5
9	A9		A9
10	A10		B1
11	B1		B10
12	B2		B19
13	A1		B2
14	B3		B3
15	B4		B4
16	C5		B8
17	A29		C1
18	C3		C10
19	B8		C3
20	B19		C5
21	B10		C7

图 7-17 字母和数字混合排序错误

步骤 1 在 B1 单元格输入“辅助列”作为列标题。

步骤 2 在 B2 单元格输入以下公式，向下填充至 B20 单元格，如图 7-18 所示。

```
=LEFT(A2,1)&TEXT(MID(A2,2,3),"000")
```

MID 函数从 A2 第 2 个字符开始取 3 个字符将数字提取出来，如果提取出的数字不够 3 位，TEXT 函数将在前面补 0。LEFT 函数提取 A2 单元格最左侧的字符，再用“&”连接 TEXT 函数生成的 3 位字符串，生成的结果即可直接排序。

步骤 3 单击 B 列任意单元格，再依次单击【数据】→【升序】按钮，即可实现字母和数字混合排序，效果如图 7-19 所示。

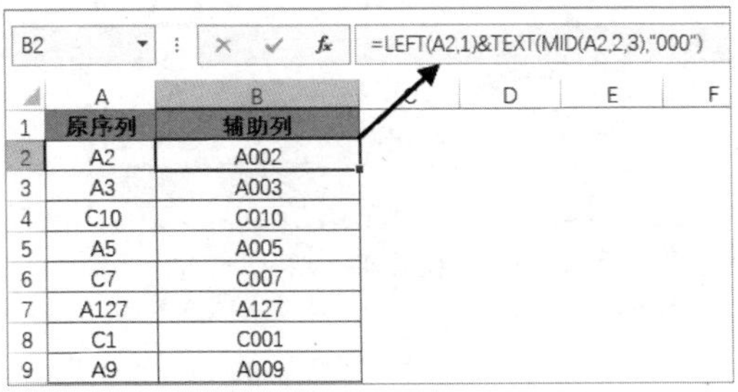

	A	B	C	D	E	F
1	原序列	辅助列				
2	A2	A002				
3	A3	A003				
4	C10	C010				
5	A5	A005				
6	C7	C007				
7	A127	A127				
8	C1	C001				
9	A9	A009				

图 7-18 在辅助列中添加公式

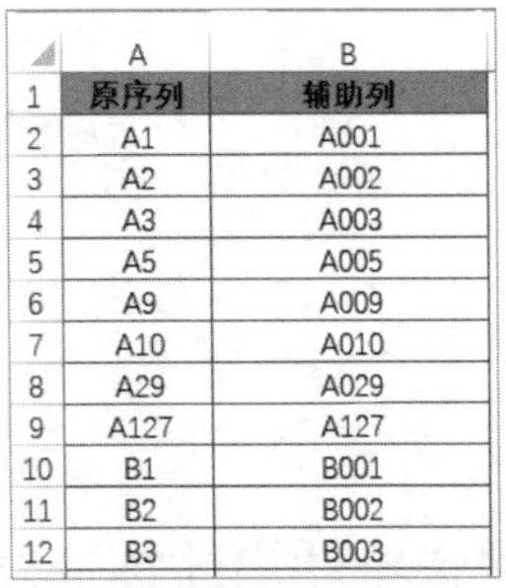

	A	B
1	原序列	辅助列
2	A1	A001
3	A2	A002
4	A3	A003
5	A5	A005
6	A9	A009
7	A10	A010
8	A29	A029
9	A127	A127
10	B1	B001
11	B2	B002
12	B3	B003

图 7-19 字母和数字混合排序

技巧 117 **灵活筛选出符合条件的数据**

Excel 中的"筛选"功能可以方便地根据某种条件筛选出匹配的数据，对于普通数据列表，可以通过以下方法进入筛选状态。

以图 7-20 所示的数据列表为例，单击选中列表中的任意单元格，如 A2，然后依次单击【数据】→【筛选】按钮，即可启动自动筛选功能，数据列表所有字段的标题单元格中会出现下拉箭头。

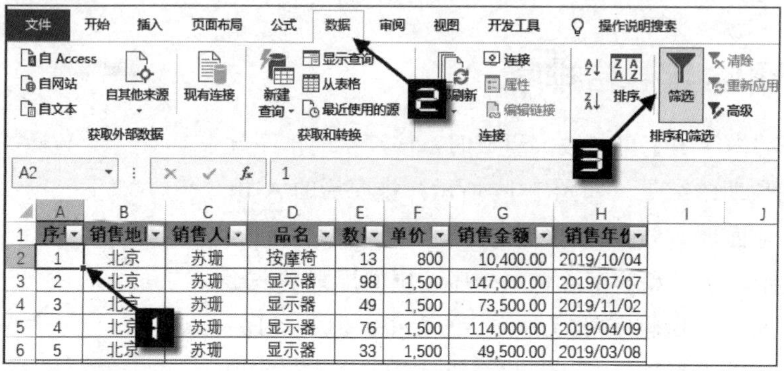

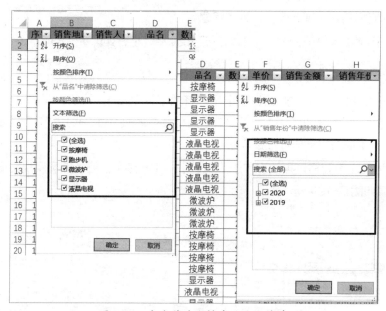

图 7-20 启动自动筛选

单击每个字段标题单元格中的下拉箭头，弹出的快捷菜单会提供"排序"和"筛选"的详细选项，不同的数据类型字段能够使用的筛选选项也不相同，如图 7-21 所示。

图 7-21 包含筛选和排序的快捷菜单

117.1 快速启动自动筛选器并筛选

除使用功能区中的命令外，还可以单击选中需要筛选的单元格，然后右击鼠标，在快捷菜单中依次选择"筛选"→"按所选单元格的值筛选"或颜色、图标筛选等其他选项。单击某个选项，即可筛选出符合该条件的数据，如图 7-22 所示。

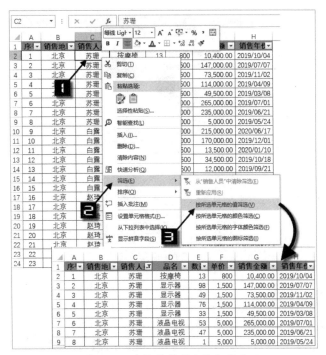

图 7-22　在快捷菜单中执行筛选

117.2　精确筛选和模糊筛选

如果需要精确筛选某项或某几项，可以在筛选器中选择对应的复选框，然后单击【确定】按钮即可，如图 7-23 所示。

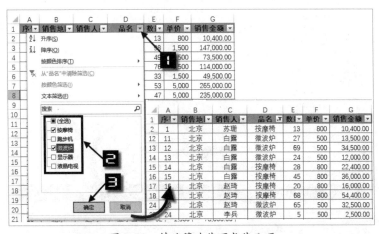

图 7-23　精确筛选某项或某几项

如果需要模糊筛选包含某些特定内容的数据记录，可以在筛选器的搜索框中输入关键字，筛选器会自动将包含该关键字的列表展示出来。通过选中和取消选中列表前的复选框即可筛选出想要的内容，如图 7-24 所示。

提示

借助搜索框指定筛选条件时，搜索内容不区分大小写。

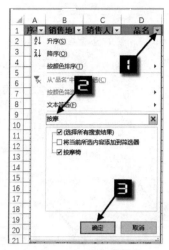

图 7-24　模糊筛选

117.3　按照文本特征筛选

对于文本型数据，在自动筛选下拉菜单中会显示【文本筛选】的有关选项。单击"文本筛选"扩展菜单中的任何一个命令均可进入【自定义自动筛选方式】对话框，可以通过选择逻辑条件的"与""或"及输入具体的条件值来完成自定义筛选，如图 7-25 所示。

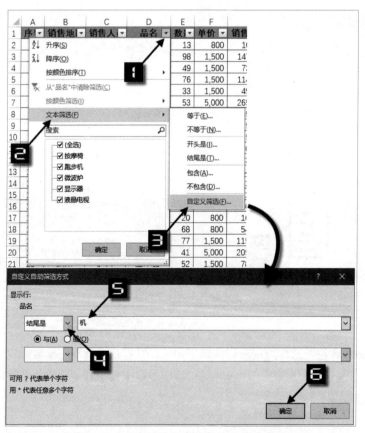

图 7-25　文本型数据字段相关的筛选选项

117.4 按照数字特征筛选

对于数值型数据来说，自动筛选下拉菜单中会显示【数字筛选】的更多选项，单击"数字筛选"扩展菜单中的前七个命令可进入【自定义自动筛选方式】对话框。使用"前10项""高于平均值""低于平均值"命令，可以实现对数字的个性化筛选设置。

图7-26是某公司销售记录的部分内容，需要筛选出销售金额前5项的记录。

	A	B	C	D	E	F	G	H
1	序	销售地	销售人	品名	数	单价	销售金额	销售年份
2	1	北京	苏珊	按摩椅	13	800	10,400.00	2019/10/04
3	2	北京	苏珊	显示器	98	1,500	147,000.00	2019/07/07
4	3	北京	苏珊	显示器	49	1,500	73,500.00	2019/11/02
5	4	北京	苏珊	显示器	76	1,500	114,000.00	2019/04/09
6	5	北京	苏珊	显示器	33	1,500	49,500.00	2019/03/08
7	6	北京	苏珊	液晶电视	53	5,000	265,000.00	2019/07/01
8	7	北京	苏珊	液晶电视	47	5,000	235,000.00	2019/06/21
9	8	北京	苏珊	液晶电视	1	5,000	5,000.00	2019/05/21
10	9	北京	白露	液晶电视	43	5,000	215,000.00	2020/06/11
11	10	北京	白露	液晶电视	34	5,000	170,000.00	2019/12/01

	A	B	C	D	E	F	G	H
1	序	销售地	销售人	品名	数	单价	销售金额	销售年份
7	6	北京	苏珊	液晶电视	53	5,000	265,000.00	2019/07/01
22	21	北京	赵琦	液晶电视	54	5,000	270,000.00	2019/03/22
36	35	杭州	毕春艳	液晶电视	92	5,000	460,000.00	2019/11/17
47	46	南京	高伟	液晶电视	68	5,000	340,000.00	2019/05/17
65	64	山东	杨光	液晶电视	60	5,000	300,000.00	2019/08/10

图7-26　筛选前五项销售金额

操作步骤如下。

步骤① 单击"销售金额"列的筛选按钮，然后在自动筛选下拉菜单中依次单击【数字筛选】→【前10项】命令。

步骤② 在弹出的【自动筛选前10个】对话框中，选择"最大""5""项"，最后单击【确定】按钮即可。如图7-27所示。

117.5 按照日期特征筛选

对于日期数据字段来说，Excel提供了丰富的日期筛选选项，不仅可以按月、季度、年筛选，也可以按某个日期段进行筛选，如图7-28所示。

使用【期间所有日期】菜单下面的筛选命令按时间段进行筛选时，Excel不考虑年的差异。例如选择【三月】时，将会筛选出所有年份三月份的数据。

117.6 按照字体颜色或单元格颜色筛选

除根据内容筛选外，还可以根据字体颜色和单元格颜色筛选。如图7-29所示，数据表中的单元格设置了不同的填充颜色，某些行的字体也标注了颜色。在自动筛选器中单击【按颜色筛选】

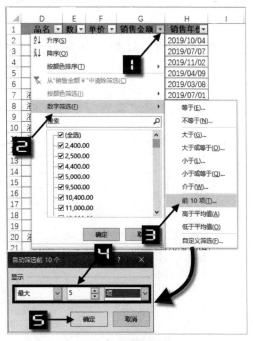

图7-27　按照数字特征筛选

命令，即可看到"按单元格颜色筛选"中的颜色选项和"无填充"选项，"按字体颜色筛选"中包含红色字体和"自动"选项。单击某种字体颜色或单元格颜色，即可筛选出对应的记录。

图 7-28　按日期特征筛选　　　　　　　　　图 7-29　按字体颜色和单元格颜色筛选

117.7　将当前所选内容添加到筛选器

在执行了一项筛选之后，还可以继续通过搜索框添加其他筛选条件到筛选器。

如图 7-30 所示，通过在搜索框筛输入关键字"白"，筛选出"颜色"字段中包含"白"的全部记录。

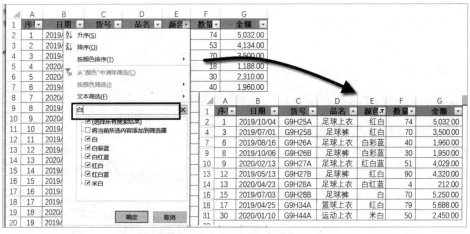

图 7-30　筛选包含"白"字的颜色

单击"颜色"所在列的筛选按钮，在【搜索框】中输入关键字"红"，包含"红"字的项都会在筛选器中显示出来并且自动选中对应的复选框。选中【将当前所选内容添加到筛选器】复选框，然后单击【确定】按钮，包含"红"字的记录和包含"白"字的记录都将被显示出来，如图 7-31 所示。

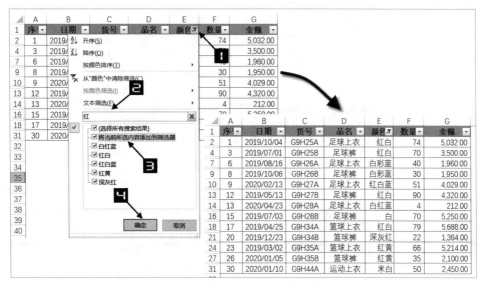

图 7-31　将当前所选内容添加到筛选器

技巧 118 在受保护的工作表中使用自动筛选

在实际工作中，某些重要的工作表需要设置保护功能防止被意外修改。如果在保护工作表的同时，还希望能对工作表中的数据使用筛选功能，可以按以下步骤设置。

步骤① 单击选中数据表中的任意单元格，依次单击【数据】→【筛选】按钮，启动筛选功能。

步骤② 依次单击【审阅】→【保护工作表】按钮，调出【保护工作表】对话框。

步骤③ 在对话框中选中【使用自动筛选】复选框，单击【确定】按钮完成设置，如图 7-32 所示。

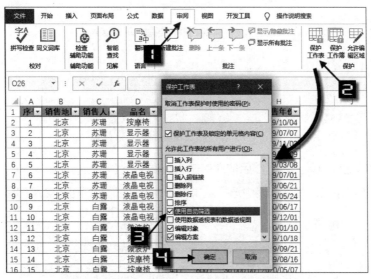

图 7-32　在保护的工作表中使用自动筛选

上述设置完成后工作表即处于保护状态，不能对单元格进行修改，但仍然可以使用"自动筛选"功能，功能区中的【排序】【筛选】等功能均不再可用，如图 7-33 所示。

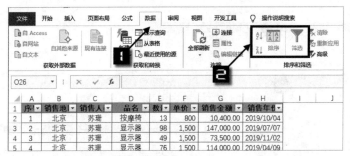

图 7-33　【排序】【筛选】等功能均不再可用

提示

如果没有执行步骤 1 而直接执行了步骤 2、步骤 3，操作完成后，仍然可以通过右键单击数据列表中的任意单元格，在弹出的快捷菜单中依次单击【筛选】→【按所选单元格的值筛选】命令来进入筛选模式。

技巧 119　借助辅助列实现复杂条件的筛选

普通筛选可以通过逐个设置字段的筛选条件来完成，一些复杂的筛选条件则可以构造辅助列来完成判断，然后针对辅助列进行筛选。

图 7-34 是某公司销售记录表的部分内容，需要筛选出销售人员为"苏珊"且品名为"显示器"，或者销售人员为"李兵"并且品名为"跑步机"的记录，操作步骤如下。

步骤①　在 I2 单元格输入以下公式，向下填充至 I75 单元格。

```
=OR(C2&D2={" 苏珊显示器 "," 李兵跑步机 "})
```

	A	B	C	D	E	F	G	H	I
1	序号	销售地区	销售人员	品名	数量	单价	销售金额 ¥	销售年份	
2	1	北京	苏珊	按摩椅	13	800	10,400.00	2019/10/04	FALSE
3	2	北京	苏珊	显示器	98	1,500	147,000.00	2019/07/07	TRUE
4	3	北京	苏珊	显示器	49	1,500	73,500.00	2019/11/02	TRUE
5	4	北京	苏珊	显示器	76	1,500	114,000.00	2019/04/09	TRUE
6	5	北京	苏珊	显示器	33	1,500	49,500.00	2019/03/08	TRUE
7	6	北京	苏珊	液晶电视	53	5,000	265,000.00	2019/07/01	FALSE
8	7	北京	苏珊	液晶电视	47	5,000	235,000.00	2019/06/21	FALSE
9	8	北京	苏珊	液晶电视	1	5,000	5,000.00	2019/05/24	FALSE
10	9	北京	白露	液晶电视	43	5,000	215,000.00	2020/06/17	FALSE

图 7-34　辅助列实现多条件复杂筛选

步骤②　单击数据区域任意单元格，然后依次单击【数据】→【筛选】按钮。

步骤③　单击 I 列筛选按钮，在筛选器中选择结果为 TRUE 的记录即可，结果如图 7-35 所示。

	A	B	C	D	E	F	G	H	I
1	序号	销售地区	销售人员	品名	数量	单价	销售金额	销售年份	
3	2	北京	苏珊	显示器	98	1,500	147,000.00	2019/07/07	TRUE
4	3	北京	苏珊	显示器	49	1,500	73,500.00	2019/11/02	TRUE
5	4	北京	苏珊	显示器	76	1,500	114,000.00	2019/04/09	TRUE
6	5	北京	苏珊	显示器	33	1,500	49,500.00	2019/03/08	TRUE
26	25	北京	李兵	跑步机	52	2,200	114,400.00	2019/05/13	TRUE
27	26	北京	李兵	跑步机	30	2,200	66,000.00	2019/10/26	TRUE
28	27	北京	李兵	跑步机	60	2,200	132,000.00	2020/02/21	TRUE
29	28	北京	李兵	跑步机	7	2,200	15,400.00	2019/12/02	TRUE
30	29	北京	李兵	跑步机	52	2,200	114,400.00	2019/11/04	TRUE

图 7-35　筛选辅助列为 TRUE 的记录

技巧‹120› 利用高级筛选实现多条件筛选

使用高级筛选功能，能够实现更加个性化的筛选设置。

120.1 筛选同时符合多个条件的记录

如图 7-36 所示，需要在销售数据表中筛选出销售人员"白露"销售金额超过 20 000 元的数据记录。

操作步骤如下。

步骤① 选中表格的 1 到 4 行，按 <Ctrl+Shift+=> 组合键，在原表格上方插入 4 个空行。

步骤② 在 C1:D2 单元格中设置筛选条件，注意筛选条件区域的列标题需要与数据源中的列标题完全相同，如图 7-37 所示。

步骤③ 单击数据区域中的任意单元格，如 A6，然后单击【数据】选项卡下的【高级】按钮，调出【高级筛选】对话框。

步骤④ 在【高级筛选】对话框中，【列表区域】会自动添加数据源区域。也可单击右侧折叠按钮选择要筛选的数据表。

步骤⑤ 单击【条件区域】右侧的折叠按钮，选择 C1:D2 单元格区域，单击【确定】按钮完成高级筛选，如图 7-38 所示。

操作完成后，原数据表区域中不符合条件的数据记录都被隐藏起来，可见部分为符合筛选条件的结果，如图 7-39 所示。

如需恢复原数据表样式，可以单击功能区【数据】选项卡【排序和筛选】组中【清除】按钮，如图 7-40 所示。

	A	B	C	D	E	F	G	H
1	序号	销售地区	销售人员	品名	数量	单价¥	销售金额¥	销售年份
2	1	北京	苏珊	按摩椅	13	800	10,400.00	2019/10/04
3	2	北京	苏珊	显示器	98	1,500	147,000.00	2019/07/07
4	3	北京	苏珊	显示器	49	1,500	73,500.00	2019/11/02
5	4	北京	苏珊	显示器	76	1,500	114,000.00	2019/04/09
6	5	北京	苏珊	显示器	33	1,500	49,500.00	2019/03/08
7	6	北京	苏珊	液晶电视	53	5,000	265,000.00	2019/07/01
8	7	北京	苏珊	液晶电视	47	5,000	235,000.00	2019/06/21
9	8	北京	苏珊	液晶电视	1	5,000	5,000.00	2019/05/24
10	9	北京	白露	液晶电视	43	5,000	215,000.00	2020/06/17
11	10	北京	白露	液晶电视	34	5,000	170,000.00	2019/12/01
12	11	北京	白露	微波炉	27	500	13,500.00	2020/01/10
13	12	北京	白露	微波炉	69	500	34,500.00	2019/10/18
14	13	北京	白露	微波炉	24	500	12,000.00	2019/09/21

图 7-36 需要根据多条件筛选的数据表

	A	B	C	D	E	F	G	H
1			销售人员	销售金额¥				
2			白露	>20000				
3								
4								
5	序号	销售地区	销售人员	品名	数量	单价¥	销售金额¥	销售年份
6	1	北京	苏珊	按摩椅	13	800	10,400.00	2019/10/04
7	2	北京	苏珊	显示器	98	1,500	147,000.00	2019/07/07
8	3	北京	苏珊	显示器	49	1,500	73,500.00	2019/11/02

图 7-37 设置筛选条件

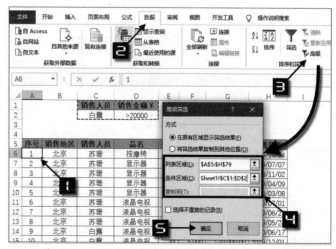

图 7-38 设置高级筛选条件

	A	B	C	D	E	F	G	H
1			销售人员	销售金额￥				
2			白露	>20000				
3								
5	序号	销售地区	销售人员	品名	数量	单价￥	销售金额￥	销售年份
14	9	北京	白露	液晶电视	43	5,000	215,000.00	2020/06/17
15	10	北京	白露	液晶电视	34	5,000	170,000.00	2019/12/01
17	12	北京	白露	微波炉	69	500	34,500.00	2019/10/18
19	14	北京	白露	按摩椅	28	800	22,400.00	2019/08/16
20	15	北京	白露	按摩椅	45	800	36,000.00	2020/05/07

图 7-39　筛选后结果

图 7-40　取消高级筛选

高级筛选的条件在同一行中表示"与"的关系，也就是要同时满足条件的记录才会被筛选出来，如果需要表示"或"的关系，可以将条件放在不同行中。

120.2　筛选多个条件符合其一的记录

如果需要筛选销售人员"白露"或品名为"显示器"的数据记录，可按图 7-41 所示设置条件区域，此时【高级筛选】对话框中的条件范围需要选择"$C$1:$D$3"单元格区域。

图 7-41　"或"关系的高级筛选

技巧121　模糊条件的高级筛选

在执行高级筛选时，有时并不能精确指定某项内容，例如已知筛选条件的关键字或某个产品编号的某个字母标识，需要筛选出相关数据。在这种情况下，可以使用 Excel 提供的通配符进行模糊筛选。

Excel 中的通配符包括星号（"*"）和问号（"?"），其中星号（"*"）代表任意长度的字符串，问号（"?"）代表任意单个字符。通配符仅能用于文本型数据筛选，对数值和日期型数据无效。

图 7-42 是某公司运动商品销售记录的部分内容，需要筛选出颜色包含"红"且数量少于 70，

或者颜色包含“蓝”且数量多于 60 的记录。

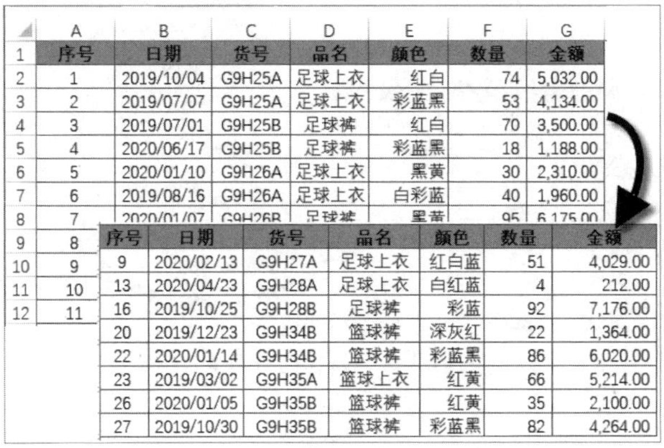

	序号	日期	货号	品名	颜色	数量	金额
2	1	2019/10/04	G9H25A	足球上衣	红白	74	5,032.00
3	2	2019/07/07	G9H25A	足球上衣	彩蓝黑	53	4,134.00
4	3	2019/07/01	G9H25B	足球裤	红白	70	3,500.00
5	4	2020/06/17	G9H25B	足球裤	彩蓝黑	18	1,188.00
6	5	2020/01/10	G9H26A	足球上衣	黑黄	30	2,310.00
7	6	2019/08/16	G9H26A	足球上衣	白彩蓝	40	1,960.00
8	7	2020/01/07	G9H26B	足球裤	黑黄	95	6,175.00
9	8						
10	9						
11	10						
12	11						

序号	日期	货号	品名	颜色	数量	金额
9	2020/02/13	G9H27A	足球上衣	红白蓝	51	4,029.00
13	2020/04/23	G9H28A	足球上衣	白红蓝	4	212.00
16	2019/10/25	G9H28B	足球裤	彩蓝	92	7,176.00
20	2019/12/23	G9H34B	篮球裤	深灰红	22	1,364.00
22	2020/01/14	G9H34B	篮球裤	彩蓝黑	86	6,020.00
23	2019/03/02	G9H35A	篮球上衣	红黄	66	5,214.00
26	2020/01/05	G9H35B	篮球裤	红黄	35	2,100.00
27	2019/10/30	G9H35B	篮球裤	彩蓝黑	82	4,264.00

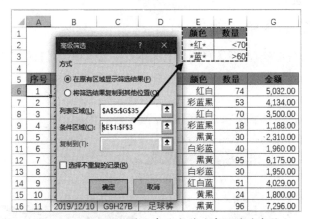

图 7-42　销售记录

操作步骤如下。

步骤1 在表格上方插入 4 个连续的空行，用于写入筛选条件。

步骤2 单击数据区域任意单元格，如 A6，然后依次单击【数据】→【高级】按钮，调出【高级筛选】对话框。

步骤3 在【条件区域】文本框内手动输入“$E$1:$F$3”，或通过右侧折叠按钮选择 E1:F3 单元格区域，单击【确定】按钮完成筛选，如图 7-43 所示。

图 7-43　使用通配符和表达式作为高级筛选条件

技巧122 将筛选结果输出到其他位置

Excel 中的高级筛选不仅可以在原表格上显示结果，还可以将筛选结果输出到其他位置。

122.1　筛选结果输出到其他位置

如图 7-44 所示，需要筛选出颜色包含“红”且数量小于 70，或者颜色包含“蓝”且数量大于 60 的记录并输出到右侧列中。

图 7-44　筛选的数据表

操作步骤如下。

图 7-45　复制到其他区域

步骤① 单击选中数据区域中的任意单元格。依次单击【数据】→【高级】按钮，调出【高级筛选】对话框。

步骤② 在【高级筛选】对话框中选中"将筛选结果复制到其他位置"单选按钮，保留【列表区域】的默认设置，单击【条件区域】编辑框右侧的折叠按钮，选择 E1:F3 单元格区域，单击【复制到】右侧的折叠按钮选择 I1 单元格。最后单击【确定】按钮即可完成筛选，如图 7-45 所示。

122.2　筛选结果输出到其他工作表

在执行高级筛选时，如果直接在【复制到】文本框中输入或通过折叠按钮选择其他工作表的单元格地址，会弹出提示对话框，无法完成操作，如图 7-46 所示。

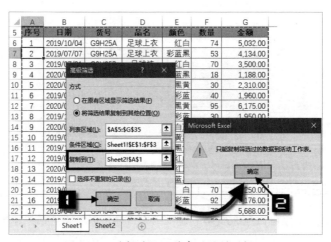

图 7-46　选择其他工作表时的错误提示

如果需要在其他工作表中输出筛选结果，可以通过以下步骤完成。

步骤① 切换到需要存放筛选结果的工作表，如 Sheet2。

步骤② 依次单击【数据】→【高级】按钮，调出【高级筛选】对话框。

步骤③ 在【高级筛选】对话框的【列表区域】和【条件区域】中，手动输入或通过折叠按钮选择 Sheet1 中对应的数据表和条件区域。在【复制到】文本框中输入或通过折叠按钮选择 "Sheet2!A1" 单元格，最后单击【确定】按钮即可，如图 7-47 所示。

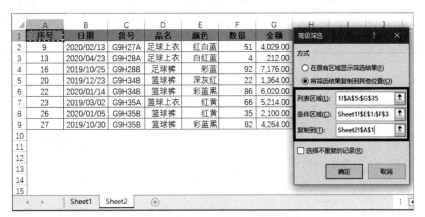

图 7-47　在 Sheet2 中执行高级筛选

技巧123　使用切片器进行快速筛选

切片器可以看作一个高级筛选器，能够快速切换选项并筛选出数据记录。

图 7-48 是某公司销售数据表的部分内容，需要添加切片器对表格进行筛选。

操作步骤如下。

步骤① 单击数据区域任意单元格，如 A2，按 <Ctrl+T> 组合键，调出【创建表】对话框，保留对话框中的默认设置，单击【确定】按钮创建表格，如图 7-48 所示。

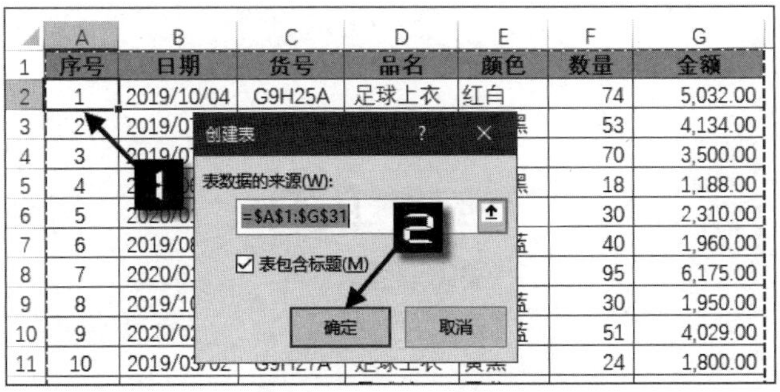

图 7-48　创建表格

步骤② 单击数据区域中的任意单元格，如 A2，然后依次单击【插入】→【切片器】按钮，调出【插入切片器】对话框。在对话框中选中 "品名" 和 "颜色" 复选框，最后单击【确定】按钮完成切片器的插入，如图 7-49 所示。

此时在工作表中会出现名称分别为 "品名" 和 "颜色" 的两个切片器，当单击 "品名" 切片器内的选项时，如 "足球裤"，原数据表就会自动筛选出 "足球裤" 的所有记录。继续单击 "颜色" 切片器内的选项时，如 "红白"，原数据表就会在 "足球裤" 的数据记录中再筛选出颜色为 "红白" 的记录，如图 7-50 所示。

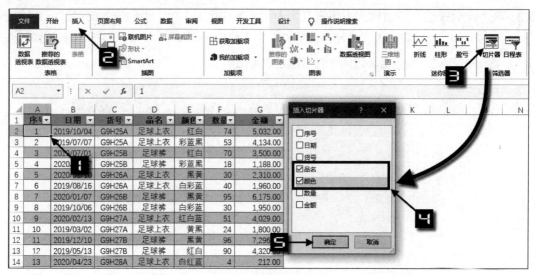

图 7-49　启动切片器

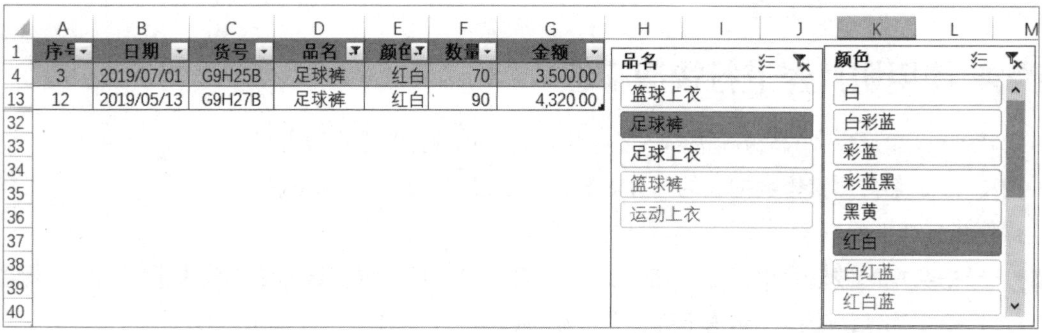

图 7-50　使用切片器进行筛选

　　如果需要在切片器内多选或清除筛选，可以通过点击切片器顶端的【多选】和【清除筛选器】按钮，如图 7-51 所示。

图 7-51　多选和清除筛选器按钮

第8章 借助数据透视表分析数据

数据透视表有机结合了数据排序、筛选、分类汇总等数据分析工具的优点，可方便地调整分类汇总的方式，以多种不同方式灵活地展示数据的内在含义。一张数据透视表，仅靠鼠标进行布局修改，即可变换出各种类型的报表。同时，数据透视表也是突破函数公式运算速度瓶颈的工具之一。本章主要介绍动态数据透视表的创建、数据透视表布局设置、在数据透视表中应用条件格式、在数据透视表中插入切片器和日程表、利用 Power Pivot 分析数据和数据透视表打印设置。

技巧 124 使用【推荐的数据透视表】命令创建数据透视表

【推荐的数据透视表】命令可以根据数据源中的数据结构，智能地为用户推荐数据透视表类型，使从未接触过数据透视表的用户也可以轻松地创建数据透视表。

操作步骤如下。

步骤① 选中数据源中的任意一个单元格，如 B3 单元格，依次单击【插入】→【推荐的数据透视表】命令，弹出【推荐的数据透视表】对话框，如图 8-1 所示。

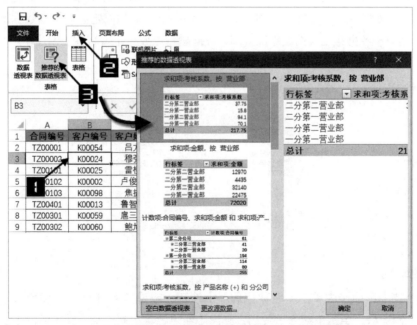

图 8-1 使用【推荐的数据透视表】命令创建数据透视表

【推荐的数据透视表】对话框中列出了按营业部、分公司、产品名称等汇总维度，对金额进行求和或对合同编号计数等 10 种不同统计视角的推荐，根据数据源的复杂程度不同，推荐的数据透视表的数目也不尽相同。

步骤② 在弹出的【推荐的数据透视表】对话框中，可以根据需要选择一种数据汇总方式，例如"求和项：金额，按 营业部"，单击【确定】按钮，即可成功创建数据透视表，如图 8-2 所示。

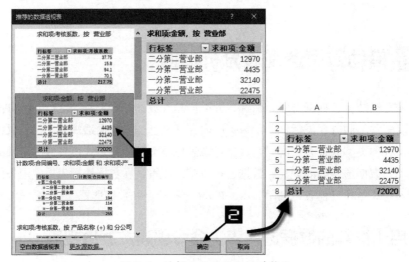

图 8-2　选择合适的数据汇总维度

重复以上操作，用户即可创建不同统计视角的数据透视表。

技巧125　使用定义名称法创建动态数据透视表

图 8-3 展示的是根据"销售数据表"创建的数据透视表，在实际工作场景中，数据源中的数据记录往往会随时增加。通常创建数据透视表时是选择一个已知的固定区域，当数据源中的记录增加时，需要手动更改数据透视表的数据源范围，此问题可以使用定义名称法创建动态数据透视表来解决。

	A	B	C	D
1				
2				
3	求和项:金额	列标签 ▾		
4	行标签 ▾	第二分公司	第一分公司	总计
5	创新二号	2630	7910	10540
6	创新三号	3090	10830	13920
7	创新一号	5380	17910	23290
8	固收二号	1200	4740	5940
9	固收三号	1465	2190	3655
10	固收四号	940	4155	5095
11	固收五号	1565	3385	4950
12	固收一号	1135	3495	4630
13	总计	17405	54615	72020

图 8-3　数据透视表

操作步骤如下。

步骤① 在【公式】选项卡中单击【名称管理器】按钮，或是按 <Ctrl+F3> 组合键打开【名称管理器】对话框，单击【新建】按钮，弹出【新建名称】对话框，在【名称】文本框中输入"data"，在【引用位置】文本框中输入如下公式。

```
=OFFSET( 数据源 !$A$1,0,0,COUNTA( 数据源 !$A:$A),COUNTA( 数据源 !$1:$1))
```

单击【确定】按钮关闭【新建名称】对话框，单击【关闭】按钮关闭【名称管理器】对话框，如图 8-4 所示。

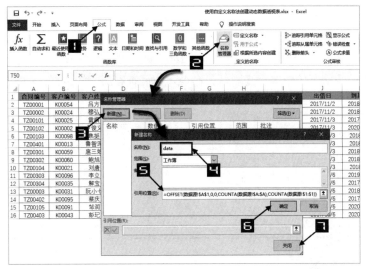

图8-4 定义名称

OFFSET 函数是一个引用函数，第1参数表示引用区域的基准，第2参数和第3参数表示行、列偏移数，0 表示不发生偏移。

第4参数和第5参数表示新引用范围的行数和列数，公式中用 COUNTA 函数分别统计 A 列和第1行的非空单元格数量。当数据源中新增了数据记录或新增了字段，这个行数和列数会自动变化，从而实现对数据区域的动态引用。

注 意

> 此方法要求"数据源"区域中用于公式判断的行和列（本例中的第1行和 A 列）数据中间不能包含空单元格，否则公式无法取得正确的数据区域。

步骤② 选中数据透视表中任意一个单元格，如 A5，在【数据透视表工具】的【分析】选项卡下依次单击【更改数据源】→【更改数据源】命令，打开【更改数据透视表数据源】对话框。在【表/区域】文本框中输入已定义的名称"data"，单击【确定】按钮关闭对话框，如图8-5 所示。

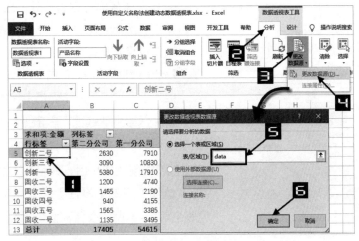

图8-5 更改数据透视表的数据源为定义名称

此时，数据透视表的数据源已经成功设置为名称为"data"的动态区域，用户可以向数据源中添加新的记录来检验。例如，新增一条"合同编号"为"TEST001"，"产品名称"为"测试产品一号"，"分公司"为"第一分公司"，"金额"为"100"的记录，然后在数据透视表任意一个单元格右击鼠标，在弹出的快捷菜单中选择【刷新】命令，即可查看新增的数据，如图 8-6 所示。

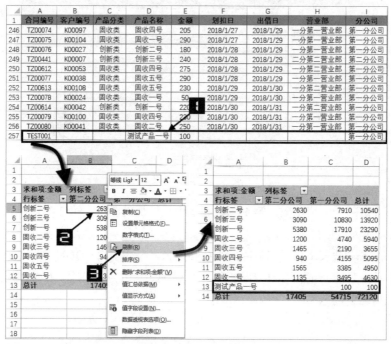

图 8-6　动态数据透视表自动添加新数据

技巧 126　使用"表格"功能创建动态数据透视表

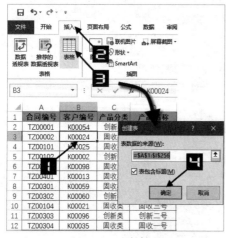

图 8-7　创建表格

除自定义名称的方法以外，还可以利用"表格"的自动扩展功能创建动态数据透视表。

操作步骤如下。

步骤① 选中数据区域内的任意一个单元格，如 B3，单击【插入】选项卡下的【表格】命令，弹出【创建表】对话框，保留默认选项，单击【确定】按钮关闭【创建表】对话框，如图 8-7 所示。

步骤② 表格创建成功后，即可在【表格工具】的【设计】选项卡下的【属性】命令组中查看自动产生的"表名称"，本例中表名称为"表1"，如图 8-8 所示。

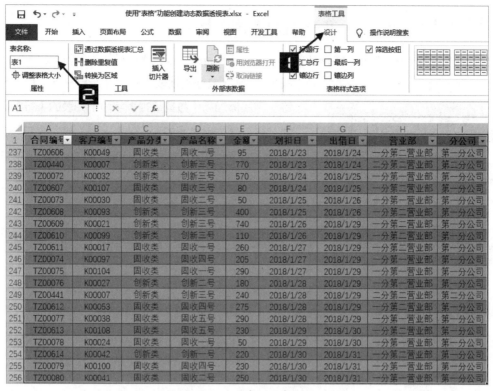

图 8-8 查看表格的表名称

步骤③ 选中"表 1"中的任意一个单元格,如 B3,依次单击【插入】→【数据透视表】按钮,弹出【创建数据透视表】对话框,保留默认选项,单击【确定】按钮即可以"表 1"为数据源创建一张空白的数据透视表,如图 8-9 所示。

步骤④ 在数据透视表字段列表中调整字段,设置数据透视表布局,生成的数据透视表如图 8-10 所示。

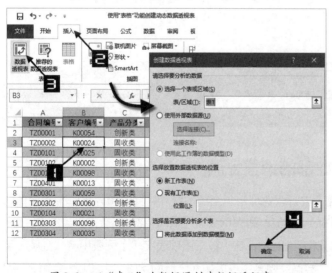

图 8-9 以"表 1"为数据源创建数据透视表

	A	B	C	D
1				
2				
3	求和项:金额	列标签		
4	行标签	第二分公司	第一分公司	总计
5	创新二号	2630	7910	10540
6	创新三号	3090	10830	13920
7	创新一号	5380	17910	23290
8	固收二号	1200	4740	5940
9	固收三号	1465	2190	3655
10	固收四号	940	4155	5095
11	固收五号	1565	3385	4950
12	固收一号	1135	3495	4630
13	总计	17405	54615	72020

图 8-10 数据透视表

用户可以按照技巧 125 中的检验方法,向"表 1"中添加新的记录进行检验,此处不再赘述。

技巧 127 计算各分公司、各产品的销售占比

仍以"销售数据表"为例，要统计各分公司、各产品的销售占比，操作步骤如下。

	A	B	C	D
1				
2				
3	求和项:金额	列标签		
4	行标签	第二分公司	第一分公司	总计
5	⊟创新类	11100	36650	47750
6	创新二号	2630	7910	10540
7	创新三号	3090	10830	13920
8	创新一号	5380	17910	23290
9	⊟固收类	6305	17965	24270
10	固收二号	1200	4740	5940
11	固收三号	1465	2190	3655
12	固收四号	940	4155	5095
13	固收五号	1565	3385	4950
14	固收一号	1135	3495	4630
15	总计	17405	54615	72020

图 8-11　创建的数据透视表

步骤① 创建数据透视表，并将"产品分类"和"产品名称"字段添加到【数据透视表字段】列表的【行】区域，将"分公司"字段添加到【列】区域，将"金额"字段添加到【值】区域，创建的数据透视表如图 8-11 所示。

步骤② 在数据透视表"求和项：金额"字段上右击鼠标，在弹出的快捷菜单中依次选择【值显示方式】→【总计的百分比】命令，即可显示"各分公司、各产品的金额销售占比"，如图 8-12 所示。

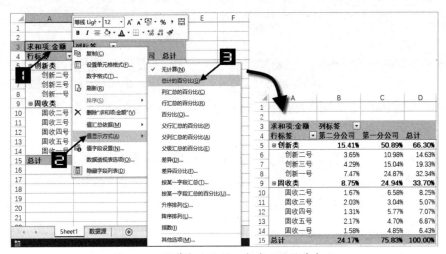

图 8-12　计算各分公司、各产品的销售占比

提示

这样设置的目的是要将各分公司、各类产品的销售金额占总计金额的比重显示出来。例如，"第一分公司"销售"创新类"产品中的"创新二号"产品的销售比重（10.98%）＝"第一分公司"销售"创新类"产品中的"创新二号"产品的销售金额（7 910）/ 销售金额总计（72 020）。

技巧 128 以多种方式统计各营业部的销售金额

如果希望对图 8-13 所示的数据透视表进行营业部销售金额的统计，同时统计出每个营业部的销售金额总计、件均销售金额（销售金额的平均值）和大单金额（最高金额），操作步骤如下。

步骤① 选中数据透视表内的任意一个单元格，如 A3，在【数据透视表字段】列表中将"金额"字段连续两次拖曳至【值】区域中，数据透视表中将增加两个新的字段"求和项：金额 2"和"求和项：金额 3"如图 8-14 所示。

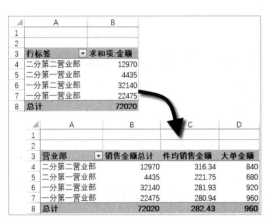

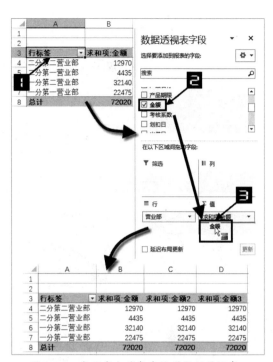

图 8-13　按营业部汇总的数据透视表　　　　　图 8-14　出现多个重复字段的数据透视表

步骤② 在字段"求和项：金额 2"任意单元格上右击鼠标，然后在弹出的快捷菜单中依次选择【值汇总依据】→【平均值】命令，如图 8-15 所示。

图 8-15　设置【值汇总依据】为【平均值】

步骤③ 重复步骤 2 的操作，将"求和项：金额 3"的【值汇总依据】设置为"最大值"，生成的数据透视表如图 8-16 所示。

步骤④ 在"求和项：金额 2"字段任意单元格右击鼠标，在弹出的快捷菜单中选择【数字格式】命令，弹出【设置单元格格式】对话框。在【分类】菜单下选择【数值】，其他选项保持默认，最后单击【确定】按钮关闭对话框，如图 8-17 所示。

▲	A	B	C	D
1				
2				
3	行标签　　　▼	求和项:金额	平均值项:金额2	最大值项:金额3
4	二分第二营业部	12970	316.3414634	840
5	二分第一营业部	4435	221.75	680
6	一分第二营业部	32140	281.9298246	920
7	一分第一营业部	22475	280.9375	960
8	总计	72020	282.4313725	960

图 8-16　设置【值汇总依据】后的数据透视表

图 8-17　设置汇总字段的数字格式

步骤⑤ 最后分别将"行标签"字段名称更改为"营业部"，"求和项：金额"字段名称更改为"销售金额总计"，"平均值项：金额 2"字段名称更改为"件均销售金额"，"最大值项：金额 3"字段名称更改为"大单金额"，最终完成的数据透视表如图 8-18 所示。

▲	A	B	C	D
1				
2				
3	营业部　　　▼	销售金额总计	件均销售金额	大单金额
4	二分第二营业部	12970	316.34	840
5	二分第一营业部	4435	221.75	680
6	一分第二营业部	32140	281.93	920
7	一分第一营业部	22475	280.94	960
8	总计	72020	282.43	960

图 8-18　以多种方式统计各营业部的销售金额

技巧129 按金额区间统计投资笔数

图 8-19 展示了一张按单笔投资金额统计投资笔数的数据透视表，需要统计投资金额以 100 万元为间隔的各金额区间的投资笔数。

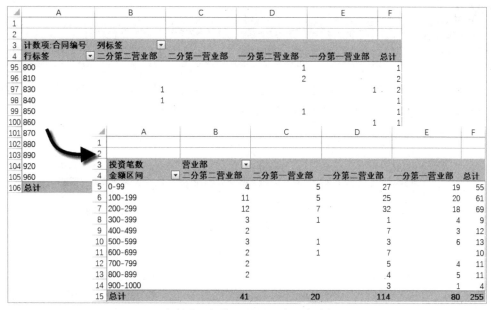

图 8-19　按金额区间统计投资笔数

操作步骤如下。

步骤①　选中"金额"字段的任意一个单元格，如 A5，右击鼠标，在弹出的快捷菜单中选择【组合】命令，弹出【组合】对话框，分别在【起始于】和【终止于】文本框输入"0"和"1000"，【步长】文本框输入"100"，单击【确定】按钮完成对"金额"字段的自动组合，如图 8-20 所示。

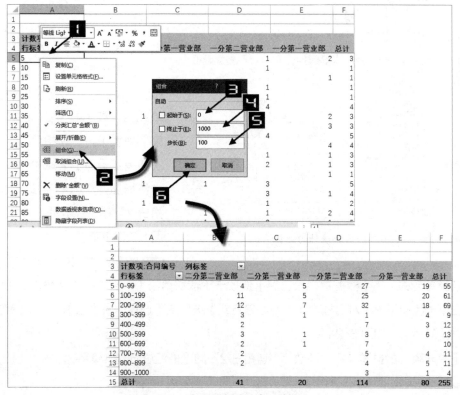

图 8-20　设置"金额"字段自动组合

注 意

数值型数据进行组合时，【组合】对话框中的【起始于】和【终止于】会默认为该字段中的最小值和最大值，本例中为“5”和“960”。本例中使用自定义的【起始于】和【终止于】数值，以使分段更加规整。

步骤 2 分别将“计数项：合同编号”修改为“投资笔数”，“行标签”修改为“金额区间”，“列标签”修改为“营业部”。最终完成的数据透视表如图 8-21 所示。

	A	B	C	D	E	F
1						
2						
3	投资笔数	营业部				
4	金额区间	二分第二营业部	二分第一营业部	一分第二营业部	一分第一营业部	总计
5	0-99	4	5	27	19	55
6	100-199	11	5	25	20	61
7	200-299	12	7	32	18	69
8	300-399	3	1	1	4	9
9	400-499	2		7	3	12
10	500-599	3	1	3	6	13
11	600-699	2	1	7		10
12	700-799	2		5	4	11
13	800-899	2		4	5	11
14	900-1000			3	1	4
15	总计	41	20	114	80	255

图 8-21　最终完成的数据透视表

技巧 130 根据销售明细提取客户的最早、最晚划扣日期

	A	B
1		
2		
3	行标签	计数项:划扣日
190	K00099	3
191	石勇	3
192	K00100	1
193	孙新	
194	K00101	
195	顾大嫂	
196	K00102	
197	张青	
198	K00103	
199	孙二娘	
200	K00104	
201	王定六	
202	K00107	
203	时迁	
204	K00108	
205	段景住	
206	总计	

	A	B	C	D	E
1					
2					
3	客户编号	客户姓名	最早划扣日	最晚划扣日	投资次数
69	K00070	孟康	2017/12/19	2018/1/20	3
72	K00074	郑天寿	2017/11/13	2017/12/12	3
74	K00076	宋清	2017/11/27	2018/1/19	6
81	K00083	杜迁	2017/11/14	2018/1/16	5
82	K00084	薛永	2017/11/22	2017/12/31	5
84	K00086	李忠	2017/11/23	2017/12/22	3
89	K00091	邹润	2017/11/5	2018/1/18	3
91	K00093	朱富	2017/12/15	2018/1/25	3
92	K00094	蔡福	2017/12/7	2018/1/7	3
93	K00095	蔡庆	2017/11/5	2017/12/20	4
94	K00096	李立	2017/11/3	2018/1/15	3
95	K00097	李云	2017/12/31	2018/1/27	3
96	K00098	焦挺	2017/11/2	2017/12/28	5
97	K00099	石勇	2017/11/29	2018/1/26	3
104	K00108	段景住	2017/12/11	2018/1/29	7

图 8-22　按客户划扣次数统计的数据透视表

如图 8-22 所示，是根据销售明细数据，按客户划扣次数生成的数据透视表。由于业务分析需要，需要统计客户的最早、最晚划扣日期，并筛选出大于或等于 3 次投资的客户。

操作步骤如下。

步骤 1 选中数据透视表内的任意一个单元格，如 A4，在【数据透视表字段】列表中将“划扣日”字段连续两次拖曳至【值】区域中，数据透视表中将增加两个新的字段“计数项：划扣日 2”和“计数项：划扣日 3”，如图 8-23 所示。

步骤 2 选中“计数项：划扣日”字段的任意单元格，在【数据透视表工具】选项卡下依次单击【分析】→【字段设置】命令，弹出【值字段设置】对话框。在【值汇总方式】选项卡下选择【最小值】，单击【确定】按钮关闭对话框，如图 8-24 所示。

步骤 3 重复步骤 2 的操作，将“计数项：划扣日 2”的【值汇总方式】设置为“最大值”，生成的数据透视表如图 8-25 所示。

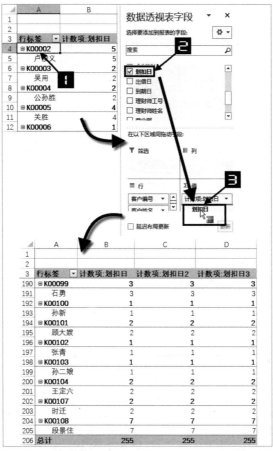

图 8-23　在数据透视表中多次添加相同字段

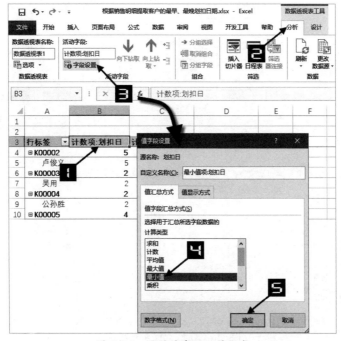

图 8-24　设置值字段汇总方式

	A	B	C	D
1				
2				
3	行标签 ▼	最小值项:划扣日	最大值项:划扣日2	计数项:划扣日3
190	⊟ K00099	43068	43126	3
191	石勇	43068	43126	3
192	⊟ K00100	43130	43130	1
193	孙新	43130	43130	1
194	⊟ K00101	43092	43095	2
195	顾大嫂	43092	43095	2
196	⊟ K00102	43063	43063	1
197	张青	43063	43063	1
198	⊟ K00103	43111	43111	1
199	孙二娘	43111	43111	1
200	⊟ K00104	43052	43127	2
201	王定六	43052	43127	2
202	⊟ K00107	43117	43124	2
203	时迁	43117	43124	2
204	⊟ K00108	43080	43129	7
205	段景住	43080	43129	7
206	总计	43040	43130	255

图 8-25 设置值字段汇总方式后的数据透视表

步骤④ 选中数据透视表中任意一个单元格,切换到【设计】选项卡下,对数据透视表布局进行如下设置:

1. 【报表布局】设置为"以表格形式显示"。

2. 【总计】设置为"对行和列禁用"。

3. 【分类汇总】设置为"不显示分类汇总",如图 8-26 所示。

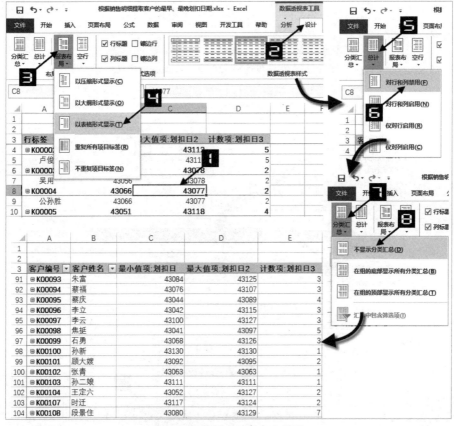

图 8-26 数据透视表布局设置

步骤⑤ 在字段"最小值:划扣日期"字段的任意一个单元格上右击鼠标,在弹出的快捷菜单中选择【数字格式】命令,弹出【设置单元格格式】对话框。在【分类】列表中选择"日期"项,在【类型】列表中选择"*2012/3/14"项,单击【确定】按钮关闭对话框,使用同样的方法设置字段"最大值:划扣日期 2"的数字格式,如图 8-27 所示。

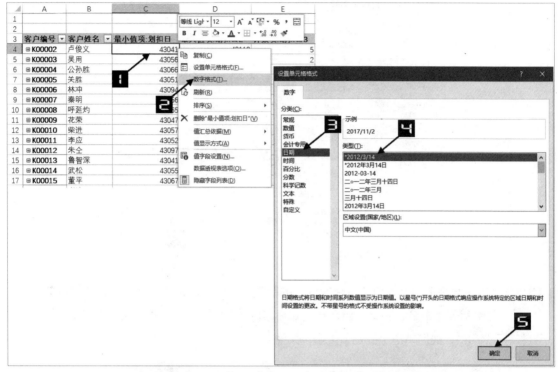

图 8-27　设置字段的数字格式为短日期

步骤⑥ 为了便于查看,将数据透视表字段名称修改为易于理解的名称。分别将"最小值项:划扣日""最大值项:划扣日 2"和"计数项:划扣日 3"修改为"最早划扣日""最晚划扣日"和"投资次数",修改后的数据透视表如图 8-28 所示。

	A	B	C	D	E
1					
2					
3	客户编号 ▼	客户姓名 ▼	最早划扣日	最晚划扣日	投资次数
90	⊟ K00092	朱贵	2017/12/6	2017/12/6	1
91	⊟ K00093	朱富	2017/12/15	2018/1/25	3
92	⊟ K00094	蔡福	2017/12/7	2018/1/7	3
93	⊟ K00095	蔡庆	2017/11/5	2017/12/20	4
94	⊟ K00096	李立	2017/11/3	2018/1/15	3
95	⊟ K00097	李云	2017/12/31	2018/1/27	3
96	⊟ K00098	焦挺	2017/11/2	2017/12/28	5
97	⊟ K00099	石勇	2017/11/29	2018/1/26	3
98	⊟ K00100	孙新	2018/1/30	2018/1/30	1
99	⊟ K00101	顾大嫂	2017/12/23	2017/12/26	2
100	⊟ K00102	张青	2017/11/24	2017/11/24	1
101	⊟ K00103	孙二娘	2018/1/11	2018/1/11	1
102	⊟ K00104	王定六	2017/11/13	2018/1/27	2
103	⊟ K00107	时迁	2018/1/17	2018/1/17	2
104	⊟ K00108	段景住	2017/12/11	2018/1/29	7

图 8-28　修改字段名称后的数据透视表

步骤⑦ 选中数据透视表标题行右侧紧邻的单元格，本例为 F3，单击【数据】选项卡下的【筛选】
按钮，为数据透视表的值区域标题行添加自动筛选，如图 8-29 所示。

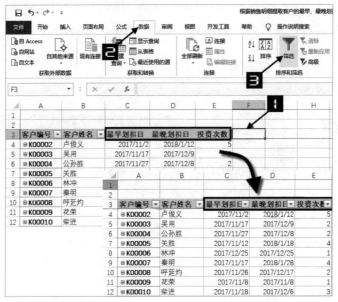

图 8-29　在数据透视表标题行添加筛选功能

步骤⑧ 依次单击数据透视表字段"投资次数"的筛选按钮，在筛选器中依次单击【数字筛选】→
【大于或等于】命令，弹出【自定义自动筛选方式】对话框。设置【投资次数】为"大于或
等于""3"，最后单击【确定】按钮，如图 8-30 所示。

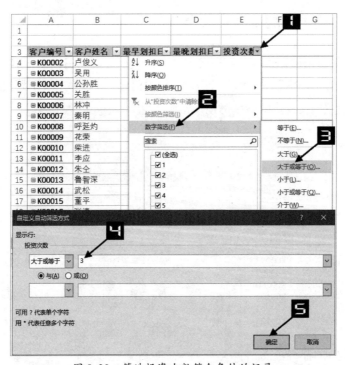

图 8-30　筛选投资次数符合条件的记录

最终完成的数据透视表如图 8-31 所示。

	A	B	C	D	E
1					
2					
3	客户编号	客户姓名	最早划扣日	最晚划扣日	投资次数
69	K00070	孟康	2017/12/19	2018/1/20	3
72	K00074	郑天寿	2017/11/13	2017/12/12	3
74	K00076	宋清	2017/11/27	2018/1/19	6
81	K00083	杜迁	2017/11/14	2018/1/16	5
82	K00084	薛永	2017/11/22	2017/12/31	5
84	K00086	李忠	2017/11/23	2017/12/22	3
89	K00091	邹润	2017/11/5	2018/1/18	3
91	K00093	朱富	2017/12/15	2018/1/25	3
92	K00094	蔡福	2017/12/7	2018/1/7	3
93	K00095	蔡庆	2017/11/5	2017/12/20	4
94	K00096	李立	2017/11/3	2018/1/15	3
95	K00097	李云	2017/12/31	2018/1/27	3
96	K00098	焦挺	2017/11/2	2017/12/28	5
97	K00099	石勇	2017/11/29	2018/1/26	3
104	K00108	段景住	2017/12/11	2018/1/29	7

图 8-31　最终完成的数据透视表

技巧 131　各分公司销售金额前 5 名统计

在图 8-32 所示的数据透视表中，需要筛选各分公司累计销售额前 5 名的理财师，并按销售额总计由大到小排列。

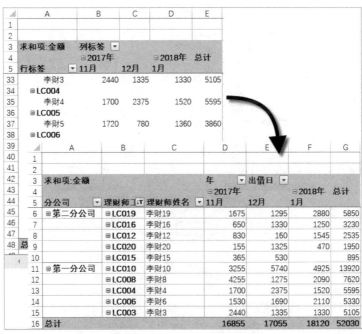

图 8-32　理财师分月销售统计表

操作步骤如下。

步骤① 选中数据透视表内的任意一个单元格，如 B8，在【数据透视表工具】选项卡下，依次单击【设计】→【报表布局】→【以表格形式显示】命令，将数据透视表的报表布局修改为以表格形式显示，如图 8-33 所示。

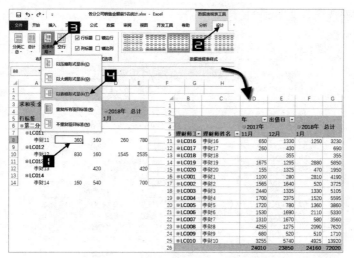

图 8-33　设置数据透视表【报表布局】

步骤② 单击"理财师工号"字段标题的筛选按钮，在弹出的筛选器中依次选择【值筛选】→【前
10 项】命令，弹出【前 10 个筛选（理财师工号）】对话框。将【显示】的默认值"10"
更改为"5"，单击【确定】按钮完成筛选各分公司前 5 名的理财师，如图 8-34 所示。

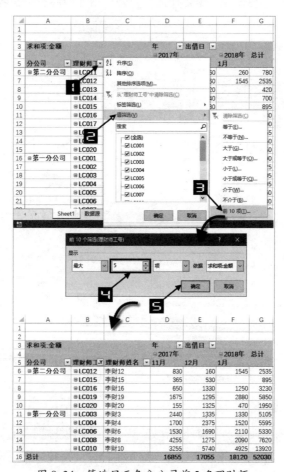

图 8-34　筛选显示各分公司前 5 名理财师

步骤③ 再次单击"理财师工号"字段标题的筛选按钮，在弹出的筛选器中选择【其他排序选项】命令，弹出【排序（理财师工号）】对话框。选中【排序选项】区域【降序排序（Z到A）依据】前的单选按钮，并在对应的下拉菜单中选择"求和项：金额"，最后单击【确定】按钮关闭对话框，如图 8-35 所示。

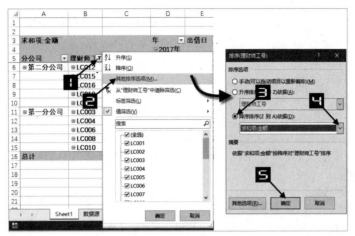

图 8-35　按销售额总计降序排列

技巧 132　在数据透视表中用数据条显示销售情况

在数据透视表中使用条件格式中的"数据条"功能，可以帮助用户更直观地对比项目之间的差异情况。数据条的长度和单元格中的值相关，越长表示值越大，越短表示值越小，如图 8-36 所示。

操作步骤如下。

步骤① 选中"求和项：金额"字段中的任意一个单元格，如 B4，依次单击【开始】→【条件格式】→【新建规则】命令，如图 8-37 所示。

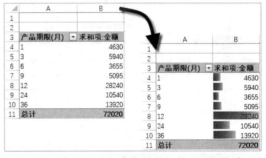

图 8-36　在数据透视表中用数据条显示销售情况

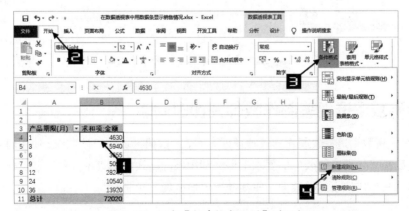

图 8-37　调出【新建格式规则】对话框

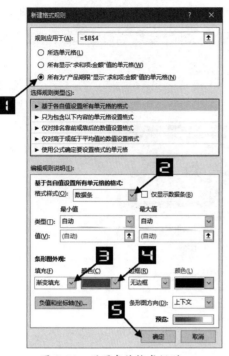

图8-38　设置条件格式规则

步骤**2**在弹出的【新建格式规则】对话框中，设置规则应用范围为【所有为"产品期限"显示"求和项：金额"值的单元格】。在【格式样式】下拉列表中选择【数据条】选项。单击"填充"下拉按钮，在下拉列表中选择【渐变填充】。单击"颜色"下拉按钮，在主题颜色面板中选择【红色】，最后单击【确定】按钮完成设置，如图8-38所示。

也可以在步骤2时通过选中数据透视表中的B4:B10单元格区域，在【开始】选项卡中依次单击【条件格式】→【数据条】，然后在展开的【渐变填充】列表框中选择【红色数据条】命令完成设置，如图8-39所示。

两种设置方式的区别在于条件格式的应用范围不同。前者当数据透视表中"产品期限（月）"字段内容增加或减少时，条件格式的应用范围随之自动调整。后者只应用于当前选中的B4:B10单元格区域，而"产品期限（月）"字段内容增加或减少时，需要重新设置。

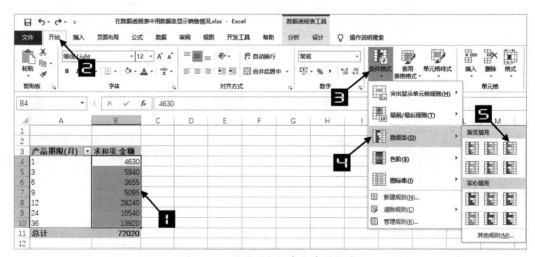

图8-39　设置"数据条"条件格式

技巧 133　利用数据透视表制作教师任课时间表

图8-40是使用数据透视表制作的教师任课时间表，数值区域的"计数项：使用时间"为1时，表示该教师需要按"任课时间表"的要求上课。利用条件格式中的"图标集"显示样式，可以实现以图标形式显示数据透视表内的数据，使其变得更加直观、专业。

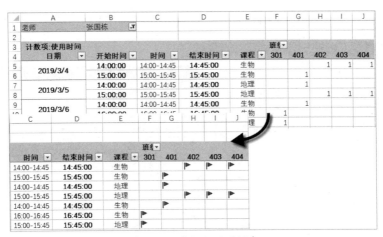

时间	结束时间	课程	301	401	402	403	404
14:00-14:45	14:45:00	生物			▶	▶	▶
15:00-15:45	15:45:00	生物		▶			
14:00-14:45	14:45:00	地理		▶			
15:00-15:45	15:45:00	地理			▶	▶	▶
14:00-14:45	14:45:00	生物		▶			
16:00-16:45	16:45:00	生物	▶				
15:00-15:45	15:45:00	地理	▶				

图 8-40 教师任课时间表

例如，以条件格式中的红色"三色旗"图标显示教师的任课信息，具体操作步骤如下。

步骤① 单击数据透视表值区域中的任意单元格，如 F5，依次单击【开始】→【条件格式】→【新建规则】命令，打开【新建格式规则】对话框，如图 8-41 所示。

图 8-41 新建条件格式规则

步骤② 在【新建格式规则】对话框中选择【规则应用于】下的【所有显示"计数项:使用时间"值的单元格】的单选按钮。选择【格式样式】为"图标集"，【图标样式】为"三色旗"，然后单击【反转图标次序】按钮，选中【仅显示图标】复选框，如图 8-42 所示。

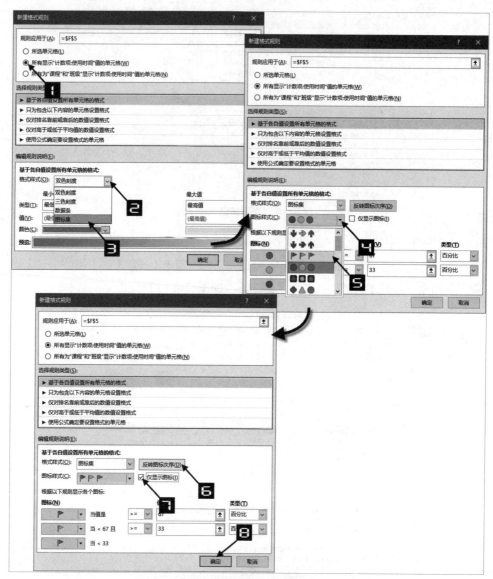

图 8-42　编辑条件格式规则

步骤③ 最后单击【确定】按钮关闭对话框完成设置，效果如图 8-43 所示。

	A	B	C	D	E	F	G	H	I	J
1	老师	张国栋								
2										
3	计数项:使用时间					班级				
4	日期	开始时间	时间	结束时间	课程	301	401	402	403	404
5	2019/3/4	14:00:00	14:00-14:45	14:45:00	生物			▶	▶	▶
6		15:00:00	15:00-15:45	15:45:00	生物		▶			
7	2019/3/5	14:00:00	14:00-14:45	14:45:00	地理		▶			
8		15:00:00	15:00-15:45	15:45:00	地理			▶	▶	▶
9	2019/3/6	14:00:00	14:00-14:45	14:45:00	生物		▶			
10		16:00:00	16:00-16:45	16:45:00	生物	▶				
11	2019/3/7	15:00:00	15:00-15:45	15:45:00	地理	▶				

图 8-43　制作完成的教师任课时间表

此时，通过选择【报表筛选】字段的“老师”姓名，可以得到不同老师的任课时间表，如图 8-44 所示。

	A	B	C	D	E	F	G
1	老师	粮惠鑫					
2							
3	计数项:使用时间					班级	
4	日期	开始时间	时间	结束时间	课程	603	604
5	2019/3/3	8:00:00	08:00-08:45	8:45:00	语文		⚑
6		9:00:00	09:00-09:45	9:45:00	语文	⚑	
7	2019/3/4	8:00:00	08:00-08:45	8:45:00	语文		⚑
8		9:00:00	09:00-09:45	9:45:00	语文		⚑
12	2019/3/5						
14	2019/3/6						
16	2019/3/7						

	A	B	C	D	E	F	G
1	老师	许桂丽					
2							
3	计数项:使用时间					班级	
4	日期	开始时间	时间	结束时间	课程	504	604
5	2019/3/3	10:00:00	10:00-10:45	10:45:00	英语		⚑
6		11:00:00	11:00-11:45	11:45:00	英语	⚑	
7	2019/3/4	14:00:00	14:00-14:45	14:45:00	英语	⚑	
10	2019/3/5						
13	2019/3/6						
16	2019/3/7						

	B	C	D	E	F	G	H
1	时金泽						
2							
3					班级		
4	开始时间	时间	结束时间	课程	402	403	404
5	8:00:00	08:00-08:45	8:45:00	英语	⚑	⚑	⚑
6	10:00:00	10:00-10:45	10:45:00	英语	⚑	⚑	
7	11:00:00	11:00-11:45	11:45:00	研学	⚑	⚑	
8	8:00:00	08:00-08:45	8:45:00	英语	⚑	⚑	
9	11:00:00	11:00-11:45	11:45:00	英语	⚑	⚑	
10	10:00:00	10:00-10:45	10:45:00	英语	⚑	⚑	
11	16:00:00	16:00-16:45	16:45:00	研学	⚑	⚑	

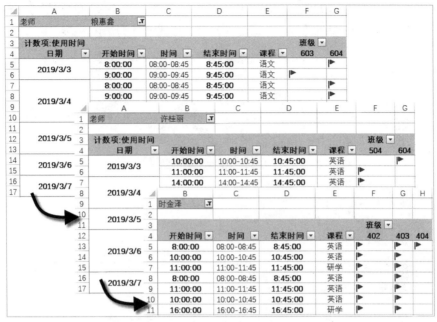

图 8-44　不同老师的任课时间表

技巧 134 共享切片器实现多个数据透视表联动

使用数据透视表的“切片器”功能，不仅能够对数据透视表的字段进行筛选操作，还可以非常直观地在切片器内查看该字段所有数据项信息。共享后的切片器还可以应用到其他的数据透视表中，在多个数据透视表之间架起一座桥梁，轻松地实现多个数据透视表联动。

如图 8-45 所示，是依据同一个数据源创建的不同分析维度的多个数据透视表，对报表筛选字段“年”在各个数据透视表中分别进行筛选后，数据透视表显示出相应的结果。

	A	B	C	D	E	F
1						
2	年	2018年		年	2018年	
3						
4	行标签	求和项:金额		行标签	求和项:金额	计数项:合同编号
5	第一分公司	17755		⊟固收类	6650	43
6	第二分公司	6405		1	1660	10
7	总计	24160		3	1525	9
8				6	1145	7
9				9	1275	9
10	年	2018年		12	1045	8
11				⊟创新类	17510	37
12	行标签	求和项:金额		12	8410	16
13	创新类	17510		24	3880	9
14	固收类	6650		36	5220	12
15	总计	24160		总计	24160	80

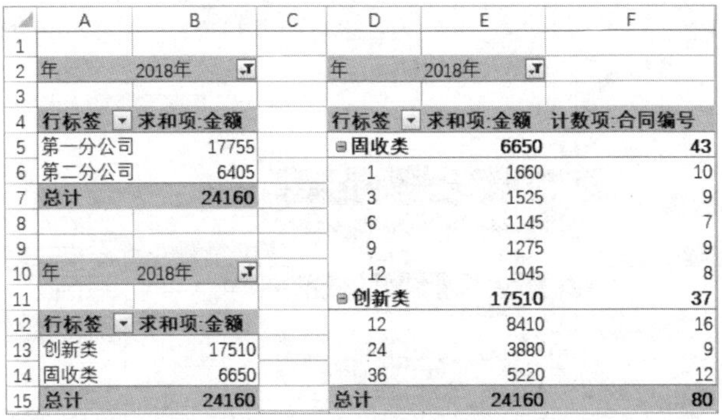

图 8-45　不同分析维度的数据透视表

通过在切片器内设置数据透视表连接，使切片器实现共享，最终使多个数据透视表进行联动。每当筛选切片器内的一个字段项时，多个数据透视表同时刷新，可显示同一年份下不同分析维度的数据信息。

操作步骤如下。

步骤① 单击任意一个数据透视表的任意单元格，如 B4，在【数据透视表工具】的【分析】选项卡下单击【插入切片器】按钮，在弹出的【插入切片器】对话框中选中"年"字段复选框，单击【确定】按钮，插入【年】字段的切片器，如图 8-46 所示。

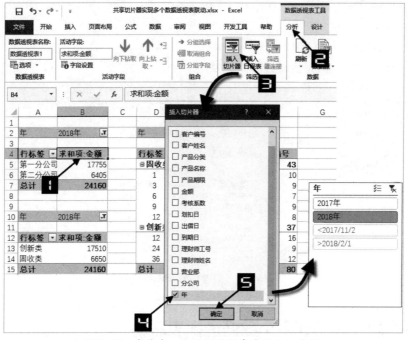

图 8-46　在其中一个数据透视表中插入切片器

步骤② 单击【年】切片器的空白区域，在【切片器工具】的【选项】选项卡中单击【报表连接】按钮，调出【数据透视表连接（年）】对话框，如图 8-47 所示。

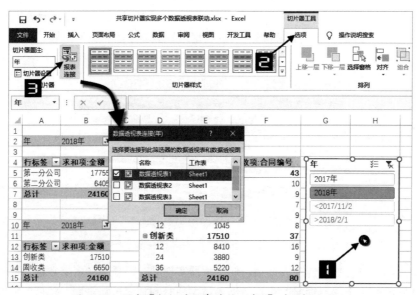

图 8-47　调出【数据透视表连接（年）】对话框方法 1

在【年】切片器的任意区域右击鼠标，在弹出的快捷菜单中选择【报表连接】命令，也可调出【数据透视表连接（年）】对话框，如图 8-48 所示。

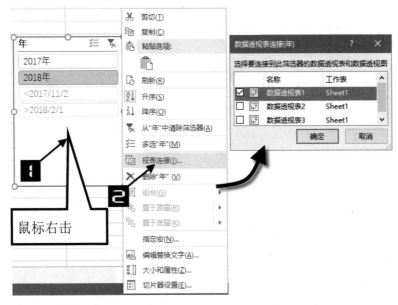

图 8-48 调出【数据透视表连接 (年)】对话框方法 2

步骤③ 在【数据透视表连接（年）】对话框内，选中所有数据透视表名称前的复选框，最后单击【确定】按钮关闭对话框，如图 8-49 所示。

此时，在切片器内选择"2017"后，所有数据透视表都显示 2017 年相关维度的数据，如图 8-50 所示。

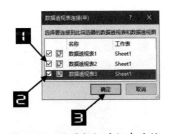

图 8-49 设置数据透视表连接

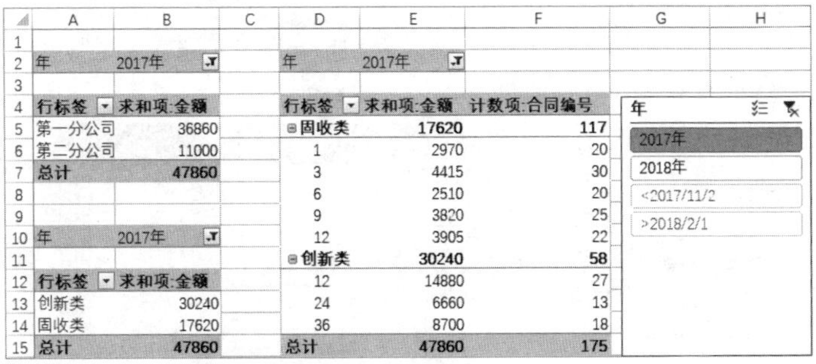

图 8-50 多个数据透视表联动

技巧135 使用切片器实现二级关联选项控制

在图 8-51 所示的数据透视表中，是按月份和分公司维度统计的业绩表，可以查看各分公司不同月份的业绩金额。为了便于管理者按产品查看各分公司的业绩分布，可以使用切片器根据"产品分类"和"产品名称"字段，创建二级关联选项控制，当用户选择"产品分类"下的某一项目时，"产品名称"仅显示对应的有效选项。

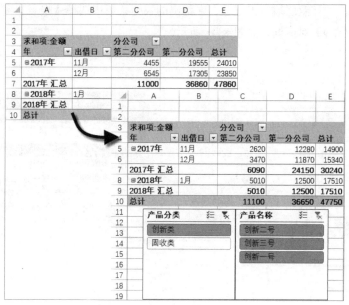

图 8-51　按月份和分公司统计的业绩表

操作步骤如下。

步骤①　选中数据透视表中的任意一个单元格，如 A5，在【数据透视表工具】的【分析】选项卡下单击【插入切片器】按钮，在弹出的【插入切片器】对话框中选中【产品分类】和【产品名称】复选框，单击【确定】按钮关闭对话框，如图 8-52 所示。

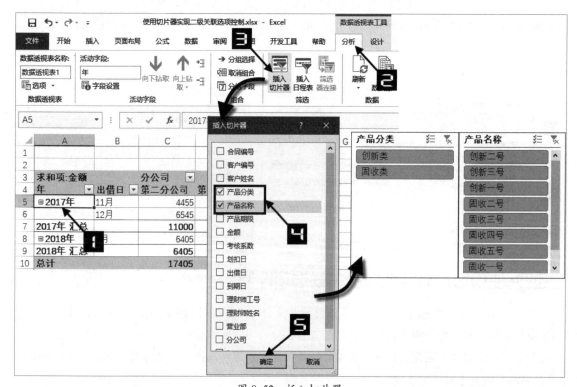

图 8-52　插入切片器

步骤② 在切片器【产品分类】上右击鼠标，在弹出的快捷菜单中选择【切片器设置】命令，在【切片器设置】对话框中选中【隐藏没有数据的项】复选框，单击【确定】按钮关闭对话框，如图 8-53 所示。

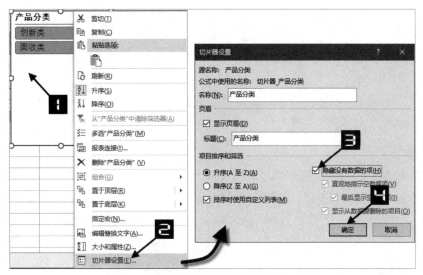

图 8-53　设置切片器隐藏没有数据的项

步骤③ 重复步骤 2 操作，对切片器【产品名称】进行相同的设置。

　　由于两个切片器的报表连接都指向同一个数据透视表，因此可以实现联动筛选。当用户单击其中一个切片器进行筛选时，另外一个切片器显示的项目会自动更新，仅显示有数据的项。例如，在切片器【产品分类】中选择【创新类】选项，【产品名称】切片器仅显示"创新类"产品的数据的项，"固收类"产品名称会自动隐藏，数据透视表中的数据也会随之自动更新，如图 8-54 所示。

图 8-54　切片器二级关联选项控制

技巧136 利用日程表查看各营业部不同时期的业绩金额

　　如果数据源中存在日期字段，可以在数据透视表中插入日程表，进行按年、季度、月和日的分析，此功能类似数据透视表按日期分组，无须使用筛选器，便可查看不同日期的数据。

如图 8-55 所示，是根据"销售数据表"创建的数据透视表，展现了各分公司所属的营业部各类产品的业绩金额，希望插入日程表对"出借日"进行分析。

	A	B	C	D	E
1					
2					
3	求和项:金额		产品分类		
4	分公司	营业部	创新类	固收类	总计
5	第二分公司	二分第二营业部	8910	4060	12970
6		二分第一营业部	2190	2245	4435
7	第二分公司 汇总		11100	6305	17405
8	第一分公司	一分第二营业部	21450	10690	32140
9		一分第一营业部	15200	7275	22475
10	第一分公司 汇总		36650	17965	54615
11	总计		47750	24270	72020

图 8-55　各营业部业绩数据透视表

操作步骤如下。

步骤① 选中数据透视表中的任意一个单元格，如 B5，在【数据透视表工具】的【分析】选项卡中单击【插入日程表】按钮，在弹出的【插入日程表】对话框中选中【出借日】复选框，最后单击确定按钮关闭对话框，此时即可插入【出借日】日程表，如图 8-56 所示。

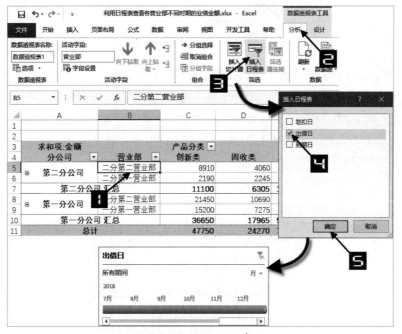

图 8-56　插入日程表

步骤② 插入的【出借日】日程表默认按"月"显示，单击"月"下拉按钮，可以根据需要选择按"年""季度"或"日"显示，如图 8-57 所示。

步骤③ 向左移动"日程表"底部的滚动条，鼠标单击"2017"的"第4季度"下的滑块，此滑块变为高亮状态，数据透视表自动更新为2017年第4季度各营业部业绩情况，如图 8-58 所示。

步骤③ 如想查看"2017年第4季度"至"2018年第1季度"的数据，则可以使用鼠标按住【2017年第4季度】滑块不放，向右拖动至【2018年第1季度】滑块处松开鼠标左键，此时数据透视表将同时显示上述两个季度的数据，如图 8-59 所示。

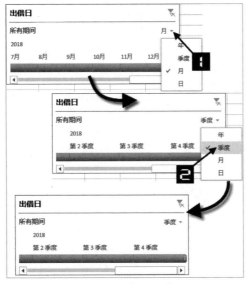

图 8-57 设置日程表按"季度"显示

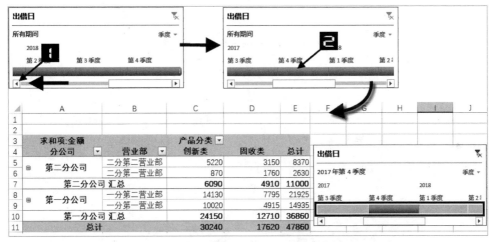

图 8-58 按"季度"查看数据透视表数据

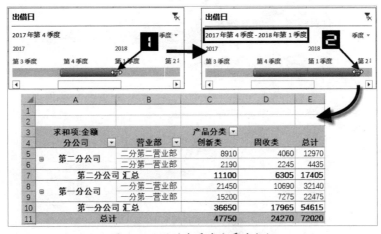

图 8-59 同时查看多个季度数据

技巧 137 统计各营业部的在投客户数量

如图 8-60 所示，利用常规方法生成数据透视表统计出各营业部的销售件数，同一客户投资多笔的记录被重复统计。例如，"二分第一营业部"共有 20 笔投资，但其中"客户编号"为"K00044""K00069"等都存在两笔或以上投资，并不能反映各营业部在投的客户数量。

	A	B	C	D	E	F	G	H
1								
2								
3	行标签 ▼	计数项:客户编号		合同编号	客户编号	客户姓名	营业部	分公司
4	二分第二营业部	41		TZ00301	K00059	扈三娘	二分第一营业部	第二分公司
5	二分第一营业部	20		TZ00302	K00060	鲍旭	二分第一营业部	第二分公司
6	一分第二营业部	114		TZ00303	K00096	李立	二分第一营业部	第二分公司
7	一分第一营业部	80		TZ00304	K00035	解宝	二分第一营业部	第二分公司
8	总计	255		TZ00305	K00069	童猛	二分第一营业部	第二分公司
9				TZ00306	K00059	扈三娘	二分第一营业部	第二分公司
10				TZ00307	K00069	童猛	二分第一营业部	第二分公司
11				TZ00308	K00096	李立	二分第一营业部	第二分公司
12				TZ00309	K00044	单廷珪	二分第一营业部	第二分公司
13				TZ00310	K00044	单廷珪	二分第一营业部	第二分公司
14				TZ00311	K00069	童猛	二分第一营业部	第二分公司
15				TZ00312	K00060	鲍旭	二分第一营业部	第二分公司
16				TZ00313	K00069	童猛	二分第一营业部	第二分公司
17				TZ00314	K00069	童猛	二分第一营业部	第二分公司
18				TZ00315	K00059	扈三娘	二分第一营业部	第二分公司
19				TZ00316	K00029	阮小五	二分第一营业部	第二分公司
20				TZ00317	K00096	李立	二分第一营业部	第二分公司
21				TZ00318	K00029	阮小五	二分第一营业部	第二分公司
22				TZ00319	K00059	扈三娘	二分第一营业部	第二分公司
23				TZ00320	K00059	扈三娘	二分第一营业部	第二分公司

图 8-60 常规方法统计的销售件数

利用 Excel 2016 版本中的"数据模型"创建数据透视表，可以进行"非重复计数"的统计。具体操作步骤如下。

步骤① 选中数据源中的任意一个单元格，如 B3，依次单击【插入】→【数据透视表】命令，在弹出的【创建数据透视表】对话框中选中【将此数据添加到数据模型】复选框，单击【确定】按钮，如图 8-61 所示。

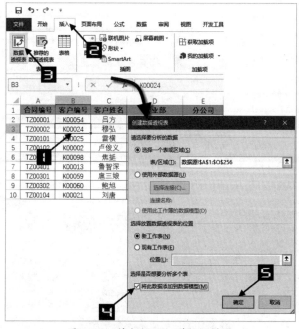

图 8-61 将数据添加到数据模型

步骤② 调整数据透视表字段布局,创建如图 8-62 所示的数据透视表。

图 8-62　创建数据透视表

步骤③ 在"以下项目的计数:客户编号"字段标题上右击鼠标,在弹出的快捷菜单中选择【值字段设置】命令,弹出【值字段设置】对话框。切换到【值汇总方式】选项卡,选择【非重复计数】选项,单击【确定】按钮关闭对话框,如图 8-63 所示。

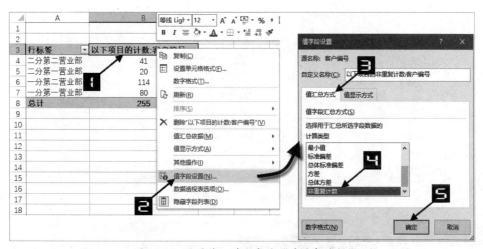

图 8-63　设置值汇总方式为"非重复计数"

步骤④ 修改"以下项目的非重复计数:客户编号"字段标题为"在投客户数量",最终完成的数据透视表如图 8-64 所示。

通过以上数据透视表可以看出,"二分第一营业部"实际在投客户数量为 7 个。

图 8-64　不重复计数的数据透视表

技巧138 根据分月保存的产品销售明细表制作季度汇总表

图 8-65 所示,为某公司一季度产品销售明细表,分别存放在不同月份的工作表中,现在希望

汇总一季度产品销售情况，生成如图 8-66 所示的季度汇总表。

	A	B	C	D
1	产品名称	金额	件数	
2	创新一号	870	2	
3	创新二号	160	1	
4	创新三号	1070	2	
5	固收一号	415	3	
6	固收三号	480	3	
7	固收五号	550	3	
8				
9				
10				

	A	B	C	D
1	产品名称	金额	件数	
2	创新一号	2470	5	
3	创新二号	1690	5	
4	创新三号	3440	6	
5	固收一号	1020	5	
6	固收二号	1335	8	
7	固收三号	535	6	
8	固收四号	550	3	
9	固收五号	400	2	

	A	B	C	D
1	产品名称	金额	件数	
2	创新一号	2270	4	
3	创新二号	1350	3	
4	创新三号	1400	4	
5	固收一号	165	2	
6	固收二号	525	2	
7	固收三号	345	2	
8	固收四号	1460	8	
9	固收五号	860	5	
10				

1月份　2月份　3月份

图 8-65　分月保存的产品销售明细表

	A	B	C	D	E	F	G	H	I	J	K
3	求和项:值		列 ▼	页1 ▼							
4				件数				金额			
5	行2 ▼	行 ▼	1月	2月	3月	件数 汇总	1月	2月	3月	金额 汇总	总计
6		创新二号	1	2	3	6	160	1690	1350	3200	3206
7	创新类	创新三号	2	6	4	12	1070	3440	1400	5910	5922
8		创新一号	2	5	4	11	870	2470	2270	5610	5621
9	创新类 汇总		5	13	11	29	2100	7600	5020	14720	14749
10		固收二号		8	4	12		1335	525	1860	1872
11		固收三号	3	6	2	11	480	535	345	1360	1371
12	固收类	固收四号		3	8	11		550	1460	2010	2021
13		固收五号	3	2	5	10	550	400	860	1810	1820
14		固收一号	3	5	2	10	415	1020	165	1600	1610
15	固收类 汇总		9	24	21	54	1445	3840	3355	8640	8694
16	总计		14	37	32	83	3545	11440	8375	23360	23443

图 8-66　季度汇总表

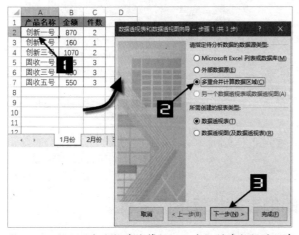

图 8-67　使用"多重合并计算数据区域"创建数据透视表

操作步骤如下。

步骤① 选中"1月份"工作表中任意一个单元格，如 A2，依次按下 <Alt>、<D>、<P> 键，在弹出的【数据透视表和数据透视图向导 – 步骤 1（共 3 步）】对话框中选择【多重合并计算数据区域】单选按钮，然后单击【下一步】，如图 8-67 所示。

步骤② 在弹出的【数据透视表和数据透视图向导 – 步骤 2a（共 3 步）】对

话框中直接单击【下一步】按钮，在【选定区域】编辑框中选择单元格区域为"'1月份'!$A$1:$C$7"，单击【添加】按钮，把"1月份"产品销售明细表数据区域添加到【所有区域】列表中。重复这一步骤分别把"2月份"和"3月份"产品销售明细表对应的数据区域添加到【所有区域】列表中，单击【下一步】按钮，如图 8-68 所示。

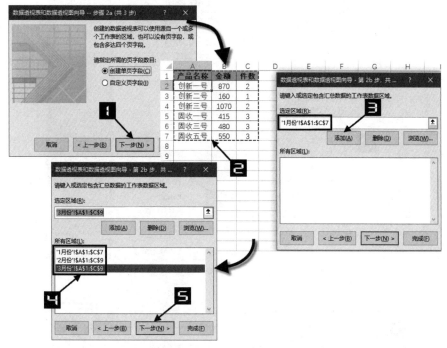

图 8-68　添加多重数据区域

步骤③ 在弹出的【数据透视表和数据透视图向导 – 步骤3(共3步)】对话框中，选中【新工作表】单选按钮，然后单击【完成】按钮关闭对话框，在新工作表中创建数据透视表，调整数据透视表字段布局，创建如图8-69所示的数据透视表。

步骤④ 选中【行标签】中所有"创新类"产品所在的单元格区域，如 A6:A8，右击鼠标，在弹出的快捷菜单中选择【组合】，重复上述步骤，对"固收类"产品进行手动组合，如图 8-70 所示。

步骤⑤ 选中数据透视表中的任意一个单元格，如 A10，在【数据透视表工具】的【设计】选项卡下，单击【报表布局】按钮，在弹出的快捷菜单中，选择【以表格形

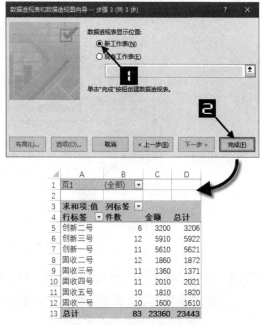

图 8-69　根据多重数据区域创建的数据透视表

式显示】，如图 8-71 所示。

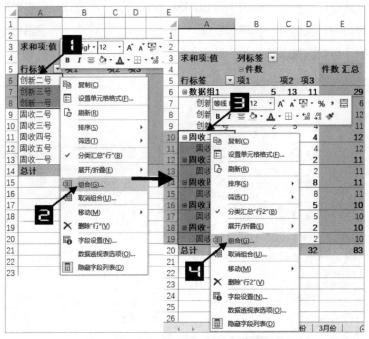

图 8-70　对"产品名称"字段手动分组

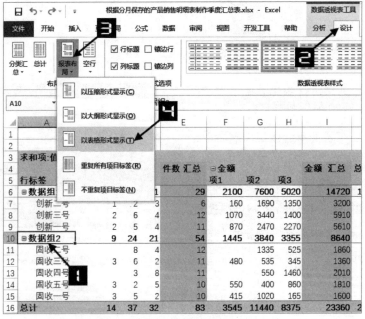

图 8-71　更改报表布局

步骤⑥ 选中"行2"字段中的任意一个单元格，如 A6，右击鼠标，在弹出的快捷菜单中选择【数据透视表选项】命令，弹出【数据透视表选项】对话框。在【布局和格式】选项卡下选中【合并且居中排列带标签的单元格】复选框，然后单击【确定】按钮关闭对话框，如图 8-72 所示。

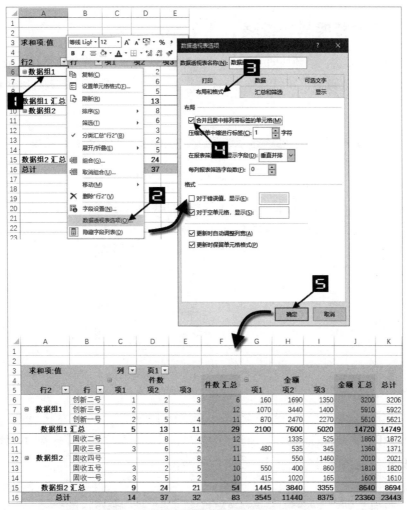

图 8-72　合并且居中排列带标签的单元格

步骤⑦　把"数据组 1"和"数据组 2"分别修改为"创新类"和"固收类",把"项 1""项 2"和
"项 3"分别修改为"1 月""2 月"和"3 月",最终完成的季度汇总表如图 8-73 所示。

			件数		件数 汇总		金额		金额 汇总	总计
行2	行	1月	2月	3月		1月	2月	3月		
创新类	创新二号	1	2	3	6	160	1690	1350	3200	3206
	创新三号	2	6	4	12	1070	3440	1400	5910	5922
	创新一号	2	5	4	11	870	2470	2270	5610	5621
创新类 汇总		5	13	11	29	2100	7600	5020	14720	14749
	固收二号		8	4	12		1335	525	1860	1872
	固收三号	3	6	2	11	480	535	345	1360	1371
固收类	固收四号		3	8	11		550	1460	2010	2021
	固收五号	3	2	5	10	550	400	860	1810	1820
	固收一号	3	5	2	10	415	1020	165	1600	1610
固收类 汇总		9	24	21	54	1445	3840	3355	8640	8694
总计		14	37	32	83	3545	11440	8375	23360	23443

图 8-73　季度汇总表

提示

使用多重合并计算数据区域方法生成的数据透视表,默认仅可以使用数据源最左侧的字段作为行标签。

技巧 139 **将二维表转换成一维表**

在日常工作中，经常会接触到如图 8-74 所示的二维表，然而在制作数据透视表或导入系统时，往往只支持一维表格式，此时需要将二维表转换为一维表，使用数据透视表可以轻松地进行上述转换。

	A	B	C	D	E	F	G	H	I
1	理财师姓名	创新一号	创新二号	创新三号	固收一号	固收二号	固收三号	固收四号	固收五号
14	李财20	0	620	0	0	155	690	370	115
15	李财3	1040	870	930	480	595	0	605	585
16	李财4	3390	130	0	0	780	435	235	625
17	李财5	1290	1060	530	145	335	0	500	0
18	李财6	1100	1040	1570				415	415
19	李财7	1640	0	1030				290	0
20	李财8	680	1550	1860				405	745
21	李财9	870	520	0				0	0

	A	B	C
1	理财师	产品名	金额
149	李财8	固收二号	600
150	李财8	固收三号	950
151	李财8	固收四号	405
152	李财8	固收五号	745
153	李财8	固收一号	830
154	李财9	创新二号	520
155	李财9	创新三号	0
156	李财9	创新一号	870
157	李财9	固收二号	240
158	李财9	固收三号	80
159	李财9	固收四号	0
160	李财9	固收五号	0
161	李财9	固收一号	0

图 8-74 将二维表转换成一维表

操作步骤如下。

步骤① 选中数据源中任意一个单元格，如 B2，依次按下 <Alt>、<D>、<P> 键，在弹出的【数据透视表和数据透视图向导 – 步骤 1（共 3 步）】对话框中选择【多重合并计算数据区域】单选按钮，然后单击【下一步】，如图 8-75 所示。

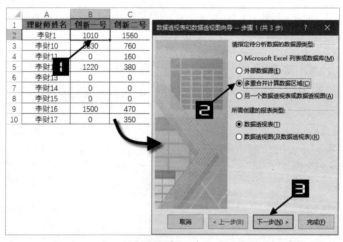

图 8-75 使用数据透视表和数据透视图向导创建

步骤② 在弹出的【数据透视表和数据透视图向导 – 步骤 2a（共 3 步）】对话框中直接单击【下一步】按钮，在【选定区域】编辑框中选择单元格区域为"二维表!$A$1:$I$21"，单击【添加】按钮，最后单击【下一步】按钮，在弹出的对话框中直接单击【完成】按钮，如图 8-76 所示。

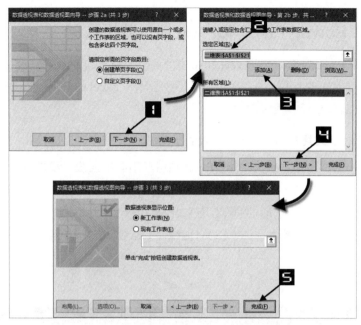

图 8-76 多重合并计算区域创建数据透视表

步骤③ 在创建好的数据透视表中，用鼠标双击行列总计所在的单元格，本例为 J25，Excel 会在新工作表中生成明细数据，并且呈一维表样式显示，如图 8-77 所示。

	A	B	C	D	E	F	G	H	I	J
1	页1	(全部)								
2										
3	求和项:值	列标签								
4	行标签	创新二号	创新三号	创新一号	固收二号	固收三号	固收四号	固收五号	固收一号	总计
11	李财15	0	530	0	0	0	0	250	115	895
12	李财16	470	280	1500	485	70	0	425	0	3230
13	李财17	350	0	0	0	90	0	0	250	690
14	李财18	220	0	0	0	0	0	0	135	355
15	李财19	430	1850	2660	0	160	230	485	35	5850
16	李财2	420	1340	1060	395	75	40	345	50	3725
17	李财20	620	0	0	155	690	370	115	0	1950
18	李财3	870	930	1040	595	0	605	585	480	5105
19	李财4	130	0	3390	780	435	235	625	0	5595
20	李财5	1060	530	1290	335	0	500	0	145	3860
21	李财6	1040	1570	1100	690	95	415	415	5	5330
22	李财7	0	1030	1640	330	0	290	0	270	3560
23	李财8	1550	1860	680	600	950	405	745	830	7620
24	李财9	520	0	870	240	80	0	0	0	1710
25	总计	10540	13920	23290	5940	3655	5095	4950	4630	72020
26										

	A	B	C	D
1	行	列	值	页1
2	李财1	创新二号	1560	项1
3	李财1	创新三号	570	项1
4	李财1	创新一号	1010	项1
5	李财1	固收二号	325	项1
6	李财1	固收三号	0	项1
7	李财1	固收四号	235	项1
8	李财1	固收五号	190	项1
9	李财1	固收一号	300	项1
10	李财10	创新二号	760	项1
11	李财10	创新三号	3000	项1
12	李财10	创新一号	5830	项1
13	李财10	固收二号	450	项1
14	李财10	固收三号	555	项1
15	李财10	固收四号	1430	项1
16	李财10	固收五号	480	项1
17	李财10	固收一号	1415	项1
18	李财11	创新二号	160	项1
19	李财11	创新三号	260	项1
20	李财11	创新一号	0	项1

图 8-77 显示明细数据

步骤④ 修改明细数据中 A~C 列的字段名称，然后选中"页1"字段（D 列）所在的整列单元格区域，右击鼠标，在弹出的快捷菜单中选择【删除】命令，完成二维表到一维表的转换，如图 8-78 所示。

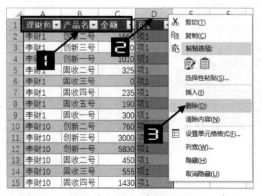

图 8-78 修改字段名称并删除"页1"字段

技巧 140 利用 "Power Pivot for Excel" 分析数据

Microsoft Power Pivot for Excel 是 Excel 2016 中的一个加载项,用于增强 Excel 的数据分析功能。运用 PowerPivot,可以从多个不同类型的数据源将数据导入 Excel 的数据模型并创建关系,利用数据模型中的数据可以轻松地创建数据透视表。

140.1 加载 Microsoft Power Pivot for Excel

默认情况下,Microsoft Power Pivot for Excel 加载项不会被加载,用户需要进行手动设置,操作步骤如下。

步骤① 依次单击【文件】→【选项】命令,在弹出的【Excel 选项】对话框中选择【加载项】命令,在【管理】下拉列表中选择【COM 加载项】命令,单击【转到】按钮,如图 8-79 所示。

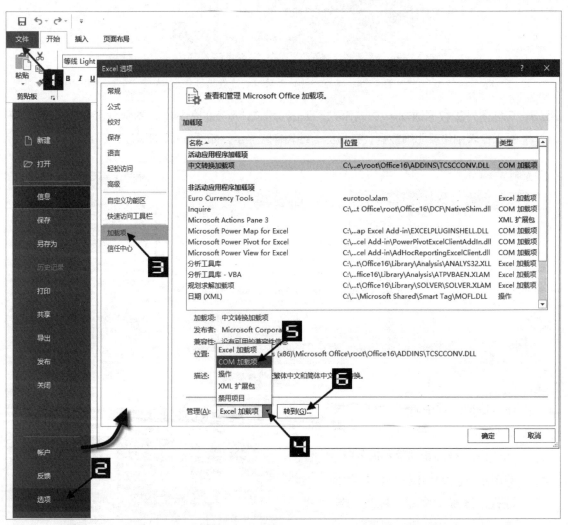

图 8-79 转到 COM 加载项

步骤② 在【COM 加载项】对话框中,选中【Microsoft Power Pivot for Excel】复选框,单击【确定】按钮完成加载,在功能区会出现【Power Pivot】选项卡,如图 8-80 所示。

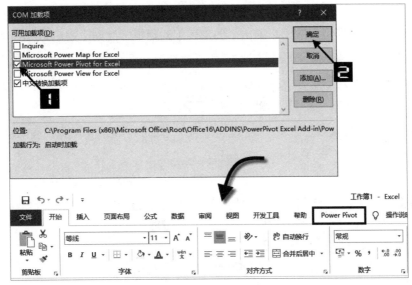

图 8-80　加载 Microsoft Power Pivot for Excel

140.2　利用 PowerPivot 分析数据

图 8-81 展示了某金融公司"出单明细""产品信息"和"理财师信息"数据列表，这些数据列表分别保存在不同的工作表中，现在希望利用 PowerPivot 将这 3 张数据列表创建关联后进行分析。

	A	B	C	D	E	F	G
1	合同编号	客户编号	产品编号	金额	划扣日	出借日	理财师工号
241	TZ00073	K00030	GS002	50	2018/1/25	2018/1/26	LC005
242	TZ00608	K00093	CX003	400	2018/1/25	2018/1/26	LC010
243	TZ00609	K00021	CX003	740	2018/1/26	2018/1/29	LC008
244	TZ00610	K00099	CX003	110	2018/1/26	2018/1/29	LC006
245	TZ00611	K00017	GS001	260	2018/1/27	2018/1/29	LC010
246	TZ00074	K00097	GS004	205	2018/1/27	2018/1/29	LC005
247	TZ00075	K00104	GS001	290	20			
248	TZ00076	K00027	CX002	180	20			
249	TZ00441	K00007	CX003	240	20			
250	TZ00612	K00053	GS004	275	20			
251	TZ00077	K00038	GS005	290	20			
252	TZ00613	K00108	GS005	230	20			
253	TZ00078	K00024	GS001	50	20			
254	TZ00614	K00042	CX001	220	20			
255	TZ00079	K00100	GS004	230	20			
256	TZ00080	K00041	GS002	250	20			
257							

出单明细　产品信息　理财师信息　(+)

	A	B	C	D
1	理财师工号	理财师姓名	营业部	分公司
6	LC005	李财5	一分第一营业部	第一分公司
7	LC006	李财6	一分第二营业部	第一分公司
8	LC007	李财7	一分第二营业部	第一分公司
9	LC008	李财8	一分第二营业部	第一分公司
10	LC009	李财9	一分第二营业部	第一分公司
11	LC010	李财10	一分第二营业部	第一分公司
12	LC011	李财11	二分第一营业部	第二分公司
13	LC012	李财12	二分第一营业部	第二分公司
14	LC013	李财13	二分第一营业部	第二分公司
15	LC014	李财14	二分第一营业部	第二分公司
16	LC015	李财15	二分第一营业部	第二分公司
	LC016	李财16	二分第二营业部	第二分公司
	LC017	李财17	二分第二营业部	第二分公司
	LC018	李财18	二分第二营业部	第二分公司
	LC019	李财19	二分第二营业部	第二分公司
	LC020	李财20	二分第二营业部	第二分公司

销售明细　产品信息　理财师信息　(+)

	A	B	C	D	E
1	产品编号	产品分类	产品名称	产品期限	考核系数
2	CX001	创新类	创新一号	12	1
3	CX002	创新类	创新二号	24	1.5
4	CX003	创新类	创新三号	36	2
5	GS001	固收类	固收一号	1	0.1
6	GS002	固收类	固收二号	3	0.25
7	GS003	固收类	固收三号	6	0.5
8	GS004	固收类	固收四号	9	0.75
9	GS005	固收类	固收五号	12	1
10					

销售明细　产品信息　理财师信息　(+)

图 8-81　保存在不同工作表的数据列表

操作步骤如下。

步骤① 单击"出单明细"工作表中的任意一个单元格，如 B3，在【Power Pivot】选项卡中单击【添加到数据模型】按钮，弹出【创建表】对话框，此时【表的数据在哪里】文本框会自动输入当前连续的数据区域（如 $A$1:$G$256），选中【我的表具有标题】复选框，单击【确定】按钮关闭对话框，进入【Power Pivot for Excel】窗口，显示已创建的 PowerPivot 链接表"表1"，如图 8-82 所示。

步骤② 重复以上步骤，分别以工作表"产品信息"和"理财师信息"中数据列表创建 PowerPivot 链接表"表2"和"表3"。

图 8-82　在 PowerPivot 中创建表

步骤③ 鼠标右键单击"表标签"中的表名称【表1】，在弹出的快捷菜单中选择【重命名】命令，输入"出单明细"按 <Enter> 键，将"表1"重命名为"出单明细"，如图 8-83 所示。

步骤④ 重复以上步骤，分别将"表2"和"表3"重命名为"产品信息"和"理财师信息"。

步骤⑤ 在【主页】选项卡中单击【关系图视图】按钮，调出【关系图视图】界面。将【出单明细】列表框中的"产品编号"字段拖曳至【产品信息】列表框中的"产品编号"字段上，完成"出单明细"和"产品信息"表以"产品编号"为关联关系的创建。重复以上步骤，将"出单明细"和"理财师信息"表以"理财师工号"为关联关系创建关联，如图 8-84 所示。

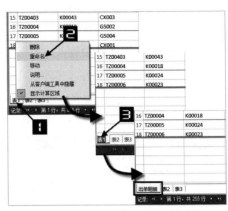

图 8-83　为 Power Pivot 链接表重命名

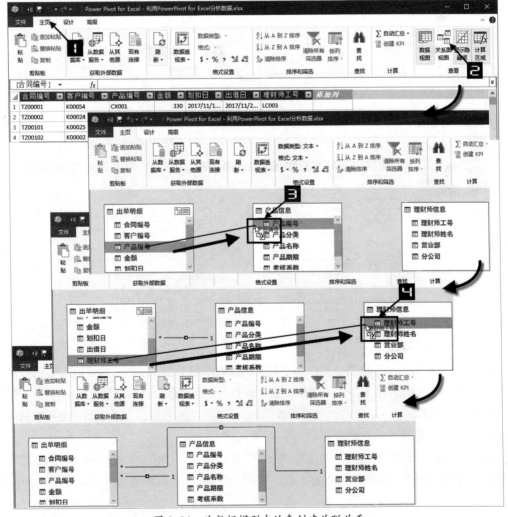

图 8-84　为数据模型中的表创建关联关系

步骤⑥ 在【主页】选项卡中单击【数据视图】按钮，调出【数据视图】界面，在"出单明细"表的字段标题栏的最右侧的【添加列】字段处右击鼠标，在弹出的快捷菜单中选择【重命名列】，在编辑框中输入"考核业绩"后按 <Enter> 键，创建"考核业绩"字段。选中【考核业绩】字段，在【编辑栏】中输入如下公式，如图 8-85 所示。

```
=' 出单明细 ' [ 金额 ] *RELATED (' 产品信息 ' [ 考核系数 ])
```

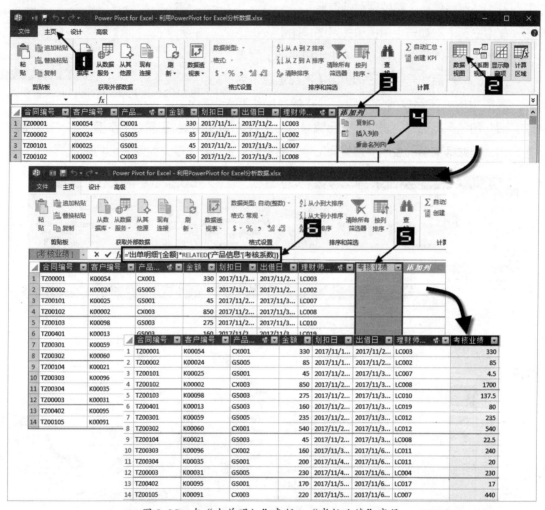

图 8-85　在"出单明细"表插入"考核业绩"字段

RELATED 函数是一个筛选器函数，用于从其他表返回相关值。本例中的"RELATED(' 产品信息 ' [考核系数])"部分，用于按照"出单明细"表和"产品信息"表的关联关系，从"产品信息"表中返回相应"产品编号"对应的"考核系数"。然后再用"出单明细"表中的"金额"乘以对应的"考核系数"，得出"考核业绩"。

例如，合同编号为"TZ00102"的出单明细中，产品编号"CX003"对应的"产品信息"表中的"考核系数"为"2"，则考核业绩（1 700）＝金额（850）＊考核系数（2），如图 8-86 所示。

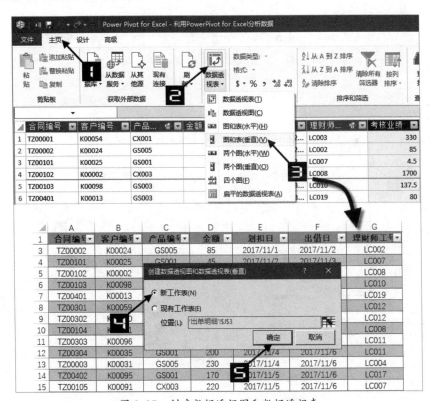

图 8-86　考核业绩计算原理示例

步骤⑦ 在【主页】选项卡中依次单击【数据透视表】→【图和表（垂直）】命令，系统将自动返回 Excel 界面，并弹出【创建数据透视图和数据透视表（垂直）】对话框，选中【新工作表】单选按钮，最后单击【确定】按钮，如图 8-87 所示。

图 8-87　创建数据透视图和数据透视表

步骤⑧ 此时将在新工作表中创建一张空白的数据透视图和数据透视表，如图 8-88 所示。

步骤⑨ 单击【图表 1】区域，在【数据透视表字段】列表中单击【出单明细】下拉按钮，单击垂直滚动条，显示出【考核业绩】字段，选中【考核业绩】复选框。重复以上操作，选中【产品名称】复选框，如图 8-89 所示。

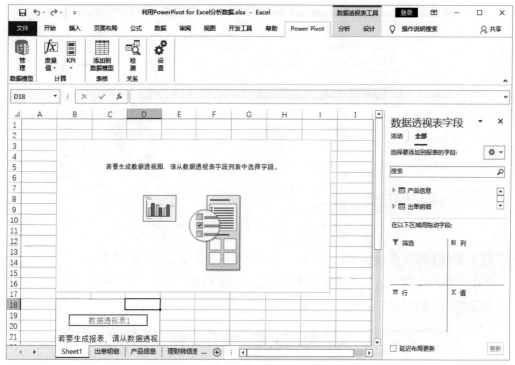

图 8-88　空白的数据透视图和数据透视表

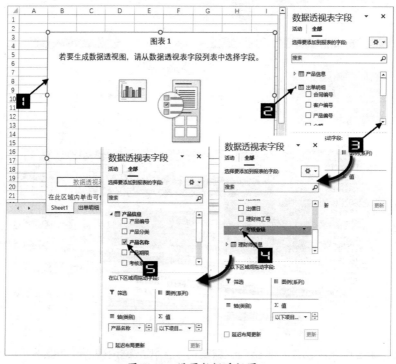

图 8-89　设置数据透视图 8

步骤⑩ 单击【数据透视表字段】列表中【理财师信息】下拉按钮，将【分公司】字段拖曳至【图例（系列）】区域内，如图 8-90 所示。

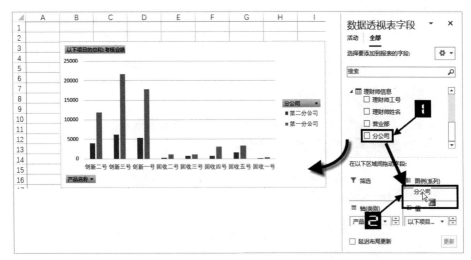

图 8-90 设置数据透视图 2

步骤⑪ 参考步骤 9、步骤 10 的方法，为【数据透视表 1】添加分析维度，将【理财师信息】表内的"分公司"和"理财师姓名"字段添加到【行】区域，将【出单明细】表内的"考核业绩"和"客户编号"字段添加到【值】区域，生成的数据透视表如图 8-91 所示。

	A	行标签 ▼	以下项目的总和:考核业绩	以下项目的计数:客户编号
18		行标签 ▼	以下项目的总和:考核业绩	以下项目的计数:客户编号
19		⊟第二分公司		
20		李财11	796	4
21		李财12	2301.5	9
22		李财13	300	2
23		李财14	527.5	5
24		李财15	1259	3
25		李财16	3346.25	11
26		李财17	595	4
27		李财18	343.5	2
28		李财19	7746	13
29		李财20	1706.25	8
30		⊟第一分公司		
31		李财1	4967.5	13
32		李财10	15054	41
33		李财2	4886.25	15
34		李财3	5440.5	20
35		李财4	4798.75	19
36		李财5	4413.25	13
37		李财6	6746.75	21
38		李财7	4027	16
39		李财8	8481.75	30
40		李财9	1750	6
41		总计	79486.75	255

图 8-91 已添加分析维度的数据透视表

步骤⑫ 选中数据透视表中【以下项目的计数：客户编号】字段中任意一个单元格，如 D20，在【数据透视表工具】的【分析】选项卡下单击【字段设置】命令，弹出【值字段设置】对话框。选择【值汇总方式】标签下的【非重复计数】选项，然后单击【确定】按钮关闭对话框，如图 8-92 所示。

步骤⑬ 分别把字段名"以下项目的总和：考核业绩"和"以下项目的非重复计数：客户编号"修改为"考核业绩（万元）"和"客户数量"。修改数据透视表的报表布局为【以表格形式显示】（请参阅技巧 131 步骤 1），并以"理财师姓名"的"考核业绩"降序排列（请参阅技巧 131 步骤 3），最终完成的数据透视表如图 8-93 所示。

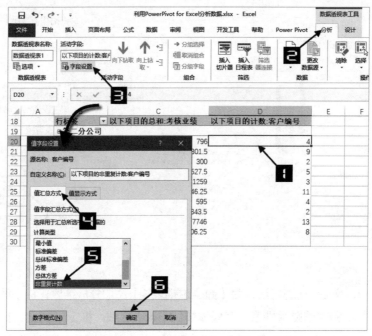

图 8-92　设置"客户编号"的值汇总方式

	A	B	C	D	E
18		分公司 ▼	理财师姓名 ↓	考核业绩(万元)	客户数量
19		⊟第二分公司	李财19	7746	4
20			李财16	3346.25	3
21			李财12	2301.5	3
22			李财20	1706.25	2
23			李财15	1259	3
24			李财11	796	2
25			李财17	595	1
26			李财14	527.5	1
27			李财18	343.5	1
28			李财13	300	1
29		第二分公司 汇总		18921	21
30		⊟第一分公司	李财10	15054	13
31			李财8	8481.75	10
32			李财6	6746.75	11
33			李财3	5440.5	9
34			李财1	4967.5	6
35			李财2	4886.25	5
36			李财4	4798.75	8
37			李财5	4413.25	7
38			李财7	4027	8
39			李财9	1750	3
40		第一分公司 汇总		60565.75	80
41		总计		79486.75	101

图 8-93　最终完成的数据透视表

技巧 141　利用 Power Pivot 合并营业部客户名单

如图 8-94 所示，如果希望将 B 列的"客户姓名"按不同的"营业部"整理成对应的"客户名单"，可以利用 Power Pivot 完成。

操作步骤如下。

步骤①　选中数据区域中的任意一个单元格，如 A3，在【Power Pivot】选项卡下，单击【添加到数据模型】命令，打开【创建表】对话框，单击【确定】按钮关闭对话框，如图 8-95 所示。

图 8-94　合并客户名单

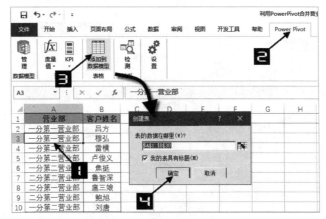

图 8-95　添加数据模型

步骤② 在【Power Pivot】选项卡下，依次单击【度量值】→【新建度量值】→【新建度量值】命令，弹出【度量值】对话框，在【度量值名称】文本框中输入"客户名单"，在【公式】文本框中输入如下公式，单击【确定】按钮关闭对话框，如图 8-96 所示。

```
=CONCATENATEX(' 表 1',' 表 1'[ 客户姓名 ],"、")
```

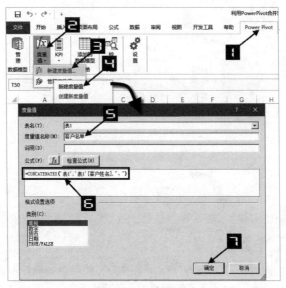

图 8-96　新建度量值

CONCATENATEX 函数是一个文本函数，可以用指定的分隔符连接字符串。常用使用方法为：

CONCATENATEX（表名，要连接的字段名，指定的间隔符号）

本例中 CONCATENATEX 函数公式的作用是将数据模型"表1"中"客户姓名"字段中符合条件的内容，用"、"分隔，连接成一个新的字符串。

步骤③ 选中数据区域中任意一个单元格，如 A3，单击【插入】选项卡下的【数据透视表】命令，弹出【创建数据透视表】对话框，选择【现有工作表】单选按钮，在【位置】文本框中选择"客户名单 !$D$2"单元格区域，选中【将此数据添加到数据模型】复选框，单击【确定】按钮关闭对话框，如图 8-97 所示。

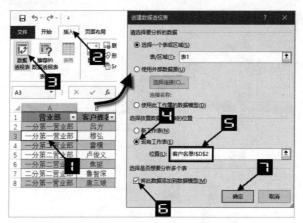

图 8-97　根据数据模型创建数据透视表

步骤④ 选中已创建的空白数据透视表区域中的任意一个单元格，如 D1，在【数据透视表字段】列表中选中【营业部】和【fx 客户名单】的复选框，生成的数据透视表如图 8-98 所示。

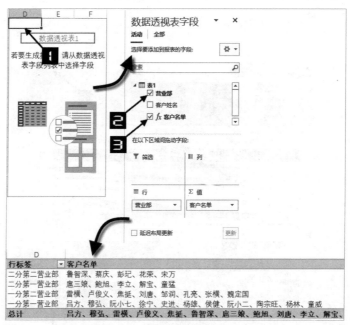

图 8-98　设置数据透视表字段

步骤⑤ 鼠标右键单击"总计"所在的单元格，在弹出的快捷菜单中选择【删除总计】，如图8-99所示。

步骤⑥ 单击【行标签】下拉按钮，在弹出的快捷菜单中单击【降序】命令，对数据透视表的"营业部"字段进行排序，如图8-100所示。

图8-99 删除总计

图8-100 按"营业部"排序

步骤⑦ 将"行标签"字段名更改为"营业部"，最后生成的客户名单如图8-101所示。

营业部	客户名单
一分第一营业部	吕方、穆弘、阮小七、徐宁、史进、杨雄、侯健、阮小二、陶宗旺、杨林、童威
一分第二营业部	雷横、卢俊义、焦挺、刘唐、邹润、孔亮、张横、魏定国
二分第一营业部	扈三娘、鲍旭、李立、解宝、童猛
二分第二营业部	鲁智深、蔡庆、彭玘、花荣、宋万

图8-101 客户名单

技巧 142 为数据透视表每一分类项目分页打印

图8-102展示了一张由数据透视表制作的"各分公司业绩统计表"，如果希望将统计表中每一个分公司分开打印，操作步骤如下。

	分公司	营业部	理财师姓名	2017年 11月	2017年 12月	2018年 1月	总计
13		二分第一营业部	李财12	830	160	1545	2535
14			李财13		420		420
15			李财14	160	540		700
16		二分第一营业部 汇总		1350	1280	1805	4435
17		第二分公司 汇总		4455	6545	6405	17405
18			李财10	3255	5740	4925	13920
19			李财6	1530	1690	2110	5330
20		一分第二营业部	李财7	1310	1670	580	3560
21			李财8	4255	1275	2090	7620
22			李财9	680	520	510	1710
23	第一分公司	一分第二营业部 汇总		11030	10895	10215	32140
24			李财1	1100	280	2810	4190
25			李财2	1565	1640	520	3725
26		一分第一营业部	李财3	2440	1335	1330	5105
27			李财4	1700	2375	1520	5595
28			李财5	1720	780	1360	3860
29		一分第一营业部 汇总		8525	6410	7540	22475
30		第一分公司 汇总		19555	17305	17755	54615
31		总计		24010	23850	24160	72020

图8-102 各分公司业绩统计表

步骤① 选中"分公司"字段名称所在的单元格，如 A4，鼠标右击，在弹出的快捷菜单中选择【字段设置】命令，打开【字段设置】对话框。切换到【布局和打印】选项卡，选中【每项后面插入分页符】的复选框，单击【确定】按钮完成设置，如图 8-103 所示。

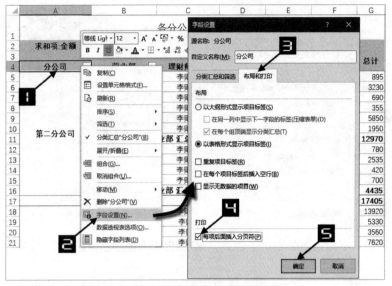

图 8-103　为每个分类项插入分页符

步骤② 选中数据透视表中的任意一个单元格，如 A4，右击鼠标，在弹出的快捷菜单中选择【数据透视表选项】命令，在【数据透视表选项】对话框中单击【打印】选项卡，选中【设置打印标题】的复选框，最后单击【确定】按钮完成设置，如图 8-104 所示。

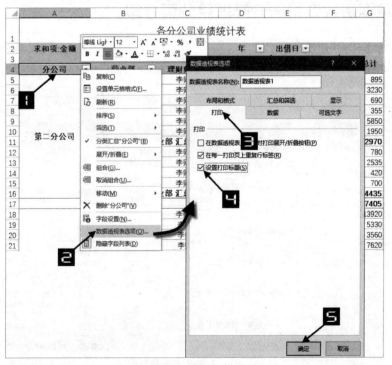

图 8-104　设置打印标题

打印预览效果如图 8-105 所示。

各分公司业绩统计表

求和项:金额			年 / 出借日			
			2017年		2018年	总计
分公司	营业部	理财师姓名	11月	12月	1月	
第二分公司	二分第二营业部	李财15	365	530		895
		李财16	650	1330	1250	3230
	二分第二营					
	二分第一营业部					
	二分第一营					
第二分公司 汇总						

求和项:金额			年 / 出借日			
			2017年		2018年	总计
分公司	营业部	理财师姓名	11月	12月	1月	
第一分公司	一分第二营业部	李财10	3255	5740	4925	13920
		李财6	1530	1690	2110	5330
		李财7	1310	1670	580	3560
		李财8	4255	1275	2090	7620
		李财9	680	520	510	1710
	一分第二营业部 汇总		11030	10895	10215	32140
	一分第一营业部	李财1	1100	280	2810	4190
		李财2	1565	1640	520	3725
		李财3	2440	1335	1330	5105
		李财4	1700	2375	1520	5595
		李财5	1720	780	1360	3860
	一分第一营业部 汇总		8525	6410	7540	22475
第一分公司 汇总			19555	17305	17755	54615
总计			24010	23850	24160	72020

图 8-105 打印预览效果

技巧143 分营业部打印产品销售排行榜

图 8-106 展示了一张分营业部的销售排行榜的数据透视表，其中“营业部”字段在数据透视表的筛选器区域。如果希望按照不同营业部将数据透视表进行分页打印，操作步骤如下。

	A	B	C	D	E
1	营业部	(全部)			
2					
3	产品分类	产品名称	理财师姓名	金额(万元)	出单件数
97			李财20	115	1
98			李财14	45	1
99		固收一号	李财10	1415	7
100			李财8	830	5
101			李财3	480	3
102			李财11	360	2
103			李财1	300	1
104			李财7	270	3
105			李财17	250	2
106			李财12	240	1
107			李财5	145	1
108			李财18	135	1
109			李财15	115	1
110			李财2	50	1
111			李财19	35	1
112			李财6	5	1
113	固收类 汇总			24270	160
114	总计			72020	255

图 8-106 设置了“报表筛选”字段的产品销售排行榜

选中数据透视表中的任意一个单元格，如 A3，在【数据透视表工具】的【分析】选项卡中依次单击【选项】下拉按钮→【显示报表筛选页】命令。在弹出的【显示报表筛选页】对话框中选择需要分页的字段，本例中默认选择“营业部”字段，单击【确定】按钮关闭对话框即可，如图 8-107 所示。

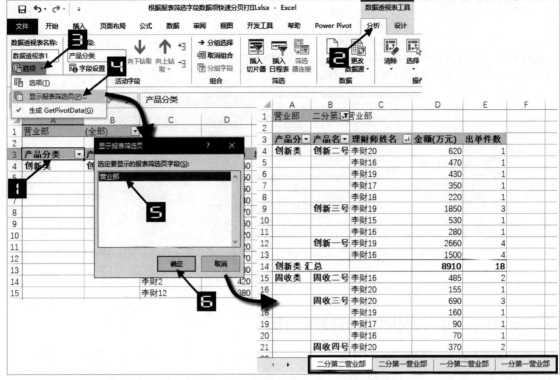

图 8-107　设置数据透视表【显示报表筛选页】

第 9 章 使用高级工具处理分析数据

Excel 2016 提供了丰富的高级数据处理、分析工具，以满足广大用户的需要。本章主要学习方案管理器、模拟运算表、单变量求解、规划求解以及分析工具库中部分分析工具的使用方法。

技巧 144 利用“模拟运算表”制作贷款还款模型

个人住房贷款还款、理财收益及储蓄本息方面的计算非常烦琐，让多数缺乏金融专业知识的用户感到束手无策，而 Excel 中的“模拟运算表”功能可以轻松实现上述计算。

图 9-1 展示了一张个人住房贷款还款计算模型，其中贷款年利率预计为 6%~8%，贷款年限预计为 10~35 年，贷款总额预计为 50 万 ~200 万元。

	A	B	C	D	E	F	G	H	I
1				个人住房贷款还款模型					
2					贷款年限				贷款额
3			10	15	20	25	30	35	
4		6.00%							
5		6.15%							
6	贷	6.30%							
7	款	6.45%							
8	年	7.00%							
9	利	7.15%							
10	率	7.30%							
11		7.45%							
12		8.00%							

图 9-1 个人住房贷款还款模型

如果用户希望根据不同的利率和贷款年限计算出每月的还款额，操作步骤如下。

步骤1 选中 I3 单元格，在【数据】选项卡下依次单击【数据验证】→【数据验证】命令，打开【数据验证】对话框，在【允许】下拉列表中选择【序列】，【来源】编辑框中输入“500 000,750 000,1 000 000,1 250 000,1 500 000,1 750 000,2 000 000”，设置贷款额 50 万 ~200 万元的下拉列表，如图 9-2 所示。

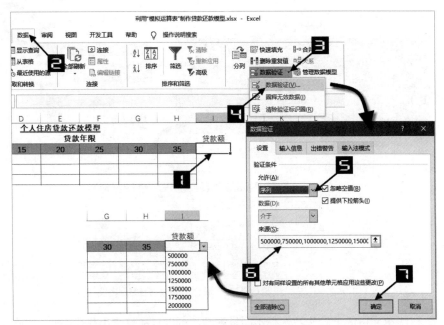

图 9-2 设置“贷款额”下拉列表

步骤② 在 B3 单元格输入以下公式，如图 9-3 所示。

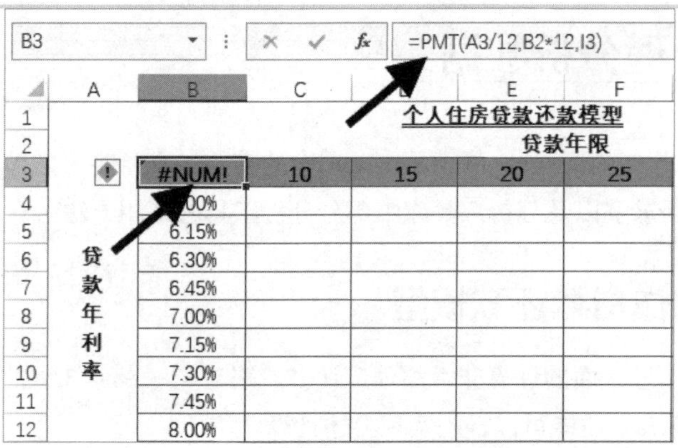

| B3 | ⋮ × ✓ fx | =PMT(A3/12,B2*12,I3) |

=PMT(A3/12,B2*12,I3)

PMT 函数用于根据固定付款额和固定利率计算贷款的付款额，语法为：

PMT(rate, nper, pv, [fv], [type])。

rate 为贷款利率，如果按月还款，年利率要除以 12。nper 为贷款偿还期数，如果按月还款，贷款年限要乘以 12。pv 为需要偿还的贷款总额。fv 为未来值，一般情况下一笔贷款的未来值为 0，可以省略该参数。type 为指定各期付款的时间，0 或省略表示期末支付，1 表示期初支付。

图 9-3　设置 PMT 函数公式

步骤③ 选中 B3:H12 单元格区域，在【数据】选项卡中依次单击【模拟分析】→【模拟运算表】命令，弹出【模拟运算表】对话框。在【输入引用行的单元格】编辑框中输入"$B$2"，在【输入引用列的单元格】编辑框中输入"$A$3"，单击【确定】按钮关闭【模拟运算表】对话框，完成设置，"个人住房贷款还款模型"中，根据"I3"单元格选择的贷款额自动计算出每月还款金额，如图 9-4 所示。

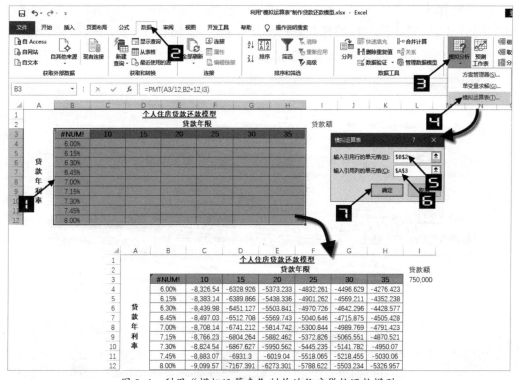

图 9-4　利用"模拟运算表"制作的住房贷款还款模型

此时，单击 I3 单元格的下拉按钮选择不同贷款额，可以自动计算出相应的每月还款金额。

技巧 145 利用"单变量求解"计算鸡兔同笼问题

鸡兔同笼是中国古代的数学名题之一。大约在 1500 年前,《孙子算经》中就记载了这个有趣的问题。书中是这样叙述的:"今有雉兔同笼,上有三十五头,下有九十四足,问雉兔各几何?"这四句话的意思是:有若干鸡兔同在一个笼子里,从上面数,有 35 个头,从下面数,有 94 只脚。问笼中鸡和兔各有多少只?

鸡兔同笼问题可以转化为一元一次方程,假设鸡的数量为"x",则兔的数量为"35-x",方程式如下:

```
2x+4*(35-x)=94
```

用"单变量求解"计算上述问题,操作步骤如下。

步骤① 如图 9-5 所示,在单元格中设置如下公式。

兔的数量(B4)= 共计数量(B5)– 鸡的数量(B3)
共计数量(B5)=35
共计脚的数量(B6)= 鸡的数量(B3)*2+ 兔的数量(B4)*4

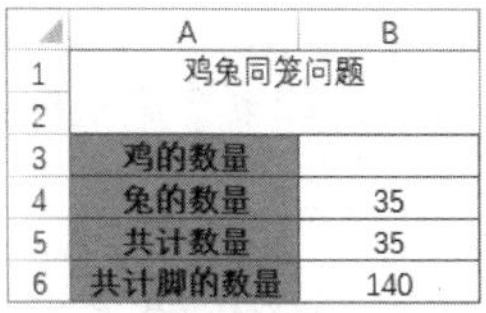

图 9-5 鸡兔同笼问题

步骤② 选中 B6 单元格,在【数据】选项卡下依次单击【模拟分析】→【单变量求解】命令,弹出【单变量求解】对话框。【目标单元格】保持默认,在【目标值】文本框中输入"94",单击【可变单元格】编辑框,在工作表中单击"鸡的数量"所在的单元格 B3,单击【确定】按钮,如图 9-6 所示。

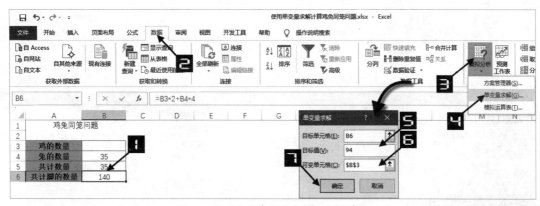

图 9-6 设置"单变量求解"相关参数

步骤③ 在弹出的【单变量求解状态】对话框中可查看到求解过程。求解完成后,可在【单变量求解状态】对话框中显示"对单元格 B6 进行单变量求解求得一个解。"同时,工作表中实时显示求得的解,鸡的数量和兔的数量分别为"23"和"12"。

此时,如果单击【单变量求解状态】对话框中的【确定】按钮,求解结果将被保留,如果单击【取消】按钮,则取消本次求解运算,工作表中的数据将恢复到求解前的状态。

图 9-7 单变量求解完成

技巧 146 利用"单变量求解"求解关键数据

	A	B
1	甲产品盈亏试算表	
2		
3	销售单价	12.88
4	销量	1,800.00
5	单位变动成本	1.25
6	固定成本	50,000.00
7		
8	总变动成本	2,250.00
9	总成本	52,250.00
10	销售收入	23,184.00
11	利润	-29,066.00

图 9-8　甲产品盈亏试算表

图 9-8 展示了一张某公司甲产品的盈亏试算表格。此表格的上半部分是销售及成本相关指标的数值，下半部分则是根据这些数值用公式统计出的总成本、收入和利润的状况，这些公式分别如下。

> 总变动成本（B8）= 销量（B4）* 单位变动成本（B5）
> 总成本（B9）= 固定成本（B6）+ 总变动成本（B8）
> 销售收入（B10）= 销售单价（B3）* 销量（B4）
> 利润（B11）= 销售收入（B10）- 总成本（B9）

在这个试算模型中，单价、销量和单位变动成本都直接影响盈亏，如果希望根据某个利润值快速倒推，计算出单价、销量和单位变动成本的具体情况，操作步骤如下。

146.1　求保本点销售量

步骤① 选中"利润"所在的单元格 B11，在【数据】选项卡中依次单击【模拟分析】→【单变量求解】命令，弹出【单变量求解】对话框，在【目标值】文本框中输入预定的保本利润目标为"0"，如图 9-9 所示。

图 9-9　设置"单变量求解"目标值

步骤② 单击【可变单元格】编辑框，在工作表中单击"销量"所在的单元格 B4，单击【确定】按钮关闭对话框，如图 9-10 所示。

步骤③ 在【单变量求解状态】对话框中可查看到求解过程。求解完成后，在【单变量求解状态】对话框显示"对单元格 B11 进行单变量求解求得一个解。"同时，工作表中的销量和利润已经发生了改变，如图 9-11 所示。计算结果表明，在其他条件不变的情况下，要使利润达到保本点 0，需要将销量提高到 4300。

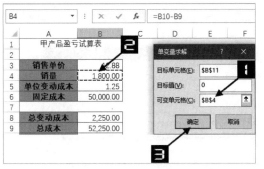

图 9-10 设置"单变量求解"可变单元格	图 9-11 单变量求解完成

单击【单变量求解状态】对话框中的【确定】按钮，保留求解结果即可。

146.2 计算取得特定利润时的销售单价

重复上述操作，在【单变量求解】对话框的【目标值】文本框中输入特定的利润目标"30000"，激活【可变单元格】编辑框后，在工作表中单击 B3 单元格，然后单击【确定】按钮，如图 9-12 所示。计算结果表明，在其他条件不变的情况下，要使利润达到 30000 元，需要将销售单价提高到 45.69 元。

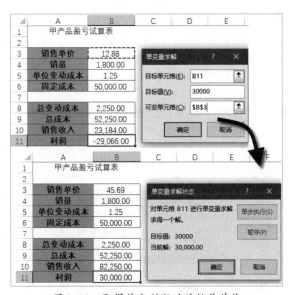

图 9-12 取得特定利润时的销售单价

技巧 147 在 Excel 中加载"规划求解"工具

"规划求解"工具是一个 Excel 加载宏，在默认安装的 Excel 2016 需要加载后才能使用，加载该工具的操作步骤如下。

步骤① 单击【文件】选项卡，在下拉列表中单击【选项】命令，在弹出的【Excel 选项】对话框中单击左侧列表中【加载项】选项卡，然后在右下方【管理】下拉列表中选择【Excel 加载项】，单击【转到】按钮，如图 9-13 所示。

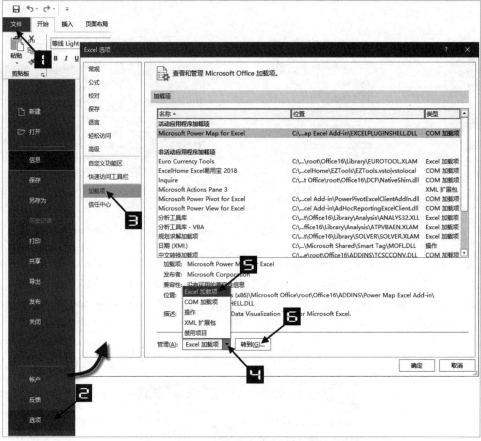

图 9-13　转到 Excel 加载项

步骤② 在弹出的【加载宏】对话框中选中【规划求解加载项】复选框，单击【确定】按钮关闭对话框，如图 9-14 所示。

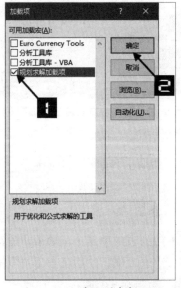

图 9-14　加载规划求解工具

上述操作完成后，在 Excel 功能区的【数据】选项卡中会显示【规划求解】命令按钮，如图 9-15 所示。

图 9-15　功能区中显示【规划求解】工具命令按钮

技巧 148　利用"规划求解"列出最佳数字组合

使用规划求解工具，可以解决挑选最佳数字组合的问题。例如，有一组数字要从其中选取数字组合，每个数字只能选取一次，选取后的数字组合之和接近 679，如果存在多种组合，选取数字个数最多的一种组合。

操作步骤如下。

步骤 1　将数字及条件输入表格，整理形成规划求解模型，如图 9-16 所示。

A2:A14 单元格区域为 13 个备选数字。

B2:B14 单元格区域以数字"0"或"1"来表示此数字是否被选中，数字"0"表示未选中，数字"1"表示选中。此区域作为规划求解的可变单元格。

A17 单元格为选取数字组合求和的目标值"679"。

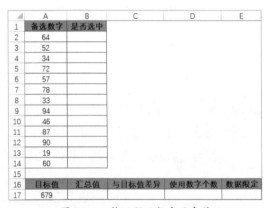

图 9-16　整理题目数字及条件

B17 单元格内输入实际选出数字的求和公式：

```
=SUMPRODUCT(A2:A14,B2:B14)
```

C17 单元格输入如下公式，计算当前汇总值与目标值之间的差异：

```
=ABS(A17-B17)
```

D17 单元格输入如下公式，计算当前所选取的数字的个数：

```
=SUM(B2:B14)
```

E17 单元格输入以下公式，用于限定存在多种组合时，选取数字个数最多的一种组合：

```
=ABS(A17-B17)*100-D17
```

步骤 2　在【数据】选项卡中单击【规划求解】按钮命令，打开【规划求解参数】对话框。在【设置目标】编辑框中选择 E17 单元格，单击【最小值】单选按钮，在【通过更改可变单元格】编辑框选择 B2:B14 单元格区域，如图 9-17 所示。

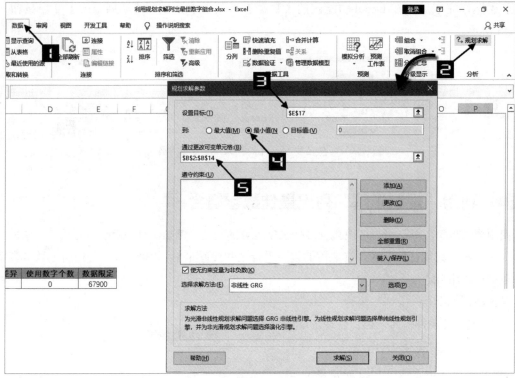

图 9-17　设置规划求解参数

步骤③　单击【添加】按钮打开的【添加约束】对话框，在【单元格引用】编辑框中输入
　　　　"$B$2:$B$14"，中间下拉菜单选择"bin"，单击【确定】按钮返回【规划求解】对话框，
　　　　即可成功添加约束条件"$B$2:$B$14= 二进制"，如图 9-18 所示。

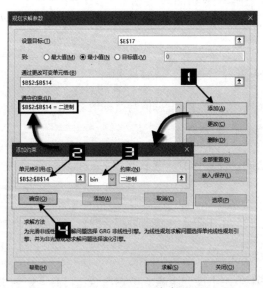

图 9-18　添加约束条件

步骤④　单击【选项】按钮命令，在弹出的【选项】对话框中选择【所有方法】选项卡，取消选中
　　　　【忽略整数约束】复选框，单击【确定】按钮关闭对话框，如图 9-19 所示。

图 9-19　取消忽略整数约束

步骤⑤ 单击【求解】按钮，系统开始求解过程，求解完成后，在弹出的【规划求解结果】对话框中可查看到求解结果为"规划求解找到一个解，可满足所有约束及最优状况。"，并且可变单元格区域 B2:B14 自动显示"0"或"1"，如图 9-20 所示。

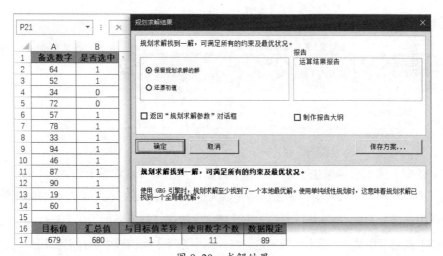

图 9-20　求解结果

单击【确定】按钮，保留求解结果即可。

技巧149 利用"规划求解"测算营运总收入

在生产管理和经营决策过程中，经常会遇到一些规划问题。例如，生产的组织安排、产品的运输调度以及原料的恰当搭配等问题。其共同点就是合理地利用有限的人力、物力和财力等资源，得到最佳的经济效益。利用 Excel 的规划求解工具，可以方便地得到各种规划问题的最佳解。

例如，某运输大队有三个车队，需要在华东、华北、东北、中南和西北市场开展运输业务。已知华东、华北、东北、中南和西北市场在一定时期内的运输需求量分别为 30 万、40 万、45 万、55 万和 35 万吨，总计为 205 万吨；而整个运输大队的运营能力为 183 万吨，其中，第一车队、第二车队和第三车队分别为 60 万、65 万和 58 万吨。在不同的市场中的运输单位价格一定的条件下，如何合理调配各车队在不同市场中的业务量，才能获得最大的总收入呢？

操作步骤如下。

步骤① 建立如图 9-21 所示的规划求解模型。其中"约束条件 1"为该运输大队在各个市场中的总需求量，"约束条件 2"为各个车队相应的运输能力，I11 单元格为将要求解的目标，计算公式为：

```
=SUMPRODUCT(B3:F5,B13:F15)
```

图 9-21　建立规划求解模型

步骤② 在【数据】选项卡中单击【规划求解】命令，弹出【规划求解】对话框。在【设置目标】编辑框中选择 I11 单元格，单击选中【最大值】单选按钮，在【通过更改可变单元格】编辑框中选择 B3:F5 单元格区域。单击【添加】按钮打开【添加约束】对话框，在【单元格引用】编辑框中选择 B6:F6 单元格区域，在【约束】编辑框中选择 B9:F9 单元格区域。

步骤③ 单击【添加】按钮，继续添加一个约束条件。在【单元格引用】编辑框中选择 G3:G5 单元格区域，在【约束】编辑框中选择 I3:I5 单元格区域，单击【确定】按钮返回【规划求解】对话框，单击【求解】按钮命令开始求解过程，如图 9-22 所示。

步骤④ 求解完成后，在弹出的【规划求解结果】对话框中可查看到求解结果为"规划求解找到一个解，可满足所有约束及最优状况。"，如图 9-23 所示。

步骤⑤ 单击【规划求解结果】对话框的【确定】按钮，最后的求解结果如图 9-24 所示。

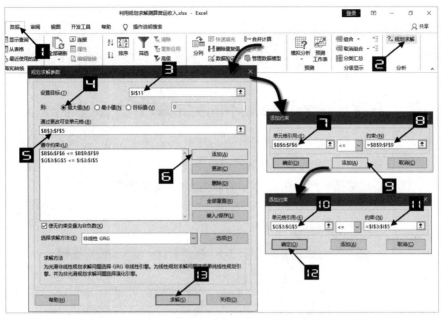

图9-22 设置规划求解参数及约束条件

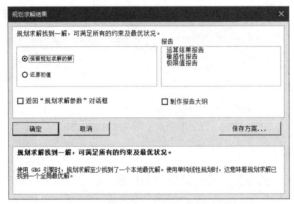

图9-23 【规划求解结果】对话框

	A	B	C	D	E	F	G	H	I
1	某运输大队运输市场供求分析								
2	运输量 市场 车队名称	华东市场	华北市场	东北市场	中南市场	西北市场	运输量（吨）	约束条件2	运输能力（吨）
3	第一车队	0	25	0	0	35	60		60
4	第二车队	30	15	0	20	0	65		65
5	第三车队	0	0	45	13	0	58		58
6	运输量（吨）	30	40	45	33	35			183
7									
8	约束条件1								
9	市场总需求量	30	40	45	55	35	205		
10									
11	某运输大队运输单位价格（元）							总收入（元）	12931
12	单位价格 市场 车队名称	华东市场	华北市场	东北市场	中南市场	西北市场			
13	第一车队	60	82	55	56	65			
14	第二车队	80	85	60	60	60			
15	第三车队	60	67	65	62	48			

图9-24 规划求解结果

技巧150 利用"方案管理器"模拟不同完成率下的提成总额

　　图 9-25 展示了一张各分公司业绩提成测算表，其中"完成额"和"提成金额"通过 F4 单元格的"任务完成率"计算得出，如果希望同时观察完成率在"70%""90%""100%"和"150%"时，提成金额合计（简称提成总额）的变化情况，可以通过"方案管理器"实现。

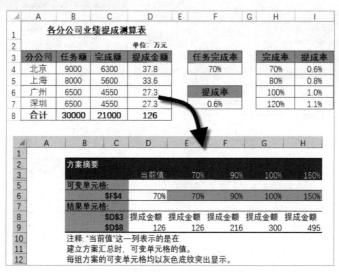

图 9-25　不同完成率下的提成总额

　　操作步骤如下。

步骤① 制作如图 9-25 所示的各分公司业绩提成测算表，并在相关单元格输入公式。

　　F7 单元格输入以下公式，用于查询 F4 单元格完成率下对应的提成率。例如，完成率"大于等于 70%"且"小于 80%"时，对应的提成率为"0.6%"。

```
=LOOKUP(F4,H4:I7)
```

　　C4 单元格输入完成额计算公式："=B4*F$4"，将公式向下复制到 C7 单元格。

　　D4 单元格输入完成额计算公式："=C4*F$7"，将公式向下复制到 D7 单元格。

　　C8 单元格输入求和公式：

```
=SUM(C4:C7)
```

　　D8 单元格输入求和公式：

```
=SUM(D4:D7)
```

步骤② 选中 F4 单元格，在【数据】选项卡下，依次单击【模拟分析】→【方案管理器】命令，打开【方案管理器】对话框，如图 9-26 所示。

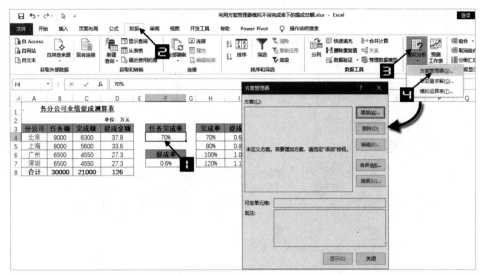

图 9-26　打开"方案管理器"对话框

步骤③ 在【方案管理器】对话框中单击【添加】按钮命令，打开【添加方案】对话框。在【方案名】编辑框输入"70%"，【可变单元格】已自动填写当前活动的单元格 F4，单击【确定】按钮。在弹出的【方案变量值】对话框中输入"0.7"，单击【确定】按钮关闭对话框，完成当前方案的添加，如图 9-27 所示。

步骤④ 重复以上步骤，分别添加"完成率"在"90%""100%"和"150%"下的方案，如图 9-28 所示。

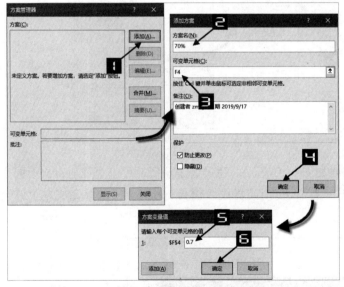

图 9-27　添加第一个方案

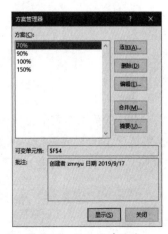

图 9-28　添加所有方案

提示

在步骤 3 的【方案变量值】对话框中，单击【添加】按钮，可直接返回当前方案并返回【添加方案】对话框，快速添加下一方案，而不必重复点击【方案管理器】对话框中的【添加】按钮命令。

步骤⑤ 在【方案管理器】对话框中，选中任意一个方案，如 "90%"，单击【显示】按钮命令，此时，"业绩提成测算表"自动显示"任务完成率"为"90%"情况下的相关数据，如提成总额为 216 万元，如图 9-29 所示。

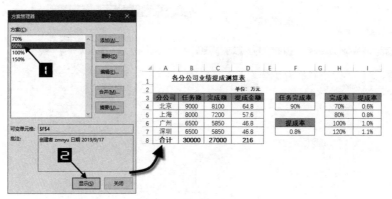

图 9-29　查看方案结果

步骤⑥ 在【方案管理器】对话框中单击【摘要】按钮命令，打开【方案摘要】对话框。单击【方案摘要】单选按钮，激活【结果单元格】编辑框，然后按住 <Ctrl> 键不放，鼠标左键依次单击 D3、D8 单元格，然后单击【确定】按钮关闭对话框，如图 9-30 所示。

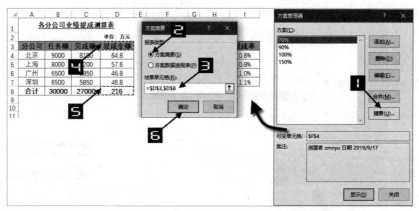

图 9-30　生成方案摘要

此时在新工作表中生成的方案摘要如图 9-31 所示。通过方案摘要，可以直观地对比不同完成率情况下的提成总额。例如，完成率为 100% 时，提成总额为 300 万元，如果完成率上升至 150%，则提成总额随之上升至 495 万元。

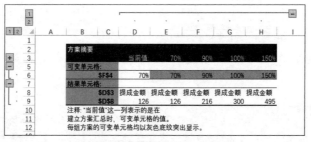

图 9-31　最终完成的方案摘要

技巧 151 利用"排位与百分比排位"计算理财师业绩百分比排名

在销售考核相关工作中,最直接的方式是对销售人员的业绩进行排名。除此之外,还可以使用"百分比排名"的指标更加直观地反映各理财师的业绩水平。

以图 9-32 所示的销售业绩表为例,通过"排名"(也称"排位")可以看出该理财师在销售队伍中的排名情况。百分比排名的计算方法是:

A 的百分比排名 = 比 A 业绩低的人数 / (总人数 -1) *100%

序号	理财师姓名	业绩金额		理财师	点	业绩金额	排位	百分比
1	李财1	4,190		李财10	10	13,920	1	100.00%
2	李财2	3,725		李财8	8	7,620	2	94.70%
3	李财3	5,105		李财4	4	5,595	3	89.40%
4	李财4	5,595		李财6	6	5,590	4	78.90%
5	李财5	3,860		李财19	19	5,590	4	78.90%
6	李财6	5,590		李财3	3	5,105	6	73.60%
7	李财7	3,560		李财1	1	4,190	7	68.40%
8	李财8	7,620		李财5	5	3,860	8	63.10%
9	李财9	1,710		李财2	2	3,725	9	57.80%
10	李财10	13,920		李财7	7	3,560	10	52.60%
11	李财11	780		李财16	16	3,230	11	47.30%
12	李财12	2,535		李财12	12	2,535	12	42.10%
13	李财13	420		李财20	20	1,950	13	36.80%
14	李财14	700		李财9	9	1,710	14	31.50%
15	李财15	895		李财15	15	895	15	26.30%
16	李财16	3,230		李财11	11	780	16	21.00%
17	李财17	690		李财14	14	700	17	15.70%
18	李财18	355		李财17	17	690	18	10.50%
19	李财19	5,590		李财13	13	420	19	5.20%
20	李财20	1,950		李财18	18	355	20	0.00%

图 9-32 根据销售业绩表统计排位及百分比排位

利用"排位与百分比排位"计算理财师的业绩排名和百分比排名,操作步骤如下。

步骤① 使用"排位与百分比排位"功能前,参照技巧 147 的步骤加载【分析工具库】,加载完成后,在 Excel 功能区的【数据】选项卡中会显示【数据分析】命令按钮,如图 9-33 所示。

图 9-33 功能区中显示【数据分析】命令按钮

步骤② 在【数据】选项卡下,单击【数据分析】按钮,在打开的【数据分析】对话框中选择【排位与百分比排位】命令选项,然后单击【确定】按钮,如图 9-34 所示。

步骤③ 在打开的【排位与百分比排位】对话框中,【输入区域】选择"业绩金额"所在的"$C$1:$C$21"单元格区域。本例中,第一行是字段标题,因此选中【标志位于第一行】复选框。【输出区域】选择"$F$1"单元格区域。单击【确定】按钮关闭对话框,如图 9-35 所示。

图 9-34 选择"排位与百分比排位"分析命令

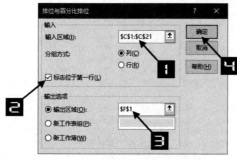

图 9-35 设置排位与百分比排位参数

步骤④ 生成的分析结果不能直接输出理财师姓名，可根据输出的理财师所在的行位置，即【点】字段，在 E2 单元格输入以下公式，将公式向下复制到 E21 单元格，引用"销售业绩表"中对应的"理财师姓名"。在 E1 单元格输入字段名"理财师"，并调整格式后，如图 9-36 所示。

```
=VLOOKUP(F3,$A$2:$B$21,2,0)
```

F	G	H	I		C	D	E	F	G	H	I
点	业绩金额	排位	百分比		业绩金额		理财师	点	业绩金额	排位	百分比
10	13,920	1	100.00%		4,190		李财10	10	13,920	1	100.00%
8	7,620	2	94.70%		3,725		李财8	8	7,620	2	94.70%
4	5,595	3	89.40%		5,105		李财4	4	5,595	3	89.40%
6	5,590	4	78.90%		5,595		李财6	6	5,590	4	78.90%
19	5,590	4	78.90%		3,860		李财19	19	5,590	4	78.90%
3	5,105	6	73.60%		5,590		李财3	3	5,105	6	73.60%
1	4,190	7	68.40%		3,560		李财1	1	4,190	7	68.40%
5	3,860	8	63.10%		7,620		李财5	5	3,860	8	63.10%
2	3,725	9	57.80%		1,710		李财2	2	3,725	9	57.80%
7	3,560	10	52.60%		13,920		李财7	7	3,560	10	52.60%
16	3,230	11	47.30%		780		李财16	16	3,230	11	47.30%
12	2,535	12	42.10%		2,535		李财12	12	2,535	12	42.10%
20	1,950	13	36.80%		420		李财20	20	1,950	13	36.80%
9	1,710	14	31.50%		700		李财9	9	1,710	14	31.50%
15	895	15	26.30%		895		李财15	15	895	15	26.30%
11	780	16	21.00%				李财11	11	780	16	21.00%
14	700	17	15.70%	17	16	李财16	3,230	李财14	14	700	17	15.70%
17	690	18	10.50%	18	17	李财17	690	李财17	17	690	18	10.50%
13	420	19	5.20%	19	18	李财18	355	李财13	13	420	19	5.20%
18	355	20	0.00%	20	19	李财19	5,590	李财18	18	355	20	0.00%
				21	20	李财20	1,950				

图 9-36 分析结果整理

以理财师"李财1"为例，通过以上分析结果可以看出，该理财师的业绩排名为第7名，其业绩金额高于 68.40% 的理财师，或者说 68.40% 的理财师比"李财1"业绩差。

技巧 152 利用"抽样工具"进行随机抽样

图 9-37 展示了一张合同登记台账，为了抽查合同签订是否规范，需要在所有合同中随机抽取 20 份，可使用【分析工具库】的【抽样】工具完成。

	A	B	C	D	E
1	序号	合同编号	合同期限	金额	合同生效日
241	240	TZ00073	3	50	2019/1/26
242	241	TZ00608	36	400	2019/1/26
243	242	TZ00609	36	740	2019/1/29
244	243	TZ00610	36	110	2019/1/29
245	244	TZ00611	1	260	2019/1/29
246	245	TZ00074	9	205	2019/1/29
247	246	TZ00075	1	290	2019/1/29
248	247	TZ00076	24	180	2019/1/29
249	248	TZ00441	36	240	2019/1/29
250	249	TZ00612	9	275	2019/1/29
251	250	TZ00077	12	290	2019/1/29
252	251	TZ00613	12	230	2019/1/30
253	252	TZ00078	1	50	2019/1/30
254	253	TZ00614	12	220	2019/1/31
255	254	TZ00079	9	230	2019/1/31
256	255	TZ00080	3	250	2019/1/31

图 9-37 合同登记台账

操作步骤如下。

步骤① 在【数据】选项卡下单击【数据分析】按钮，在打开的【数据分析】对话框中选择【抽样】命令选项，然后单击【确定】按钮，如图 9-38 所示。

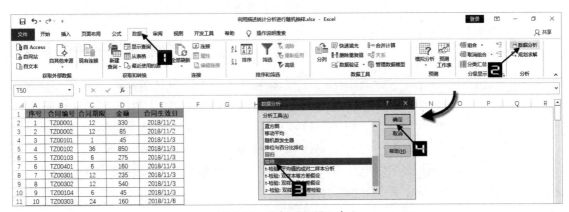

图 9-38 选择"抽样"命令

步骤② 在打开的【抽样】对话框中，【输入区域】选择"序号"所在的"$A$1:$A$256"单元格区域。选中【标志】复选框。在【抽样方法】区域中单击【随机】单选按钮，【样本数】设置为"20"。在【输出选项】区域中单击【新工作表组】单选按钮，在文本框中输入"样本"作为新工作表名称。单击【确定】按钮关闭对话框，如图 9-39 所示。

> **注 意**
>
> 由于抽样工具仅支持对"数值型"样本进行抽取，所以本例中对"序号"字段进行抽样。

步骤③ 抽样完成后，自动生成名为"样本"的工作表，随机抽取的 20 个样本在 A1:A20 单元格区域中列出，如图 9-40 所示。

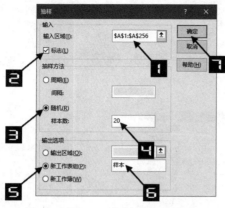

图 9-39　抽样参数设置

	A	B	C
1	227		
2	22		
3	124		
4	90		
5	123		
6	96		
7	140		
8	14		
9	56		
10	143		
11	82		
12	80		

图 9-40　抽样结果

步骤④ 由于抽取的样本为"合同登记台账"的"序号"，可以在 B1 单元格输入以下公式引用"合同编号"字段，并将公式复制到 B1:E20 单元格区域。

	A	B	C	D	E
1	序号	合同编号	合同期限	金额	合同生效日
2	227	TZ00603	9	20	2019/1/22
3	22	TZ00007	12	185	2018/11/9
4	124	TZ00150	12	285	2018/12/12
5	90	TZ00139	3	75	2018/12/1
6	123	TZ00041	12	40	2018/12/12
7	96	TZ00415	3	200	2018/12/4
8	140	TZ00313	6	85	2018/12/20
9	14	TZ00105	36	220	2018/11/6
10	56	TZ00023	24	880	2018/11/20
11	143	TZ00158	12	640	2018/12/20
12	82	TZ00133	12	250	2018/11/29
13	80	TZ00131	3	45	2018/11/28
14	26	TZ00010	12	430	2018/11/10
15	30	TZ00108	24	810	2018/11/13
16	226	TZ00602	9	75	2019/1/19
17	124	TZ00150	12	285	2018/12/12
18	106	TZ00035	12	530	2018/12/6
19	149	TZ00161	9	135	2018/12/22
20	7	TZ00301	12	235	2018/11/3
21	200	TZ00434	12	115	2019/1/11

图 9-41　最终完成的抽样结果表

```
=VLOOKUP($A1, 合同登记台
账!$A$1:$E$256,COLUMN(B1),0)
```

步骤⑤ 在第 1 行上方插入一个空行，分别在 A1:E1 单元格区域输入相应的字段名并调整格式，完成后的效果如图 9-41 所示。

技巧 153　检验多个测量变量的相关系数

相关系数是两个测量变量之间关联变化程度的指标。相关系数的值介于 -1 和 +1 之间（包括 -1 和 +1）。正数表示正相关，负数表示负相关，0 表示完全不相关，绝对值越大，表示相关性越强。

如图 9-42 展示了一张投资明细表，如果希望检验"年化收益率""产品期限"和"金额"两两之间的相关性，可以使用相关系数分析工具来实现。

	A	B	C	D	E	F	G
1	合同编号	产品编号	年化收益率	产品期限	金额	考核系数	出借日
2	TZ00001	CX001	9.0%	12	330	1	2018/11/2
3	TZ00002	GS005	5.6%	12	85	1	2018/11/2
4	TZ00101	GS001	4.5%	1	45	0.1	2018/11/3
5	TZ00102	CX003	9.6%	36	850	2	2018/11/3
6	TZ00103	GS003	4.8%	6	275	0.5	2018/11/3
7	TZ00401	GS003	4.8%	6	160	0.5	2018/11/3
8	TZ00301	GS005	5.6%	12	235	1	2018/11/3
9	TZ00302	CX001	9.0%	12	540	1	2018/11/3
10	TZ00104	GS003	4.8%	6	45	0.5	2018/11/3
11	TZ00303	CX002	9.2%	24	160	1.5	2018/11/6
12	TZ00304	GS001	4.5%	1	200	0.1	2018/11/6
13	TZ00003	GS005	5.6%	12	230	1	2018/11/6
14	TZ00402	GS001	4.5%	1	170	0.1	2018/11/6

	A	B	C	D
1		年化收益率	产品期限	金额
2	年化收益率	1		
3	产品期限	0.814443802	1	
4	金额	0.703870967	0.482501	1

图 9-42　投资明细表

操作步骤如下。

步骤① 在【数据】选项卡下单击【数据分析】按钮，在打开的【数据分析】对话框中选择【相关系数】命令选项，然后单击【确定】按钮，如图9-43所示。

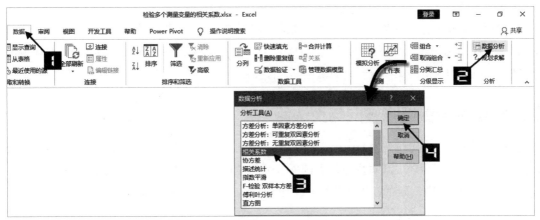

图 9-43 选择"相关系数"命令

步骤② 在打开的【相关系数】对话框中，【输入区域】选择"$C$1:$E$256"单元格区域。选中【标志位于第一行】复选框。在【输出选项】区域中单击【新工作表组】单选按钮，在文本框中输入"相关系数表"作为新工作表名称。单击【确定】按钮关闭对话框，如图9-44所示。

最终完成的相关系数表中，列出了"年化收益率""产品期限"和"金额"三个指标两两之间的相关系数，如图9-45所示。

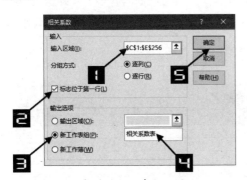

图 9-44 "相关系数"参数设置

图 9-45 最终完成的相关系数表

通过"相关系数表"可以看出，"年化收益率"和"产品期限"相关系数约为"0.81"，即二者呈"正相关"，也就是说，"产品期限"越长的产品，"年化收益率"相对越高。

第10章 文档打印与输出

虽然无纸化办公越来越普及，但很多时候还是需要将 Excel 表格中的内容打印输出，形成纸质的文档。本章介绍 Excel 文档的页面设置及打印选项调整等相关内容，使读者能够掌握打印输出的设置技巧，使打印输出的文档版式更加美观，并且符合个性化的显示要求。

技巧 154 灵活设置纸张方向与页边距

在打印之前，除对工作表中的内容进行必要的美化之外，还需要对纸张大小、纸张方向以及页边距等进行必要的设置。在【页面布局】选项卡下的【页面设置】【调整为适合大小】以及【工作表选项】3 个命令组中，分布着多个与打印有关的命令，用户可以在此进行详细的设置，如图 10-1所示。

图 10-1 【页面布局】选项卡

以图 10-2 所示的质量检验记录表为例，首先观察文档行列结构，如果列数多而行数较少，可以设置纸张方向为横向。本例中列数较少，可设置为纵向。然后根据内容多少来确定页边距。如果打印机支持 A4 以外的其他纸张规格，而且表格内容也需要特定规格，可以设置纸张大小。一般情况下，使用 Excel 默认的 A4 纸张即可。

	A	B	C	D	E	F	G	H	I	J	K	L
1						工业指标			发热量			
2	煤层编号	样品编号	深度	煤种	水分	灰分	挥发分	固定碳	高位	高位	低位	弹筒
3					Mad	Ad	Vdaf	FCd	Qgr,d	Qgr,ad	Qnet,ad	Qb,ad
4	1	SL2001-H1	430.25	原煤	1.57	17.57	39.92	49.54	27.76	27.32	26.55	27.51
5	1	SL2001-H1		浮煤	1.31	8.49	39.55	55.34	31.33	30.92	30.15	31.08
6	1	SL2003-H1	722.45	原煤	1.53	20.53	36.12	50.79	26.46	26.05	25.27	26.22
7	1	SL2003-H1		浮煤	1.08	5.95	35.13	61.03	31.41	31.08	30.29	31.22
8	1	SL2604-H1	630.35	原煤	2.04	15.88	39.09	51.26	30.45	29.83	28.96	29.95
9	1	SL2604-H1		浮煤	1.22	9.40	39.03	55.26	29.53	29.17	28.32	29.27
10	1	SL21-1-H1	921.54	原煤	1.15	33.88	41.4	38.77	20.6	-	19.8	20.46
11	1	SL21-1-H1		浮煤	3.18	6.47	40.54	55.63	32.15	-	30.99	31.24
12	1	SL18-2	803.53	原煤	1.49	39.33	40.53	-	18.91	18.63	-	18.73
13	1	SL18-2		浮煤	4.08	12.08	35.64	-	29.72	28.51	-	28.59
14	1	SL21-1	921.54	原煤	1.15	33.88	41.4	38.77	20.6	-	19.8	20.46

图 10-2 质量检验记录表

操作步骤如下。

步骤① 切换到【页面布局】选项卡下，单击【页边距】下拉按钮，在下拉列表中选择【常规】命令。单击【纸张方向】下拉按钮，在下拉列表中选择【纵向】命令，如图 10-3所示。

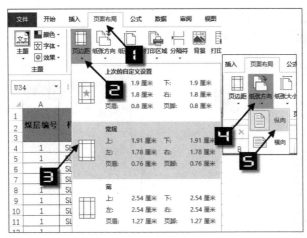

图 10-3　设置页边距和纸张方向

此时工作表界面中会显示出如图 10-4 所示的虚线，用来显示打印区域的边界。如果打印线的右侧还有内容，表示现有的页面宽度不足以存放所有列的内容，可通过适当调整列宽或是进一步设置页边距，使所有列的内容都能在一页之内打印。

	A	B	C	D	E	F	G	H	I	J	K	L
1						工业指标				发热量		
2	煤层编号	样品编号	深度	煤种	水分	灰分	挥发分	固定碳	高位	高位	低位	弹筒
3					Mad	Ad	Vdaf	FCd	Qgr,d	Qgr,ad	Qnet,ad	Qb,ad
4	1	SL2001-H1	430.25	原煤	1.57	17.57	39.92	49.54	27.76	27.32	26.45	27.51
5	1	SL2001-H1		浮煤	1.31	8.49	39.55	55.34	31.33	30.92	30.15	31.08
6	1	SL2003-H1	722.45	原煤	1.53	20.53	36.12	50.79	26.46	26.05	25.17	26.22
7	1	SL2003-H1		浮煤	1.08	5.95	35.13	61.03	31.41	31.08	30.19	31.22

图 10-4　打印线

步骤② 在【页面布局】选项卡下，单击【页面设置】命令组右下角的对话框启动器按钮，打开【页面设置】对话框，切换到【页边距】选项卡下，依次单击【左】【右】的微调按钮来调整页边距，在【居中方式】区域中选中【水平】复选框，然后单击【打印预览】按钮，对设置效果进行预览，如图 10-5 所示。

注 意

> 调整页边距时要考虑打印机的打印特性，如果设置的边距过小，可能会超出打印机的实际可打印范围。

步骤③ 在【打印预览】界面右侧将显示打印输出后的效果，确认无误后单击【打印】按钮即可，如图 10-6 所示。

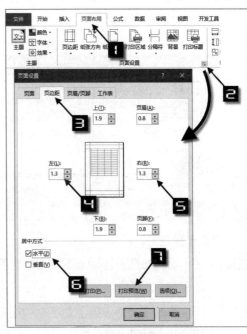

图 10-5　【页面设置】对话框

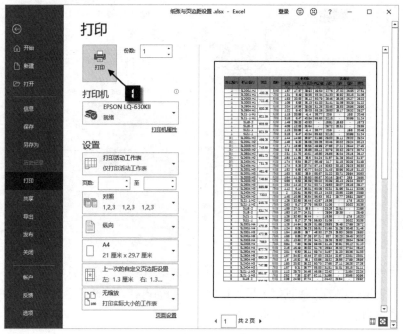

图 10-6 打印预览

提 示

在创建文档时，应首先考虑是否要进行打印输出，如果需要打印输出，则应根据文档内容先来确定好纸张方向，然后再进行内容录入，否则后期调整纸张方向时，有可能影响表格的整体布局结构。

技巧155 在页眉中添加企业 Logo

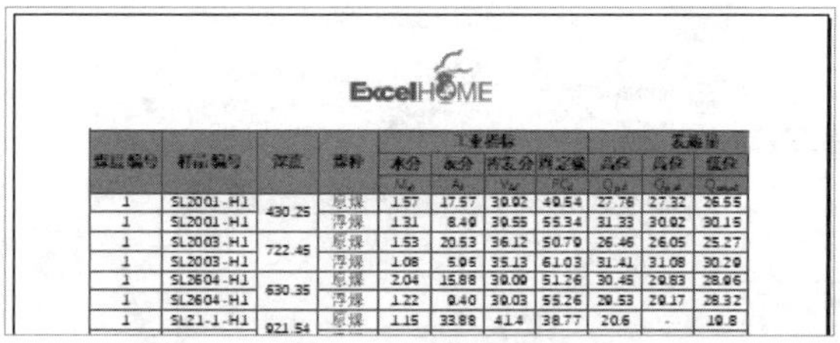

图 10-7 添加 Logo 图片后的预览效果

在页眉或页脚中添加企业 Logo，能够使打印后的文件更加个性化，效果如图 10-7 所示。

在页眉页脚中可以添加文本、页码、页数、日期、时间和文件路径等多种元素，但是同一个文档页眉页脚中的元素不要设置太多，以免打印后的页面显得过于凌乱。

提 示

在页眉中插入 Logo 图片后，可以按 <Ctrl+P> 组合键预览打印效果，如果图片显示不完整，可以适当调整顶部页边距。

操作步骤如下。

步骤1 在【页面布局】选项卡下单击【页面设置】命令组右下角的对话框启动器按钮，打开【页面设置】对话框。

步骤2 在打开的【页面设置】对话框中切换到【页眉 / 页脚】选项卡下，单击【自定义页眉】按钮打开【页眉】对话框。

步骤③ 在【页眉】对话框中单击【中部】文本框, 然后单击【插入图片】按钮, 打开【插入图片】窗口。

步骤④ 在【插入图片】窗口中单击【从文件】选项, 打开【插入图片】对话框。

步骤⑤ 在【插入图片】对话框中浏览找到存放 Logo 图片的位置, 单击图片图标, 再单击【插入】按钮返回【页眉】对话框。

步骤⑥ 依次单击【确定】按钮关闭对话框, 完成设置, 如图 10-8 所示。

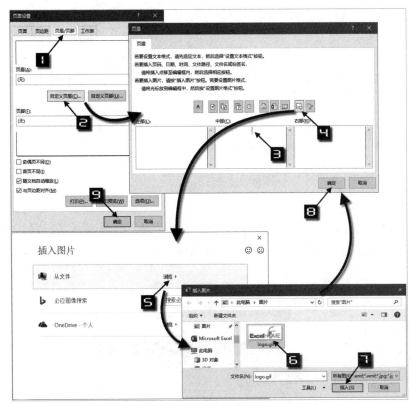

图 10-8　在页眉中插入图片

技巧156 每一页打印相同标题

如果需要打印的文档有多页, 经过简单设置, 可以在打印时让每一页都有相同的标题行, 使打印后的表格更加美观而且便于阅读。

图 10-9 展示了某公司采购记录表的部分内容, 共有 1 800 多条记录, 需要将其打印输入, 并且每一页都需要有标题行。

	A	B	C	D	E	F	G	H	I
1	单号	货物名称	规格型号	单位	数量	单价	金额	税额	价税合计
1761	125081	焕颜料		公斤	1	1,724.72	1,724.72	224.21	1,948.93
1762	125082	焕颜肽02		公斤	1	1,770.08	1,770.08	283.21	2,053.29
1763	125083	生态神经酰胺	Eco-Ceramide	公斤	1	2,569.19	2,569.19	411.07	2,980.26
1764	125084	生态神经酰胺	Eco-Ceramide	公斤	1	2,637.66	2,637.66	422.03	3,059.69
1765	125085	蓝铜肽		千克	0.01	132,743.85	1,327.44	212.39	1,539.83
1766	125086	蓝铜肽		千克	0.01	132,743.03	1,327.43	172.57	1,500.00
1767	125087	积雪草苷		千克	1	17,523.10	17,523.10	2,278.00	19,801.10
1768	125088	糖鞘脂类水溶神经酰胺		公斤	41	905.24	37,114.94	4,824.94	41,939.88
1769	125089	糖鞘脂类水溶神经酰胺		千克	5	905.65	4,528.26	588.67	5,116.93
1770	125090	糖鞘脂类水溶神经酰胺		千克	10	905.47	9,054.72	1,448.76	10,503.48
1771	125091	糖鞘脂类水溶神经酰胺		千克	28	929.63	26,029.74	3,383.87	29,413.61

图 10-9　采购记录表

操作步骤如下。

步骤① 依次设置纸张方向、纸张大小和页边距。

步骤② 单击【页面布局】选项卡下的【宽度】下拉按钮，在下拉菜单中选择"1页"命令，使其能够将所有列的内容都恰好打印到一页，如图 10-10 所示。

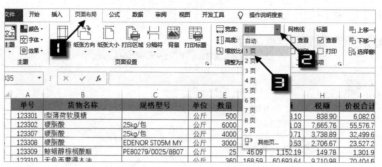

图 10-10　设置打印宽度

步骤③ 依次单击【页面布局】→【打印标题】按钮，打开【页面设置】对话框，并自动切换到【工作表】选项卡下。

步骤④ 单击【顶端标题行】右侧的折叠按钮，然后使用鼠标选择表格标题行的行号。本例标题行为第1行，因此可单击第1行的行号进行选择。最后单击【确定】按钮完成设置，如图 10-11 所示。

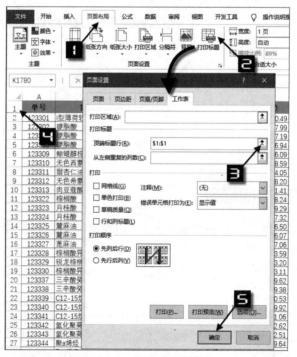

图 10-11　设置顶端标题行

提示

如果在打印预览窗口中单击底部的【页面设置】按钮进入【页面设置】对话框时，【工作表】选项卡下的"打印标题"和"打印区域"命令选项将不可用。

技巧 157 打印工作表中的部分内容

在数据量较多的工作表中，可以根据需要设置仅打印其中的部分内容。

图 10-12 展示了某公司采购记录表的部分内容，需要打印货物名称为"增稠、稳定剂"的记录。

	A	B	C	D	E	F	G	H	I
1	单号	货物名称	规格型号	单位	数量	单价	金额	税额	价税合计
38	123645	植物甾醇酯		千克	40	438.53	17,541.32	2,806.61	20,347.93
39	123604	植物甾醇异硬脂酸酯	PSE	公斤	20	663.86	13,277.14	1,726.03	15,003.17
40	123605	植物甾醇异硬脂酸酯	PSE	kg	20	664.05	13,280.94	2,124.95	15,405.89
41	123661	植物甾醇	PLAND00L-LG3	公斤	1	487.28	487.28	77.96	565.24
42	124286	植物胶液 SEAMOKKIENT		千克	20	82.19	1,643.73	263.00	1,906.73
43	123811	增稠剂		公斤	100	218.45	21,845.34	2,839.89	24,685.23
44	123726	增稠、稳定剂		公斤	25	308.65	7,716.27	1,234.60	8,950.87
45	123727	增稠、稳定剂		公斤	30	181.71	5,451.43	708.69	6,160.12
46	123728	增稠、稳定剂		公斤	20	181.76	3,635.29	472.59	4,107.88
47	123744	增稠、稳定剂	SEPIGEL 305	公斤	20	181.46	3,629.29	471.81	4,101.10
48	123781	增稠、稳定剂	SEPIGEL 305	公斤	30	120.70	3,620.93	579.35	4,200.28
49	123782	增稠、稳定剂	SEPIGEL 305	公斤	90	177.09	15,938.47	2,550.16	18,488.63
50	123783	增稠、稳定剂		公斤	20	181.30	3,626.09	580.17	4,206.26

图 10-12　采购记录表

操作步骤如下。

步骤① 参考技巧 156 中的方法，设置宽度和顶端标题行。

步骤② 选中货物名称为"增稠、稳定剂"的全部数据区域，依次单击【页面布局】→【打印区域】下拉按钮，在下拉菜单中选择【设置打印区域】命令即可，如图 10-13 所示。

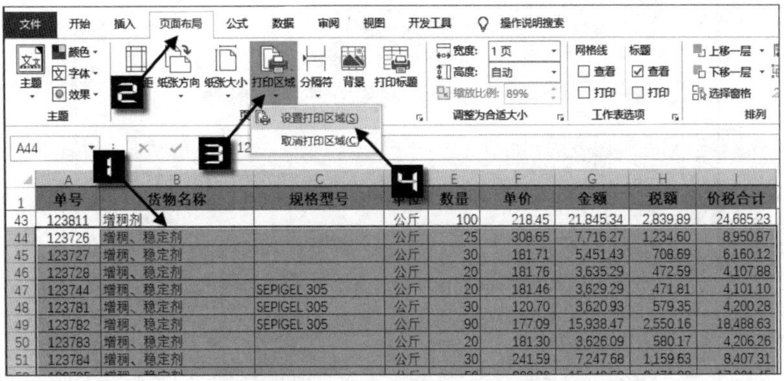

图 10-13　设置打印区域

设置完成后，单击 <Ctrl+P> 组合键进入打印预览界面，在预览区域中将仅显示指定货物名称的内容，并且自动添加了标题行，如图 10-14 所示。

单号	货物名称	规格型号	单位	数量	单价	金额	税额	价税合计
123726	增稠、稳定剂		公斤	25	308.65	7,716.27	1,234.60	8,950.87
123727	增稠、稳定剂		公斤	30	181.71	5,451.43	708.69	6,160.12
123728	增稠、稳定剂		公斤	20	181.76	3,635.29	472.59	4,107.88
123744	增稠、稳定剂	SEPIGEL 305	公斤	20	181.46	3,629.29	471.81	4,101.10
123781	增稠、稳定剂	SEPIGEL 305	公斤	30	120.70	3,620.93	579.35	4,200.28
123782	增稠、稳定剂	SEPIGEL 305	公斤	90	177.09	15,938.47	2,550.16	18,488.63
123783	增稠、稳定剂		公斤	20	181.30	3,626.09	580.17	4,206.26
123784	增稠、稳定剂		公斤	30	241.59	7,247.68	1,159.63	8,407.31
123785	增稠、稳定剂		公斤	50	308.99	15,449.53	2,471.92	17,921.45
123786	增稠、稳定剂		公斤	30	120.59	3,617.63	578.82	4,196.45
123787	增稠、稳定剂		公斤	30	177.13	5,314.02	850.24	6,164.26
123788	增稠、稳定剂		公斤	20	181.49	3,629.89	580.78	4,210.67
123789	增稠、稳定剂		公斤	60	177.71	10,662.85	1,706.06	12,368.91
123790	增稠、稳定剂		公斤	25	309.48	7,737.02	1,005.81	8,742.83
123791	增稠、稳定剂		公斤	60	234.52	14,071.37	2,251.42	16,322.79
123792	增稠、稳定剂		公斤	20	181.86	3,637.29	581.97	4,219.26

图 10-14　只打印工作表中的部分内容

如需取消打印区域，可以依次单击【页面布局】→【打印区域】下拉按钮，在下拉菜单中选择【取消打印区域】命令即可。

技巧 158 将页面设置应用到其他工作表

在一个工作表中进行页面设置后，可以快速应用到当前工作簿的其他工作表，操作步骤如下。

步骤① 切换到已经进行过页面设置的工作表。按住 <Ctrl> 键不放，依次单击其他需要应用相同页面设置的工作表标签，同时选中多个工作表。

步骤② 在【页面布局】选项卡下，单击【页面设置】命令组右下角的对话框启动器按钮打开【页面设置】对话框，直接单击【确定】按钮关闭对话框，如图 10-15 所示。

图 10-15 将页面设置应用到其他工作表

步骤③ 右击任意工作表标签，在快捷菜单中选择【取消组合工作表】命令，如图 10-16 所示。设置完成后，当前工作表中的其他页面设置规则即可应用到其他工作表。

> **提示**
>
> 使用此方法时，已设置的"打印区域""打印标题"和页眉页脚中的自定义图片不会被应用到其他工作表。

图 10-16 取消组合工作表

技巧 159　**分页预览视图和页面布局视图**

　　在页面布局视图和分页预览视图下，也能够对页面设置进行快速调整。在【视图】选项卡下的【工作簿视图】命令组中，单击对应的视图命令按钮或是单击工作表右下角的视图图标，都可以在不同视图之间进行切换，如图 10-17 所示。

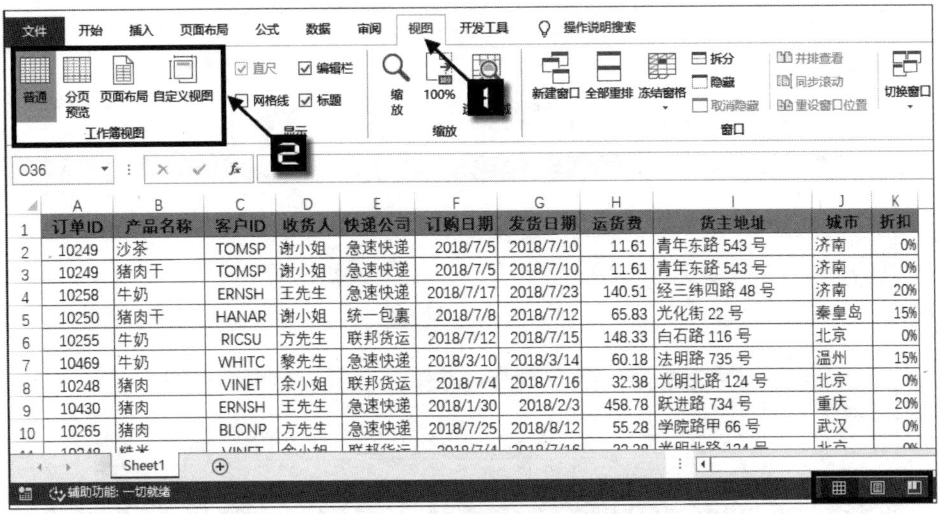

图 10-17　切换工作簿视图

159.1　分页预览视图

　　依次单击【视图】→【分页预览】按钮，进入"分页预览"视图模式。此时窗口中会显示浅灰色的页码，分页符显示为蓝色虚线，使用鼠标可以直接拖动进行调整，如图 10-18 所示。

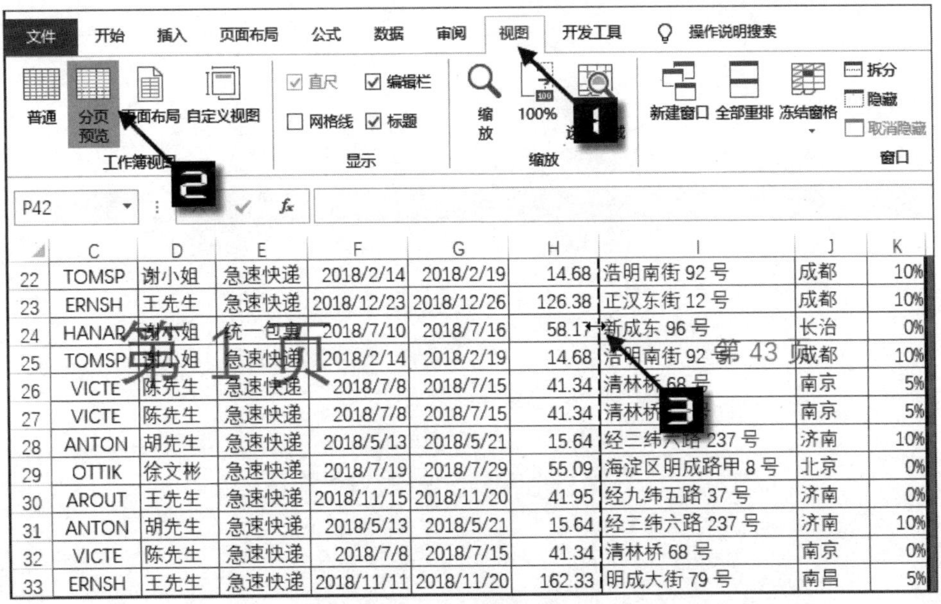

图 10-18　在分页预览视图模式下进行页面设置

159.2　页面布局视图

单击工作表底部的【页面布局】按钮，进入"页面布局"视图模式。在此视图模式下，页眉页脚的设置更加直观。

如需添加页眉，可以直接单击工作表顶端的页眉区域，然后在【页眉和页脚工具】的【设计】选项卡下选择对应的按钮，即可快速设置页眉内容，如图 10-19 所示。

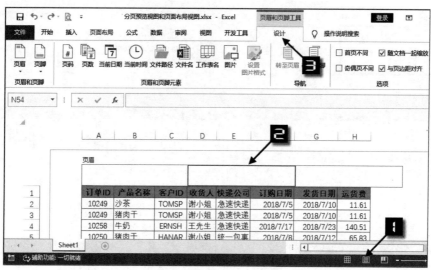

图 10-19　在页面布局视图模式下设置页眉和页脚

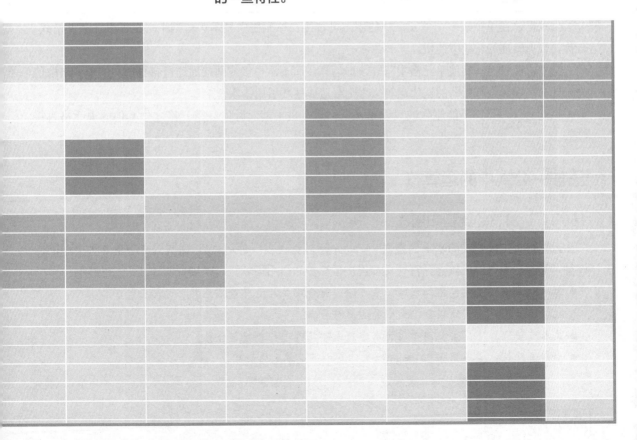

第 2 篇

使用函数与公式进行数据统计

函数与公式是 Excel 的特色功能之一，也是最能体现其出色计算和快速统计能力的功能之一，灵活使用函数与公式可以大大提高数据处理分析的能力和效率。本篇主要讲解函数与公式的基本使用方法，以及各种常用统计计算的思路与方法。

通过对本篇的学习，读者能够逐步熟悉 Excel 常用函数与公式的使用方法和应用场景，并有机会深入了解这些函数不为人知的一些特性。

第 11 章 函数与公式基础

Excel 2016 中不同类型的内置函数超过 400 个，每个函数都有执行特定任务的功能，如进行数学运算、查找值或者计算日期和时间等。这些函数可以单独使用，也可以嵌套使用作为公式的一部分。在学习使用函数公式之前，有必要先了解函数与公式的基本原理和规则。本章主要介绍函数与公式的基本定义和结构、公式中的数据类型、运算符类型及函数与公式的常用技巧。

Excel 中函数与公式是彼此相关但又不同的两个概念。

严格地说，Excel 中的"公式"指以等号（=）开头，利用各种类型数据及运算符或是内置函数进行数据运算处理，并返回结果的一种形式。"函数"则是按照特定算法执行运算，是 Excel 预定义的特殊公式，从广义角度来讲，函数也是一种公式。

构成公式的要素包括等号（=）、运算符、常量、单元格引用、函数、自定义名称等，如表 11-1 所示：

表 11-1 公式的构成要素

公式	说明
=A1+B1	包含单元格引用的公式，A1 和 B1 为单元格引用，+ 为运算符
=10^2+20	包含常量的公式，^ 和 + 为运算符
=SUM(A1:A10,35)	包含函数的公式，括号中内容为 SUM 函数的参数
= 单价 * 数量	包含名称的公式，单价和数量分别代表数据表中的某些数值

公式可以在单个或多个单元格中使用，可直接在单元格中显示运算结果，也可以在条件格式、名称、数据验证等功能中使用。

公式通常只能从其他单元格中获取数据运算，而不能直接或间接地通过自身所在的单元格取值进行计算，除非是有目的的迭代运算，否则会造成循环引用错误。

除此之外，公式不能删除或设置单元格格式，也不能对除所在单元格之外其他的单元格直接赋值。

技巧 160 公式中的运算符

160.1 运算符的类型和用途

运算符是构成公式的基本元素之一，每个运算符代表一种运算方式。Excel 包含 4 种类型的运算符：算数运算符、比较运算符、文本连接运算符和引用运算符，详细说明如表 11-2 所示。

- 算术运算符：主要包括加、减、乘、除、百分比及幂运算等常见算术运算符号。
- 比较运算符：用于比较数据大小的运算符号。
- 文本连接运算符：主要用于将文本字符或字符串进行连接与合并。
- 引用运算符：主要用于在 Excel 的工作表中产生单元格引用。

表 11-2　公式中的运算符

运算符	说明	实例
－	算术运算符：负号（求反）	=7*-3 结果等于 -21
＋和－	算术运算符：加号和减号	=3+3-2 结果等于 4
＊和 /	算术运算符：乘号和除号	=3*6/2 结果等 9
%	算术运算符：百分号	=12*50% 结果等于 6
^	算术运算符：幂运算号	=3^3 结果等于 27
＝和〈〉 〉和〈 〉= 和 〈=	比较运算符：等于、不等于、大于、小于、大于等于、小于等于	=A1=A2，判断 A1 和 A2 是否相等 =(1+3)>(4+5)，判断 1+3 是否大于 4+5 =(C1>=9)，判断 C1 是否大于等于 9
&	文本连接运算符：将两个值连接（或串联）起来产生一个连续的文本值	="Excel "&2015+1 返回"Excel 2016"
:	引用运算符：区域运算符，生成一个对两个引用之间所有单元格的引用（包括这两个引用）	=SUM(A1:C5)，引用为一个矩形区域，以区域运算符左侧单元格为左上角，右侧单元格为右下角。公式返回 A1:C5 单元格区域数值之和
,	引用运算符：联合运算符，将多个引用合并为一个引用	=SUM(B5:B15,D5:D15)，函数参数为 B5:B15 和 D5:D15 两个不连续区域组成的联合区域
_（空格）	引用运算符：交集运算符，生成对两个引用中共有单元格的引用	=SUM(B7:E8 C6:C8) 返回 B7:E8 和 C6:C8 单元格区域交叉区域 C7:C8 单元格区域数值之和

160.2　公式的运算顺序

与常规数学计算相似，Excel 中所有运算符都有固定的运算次序。如果一个公式中有若干个运算符，Excel 将按表 11-3 中从上到下的次序进行计算。如果一个公式中的若干个运算符具有相同的优先顺序（如既有乘号又有除号），则将从左到右依次计算。

表 11-3　Excel 运算符的运算顺序

优先级	运算符	说明
1	:_（单个空格），	引用运算符：冒号，空格和逗号
2	－	算数运算符：负号（取得与原值正负号相反的值）
3	%	算数运算符：百分比
4	^	算数运算符：幂运算
5	＊和 /	算数运算符：乘和除
6	＋和－	算数运算符：加和减
7	&	文本连接运算符
8	=, >, <, <=, >=, <>	比较运算符

默认情况下，Excel 按上述运算顺序运算，如以下公式返回 -4。

=5--3^2

上述公式的运算结果并不等于：

=5+3^2

根据运算优先级，公式中最先组合的是代表负号的"-"与"3"计算得到 -3，然后通过"^"与"2"进行幂运算，最后才与代表减号的"-"与"5"进行减法运算。上述公式等价于：

```
=5-(-3)^2
```

如果需要改变公式运算的顺序，可以使用括号提高运算优先级。在数学计算式中用小括号 ()、中括号 [] 和大括号 {} 改变运算顺序，在 Excel 中均使用小括号，而且括号的优先级高于所有运算符。

如果公式中使用多组括号进行嵌套，其计算顺序是由最内层的括号逐级向外进行运算。例如：

```
=((A1+5)/3)^2
```

公式先执行 A1+5 的运算，将求和得到的结果除以 3，最后再进行 2 次幂运算。

提 示

> 如果需要执行开方运算，如要计算 9 的正平方根，可以用 =9^(1/2) 来实现。

技巧 161 公式中值类型的转换

使用 Excel 公式时须为每个运算符提供特定类型的值，如果输入的值与预期不同，Excel 可能会转换该值。

使用加号（+）时，+ 两边应该为数值，但以下公式仍可返回 3，因为尽管引号表示 "1" 和 "2" 为文本值，Excel 计算四则运算时会自动将文本值转换为数字。

```
="1"+"2"
```

某些字符串是被 Excel 识别的数字格式，运算时 Excel 会将其转化为数字。例如，以下公式均可运行并返回预期值。

```
=1+"$4.00"
="2020-6-1"-"2019-7-23"
```

当 Excel 运算需要数字但无法将文本转换为数字时，将返回错误值。例如，以下公式中因为文本"8+1"不能转换为数字，所以公式返回错误值 #VALUE!。

```
=SUM("8+1")
```

当 Excel 运算需要文本时会将数字和逻辑值（如 TRUE 和 FALSE）转换为文本。例如，以下公式返回文本"ATRUE"。

```
="A"&TRUE
```

如果 A1 单元格中存储的是文本型数字，可以通过添加两个减号的方式将其转化为数字。添加两个减号相当于计算负数的负数，习惯上也称为"减负运算"。例如，可在 B1 单元格中输入以下公式将文本型数字转化为数值。

```
=--A1
```

技巧 162 引用单元格中的数据

在函数与公式中引用一个单元格或单元格区域一般有两种引用方式，一种为"A1 引用样式"，另一种为"R1C1 引用样式"。

162.1 A1 引用样式

A1 引用样式是 Excel 默认的引用样式，该样式引用带有字母的列（A 到 XFD，共 16 384 列），并引用包含数字的行（1 到 1 048 576）。这些字母和数字被称为列标和行号，一组列标和行号构成单元格地址的引用。

例如，B2 引用 B 列和第 2 行交叉处的单元格，C7 引用 C 列和第 7 行交叉处的单元格，A1:C5 引用以 A 列和第 1 行交叉处单元格为起点，以 C 列和第 5 行交叉处单元格为终点的矩形区域。

162.2 R1C1 引用样式

R1C1 引用样式中"R"为行标识，"C"为列标识，R 和 C 后面的数字代表对应的行号和列号，标识及对应的行号或列号共同构成单元格地址的引用。例如，要表示第 3 行第 5 列的单元格，R1C1 引用样式的表达方式为"R3C5"，即 A1 引用样式中的"E3"。

通常情况下，A1 引用样式更方便阅读和使用，而 R1C1 引用样式在某些场合下会方便公式的书写。

A1 引用样式和 R1C1 引用样式，可以通过在【Excel 选项】对话框的【公式】选项卡中选中或取消选中【使用公式】区域中的【R1C1 引用样式】复选框来切换，如图 11-1 所示。

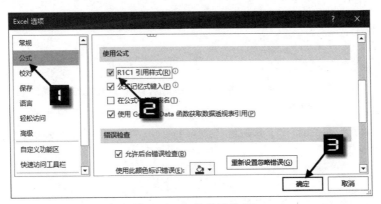

图 11-1 切换引用样式

选中【R1C1】复选框后，Excel 窗口中的列标签会随之变化，之前以字母表示的列标会自动转换为数字，如图 11-2 所示。

162.3 引用运算符

如果对多个单元格组成的区域范围进行整体引用，就会用到引用运算符。Excel 中的引用运算符有以下 3 类：

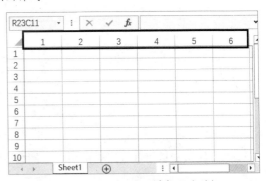

图 11-2 R1C1 引用样式下的列标

- 区域运算符（半角冒号:）：通过冒号连接前后两个单元格地址，表示引用一个矩形区域，冒号两端的两个单元格分别是这个区域的左上角和右下角单元格。例如，"B2:E7"代表的引用区域就是如图 11-3 所示的矩形区域。

  如果引用整行，可以省略列标，如"5:5"表示对第 5 行的整行引用。如果引用整列，可以忽略行号，如"E:G"代表对 E、F、G 连续三列的整列引用。

- 交叉运算符（空格）：通过空格连接前后两个单元格区域，表示引用这两个区域的交叉部分。例如，"(B2:E7 C4:G9)"表示 B2:E7 单元格区域和 C4:G9 单元格区域的交叉区域，即 C4:E7单元格区域的引用，如图 11-4 所示。

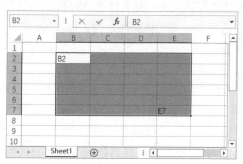

图 11-3　矩形区域引用

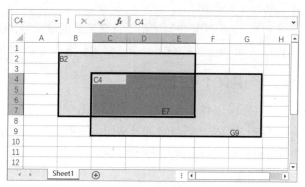

图 11-4　引用交叉区域

部分函数支持对交叉区域的引用，例如：

```
=SUM(B2:E7 C4:G9)
```

运算结果等价于：

```
=SUM(C4:E7)
```

- 联合运算符（半角逗号,）：使用半角逗号连接前后两个单元格或区域，表示引用这两个区域共同组成的联合区域。这两个区域可以是连续的，也可以是相互独立的非连续区域。例如，"(B2:C4,D6:G9)"表示 B2:C4 单元格区域和 D6:G9 单元格区域组成的联合区域，如图 11-5所示。

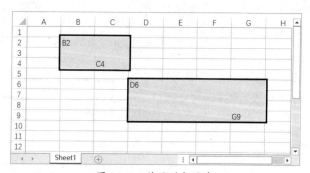

图 11-5　引用联合区域

部分函数支持对联合区域的引用，例如：

```
=RANK(C3,(B2:C4,D6:G9))
```

表示计算 C3 单元格数值在 B2:C4 单元格区域和 D6:G9 单元格区域组成的联合区域中的排名。

162.4　相对引用

相对引用是指公式中的单元格引用是单元格的相对位置，如果公式所在单元格的位置改变，引用也随之改变。如果在多行或多列中复制或填充公式，引用会自动调整。默认情况下，公式使用相对引用。例如，B2 单元格中的公式为"=A1"，如果将 B2 单元格中的相对引用公式复制到 B3 单元格，引用将自动从"=A1"调整为"=A2"。

如图 11-6 所示，A 列是销售人员姓名，B 是销售数量，C 列是销售单价，需要在 D 列计算每个销售人员的销售额。

D2 单元格输入以下公式，向下填充到 D11 单元格。

	A	B	C	D	E
1	姓名	销量	单价	销售额	公式
2	杨玉兰	57	3	171	=B2*C2
3	龚成琴	35	9	315	=B3*C3
4	王莹芬	52	5	260	=B4*C4
5	石化昆	59	2	118	=B5*C5
6	班虎忠	50	6	300	=B6*C6
7	補态福	65	1	65	=B7*C7
8	王天艳	53	4	212	=B8*C8
9	安德运	50	6	300	=B9*C9
10	岑仕美	49	8	392	=B10*C10
11	杨再发	35	9	315	=B11*C11

图 11-6　相对引用

```
=B2*C2
```

D2 单元格中对 B2 单元格和 C2 单元格的引用方式均为相对引用，当公式向下复制时，对 B 列和 C 列单元格的引用会自动变更为公式所在行 B 列和 C 列单元格的引用，不需要在 D 列每个单元格中都单独输入公式。

使用相对引用时，公式所在单元格与引用对象之间的行列间距始终保持一致。当纵向复制或填充公式时，引用的行号会自动递增或递减；当横向复制或填充公式时，引用的列标会自动顺延。

162.5　绝对引用

绝对引用是指公式中的单元格引用是单元格的绝对位置，如果公式所在单元格的位置改变，引用不随之改变。如果在多行或多列中复制或填充公式，引用不会自动调整。例如，B2 单元格中的公式为"=$A$1"，如果将 B2 单元格中的公式复制到 B3 单元格，引用保持"=$A$1"不变。

如图 11-7 所示，D 列是每个销售人员的销售额，需要在 E 列计算个人销售额占总销售额的比例。

E2 单元格输入以下公式，向下复制到 E11 单元格。

	A	B	C	D	E	F
1	姓名	销量	单价	销售额	销售额比例	公式
2	杨玉兰	57	3	171	6.99%	=D2/$D$12
3	龚成琴	35	9	315	12.87%	=D3/$D$12
4	王莹芬	52	5	260	10.62%	=D4/$D$12
5	石化昆	59	2	118	4.82%	=D5/$D$12
6	班虎忠	50	6	300	12.25%	=D6/$D$12
7	補态福	65	1	65	2.66%	=D7/$D$12
8	王天艳	53	4	212	8.66%	=D8/$D$12
9	安德运	50	6	300	12.25%	=D9/$D$12
10	岑仕美	49	8	392	16.01%	=D10/$D$12
11	杨再发	35	9	315	12.87%	=D11/$D$12
12	合计:			2,448	100.00%	

图 11-7　绝对引用

```
=D2/$D$12
```

E2 单元格公式向下复制时，使用绝对引用的"$D$12"部分不会变化，而使用相对引用的"D2"部分，则会随公式向下复制或填充，变为 D3、D4……D11，从而实现分别计算每个销售人员销售额占总销售额比例的目的。

绝对引用是通过在行号或列标前加上"$"来实现的。如果在行号前面加上"$"，如"=A$1"，当在垂直方向复制或填充时公式将保持"=A$1"引用不变。E2 单元格改成如下公式并向下复制，E 列计算结果仍保持不变，因为对"D$12"单元格的引用保持不变。

```
=D2/D$12
```

如果在列标前面加上"$"，如"=$A1"，当公式在水平方向复制时，公式将保持"=$A1"引用不变。

如果行号列标前面都加上"$"，一般称为"绝对引用"。如果只有行号或列标一项前面加上"$"，一般称为"混合引用"。灵活地使用"相对引用""绝对引用"和"混合引用"并加以合理的搭配，就可以设计出灵活、高效的公式，提高公式的复用率，降低维护和修改公式的成本，提高使用效率。

在编辑栏中选中单元格引用部分然后按 <F4> 键，可以在相对引用、绝对引用和混合引用之间循环切换。

> **提示**
>
> "$"符号仅适用于 A1 引用样式下的绝对引用，在 R1C1 引用样式下用方括号 [ ] 表示相对引用，如 R[2]C[-3] 表示以当前单元格为基点，向下偏移 2 行，向左偏移 3 列的单元格引用，而 R2C3 则表示对工作表中的第 2 行第 3 列单元格绝对引用。

技巧 163 引用不同工作表中的数据

在 Excel 公式中，可以引用其他工作表的数据参与运算。例如，要在名称为 Sheet1 的工作表引用同一个工作簿中名称为 Sheet2 工作表的 A8 单元格，公式如下。

```
=Sheet2!A8
```

这个跨表引用的公式除等号（=）外，由工作表名称（Sheet2）、半角感叹号（!）、目标单元格地址"A8"共 3 部分组成。除直接手动输入公式外，还可以按以下步骤输入公式。

步骤① 在 Sheet1 任意单元格中输入等号（=）。

步骤② 单击 Sheet2 工作表标签切换到 Sheet2 工作表，单击 A8 单元格。

步骤③ 按 <Enter> 键完成。

如果跨表引用的工作表名称是以数字开头、包含空格或以下字符，则公式中的引用工作表名称需要用一对半角单引号包含。

$ % ` ~ ! @ # ^ & ( ) + - = , | " ; { }

例如：

```
='4 月 '!E19
```

跨工作簿引用数据，需要在公式中使用工作簿的全称。例如，引用打开的另外一个名称为"工作簿 2"的工作簿 Sheet1 工作表的 B1 单元格，可以输入以下公式：

```
=[ 工作簿 2]Sheet1!B1
```

如果使用鼠标点选的方式，可通过先输入等号，然后切换到"工作簿 2"，单击 Sheet1 工作表标签，再单击 B1 单元格，最后按 <Enter> 键完成输入，跨工作簿引用时，默认的单元格引用方式是绝对引用。

```
=[ 工作簿 2]Sheet1!$B$1
```

技巧 164 公式的复制和填充

一般情况下公式都可以实现批量的复制和填充，无须为每个单元格单独编写公式。下面介绍几种比较常见的公式复制和填充技巧。

方法 1 拖曳填充柄。单击选中公式所在单元格，鼠标移向该单元格右下角，当鼠标指针显示为黑色"十字"填充柄时，向不同方向拖动鼠标左键，可将公式复制到其他单元格区域。

方法 2 双击填充柄。当与公式所在单元格的其他相邻单元格中有数据时，双击填充柄，公式将自动向下填充。

方法 3 快捷键填充。以公式所在单元格为首行，选中需要填充的目标区域，按 <Ctrl+D> 组合键可执行"向下填充"命令。如需向右填充，可以使用 <Ctrl+R> 组合键。

方法 4 复制粘贴。复制公式所在单元格，选中需要填充的目标区域，按 <Ctrl+V> 组合键即可填充公式。复制粘贴方法的缺点是会破坏目标区域单元格格式。

方法 5 选择性粘贴。复制公式所在单元格，选中需要填充的目标区域，右击鼠标，在弹出的快捷菜单中选择【粘贴选项】中的"公式"图标，如图 11-8 所示。选择性粘贴方法的优点是不会破坏目标区域单元格格式。

图 11-8 粘贴公式按钮

技巧 165 自动完成公式

Excel 中的【公式记忆式键入】功能，能够帮助用户在输入公式时提示相关函数名称，以方便快速完成公式输入。

默认情况下，Excel 中已开启记忆式键入选项。如果不确定当前是否启用了该功能，可以通过在功能区上依次单击【文件】→【选项】，在【Excel 选项】对话框中单击【公式】选项卡，查看右侧【使用公式】区域中【公式记忆式键入】复选框是否已选中来确认，如图 11-9 所示。

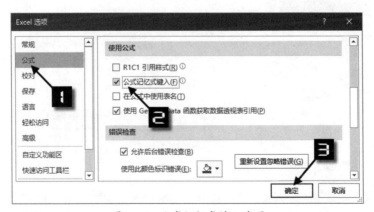

图 11-9 公式记忆式键入选项

除此之外，还可以在公式编辑模式下按 <Alt+↓> 组合键，切换是否启用"公式记忆式键入"功能。

启用"公式记忆式键入"功能后，编辑或输入公式时，就会自动显示以输入的字符开头的函数下拉列表。如图 11-10 所示，输入字母"mi"或"MI"后，以"MI"开头的所有函数列表自动出现在公式所在单元格下方。此时，按上、下方向键或用鼠标单击列表中的不同函数，右侧将显示此函数用途的简介。双击鼠标左键或按 <Tab> 键，可将相应函数自动添加到当前的编辑位置。如果列表中出现的函数比较多，可以尝试输入更多的字符，以便缩小列表中可选函数的范围。

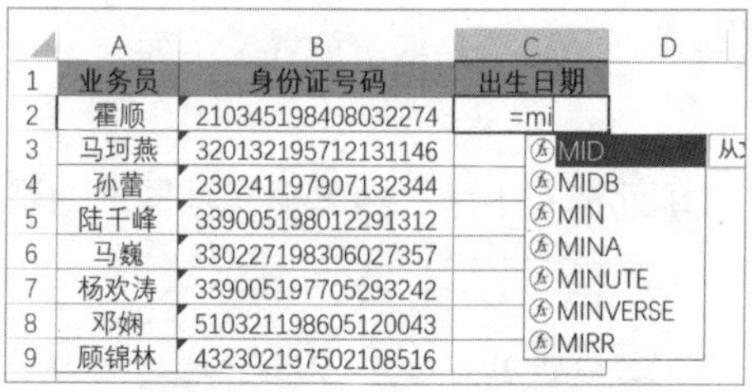

图 11-10　自动出现相关函数名称列表

提示

> 如果工作表中存在定义的名称、"表格"或自定义函数时，同样会出现在备选函数名称列表中。

技巧 166　公式中的结构化引用

"表格"是 Excel 中的一种结构化工具，它可以将普通的单元格区域转换成更具有组织性和结构性的表格，这个结构化的表格具有单独的名称和作用范围，还具有自动扩展的等特性。

如图 11-11 所示，是某公司销售数据表的部分内容，单击数据区域中的任意单元格，如 A2，按 <Ctrl+T> 组合键调出【创建表】对话框，保留默认选项单击【确定】按钮，完成表格的创建。

默认表格的名称以"表"+序号的形式命名，为了便于识别，也可以将其重命名为其他名称。单击表格任意单元格，如 A2，然后在【设计】选项卡下的【表名称】编辑中输入"销售情况"，如图 11-12 所示。

图 11-11　"销售情况"表格

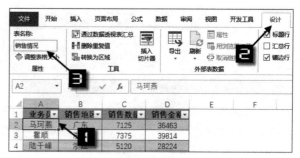

图 11-12　对表格命名

创建"销售情况"表格后，Excel 会为表格中的每个字段标题分配一个名称。在输入公式时可以自动显示，而不需要再手动输入，这些表格和列名称的组合称为结构化引用。当添加或删除表格中的数据时，结构化引用中的名称会自动进行调整。

如图 11-13 所示员工销售情况表中，需要在 E 列计算每个业务员的平均销售单价。

在 E2 单元格输入“=”，然后用鼠标单击 D2 单元格，然后输入“/”，再单击 C2 单元格，公式将自动生成如下的结构化引用：

```
=[@ 销售金额 ]/[@ 销售数量 ]
```

公式中方括号引用的“@[销售金额]”部分就是公式中的表格结构化引用方式，它表示的是表格中的“销售金额”字段中当前行的单元格引用，即 D2 单元格。按 <Enter> 键完成输入，公式将自动向下填充，如图 11-14 所示。

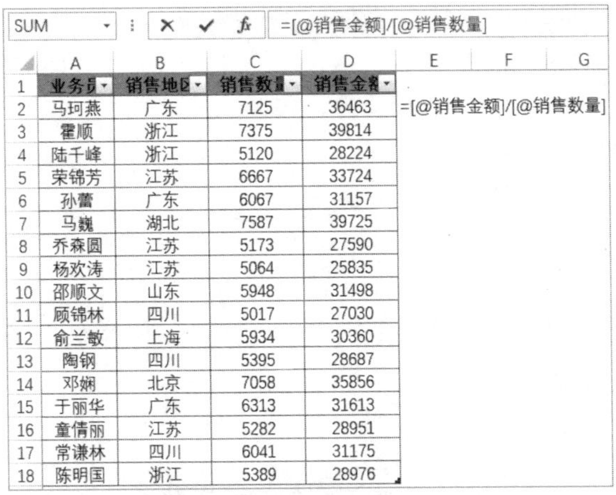

SUM　=[@销售金额]/[@销售数量]

	A	B	C	D	E
1	业务员	销售地区	销售数量	销售金额	
2	马珂燕	广东	7125	36463	=[@销售金额]/[@销售数量]
3	霍顺	浙江	7375	39814	
4	陆千峰	浙江	5120	28224	
5	荣锦芳	江苏	6667	33724	
6	孙蕾	广东	6067	31157	
7	马巍	湖北	7587	39725	
8	乔森圆	江苏	5173	27590	
9	杨欢涛	江苏	5064	25835	
10	邵顺文	山东	5948	31498	
11	顾锦林	四川	5017	27030	
12	俞兰敏	上海	5934	30360	
13	陶钢	四川	5395	28687	
14	邓娴	北京	7058	35856	
15	于丽华	广东	6313	31613	
16	童倩丽	江苏	5282	28951	
17	常谦林	四川	6041	31175	
18	陈明国	浙江	5389	28976	

图 11-13　公式中的结构化引用方式

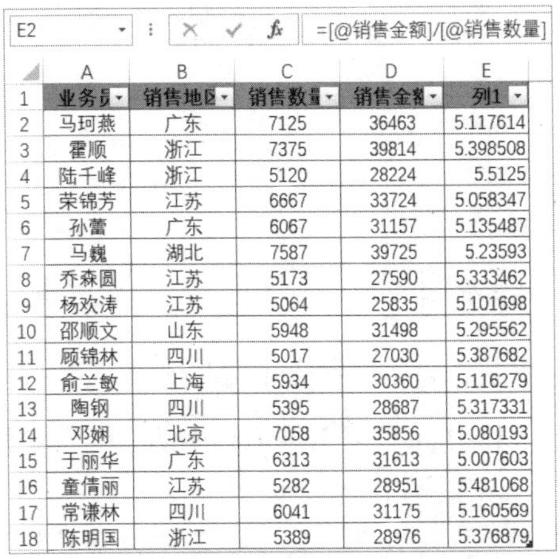

E2　=[@销售金额]/[@销售数量]

	A	B	C	D	E
1	业务员	销售地区	销售数量	销售金额	列1
2	马珂燕	广东	7125	36463	5.117614
3	霍顺	浙江	7375	39814	5.398508
4	陆千峰	浙江	5120	28224	5.5125
5	荣锦芳	江苏	6667	33724	5.058347
6	孙蕾	广东	6067	31157	5.135487
7	马巍	湖北	7587	39725	5.23593
8	乔森圆	江苏	5173	27590	5.333462
9	杨欢涛	江苏	5064	25835	5.101698
10	邵顺文	山东	5948	31498	5.295562
11	顾锦林	四川	5017	27030	5.387682
12	俞兰敏	上海	5934	30360	5.116279
13	陶钢	四川	5395	28687	5.317331
14	邓娴	北京	7058	35856	5.080193
15	于丽华	广东	6313	31613	5.007603
16	童倩丽	江苏	5282	28951	5.481068
17	常谦林	四川	6041	31175	5.160569
18	陈明国	浙江	5389	28976	5.376879

图 11-14　自动扩展公式

这种结构化引用一方面可以增强公式的易读性，使用列表总体或字段名称代表单元格地址的引用，可以方便地知道公式引用的对象，在阅读和修改公式时都会非常方便。另一方面，当表格区域扩展时，不需要修改公式的引用范围即可自动将公式扩展到新的表格区域。

在表格之外的区域（不紧挨着表格的行和列）使用公式引用表格中的元素时，会自动添加上表格的名称。例如，在 G2 单元格输入以下公式可计算四川的销售总额。

```
=SUMIF(销售情况[销售地区],"四川",销售情况[销售金额])
```

公式输入时，SUMIF 函数的第 1 个参数使用鼠标直接选取 B2:B18 单元格区域，Excel 会自动将引用范围转化为“销售情况[销售地区]”的结构化引用。

在公式中，使用表格的结构化引用通常包含的元素如表 11-4 所示。

表 11-4　结构化引用元素

名称	说明
表名称	例如，公式中的“销售情况”
列标题	例如，公式中的“销售地区”和“销售金额”
表字段引用	共包括 4 种，即 [# 全部]、[# 数据]、[# 标题]、[# 汇总]，其中 [# 全部] 引用表格区域中的全部（含标题行、数据区域和汇总行）单元格

如图 11-15 所示，G5 单元格输入以下公式引用汇总行数据计算平均销售单价。

```
=销售情况[[#汇总],[销售金额]]/销售情况[[#汇总],[销售数量]]
```

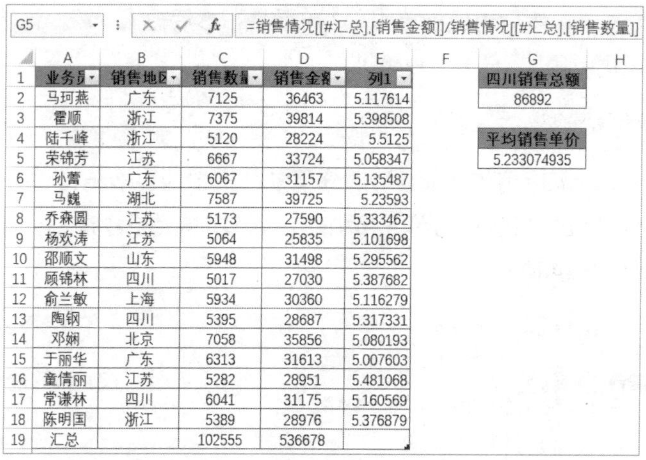

G5 =销售情况[[#汇总],[销售金额]]/销售情况[[#汇总],[销售数量]]

	A	B	C	D	E	F	G	H
1	业务员	销售地区	销售数量	销售金额	列1		四川销售总额	
2	马珂燕	广东	7125	36463	5.117614		86892	
3	霍顺	浙江	7375	39814	5.398508			
4	陆千峰	浙江	5120	28224	5.5125		平均销售单价	
5	荣锦芳	江苏	6667	33724	5.058347		5.233074935	
6	孙蕾	广东	6067	31157	5.135487			
7	马巍	湖北	7587	39725	5.23593			
8	乔森圆	江苏	5173	27590	5.333462			
9	杨欢涛	江苏	5064	25835	5.101698			
10	邵顺文	山东	5948	31498	5.295562			
11	顾锦林	四川	5017	27030	5.387682			
12	俞兰敏	上海	5934	30360	5.116279			
13	陶钢	四川	5395	28687	5.317331			
14	邓娴	北京	7058	35856	5.080193			
15	于丽华	广东	6313	31613	5.007603			
16	童倩丽	江苏	5282	28951	5.481068			
17	常谦林	四川	6041	31175	5.160569			
18	陈明国	浙江	5389	28976	5.376879			
19	汇总		102555	536678				

图 11-15　引用汇总行数据

如需计算每个业务员销售金额的排名，可输入以下公式并向下填充。

```
=RANK(销售情况[@销售金额],销售情况[销售金额])
```

其中 @ 代表对同一行中的“销售金额”字段数据进行引用。

提 示

在公式中使用表格的结构化引用时，无法设置列方向的绝对引用，如果不希望使用表格的结构化引用，可以在【Excel 选项】对话框中单击【公式】选项卡，取消选中右侧【使用公式】区域中的【在公式中使用表名】复选框。

技巧 167 函数参数的省略与简写

在使用函数时，去除函数的某一参数及其前面的逗号，称为“省略”该参数。在函数中，如果省略了某个参数，Excel 会自动以一个事先约定的数值代替这个参数值，作为默认参数值。在 Excel 函数帮助文件的语法介绍中，通常会以“忽略”“省略”“可选”“默认”等词汇来描述这些可以省略的参数，并会注明省略该参数后的默认取值。

例如，在 Excel 函数帮助文件中查看 VLOOKUP 函数的语法如下：

```
VLOOKUP (lookup_value, table_array, col_index_num, [range_lookup])
```

VLOOKUP 的第 4 个参数 range_lookup 用一对方括号 [ ] 包含，表示这个参数是可以省略的，这样的参数也称为“可选参数”。继续查看参数说明，会注意到对第 4 个参数的说明中有如下内容：

“如果需要返回值的近似匹配，可以指定 TRUE；如果需要返回值的精确匹配，则指定 FALSE。如果没有指定任何内容，默认值将始终为 TRUE 或近似匹配。”

也就是省略第 4 个参数时默认值为 TRUE。

需要注意的是，由于函数的参数均有固定位置，因此省略函数的某个参数时，该参数必须是最后一个参数或者连同其后的参数一起省略，无法实现省略第 3 个参数而保留第 4 个参数。

如果仅使用逗号占据参数位置而不输入任何参数值，则称为该参数的“简写”。简写与省略有所不同，简写方式经常用于代替逻辑值 FALSE、数值 0 或空文本等参数值。例如，以下 VLOOKUP

函数中用逗号占位简写了第 4 个参数，表示使用参数值为 "FALSE"。

```
=VLOOKUP(A1,B:D,3,)
```

一般情况下，简写参数只是为了输入时方便，但对于公式的阅读和理解有可能造成困难。因此，在需要由多人编辑带有公式的表格时不建议采用简写方式。

技巧 168 函数嵌套的使用

如图 11-16 所示，A~D 列为员工销售记录表（姓名列无重复值），需要通过 F2 单元格选择的人员姓名，返回对应员工的销量、单价和销售额。

G2 单元格输入以下公式，向右复制到 I2 单元格，如图 11-17 所示。

```
=VLOOKUP($F2,$A:$D,COLUMN(B1),0)
```

图 11-16　需要返回姓名对应的多列结果　　　图 11-17　COLUMN 函数作为 VLOOKUP 函数参数

COLUMN 函数返回其参数的列号，如 COLUMN(B1) 返回 2，因为 B1 单元格是表格中的第 2 列。向右复制公式时，COLUMN(B1) 将依次变为 COLUMN(C1) 和 COLUMN(D1)，结果依次返回 3 和 4。

VLOOKUP 函数的第 3 个参数用于指定返回查询区域中第几列的内容，本例以 COLUMN 函数的结果作为第 3 参数，最终依次返回查询区域中的销量、单价和销售额记录。

技巧 169 理解公式中的数据类型

Excel 中的数据分为文本、数值、日期、逻辑值、错误值等几种类型。

文本表示不直接参加计算的中文字符或是字母，在公式中使用文本时，需要在文本前后加上半角双引号，其表现形式如 " 销售一部 "。

数值由数字 0~9 及正负符号、小数点、百分比、科学计数等符号组成。

日期与时间是数值的特殊表现形式，1 天用数值 1 表示，1 个小时用数值 1/24 表示，1 分钟用数值 1/24/60 表示，1 秒用数值 1/24/60/60 表示。

逻辑值只有 TRUE 和 FALSE 两个，一般用于返回表达式判断结果的真假。

Excel 对不同的数据排列顺序规则如下：

```
…、-2、-1、0、1、2、…、A-Z、FALSE、TRUE
```

在排序时，数值小于文本，文本小于逻辑值，错误值不参与排序。

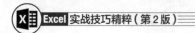

例如，以下两个公式都返回 TRUE，因为文本大于所有的数值。

```
=459<"Excel"
=459<"7"
```

上述数据排列顺序规则仅用于排序，不同类型的数据大小比较没有实际意义。

技巧 170 逻辑值与数值的转换

在 Excel 中，逻辑值包括 TRUE 和 FALSE 两种。TRUE 表示逻辑判断为"真"，如"5>4"的逻辑运算结果为 TRUE，表示是可以成立的正确判断。反之，FALSE 表示逻辑判断为"假"，表示判断结果不正确或不能成立。在某些情况下，逻辑值与数值可以相互转换和替代。

170.1 逻辑值与数值互换规则

在 Excel 中，逻辑值与数值之间的关系可归纳为以下 3 条规则。

（1）在四则运算中，TRUE 相当于 1，FALSE 相当于 0。例如，以下公式返回 1。

```
=1*TRUE
```

以下公式返回 0。

```
=2*FALSE
```

（2）在逻辑判断中，0 相当于 FALSE，所有非 0 数值相当于 TRUE。例如，以下公式返回"正确"。

```
=IF(-3," 正确 "," 错误 ")
```

以下公式返回"错误"。

```
=IF(0," 正确 "," 错误 ")
```

（3）在比较运算中，数值 < 文本 <FALSE<TRUE。例如，以下公式返回 TRUE。

```
=TRUE>1
```

以下公式返回 FALSE。

```
=FALSE=0
```

这 3 条规则在公式的编写和优化中起着重要作用。

例如，需要根据 A1 单元格中的员工性别来判断退休年龄，如果为"男性"，退休年龄为 60；如果为"女性"，退休年龄为 55。可以使用以下公式：

```
=(A1=" 男性 ")*5+55
```

首先判断 A1 单元格中的文本是否为"男性"，判断返回一个逻辑值。然后通过乘法运算使其转变为 0 或 1。最后在 55 的基础上 +0 或 +5 即可得到正确的退休年龄。

假设 A1:A10 单元格区域中存放了一组车牌号，要统计开头是"鲁"的数量，可以使用以下公式：

```
=SUMPRODUCT(--(LEFT(A1:A10)="鲁"))
```

公式中“LEFT(A1:A10)="鲁"”部分判断 A1:A10 单元格区域文本中最左侧的一个字符是否为“鲁”，返回一个包含逻辑值的数组。然后通过减负运算将逻辑值 TRUE 转化为 1，将 FALSE 转化为 0，最后再用 SUMPRODUCT 函数求和，即可得到开头是“鲁”的数量。

170.2 用数学运算替代逻辑函数

逻辑函数中的 AND 函数和 OR 函数常分别被用于多条件的“与”和“或”判断。

例如，需要判断 A1 单元格中的数值是否在 70 和 120 之间，可以使用 AND 函数：

```
=IF(AND(A1>=70,A1<=120),"正确","错误")
```

AND 函数在多个逻辑判断同时成立时返回 TRUE，只要有一个判断结果为 FALSE，AND 函数将返回 FALSE。因此，AND 函数的运算方式与数学上的乘法十分相似，通常可以用乘法运算来替代。上述公式等价于：

```
=IF((A1>=70)*(A1<=120),"正确","错误")
```

当所有逻辑判断结果均为 TRUE 时，它们的乘积结果为 1，即表示 TRUE；如果其中有任何一项逻辑判断结果为 FASLE，整个乘积的结果为 0，即表示 FALSE。

基于相同的原理，可以使用加法运算来替代 OR 函数。OR 函数的多个逻辑判断只要有一个成立，函数将返回 TRUE，仅当所有逻辑判断都返回 FALSE 时函数返回 FALSE。

如图 11-18 所示，A~D 列为员工销售记录表，需要判断销售情况是否合格。合格的判断标准为销量大于 55 或销售额大于 200。

以下两个公式均可返回正确判断结果：

```
=IF(OR(B2>55,D2>200),"合格","不合格")
=IF((B2>55)+(D2>200),"合格","不合格")
```

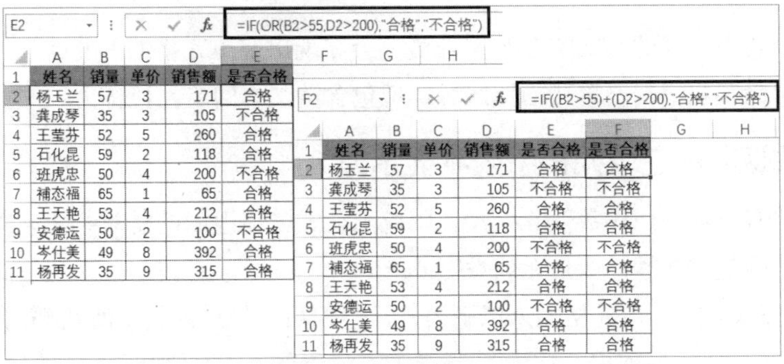

姓名	销量	单价	销售额	是否合格	是否合格
杨玉兰	57	3	171	合格	合格
龚成琴	35	3	105	不合格	不合格
王莹芬	52	5	260	合格	合格
石化昆	59	2	118	合格	合格
班虎忠	50	4	200	不合格	不合格
補态福	65	1	65	合格	合格
王天艳	53	4	212	合格	合格
安德运	50	2	100	不合格	不合格
岑仕美	49	8	392	合格	合格
杨再发	35	9	315	合格	合格

图 11-18 判断是否合格

OR 函数参数中只要有任意一个判断为 TRUE，OR 函数就返回 TRUE，IF 函数最终返回“合格”。“B2>55”和“D2>200”分别判断销量是否大于 55 和销售额是否大于 200，只有两个判断都为 FALSE 时，(B2>55)+(D2>200) 才返回 0，IF 函数最终返回“不合格”。只要有任何一个判断为 TRUE，(B2>55)+(D2>200) 返回结果就会大于 0，IF 函数返回“合格”。

技巧 171 正确区分空文本和空单元格

171.1 空单元格和空文本的差异

在单元格中未输入任何数据或公式，或将单元格内容清空时，该单元格被称为"空单元格"。

在 Excel 公式中，使用一对半角双引号 "" 来表示"空文本"，表示文本里什么也没有，其字符长度为 0。

空单元格和空文本在 Excel 公式的使用中有着共同的特性，但又需要进行区分。

例如，假设 A1 单元格是空单元格，B1 单元格中输入以下公式。

```
=""
```

从公式角度来看，空单元格等价于空文本，以下两个公式均返回 TRUE。

```
=A1=""
=A1=B1
```

空单元格同时等价于数值 0，以下公式返回 TRUE。

```
=A1=0
```

但空文本不等于 0，以下公式返回 FALSE。

```
=B1=0
```

ISBLANK 函数可以用于判断空单元格，如以下公式返回 TRUE。

```
=ISBLANK(A1)
```

而以下公式返回 FALSE。

```
=ISBLANK(B1)
```

综上所述，公式中出现的空文本在某些环境下会体现出空单元格的一些特性，但它并不是真正的空单元格，通常为了与"真空单元格"区分，把包含空文本的单元格称为"假空单元格"。

171.2 让公式返回的空单元格引用不显示为 0

由于空单元格有时会被当作数值 0 处理，因此当公式最终返回的是对某个空单元格的引用时，公式的返回结果并不是空文本，而是无效数字 0。

如图 11-19 所示，在 F2 单元格输入以下公式，根据员工号查询员工所在部门。

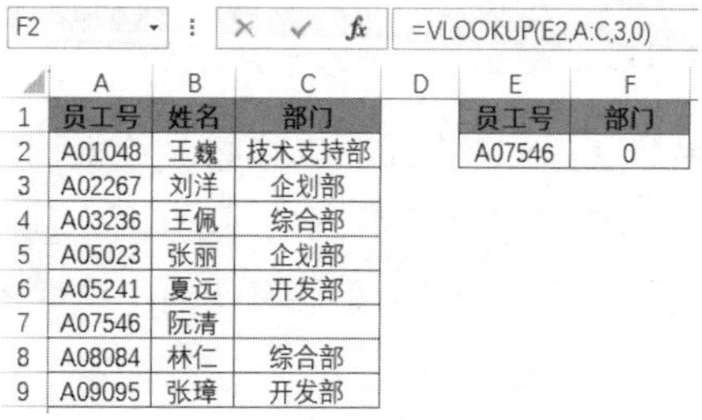

	A	B	C		E	F
1	员工号	姓名	部门		员工号	部门
2	A01048	王巍	技术支持部		A07546	0
3	A02267	刘洋	企划部			
4	A03236	王佩	综合部			
5	A05023	张丽	企划部			
6	A05241	夏远	开发部			
7	A07546	阮清				
8	A08084	林仁	综合部			
9	A09095	张瑋	开发部			

```
=VLOOKUP(E2,A:C,3,0)
```

通常情况下，公式可以正常返回结果。但当 E2 单元格的员工号为"A07546"时，由于其对应的 C 列部门是空白单元格，上述公式的返回结果是 0。

为避免空单元格的公式返回 0，可以将其构造

图 11-19　部门查询

为假空，即采用与空文本合并的方法来实现。F2 单元格输入以下公式，当员工号对应的 C 列部门为空时公式将返回空文本。

```
=VLOOKUP(E2,A:C,3,0)&""
```

关于 VLOOKUP 函数的用法，请参阅技巧 224。

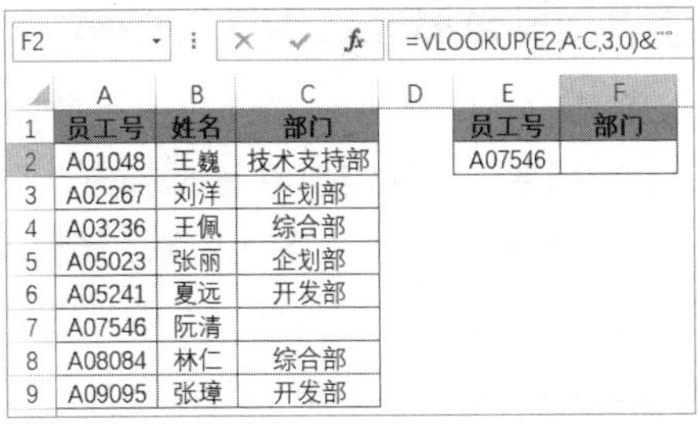

图 11-20　将空单元格引用显示为空文本

技巧 172　自动重算和手动重算

Excel 的计算模式有"自动重算"和"手动重算"两种。在"自动重算"模式下，无论是公式本身还是公式引用的区域发生更改时，公式都会自动重新计算，得到更新后的结果。在"手动重算"模式下，复制公式到其他单元格区域时，公式运算结果不会立刻更新，而是需要按 <F9> 功能键。

"自动重算"可以即时得到更新后的运算结果，但是当工作簿中使用了大量公式时，"自动重算"会使表格在编辑过程中反复运算，进而引起系统资源紧张甚至造成程序长时间没有响应。

将"自动重算"模式切换至"手动重算"模式，可以通过以下操作完成。

依次单击【公式】→【计算选项】下拉按钮，在下拉列表中选择【手动】命令，如图 11-21 所示。

图 11-21　切换手动重算

选择手动重算模式后，按 <F9> 功能键可以令当前打开的所有工作簿中的公式重算。如果仅希望当前活动工作表中的公式进行重算，可以按 <Shift+F9> 组合键。

> **注意**
>
> 修改计算选项后，将影响到当前打开的所有工作簿以及以后打开的工作簿，因此应谨慎设置。

技巧 173　易失性函数

173.1　什么是易失性

有时候，打开一个工作簿后不做任何编辑就关闭，Excel 也会提示"是否保存对文件的更改？"这很有可能是因为该工作簿中用到了"易失性函数"。

使用易失性函数后，即使没有更改公式的引用数据，而只是激活一个单元格，或者在一个单元格输入数据，甚至只是打开工作簿，具有易失性的函数都会自动重新计算。

173.2 具有易失性表现的函数

常见的易失性函数有返回随机数的 RAND 函数和 RANDBETWEEN 函数、返回当前日期的 TODAY 函数、返回当前时间的 NOW 函数、返回单元格信息的 CELL 函数和 INFO 函数以及返回引用的 OFFSET 函数和 INDIRECT 函数等。

易失性函数在许多编辑操作中都会发生自动重算，但以下情形除外。

● 把工作簿设置为"手动重算"模式时。

● 手动设置列宽、行高时不会触发自动重算，但如果隐藏行或者设置行高值为 0 时会触发重新计算。

● 设置单元格格式或其他更改显示属性的设置时。

● 激活单元格或编辑单元格内容但按 <Esc> 键取消时。

在大多数情况下，易失性函数所引起的频繁重新计算会占用大量系统资源，特别是在公式比较多的情况下，会在很大程度上影响运算速度，因此应当尽量规避这种情况。

如果公式的数量很多，并且必须使用易失性函数，为提高运算效率，可以考虑临时将工作簿的运算模式切换到"手动重算"模式，在需要显示最新的公式运算结果时再按 <F9> 功能键重新计算。

技巧 174 循环引用和迭代计算

通常情况下，输入的公式中无论是直接还是间接，都不能包含对其自身取值的引用，否则会因

为数据的引用源头和数据的运算结果发生重叠，产生"循环引用"的错误。

例如，在 A1 单元格中输入以下公式会产生循环引用，Excel 会弹出如图 11-22 所示的提示对话框。

图 11-22 循环引用错误

```
=SUM(A1:B1)
```

如果工作簿中存在循环引用，可以在 Excel 程序界面左下角查看产生循环引用的单元格地址，或是依次单击【公式】→【错误检查】→【循环引用】来定位循环引用单元格，如图 11-23 所示。

图 11-23 定位循环引用单元格

如果公式计算过程中与自身单元格的值无关，仅与自身单元格的行号、列标或文件路径等属性有关，则不会产生循环引用。例如，在 A1 单元格输入以下公式，都不会出现循环引用警告。

```
=ROW(A1)
=COLUMN(A1)
```

虽然一般情况下需避免公式中出现循环引用，但在某些特殊的情况下，也许需要把前一次运算的结果作为后一次运算的参数代入，反复地进行"迭代"运算。在这种需求环境下，可以在图 11-24 所示的【Excel 选项】对话框中选中【启用迭代计算】复选框。

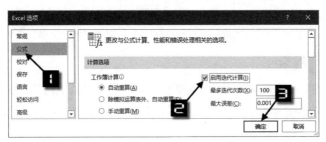

图 11-24　启用迭代计算

即使启用了迭代计算模式，Excel 依然不可能无休止地循环运算，需要为其设定中止运算、跳出循环的条件。这个中止条件可以在公式中设定，也可以通过设定"最大迭代次数"或"最大误差"来限定。当公式重复运算的次数达到最大迭代次数或者相邻两次运算的变化小于最大误差值时，都会让循环运算中止。迭代次数越高或最大误差值越小，Excel 运算需要的时间就会越长。

技巧 175　公式的查错

175.1　公式返回的常见错误类型

使用 Excel 计算时，可能因为某些原因无法得到正确结果而返回一个错误值。常见的几种错误值类型和产生原因如下。

● #####　当列宽不够显示数字，或者使用了负的日期或时间时，会出现此错误值。

● #VALUE!　当输入公式的方式错误或者引用的单元格错误时，会出现此错误值。例如，以下公式将返回 #VALUE! 错误。

```
=SUM("Excel")
```

● #DIV/0!　当数字被 0 除时，会出现此错误值。例如，当 B1 单元格为空单元格或 0 时，以下公式将返回 #DIV/0! 错误。

```
=A1/B1
```

● #NAME?　当 Excel 未识别公式中的字符串时，例如，函数名称拼写错误，会出现此错误值。

● #N/A　当数值对函数或公式不可用时，会出现此错误值。例如，以下公式的两个参数大小不一致，将返回 #N/A 错误。

```
=SUMPRODUCT(A1:A10*B1:B9)
```

当使用 VLOOKUP 函数精确查询，但查询区域的第一列中没有查找值时，也会返回此错误值。

● #REF!　当单元格引用无效，或是删除了公式引用的行、列时，会出现此错误值。

● #NUM!　当公式或函数中使用无效数字时，会出现此错误值。例如，以下公式要在 A1:A3 共 3 个单元格中计算第四个最小值，将返回 #NUM! 错误。

```
=SMALL(A1:A3,4)
```

● #NULL!　当使用交叉运算符来进行单元格引用但引用的两个区域不存在实际的交叠区域时，会出现此错误值。例如，以下公式将返回 #NULL! 错误。

```
=SUM(A:A B:B)
```

175.2　错误值自动检查

当单元格中的公式显示为错误值时，单元格左上角会显示绿色三角的错误标记，选中此单元格，单元格左侧会显示包含感叹号图案的"错误指示按钮"，单击此按钮，会出现类似如图 11-25 所示的错误提示信息。

弹出的下拉菜单包括错误的类型、有关此错误的帮助、显示计算步骤、忽略错误、在编辑栏中编辑及错误检查等选项，可以根据需要选择下一步操作。

在下拉菜单中选择【错误检查选项】命令，可以打开【Excel 选项】对话框，可以通过选项设置是否开启错误值检查功能，并对检查的错误类型规则进行定义，如图 11-26 所示。

图 11-25　错误指示器

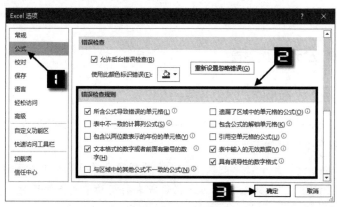

图 11-26　设置错误检查规则

除检查和公式有关的错误外，错误检查功能还能对单元格数据中的一些其他问题进行检测。例如，选择【文本格式的数字或者前面有撇号的数字】的复选框，就可以对单元格中的文本型数字实现自动识别。

技巧 176　公式审核和监视窗口

176.1　检查错误

使用公式审核工具，能够手动检查返回错误值的公式。在【公式】选项卡下单击【错误检查】按钮，可以手动开启当前工作表的错误检查。如果工作表中不存在错误，将弹出如图 11-27 所示对话框。

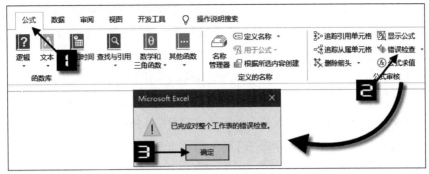

图 11-27　错误检查

如果当前工作表中的公式返回错误值，Excel 会根据错误所在单元格的行列顺序依次定位到每一个错误单元格，同时显示如图 11-28 所示的【错误检查】对话框。

【错误检查】对话框中显示的信息包括错误的单元格及公式、错误的类型、有关此错误的帮助、显示计算步骤、忽略错误以及在编辑栏中编辑等选项，可以方便地选择下一步操作或继续定位到下一个错误值位置。

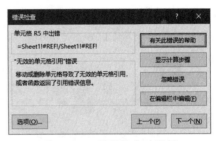

图 11-28　错误检查对话框

176.2　公式审核和监视窗口

除错误检查以外，【公式审核】工具中还包括追踪引用、从属单元格、切换显示公式、公式求值及监视窗口等功能。如果要查看某个单元格中的公式引用了其他哪些单元格，可以先单击包含公式的单元格，然后依次单击【公式】→【追踪引用单元格】按钮，将在公式与其引用单元格之间用蓝色箭头连接，方便查看公式和单元格之间的关系，如图 11-29 所示。

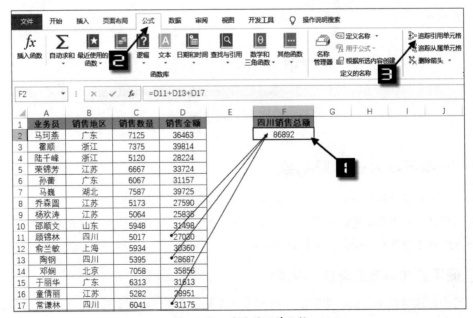

图 11-29　追踪引用单元格

同样，要查看某个单元格被哪些其他单元格中的公式引用，可以先单击该单元格，然后依次单击【公式】→【追踪从属单元格】按钮。检查完毕后，单击【删除箭头】命令，可恢复正常视图。

当关注的数据分布在一个工作簿的不同工作表或一个大型工作表的不同位置时，一次次地切换工作表或反复滚动定位去查看这些数据是比较麻烦的事。利用【监视窗口】功能，可以把关注的单元格添加到一个小窗口中，随时查看这些单元格的值、公式等变动情况，操作步骤如下。

步骤① 单击【公式】选项卡中【公式审核】组的【监视窗口】按钮。

步骤② 在弹出的【监视窗口】对话框中单击【添加监视点】命令。

步骤③ 在弹出的【添加监视点】对话框编辑栏中输入需要监视的单元格或名称，或者单击右侧的折叠按钮选择目标单元格，最后单击【添加】按钮完成监视点的添加。

添加到【监视窗口】中的单元格，会显示所属的工作簿、工作表、名称、单元格、值以及公式等情况，并保持实时更新。添加监视点过程和添加后的效果如图 11-30 所示。

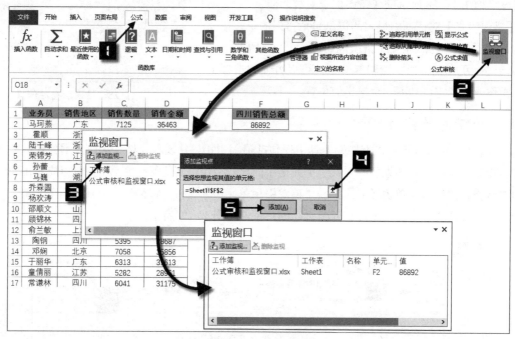

图 11-30　添加监视

技巧 177　分步查看公式运算结果

如果公式返回错误值或者返回结果与预期不符，可以在公式内部根据公式的运算顺序分步查看运算过程，以此来检查出问题的环节。对于包含多个函数嵌套、数组公式等比较复杂的公式，这种分步查看方式对于理解和验证公式都很有帮助。

177.1　使用公式审核工具分步求值

单击选中公式所在单元格，然后依次单击【公式】→【公式求值】按钮，在弹出【公式求值】的对话框中单击【求值】按钮，将依次显示各个步骤的计算结果，公式中有下画线的部分为下次求值要运算的部分，查看完毕后单击【关闭】按钮即可，如图 11-31 所示。

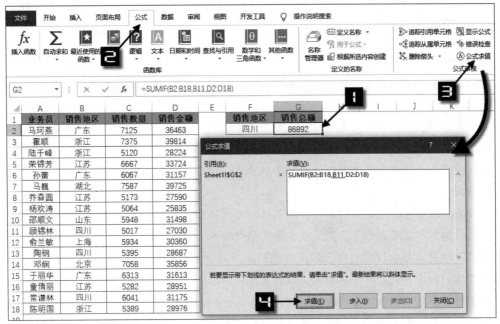

图 11-31　逐步查看公式返回的结果

177.2　用 F9 键查看公式运算结果

除使用【公式求值】功能外，还可以使用 <F9> 功能键直接查看运算结果。

通常情况下，<F9> 功能键可用于公式的重新计算，如果在单元格或编辑栏的公式编辑状态中使用 <F9> 功能键，还可以让公式或公式中的一部分直接转换为运算结果。

如图 11-32 所示，在编辑栏中用鼠标选中 VLOOKUP 函数部分，按 <F9> 功能键，VLOOKUP 函数运算结果会直接显示出来。

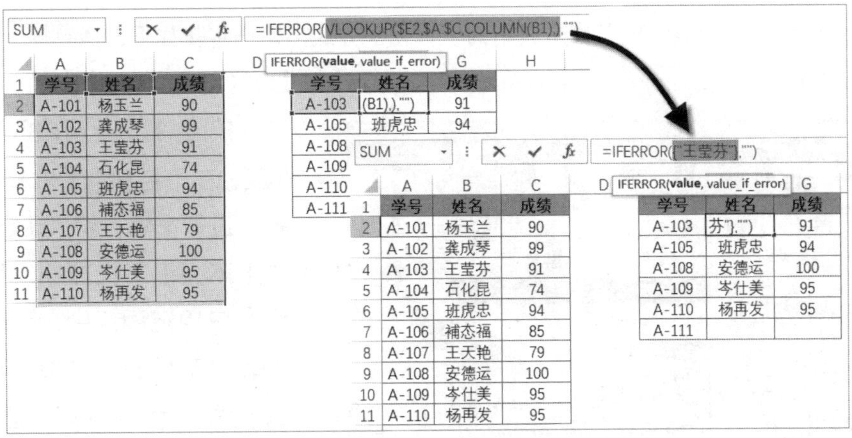

图 11-32　选中部分公式代码按 <F9> 功能键

在公式中选择需要运算的对象时，注意需要包含一组完整的运算对象，比如选择一个函数时，必须选定整个函数名称、左括号、参数和右括号。

按 <F9> 功能键后，如果想恢复原公式，可以按 <Esc> 键取消转换。若不小心按了 <Enter> 键保留了运算结果，可以通过按 <Ctrl+Z> 组合键取消。

技巧 178 名称的作用和类型

Excel 中可以通过定义名称提高公式的可读性和维护的便捷性，简化公式书写。名称在数据有效性、条件格式、图表等方面都具有广泛的用途。根据产生方式和用途的不同，名称可分为以下几种类型。

● 单元格或区域的直接引用。直接引用某个单元格区域，方便在公式中对这个区域调用。

● 单元格或区域的间接引用。在名称中不直接引用单元格地址，而是通过函数进行间接引用。

● 常量。要将某个常量或常量数组保存在工作簿中，但不希望它占用任何单元格位置，可以使用名称来实现。

● 普通公式。将普通公式定义为名称，在其他地方无须重复书写就能调用公式的运算结果。

● 宏表函数的应用。宏表函数不能直接在单元格中输入，需要通过创建名称来间接运用。

● 特殊名称。对工作表设置打印区域或是使用高级筛选等操作时，Excel 会自动创建一些名称。这些名称的内容一般是对一些特定区域的直接引用。

● 表格名称。在 Excel 中创建"表格"时，Excel 会自动生成以这个表格区域为引用的名称。通常默认命名为"表1""表2"等，可以通过表格选项更改这个名称。

● 名称中对单元格区域的引用同样遵守相对引用和绝对引用的规则。如果在名称中使用相对引用的书写方式，则实际引用区域会与创建名称时选中的单元格相关联，产生相对关系。当在不同单元格调用此名称时，实际引用区域会发生变化。

技巧 179 定义名称的常用方法

创建名称的方法有多种，需要根据创建名称的特点选择最适当的方法。

179.1 使用"定义名称"功能

使用"定义名称"功能创建名称是通用的名称创建方式，操作步骤如下。

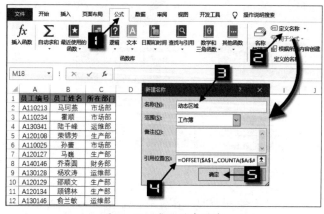

图 11-33　定义动态区域

步骤①依次单击【公式】→【定义名称】按钮，打开【新建名称】对话框。

步骤②在【名称】文本框中为定义的名称进行命名，如"动态区域"。单击【范围】下拉按钮，可以选择名称的应用范围级别，可以是某个工作表也可以是工作簿。在【引用位置】文本框中输入或粘贴公式，最后单击【确定】按钮关闭对话框，如图 11-33 所示。

创建名称后，Excel 会为公式中的单元格引用自动添加工作表的名称。

179.2 使用名称框创建

如果需要将某个单元格区域定义为名称，可以通过名称框来实现。操作步骤如下。

步骤① 选中 A2:A16 单元格区域。

步骤② 在【编辑栏】左侧的【名称框】中输入对名称的命名，如“员工编号”，按 <Enter> 键完成名称的创建，如图 11-34 所示。

179.3 根据所选内容批量创建名称

如图 11-35 所示，需要批量创建“员工编号”“员工姓名”和“所在部门”三个名称，对应每列从第 2 行开始的具体数据内容。

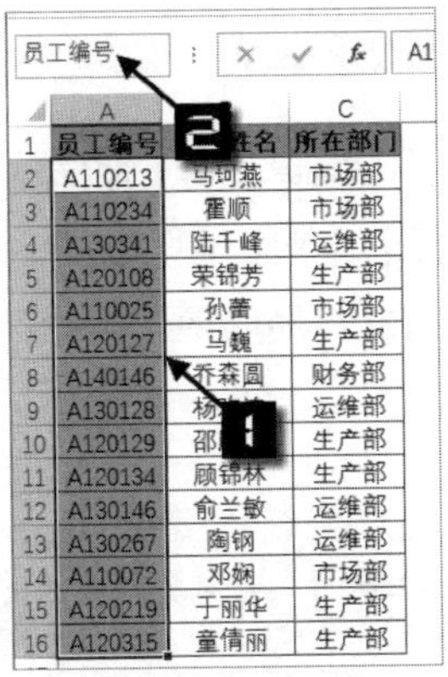

图 11-34 使用名称框创建名称

	A	B	C
1	员工编号	员工姓名	所在部门
2	A110213	马珂燕	市场部
3	A110234	霍顺	市场部
4	A130341	陆千峰	运维部
5	A120108	荣锦芳	生产部
6	A110025	孙蕾	市场部
7	A120127	马巍	生产部
8	A140146	乔森圆	财务部
9	A130128	杨欢涛	运维部
10	A120129	邵顺文	生产部
11	A120134	顾锦林	生产部
12	A130146	俞兰敏	运维部
13	A130267	陶钢	运维部
14	A110072	邓娴	市场部
15	A120219	于丽华	生产部
16	A120315	童倩丽	生产部

图 11-35 员工信息表

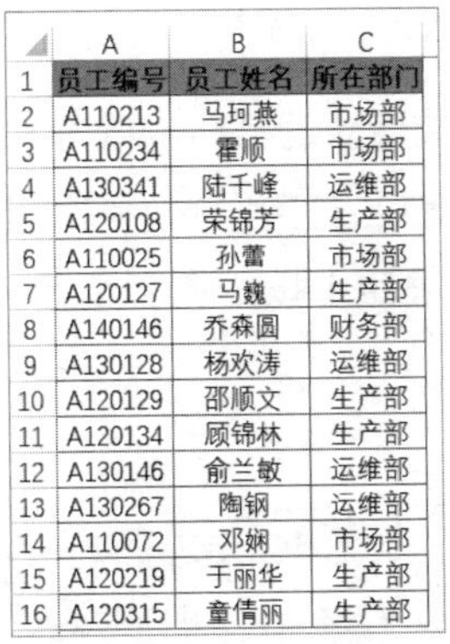

操作步骤如下。

步骤① 选中 A1:C16 单元格区域。依次单击【公式】→【根据所选内容创建】按钮，打开【根据所选内容创建】对话框。

步骤② 选中【首行】复选框，取消选中其他所有复选框，最后单击【确定】按钮关闭对话框，如图 11-36 所示。

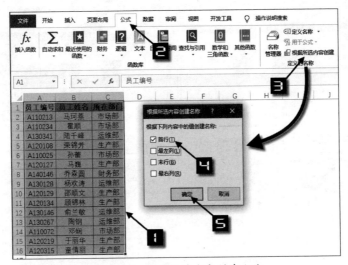

图 11-36 根据所选内容创建名称

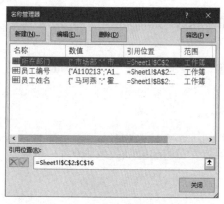

图 11-37 查看批量创建的名称

上述操作完成后，工作簿中就批量创建了"员工编号""员工姓名"和"所在部门"三个名称，分别代表对应字段从第2行开始至最后一行的内容。按 <Ctrl+F3> 组合键打开【名称管理器】对话框，可以看到这些名称，如图 11-37 所示。

179.4　名称的修改和删除

在【名称管理器】中可以对已创建的名称进行修改或删除。操作步骤如下。

步骤① 按 <Ctrl+F3> 组合键，打开【名称管理器】对话框。

步骤② 单击选中需要修改的名称，点击【编辑】按钮打开【编辑名称】对话框。

步骤③ 在【编辑名称】对话框的【名称】及【引用位置】中对已创建的名称进行修改，修改完毕后单击【确定】按钮返回【名称管理器】对话框，最后单击【关闭】按钮即可，如图 11-38 所示。

> **提 示**
>
> 在【引用位置】文本框中直接按键盘上的方向键移动光标位置时，会使名称中的单元格引用发生错误，需要在按方向键之前按 <F2> 功能键启动编辑模式。

如果需要删除已有的名称，操作方法如下。

步骤① 按 <Ctrl+F3> 组合键，打开【名称管理器】对话框。

步骤② 选中需要删除的一个或多个名称，点击【删除】按钮。

步骤③ 在弹出的提示对话框中单击【确定】按钮，最后单击【关闭】按钮，如图 11-39 所示。

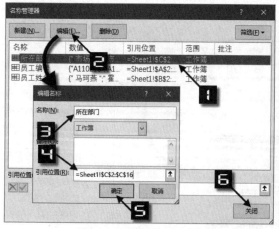

图 11-38　修改已创建的名称

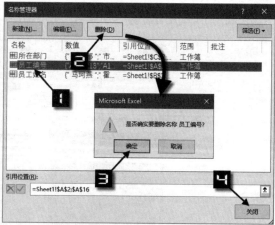

图 11-39　删除创建的名称

技巧 180 名称的适用范围和语法规则

180.1 名称的适用范围和级别

定义的名称级别分为工作表级和工作簿级两种，名称的适用范围有所区别。

如果已经定义了一个名称，如"预算_FY2020"，其范围是 Sheet1，该名称称为"工作表级"名称，仅可在 Sheet1 中识别该名称，而不能在其他工作表中识别。如果要在另一个工作表中使用该工作表级名称，可以通过在它前面加上该工作表的名称来使其符合条件，例如：

```
Sheet1! 预算_FY2020
```

如果已经定义了一个名称，如"销售收入_FY2020"，并且其适用范围为工作簿，该名称称为"工作簿级"名称，该名称对于该工作簿中的所有工作表都是可识别的，但对于其他工作簿是不可识别的。

名称在其适用范围内必须是唯一的，Excel 禁止定义在其适用范围内已存在的名称。但是，可以在不同的适用范围内使用相同名称。例如，可以在同一个工作簿中定义一个适用范围为 Sheet1、Sheet2 和 Sheet3 的名称，如"毛利率"。尽管每个名称都相同，但每个名称在其适用范围内都是唯一的。如果存在名称相同的工作表级和工作簿级名称，在该名称适用的工作表内使用该名称时，工作表级名称优先于工作簿级名称。

180.2 创建和编辑名称的语法规则

创建和编辑名称时需遵守以下规则：

● 名称的第一个字符不能以数字或问号（?）开头。

● 不能将大写和小写字符"C""c""R"或"r"用作已定义名称，因为这些字母在 R1C1 引用样式下代表工作表的行、列。

● 名称不能与单元格引用（如 Z$100 或 R1C1）相同。

● 名称中不允许使用空格，可使用下画线（_）和句点（.）作为分隔符，如"预算_FY2020"。

● 名称长度最多可以包含 255 个字符。实际工作中，名称应尽量简洁，能概括所定义名称的作用即可。

● 名称可以包含大写字母和小写字母，但 Excel 并不区分。如果已经存在名称"预算_FY2020"，再定义"预算_fy2020"时 Excel 将会提示输入的名称已存在。

技巧 181 公式中使用名称

在公式中使用名称，可以提高公式的可读性及简化公式的书写。

如图 11-40 所示，是某公司销售数据表的部分内容，A2:D11 单元格区域已经按每一列的列标题，分别定义名称为"姓名""销量""单价"和"销售额"。

要在公式中应用定义的名称时，可以在 F2 单元格先输入等号、函数名称及左括号，如"=SUM("，然后依次单击【公式】→【应用名称】按钮，在下拉列表中单击已定义的名称"销售额"，最后按 <Enter> 键，即可返回 D 列销售额的合计金额，如图 11-40 所示。

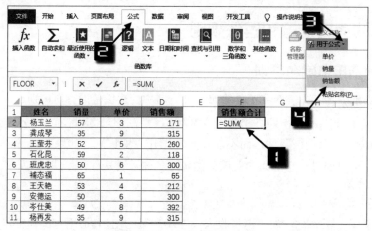

图 11-40　公式中使用名称

也可以直接在单元格中依次输入等号、函数名称和定义的名称等元素，完成公式的计算。

第 12 章 数组和数组公式探秘

数组公式是一种较复杂但很高效的公式运用方式，一旦学会使用数组公式，就能真正体会到公式的美妙和强大。本章将简单介绍数组公式的基本常识，内容包括数组公式的原理和使用方法、数组运算的方式以及数组公式的应用示例等。

技巧 182 何为数组

182.1 数组的概念和分类

在 Excel 中，数组是由一个或多个元素构成的有序集合，这些元素可以是文本、数值、逻辑值、日期和错误值等。构成数组的方式有一行、一列或多行多列。根据数组的存在形式，数组可分为常量数组、区域数组、内存数组和命名数组。

- 常量数组。常量数组是指直接在公式中写入数组元素，并用大括号 "{ }" 在首尾进行标识的字符串表达式。常量数组不依赖单元格区域，可直接参与公式的计算。常量数组的组成元素只可为常量元素，不能是函数、公式或单元格引用。各元素之间用半角分号 ";" 或半角逗号 ","分隔，其中逗号用于间隔每一行上的元素，分号用于间隔每一列上的元素。例如：

{1,2,3;"姓名 "," 刘丽 ","2014/10/13";TRUE,FALSE,#N/A;#DIV/0!,#NUM!,#REF!}

表示一个 4 行 3 列的常量数组，如果将这个数组填入表格区域，数组的排列方式如图 12-1 所示。

1	2	3
姓名	刘丽	2014/10/13
TRUE	FALSE	#N/A
#DIV/0!	#NUM!	#REF!

图 12-1　4 行 3 列的数组

> **提 示**
>
> 　　手工输入常量数组的过程比较烦琐，可以借助单元格引用来简化常量数组的录入。例如，在单元格区域 A1:A7 中分别输入 "A~G" 的字符后，在 B1 单元格中输入公式：=A1:A7，然后在编辑栏中选中公式，按下 <F9> 键即可将单元格引用转换为常量数组。

- 区域数组。区域数组就是公式中对单元格区域的直接引用。例如：

=SUMPRODUCT(A1:A9*B1:B9)

公式中的 A1:A9 和 B1:B9 都是区域数组。

- 内存数组。内存数组是指通过公式计算，返回的多个结果值在内存中临时构成的数组。内存数组不必存储到单元格区域中，可作为一个整体直接嵌套到其他公式中继续参与计算。例如：

{=SMALL(A1:A9,{1,2,3})}

公式中，{1,2,3} 是常量数组，A1:A9 是区域数组，而整个公式的计算结果为 A1:A9 单元格区域中最小的 3 个数组成的 1 行 3 列的内存数组。

● 命名数组。命名数组是使用命名公式（名称）定义的一个常量数组、区域数组或内存数组，该名称可在公式中作为数组来调用。在数据验证（验证条件的序列除外）和条件格式的自定义公式中，不接受常量数组，但可使用命名数组。

182.2 数组的维度和尺寸

数组的维度是指数组的行列方向，一行多列的水平数组拥有横向维度，一列多行的垂直数组拥有纵向维度，多行多列的数组则拥有纵向和横向两个维度。

数组的维数是指数组中不同维度的个数。只有一行或一列的数组，只有一个维度，称为一维数组；多行多列的数组有两个维度，称为二维数组。

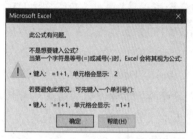

图 12-2　错误警告

数组的尺寸以各行各列上的元素个数来表示。一行 N 列的一维横向数组的尺寸为 1×N；一列 N 行的一维纵向数组的尺寸为 N×1；M 行 N 列的二维数组的尺寸为 M×N。

数组中各行和各列中的元素个数必须保持一致，如果不一致，EXCEL 将返回错误警告，阻止公式录入。如在 A1 单元格中输入 ={1,2,3,4;1,2,3}，会返回如图 12-2 所示的错误警告对话框阻止公式录入。

如果数组中只包含一个元素，则称为单元素数组，如 {1}、ROW(1:1)、ROW()、COLUMN(A:A) 等。与单个数值不同，单元素数组虽然只包含一个元素，却也具有数组的特性，可以被认为是 1 行 1 列的数组。

技巧 183　多项计算和数组公式

183.1 多项计算

多项计算是对公式中有对应关系的数组元素同时分别执行相关计算的过程。例如以下数组公式。

```
{=SUM(A1:A5*(A1:A5>0))}
```

该公式用于计算 A1:A5 单元格区域中正数之和。公式中的 "(A1:A5>0)" 表示对区域数组 A1:A5 中的每个元素进行是否大于零的判断，先得到一组逻辑值，然后再与 A1:A5 这个区域数组相乘。相乘的过程又是两个数组中的每个元素分别对应相乘，得到一个新数组，最后由 SUM 函数计算新数组中所有元素之和。公式的运算过程如图 12-3 所示。

	A1:A5		A1:A5>0		A1:A5*(A1:A5>0)	
A1:	8		TRUE		8	SUM
A2:	15		TRUE		15	
A3:	7	×	TRUE	=	7	→ 35
A4:	5		TRUE		5	
A5:	-2		FALSE		0	

图 12-3　多项计算的运算过程

183.2 数组公式

数组公式不同于普通公式，是以按下 <Ctrl+Shift+Enter> 组合键完成编辑的特殊公式。作为数组公式的标识，Excel 会自动在数组公式的首尾添加大括号"{ }"。

如果需要进行多项计算的数组公式没有正确地以 <Ctrl+Shift+Enter> 组合键结束编辑，而是按下 <Enter> 键生成普通公式，那么它的运算结果往往是错误的，甚至直接返回错误值。

一旦发现公式中希望按照多项计算方式进行运算的数组没有按预期的方式计算时，可以尝试按 <Ctrl+Shift+Enter> 组合键，让普通公式成为数组公式。

技巧 184 多单元格数组公式

先假定 B2:B7 单元格区域中的数值如图 12-4 所示，同时选中 D3:D8 单元格区域，在编辑栏中输入以下数组公式（不包含两侧大括号）。

```
{=SMALL(B2:B7,ROW(1:6))}
```

最后按 <Ctrl+Shift+Enter> 组合键完成多单元格数组公式的输入，达到将原数据按升序排列的效果。

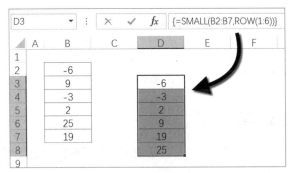

图 12-4 多单元格数组公式

观察 D3:D8 单元格区域中的每个单元格，可以发现其中包含的公式完全一样，并没有像常规公式复制填充那样出现相对引用作用下的行号自动递增现象。

这种在多个单元格使用同一公式，并按 <Ctrl+Shift+Enter> 组合键结束编辑的输入方式所形成的公式，称为多单元格数组公式。

使用多单元格数组公式能够保证在同一范围内的公式具有统一性，并且可以在选定的范围内完全展现出数组公式运算所产生的数组结果（每个单元格分别显示数组结果中的一个元素）。

不能单独编辑多单元格数组公式所在单元格区域的某一部分单元格，也不能在多单元格数组公式区域插入新的单元格，否则将出现如图 12-5 所示的警告对话框。

图 12-5 Excel 警告对话框

需要注意的是，多单元格数组公式的单元格区域尺寸应与数组运算结果一致，才能正确完整地显示数组运算结果。如果单元格区域尺寸小于内存数组尺寸，单元格区域只能显示部分结果。当单元格区域尺寸大于内存数组尺寸时，多余的单元格区域将显示错误值 #N/A，如图 12-6 和图 12-7 所示。

图 12-6　单元格区域尺寸小于数组尺寸　　　　图 12-7　单元格区域尺寸大于数组尺寸

技巧 185　单个单元格数组公式

单个单元格数组公式是指在单个单元格中进行多项计算并返回单一值的数组公式。

先假定 B2:B7 单元格区域中的数值如图 12-8 所示，此时选中 D3 单元格，然后在编辑栏中输入以下公式（不包含两侧大括号）。

```
{=SUM(LARGE(B2:B7,{1,2,3}))}
```

图 12-8　单个单元格数组公式

最后按 <Ctrl+Shift+Enter> 组合键完成单个单元格数组公式的输入，得到将原数据中最大的三个数之和。

这个公式由 LARGE 函数取得 B2:B7 单元格区域数据的三个最大值，进行了多项计算，由 SUM 函数得到三个数之和，返回了单一值。

技巧 186　数组的直接运算

所谓"直接运算"，指的是不使用函数，直接使用运算符对数组进行运算。

186.1　数组与单值直接运算

数组与单值（或单元素数组）可以直接运算，返回一个与原数组尺寸相同的数组结果，如表 12-1 所示。

表 12-1　数组与单值直接运算

序号	公式	说明
1	={1,2,3,4,5}+6	返回 {7,8,9,10,11}，尺寸与原数组 {1,2,3,4,5} 相同
2	={1,2,3,4,5}*{2}	返回 {2,4,6,8,10}，尺寸与原数组 {1,2,3,4,5} 相同
3	={1,2,3,4,5}&ROW(2:2)	返回 {"12","22","32","42","52"}，尺寸与原数组 {1,2,3,4,5} 相同

186.2　同方向一维数组之间的直接运算

两个同方向的一维数组直接进行运算，会根据元素的位置进行一一对应运算，生成一个新的数组，例如以下公式。

```
{={9;8;12;10}/{3;2;4;5}}
```

返回结果为：

```
{3;4;3;2}
```

公式的运算过程如图 12-9 所示。

9	/	3	=	3
8	/	2	=	4
12	/	4	=	3
10	/	5	=	2

图 12-9　同方向一维数组的运算

参与运算的两个一维数组需要具有相同的尺寸，否则运算结果的部分数据为错误值 #N/A，例如以下公式。

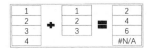

```
{={1;2;3;4}+{1;2;3}}
```

返回结果为：

```
{2;4;6;#N/A}
```

第一个数组中的数值 4 在第二个数组中找不到与之对应运算的数值，所以返回错误值 #N/A，如图 12-10 所示。

1	+	1	=	2
2		2		4
3		3		6
4				#N/A

图 12-10　不同尺寸一维数组运算结果

186.3　不同方向一维数组之间的直接运算

M×1 的垂直数组与 1×N 的水平数组直接运算的运算方式是：数组中每个元素分别与另一数组的每个元素进行运算，返回 M×N 的二维数组。

例如以下数组公式。

```
{={1,2,3}+{1;2;3;4}}
```

返回结果为：

```
{2,3,4;3,4,5;4,5,6;5,6,7}
```

公式运算过程如图 12-11 所示。

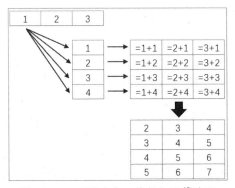

图 12-11　不同方向一维数组运算过程

186.4　一维数组与二维数组之间的直接运算

如果一维数组的尺寸与二维数组的同维度上的尺寸一致，则可以在这个方向上进行一一对应的运算。即M×N的二维数组可以与M×1或1×N的一维数组直接运算，返回一个M×N的二维数组。

例如以下数组公式。

```
{={1;2;3}*{1,2;3,4;5,6}}
```

返回结果为：

```
{1,2;6,8;15,18}
```

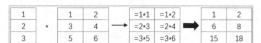

图 12-12　一维数组与二维数组的运算过程

公式运算过程如图 12-12 所示。

如果一维数组与二维数组的同维度上的尺寸不一致，则结果将包含错误值 #N/A。

例如以下公式。

```
{={1;2;3}*{1,2;3,4}}
```

返回结果为：

```
{1,2;6,8;#N/A,#N/A}
```

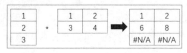

图 12-13　同维度上尺寸不同的
一维数组与二维数组运算

由于第二个数组没有与第一个数组中第三列元素 3 对应的数值，所以结果数组中的第三行返回错误值 #N/A，如图 12-13 所示。

186.5　二维数组之间的直接运算

两个具有相同尺寸的二维数组可以直接运算，运算过程是将相同位置的元素两两对应进行运算，返回一个与它们尺寸一致的二维数组。

例如以下数组公式。

```
{={3,11;12,12;4,7;9,11}+{8,11;11,3;6,14;7,1}}
```

返回结果为：

```
{11,22;23,15;10,21;16,12}
```

公式运算过程如图 12-14 所示。

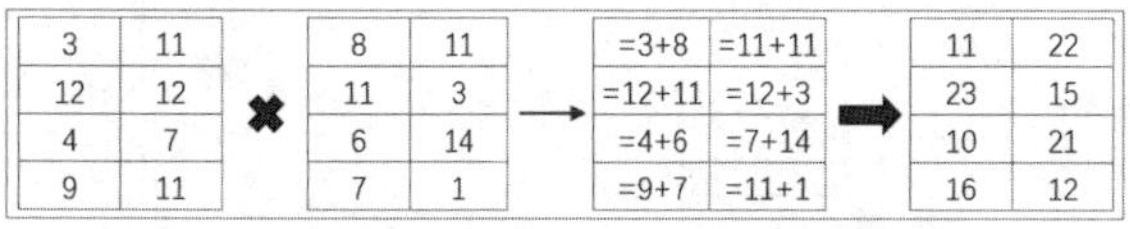

3	11		8	11		=3+8	=11+11		11	22
12	12	✖	11	3	→	=12+11	=12+3	→	23	15
4	7		6	14		=4+6	=7+14		10	21
9	11		7	1		=9+7	=11+1		16	12

图 12-14　二维数组之间的运算过程

例如以下数组公式。

如果参与运算的两个二维数组尺寸不一致，生成的结果以两个数组中的最大行列尺寸为新的数组尺寸，但超出小尺寸数组的部分会产生错误值 #N/A。

```
{={1,2;2,4;3,6;4,8}+{7,9;5,3;3,1}}
```

返回结果为：

```
{8,11;7,7;6,7; #N/A,#N/A}
```

除上述的直接运算方式之外，数组之间的运算还包括使用函数。部分函数对参与运算的数组尺寸有特定的要求。例如，MMULT 函数要求 Array1 的列数必须与 Array2 的行数相同，而不严格遵循数组直接运算的规则。

第13章 逻辑判断计算

在日常工作中，经常涉及根据某种标准或条件，判断并返回或提取相关数据的运算。例如，根据提成标准计算销售提成、筛选或提取出特定型号产品销往某地的所有记录等。在解决此类问题时，经常需要用到逻辑函数和信息函数，这两类函数主要用于逻辑判断计算和数据类型的检验等方面。本章对主要的逻辑函数和信息函数的基本用法进行介绍。

技巧 187 IF 函数判断差旅费标准

IF 函数是最常用的函数之一，它可以根据给定的条件进行判断，然后分别返回判断成立或不成立时的结果。该函数语法如下：

```
IF(logical_test,[value_if_true],[value_if_false])
```

第 1 参数是用于比较的表达式，当运算结果为逻辑值 TRUE 或非 0 数值时，IF 函数返回第 2 参数的值。

第 1 参数的运算结果为逻辑值 FALSE 或数值 0 时，IF 函数返回第 3 参数的值。

如果 IF 函数第 1 参数判断结果为假且第 3 参数省略时，IF 函数将返回默认值 FALSE。例如，当 A1 单元格的值小于 60 时，以下公式将返回 FALSE。

```
=IF(A1>=60," 及格 ")
```

假设某企业需要根据员工职务来划定不同的差旅费标准，规定职务为"主任"的员工差旅费标准为 800 元，其余职务员工差旅费标准均为 400 元。需要在员工信息表中返回每名员工的差旅费标准，如图 13-1 所示。

	H2		:	×	✓	fx	=IF(E2="主任",800,400)	
▲	A	B	C	D	E	F	G	H
1	姓名	性别	籍贯	部门	职位	工龄（年）	月工资	差旅费标准
2	林达	男	哈尔滨	销售部	助理	11	4750	400
3	贾丽丽	女	成都	技术部	助理	15	2750	400
4	赵睿	男	杭州	技术部	助理	15	2750	400
5	师丽莉	男	广州	财务部	主任	11	4750	800
6	岳恩	男	南京	技术部	主任	5	4250	800

图 13-1　差旅费标准判断 1

在 H2 单元格输入以下公式，向下复制到 H6 单元格。

```
=IF(E2=" 主任 ",800,400)
```

公式中的"E2=" 主任 ""部分，首先判断 E2 单元格中的字符串是否等于"主任"，并返回逻辑值 TRUE 或是 FALSE。如果等于"主任"的条件成立，则 IF 函数返回第 2 参数的数值 800，如果不等于"主任"，则返回第 3 参数的数值 400。

通过嵌套使用，IF 函数还可以实现包含两个以上判断条件的运算。如果改变差旅费标准判断规则，"主任"差旅费标准保持 800 元不变，"助理"差旅费标准调整为 600 元，其余职务员工差旅费标准均为 400 元，则需要返回每名员工的差旅费标准，如图 13-2 所示。

图 13-2　差旅费标准判断 2

在 H2 单元格输入以下公式，向下复制到 H6 单元格。

`=IF(E2=" 主任 ",800,IF(E2=" 助理 ",600,400))`

公式中的"IF(E2=" 助理 ",600,400)"部分，是首个 IF 函数的第 3 参数。首先用 IF 函数判断 E2 单元格中的字符串是否等于"主任"，如果等于"主任"则返回第 2 参数的数值 800，如果不等于"主任"，则执行第 3 参数中的 IF 函数运算，继续判断 E2 单元格中的字符串是否等于"助理"，如果等于则返回 600，否则返回 400。

如果判断的条件比较多，则需要嵌套多层 IF 函数，可以用 CHOOSE 函数、IFS 函数、LOOKUP 等函数来代替 IF 函数，使公式更简洁易读。

技巧 188　IF 函数多层嵌套时的正确逻辑

如图 13-3 所示，A 列为考生姓名，B 列为考试成绩，需要在 C 列返回成绩等级，规则是 60 分以下为不及格，60~79 分为良好，80 分及以上为优秀。

图 13-3　判断成绩等级

在 C2 单元格输入以下公式，向下填充至 C12 单元格。

`=IF(B2<60," 不及格 ",IF(B2<80," 良好 "," 优秀 "))`

IF 函数首先判断 B2 单元格的数值是否小于 60，如果小于 60 则返回"不及格"。如果 B2 单元格的数值大于等于 60，再触发第二个 IF 函数判断 B2 单元格的数值是否小于 80，如果小于 80，即 B2 单元格的数值在 60~79 之间，则返回"良好"；如果 B2 单元格的数值不小于 80，即 B2 单元格的数值大于等于 80，则返回"优秀"。

多层 IF 函数嵌套式，要注意嵌套逻辑关系。如果公式算法上存在错误，虽然公式能够正常运算且不返回错误值，但运行后得不到正确结果。

如图 13-4 所示，将等级判断公式改成以下公式后，判断结果将出错。

```
=IF(B2<80,"良好",IF(B2<60,"不及格","优秀"))
```

C2 =IF(B2<80,"良好",IF(B2<60,"不及格","优秀"))

	A	B	C
1	姓名	成绩	等级
2	林达	58	良好
3	贾丽丽	58	良好
4	赵睿	91	优秀
5	师丽莉	70	良好
6	岳恩	65	良好
7	李勤	85	优秀
8	郝尔冬	58	良好
9	朱丽叶	52	良好
10	白可燕	94	优秀
11	师胜昆	94	优秀
12	郝河	55	良好

图 13-4 嵌套逻辑关系错误

由于外层 IF 函数判断条件“B2<80”包含了内层 IF 函数判断条件“B2<60”，因而当 B2 单元格的数值小于 80 时就会返回“良好”，公式将永远无法返回“不及格”。

在对多个条件进行判断时需要注意各个条件是否完整。如图 13-5 所示，等级判断公式改成以下公式，部分判断结果会因为逻辑判断条件不完整而返回 FALSE。

```
=IF(B2<60,"不及格",IF(B2>=80,"优秀"))
```

C2 =IF(B2<60,"不及格",IF(B2>=80,"优秀"))

	A	B	C
1	姓名	成绩	等级
2	林达	58	不及格
3	贾丽丽	58	不及格
4	赵睿	91	优秀
5	师丽莉	70	FALSE
6	岳恩	65	FALSE
7	李勤	85	优秀
8	郝尔冬	58	不及格
9	朱丽叶	52	不及格
10	白可燕	94	优秀
11	师胜昆	94	优秀
12	郝河	55	不及格

图 13-5 逻辑判断条件不封闭

公式中对成绩小于 60 和大于等于 80 的两种情况对应等级进行了设定，对 60~79 之间的成绩对应等级未设定，因此部分结果返回 FALSE。改成以下公式即可返回正确结果。

```
=IF(B2<60,"不及格",IF(B2>=80,"优秀","良好"))
```

技巧 189 IFS 函数判断差旅费标准

IFS 函数用于实现多条件的判断，该函数语法如下：

```
IFS(logical_test1,value_if_true1,[logical_test2,value_if_true2],[logical_
test3,value_if_true3],…)
```

IFS 函数的参数两两为一组，每组中的第 1 个参数为条件判断，其后的参数为条件判断结果为 TRUE 时要返回的值。IFS 函数的逻辑结构与 IF 函数有所不同。IF 函数的结构可以表达为"如果……则……否则"，而 IFS 函数的条件与返回的结果需要成对出现，即"如果符合条件 1，则结果 1，如果符合条件 2，则结果 2，……"，该函数最多允许 127 个不同的条件的判断。

将最后一组条件 / 结果设置为"TRUE,指定内容"的形式，用于指定所有条件均不符合时返回的结果。

如图 13-6 所示，是某企业差旅费记录的部分内容，需要根据员工职务来划定不同的差旅费标准。规定职务为"主任"的员工差旅费标准为 800 元，助理、专员和主管的差旅费标准分别为 600 元、400 元和 400 元。

H2			× ✓	fx	=IFS(E2="主任",800,E2="助理",600,E2="专员",400,E2="主管",400)			
▲	A	B	C	D	E	F	G	H	I
1	姓名	性别	籍贯	部门	职位	工龄（年）	月工资	差旅费标准
2	林达	男	哈尔滨	销售部	助理	11	4750	600
3	贾丽丽	女	成都	技术部	助理	15	2750	600
4	赵睿	男	杭州	技术部	助理	15	2750	600
5	师丽莉	男	广州	财务部	主任	11	4750	800
6	岳恩	男	南京	技术部	主任	5	4250	800

图 13-6　IFS 函数判断差旅费标准

在 H2 单元格输入以下公式，向下复制到 H6 单元格。

```
=IFS(E2=" 主任 ",800,E2=" 助理 ",600,E2=" 专员 ",400,E2=" 主管 ",400)
```

如果 E2 单元格中的字符串等于"主任"则返回 800，如果 E2 单元格中的字符串等于"助理"则返回 600，以此类推。

提示

在 Excel 2016 中，仅 Office 365 订阅用户可以使用 IFS 函数。

技巧 190　逻辑关系的组合判断

在 Excel 中，可以使用逻辑函数判断单个或多个表达式的逻辑关系，返回一个逻辑值。常见的逻辑关系有两种，即"与"和"或"，与之相对应的分别是 AND 函数和 OR 函数。

AND 函数逐个检查每个条件参数判断返回的逻辑值，当所有条件判断返回值均为 TRUE 时，函数最终返回 TRUE。只要有一个条件判断返回值为 FALSE，则函数返回 FALSE。例如，公式 AND(1=1,2<3)，1=1 和 2<3 两个条件判断的结果都为 TURE，因此 AND 函数返回 TRUE。而公式 AND(1=1,3<3)，1=1 部分的判断结果返回 TRUE，3<3 部分的判断结果返回 FALSE，因此 AND 函数最终返回 FALSE。

OR 函数逐个检查每个条件参数判断返回的逻辑值，只要有一个条件判断返回值为 TRUE，函数最终返回 TRUE。当所有条件判断返回值均为 FALSE 时，则函数返回 FALSE。例如，公式 OR(1=1,2>3)，1=1 部分的条件判断结果为 TRUE，因此 OR 函数最终返回 TRUE。而公式 OR(1>1,2>3)，1>1 和 2>3 两个条件判断的结果都为 FALSE，因此 OR 函数最终返回 FALSE。

图 13-7 是某单位员工信息表的部分内容，需要标记出所有男性助理的员工记录。

在 F2 单元格输入以下公式，向下复制到 F6 单元格。公式返回值为 TRUE 的，表示该员工为男性助理。

```
=AND(B2=" 男 ",E2=" 助理 ")
```

公式中，AND 函数包含两个参数，分别代表两个逻辑判断条件。在这两个条件判断返回值同时为 TRUE 时，整个公式返回 TRUE，也就是员工性别为男性，同时职位为助理。公式填充完毕后筛选结果为 TRUE 的记录，就是所有男性助理的记录。

如图 13-8 所示，需要标记出职位为主任或助理的员工记录。

图 13-7　判断男性助理　　　　　图 13-8　判断职位为主任或助理的员工

在 F2 单元格输入以下公式，向下填充，返回值 TRUE 代表员工职位为主任或助理。

```
=OR(E2=" 主任 ",E2=" 助理 ")
```

上述公式中，OR 函数包含两个参数，分别代表两个逻辑判断条件。只要任意一个条件判断返回值为真，整个公式返回 TRUE，也就是员工职位为主任或助理。公式填充完毕后筛选结果为 TRUE 的记录，就是所有职位为主任或助理的记录。

如图 13-9 所示，需要标记出所有男性主任或助理的员工记录。

图 13-9　判断男性主任或助理

在 F2 单元格输入以下公式，向下复制到 F6 单元格。返回值为 TRUE，表示该员工为男性并且职位为主任或助理。

```
=AND(B2=" 男 ",OR(E2=" 主任 ",E2=" 助理 "))
```

上述公式中，AND 函数包含两个参数，第 2 个参数为 OR 函数的计算结果。当员工职位为主任或助理时，OR 函数返回 TRUE，如果员工性别同时为男性，整个公式返回 TRUE。公式填充完毕后筛选结果为 TRUE 的记录，就是所有男性主任或助理的员工记录。

技巧191　用乘号和加号代替 AND 函数和 OR 函数

利用逻辑值 TRUE 和 FALSE 在参与运算时转化成数值 1 和 0 的特性，在 Excel 中可以使用乘号（*）和加号（+）来实现 AND 函数和 OR 函数的作用。

沿用上例数据，判断男性助理的公式：

```
=AND(B2=" 男 ",E2=" 助理 ")
```

可以替换成以下公式，如图 13-10 所示。

```
=IF((B2=" 男 ")*(E2=" 助理 "),TRUE,FALSE)
```

图 13-10　乘号代替 AND 函数

只有当 B2 单元格性别为"男"且 E2 单元格职位为"助理"时，(B2=" 男 ")*(E2=" 助理 ") 判断部分才返回 1，否则均返回 0。IF 函数第 1 参数结果为 1 时返回第 2 参数 TRUE，第 1 参数结果为 0 时返回第 3 参数 FALSE。

沿用上例数据，判断主任或助理的公式：

```
=OR(E2=" 主任 ",E2=" 助理 ")
```

可以替换成以下公式，如图 13-11 所示。

```
=IF((E2=" 主任 ")+(E2=" 助理 "),TRUE,FALSE)
```

图 13-11　加号代替 OR 函数

(E2=" 主任 ")+(E2=" 助理 ") 部分只要 E2 单元格的职位是"主任"或"助理"就返回 1，只有当 E2 单元格的职位既不是"主任"又不是"助理"才返回 0。当 IF 函数第 1 参数返回 1 时，IF 函数返回 TRUE，否则返回 FALSE。

技巧 192　屏蔽公式返回的错误值

使用公式进行计算时，可能会由于某些原因无法得到正确结果，而返回一个错误值。产生这些错误值的原因有多种，一种常见的情况是公式本身存在错误，如错误值 #NAME? 通常是公式中使用了不存在的函数名称或定义名称。另外一种常见的情况是公式本身并不存在错误，但由于函数没有查找到指定的对象而返回错误值。

在图 13-12 所示的学生信息表中，A~C 列分别为学生学号、姓名及成绩信息，需要根据 E 列学号信息查询学生姓名和成绩。

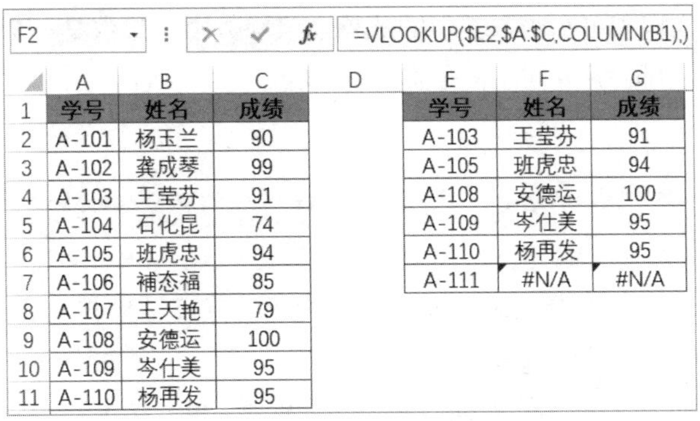

F2 =VLOOKUP($E2,$A:$C,COLUMN(B1),)

	A	B	C	D	E	F	G
1	学号	姓名	成绩		学号	姓名	成绩
2	A-101	杨玉兰	90		A-103	王莹芬	91
3	A-102	龚成琴	99		A-105	班虎忠	94
4	A-103	王莹芬	91		A-108	安德运	100
5	A-104	石化昆	74		A-109	岑仕美	95
6	A-105	班虎忠	94		A-110	杨再发	95
7	A-106	補忞福	85		A-111	#N/A	#N/A
8	A-107	王天艳	79				
9	A-108	安德运	100				
10	A-109	岑仕美	95				
11	A-110	杨再发	95				

图 13-12　公式返回错误值

在 F2 单元格输入以下公式，复制到 F2:G7 单元格区域。

```
=VLOOKUP($E2,$A:$C,COLUMN(B1),)
```

上述公式能查询到部分学号对应的学生姓名和成绩信息，但也有部分结果显示为错误值 #N/A，如 G7 单元格。但这并不代表公式本身存在错误，而是因为源数据中并没有 A-111 这个学号。

如果希望屏蔽掉这些错误值，不让 #N/A 显示出来，通常可以使用 IFERROR 函数或 IFNA 函数来屏蔽错误值。

在 F2 单元格输入以下公式，复制到 F2:G7 单元格区域，原返回错误值的单元格将显示为空文本，如图 13-13 所示。

```
=IFERROR(VLOOKUP($E2,$A:$C,COLUMN(B1),),"")
```

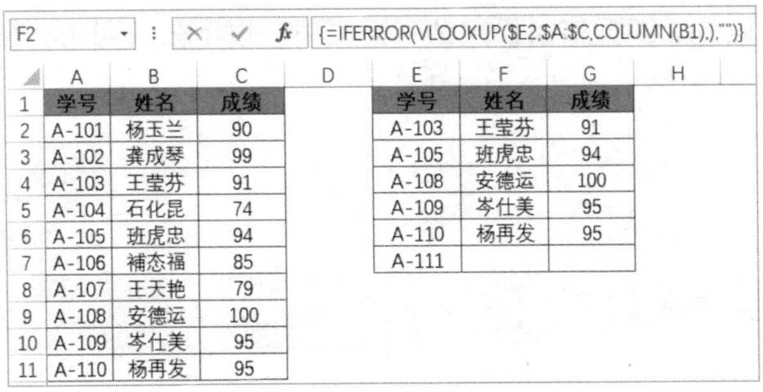

F2 {=IFERROR(VLOOKUP($E2,$A:$C,COLUMN(B1),),"")}

	A	B	C	D	E	F	G	H
1	学号	姓名	成绩		学号	姓名	成绩	
2	A-101	杨玉兰	90		A-103	王莹芬	91	
3	A-102	龚成琴	99		A-105	班虎忠	94	
4	A-103	王莹芬	91		A-108	安德运	100	
5	A-104	石化昆	74		A-109	岑仕美	95	
6	A-105	班虎忠	94		A-110	杨再发	95	
7	A-106	補忞福	85		A-111			
8	A-107	王天艳	79					
9	A-108	安德运	100					
10	A-109	岑仕美	95					
11	A-110	杨再发	95					

图 13-13　IFERROR 函数屏蔽错误值

IFERROR 函数首先判断 VLOOKUP 函数返回值是否为错误值，如果不是错误值将返回 VLOOKUP 函数本身的查询结果，如果是错误值，则返回第 2 参数空文本 ""。

由于原公式返回错误值类型为 #N/A，因此也可以改用 IFNA 函数来实现屏蔽错误值的目的，F2 单元格公式可以修改为：

```
=IFNA(VLOOKUP($E2,$A:$C,COLUMN(B1),),"")
```

IFERROR 函数能够处理所有的错误值类型，而 IFNA 函数仅可用来处理 #N/A 错误值类型。

技巧 193 SWITCH 函数判断周几

SWITCH 函数可以实现和 IFS 函数类似的效果，该函数第 1 参数是一个表达式，SWITCH 函数根据表达式计算的结果，判断并返回不同值对应的结果。

函数语法如下：

```
SWITCH( 表达式 , value1, result1, [default 或 value2, result2],…[default 或
value3, result3])
```

SWITCH 函数首先计算第 1 参数表达式的值，然后将计算结果与 value1、value2……value3 去匹配，若匹配到相等的值则返回该值后一个参数的值。

如图 13-14 所示，A2 单元格存储日期数据，需要在 B2 单元格返回对应日期是周几。

在 B2 单元格输入以下公式，返回结果为"周三"。

```
=SWITCH(WEEKDAY(A2,2),1,"周一",2,"周二",3,"周三",4,"周四",5,"周五",6,"周六",7,"
周日")
```

图 13-14　SWITCH 函数判断周几

WEEKDAY 函数以数字形式返回 A2 单元格日期对应的星期序号，周一返回 1，周二返回 2，以此类推。"2019/9/18"为周三，所以 WEEKDAY 函数返回 3。SWITCH 函数参数中 3 后面对应的参数为"周三"，因此最终公式返回结果为"周三"。

SWITCH 函数还可以为无匹配值时设定缺省返回值，以下公式当 A1 单元格内容是"甲等"或"乙等"之外的内容时，返回结果为"超出范围"。

```
=SWITCH(A1,"甲等",100,"乙等",90,"超出范围")
```

提 示

> 在 Excel 2016 中，仅 Office 365 订阅用户可以使用 SWITCH 函数。

技巧 194 数据类型的检验

信息函数中包含了一批以字母"IS"开头的函数，这些函数通常用于检验单元格中的数据类型，一般称之为"IS 类函数"，此类函数可检验指定值并根据结果返回 TRUE 或 FALSE。

IS 类函数名称及说明如表 13-1 所示。

表 13-1　IS 类函数一览表

函数名称	说明
ISBLANK 函数	如果引用的单元格是空单元格，则返回 TRUE
ISERR 函数	如果参数为除 #N/A 以外的任何错误值，则返回 TRUE
ISERROR 函数	如果参数为任何错误值，则返回 TRUE
ISEVEN 函数	如果参数为偶数，则返回 TRUE
ISFORMULA 函数	如果引用的单元格中包含公式，则返回 TRUE
ISLOGICAL 函数	如果参数为逻辑值，则返回 TRUE
ISNA 函数	如果参数为错误值 #N/A，则返回 TRUE
ISNONTEXT 函数	如果参数不是文本，则返回 TRUE
ISNUMBER 函数	如果参数为数字，则返回 TRUE
ISODD 函数	如果参数为奇数，则返回 TRUE
ISREF 函数	如果参数为单元格引用，则返回 TRUE
ISTEXT 函数	如果参数为文本，则返回 TRUE

第 14 章 文本处理

本章主要学习文本类函数的应用，包括截取字符串常用的 LEFT 函数、LEFTB 函数、RIGHT 函数、RIGHTB 函数、MID 函数和 MIDB 函数，查找字符串的 FIND 函数、FINDB 函数、SEARCH 函数和 SEARCHB 函数，大小写和全半角字符转换的相关函数，以及用于数字格式化的 TEXT 函数等。

技巧 195 查找字符技巧

精确查找指定字符在某个字符串中的位置，是 Excel 函数运用中的一项重要技巧，尤其是在截取字符串、替换字符串等文本处理过程中，精确定位技术更是必不可少。

查找字符串的常用函数有 FIND 函数、FINDB 函数、SEARCH 函数和 SEARCHB 函数，4 个函数的语法如下：

```
FIND(find_text, within_text, [start_num])
FINDB(find_text, within_text, [start_num])
SEARCH(find_text, within_text, [start_num])
SEARCHB(find_text, within_text, [start_num])
```

其中第 3 参数 start_num 表示开始查找的起始位置，一般情况下可以省略，默认从字符串左侧第一个字符开始查找。

FIND 函数和 FINDB 函数能够区分英文大小写，但是不支持通配符的模糊查找；SEARCH 函数和 SEARCHB 函数不区分大小写，但支持通配符的模糊查找，如表 14-1 所示。

表 14-1　FIND/FINDB 函数与 SEARCH/SEARCHB 函数的区别

函数名	区分大小写	支持通配符
FIND、FINDB	区分	不支持
SEARCH、SEARCHB	不区分	支持

195.1 目标字符第 1 次出现的位置

假定 A1 单元格的内容为 "Excel Home"，下面的公式将返回字符 "e" 在字符串中第 1 次出现的位置（从左侧第一个字母 e 的所在位置），结果为 4。

```
=FIND("e",A1)
```

如果改用 SEARCH 函数，则情况会有所不同，因为 SEARCH 函数不区分字母的大小写，因此第一个大写字母 "E" 就会被认为符合它所查找的目标，下面的公式返回结果为 1。

```
=SEARCH("e",A1)
```

SEARCH 函数支持通配符查找，假定 C1 单元格中为字符串 "wind wide word"，下面公式返回结果为 6。

```
=SEARCH("w?d",C1)
```

这里的通配符 "?" 代表任意单个字符，因此 SEARCH 函数查找到的是第一个与查找对象相匹配的字符串 "wid"。下面的公式将返回结果 1。

```
=SEARCH("w*d",C1)
```

通配符 "*" 代表任意多个字符，因此 SEARCH 函数查找到的是第一个与查找对象相匹配的字符串 "wind"。

SEARCHB 函数结合通配符 "?" 可以查找任意单字节字符，假定 A1 单元格为字符串 "购买蔬菜共花 28.7 元"，下面的公式返回结果 13。

```
=SEARCHB("?",A1)
```

由于汉字为双字节字符，所以 SEARCHB 函数返回第一个单字节字符 "2" 所在的字节位置。

195.2 目标字符第 n 次出现的位置

假定 A1 单元格的内容为 "Excel Home"，使用下面的公式就可以找到字母 "e" 在字符串中第一次出现的位置（区分大小写）。

```
=FIND("e",A1)
```

如果希望找到字母 "e" 第二次出现的位置，又该如何写公式呢？

这种情况下，可以借助 FIND 函数的第 3 参数来实现，它用来指定开始查找的位置。如果把这个参数的值指定为第一个字母出现位置的右侧位置，那么接下来找到的就是字母 "e" 在字符串当中第二次出现的位置。

基于以上思路，可以用下面这个公式来获取字符 "e" 在字符串中第二次出现的位置：

```
=FIND("e",A1,FIND("e",A1)+1)
```

这个公式通过两层 FIND 函数的运用得到最终结果，首先里层的 FIND 函数找到字母 "e" 第一次出现的位置，然后基于这个位置给出外层 FIND 函数的第 3 参数，再继续找到字母 "e" 第二次出现的位置。

根据这种思路，很容易想到查找第三次、第四次甚至第 N 次出现位置的方法。但要找的字符次数越多，需要 FIND 函数嵌套层数也越多，效率也会越来越低。因此需要换一种思路来解决这类问题，就是使用 SUBSTITUTE 函数。

SUBSTITUTE 函数的语法如下：

```
SUBSTITUTE(text, old_text, new_text, [instance_num])
```

它可以用另一个字符串来替代字符串当中指定的某个子字符串。如果这个指定子字符串在原字符串中不止一次出现，那么这个函数的第 4 参数可以指定替换哪一次出现的该子字符串。

以下公式可以将 "第一章第二节第五段" 改为 "第一章第二节总共五段"：

```
=SUBSTITUTE(" 第一章第二节第五段 "," 第 "," 总共 ",3)
```

显然，利用 SUBSTITUTE 函数第 4 参数的特性，可以方便地找到第 N 次出现的字符串。因此，可以利用 SUBSTITUTE 函数将第 N 次出现的字符串替换为特殊字符，然后再使用 FIND 函数查找该特殊字符的位置，即为字符串第 N 次出现的位置。下面的公式找到 A1 单元格中字母 "e" 第四次出现的位置。

```
=FIND("々",SUBSTITUTE(A1,"e","々",4))
```

公式中的字符 "々" 没有特别的含义，只是一个比较生僻的字符，首先利用这个字符给 A1 单元格的字符串当中第四次出现的字母 "e" 做一个特殊标记，然后利用 FIND 函数找到这个标记。将 SUBSTITUTE 函数与 FIND 函数组合使用，不需要改变公式结构，就能查找字符串任意出现次数的位置，适用性非常强，这种思路也十分值得借鉴。

195.3 从右向左查找字符

无论是 FIND 函数还是 SEARCH 函数，都是从字符串左侧开始查找匹配的对象。如果希望从字符串右侧开始查找第一个匹配字符的位置，则需要换一个思路来写公式。

从字符串右侧开始查找第一个匹配字符的位置，即从左侧查找最后一个匹配字符的位置。假定 A1 单元格中包含字符串 "wind wide word"，并且希望找到右侧第一个字母 "w" 的位置，可以使用以下公式。

```
=LOOKUP(99,FIND("w",A1,ROW(1:99)))
```

或者输入以下数组公式，按 <Ctrl+Shift+Enter> 组合键。

```
{=MAX((MID(A1,ROW(1:99),1)="w")*ROW(1:99))}
```

第一个公式利用 FIND 函数依次从 1 到 99 的位置分别开始查找字母 "w"，返回从这些位置开始查找到的第一个匹配的位置。

```
{1;6;6;6;6;6;11;11;11;11;11;#VALUE!;#VALUE!;……;#VALUE!}
```

结合 LOOKUP 函数模糊匹配的计算规律，得到最后一个数值位置，即为右侧第一个 "w" 的位置。

第二个公式利用 MID 函数提取字符串中的每一个字符，与查找目标依次进行比对，在比对得到的多个符合条件中，用 MAX 函数来获取序号最大的那一个。

提 示

> 上述公式中所用的 MID 函数的详细说明，请参阅技巧 196。

注 意

> 上述两个公式中所用到的参数 99，使用前提是字符串长度不超过 99 个字符。在实际应用时，可以调整这个参数，以适应更长的字符串情况。

技巧 196 字符串的提取和分离

常用于字符提取的函数是 LEFT 函数、RIGHT 函数和 MID 函数。

LEFT 函数可以从一个字符串的左侧开始提取出指定数量的字符，其语法如下。

```
LEFT(text, [num_chars])
```

例如，已知身份证号码的前 6 位包含了所属地域的信息，要使用公式获取这 6 位代码来进行地域的查询。假定身份证号码"513029195101153313"存储在 A1 单元格内，可以使用以下公式来截取身份证号码的前 6 位。

```
=LEFT(A1,6)
```

公式运算结果为字符串"513029"。

如果 LEFT 函数省略第 2 个参数，如 LEFT(A1)，则表示截取 A1 单元格左侧的首个字符。

RIGHT 函数的用法与 LEFT 函数相似，RIGHT 函数是从字符串的右侧提取指定数量的字符。例如，以下公式返回 A1 单元格中身份证号码的末 4 位，即"3313"。

```
=RIGHT(A1,4)
```

如果需要提取的内容位于字符串的中部，则需要使用 MID 函数，其语法如下。

```
MID(text, start_num, num_chars)
```

其中的 text 参数指定需要处理的原字符串，start_num 参数指定从左侧第几位字符开始提取，num_chars 参数指定提取字符的个数。

已知身份证号码当中第 7 位开始的 8 位代码代表身份证持有人的出生日期信息，那么使用下面的公式可以提取出 A1 单元格当中身份证号码的生日信息。

```
=MID(A1,7,8)
```

公式提取出的字符串为"19510115"。

在一些应用场景中，需要提取的字符长度和字符位置并不是固定不变的，这就需要借助其他函数以及函数嵌套来完成提取工作。

例如，图 14-1 中的 A 列为产品名称，左侧的汉字表示基材种类，右侧的数字表示规格型号，希望用公式把这些产品名称拆分出基材种类和规格型号，得到 B 列和 C 列的结果。直接使用 LEFT 函数或 RIGHT 函数难以奏效，因为无论是基材种类还是规格型号的字数都是不确定的。

	A	B	C
1	产品名称	基材种类	规格型号
2	中纤0.5	中纤	0.5
3	吉冠颗粒1.8E1	吉冠颗粒	1.8E1
4	中纤0.8	中纤	0.8
5	吉冠颗粒1.6	吉冠颗粒	1.6

图 14-1　产品种类型号拆分

可以使用 SEARCHB 函数结合通配符"?"找到第一个数字的位置（详见 195.1），通过这个位置就能确定 LEFT 函数或 MID 函数所需要截取的字符位置。要获取 B 列显示的基材种类，也就是左侧的汉字，可以在 B2 单元格中输入以下公式并向下填充。

```
=LEFTB(A2,SEARCHB("?",A2)-1)
```

通过这个公式先找到第一个数字的位置，然后将这个位置减去 1，就能得到左侧汉字的字节数，用这个字节数作为 LEFTB 函数的参数，就能提取到左侧的汉字内容。参照类似的思路，可以在 C2 单元格写出如下公式提取右侧规格型号的内容。

```
=MIDB(A2,SEARCHB("?",A2),9)
```

这个公式同样先使用 SEARCHB 函数找到第一个数字的位置，在这之后，再使用参数 9 作为 MIDB 函数提取字符个数提取出右侧规格型号相应的内容。

> **提 示**
>
> MID 函数和 MIDB 函数的第 3 参数可以根据实际数据情况换成其他较大的数值。当指定要截取的字符数超出原有字符的长度时，将截取到最后一个字符为止。

LEN 函数也是字符串提取中的常用函数，可以获取字符串的字符数。Excel 中还有一个与之功能相似的 LENB 函数，适用于包含双字节字符的中文系统环境。在中文版 Windows 中，中文和全角字符都是两个字节，而半角英文字符和符号则只有一个字节。LENB 函数可以获取字符串的字节数，如下面公式的运算结果为 4。

```
=LENB(" 中国 ")
```

而下面公式的运算结果为 5。

```
=LENB("CHINA")
```

利用这个特性，可以通过 LEN 函数和 LENB 函数结合 LEFT 函数、RIGHT 函数、MID 函数来分离字符串中的中文字符和英文（数字）字符。

图 14-2 中的 A 列是一组包含中文姓名和电子邮箱地址的联系信息，希望使用公式将其中的中文姓名和邮箱地址进行分离，分别得到图中 B 列和 C 列的结果，就可以借助 LEN 函数和 LENB 函数来实现。

	A	B	C
1	联系信息	姓名	邮箱地址
2	zhang_wj@126.com张无忌	张无忌	zhang_wj@126.com
3	zhaomin@qq.com敏敏特木耳	敏敏特木耳	zhaomin@qq.com
4	kong_j@gmail.com空见	空见	kong_j@gmail.com
5	song_yq_1@163.com宋远桥	宋远桥	song_yq_1@163.com

图 14-2　中英文分离

要分离出其中的中文姓名，就需要知道姓名的字符个数。由于中文的字节数是字符数的 2 倍，而英文数字字符的字节数与字符数一样多，因此可以通过下面的公式得到中文字符的个数。

```
=LENB(A2)-LEN(A2)
```

用整个字符串的字节数减去字符数，就能得到字符串中的双字节字符个数，在此例中就是中文的字符数。结合 RIGHT 函数即可分离出中文姓名。

```
=RIGHT(A2,LENB(A2)-LEN(A2))
```

采用类似思路可以算出英文数字字符的个数，公式如下。

```
=LEN(A2)-(LENB(A2)-LEN(A2))
```

以上公式的作用是用 LEN(A2) 得到的字符数减去 LENB(A2)-LEN(A2) 得到的中文字符个数。结合 LEFT 函数即可分离出左侧电子邮箱地址，在 C2 单元格中输入以下公式，并向下填充到 C2:C5 单元格区域。

```
=LEFT(A2,LEN(A2)-(LENB(A2)-LEN(A2)))
```

结合四则运算规则对公式进行简化：

```
=LEFT(A2,2*LEN(A2)-LENB(A2))
```

以上公式都利用了中文是双字节字符的特性。类似地，能够在字节单位上进行处理的函数还包括 LEFTB 函数、RIGHTB 函数、REPLACEB 函数、FINDB 函数以及 SEARCHB 函数。但必须注意，包括 LENB 函数在内，以上这些可以识别字节的函数都只在拥有双字节文字字库的操作系统中才能有效工作（例如中文系统和日文系统），而在英文操作系统中，这些函数均有失效的风险。因此，在使用这类技巧之前，建议先使用 LENB 函数进行测试。

技巧 197 字符串的合并

在字符串的处理中，如果需要对字符串进行合并连接，则比较常用的方法是使用 "&" 运算符。Office 365 用户还可以使用 CONCAT 函数和 TEXTJOIN 函数，更加方便地连接字符串。

197.1 "&" 运算符和 CONCATENATE 函数

例如，以下公式的运算结果为字符串 "Excel2016 实战技巧精粹"。

```
="Excel"&2016&" 实战技巧精粹 "
```

虽然文本函数 CONCATENATE 函数也可以实现字符串的合并连接，但由于它不支持单元格区域或数组作为参数，因此在实际使用中并没有 "&" 运算符方便。

例如，假定在 A1 单元格中的字符串为 "我"，B1 单元格中的字符串为 "爱"，C1 单元格中的字符串为 "Excel"，则使用下面两个公式都可以得到字符串 "我爱 Excel"。

```
=CONCATENATE(A1,B1,C1)
=A1&B1&C1
```

如果试图使用下面的公式，以单元格区域引用作为 CONCATENATE 函数的参数来完成字符串合并连接，那么将返回错误值 #VALUE!。

```
=CONCATENATE(A1:C1)
```

也可以借助 PHONETIC 函数以单元格区域引用的方式进行字符串合并连接，如果在以上例子中使用下面的公式，就可以返回正确的字符串 "我爱 Excel"。

```
=PHONETIC(A1:C1)
```

注意

> PHONETIC 函数原用于在日文版中返回日文的拼音字符，在这里借用这个函数在字符串连接上的一些特性。该函数在连接单元格区域时会忽略纯数值单元格和含有公式的单元格，因此在实际使用时有较大的局限性。

197.2 用 CONCAT 函数连接字符串

如果用户使用的是 Office 365 版本，还可以使用 CONCAT 函数连接多个区域或字符串，函数语法如下。

```
CONCAT(text1,[text2],…)
```

该函数最多支持 254 个参数，其中每个参数都可以是字符串或单元格区域。在连接单元格区域时，将按照先行后列的顺序进行连接，如图 14-3 所示，使用以下公式可以将 A1:C2 单元格中的内容进行连接。

```
=CONCAT(A1:C2)
```

图 14-3　CONCAT 函数连接单元格区域

CONCAT 函数支持对整行、整列的引用，并且默认忽略空单元格。因此也可以使用以下公式进行连接。

```
=CONCAT(A:C)
```

197.3　用 TEXTJOIN 函数使用分隔符连接文本数据

TEXTJOIN　函数能够将多个区域或字符串的文本组合起来，并在要组合的各文本值之间指定分隔符。如果分隔符是空的文本字符串，则此函数将直接连接这些区域。

TEXTJOIN 函数支持选择是否忽略空单元格。函数语法如下。

```
TEXTJOIN(delimiter, ignore_empty, text1, [text2], …)
```

	A	B	C	D
1	春华		春华,秋实	=TEXTJOIN(",",TRUE,A1:A3)
2			春华,,秋实	=TEXTJOIN(",",FALSE,A1:A3)
3	秋实			

图 14-4　TEXTJOIN 函数忽略空单元格的区别

第 1 参数为要用于连接文本的分隔符。第 2 参数是逻辑值，指定是否忽略空单元格。选择 1 或 TURE 为忽略空单元格，当公式连接的单元格区域中有空单元格时，空单元格将不体现在字符串连接的结果当中。选择 0 或 FALSE 为不忽略空单元格，连接有空单元格的区域时，会将空单元格一并连在文本字符串中，如图 14-4 所示。

197.4　用 TEXTJOIN 函数连接多个查询结果

TEXTJOIN 函数能够以其他函数生成的内存数组作为待合并的参数。如图 14-5 所示，使用 TEXTJOIN 函数结合 IF 函数，能够将人员姓名按部门分别存放在一个单元格中，并且用逗号分隔。

G2			×	✓	fx	{=TEXTJOIN(",",TRUE,IF(B$2:B$13=F2,A$2:A$13,""))}	

	A	B	C	D	E	F	G
1	姓名	部门	岗位工资	绩效工资		部门	姓名
2	风清扬	企划	9000	1036		企划	风清扬，向问天，田归农
3	东方不败	销售	9000	408		销售	东方不败，令狐冲，任盈盈
4	令狐冲	销售	9000	1411		生产	田伯光，岳不群，岳灵珊
5	任盈盈	销售	9000	420		设计	林平之，鲍大楚，不戒和尚
6	向问天	企划	7000	1245			
7	田伯光	生产	7000	2451			
8	岳不群	生产	5000	578			
9	岳灵珊	生产	5000	1297			
10	林平之	设计	5000	2854			
11	田归农	企划	3824	821			
12	鲍大楚	设计	5693	2392			
13	不戒和尚	设计	5450	2915			

图 14-5　使用 TEXTJOIN 函数连接多个姓名

在 G2 单元格中输入以下数组公式，按 <Ctrl+Shift+Enter> 组合键，向下复制到 G5 单元格。

```
{=TEXTJOIN(", ",TRUE,IF(B$2:B$13=F2,A$2:A$13,""))}
```

公式中先使用 IF 函数按制定的部门进行判断，当 B2:B13 单元格中的部门等于 F2 单元格指定的部门时，返回对应 A2:A13 单元格中的结果，否则返回空文本 ""，得到内存数组结果为：

```
{" 风清扬 ";"";"";"";" 向问天 ";"";"";"";"";" 田归农 ";"";""}
```

TEXTJOIN 函数第 1 参数指定间隔符号为 "，"，第 2 参数使用 TRUE，以忽略空文本的方式将内存数组中的各个元素连接起来，成为一个新的字符串。

技巧 198 替换文本中的字符

许多时候，可能需要对某个字符串中的部分内容进行替换，除使用 Excel 的 "替换" 功能外，还可以用文本替换函数。常用的文本替换函数有 SUBSTITUTE 函数和 REPLACE 函数。

两个函数的语法如下。

```
SUBSTITUTE(text, old_text, new_text, [instance_num])
REPLACE(old_text, start_num, num_chars, new_text)
```

SUBSTITUTE 函数需要明确所需替换的目标字符，忽略其在字符串中的具体位置，它的第 2 参数是需要替换的目标，第 3 参数则是替换的具体内容。

REPLACE 函数不需要指定替换时的具体目标字符，而只需确定其位置，它的第 2 参数是替换起始位置，第 3 参数是替换掉的字符个数，第 4 参数才是替换的具体内容。

198.1 常规字符串替换

假定 A1 单元格的内容为 "Excel2013 实战技巧精粹第 13 章"，可以使用以下公式将其改为 "Excel2016 实战技巧精粹第 13 章"。

```
=SUBSTITUTE(A1,2013,2016)
=REPLACE(A1,9,1,6)
```

第一个公式是将字符串中的 "2013" 替换为 "2016" 来达到目标，第二个公式则是找到字符串中的第 9 个字符（"2013" 的 "3" 所在的位置）替换为 "6" 来达到目标。

198.2 多个相同目标中的指定替换

SUBSTITUTE 函数的第 4 参数在一般情况下可以省略，如果需要替换的目标在字符串中出现多次，在省略第 4 参数的情况下可以全部替换。如果指定第 4 参数的数值，则表示指定替换第几次出现的字符（从字符串左侧开始计数）。

如图 14-6 所示，A 列展示了一些包含短日期的文字，需要用公式将字符串中的短日期改为 "年月日" 形式的长日期格式。

	A	B
1	包含短日期的文字	结果
2	小明生日为2019-6-1	小明生日为2019年6月1日
3	2020年感恩节为2020-11-26	2020年感恩节为2020年11月26日
4	2020年母亲节日期为2020-5-10	2020年母亲节日期为2020年5月10日
5	2020年父亲节为2020-6-21	2020年父亲节为2020年6月21日

图 14-6 替换日期格式

可以使用以下公式：

```
=SUBSTITUTE(SUBSTITUTE(A2,"-"," 年 ",1),"-"," 月 ")&" 日 "
```

公式中里层的 SUBSTITUTE 函数的第 4 参数的值为 1，表示仅替换 A2 单元格字符串中第一次出现的短横线 "-"，不替换其他短横线。因此，这部分的运算结果为字符串 "小明生日为 2019 年 6-1"，在此基础上嵌套 SUBSTITUTE 函数再次将短横线 "-" 替换为 "月"，最后连接字符 "日"，得到最终结果。

198.3　插入字符

REPLACE 函数的第 3 参数如果设置为零，则能起到插入字符串的作用。

假定 A1 单元格的内容为 "Excel 实战技巧精粹"，要用公式将字符串改为 "Excel2016 实战技巧精粹"，可以使用以下公式。

```
=REPLACE(A1,6,0,2016)
```

技巧 199　计算字符出现的次数

199.1　某字符在字符串内出现的次数

要计算字符串中某个字符的出现次数，没有可以直接使用的函数，但是可以借助 SUBSTITUTE 函数和 LEN 函数的组合来实现。先用 SUBSTITUTE 函数清除全部目标字符，然后用 LEN 函数对比清除前后的字符串字符总数，就能得到这个字符的出现次数。

例如，A1 单元格中存放着字符串 "ExcelHome"，要统计字母 "e" 出现的次数，可以使用如下公式：

```
=LEN(A1)-LEN(SUBSTITUTE(A1,"e",""))
```

公式结果返回 2。其中，SUBSTITUTE 函数的第 3 参数为两个连续的半角双引号，表示空文本，而使用空文本作为第 3 参数，就能将字符串中的指定字符全部清除。

SUBSTITUTE 函数可以区分字母大小写，因此字符串中的首字母大写的 "E" 不被计算在内，只统计小写字母 "e" 的个数。如果需要忽略大小写来计算字符串中所有大写字母 "E" 和小写字母 "e" 的总个数，则可以更改公式如下：

```
=LEN(A1)-LEN(SUBSTITUTE(LOWER(A1),"e",""))
```

或

```
=LEN(A1)-LEN(SUBSTITUTE(UPPER(A1),"E",""))
```

公式运算结果为 3。上面公式中的 LOWER 函数可以将字符串中的所有英文字母强制转换为小写字母，UPPER 函数则可以将所有英文字母转换为大写字母。

如果需要统计字符串的出现次数，则公式结果需要除以所求字符串的长度。如统计上述 A1 单元格中 "ce" 出现的次数，则应使用如下公式：

```
=(LEN(A1)-LEN(SUBSTITUTE(A1,"ce","")))/LEN("ce")
```

199.2　出现次数最多的字符

A3 单元格中包含一串数字代码，如 "8349718481736"，要在其中找到出现次数最多的数字，可以在前面求取字符出现次数的基础上进行数组运算来构建公式。输入以下数组公式，按 <Ctrl+Shift+Enter> 组合键。

```
{=RIGHT(MIN(LEN(SUBSTITUTE(A3,ROW(1:10)-1,""))*10+ROW(1:10)-1))}
```

公式的运算结果为 8。数字 8 在这个字符串中一共出现了 3 次，是出现次数最多的字符。

公式思路解析如下。

```
LEN(SUBSTITUTE(A3,ROW(1:10)-1,""))
```

公式中的 ROW(1:10)-1 用来取得一个包含 0~9 的内存数组。这个公式的作用是依次清除 A3 字符串中的 0~9，并计算每个数字清除以后的剩余字符串的长度，可以根据这个长度判断字符串中包含某个数字的个数，长度越短则表示某个数字的出现次数越多。

将上述结果 *10+ROW(1:10)-1，是一种加权的方法，首先把前面得到的字符串长度和它对应的数字合成一个数字，然后使用 MIN 函数求取最小值，就能够把那个出现次数最多的数值取出。而这个数值个位上的数字就是它对应的实际数字，可以用 RIGHT 函数来提取。

假如 A5 单元格中包含的字符全为英文字母，如 "excelwordpptoutlook"，也可以使用上述思路构建类似的数组公式，找到出现次数最多的字母。输入以下数组公式，按 <Ctrl+Shift+Enter> 组合键。

```
{=MID(A5,RIGHT(MIN(LEN(SUBSTITUTE(A5,MID(A5,ROW(1:99),1),""))*100+R
OW(1:99)),2),1)}
```

公式的运算结果为字符 "o"。公式假定 A5 单元格中的字符串长度不超过 99 个字符，依次以字符串中的每一个字符来替换，由此得到的剩余字符串长度来判断出现次数最多的字符所在的位置，然后通过这个位置找到具体的字符。

199.3　包含某字符串的单元格个数

如果要统计包含某个字符串的单元格个数，通常会使用统计函数 COUNTIF 函数。

如图 14-7 所示，A 列当中存放了一些图书清单，如果要统计其中 "应用大全" 的数量（包含 "应用大全" 字符串的单元格个数），那么使用 COUNTIF 函数可以非常方便地得到结果。

图 14-7　图书清单

```
=COUNTIF(A2:A9,"*应用大全*")
```

除 COUNTIF 函数外，使用前面介绍的 FIND 函数也能够实现同样的目标。FIND 函数可以在字符串中查找指定字符串出现的位置，如果没有找到，就会返回错误值 #VALUE!。利用这个特性，先使用 FIND 函数查找单元格区域中的每一个单元格，然后统计其中未出现错误值的次数，就能得到包含目标字符串的单元格个数。根据这个思路，可以写出下面这个数组公式，按 <Ctrl+Shift+Enter> 组合键。

```
{=COUNT(FIND("应用大全",A2:A9))}
```

COUNT 函数可以忽略错误值仅统计数值的个数，因此可以通过它来统计 FIND 函数，以查找到"应用大全"字符串的单元格个数。

上述两个公式效果相同，但前者是相对简单的普通公式。如果需要区分字母大小写统计单元格个数，那么 COUNTIF 函数就不奏效了。因为 COUNTIF 函数不能区分字母的大小写，而 FIND 函数可以区分字母大小写，因此使用 FIND 函数和 COUNT 函数组合的公式才能解决这个问题。

例如，在上述案例中，如果需要统计其中"Excel"出现的次数，并且严格区分字母大小写，就可以使用下面这个数组公式，按 <Ctrl+Shift+Enter> 组合键，运算结果为 6。

```
{=COUNT(FIND("Excel",A2:A9))}
```

提 示

关于字符串查找函数对字母大小写的区分情况，可参阅技巧 195。

技巧 200 字符串比较

在 Excel 中，针对某些数据进行查找与引用操作时，表面看起来相同的字符串，却经常无法查找到匹配的结果，这往往是因为目标字符串与查找值不完全相同导致的。

假设 A1 单元格为字符串"Excel Home"，B1 单元格为字符串"excel home"，如果使用下面的公式对两个字符串进行比较，将返回结果 TRUE，因为等号运算符在字符比较时不区分字母大小写。

```
=A1=B1
```

如果希望区分字母大小写进行精准匹配，则需要使用 EXACT 函数。

```
=EXACT(A1,B1)
```

另外，还有一些能够区分字母大小写的函数，包括 FIND 函数、FINDB 函数、SUBSTITUTE 函数等。而 SEARCH 函数、SEARCHB 函数，查询函数中的 VLOOKUP 函数、LOOKUP 函数、MATCH 函数，以及统计函数中的 COUNTIF 函数、COUNTIFS 函数都不能区分大小写。

如果需要使用 MATCH 等函数，同时又希望它们能够区分字母的大小写，那么可以借助 EXACT 函数来处理。

图 14-8 展示了一组英文单词清单，不同大小写的单词含义不一样。

	A	B	C	D	E	F	G	H	I
1	单词	释义		单词	释义				
2	August	八月		may	五月	=VLOOKUP(D2,A:B,2,)			
3	august	威严的		may	可能	=LOOKUP(,0/EXACT(D3,A2:A11),B2:B11)			
4	Black	布莱克（姓氏）							
5	black	黑色							
6	May	五月							
7	may	可能							
8	Smith	史密斯（姓氏）							
9	smith	铁匠							
10	Turkey	土耳其							
11	turkey	火鸡							

图 14-8　单词清单

如果要精确查询"may"的中文释义，下面的公式将返回错误结果。

```
=VLOOKUP(D2,A:B,2,)
```

因为 VLOOKUP 函数不区分大小写，它将返回第一个匹配的"May"对应的中文释义。

而借助 EXACT 函数可以实现区分大小写的精确查询，公式如下。

```
=LOOKUP(,0/EXACT(D3,A2:A11),B2:B11)
```

技巧 201 清理多余字符

假设 A1 单元格中存放了字符串"　　excel　　home　　"，其中包含一些多余空格，使用以下公式可以将字符串处理成包含正常空格的字符串"excel home"。

```
=TRIM(A1)
```

TRIM 函数可以清除字符串首尾的空格，以及在字符串中间多于一个以上的连续重复空格（将多个连续空格压缩为 1 个空格），非常适合英文字符串的修整和处理。

利用 TRIM 函数可以清理多余空格的特性，在字符串的分离和提取上有很好的应用。

如图 14-9 所示，A2 单元格中字符串包含了长宽高三个数据，数据间用"*"间隔。如果需要使用公式将其中的每一部分分别提取出来，得到 A4~A6 单元格中的结果，则可以先在 A4 单元格输入以下公式，然后向下复制填充。

图 14-9　分离字符串

```
=TRIM(MID(SUBSTITUTE(A$2,"*",REPT(" ",99)),ROW(A1)*99-98,99))
```

这个公式先将字符串中的分隔符替换为大于原字符串长度的空格，然后将每段包含大量空格的字符串提取出来，再用 TRIM 函数清理掉多余的空格，返回最终需要保留的文本内容。

除多余的空格外，从一些数据库软件导出或从网页上复制下来的 Excel 文件中经常会夹杂一些难以识别的非打印字符，这些符号更易造成查找引用、统计等有关运算的错误，因此被称为"垃圾字符"，可以用 CLEAN 函数清除这些"垃圾字符"。

如果 A1 单元格的字符串中存在这些杂乱的非打印字符，则可以在另一个单元格中输入以下公式，得到一个"干净"的结果。

```
=CLEAN(A1)
```

技巧 202 字符转换技巧

202.1 字母大小写转换

本技巧主要涉及与英文字母大小写有关的三个函数：LOWER 函数、UPPER 函数和 PROPER 函数。

LOWER 函数的作用是将一个文本字符串中的所有大写英文字母转换为小写英文字母，并且不改变文本中的非字母字符。

如公式：

```
=LOWER("The CPU of this computer is Intel I7.")
```

返回结果为："the cpu of this computer is intel i7."。

UPPER 函数与 LOWER 函数相反，它将一个文本字符串中的所有小写英文字母转换为大写英文字母，不改变文本中的非字母字符。

如公式：

```
=UPPER("The CPU of this computer is Intel I7.")
```

返回结果为："THE CPU OF THIS COMPUTER IS INTEL I7."。

PROPER 函数的作用是将文本字符串的首字母及任何非字母字符（包括空格）之后的首字母转换成大写，将其余的英文字母转换成小写，即实现通常意义下的英文单词首字母大写。

如公式：

```
=PROPER("The CPU of this computer is Intel I7.")
```

返回结果为："The Cpu Of This Computer Is Intel I7."。

202.2 全角半角字符转换

在中文版 Windows 环境下，英文字母、数字、日文片假名和某些标点符号包含了"全角"和"半角"两种不同的形态。一个半角字符只占用一个字节，而一个全角字符占用两个字节位置。

中文字符、中文标点符号以及一些特殊符号，是固有的双字节字符，没有全半角之分。要想在半角字符和全角字符之间互相转换，可以使用 WIDECHAR 函数和 ASC 函数。

WIDECHAR 函数的作用是，在简体中文环境下，将字符串中的半角（单字节）字符转换为全角（双字节）字符。

如公式：

```
=WIDECHAR("The CPU of this computer is Intel I7.")
```

返回结果为："Ｔｈｅ　ＣＰＵ　ｏｆ　ｔｈｉｓ　ｃｏｍｐｕｔｅｒ　ｉｓ　Ｉｎｔｅｌ　Ｉ７．"。

ASC 函数与 WIDECHAR 函数相反，它只将全角（双字节）字符转换为半角（单字节）字符，对其他字符不作任何更改。

如公式：

```
=ASC("Ｔｈｅ　ＣＰＵ　ｏｆ　ｔｈｉｓ　ｃｏｍｐｕｔｅｒ　ｉｓ　Ｉｎｔｅｌ　Ｉ７．")
```

返回结果为："The CPU of this computer is Intel I7."。

假如 A1 单元格中包含字符串"全球著名的 Excel 论坛"，使用以下公式就可以得到字符串中所包含的英文字母个数，结果为 5。

```
=LENB(WIDECHAR(A1))-LENB(A1)
```

当这个公式使用 WIDECHAR 函数将字符串转换为全角字符串后，英文字符的字节数会增加 1

倍，而中文字符字节数没有变化。使用 LENB 函数获取字符串转换前和转换后的字节数，并将两者相减，即得到英文字符的个数。

如果字符串中本身就包含全角字符，如"全球著名的Ｅｘｃｅｌ论坛"，则上述公式可以修改如下。

```
=LENB(WIDECHAR(A1))-LENB(ASC(A1))
```

此公式思路与前面相似，但它在计算英文字符的个数应用中通用性更强。

> **注 意**
>
> 在英文操作系统等不含全角字符集的环境中，使用 LENB 函数可能无法返回正确的结果。

202.3 生成字母序列

利用 CHAR 函数可以快速生成 A~Z 的 26 个英文字母序列。CHAR 函数可以通过代码返回 ANSI 字符集中所对应的字符，而 ANSI 字符集中代码 65~90 所对应的字符正是"A~Z"的 26 个英文字母。因此，只要在 A1 单元格中输入以下公式，并向下填充至 A26 单元格，就能得到 26 个大写英文字母的序列。

```
=CHAR(ROW()+64)
```

与 CHAR 函数对应的是 CODE 函数，它可以取得一个字符相应的 ANSI 代码，下面的公式可以返回小写字母"a"的 ANSI 代码。

```
=CODE("a")
```

公式结果为 97。小写字母"a~z"对应的 ANSI 字符集代码为 97~122。

202.4 生成换行显示的文本

CHAR 函数不仅可用于生成可见字符，还可用于生成换行符等不可见字符。

如图 14-10 所示，A1 单元格包含一组城市名称，每个城市之间有一个短横线"-"分隔，如果希望每一个城市分别显示在单元格内的不同行，如图中 A2 单元格中的显示效果，可以这样来操作。

在 A2 单元格中输入以下公式。

```
=SUBSTITUTE(A1,"-",CHAR(10))
```

首先选中 A2 单元格，然后在功能区的【开始】选项卡中单击【自动换行】按钮，如图 14-11 所示，就能实现最终效果。

图 14-10 单元格内换行显示

图 14-11 自动换行按钮

上述公式将单元格中的分隔符"-"全部替换为 CHAR(10)，而 ANSI 字符集中代码 10 对应的字符为换行符，因此这个替换的效果就是将每一个分隔符替换成换行符，形成每个城市换行显示的效果。这个换行符虽然有 ANSI 代码，也能通过 CHAR 函数生成，但却是一个看不见的字符。

技巧 203 数值的强力转换工具

在整理表格数据的过程中，如果碰到不规范的数值数据，是一件头疼的事情，如在数值当中混有空格，或者使用了全角方式的数字，又或是文本型数字等。对于文本数据，可以用 TRIM 函数来清理多余的空格，用 ASC 函数将全角字符转换成半角字符。而对于数值来说，有一个更强力函数兼具清理空格和转换半角的功能，这就是 NUMBERVALUE 函数。

NUMBERVALUE 函数不仅可以实现 VALUE 函数日期转数值、文本型数字转数值、全角数字转数值的功能，还能处理混杂空格的数值以及符号混乱的情况。

	A	B	C	D
1	转换前	NUMBERVALUE转换	VALUE转换	备注
2	1 23 456 7	1234567	#VALUE!	带空格的数字
3	1,234,567	1234567	1234567	千位分隔符
4	５６７１２％	567.12	567.12	全角字符
5	6.88%	0.0688	0.0688	百分数
6	6.88‰	0.000688	#VALUE!	万分数
7	1234	1234	1234	文本型数字
8	2019/11/18	43787	43787	日期

图 14-12　数值转换效果

如图 14-12 所示，A 列是一些不规范的数值数据，B 列和 C 列是分别使用 NUMBERVALUE 函数和 VALUE 函数处理后的结果。从图中可知，NUMBERVALUE 函数可以处理 VALUE 函数无法处理的带空格的数字和万分数。

技巧 204 神奇的 TEXT 函数

Excel 的自定义数字格式功能可以将单元格中的数值按自定义格式显示，而 TEXT 函数也具有类似功能，可以将数值转换为按自定义格式表示的文本。

204.1　TEXT 函数的基本功能

TEXT 函数的语法如下。

```
=TEXT(value, format_text)
```

	A	B	C
1	数值	格式代码	TEXT转换
2	4.839	#.0	4.8
3	137.5	0.00	137.50
4	12	000	012
5	123.456	0	123
6	12345	[DBNum1]	一万二千三百四十五
7	76543	[DBNum2]	柒万陆仟伍佰肆拾叁
8	35.7	[<1]0.00%;#	36
9	0.357	[<1]0.00%;#	35.70%
10	2019/11/18	mmm d,yyyy	Nov 18,2019
11	28922	aaaa	星期四
12	2019年11月18日	e-mm-dd	2019-11-18

图 14-13　TEXT 函数转换数值格式

其中，第 2 参数 format_text 就是用户自定义的数字格式，它与单元格数字格式中使用的绝大部分格式通用。图 14-13 显示了 TEXT 函数使用几种自定义格式代码转换数值后的结果，其中 C2 单元格的公式如下。

```
=TEXT(A2,B2)
```

其中的自定义格式代码含义，请参阅技巧 101。

有少量数字格式代码仅适用于自定义格式功能，不适用于 TEXT 函数。例如：

● 星号 *　TEXT 函数无法使用星号来实现重复某个字符以填满单元格的效果；

● 颜色代码　TEXT 函数无法实现以某种颜色显示数值的效果，如格式 "0.00;[红色]-0.00"。

204.2 根据条件进行判断

与自定义数字格式代码类似，TEXT 函数的格式代码也可以分为 4 个条件区段，各区段之间用分号 ";" 间隔，默认情况下 4 个区段的定义如下。

```
[>0];[<0];[=0]; 文本
```

例如，要在 B 列单元格中对 A 列单元格中的数据对象按条件进行判断：当 A 列数据大于 0 时，对 A 列数据四舍五入保留 2 位小数显示；小于 0 时，对 A 列数据四舍五入到整数显示；等于 0 时，显示短横线 "–"；如果 A 列数据不是数值而是文本，则返回 "异常"。上述条件判断可以使用 IF 函数来构建公式，公式如下。

```
=IF(ISTEXT(A2)," 异常 ",IF(A2>0,FIXED(A2,2),IF(A2<0,FIXED(A2,0),"-")))
```

如果使用 TEXT 函数来实现这一效果，相对来说简单许多，可以使用以下公式。

```
=TEXT(A2,"0.00;-#;-; 异常 ")
```

公式的运算效果如图 14-14 的 B 列所示。

TEXT 函数不仅可以根据条件转换数据的显示格式，而且也可以直接根据条件返回具体的结果。例如，要在 B 列单元格中对 A 列单元格中的数据按条件进行判断：当 A 列数据大于 0 时返回 100，小于 0 时返回 -100，等于 0 时返回 0，如果 A 列的数据不是数值而是文本，则返回 "不符合"。可以使用 TEXT 函数来实现，公式如下。

	A	B
1	数值	格式转换
2	4.839	4.84
3	1.264	1.26
4	-37.5	-38
5	-5.43	-5
6	0	-
7	文本	异常
8	2019/11/18	43787.00

图 14-14　按条件转换格式

```
=TEXT(A2,"1!0!0;-1!0!0;0; 不符合 ")
```

上面公式中的感叹号是一个转义字符，表示强制它后面的第一个字符不具备代码的含义，而仅仅只显示该字符。在数字格式代码中，字符 "0" 具有特殊含义，而在上述例子中，只希望 "0" 表现其字符形式，因此需要在这个字符前加上感叹号，进行强制定义。在 TEXT 函数的格式代码中需要使用常量时，必须要注意这种代码转义的问题。

上述公式运算效果如图 14-15 的 B 列所示。

与自定义数字格式一样，TEXT 函数第 2 参数中所使用的条件区段也并非必须使用完整的四区段形式，实际使用中可以省略部分条件区段，条件含义也会相应变化。

使用三区段，其区段对应的条件如下。

	A	B
1	数值	转换结果
2	4.839	100
3	1.264	100
4	-37.5	-100
5	-5.43	-100
6	0	0
7	文本	不符合
8	2019/11/18	100

图 14-15　按条件返回结果

```
[>0];[<0];[=0]
```

如果上面例子中不需要考虑出现文本型数据的情况，公式就可以简化如下。

```
=TEXT(A2,"1!0!0;-1!0!0;0")
```

使用两区段，其区段对应的条件如下。

```
[>=0];[<0]
```

下面的公式表示当 A2 单元格数值大于等于 0 时返回字符串 "非负"，而当 A2 单元格数值小于

0 时返回字符串"负数"。

```
=TEXT(A2," 非负 ; 负数 ")
```

204.3　自定义条件范围

除上面这些默认以正数、负数、零作为条件区段以外，TEXT 函数还支持使用自定义条件。自定义条件的四区段可以表示为如下内容。

［ 条件 1 ］;［ 条件 2 ］;［ 不满足条件 1 和条件 2 ］; 文本

三区段可以表示为如下内容。

［ 条件 1 ］;［ 条件 2 ］;［ 不满足条件 1 和条件 2 ］

两区段可以表示为如下内容。

［ 条件 ］;［ 不满足条件 ］

注 意

在通常情况下，条件 1 和条件 2 不应存在交集，如果在设计条件中两者存在交集，则对于处于交集范围内的数值，会仅以满足条件 1 的格式作为转换依据。

假如要在 B 列单元格中对 A 列单元格中的日期数据按条件进行判断显示：当 A 列日期早于 2000 年 1 月 1 日时，只显示年份；当 A 列日期晚于 2010 年 12 月 31 日时，以"年月"的格式显示；对于其他日期则以"月日"格式显示，可以采用以下公式。

```
=TEXT(A2,"[<36526]e;[>40543]e-mm;mm-dd")
```

	A	B
1	数值	格式转换
2	2000/11/13	11-13
3	2010/6/9	06-09
4	2018/6/10	2018-06
5	1990/12/16	1990
6	2017/10/2	2017-10
7	1996/8/29	1996
8	2015/5/2	2015-05

图 14-16　日期按条件转换格式

上述公式使用的是一个包含自定义条件的三区段格式代码，其中 36526 是 2000 年 1 月 1 日对应的日期序列值，而 40543 是 2010 年 12 月 31 日对应的日期序列值。公式的转换效果如图 14-16 所示。

204.4　使用变量参数

TEXT 函数的第 2 参数 format_text，不仅可以引用单元格中的代码或直接使用约定的格式代码字符串，还可以通过公式来组织构造符合代码格式的文本字符串，在其中添加变量作为参数，使得 TEXT 函数的第 2 参数成为动态可变参数。

例如，要在 B 列单元格中对 A 列单元格中的日期数据按条件进行判断：当 A 列日期到今天为止已经超过 30 天，就返回"过期"，否则返回"年月日"的日期格式，可以使用以下公式。

```
=TEXT(A2,"[<"&TODAY()-30&"] 过期 ;e 年 m 月 d 日 ")
```

	A	B
1	日期	格式转换
2	2019/11/13	2019年11月13日
3	2019/6/9	过期
4	2019/6/10	过期
5	2019/12/16	2019年12月16日
6	2019/11/2	2019年11月2日
7	2019/8/29	过期
8	2019/10/22	过期

图 14-17　日期按变量条件转换

以上公式中的 TODAY 函数可以得到系统当前的日期，将此日期减去 30 得到 30 天之前的日期，然后通过两个文本连接符"&"嵌入原有的格式代码中，形成对日期是否过期的条件判断，组成一个完整的格式代码，完成 TEXT 函数的参数构造。

假设当前日期为 2019 年 11 月 18 日，则公式的运算结果如图 14-17 所示。

第15章 日期与时间计算

日期与时间是 Excel 中的主要数据类型之一，本章将对年、月、星期以及与时间有关的计算进行讲解。

技巧 205 认识日期与时间数据

日期和时间数据也称为日期和时间序列值，是数值的一种特殊表现形式，并且允许与数值进行相互转换。

205.1 认识日期数据

以字符形式输入的日期数据，在符合一定规则的情况下，可以被 Excel 识别为日期值。这些数据能够通过设置数字格式显示为数值，也能够直接参与算术运算。

图 15-1 展示了在中文 Windows 系统的默认设置下，在简体中文版 Excel 中可以识别的一些日期输入形式。其中，A 列是以文本字符串形式输入的日期。在 C2 单元格中输入以下公式，并向下复制到 C28 单元格，再将单元格格式设置为"长日期"格式。

```
=IFERROR(DATEVALUE(A2)," 无法识别 ")
```

公式中的 DATEVALUE 函数可以判断 A2 单元格中输入的内容是否可以识别为日期值，如果可以识别，则显示为相应的实际日期，否则显示 #VALUE! 错误，再用 IFERROR 函数把 #VALUE! 错误值显示为"无法识别"。

通过图 15-1，可以总结归纳出以下 Excel 识别日期值的规则。

图 15-1　日期输入的自动识别

（1）Excel 中的日期范围从 1900 年 1 月 1 日至 9999 年 12 月 31 日，1900 年之前的日期形式不会被识别。例如，图 15-1 中 A2 单元格的"1890-3-4"无法被转换成相应日期。

（2）年份可以用两位数字的短日期形式输入，其中 00~29 会自动转化为 2000 年 ~2029 年；而 30~99 会自动转化为 1930 年 ~1999 年，如图 15-1 中 A4、A5 单元格所示。

（3）输入日期时，可只输入年、月部分，而省略"日"的部分，Excel 会自动以此月的 1 日作为其日期。例如，图 15-1 的 A6 单元格输入为"2009-8"，自动转换的日期为"2009 年 8 月 1 日"。

（4）年月日既可以使用间隔符号包括斜杠符号"/"和短划线符号"-"，也可以两者混合使用，如图 15-1 中 A13：A15 单元格所示。

（5）可以用来表示日期间隔的符号与操作系统中的"区域选项"设置有关，在中文 Windows 的默认设置中，斜杠符号和短线符号都可以用来表示日期间隔符。

（6）在中文操作系统下的中文版 Excel 中，中文字符的"年""月""日"可以作为日期数据的单位，能被有效识别，如图 15-1 中 A16：A18 单元格所示。

（7）部分以英文单词形式表示的日期输入也可以被识别，如图 15-1 中 A19：A23 单元格所示。如果月份后面的数字大于月份的最大天数，则此数字自动转换为年份数据，如图 15-1 中 A21 单元格所示。

	A	B	C
1	时间输入		是否识别为时间值
2	12:33:54		12:33:54
3	12:35:56.5		12:35:57
4	9:43		9:43:00
5	25:35		1:35:00
6	21:61		22:01:00
7	20:59:61		21:00:01
8	23:61:62		无法识别
9	3时10分12秒		3:10:12
10	3时12分45.5秒		无法识别
11	3时12分		3:12:00
12	3分21秒		无法识别
13	3时61分45秒		无法识别
14	3点35分		无法识别

图 15-2　时间输入的自动识别

在使用英文月份的日期输入中，可以被识别的日期格式包括"月日""月年""日月年"和"日月"，但不支持"年月"和"年月日"，如图 15-1 中 A25 单元格所示。

（8）某些英语国家所习惯的月份在前，年份在后的日期形式也不能被识别，如图 15-1 中 A28 单元格所示。

205.2　认识时间数据

时间数据实质上就是小数形式的日期值。图 15-2 展示了在中文 Windows 系统的默认设置下，简体中文版 Excel 中可以识别的时间输入。其中，A 列是以文本字符串形式输入的时间，在 C2 单元格中输入以下公式，并向下复制到 C14 单元格区域，再将单元格格式设置为"时间"格式。

```
=IFERROR(TIMEVALUE(A2)," 无法识别 ")
```

公式中的 TIMEVALUE 函数可以判断 A2 单元格中输入的内容是否可以识别为时间值，如果可以识别，则显示为相应的时间，否则显示 #VALUE! 错误，再用 IFERROR 函数把 #VALUE! 错误值显示为"无法识别"。

通过图 15-2，可以总结归纳出以下 Excel 识别时间值的规则。

（1）Excel 中的时间范围在"00：00：00"至"23：59：59"之间，在此范围内的时间输入可以被识别。

（2）使用半角冒号"："作为分隔符号时，其中表示"秒"的数据允许使用小数，如图 15-2 中 A3 单元格所示。

（3）允许输入"时：分"格式的数据，省略秒的输入，如图 15-2 中 A4 单元格所示。

（4）小时的数值允许超过 24，分钟和秒的数值允许超过 60，Excel 会自动进行进位转换，如图 15-2 中 A5：A7 单元格所示。但一组时间数据中只允许出现一个超出进制的数，如 A8 单元格中分钟和秒都超过 60，不会被有效识别。

（5）在中文系统下的中文版 Excel 中，可以使用中文字符的"时""分""秒"作为时间单位，如图 15-2 中 A9、A11 单元格所示。但其中不允许出现小数，如 A10 单元格所示。允许省略秒数，如 A11 单元格所示，但不允许省略小时数，如 A12 单元格所示。

（6）使用中文字符作为时间的单位字符时，时、分、秒均不允许超过进制所限，否则无法识别，如图 15-2 中 A13 单元格所示。

（7）中文字符"时"不能用日常习惯中的"点"代替，如图 15-2 中 A14 单元格所示。

符合以上原则的日期或时间字符输入，都能被自动识别并转换成相应的日期或时间数据，方便后续处理。

技巧 206　日期与数字格式的互换

206.1　不规范日期数据变真日期

日常工作中，很多用户习惯使用"20120314""2012.3.14"等不规范方式表示日期。而实质上这种类型的数据并不能被 Excel 识别为日期数据来参与计算。

除使用技巧 71 中使用【分列】功能将这些不规范数据转为日期数据外，也可以使用公式进行转换。

例 1：A2 单元格为文本"20190927"，在 B2 单元格输入如下公式可以得到日期为"2019 年 9 月 27 日"的日期值。

```
=--TEXT(A2,"#-00-00")
```

在以上公式中，TEXT 函数返回以"-"分隔的格式文本，Excel 可以识别这种以短横线分隔的日期格式，但还需要进一步将文本数据转换为数值。TEXT 函数前的两个负号的作用就是进行了"减负运算"，将其转为日期型数值。

> **提示**
>
> 　使用上述公式后，在单元格内得到的显示结果可能是一个整数数值。将单元格格式设置为日期格式，即可显示为日期。

例 2：A3 单元格为文本"2019.9.27"，在 B3 单元格输入如下公式可以得到日期为"2019 年 9 月 27 日"的日期值。

```
=--SUBSTITUTE(A3,".","-")
```

以"."为分隔符号，不能被 Excel 正常识别为日期格式，此公式首先使用了 SUBSTITUTE 函数将字符串中的"."替换成"-"，以便生成可以识别成日期的文本字符串，然后再通过"减负运算"转换成日期型数值。

同理，如果字符串中使用的是其他间隔符号，如","或"\"等，也可以采用同样的方法进行转换处理。

206.2　将日期转换为文本

假设 A2 单元格为日期数据"2019-9-27"，以下公式可以返回"20190927"格式的文本字符串：

```
=TEXT(A2,"yyyymmdd")
```

或者

```
=TEXT(A2,"emmdd")
```

以下公式可将 A2 单元格的日期数据返回"2019.9.27"格式的文本字符串：

```
=TEXT(A2,"yyyy.m.d")
```

或者

```
=TEXT(A2,"e.m.d")
```

上述公式都是利用了 TEXT 函数的格式化功能。关于 TEXT 函数的详细介绍，请参阅技巧 204。

技巧 207 自动更新的当前日期和时间

在单元格中输入数据时，按 <Ctrl+;> 组合键可以得到系统当前日期，按 <Ctrl+Shift+;> 组合键则可以立即得到系统当前的时间。

如果希望在公式中使用一个变量，能够得到当前系统的日期和时间，并且能够随着系统实时更新，则可以分别使用 TODAY 函数和 NOW 函数实现。

使用 TODAY 函数可以得到系统的当前日期。

```
=TODAY()
```

使用 NOW 函数可以得到系统当前的具体时间，其中也包含日期信息。

```
=NOW()
```

注意

上面两个函数都是易失性函数，在 Excel 中进行诸如激活单元格状态、在单元格中输入数据、插入、删除单元格、打开工作簿等操作时，函数都会自动重新计算，得到新的结果。

技巧 208 用 DATEDIF 函数计算日期间隔

DATEDIF 函数是 Excel 中的一个隐藏函数，即使在输入、使用此函数过程中，也不会显示参数提示信息。

该函数用于计算两个日期之间相隔的天数、月数或年数，语法如下。

```
=DATEDIF(start_date,end_date,unit)
```

参数 start_date 表示给定期间的第一个或开始的日期。日期值有多种输入方式，如带引号的文本字符串（例如 "2001/1/30"）或其他公式或函数的结果（例如 DATE (2001,1,30)）。

参数 end_date 用于表示给定期间的最后一个（结束）日期。

参数 unit 为所需返回信息的时间单位代码。各代码对应的含义如表 15-1 所示。

表 15-1 unit 参数的代码含义

Unit 代码	函数返回值
"Y"	一段时期内的整年数
"M"	一段时期内的整月数
"D"	一段时期内的天数
"MD"	start_date 与 end_date 之间天数之差。忽略日期中的月份和年份
"YM"	start_date 与 end_date 之间月份之差。忽略日期中的天和年份
"YD"	start_date 与 end_date 的日期部分之差。忽略日期中的年份

> **提示**
>
> unit 参数代码不区分大小写。
>
> 参数 start_date 不能大于 end_data，否则函数将返回错误值 #NUM！。

208.1 按出生日期计算周岁及零几个月、零几天

如图 15-3 所示的人员信息表中，B 列为人员的出生日期，现在需要根据出生日期，计算截至当前的周岁以及零几个月、零几天信息。

步骤① 在 C2 单元格输入如下公式，并向下复制到 C10 单元格。

```
=DATEDIF(B2,TODAY(),"y")
```

	A	B	C	D	E
1	姓名	出生日期	当前周岁	零几个月	零几天
2	杨玉兰	1983/4/25	36	5	4
3	龚成琴	1979/6/15	40	3	14
4	王莹芬	1959/12/4	59	9	25
5	石化昆	1978/4/8	41	5	21
6	班虎忠	1974/3/21	45	6	8
7	補态福	1981/11/25	37	10	4
8	王天艳	1976/8/17	43	1	12
9	安德运	1986/9/21	33	0	8
10	岑仕美	1974/8/2	45	1	27

图 15-3 周岁年龄计算

其中 TODAY 函数可以返回系统当前的日期。

上述公式在计算间隔年份时，是以两个具体日期计算其中完整的"周年"数，假设当前系统日期为 2019 年 9 月 29 日，则公式计算结果如图 15-3 中 C2:C10 单元格区域所示。

步骤② 在 D2 单元格输入如下公式，并向下复制到 D10 单元格。

```
=DATEDIF(B2,TODAY(),"ym")
```

在上述公式中，使用 "ym" 作为 DATEDIF 函数的第 3 参数，可以在忽略年份的情况下，计算两个日期之间的月数差。

步骤③ 在 E2 单元格输入如下公式，并向下复制到 E10 单元格。

```
=DATEDIF(B2,TODAY(),"md")
```

在上述公式中，使用 "md" 作为 DATEDIF 函数的第 3 参数，可以在忽略年份、月份的情况下，计算两个日期之间的天数差。

208.2 计算月末日期间隔的特殊情况处理

在使用 DATEDIF 函数计算两个日期之间相隔月数时，遇到月末日期，有可能会得到错误的结果。如图 15-4 所示，C2:C6 单元格区域是用 DATEDIF 函数计算相隔月数公式，C2 单元格公式为：

	A	B	C	D
1	开始日期	结束日期	DATEDIF相隔月数	实际相隔月数
2	2019/2/28	2019/3/31	1	1
3	2019/2/27	2019/3/27	1	1
4	2019/3/31	2019/4/30	0	1
5	2019/2/28	2019/3/28	1	0
6	2019/1/30	2019/2/28	0	1

图 15-4 DATEDIF 函数对月末日期的处理错误

```
=DATEDIF(A2,B2,"m")
```

DATEDIF 函数在计算相隔月数时，遇到月末日期会出现错误，例如：

A4 单元格日期为"2019/3/31"，B4 单元格日期为"2019/4/30"。两个日期均为月末，实际间隔为 1 整月，但 DATEDIF 函数计算结果却为 0。

A5 单元格日期为"2019/2/28"，B5 单元格日期为"2019/3/28"。前者为月末最后一天，需要到下一个月的月末（2019/3/31）才为 1 整月，但 DATEDIF 函数计算结果却为 1。

A6 单元格日期为"2019/1/30"，B6 单元格日期为"2019/2/28"。前者还未到月末，后者是月

末日期，实际间隔已达 1 整月，但 DATEDIF 函数计算结果却为 0。

通过以上分析可以看出，DATEDIF 函数在计算两个日期间隔月数时，忽略了对月末日期的判断。要规避这个错误，需要判断 DATEDIF 函数计算的两个日期是否是月末，如为月末，则可以在原来日期的基础上加 1，变为次月 1 日的日期，再进行相隔月数计算即可。

使用如下公式，可以判断 A2 单元格日期是否为月末，如为月末，在此基础上加 1。

```
=IF(DAY(A2+1)=1,A2+1,A2)
```

将以上公式代入 DATEDIF 函数计算相隔月份公式中即可。

```
=DATEDIF(IF(DAY(A2+1)=1,A2+1,A2),IF(DAY(B2+1)=1,B2+1,B2),"m")
```

技巧 209 根据日期计算星期

要想知道某一天是星期几，可以使用 WEEKDAY 函数。

假设 A2 单元格为日期数据 "2019-9-19"，使用如下公式可以得到结果 4，即表示这天是星期四。

```
=WEEKDAY(A2,2)
```

WEEKDAY 函数的第 2 参数用于指定返回的结果类型。例如，上述公式中的参数值 2 就代表让函数从星期一至星期日分别返回数字 1~7。如果将参数值设为 1，就将以星期日作为一周的第一天，星期四将返回 5。

如果要计算某一日期位于此年份中的第几周，则可以使用 WEEKNUM 函数。

假设 A2 单元格为日期数据 "2019-9-19"，同样以星期一作为一周的起始日，可以使用以下公式。

```
=WEEKNUM(A2,2)
```

WEEKNUM 函数用于计算指定日期在一年中的周数，其中第 2 参数为 2 时，以星期一作为一周的起始日；第 2 参数为 1（或省略）时，则以星期日作为一周的起始日。

此函数可选择不同的计算机制，具体规则为：

（1）机制 1 包含 1 月 1 日的周为该年的第 1 周，其编号为第 1 周；

（2）机制 2 包含该年的第一个星期四的周为该年的第 1 周，其编号为第 1 周。此机制是 ISO 8601 指定的方法，通常称作欧洲周编号机制。

WEEKNUM 函数不同第 2 参数的规则如表 15-2 所示。

表 15-2　WEEKNUM 函数第 2 参数作用对照表

参数值	一周的起始日	机制
1 或省略	星期日	1
2	星期一	1
11	星期一	1
12	星期二	1
13	星期三	1

续表

参数值	一周的起始日	机制
14	星期四	1
15	星期五	1
16	星期六	1
17	星期日	1
21	星期一	2

计算周数还有一种国际标准算法，称为 ISO 周数，这种算法规则有两个要点：第一是以周一作为一周的起始日；第二是以每年 1 月 1 日之后的第一个周一所在的星期作为第一周。例如，1 月 1 日是星期五，那么从 1 月 1 日到 1 月 3 日都不属于此年的第一周，直到 1 月 4 日才开始此年的第一周。

从 Excel 2013 版本开始，新增了一个 ISOWEEKNUM 函数，可以按上述规则返回 ISO 周数，假设要计算的日期位于 A2 单元格，使用如下公式可以算出这个日期在一年中的 ISO 周数。

```
=ISOWEEKNUM(A2)
```

技巧 210 根据日期计算月份

要根据某一天计算当月最后一天的日期，可以使用 EOMONTH 函数。

假设 A2 单元格为日期数据"2019-9-19"，以下公式则可以计算此日期所在的月末日期，得到的结果为"2019/9/30"。

```
=EOMONTH(A2,0)
```

EOMONTH 函数的第 2 参数用于指定间隔的月份数，如上述公式中取值为 0，表示返回日期所在的当月的月末日期。如果参数值为 -1，则表示返回日期所在的上一个月的月末日期。

例如，要计算日期所在的当月的月初日期，可以使用以下公式：

```
=EOMONTH(A2,-1)+1
```

上述公式中 EOMONTH 函数的第 2 参数取值为"-1"，表示计算上一个月的月末日期，在此结果基础上再加 1，就可以得到当月的月初日期。

如果要计算某个日期所在的月份一共有多少天，也可以通过月末的具体日期来间接获取，假设目标日期为 A2 单元格，可以使用以下公式：

```
=DAY(EOMONTH(A2,0))
```

DAY 函数可以获取日期中的日序号，也就是年月日中的"日"的数值。例如，2019 年 9 月 15 日，用 DAY 函数返回的结果是 15。因此，如果以某个月的月末日期作为 DAY 函数的参数，得到的就是最后一天的日序号，也就是这个月的天数。

技巧 211 根据日期计算季度

不少公司会以季度作为时间段，对运营数据进行统计。要根据 A2 单元格的日期值判断其属于哪个季度，可以使用以下公式。

```
=MATCH(MONTH(A2),{1,4,7,10},1)
```

此公式通过日期所在的月份进行季度判断，其中的 MATCH 函数的第 3 参数为 1，可以进行近似查询。在查询区域为升序排序的前提下，如果查询区域中没有查找值时，则会以小于查找值的最大值进行匹配位置。

有关 MATCH 函数的详细介绍，请参阅技巧 227。

根据指定日期判断季度，还可以使用以下公式。

```
=LEN(2^MONTH(A2))
```

此公式通过 MONTH 函数取得日期所在月份，首先以月份值作为 2 的乘幂，然后用 LEN 函数判断乘幂结果的位数，是几位数，就说明当前日期在几季度。例如，2 的 4 次幂、5 次幂和 6 次幂分别为 16、32 和 64，都是两位数字，说明 4 月、5 月、6 月均属于 2 季度。

根据指定日期计算所在的季度共有多少天，可以借助财务类函数 COUPDAYS 函数来实现，公式如下。

```
=COUPDAYS(A2,"9999-1",4,1)
```

COUPDAYS 函数用于计算指定结算日所在的付息期天数，语法如下。

```
=COUPDAYS(settlement,maturity,frequency,basis)
```

其中，参数 settlement 表示证券的结算日；maturity 表示证券的到期日；frequency 则表示计算的方式，值为 4 时表示按季支付；basis 表示日计数类型，值为 1 时表示按实际日历天数进行计算。

假设以某个季度的第一天作为到期日，采用按季付息的方式计算，则结算日所在的付息期即为结算日所在的季度，COUPDAYS 函数计算的结果就是相应季度的总天数。

技巧 212 判断某个日期是否为闰年

闰年的计算规则是：年数能被 4 整除且不能被 100 整除，或者年数能被 400 整除"，也就是"世纪年的年数能被 400 整除，非世纪年的年数能被 4 整除。

Excel 中虽然没有直接判断年份是否为闰年的函数，但是可以借助其他方法来判断。A2 单元格中为年份数字，要判断此年份是否为闰年，可以根据是否存在 2 月 29 日这个闰年特有的日期来判断，公式如下。

```
=IF(DAY(DATE(A2,2,29))=29,"闰年","平年")
```

DATE(A2,2,29) 部分返回一个日期值，如果这一年存在 2 月 29 日这个日期，则日期值为该年的 2 月 29 日，否则自动转换为该年的 3 月 1 日。然后用 DAY 函数判断日期值是 29 日还是 1 日，从而判断此年为闰年或平年。

上述公式还可以更改为以下形式。

```
=IF(MONTH(DATE(A2,2,29))=2,"闰年","平年")
```

> **提 示**
>
> 在 1900 日期系统中，为了兼容 Lotus 1-2-3，保留了 1900 年 2 月 29 日这个实际上不存在的日期。所以使用上述公式时，1900 年被错误地判断为闰年，实际上此年应该是平年。

技巧 213 工作日和假期计算

在日常工作中，经常会涉及工作日和假期的计算。所谓工作日，从广义上来讲是指除周末休息日（通常指双休日）以外的其他标准工作日期，从狭义上来讲，除周末休息日外，还要排除法定节假日等。

与工作日相关的计算可以使用 WORKDAY 函数、WORKDAY.INTL 函数和 NETWORKDAYS.INTL 函数来完成。

213.1 工作日天数计算

要计算某个时间段之内的工作日天数，可以使用 NETWORKDAYS 函数。

假设 A2 单元格为日期数据"2019/3/14"，B2 单元格为日期数据"2019/5/21"，要计算两者之间的工作日天数，可以使用如下公式。

```
=NETWORKDAYS(A2,B2)
```

公式结果为 49，NETWORKDAYS 函数默认以周六和周日之外的日期作为工作日。这两个日期间除周六和周日之外，共有 49 个工作日。

如果需要在周六和周日外排除一些特殊的假日，如 5 月 1 日劳动节，可以使用如下公式。

```
=NETWORKDAYS(A2,B2,"2019/5/1")
```

把需要排除的假日日期作为 NETWORKDAYS 函数的第 3 参数，就能在计算工作日时剔除这些日期。如果假期日期比较多，还可以把这些日期先放置在单元格区域中，然后引用此单元格区域作为 NETWORKDAYS 函数的第 3 参数。

213.2 错时休假制度下的工作日天数计算

有些公司采用错时休假制度，与公众的双休日错开，而以其他的日期作为休息日，计算这种制度下的工作日天数，可以使用 NETWORKDAYS.INTL 函数来完成。

NETWORKDAYS.INTL 函数语法如下。

```
=NETWORKDAYS.INTL(start_date,end_date,weekend,holidays)
```

第 3 参数 weekend 可以指定一周的哪几天作为休息日，它允许使用一个由 0 和 1 组成的 7 位的字符串作为参数，从左到右依次代表星期一到星期日，0 表示工作日，1 表示休息日。假设某公司周三和周六为休息日，则可以设置此参数为"0010010"，计算工作日天数的公式如下。

```
=NETWORKDAYS.INTL(A2,B2,"0010010")
```

不同第 3 参数的作用如表 15-3 所示。

表 15-3　weekend 参数值含义

Weekend 参数	休息日
1 或省略	星期六、星期日
2	星期日、星期一
3	星期一、星期二
4	星期二、星期三
5	星期三、星期四
6	星期四、星期五
7	星期五、星期六
11	仅星期日
12	仅星期一
13	仅星期二
14	仅星期三
15	仅星期四
16	仅星期五
17	仅星期六

第 4 参数 holidays 可以在指定的休息日外，排除一些特殊的假日，和 NETWORKDAYS 函数第 3 参数用法相同，此处不再赘述。

利用这个函数，用户就可以根据实际休假情况设计工作日计算公式。

213.3　当月的工作日天数计算

要根据某个日期计算其所在月份的工作日天数，可以利用 NETWORKDAYS 函数，再结合 EOMONTH 函数来实现。

假设 A6 单元格为日期数据"2019/6/15"，要计算其所在月份的工作日天数，则可以先利用 EOMONTH 函数取得这个月的月初日期和月末日期。

月初日期公式如下。

```
=EOMONTH(A6,-1)+1
```

月末日期公式如下。

```
=EOMONTH(A6,0)
```

根据以上公式取得的日期，再使用 NETWORKDAYS 计算工作日天数，结果为 20 天，公式如下。

```
=NETWORKDAYS(EOMONTH(A6,-1)+1,EOMONTH(A6,0))
```

如果要计算当月的双休日天数，只需要将当月的总天数减去上述公式计算得到的工作日天数即可实现，公式如下。

```
=DAY(EOMONTH(A6,0))-NETWORKDAYS(EOMONTH(A6,-1)+1,EOMONTH(A6,0))
```

也可以使用 NETWORKDAYS.INTL 函数计算错时休假制度下的工作日天数，公式如下。

```
=NETWORKDAYS.INTL(EOMONTH(A6,-1)+1,EOMONTH(A6,0),"1111100")
```

此公式是将周六和周日视为工作日，计算结果即为当月的周六和周日的总天数。

213.4 判断某天是否工作日

要根据某个日期判断当天是否属于工作日，假设这个日期存放在 A11 单元格，通常可以使用以下公式。

```
=IF(WEEKDAY(A11,2)<6,"是","否")
```

这个公式是用 WEEKDAY 函数根据指定日期得到表示星期的数值，通过判断星期数值是否小于 6 的方法来确定是否属于工作日。

除此以外，也可以使用 NETWORKDAYS 函数或 WORKDAY 函数来实现。

```
=IF(NETWORKDAYS(A11,A11)=1,"是","否")
```

或

```
=IF(WORKDAY(A11-1,1)=A11,"是","否")
```

在 NETWORKDAYS 函数中，可以使用同一日期作为起止日期，判断这个日期是否属于工作日。如果是工作日，NETWORKDAYS 函数计算结果应该等于 1，否则结果等于 0。

而 WORKDAY 函数可以根据指定日期返回若干个工作日之前或之后的日期，语法结构如下。

```
=WORKDAY(start_date,days,holidays)
```

以上公式中 A11-1 为返回当前日期前一天的日期，WORKDAY(A11-1,1) 则是返回当前日期前一天的日期的下一个工作日的日期，如果这个日期与 A11 单元格的日期相同，就可以确定 A11 单元格的日期是工作日。

WORKDAY 函数在默认情况下，也是把周六和周日作为休息日，如果需要定义其他日期为休息日，则可以使用 WORKDAY.INTL 函数来处理。

WORKDAY.INTL 函数的参数用法和 NETWORKDAYS.INTL 函数相似，假设要以周三和周六作为休息日，计算 A11 单元格中日期之后 7 个工作日的日期，可以使用以下公式。

```
=WORKDAY.INTL(A11,7,"0010010")
```

表 15-3 中的 weekend 参数值，也适用于 WORKDAY.INTL 函数。

如果需要在排除休息日的基础上，再排除一些特殊节假日，同样可以在此函数的第 4 参数中指定。

技巧 214 节日计算

有些节日不是一年中的固定日期，而是按照一定规则推算出来的，如母亲节是每年 5 月的第二个星期日。

要根据 A2 单元格的 4 位年份数字，计算当年的母亲节，可以使用如下公式。

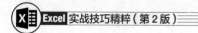

```
=DATE(A2,5,1)-WEEKDAY(DATE(A2,5,1),2)+7*2
```

DATE(A2,5,1) 是根据 A2 单元格的年份，返回该年份 5 月 1 日的日期。

WEEKDAY(DATE(A2,5,1),2) 判断该年份 5 月 1 日是星期几。

DATE(A2,5,1)−WEEKDAY(DATE(A2,5,1),2) 部分，用 5 月 1 日的日期减去星期几的数值，推算出 5 月 1 日之前最近的星期日。

5 月 1 日之前最近的星期日加上 7*2，也就是两个星期后的天数，即为六月的第二个星期日。所以最终公式可以把 7*2 合并：

```
=DATE(A2,5,1)-WEEKDAY(DATE(A2,5,1),2)+14
```

运用此公式思路计算类似日期时，只需修改 DATE 的第 2 参数（本例中为 5，代表 5 月）和周数修正值（本例中为 2）即可。例如，要计算当年 6 月的第三个星期日，则公式修改为：

```
=DATE(A2,6,1)-WEEKDAY(DATE(A2,6,1),2)+7*3
```

合并修正值后公式为：

```
=DATE(A2,6,1)-WEEKDAY(DATE(A2,6,1),2)+21
```

技巧 215　时间值的计算

215.1　时间值的换算

要把一个时间数据按不同的计时单位进行换算，可以使用 TEXT 函数实现。例如，要把 A2 单元格的时间值"5:06:15"，换算成总共多少秒，可以使用如下公式。

```
=TEXT(A2,"[s]")
```

公式结果为 18375，表示 5 小时 06 分 15 秒换算成秒合计为 18375 秒。

如果要换算成分钟数，则可以使用以下公式。

```
=TEXT(A2,"[m]")
```

公式结果为 306，表示 5 小时 06 分 15 秒换算成分合计为 306 分。

TEXT 函数第 2 参数中使用格式代码"h""m""s"，分别代表小时、分钟和秒，在外侧加上一对方括号，可以显示超过进制的小时、分钟或秒数。

215.2　按单位标准计算加班时长

在计算加班时长时，某些单位会以加班小时数计算，不足 1 小时舍去。假设 A6 单元格为加班开始时间"2019/9/20 19:00:00"，B6 单元格为加班结束时间"2019/9/21 1:40:00"，可以使用如下公式。

```
=TEXT(B6-A6,"[h]")
```

由于加班开始时间和加班结束时间都是日期加时间的格式，两者相减后，用 TEXT 函数换算成小时数，并忽略不足一小时的部分。

215.3 计算通话时长

在计算电话通话时长时，通常按通话分钟数计算，不足 1 分钟按 1 分钟计算。假设 A10 单元格为通话开始时间 "19:01:32"，B10 单元格为通话结束时间 "19:03:35"，可以使用如下公式。

```
=TEXT(B10-A10+"0:00:59","[m]")
```

如果利用 TEXT 函数把两个时间相减后的结果换算成分钟，结果会忽略不足 1 分钟的部分。此公式是先把两个时间相减的结果加上 "0:00:59"，也就是加上 59 秒，然后再计算两个时间之间的整数分钟。

第16章 数学计算

数学计算是 Excel 公式中最基本的运算之一。本章主要讲解常用的数学计算函数，包括对数值的舍入、随机数的生成以及数值的转换等。

技巧 216 数值的舍入技巧

在数学运算中，经常需要对运算结果进位取整，或保留指定的小数位数。在 Excel 中，有多个函数具有相似的功能，如 ROUND 函数、MROUND 函数、ROUNDUP 函数、ROUNDDOWN 函数、INT 函数、TRUNC 函数、CEILING 函数、FLOOR 函数等。正确理解和区分这些函数的用法差异，可以在实际工作中更有针对性地选择适合的函数。

216.1 四舍五入

四舍五入是最常见的数值舍入方式。在指定需要保留的位数时，根据后一位数字的值进行判断，如果该数字小于 5 则舍去，大于或等于 5 则向上进位。

ROUND 函数是最常用的四舍五入函数之一，该函数语法如下。

```
ROUND(number, num_digits)
```

第 1 参数为要四舍五入的数字。

第 2 参数用于指定四舍五入运算的位数。

如果 num_digits 大于 0（零），则将数字四舍五入到指定的小数位数。

如果 num_digits 等于 0，则将数字四舍五入到最接近的整数。

如果 num_digits 小于 0，则将数字四舍五入到小数点左边的相应位数。

如图 16-1 所示，使用不同的第 2 参数，得到不同的进位效果。

	A	B	C	D
1	原始数据	舍入后数据	公式	说明
2	481.275	481.28	=ROUND(A2,2)	保留两位小数，第三位小数等于5，故向上进位
3	12633.847	12633.8	=ROUND(A3,1)	保留一位小数，第二位小数4小于5，故舍去
4	-106.33	-106	=ROUND(A4,0)	保留到整数位，第一位小数3小于5，故舍去
5	213756.1	213760	=ROUND(A5,-1)	保留到十位，个位数6大于5，故向上进位

图 16-1 使用 ROUND 函数进行四舍五入

216.2 按指定基数的倍数进行舍入

除四舍五入外，有时还需要对数字按一定基数的倍数进行舍入，可以使用 MROUND 函数完成此类计算，该函数的语法如下。

```
MROUND(number, multiple)
```

第 1 参数为要舍入的数值。

第 2 参数为要舍入到的倍数。

如果数值 number 除以基数 multiple 的余数大于或等于基数的一半，则函数 MROUND 向远离零的方向舍入。

　　例如，某种产品规格按每相差 5 分为一档，现在要根据规格数据判断与哪一档最接近。如图 16-2 所示，所有的数值与 5 相除后的余数，如果小于 5 的一半（2.5）则向下舍入到最接近的 5 的整倍数，否则向上舍入。

图 16-2　使用 MROUND 函数按指定倍数进行舍入

> **注 意**
>
> MROUND 函数的两个参数可以是负数，但是参数的符号必须相同。如果不相同将返回 #NUM 错误。

216.3　向上或向下舍入

　　有时对数值的舍入需要强制按照数值增大或减小的方向去执行，可以使用 ROUNDUP 函数或 ROUNDDOWN 函数完成此类运算，函数的语法如下。

```
ROUNDUP(number, num_digits)
ROUNDDOWN(number, num_digits)
```

　　ROUNDUP 函数根据第 2 参数指定的小数位数，向着绝对值增大的方向舍入数字。如果为 0 或者负数，则向小数点左边的位数进行舍入。

　　ROUNDDOWN 函数根据第 2 参数指定的小数位数，向着绝对值减小的方向舍入数字。如果为 0 或者负数，则向小数点左边的位数进行舍入。

　　如图 16-3 所示，ROUNDUP 函数无论后一位数字有多小，都需要向上进一位。而 ROUNDDOWN 函数正好相反，无论后一位数字有多大，都将舍去。ROUNDUP 函数和 ROUNDDOWN 函数在舍入时却无须考虑数值的正负。

	A	B	C	D
1	原始数据	舍入后数据	公式	说明
2	538.181	538.19	=ROUNDUP(A2,2)	保留两位小数，第三位小数是1要向上进位
3	-2204.36	-2210	=ROUNDUP(A3,-1)	保留到十位，个位数是4也要向上进位
4	587.39	587.3	=ROUNDDOWN(A4,1)	保留一位小数，第二位小数是9也要舍去
5	-4355.2	-4300	=ROUNDDOWN(A5,-2)	保留到百位，十位数是5也要舍去

图 16-3　向上或向下舍入

216.4　按指定基数的倍数向上或向下舍入

　　CEILING 函数和 FLOOR 函数类似于 MROUND 函数和 ROUNDUP 函数或 ROUNDDOWN 函数的结合，即按指定基数的倍数向上或向下舍入，函数语法如下。

```
CEILING(number, significance)
FLOOR(number, significance)
```

　　第 1 参数为要舍入的值。

　　第 2 参数指定要舍入到的倍数。

如果 number 恰好是 significance 的倍数，则不进行舍入。

如图 16-4 所示，CEILING 函数将数值沿绝对值增大的方向向上舍入。如果 number 和 significance 都为负，则按远离 0 的方向进行向下舍入。如果 number 为负，significance 为正，则按朝向 0 的方向进行向上舍入。

FLOOR 函数的作用为如果 number 的符号为正，则数值向下舍入，并朝 0 的方向调整。如果 number 的符号为负，则数值沿绝对值减小的方向向下舍入。

	A	B	C	D
1	原始数据	舍入后数据	公式	说明
2	38.181	40	=CEILING(A2,2)	将38.181向上舍入到最接近的2的倍数
3	-204.36	-208	=CEILING(A3,-4)	将-204.36向上舍入到最接近的-4的倍数
4	57.39	57.5	=CEILING(A4,0.5)	将57.39向上舍入到最接近的0.5的倍数
5	-55.2	-54	=CEILING(A5,2)	将-55.2向上舍入到最接近的2的倍数
6	38.181	38	=FLOOR(A6,2)	将38.181向下舍入到最接近的2的倍数
7	-204.36	-204	=FLOOR(A7,-4)	将-204.36向下舍入到最接近的-4的倍数
8	57.39	57	=FLOOR(A8,0.5)	将57.39向下舍入到最接近的0.5的倍数
9	-55.2	-56	=FLOOR(A9,2)	将-55.2向下舍入到最接近的2的倍数

图 16-4　按指定基数的倍数向上或向下舍入

注意

如果任何一个参数都是非数值型，则 CEILING 函数或 FLOOR 函数返回错误值 #VALUE!。如果 number 为正 significance 为负，则 CEILING 函数或 FLOOR 函数返回错误值 #NUM!。

216.5　截断取整

所谓截断，指的是在舍入或取整过程中舍去指定位数后的多余数字部分，只保留之前的有效数字，在计算过程中不进行四舍五入运算。在 Excel 函数中，INT 函数和 TRUNC 函数都可以用于截断取整，但是在实际使用上存在一定的区别。

INT 函数将数字向下舍入到最接近的整数，函数语法如下。

```
INT(number)
```

其中 number 是需要进行向下舍入取整的实数。

TRUNC 函数是对目标数值进行直接截位，函数语法如下。

```
TRUNC(number,[num_digits])
```

	A	B	C
1	原始数据	舍入后数据	公式
2	38.181	38	=INT(A2)
3	-204.36	-205	=INT(A3)
4	57.39	57	=INT(A4)
5	-55.8	-55	=TRUNC(A5)
6	38.181	38	=TRUNC(A6)
7	-204.31	-204.3	=TRUNC(A7,1)
8	57.39	50	=TRUNC(A8,-1)
9	-55.283	-55.2	=TRUNC(A9,1)

图 16-5　截断取整

其中第 1 参数是需要截断取整的数字，第 2 参数 num_digits 是可选参数，用于指定取整精度，默认为 0。

如图 16-5 所示，INT 函数和 TRUNC 函数省略第 2 参数时，对正数的处理结果相同，都是直接将小数部分的值直接省略而保留整数部分。对于负数的处理，INT 函数是向下取整，也就是向着数值减小的方向取整，而 TRUNC 函数则是直接对小数部分进行截断处理。

另外，当 TRUNC 函数的第 2 参数大于 0 时，将保留相应位数的小数，但是同样是对需保留位数后的数字直接进行截断处理。当 TRUNC 函数的第 2 参数为负数时，将向小数点左侧进行舍入，直接保留对应的整数位，例如：

```
TRUNC(57.39,-1)=50
```

216.6 奇偶取整

还有一类比较特殊的取整函数，如 ODD 函数和 EVEN 函数，它们可以将数值向着绝对值增大的方向取整到最接近的奇数或偶数。

ODD 函数和 EVEN 函数都只有一个参数。

```
ODD(number)
EVEN(number)
```

如图 16-6 所示，无论小数位数值是多少，ODD 函数都将数值向着绝对值增大的方向舍入到最接近的奇数，EVEN 函数都将数值向着绝对值增大的方向舍入到最接近的偶数。

	A	B	C
1	原始数据	舍入后数据	公式
2	38.181	39	=ODD(A2)
3	-204.36	-205	=ODD(A3)
4	38.181	40	=EVEN(A4)
5	-204.31	-206	=EVEN(A5)

图 16-6　奇偶取整

> **提示**
>
> 如果要舍入的数值恰好是奇数或者偶数，ODD 函数或 EVEN 函数将不进行舍入。

技巧 217 余数的妙用

余数指整数除法中被除数未被除尽部分，且余数的取值范围为 0 到除数之间（不包括除数）的整数。例如，23 除以 5，商为 4，余数为 3。在 Excel 中可以使用 MOD 函数计算余数，该函数语法如下。

```
MOD(number, divisor)
```

第 1 参数 number 为需要计算余数的被除数。第 2 参数 divisor 为除数。

如果要求 17 除以 5 的余数，可以使用如下公式，得到结果为 2。

```
=MOD(17,5)
```

> **提示**
>
> 如果第 2 参数为 0，MOD 函数将返回错误值 #DIV/0!。

217.1 判断数字的奇偶性

在逻辑判断函数中，ISEVEN 和 ISODD 可以用来判断数字的奇偶性，用 MOD 函数嵌套 IF 函数同样能实现此功能。

判断方法为用该数字除以 2，根据返回的余数来判断，如果余数为 0 则为偶数，否则为奇数。

如图 16-7 所示，在 B2 单元格中输入以下公式，向下复制到 B5 单元格。

B2	▼ : × ✓ fx	=IF(MOD(A2,2)=0,"偶数","奇数")

	A	B	C	D
1	原始数据	奇偶性		
2	45	奇数		
3	231	奇数		
4	76	偶数		
5	1107	奇数		

图 16-7　判断数字的奇偶性

```
=IF(MOD(A2,2)=0," 偶数 "," 奇数 ")
```

因为数字的奇偶性实质上只跟它的末位数字有关，因此要判断某个非常大的数字的奇偶性时，也可以根据数字的最后一位来判断。

B2 单元格中公式也可以修改为如下内容。

```
=IF(MOD(RIGHT(A2),2)=0," 奇数 "," 偶数 ")
```

如果使用 ISEVEN 或 ISODD 函数来判断数字奇偶性，B2 单元格中的公式也可以修改为如下内容。

```
=IF(ISODD(A2)," 奇数 "," 偶数 ")
=IF(ISEVEN(A2)," 偶数 "," 奇数 ")
```

217.2　生成循环序列

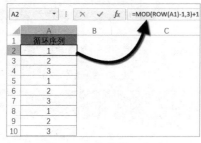

图 16-8　生成循环序列

在制作工资条等场景时，需要每隔几行重复显示相同的信息，这时通常可以通过构造循环序列来辅助实现该功能。

例如，需要生成 1,2,3,1,2,3,…,1,2,3 这样按一定规律重复出现的数字序列。如图 16-8 所示，在 A2 单元格中输入如下公式，向下复制到 A10 单元格。

```
=MOD(ROW(A1)-1,3)+1
```

A2 单元格中的公式 ROW(A1)，返回 A1 单元格所在行的行号"1"。用减去"1"后的结果"0"作为除数，除以被除数"3"，结果商为"0"，余数为"0"。再加上 1，得到序列中的第一个"1"。

在 A3、A4 单元格中，ROW 函数分别得到"2""3"，计算后的结果商不变，余数依次增加，所以得到增加的序列。到 A5 单元格，ROW(A4)=4，减去"1"之后得到"3"，再除以"3"，结果商为"1"，余数又回到了"0"，公式的最终结果为"1"，依次循环。

217.3　提取数字的小数部分

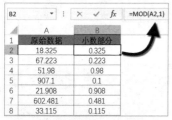

图 16-9　提取数字的小数部分

当数字包含小数部分的时候，可以利用 1 作为被除数，使用 MOD 函数提取数字的小数部分。如图 16-9 所示，在 B2 单元格输入以下公式，向下复制到 B8 单元格，得到各个数字的小数部分。

```
=MOD(A2,1)
```

技巧 218　四舍六入五成双

四舍五入是最常见的数字舍入方式，但是在一些更严格的情况下需要采用四舍六入五成双的数字修约方式。国家标准文件 GB/T 8170—2008《数值修约规则与极限数值的表示和判定》中的进舍规则为：

（1）需保留的位数后面一位数字如果小于 5，则舍去。

（2）需保留的位数后面一位数字如果大于 5，则向前进位。

（3）需保留的位数后面一位数字等于 5 时，如果其后跟有不为"0"的任意数，则向前进位，即保留数字的末位数字加 1。如果其后没有数字或是皆为 0 时分两种情况：所保留的末位数字为奇数时则进一，即保留的末位数字加 1；若所保留的末位数字为偶数时，则舍去。

（4）负数修约时，先将它的绝对值按以上规则进行修约，然后在所得值前面加上负号。

从统计学的角度，"四舍六入五成双"比"四舍五入"更加科学。在大量运算时，它使舍入后的结果误差的均值趋于零，而不是像四舍五入那样逢五即入，导致结果偏向大数，使得误差产生积累进而导致系统误差。

如图 16-10 所示，需要对 A 列的数值按四舍六入五成双的规则，按 E2 单元格中指定的位数进行修约。在 B2 单元格输入以下公式，向下复制公式即可。

```
=IF(ROUND(MOD(ABS(A2*POWER(10,E$2)),2),5)=0.5,ROUNDDOWN(A2,E$2),ROUND(A2,E$2))
```

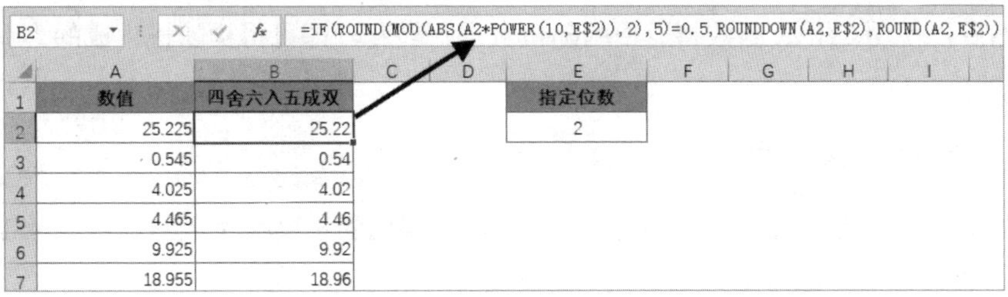

图 16-10　四舍六入五成双

四舍六入五成双公式的模式化写法为：

```
=IF(ROUND(MOD(ABS(X*POWER(10,Y)),2),5)=0.5,ROUNDDOWN(X,Y),ROUND(X,Y))
```

公式中的 X 是待修约的数值，Y 是指定的修约位数。Y 为 1 时表示进位到 0.1，Y 为 -1 时表示进位到 10 位，Y 为 0 时表示进位到整数位。

POWER(10,Y) 部分，先进行 10 的 Y 次方乘幂运算，再使用 ABS 函数返回乘幂运算结果的绝对值。接下来用 MOD 函数返回上述绝对值与 2 相除的余数，如果余数是 0.5，说明被修约数值的尾数等于五，且其前面的数是偶数，则返回 ROUNDDOWN(X,Y) 的计算结果，也就是将待修约数值 X 按 Y 保留位数向下舍入。如果余数不是 0.5，则返回 ROUND(X,Y) 的结果，也就是将待修约数值 X 按 Y 保留位数进行四舍五入。

由于 MOD 函数在部分情况下会出现浮点误差，因此需要使用 ROUND 函数对 MOD 函数的结果进行修约。

技巧 219　随机数的生成

在一些例如抽签、随机座次等需要展现公平性的应用场合，经常会用到随机数，也就是由电脑自动生成随机变化、预先不可获知的数值。 Excel 则提供了两个可以产生随机数的函数，分别是 RAND 函数和 RANDBETWEEN 函数。两个函数都能生成随机数，只是用法略有差异。

RAND 函数没有参数，返回一个大于等于 0 且小于 1 的均匀分布的随机实数。

RANDBETWEEN 函数指定一个上下限，返回在上下限之间的随机整数，该函数的语法为：

```
RANDBETWEEN(bottom, top)
```

参数 bottom 和 top 分别是函数返回的最小和最大的整数。

如图 16-11 所示，RAND 函数和 RANDBETWEEN 生成随机数，每次重新计算工作表时都将返回一个新的随机数。

1	A 公式	B 计算结果		1	A 公式	B 计算结果
2	=RAND()	0.643267921		2	=RAND()	0.719802021
3	=RAND()	0.114230918		3	=RAND()	0.207019353
4	=RAND()	0.107021538		4	=RAND()	0.776190264
5	=RAND()	0.38063471		5	=RAND()	0.601345427
6	=RANDBETWEEN(1,100)	76		6	=RANDBETWEEN(1,100)	93
7	=RANDBETWEEN(1,100)	26		7	=RANDBETWEEN(1,100)	48
8	=RANDBETWEEN(1,100)	7		8	=RANDBETWEEN(1,100)	55
9	=RANDBETWEEN(1,100)	37		9	=RANDBETWEEN(1,100)	63

图 16-11　随机数的生成

在 ANSI 字符集中，大写字母 A~Z 的代码为 65~90。因此利用随机数函数，先生成在 65~90 范围的随机数，然后再使用 CHAR 函数将返回的随机数进行转化，即可得到随机生成的大写字母，公式如下。

```
=CHAR(RANDBETWEEN(65,90))
```

同样，如果想要获得随机生成的小写字母 a~z，只需用随机函数生成对应的 ANSI 字符集中的代码 97~122，再使用 CHAR 函数转换即可，公式如下。

```
=CHAR(RANDBETWEEN(97,122))
```

技巧 220　弧度与角度的转换

"弧度"和"度"是度量角大小的两种不同的单位。Excel 中的三角函数采用弧度作为角的度量单位，通常不写弧度单位，而是记为 rad 或 R。在日常生活中，人们常以角度作为角的度量单位，因此存在角度与弧度的相互转换关系。

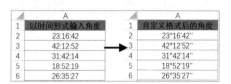

	A 以时间形式输入角度		A 自定义格式后的角度
1	以时间形式输入角度	1	自定义格式后的角度
2	23:16:42	2	23°16'42″
3	42:12:52	3	42°12'52″
4	31:42:14	4	31°42'14″
5	18:52:19	5	18°52'19″
6	26:35:27	6	26°35'27″

图 16-12　自定义数字格式显示角度

图 16-13　自定义数字格式

220.1　角度的输入和显示

在工程计算和测量等领域，经常使用度分秒的形式表示度数。表示角度的度分秒分别使用符号"°""'"和"″"表示，度与分、分与秒之间采用六十进制，与时间进制相同。因此可以利用这个特点，以时间的数据格式来代替角度数据，再使用自定义单元格式，将时间格式显示为"[h]°m' s″"，如图 16-12 所示。

设置自定义格式的方法如图 16-13 所示，选中要设定格式的单元格区域后，按 <Ctrl+1> 组合键调出【设置单元格格式】对话框，切换到【数字】选项卡下，先在【分类】列表中选择【自定义】，然后在右侧【类型】文本框中输入格式代码"[h]°m' s″"，最后点击【确定】按钮。

220.2 弧度与角度的转换

根据定义，一周的弧度数为 $2\pi r/r = 2\pi$，$360°$ 角 $= 2\pi$ 弧度。利用这个关系式，可借助 PI 函数进行角度与弧度间的转换，也可以使用 DEGREES 函数和 RADIANS 函数实现转换。

DEGREES 函数将弧度转换为度。该函数只有一个参数，即以弧度表示的角。

RADIANS 函数将度数转换为弧度。该函数只有一个参数，即以角度表示的角。

以度分秒格式显示的角度其本质上也是小数，把这个代表角度的小数乘以 24，就能够换算成以 "度" 为单位的百分制角度数值（单元格格式为 "常规"）。

如图 16-14 所示，在 C2 单元格中输入以下公式，向下复制到 C7 单元格，得到将 B 列以 "度" 为单位的角度值转换为弧度的结果。

```
=RADIANS(B2)
```

同理，再对 C 列的结果应用 DEGREES 函数，可将弧度转换到角度格式。

```
=DEGREES(C2)
```

	A	B	C	D	E	F
1	度分秒格式	角度值	转换为弧度	C列公式	转换为角度	E列公式
2	23°16'42''	23.27833333	0.406283561	=RADIANS(B2)	23.27833333	=DEGREES(C2)
3	42°12'52''	42.21444444	0.736781047	=RADIANS(B3)	42.21444444	=DEGREES(C3)
4	31°42'14''	31.70388889	0.553337247	=RADIANS(B4)	31.70388889	=DEGREES(C4)
5	18°52'19''	18.87194444	0.329377567	=RADIANS(B5)	18.87194444	=DEGREES(C5)
6	26°35'27''	26.59083333	0.464097593	=RADIANS(B6)	26.59083333	=DEGREES(C6)
7	180°0'0''	180	3.141592654	=RADIANS(B7)	180	=DEGREES(C7)

图 16-14 弧度与角度的转换

技巧 221 计算最大公约数和最小公倍数

最大公约数，也称最大公因子、最大公因数，是指两个或多个整数共有约数中最大的一个。两个或多个整数公有的倍数叫作它们的公倍数，其中除 0 以外最小的公倍数就叫作这几个整数的最小公倍数。

Excel 中 GCD 函数返回两个或多个整数的最大公约数。LCM 函数返回整数的最小公倍数。函数语法如下。

```
GCD(number1,[number2],...)
LCM(number1,[number2],...)
```

参数 number1 为必需参数，后续的数字是可选的，最多可以有 255 个参数。如果参数值不是整数，将被截尾取整。

如果任意一个参数为非数值型，则函数将返回错误值 #VALUE!。

如果任意一个参数小于零，则函数将返回错误值 #NUM!。

如果函数的参数大于 "2^53+1"，则函数将返回错误值 #NUM!。

如图 16-15 所示，需要计算 A、B、C 三列的最大公约数和最小公倍数，可以在 D2 和 E2 单元格中分别输入如下公式，并向下复制。

	A	B	C	D	E
1	数字1	数字2	数字3	最大公约数	最小公倍数
2	18	33	42	3	1386
3	15	5	25	5	75
4	6	21	58	1	1218
5	44	23	25	1	25300
6	40	26	54	2	14040
7	72	18	42	6	504

图 16-15 最大公约数和最小公倍数

```
=GCD(A2:C2)
=LCM(A2:C2)
```

技巧 222 了解 MMULT 函数

MMULT 函数用于计算两个数组的矩阵乘积，函数语法如下。

```
MMULT(array1, array2)
```

其中 array1、array2 是要进行矩阵乘法运算的两个数组。array1 的列数必须与 array2 的行数相同，而且两个数组都只能包含数值元素。当 array1 的列数与 array2 的行数不相等，或者任意单元格为空或包含文字时，MMULT 函数将返回错误值 #VALUE!。参数 array1 和 array2 可以是单元格区域、数组常量或引用。

MMULT 函数进行矩阵乘积运算时，将 array1 参数各行中的每一个元素与 array2 参数各列中的每一个元素对应相乘，返回乘积之和。计算结果的行数等于 array1 参数的行数，列数等于 array2 参数的列数。

如图 16-16 所示，B5:D5 是一个 1 行 3 列的单元格区域，E2:E4 单元格区域是 3 行 1 列的单元格区域。在 E5 单元格输入以下公式，得到 B5:D5 与 E2:E4 单元格区域的矩阵乘积，结果为单个元素的数组 {32}。

```
=MMULT(B5:D5,E2:E4)
```

公式的运算过程如下。

```
=B5*E2+C5*E3+D5*E4=1*4+2*5+3*6=32
```

公式中如果 array1 和 array2 两个参数调换位置，即 array1 参数使用 3 行垂直数组，array2 参数使用 3 列水平数组，其计算结果为 3 行 3 列的数组，如图 16-17 所示。选中 C2:E4 单元格区域，输入以下数组公式，按 <Ctrl+Shift+Enter> 组合键。

```
{=MMULT(B3:B5,C2:E2)}
```

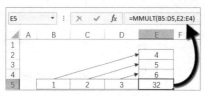
图 16-16　MMULT 计算矩阵乘积

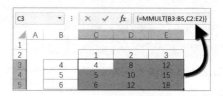
图 16-17　计算矩阵乘积

在数组运算中，MMULT 函数常用于生成内存数组，通常情况下 array1 使用水平数组，array2 使用 1 列的垂直数组。

如图 16-18 所示为某项考核成绩，需要根据三个单项成绩的占比，计算综合成绩。

选中 E2:E11 单元格区域，在编辑栏中输入以下数组公式，按 <Ctrl+Shift+Enter> 组合键。

```
{=MMULT(B2:D11,H2:H4)}
```

	A	B	C	D	E	F	G	H
1	姓名	出勤	期中成绩	期末成绩	综合成绩		类别	综合成绩占比
2	邵敏	69	55	54	57.3		出勤	20%
3	杨剑明	79	62	92	80.4		期中成绩	30%
4	文豪	98	73	59	71		期末成绩	50%
5	陈加荣	80	71	87	80.8			
6	苏凤鸣	92	77	53	68			
7	李健员	82	69	98	86.1			
8	李文娟	75	58	75	69.9			
9	冯睿	56	85	50	61.7			
10	杨昀平	51	75	67	66.2			
11	孙国芬	87	68	88	81.8			

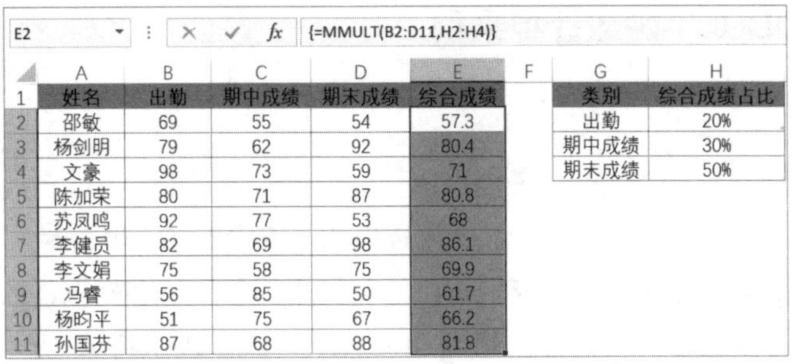

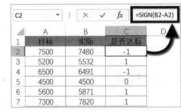

图 16-18 MMULT 计算综合成绩

以 E3 单元格中的计算结果为例，MMULT 函数将 B2、C2、D2 单元格分别与 H2、H3、H4 单元格相乘，然后将结果相加，计算过程如下。其他行的计算过程以此类推。

```
=69*20%+55*30%+54*50%=57.3
```

技巧 223 其他数学计算函数

223.1 使用 SIGN 函数判断数字的符号

SIGN 函数用于确定数字的符号。如果数字为正数，则返回 1；如果数字为 0，则返回 0；如果数字为负数，则返回 -1。利用此函数的特性可以简化一些公式的写法。

如图 16-19 所示，判断 B 列的实际值是否超过 A 列的目标值，可以在 C2 单元格中输入如下公式，向下复制到 C7 单元格。如果 B 列大于 A 列则返回 1，B 列小于 A 列则返回 -1，B 列等于 A 列则返回 0。需要时可以结合其他函数嵌套使用。

	A	B	C
1	目标	实际	是否达标
2	7500	7480	-1
3	5200	5532	1
4	6500	6491	-1
5	4500	4500	0
6	5600	5871	1
7	7300	7820	1

图 16-19 使用 SIGN 函数判断数字的符号

```
=SIGN(B2-A2)
```

此公式也可以用 IF 函数嵌套使用来代替，得到相同的结果。

```
=IF(B2-A2>0,1,IF(B2-A2=0,0,-1))
```

223.2 绝对值的计算

绝对值是一个常用的概念，是指一个数在数轴上所对应的点到原点的距离。数学运算中经常会用到绝对值。

Excel 中用于计算数字绝对值的是 ABS 函数。ABS 函数只有一个参数，即需要计算其绝对值的实数。例如，以下两个公式都是将返回参数的绝对值。

```
ABS(108.342)=108.342
ABS(-76.9)=76.9
```

223.3 使用 PRODUCT 函数计算乘积

PRODUCT 函数用于计算所有参数的乘积，函数语法如下。

```
PRODUCT(number1,[number2],...)
```

PRODUCT 函数最少包含一个参数，最多可以使用 255 个参数。其参数可以是数字也可以是单元格区域的引用。如果参数是一个数组或引用，则只使用其中的数字相乘。数组或引用中的空白单元格、逻辑值和文本将被忽略。例如公式 PRODUCT(A1：A3)，表示将 A1 至 A3 单元格中的数字进行相乘。

PRODUCT 函数的参数也可以有不同的形式，例如 PRODUCT(A1：A3,8)，表示将 A1 至 A3 单元格中的数字进行相乘后，再继续与数字 8 进行相乘。

223.4 使用 SQRT 函数和 POWER 函数计算平方根和乘幂

SQRT 函数用于计算数字的平方根。例如，可以使用如下公式计算 16 的平方根，结果为 4。

```
=SQRT(16)
```

SQRT 函数的参数不能为负数，否则将返回错误值 #NUM!。

POWER 函数用于计算数字的乘幂，函数语法如下。

```
POWER(number, power)
```

第 1 参数 number 为乘幂运算的基数。第 2 参数 power 为运算的指数。

例如，可以使用如下公式计算 2 的三次幂，结果为 8。

```
=POWER(2,3)
```

开方根运算是乘幂的逆运算，可以通过在 POWER 的第 2 参数使用乘幂指数的倒数，来计算数字对应的开方根结果。例如，可以使用如下公式计算 8 的三次方根，结果为 2。

```
=POWER(8,1/3)
```

POWER 函数可以使用符号"^"来代替，可以使用如下公式计算 2 的三次幂。

```
=2^3
```

同样，使用如下公式也可以计算出 8 的三次方根。

```
=8^(1/3)
```

223.5 罗马数字和阿拉伯数字的转换

罗马数字起源于古罗马，是阿拉伯数字传入前使用的一种计数方式。罗马数字的组数规则复杂，目前主要用于编号、钟表的表盘符号等。

在 Excel 中可以用 ROMAN 函数和 ARBIC 函数将罗马数字和阿拉伯数字进行转换。

ROMAN 函数可以将阿拉伯数字转换为文字形式的罗马数字。第 1 参数为需要转换的阿拉伯数字，须为大于 0 且小于等于 3999 的数字，否则函数将返回错误值 #VALUE!。如果参数为 0，将返回空文本 ""。

第 2 参数指定所需的罗马数字类型（0 到 4）。罗马数字样式的范围从经典到简化，随着参数值的增加，变得越来越简洁。省略该参数时等同于参数 0，为古典的类型。

ARABIC 函数则用于将罗马数字转换为阿拉伯数字。参数 text 为用引号引起的字符串、空文本 """" 或对包含文本的单元格的引用。如果参数为无效值，则 ARABIC 函数将返回错误值 #VALUE!。如果参数为空文本，将返回数字 0。

如图 16-20 所示，使用 ROMAN 函数将阿拉伯数字转换为罗马数字，以及使用 ARABIC 函数将罗马数字转换为阿拉伯数字。

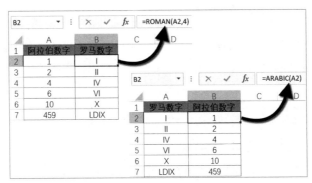

图 16-20 罗马数字和阿拉伯数字的转换

第17章 查找与引用

查找与引用是 Excel 中应用频率最高的函数类型之一。本章将重点介绍相关函数的基础知识、注意事项以及典型应用。

技巧 224 认识 VLOOKUP 函数

VLOOKUP 函数能够根据指定的查找值，在单元格区域或数组的首列中查询该内容的位置，并返回与之对应的其他列的内容。例如，根据姓名查询电话号码、根据单位名称查询负责人等。函数语法如下。

```
VLOOKUP (lookup_value, table_array, col_index_num, [range_lookup])
```

第 1 参数 lookup_value 是要在单元格区域或数组的第一列中查找的值。如果查询区域首列中包含多个符合条件的查找值，则 VLOOKUP 函数只能返回第一个查找值对应的结果。如果没有符合条件的查找值，将返回错误值 #N/A。

第 2 参数 table_array 是需要查询的单元格区域或数组，该参数的首列应该包含第 1 参数。

第 3 参数 col_index_num 用于指定返回查询区域中的第几列的值，该参数如果超出待查询区域的总列数，VLOOKUP 函数将返回错误值 #REF!，如果小于 1 则返回错误值 #VALUE!。

第 4 参数 range_lookup 为可选参数，用于决定函数的查找方式。如果为 0 或 FALSE，则为精确匹配方式，而且支持无序查找；如果为 TRUE 或省略参数值，则以所有小于查询值的最大值进行匹配，同时要求查询区域的首列按照升序排序。

224.1 正向精确查找

如图 17-1 所示，需要根据 E 列指定的查找零件类型，在 A~C 列查询对应的库存数量和单价。在 F2 单元格中输入以下公式，并复制到 F2:G3 单元格区域。

```
=VLOOKUP($E2,$A:$C,COLUMN(B2),0)
```

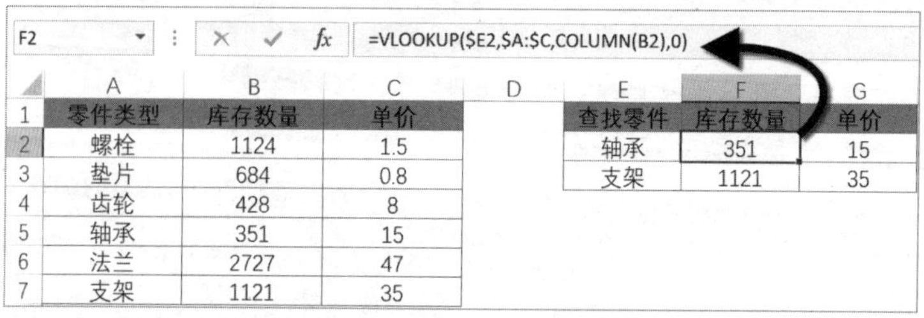

图 17-1　VLOOKUP 正向精确查找

公式中的"$E2"是查询值，"$A:$C"是指定的查询区域，"COLUMN(B2)"部分用于指定 VLOOKUP 函数返回查询区域中的第几列。VLOOKUP 函数以 E2 单元格中指定的查找零件类型，

在 "$A:$C" 这个区域的首列进行查找，并返回该区域中与之对应的第 2 列的信息。

公式中 "$E2" 和 "$A:$C" 均使用列方向的绝对引用，当向右复制公式时，不会发生偏移。当向右复制公式时第 3 参数变为 "COLUMN(C2)"，结果为 3，指定 VLOOKUP 函数返回第三列的信息。第 3 参数也可以分别用数字 2 或 3 代替。

> **注 意**
>
> VLOOKUP 函数的第 3 参数是指查询区域中的第几列，不能理解为工作表中实际的列号。

224.2　通配符查找

VLOOKUP 函数在精确匹配模式下支持通配符查找。

如图 17-2 所示，A~B 列为部门名称及对应的代码，要求查找 D 列包含通配符的关键字并返回对应部门的代码信息。

在 E2 单元格中输入以下公式，向下复制到 E3 单元格。

```
=VLOOKUP(D2,$A$1:$B$5,2,0)
```

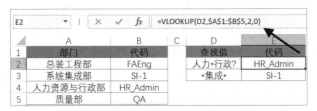

图 17-2　VLOOKUP 通配符查找

D2 单元格的查找值 "人力＊行政？" 表示 "人力" 和 "行政" 这两个关键字之间为任意长度字符的字符串，"行政" 之后为 1 个字符的字符串。A 列符合条件的部门名称为 "人力资源与行政部"，因此 E2 单元格返回其对应的代码 "HR_Admin"。E3 单元格中的公式同理。

> **提 示**
>
> 如果 VLOOKUP 函数的第 1 参数的查找值本身包含 "＊" 或 "？" 字符，则书写公式时需要在 "＊" 或 "？" 字符前加上 "～"。

224.3　正向近似匹配

当 VLOOKUP 函数的第 4 参数为 TRUE 或被省略时，可以使用近似匹配方式。如果在查询区域中无法找到查询值时，将以小于查找值的最大值进行匹配。同时要求查询区域必须按照首列值的大小进行升序排列，否则可能得到错误的结果。

如图 17-3 所示，A~C 列是提成比例的对照表，每个提成比例对应一个区间的销售额，如销售额大于等于 100001 且小于等于 200 000 时，提成比例为 3%。现在需要根据 F 列的销售额，在 A~C 列查询对应的提成的比例。在 G2 单元格输入以下公式，向下复制到 G5 单元格。

```
=VLOOKUP(F2,$A$2:$C$5,3,1)
```

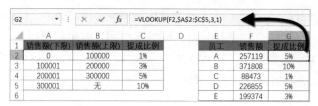

图 17-3　VLOOKUP 正向近似匹配

　　VLOOKUP 函数以 F2 单元格中的销售额 257119 为查询值，在 A2:A5 区域的首列中查找该内容。由于没有完全匹配的内容，因此以小于 F2 的最大值 200001 进行匹配，并返回与之对应的提成比例 5%。

224.4　逆向查找

　　在 VLOOKUP 函数进行查找时，要求查找值必须位于查询区域的首列，否则需要通过嵌套函数构成内存数组，间接地调整查询区域字段顺序来实现逆向查找。

　　如图 17-4 所示，A~C 列为员工信息表，需要根据 E 列单元格中的姓名查找对应的员工号，在 F2 单元格中输入以下公式，向下复制到 F3 单元格。

```
=VLOOKUP($E2,IF({1,0},$B$2:$B$5,$A$2:$A$5),2,0)
```

　　IF 函数在此处的作用是构成内存数组，第 1 参数 "{1,0}"，当参数为 1 时，返回 IF 的第 2 参数 "$B$2:$B$5"，当参数为 0 时，返回 IF 的第 3 参数 "$A$2:$A$5"，因此构成如图 17-5 所示的内存数组。以此内存数组作为 VLOOKUP 函数的第 2 参数，即可实现逆向查找。

员工号	姓名	部门		姓名	员工号
1569	李秀兰	人事部		郑琼琼	2315
2315	郑琼琼	采购部		吴文红	1233
1240	杨国聪	工程部			
1233	吴文红	市场部			

图 17-4　VLOOKUP 逆向查找

李秀兰	1569
郑琼琼	2315
杨国聪	1240
吴文红	1233

图 17-5　IF 函数构造的内存数组

224.5　多条件查找

　　VLOOKUP 函数多条件查找的思路与逆向查找类似，也可以通过嵌套内存数组将多个条件合并在一起作为查找值。

　　如图 17-6 所示，左侧是员工考核的成绩明细表，要根据 E 列和 F 列中指定的姓名和考核项，来查询该员工指定考核项的成绩。G2 单元格中以下数组公式，按 <Ctrl+Shift+Enter> 组合键即可得到正确的结果。

```
{=VLOOKUP($E2&$F2,IF({1,0},$A$2:$A$7&$B$2:$B$7,$C$2:$C$7),2,0)}
```

　　公式中的 "$E2&$F2" 部分，利用 "&" 符号将两个单元格的内容连接在一起得到字符串 "洪波理论"，以此作为 VLOOKUP 函数的查找值。IF 函数的第 2 参数 "$A$2:$A$7&$B$2:$B$7" 同样利用 "&" 符号，将两列内容连接在一起，依次作为 VLOOKUP 函数的查询区域。IF 函数构成的内存数组如图 17-7 所示。

郭汉鑫理论	87
王维中理论	75
洪波理论	74
郭汉鑫实操	65
王维中实操	95
洪波实操	76

图 17-6　VLOOKUP 多条件查找　　　　图 17-7　IF 函数构造内存数组合并多条件

为避免多条件连接可能出现的错误及 Excel 的错误识别，可以在条件之间加上特殊的字符避免此类问题出现，例如以下公式：

```
{=VLOOKUP($E2&"|"&$F2,IF({1,0},$A$2:$A$7&"|"&$B$2:$B$7,$C$2:$C$7),2,0)}
```

224.6　常见问题及注意事项

VLOOKUP 函数在使用过程中，如果出现返回值不符合预期或是返回错误值，常见原因如表 17-1 所示。

表 17-1　VLOOKUP 函数常见异常返回值原因

问题描述	原因分析
返回错误值 #N/A，且第 4 参数为 TRUE	第 1 参数小于第 2 参数首列的最小值
返回错误值 #N/A，且第 4 参数为 FALSE	第 1 参数在第 2 参数首列中未找到精确匹配项
返回错误值 #REF!	第 1 参数在第 2 参数首列中有匹配值，但是第 3 参数大于第 2 参数的总列数
返回错误值 #VALUE!	第 1 参数在第 2 参数首列中有匹配值，但是第 3 参数小于 1
返回了不符合预期的值	第 4 参数为 TRUE 或省略时，第 2 参数未按首列升序排列

图 17-8 为 VLOOKUP 函数返回错误值的常见示例。

第 1 参数常见的问题是查询值与查询区域首列中的数字格式不同，如一个是文本一个是数字，或者看似两个单元格内容相同实则并不同。可以使用等式判断两个单元格是否相同，例如在 D8 单元格中输入 "=D6=A2" 得到的结果是 "FALSE"，说明 D6 和 A2 单元格内容其实并不相同，很可能某个单元格中包含了空格或是不可见字符。对查找值及查询区域的首列进行处理，统一格式及清理不可见字符等可以避免此类错误的产生。

	A	B	C	D	E	F	G
1	员工号	成绩		员工号	成绩	公式	原因分析
2	1569	87		1967	#REF!	=VLOOKUP(D2,A2:B7,3,0)	第三参数"3"超过查询区域的实际列数2
3	2052	75		2020	#VALUE!	=VLOOKUP(D3,A2:B7,0,0)	第三参数小于1，且2020在A列中存在
4	1967	74		1877	#N/A	=VLOOKUP(D4,A2:B7,2,0)	查找值格式不同，D4单元格为文本，A列为数字
5	2020	65		2104	#N/A	=VLOOKUP(D5,A2:B7,2,0)	员工号2104在查询区域内不存在
6	2014	95		1569	#N/A	=VLOOKUP(D6,A2:B7,2,0)	D6单元格或A2单元格中有不可见字符
7	1877	76					
8				FALSE	=D6=A2		

图 17-8　VLOOKUP 函数返回错误值示例

第 2 参数的常见问题是由于未使用绝对引用，当公式在向其他区域复制时，引用的单元格区域发生了变化，导致可能查询不到正确的结果，而只要将相对引用改成绝对引用即可。

当第 4 参数为 TRUE 或省略时，如果查询区域首列没有按照升序排列，则可能返回错误的值。

技巧 225 强大的 LOOKUP 函数

LOOKUP 函数有向量形式和数组形式两种语法，向量形式语法如下。

```
LOOKUP(lookup_value, lookup_vector, [result_vector])
```

第 1 参数 lookup_value 可以使用单元格引用和数组。第 2 参数 lookup_vector 为查找范围。第 3 参数 [result_vector] 为可选参数，表示查询返回的结果范围，同样支持单元格引用和数组。

首先向量形式在单行区域或单列区域（称为"向量"）中查找值，然后返回第二个单行区域或单列区域中相同位置的值，如果第 3 参数省略，将返回第 2 参数中对应位置的值。

如果需在查找范围中查找一个明确的值，则查找范围必须升序排列；当需要查找一个不明确的值时，如查找一列或一行数据的最后一个值，查找范围不需要严格地进行升序排列。

LOOKUP 函数数组形式语法如下。

```
LOOKUP(lookup_value, array)
```

数组形式在数组的第一行或第一列中查找指定的值，并返回数组最后一行或最后一列中同一位置的值。应用此种类型时，如果数组行数大于或等于列数，LOOKUP 会在数组的首列中查找指定的值，并返回最后一列中同一位置的值，否则会在数组的首行中查找指定的值，并返回最后一行中同一位置的值。日常工作中，可使用其他函数代替 LOOKUP 函数的数组形式，避免出现自动识别查询方向而产生的错误。

225.1 向量语法查找

LOOKUP 函数向量式用法相较于 VLOOKUP 函数更为简洁，且没有 VLOOKUP 函数中对查询区域列顺序的限制。因此使用 LOOKUP 函数时可以更轻松地实现逆向查找功能。

如图 17-9 所示，A~B 列为员工姓名与员工号信息，其中 B 列的员工号已经进行了升序处理，需要根据 D 列的员工号查询对应的姓名。在 E2 单元格中输入以下公式，向下复制到 E3 单元格中。

```
=LOOKUP(D2,$B$2:$B$5,$A$2:$A$5)
```

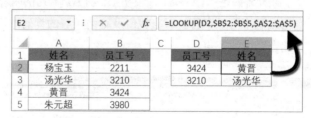

图 17-9 LOOKUP 函数向量语法查找

LOOKUP 以 D2 单元格中的员工号作为查找值，在第 2 参数"$B$2:$B$5"中进行查询，并返回第 3 参数"$A$2:$A$5"中对应位置的内容。

注 意

当查询一个具体的值时，查找值所在列需要进行升序排序。

225.2 查找某列的最后一个值

当需要查找一个不确定的值时，如查找一列或一行数据的最后一个值，LOOKUP 函数的查找范围不需要升序排列。以下公式可返回 A 列最后一个文本。

```
=LOOKUP(" 々 ",A:A)
```

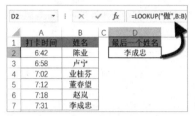

"々" 通常被看作是一个编码较大的字符，输入方法为按住 Alt 键不放，依次按数字小键盘的 4、1、3、8、5。为了便于输入，第 1 参数也常使用编码较大的汉字"做"。

如图 17-10 所示，要查询最后一个打卡的人员姓名，可以在 D2 单元格中输入以下公式。

图 17-10　LOOKUP 函数查找最后一个文本

```
=LOOKUP(" 做 ",B:B)
```

以下公式可返回 A 列最后一个数值。

```
=LOOKUP(9E+307,A:A)
```

公式的第 1 参数 "9E+307" 是 Excel 中的科学计数法，即 $9*10^{307}$，被认为是接近 Excel 允许输入的最大数值。将它用作查找值，可以返回一列或一行中的最后一个数值。

如果不区分查找值的类型，则只需要返回最后一个非空单元格的内容，可以使用以下公式。

```
=LOOKUP(1,0/(A:A<>""),A:A)
```

"0/ 条件" 是 LOOKUP 函数的一种模式化用法，将条件设定为 "某一列 <>''''"，可返回最后一个非空单元格的内容。

公式先用 "A:A<>''''" 来判断 A 列是否为空单元格，得到一组由逻辑值 TRUE 和 FALSE 构成的内存数组，然后利用 "0 除以任何数都得 0" 和 "0 除以错误值得到还是错误值" 的特性，得到一串由 0 和错误值组成的新内存数组。

LOOKUP 函数以 1 作为查找值，在这个新内存数组中进行查找。由于内存数组中只有 0 和错误值，因此在忽略错误值的同时，以最后一个 0 进行匹配，并最终返回第 3 参数中相同位置的内容。

> **提示**
>
> 使用此方法时，虽然内存数组没有经过排序处理，LOOKUP 函数也会按照升序排序的规则进行处理，也就是认为最大的数值在内存数组的最后，因此会以最后一个 0 进行匹配。

225.3 多条件查找

实际工作中，如果 LOOKUP 函数查找值的所在列不允许排序时，有一种较为典型的用法能够处理这种问题，可以归纳为：

```
=LOOKUP(1,0/(( 条件 1)*( 条件 2)*……*( 条件 n)), 要返回内容的区域或数组 )
```

其中的 "条件 1* 条件 2*……* 条件 n"，可以是一个条件也可以是多个条件。

如图 17-11 所示，需要根据 E 列的员工 "姓名" 和 F 列的 "考核项" 两个条件，从左侧的成绩对照表中查询对应的成绩。

	A	B	C	D	E	F	G
1	姓名	考核项	成绩		姓名	考核项	成绩
2	郭汉鑫	理论	87		洪波	理论	74
3	王维中	理论	75		王维中	实操	95
4	洪波	理论	74				
5	郭汉鑫	实操	65				
6	王维中	实操	95				
7	洪波	实操	76				

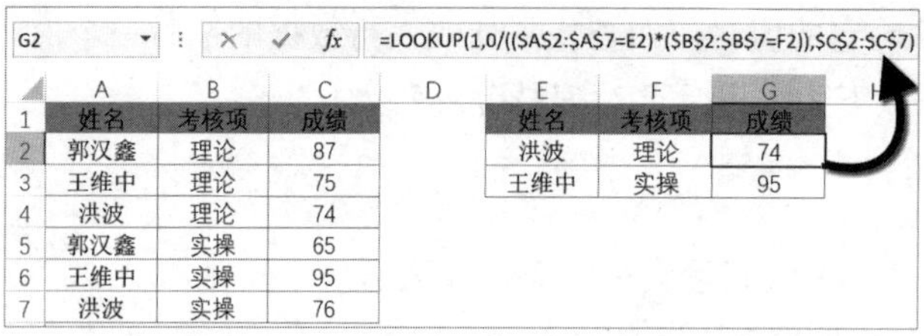

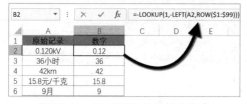

图 17-11　LOOKUP 函数多条件查找

在 G2 单元格中输入以下公式，向下复制到 G3 单元格。

```
=LOOKUP(1,0/(($A$2:$A$7=E2)*($B$2:$B$7=F2)),$C$2:$C$7)
```

公式中的“($A$2:$A$7=E2)”和“($B$2:$B$7=F2)”部分，分别将 $A$2:$A$7 单元格区域中的姓名与 E2 单元格中指定的姓名，以及 $B$2:$B$7 单元格区域中的考核项与 F2 单元格中指定的考核项进行比较，得到两个由 TRUE 和 FALSE 组成的内存数组：

```
{FALSE;FALSE;TRUE;FALSE;FALSE;TRUE}
{TRUE;TRUE;TRUE;FALSE;FALSE;FALSE}
```

先用两个内存数组对应相乘，如果内存数组中对应位置的元素都为 TRUE，则相乘后返回 1，否则返回 0，计算后得到由 1 和 0 组成的新内存数组：

```
{0;0;1;0;0;0}
```

再用 0 除以上述内存数组，得到由 0 和错误值“#DIV/0!”组成的内存数组：

```
{#DIV/0!;#DIV/0!;0;#DIV/0!;#DIV/0!;#DIV/0!}
```

最后使用 1 作为查询值，在内存数组中找不到 1，LOOKUP 以小于 1 的最大值，也就是 0 进行匹配，并返回第 3 参数“$C$2:$C$7”中对应位置的内容“74”。

提 示

如果有多个满足条件的结果，LOOKUP 函数将返回最后一个记录。

225.4　提取单元格中的数字

如图 17-12 所示，A 列为数字及文字的混合内容，要提取出其中的数字部分。在 B2 单元格输入以下公式，向下复制到 B6 单元格。

	A	B	C	D	E
1	原始记录	数字			
2	0.120kV	0.12			
3	36小时	36			
4	42km	42			
5	15.8元/千克	15.8			
6	9月	9			

图 17-12　LOOKUP 函数提取数字

```
=-LOOKUP(1,-LEFT(A2,ROW($1:$99)))
```

从公式中的“ROW($1:$99)”部分，得到 1~99 的序号。

LEFT 函数从 A2 单元格左起第一个字符开始，依次返回长度为 1 到 99 的字符串，结果为：

```
{"0";"0.";"0.1";"0.12";"0.120";"0.120k";"0.120kV";……;"0.120kV"}
```

添加负号后，数值转换为负数，含有文本的字符串则变成错误值 #VALUE!，结果为：

```
{0;0;-0.1;-0.12;-0.12;#VALUE!;……;#VALUE!}
```

LOOKUP 函数使用 1 作为查找值，在由负数、0 和错误值 #VALUE! 构成的数组中，忽略错误值提取出最后一个等于或小于 1 的数值。最后再使用负号，将提取出的负数转换为正数。

技巧 226 借用 INDIRECT 函数制作二级下拉列表

INDIRECT 函数的作用是将具有引用样式的文本字符串，变成实际的单元格引用。其函数语法如下。

```
INDIRECT(ref_text,[a1])
```

第 1 参数既可以是 A1 或 R1C1 引用样式的字符串，也可以是已经定义的名称或"表格"的结构化引用。

第 2 参数是一个逻辑值，用于指定第 1 参数的引用类型，如果为 TRUE 或省略，第 1 参数将被解释为 A1 样式的引用。如果为 0 或者 FALSE 时，第 1 参数将被解释为 R1C1 样式的引用。

226.1 INDIRECT 函数的基本应用

如图 17-13 所示，A1 单元格为字符串"B2"，B2 单元格中内容为字符串"引用"。在 A4 单元格中输入公式"=INDIRECT(A1)"，此时 INDIRECT 函数的参数是 A1 单元格，最终将 A1 单元格中的字符串"B2"转换成 B2 单元格的引用，返回 B2 单元格中的字符串"引用"。

但当 INDIRECT 函数的第 1 参数变成加了半角双引号的字符串""A1""，此时 INDIRECT 函数将参数中的文本""A1""转换为引用，即返回对 A1 单元格的引用，得到 A1 单元格中的文本"B2"。

如图 17-14 所示，C1 单元格中的内容为文本"A2:A6"，在 C3 单元格中输入以下公式，可以对 A2:A6 单元格区域进行求和。

```
=SUM(INDIRECT(C1))
```

图 17-13　INDIRECT 函数直接与间接引用　　　图 17-14　INDIRECT 函数将文本转换为地址

INDIRECT 函数先将参数 C1 中的字符串"A2:A6"，转变为 A2:A6 单元格区域实际的引用，再使用 SUM 函数对引用区域求和。

使用这种求和方式不受删除或插入行列的影响，会固定计算 A2:A6 单元格区域。

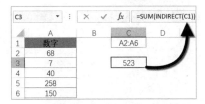

226.2 制作下拉列表

如图 17-15 所示，是一份客户所在市区信息的二级下拉列表。第二级"区"的下拉列表会随着上级列表"市"的内容发生相应的变化。制作此类下拉列表可以借助 INDIRECT 函数实现。

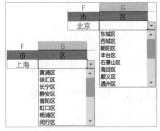

图 17-15　二级下拉列表

1. 准备工作

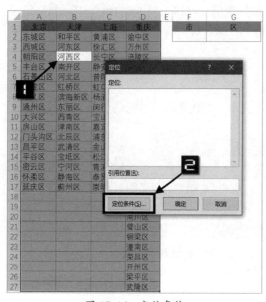

图 17-16　定位条件

在开始制作下拉列表前，准备好用于填充两级列表的内容，一级列表的内容作为二级内容的列标题。操作步骤如下。

步骤① 选择区域中的任意单元格，按 <Ctrl+A> 组合键选中整个内容区域。

步骤② 按 <Ctrl+G> 组合键，调出【定位】对话框，单击对话框左下角的【定位条件】按钮，如图 17-16 所示。

步骤③ 在弹出的【定位条件】对话框中选择【常量】选项，然后单击【确定】按钮。此时，会选中数据区域中所有的非空单元格，如图 17-17 所示。

步骤④ 单击【公式】选项卡，在【定义的名称】区域中单击【根据所选内容创建】按钮。

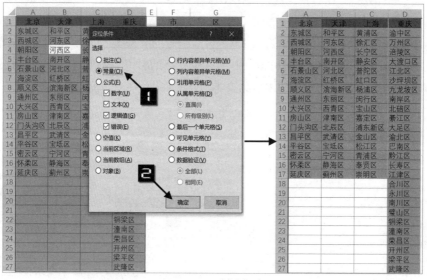

图 17-17　选择常量

步骤⑤ 在弹出的【根据所选内容创建】对话框中，选中【首行】复选框，然后单击【确定】按钮，如图 17-18 所示。

此时，已完成对列表的命名准备。

2. 制作一级列表

步骤① 选中要制作一级下拉列表的单元格或单元格区域，依次单击【数据】→【数据验证】按钮。

步骤② 在弹出的【数据验证】对话框中，单击【验证条件】区域下的【允许】下拉按钮，在下拉菜单中选择【序列】，保持【提供下拉箭头】复选框的选中状态。

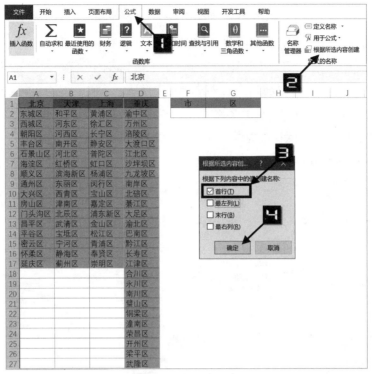

图 17-18 创建名称

步骤③ 单击【来源】文本框右侧的折叠按钮，选择一级列表内容所在单元格区域，即 "$A\$1:\$D\$1$"，最后单击【确定】按钮，如图 17-19 所示。

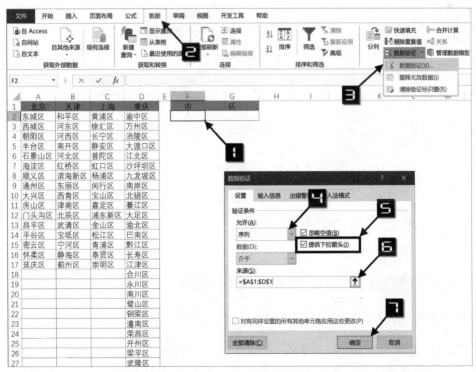

图 17-19 一级列表数据验证

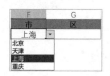

图 17-20　一级列表制作完成

一级列表制作完成后的效果如图 17-20 所示。

3. 制作二级列表

步骤① 选中要制作二级下拉列表的单元格或单元格区域，依次单击【数据】→【数据验证】按钮。

步骤② 在弹出的【数据验证】对话框中，单击【验证条件】区域下的【允许】下拉按钮，在下拉菜单中选择【序列】，保持【提供下拉箭头】复选框的选中状态。

步骤③ 在【来源】文本框中输入以下公式，最后单击【确定】按钮，如图 17-21 所示。

```
=INDIRECT(F2)
```

INDIRECT 函数在此处将一级列表中的内容作为名称，引用该名称对应的区域。

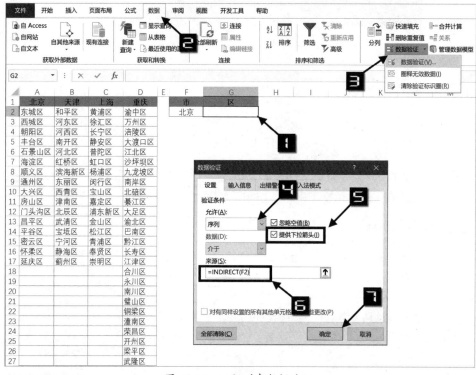

图 17-21　二级列表数据验证

图 17-22　源包含错误提示

在第二级列表制作过程中，如果对应一级下拉列表区域尚未输入内容，则会弹出如图 17-22 所示错误提示，单击【是】按钮即可。

技巧227　巧妙搭配的 INDEX 和 MATCH 函数

INDEX 函数和 MATCH 函数结合，能够实现任意方向的数据查询，使数据查询更加灵活简便。

227.1　使用 INDEX 函数进行检索

INDEX 函数能够在一个区域引用或数组范围中，根据指定的行号或（和）列号来返回值或引用。INDEX 函数的语法有引用和数组两种形式。数组形式语法如下。

```
INDEX(array, row_num, [column_num])
```

第 1 参数为检索的单元格区域或数组常量。如果数组只包含一行或一列，则相应的 row_num 或 column_num 参数是可选的。如果数组具有多行和多列，并且仅使用 row_num 或 column_num，则 INDEX 返回数组中整个行或列的数组。

第 2 参数 row_num 代表数组中的指定行，函数从该行返回数值。如果省略 row_num，则需要有第 3 参数 column_num。

第 3 参数 column_num 为可选参数，代表数组中的指定列，函数从该列返回数值。如果省略该参数，则需要有第 2 参数 row_num。

引用形式语法如下。

```
INDEX(reference, row_num, [column_num], [area_num])
```

第 1 参数 reference 是必需参数，为一个或多个单元格区域的引用，如果需要输入多个不连续的区域，则必须将其用小括号括起来。第 2 参数 row_num 是必需参数，为要返回引用的行号。第 3 参数 [column_num] 是可选参数，为要返回引用的列号。第 4 参数 [area_num] 是可选参数，为要选择返回用引用的区域。

如图 17-23 所示，A1:D4 单元格区域中是需要检索的数据。

以下公式为返回 A1:D4 单元格区域中第 3 行和第 4 列交叉处的单元格，即 D3 单元格的值 12。

	A	B	C	D
1	1	2	3	4
2	5	6	7	8
3	9	10	11	12
4	13	14	15	16
5				
6	12	=INDEX(A1:D4,3,4)		
7	42	=SUM(INDEX(A1:D4,3,0))		
8	40	=SUM(INDEX(A1:D4,0,4))		
9	11	=INDEX((A1:B4,C1:D4),3,1,2)		

图 17-23　INDEX 函数检索

```
=INDEX(A1:D4,3,4)
```

以下公式为返回 A1:D4 单元格区域中第 3 行单元格的和，即 A3:D3 单元格区域的和 42。

```
=SUM(INDEX(A1:D4,3,0))
```

以下公式为返回 A1:D4 单元格区域中第 4 列单元格的和，即 D1:D4 单元格区域的和 40。

```
=SUM(INDEX(A1:D4,0,4))
```

以下公式返回 (A1:B4,C1:D4) 两个单元格区域中的第二个区域第 3 行第 1 列的单元格，即 C3 单元格。由于 INDEX 函数的第 1 参数是多个区域，因此用小括号括起来。

```
=INDEX((A1:B4,C1:D4),3,1,2)
```

根据公式需要，INDEX 函数的返回值可以为引用或是数值。例如，如下第一个公式等价于第二个公式，CELL 函数将 INDEX 函数的返回值作为 B1 单元格的引用。

```
=CELL("width",INDEX(A1:B2,1,2))
=CELL("width",B1)
```

而在以下公式中，则将 INDEX 函数的返回值解释为 B1 单元格中的数字。

```
=2*INDEX(A1:B2,1,2)
```

227.2 单行（列）数据转换为多行多列

ROW 函数可以生成垂直方向连续递增的自然数序列，COLUMN 函数可以在水平方向上生成连续递增的自然数序列。ROW 函数和 COLUMN 函数组合可以生成指定规则的序列，结合 INDEX 函数，可以实现将单列或单行数据转换为多行多列。

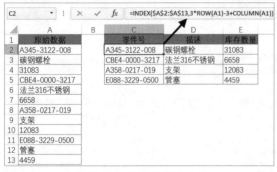

图 17-24 单列数据转多列

如图 17-24 所示，A2:A13 单元格区域为零件库存基本信息，从 A2 单元格起，每 3 个单元格为一组。要求将 A2:A13 单元格区域的单列数据转换为 C2:E5 单元格区域的形式，每个零件占 1 行 3 列。

在 C2 单元格输入以下公式，将公式复制到 C2:E5 单元格区域。

```
=INDEX($A$2:$A$13,3*ROW(A1)-3+COLUMN(A1))
```

公式中的 "3*ROW(A1)-3+COLUMN(A1)" 部分，计算结果为 1，公式向下复制时，ROW(A1) 依次变为 ROW(A2)、ROW(A3)……公式计算结果分别为 4，7，10……即生成步长为 3 的递增数列。

公式向右复制时，COLUMN(A1) 依次变为 COLUMN(B1)、COLUMN(C1)……计算结果为 2，3……即生成步长为 1 的递增数列。

1	2	3
4	5	6
7	8	9
10	11	12

图 17-25 ROW 函数和 COLUMN 函数生成递增数列

"3*ROW(A1)-3+COLUMN(A1)" 部分生成的结果如图 17-25 所示。

最后用 INDEX 函数，根据以上公式中生成的数列提取 A 列中对应单元格的内容，实现将单列数据转换为多行多列数据的目的。

227.3 使用 MATCH 函数返回查询项的相对位置

MATCH 函数用于根据指定的查询值，返回该查询值在一行（一列）的单元格区域或数组中的相对位置。若有多个符合条件的结果，MATCH 函数仅返回第一次出现的位置。其函数语法如下。

```
MATCH(lookup_value, lookup_array, [match_type])
```

第 1 参数 lookup_value 为指定的查找对象。

第 2 参数 lookup_array 为可能包含查找对象的单元格区域或数组，这个单元格区域或数组只可以是一行或一列，如果是多行多列则返回错误值 #N/A。

第 3 参数 [match_type] 是可选参数，为查找的匹配方式。当第 3 参数为 0、1 或省略、-1 时，分别表示精确匹配、升序模式下的近似匹配和降序模式下的近似匹配。如果简写第 3 参数的值，仅以逗号占位，表示使用 0，也就是精确匹配方式，如 "MATCH("ABC",A1:A10,0)" 等价于 "MATCH("ABC",A1:A10,)"。在精确匹配模式下，MATCH 函数的第 1 参数支持使用通配符。

例 1：当第 3 参数为 0 时，第 2 参数不需要排序。以下公式返回值为 3。其含义为在第 2 参数的数组中，字母 "A" 第一次出现的位置为 3。

```
=MATCH("A",{"B","D","A","C","A"},0)
```

例 2：当第 3 参数为 1 或省略第 3 参数值时，第 2 参数要求按升序排列，如果第 2 参数中没有具体的查找值，将返回小于第 1 参数的最大值所在位置。以下两个公式返回值都为 2，由于第 2 参数没有查询值 4，因此以小于 4 的最大值也就是 3 进行匹配。3 在第 2 参数数组中是第 2 个，因此结果返回 2。

```
=MATCH(4,{1,3,5,7},1)
=MATCH(4,{1,3,5,7})
```

例 3：当第 3 参数为 -1 时，第 2 参数要求按降序排列，如果第 2 参数中没有具体的查找值，将返回大于第 1 参数的最小值所在位置。以下公式返回值为 3，由于第 2 参数中没有查询值 5，因此以大于 5 的最小值也就是 6 进行匹配。6 在第 2 参数数组中是第 3 个，因此结果返回 3。

```
=MATCH(5,{10,8,6,4,2,0},-1)
```

第 3 参数为 0 的精确匹配时，第 1 参数的查找值中可以使用通配符。

1. 不重复值个数的统计

如果查询区域中包含多个查找值，则 MATCH 函数只返回查找值首次出现的位置。利用这一特点，可以统计出一行或一列数据中的不重复值的个数。

如图 17-26 所示，A2:A9 单元格区域包含重复值，要求统计不重复值的个数。

C2 单元格输入以下数组公式，按 <Ctrl+Shift+Enter> 组合键。

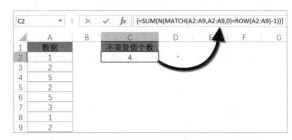

图 17-26　MATCH 函数不重复值个数的统计

```
{=SUM(N(MATCH(A2:A9,A2:A9,0)=ROW(A2:A9)-1))}
```

公式中的 "MATCH(A2:A9,A2:A9,0)" 部分，以精确匹配的查询方式，分别查找 A2:A9 单元格区域中每个数据在该区域首次出现的位置。返回结果如下。

```
{1;2;3;2;3;6;1;2}
```

以 A2 单元格和 A8 单元格中的数值 "1" 为例，MATCH 函数查找在 A2:A9 单元格区域中的位置均返回 1，也就是该数值在 A2:A9 单元格区域中首次出现的位置。

"ROW(A2:A9)-1" 部分用于得到 1~8 的连续自然数序列，行数与 A 列数据行数一致。通过观察可知，只有数据第一次出现时，用 MATCH 函数得到的位置信息与 ROW 函数生成的序列值对应相等。如果数据是首次出现，则比较后的结果为 TRUE，否则为 FALSE。

"MATCH(A2:A9,A2:A9,0)=ROW(A2:A9)-1" 部分返回的结果如下。

```
{TRUE;TRUE;TRUE;FALSE;FALSE;TRUE;FALSE;FALSE}
```

TRUE 的个数即代表 A2:A9 单元格区域中不重复值的个数。先用 N 函数将逻辑值 TRUE 和

FALSE 分别转换成 1 和 0，再用 SUM 函数求和即可。

2. 交叉区域查询

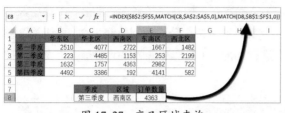

图 17-27 交叉区域查询

MATCH 函数结合 INDEX 函数可以实现交叉区域查询。如图 17-27 所示，A1:F5 为某产品在不同销售区域的订单数量。需要根据指定的"季度"和"区域"查找相应的订单数量。在 E8 单元格中输入以下公式，计算结果为 4363。

```
=INDEX($B$2:$F$5,MATCH(C8,$A$2:$A$5,0),MATCH(D8,$B$1:$F$1,0))
```

公式中的"MATCH(C8,$A$2:$A$5,0)"部分，返回 C8 单元格在 $A$2:$A$5 单元格区域中的位置，结果为 3。

"MATCH(D8,$B$1:$F$1,0)"部分，返回 D8 单元格在 $B$1:$F$1 单元格区域中的位置，结果为 3。

INDEX 函数的第 1 参数 $B$2:$F$5 是需要从中返回内容的引用区域，两个 MATCH 函数的结果分别作为 INDEX 函数查询区域中的行号和列号，最终返回 $B$2:$F$5 单元格区域中的第 3 行与第 3 列交叉的内容，即 D4 单元格中的 4363。

图 17-28　MATCH 函数多条件查询

3. 多条件查询

MATCH 函数结合 INDEX 函数，还可以实现多个条件的数据查询。如图 17-28 所示，A~C 列为某单位样品测试的部分记录，需要根据 E2 和 F2 单元格中的样品编号和测试次数，查找对应的测试结果。G2 单元格中输入以下数组公式，按 <Ctrl+Shift+Enter> 组合键。

```
{=INDEX(C2:C9,MATCH(E2&F2,A2:A9&B2:B9,0))}
```

公式中的"MATCH(E2&F2,A2:A9&B2:B9,0)"部分，先用连接"&"将 E2 和 F2 合并成一个新的字符串"23"，以此作为查询值。再将 A2:A9 和 B2:B9 单元格区域合并成一个新的查询区域。然后用 MATCH 函数，查询出字符串"23"在合并后的查询区域中所处的位置 6。

最后用 INDEX 函数返回 C2:C9 单元格区域中对应位置的结果。

4. 逆向查询

如图 17-29 所示，A~C 列为员工信息表，需要根据 E 列单元格中的姓名查找对应的员工号，在 F2 单元格中输入以下公式，将公式向下复制到 F3 单元格。

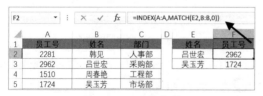

图 17-29　逆向查询

```
=INDEX(A:A,MATCH(E2,B:B,0))
```

"MATCH(E2,B:B,0)"部分，用于定位 E2 单元格中的"吕世宏"在 B 列中的位置 3，以此作为 INDEX 函数的第 2 参数。INDEX 函数根据 MATCH 函数返回的位置信息，最终得到 A 列中对应位置的查询结果。

5. MATCH 函数与 VLOOKUP 函数配合

VLOOKUP 函数需要在多列中查找数据时，结合 MATCH 函数可使公式的编写更加方便。

如图 17-30 所示，左侧为某公司各部门的员工信息，需要根据 F 列的员工姓名查询相应的职级和部门。在 G2 单元格输入以下公式，将公式复制到 G2:H3 单元格。

图 17-30 MATCH 函数与 VLOOKUP 函数配合

```
=VLOOKUP($F2,$A:$D,MATCH(G$1,$A$1:$D$1,0),0)
```

公式中的"MATCH(G$1,$A$1:$D$1,0)"部分，根据公式所在列的不同，分别查找出"职级"和"部门"在查询区域中的处于第几列，以此作为 VLOOKUP 函数的第 3 参数。使用该方法，在查询区域列数较多时，能够自动计算出要返回的内容处于查询区域中第几列，而不需要人工判断。

技巧 228 深入了解 OFFSET 函数

OFFSET 函数功能非常强大，在数据动态引用、多维引用等很多应用实例中都会用到。例如，可以构建动态的引用区域，用于数据验证中的动态下拉菜单，以及在图表中构建动态的数据源等。

OFFSET 函数能够以指定的引用为参照，通过给定的偏移量得到新的引用，返回的引用可以为一个单元格或单元格区域。函数的语法如下。

```
OFFSET(reference, rows, cols, [height], [width])
```

第 1 参数 reference 是必需参数。作为偏移量参照的起始引用区域。该参数必须为对单元格或单元格区域的引用，否则 OFFSET 函数返回错误值 #VALUE! 或无法完成公式输入。

第 2 参数 rows 是必需参数。用于指定从第 1 参数的左上角单元格位置开始，向上或向下偏移的行数。当行数为正数时，表示在起始引用的下方，行数为负数时，表示在起始引用的上方。如果省略，则必须用半角逗号占位，省略参数值时默认为 0（不偏移）。

第 3 参数 cols 是必需参数。用于指定从第 1 参数的左上角单元格位置开始，向左或向右偏移的列数。当列数为正数时，表示在起始引用的右侧，列数为负数时，表示在起始引用的左侧。如果省略，则必须用半角逗号占位，省略参数值时默认为 0（不偏移）。

第 4 参数 height 是可选参数，为要返回的引用区域行数。如果省略该参数，则新引用的行数与第 1 参数的行数相同。

第 5 参数 width 是可选参数，为要返回的引用区域列数。如果省略该参数，则新引用的列数与第 1 参数的列数相同。

如果 OFFSET 函数行数或列数的偏移量超出工作表边缘，将返回错误值 #REF!。

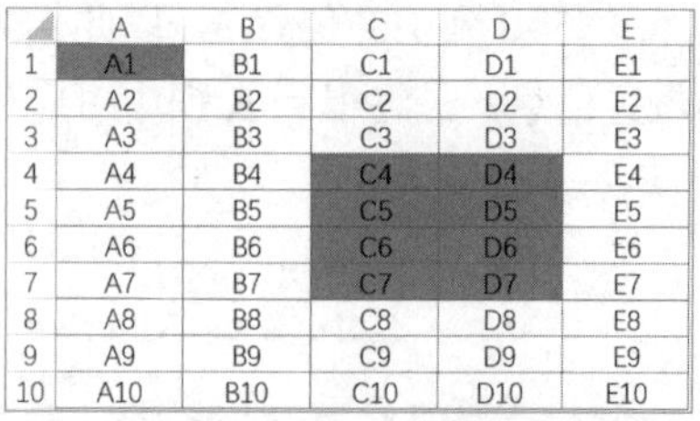

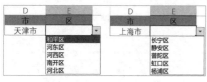

图 17-31　OFFSET 函数偏移示例

图 17-32　动态下拉列表

228.1　图解 OFFSET 函数参数含义

如图 17-31 所示，以下公式将返回对 C4:D7 单元格的引用。

```
=OFFSET(A1,3,2,4,2)
```

其中，A1 单元格为 OFFSET 函数的引用基点，参数 rows 为 3，表示以 A1 为基点向下偏移 3 行，至 A4 单元格。参数 cols 为 2，表示自 A4 单元格向右偏移 2 列，至 C4 单元格。

参数 height 为 4，参数 width 为 2，表示 OFFSET 函数返回的引用是从 C4 为左上角位置，共 4 行 2 列的单元格区域，即引用 C4:D7 单元格区域。

228.2　OFFSET 函数制作动态下拉菜单

如图 17-33 所示，A 列和 B 列为部分市及下辖区的信息，要求根据 D2 单元格"市"的信息，在 E2 单元格生成该城市对应下辖区的菜单，方便快捷输入，如图 17-32 所示。

操作步骤如下。

步骤① 选中 E2 单元格，依次单击【数据】→【数据验证】按钮。在弹出的【数据验证】对话框中，切换至【设置】选项卡，单击【验证条件】区域的【允许】下拉按钮，选择【序列】选项，在【来源】编辑框中输入以下公式。

```
=OFFSET(B1,MATCH(D2,A:A,0)-1,0,COUNTIF(A:A,D2),1)
```

步骤② 选中【忽略空值】和【提供下拉箭头】复选框，然后单击【确定】按钮，如图 17-33 所示。

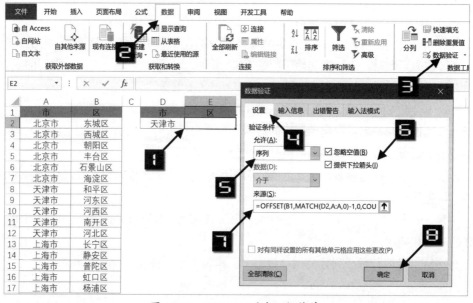

图 17-33　OFFSET 动态下拉菜单

公式中的 "MATCH(D2,A:A,0)" 部分, 返回 D2 单元格内容在 A 列第一次出现的位置 8, 减去 1 之后作为 OFFSET 函数偏移的行数。"COUNTIF(A:A,D2)" 部分, 返回 D2 单元格内容在 A 列出现的次数 5, 即该市对应的区的行数 5。

OFFSET 函数以 B1 单元格为引用基准, 先向下偏移 7 行到 B8 单元格, 然后偏移 0 列, 取 5 行 1 列得到 B8:B12 单元格区域的引用。

当 D2 单元格内容发生变化时, E2 单元格的下拉菜单内容也会随之变化。

提示

> 使用此方法时, 要求 A 列的项目必须经过排序处理, 即相同的内容应处于连续的行中。

技巧 229 根据部分信息模糊查找数据

在实际工作中, 经常需要根据已知的部分数据信息查找出完整的信息。

229.1 模糊查找符合条件的单一记录

如图 17-34 所示, A~B 列为某用户在某网站的登录记录, 其中 A 列的日期已经过降序处理。需要根据 D2 单元格指定的登录地点, 查找在该地区最后一次登录的时间。E2 单元格输入以下公式。

```
=INDEX(A2:A10,MATCH("*"&D2&"*",B2:B10,0))
```

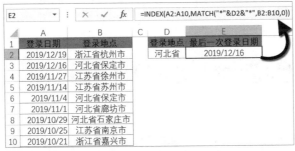

图 17-34　模糊查找单一记录

公式中的 "MATCH("*"&D2&"*",B2:B10,0)" 部分, 在查询条件 D2 单元格前后加上通配符 "*", 表示在 D2 单元格内容前后包含任意字符的内容, 都符合查询条件的要求。MATCH 函数精确匹配返回符合条件的第一个结果的位置, 即包含 "河北省" 的第一个结果 "河北省保定市" 的位置, 结果为 2。再利用 INDEX 函数返回查询区域中第 2 行的内容。

229.2 模糊查找符合条件的多条记录

如图 17-35 所示, 要求在 D~E 列中根据 E2 单元格输入的任意文本, 查询零件的库存数量, 如果没有则返回空文本。

在 D4 单元格中输入以下公式, 将公式向右向下复制, 到出现空白单元格为止。

```
=IFERROR(VLOOKUP("*"&$E$1&"*",OFFSET($A$1,IFERROR(MATCH($D3,$A:$A,0),1000),0,
1000,2),COLUMN(B:B),0),"")
```

	A	B	C	D	E
1	零件名称	库存		查询零件	螺栓
2	U型螺栓	1011			
3	不锈钢管塞	16244		零件名称	库存
4	碳钢螺栓0528	2463		U型螺栓	1011
5	不锈钢螺栓0536	10265		碳钢螺栓0528	2463
6	碳钢管塞M20	11531		不锈钢螺栓0536	10265
7	不锈钢管塞1/2NPT	6343			
8	共平面法兰316不锈钢	11864			
9	共平面法兰304不锈钢	1315			
10	不锈钢排气排液阀	19882			

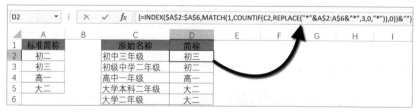

图 17-35　模糊查找多条记录

公式先使用 MATCH 函数，以 D3 单元格为初始查找值，查找其在 A 列中的位置，以此作为 OFFSET 函数的行偏移量。

OFFSET 函数以 A1 单元格为起点，向下偏移的行数由 MATCH 函数的计算结果指定，偏移的列数为 0，新引用行数为 1000，新引用的列数为 2，作为 VLOOKUP 函数的查询区域。

随着公式向下复制，MATCH 函数会将上一行的公式结果作为查找值，返回其位置信息，并作为 OFFSET 函数的行偏移量。相当于 VLOOKUP 函数每返回一个符合条件的结果，OFFSET 函数生成的引用范围都会自动调整为该结果单元格之下的区域，然后使用 VLOOKUP 函数在这个新的区域内继续查询符合条件的结果。

VLOOKUP 函数的第 1 参数为“"*"&$E$1&"*"”，在 E1 前后添加通配符“*”，表示只要查询区域的首列中包含 E1 单元格中内容就进行匹配。

由于 VLOOKUP 函数查找不到匹配内容时返回错误值，因此最后用 IFERROR 函数进行容错处理。

注 意

该公式要求 D3 单元格的内容必须与 A1 单元格的内容完全相同，用以作为初始查找的内容。

229.3　模糊转换数据

如图 17-36 所示，A 列为某学校年级的标准简称，需要将 C 列中的原始班级名称转换为对应的标准简称。在 D2 单元格中输入如下数组公式，按 <Ctrl+Shift+Enter> 组合键，向下复制到 D6 单元格。

```
{=INDEX($A$2:$A$6,MATCH(1,COUNTIF(C2,REPLACE("*"&A$2:A$6&"*",3,0,"*")),0))&""}
```

D2　{=INDEX($A$2:$A$6,MATCH(1,COUNTIF(C2,REPLACE("*"&A$2:A$6&"*",3,0,"*")),0))&""}

	A	B	C	D
1	标准简称		原始名称	简称
2	初二		初中三年级	初三
3	初三		初级中学二年级	初二
4	高一		高中一年级	高一
5	大二		大学本科二年级	大二
6			大学二年级	大二

图 17-36　模糊转换数据

公式中首先使用“"*"&A$2:A$6&"*"”，在 A$2:A$6 单元格内容前后加上通配符“*”，使其变成：

```
{"*初二*";"*初三*";"*高一*";"*大二*";"**"}
```

然后使用 REPLACE 函数，从以上内存数组中每个元素的第 3 位插入通配符 "*"：

```
{"*初*二*";"*初*三*";"*高*一*";"*大*二*";"****"}
```

COUNTIF 函数以此作为第 2 参数，统计 C2 单元格是否包含加了通配符后的关键字，如果包含，则返回 1，否则返回 0：

```
{0;1;0;0;1}
```

再用 MATCH 函数在该内存数组中精确查找 1 首次出现的位置，然后结合 INDEX 函数返回相应位置的标准简称。

因为 A6 是空单元格，加上通配符处理后变成 "***"，可以统计任意字符。因此，如果 C 列的原始名称在 A2:A5 单元格区域查找不到对应的简称，则 INDEX 函数会返回 A6 单元格的内容，得到一个无意义的 0。最后用 "&"""" 的方法使其返回空文本。

技巧 230 使用 HYPERLINK 函数生成超链接

HYPERLINK 函数是 Excel 中唯一一个可以返回数据值以外，还能够生成链接的特殊函数，函数语法以下。

```
HYPERLINK(link_location, [friendly_name])
```

第 1 参数 link_location 是要打开的文档路径和文件名，还支持使用在 Excel 中定义的名称，但相应的名称前必须加上前缀 "#" 号，如 #DATA 等。对于当前工作簿中的链接地址，也可以使用前缀 "#" 号来代替工作簿名称。

第 2 参数 [friendly_name] 为可选参数，用于指定在单元格中显示的内容。如果省略该参数，则会显示为第 1 参数的内容。

230.1 创建文件链接

如图 17-37 所示，为某文件夹下的所有文件，现在需要在 Excel 中创建这些文件的链接。操作步骤如下。

步骤① Windows10 系统下，首先按 <Ctrl+A> 组合键选中所有要创建链接的文件，然后单击【主页】选项卡下的【复制路径】按钮，粘贴到 Excel 工作表的 A 列，如图 17-37 所示。

图 17-37　复制文件路径

步骤② 在 B2 单元格手动输入"查找与引用函数"，然后按 <Ctrl+E> 组合键完成文件名称的快速提取，如图 17-38 所示。

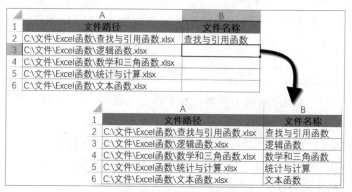

图 17-38　快速填充

步骤③ 在 C2 单元格中输入以下公式，向下复制到 C6 单元格。

```
=HYPERLINK(A2)
```

公式中省略了 HYPERLINK 函数的第 2 参数，显示结果如图 17-39 中 C 列所示。如果希望显示为链接的文件名称，可以将 HYPERLINK 函数的第 2 参数指定为"文件名称"对应的单元格。例如，D2 单元格可以使用以下公式。

```
=HYPERLINK(A2,B2)
```

	A	B	C	D
				D2 ▼ : × ✓ fx =HYPERLINK(A2,B2)
1	文件路径	文件名称	省略第二参数	包含第二参数
2	C:\文件\Excel函数\查找与引用函数.xlsx	查找与引用函数	C:\文件\Excel函数\查找与引用函数.xlsx	查找与引用函数
3	C:\文件\Excel函数\逻辑函数.xlsx	逻辑函数	C:\文件\Excel函数\逻辑函数.xlsx	逻辑函数
4	C:\文件\Excel函数\数学和三角函数.xlsx	数学和三角函数	C:\文件\Excel函数\数学和三角函数.xlsx	数学和三角函数
5	C:\文件\Excel函数\统计与计算.xlsx	统计与计算	C:\文件\Excel函数\统计与计算.xlsx	统计与计算
6	C:\文件\Excel函数\文本函数.xlsx	文本函数	C:\文件\Excel函数\文本函数.xlsx	文本函数

图 17-39　HYPERLINK 创建文件链接

设置完成后，光标指针靠近公式所在单元格时，会自动变成手形，单击超链接，即可打开相应的工作簿。

230.2　链接到工作表

如果使用连接符"&"，既可以生成带有路径和工作簿名称、工作表名称及单元格地址的文本字符串，也可以作为 HYPERLINK 函数跳转的具体位置。

图 17-40 所示为不同部门人员的花名册，每个部门的数据存储在不同的工作表中，各工作表均以部门名称命名。为方便查看，要求在"目录"工作表中创建指向各个工作表的超链接。

在 B2 单元格中输入以下公式，向下复制到 B6 单元格。

```
=HYPERLINK("#"&A2&"!A1"," 点击跳转 ")
```

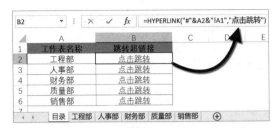

图 17-40　HYPERLINK 函数链接到工作表

公式中的 ""#"&A2&"!A1"" 部分，得到字符串 ""# 工程部 !A1""，用于指定当前工作簿内链接跳转的具体工作表和单元格位置。第 2 参数为文本 "点击跳转"，表示建立超链接后 B2 单元格显示的文字。

技巧 231　用 FORMULATEXT 函数提取公式

在 Excel 2016 中，可以使用 FORMULATEXT 函数提取单元格中的公式字符串，在一些对公式进行讲解和演示的场景中，用于展示单元格中的具体公式，使用非常方便。函数语法如下。

```
FORMULATEXT(reference)
```

参数 reference 是对单元格或单元格区域的引用，如果参数引用整行或整列，或引用包含多个单元格的区域或定义名称，则 FORMULATEXT 函数返回行、列或区域中最左上角单元格中的公式字符串。如果参数 reference 引用的单元格中不包含公式，或引用的工作簿未打开或其中的工作表被保护，则返回错误值 #N/A。

如图 17-41 所示，B 列是对 A 列数值进行取舍后的结果，要在 C 列提取 B 列使用的公式，可在 C2 单元格中输入以下公式，向下复制到 C9 单元格。

```
=FORMULATEXT(B2)
```

	A	B	C
1	原始数据	舍入后数据	公式
2	38.181	38	=INT(A2)
3	-204.36	-205	=INT(A3)
4	57.39	57	=INT(A4)
5	-55.8	-55	=TRUNC(A5)
6	38.181	38	=TRUNC(A6)
7	-204.31	-204.3	=TRUNC(A7,1)
8	57.39	50	=TRUNC(A8,-1)
9	-55.283	-55.2	=TRUNC(A9,1)

图 17-41　FORMULATEXT 函数提取单元格公式

技巧 232　使用 TRANSPOSE 函数转置数组或单元格区域

TRANSPOSE 函数用于转置数组或工作表单元格区域。转置单元格区域包括将行单元格转置成列单元格区域，或者将列单元格区域转置成行单元格区域。实现的效果类似于基础操作中的【复制】→【选择性粘贴】→【转置】，如图 17-42 所示。

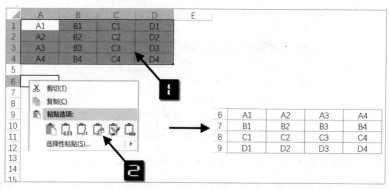

图 17-42　转置

TRANSPOSE 函数语法如下。

```
TRANSPOSE(array)
```

参数 array 为要转置的数组或单元格区域。数组的转置是使用数组的第一行作为新数组的第一列，数组的第二行作为新数组的第二列，以此类推。

使用 TRANSPOSE 函数进行转置，需要先选中要存储数据的目标区域。如图 17-43 所示，原始数据是一个 2 行 5 列的数据区域，要进行转置时，需先选中一个 5 行 2 的区域，然后在编辑栏中输入以下数组公式，按 <Ctrl+Shift+Enter> 组合键，即可得到转置后的数据。

```
{=TRANSPOSE(A1:E2)}
```

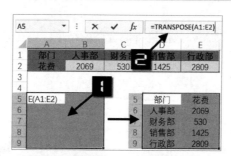

图 17-43　TRANSPOSE 函数进行转置

使用 TRANSPOSE 函数进行转置时，如果原始数据发生变化，则转置区域的数据也会跟着变化，而【复制】→【选择性粘贴】→【转置】的操作则没有更新功能。

第18章 统计计算

Excel 提供了丰富的统计计算类函数，用于完成条件求和、条件计数、最大值和最小值的统计，以及平均值计算、成绩排名、中位数、众数以及内插值计算等，本章将介绍 Excel 2016 函数中常用的统计计算函数使用技巧。

技巧 233 灵活多变的求和计算

求和是最常见的运算之一，SUM 函数作为最基础的求和函数，在统计计算中有着非常灵活的应用。函数语法如下。

```
SUM(number1,[number2],...)
```

函数最少需要一个参数，最多可以有 255 个参数，这些参数是用于求和的数字、单元格引用或区域。

例如，以下公式将返回 15。

```
=SUM(1,2,3,4,5)
```

如果在 A1:A5 单元格区域分别输入数字 1~5，则以下公式也将返回 15。

```
=SUM(A1:A5)
```

233.1 累计求和

如图 18-1 所示，A~C 列为某库房每天的出入库记录，需要在 D 列计算每天的库存数量。在 D2 单元格输入以下公式，向下复制到 D13 单元格。

```
=SUM(B$2:B2)-SUM(C$2:C2)
```

公式中的"SUM(B\$2:B2)"部分，使用混合引用和相对引用结合的方式，当公式向下复制时，引用区域不断扩展，依次变成"B\$2:B3, B\$2:B4,……，B\$2:B13"，SUM 函数从 B2 单元格开始到公式所在行的 B 列区域进行求和。"SUM(C\$2:C2)"部分同理。

公式计算到当前日期为止的"入库"数量之和，减去到当前日期为止的"出库"数量之和，实现了累计库存的计算。

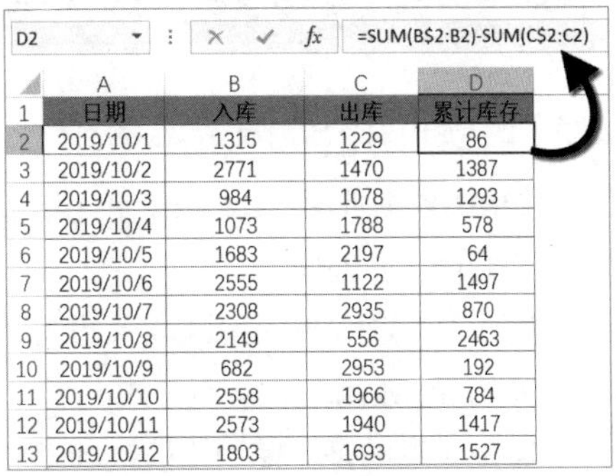

D2		:	×	✓	fx	=SUM(B$2:B2)-SUM(C$2:C2)

	A	B	C	D
1	日期	入库	出库	累计库存
2	2019/10/1	1315	1229	86
3	2019/10/2	2771	1470	1387
4	2019/10/3	984	1078	1293
5	2019/10/4	1073	1788	578
6	2019/10/5	1683	2197	64
7	2019/10/6	2555	1122	1497
8	2019/10/7	2308	2935	870
9	2019/10/8	2149	556	2463
10	2019/10/9	682	2953	192
11	2019/10/10	2558	1966	784
12	2019/10/11	2573	1940	1417
13	2019/10/12	1803	1693	1527

图 18-1 累计求和

233.2 跨工作表求和

如图 18-2 所示的各个部门办公用品领用记录，每个部门分别记录在一个工作表内，各工作表的格式完全相同。需要在"汇总"工作表中将各部门的领用数量进行汇总。

如图 18-3 所示，在“汇总”工作表 B2 单元格输入以下公式，向下复制到 B13 单元格。

```
=SUM('*'!B2)
```

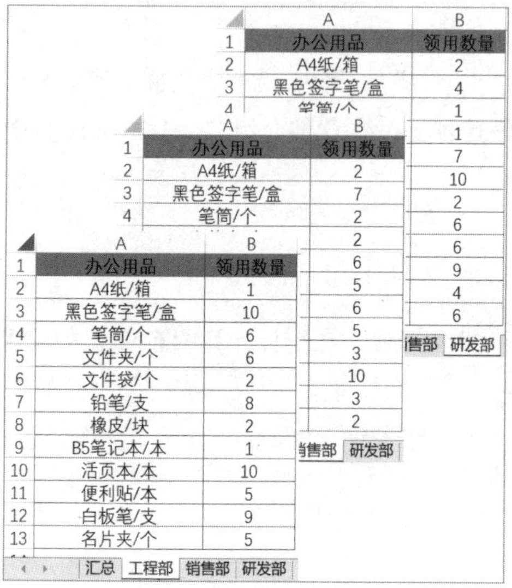

	A	B
1	办公用品	领用数量
2	A4纸/箱	1
3	黑色签字笔/盒	10
4	笔筒/个	6
5	文件夹/个	6
6	文件袋/个	2
7	铅笔/支	8
8	橡皮/块	2
9	B5笔记本/本	1
10	活页本/本	10
11	便利贴/本	5
12	白板笔/支	9
13	名片夹/个	5

图 18-2　办公用品领用记录表

	A	B
1	办公用品	领用数量
2	A4纸/箱	5
3	黑色签字笔/盒	21
4	笔筒/个	9
5	文件夹/个	9
6	文件袋/个	15
7	铅笔/支	23
8	橡皮/块	10
9	B5笔记本/本	12
10	活页本/本	19
11	便利贴/本	24
12	白板笔/支	16
13	名片夹/个	13

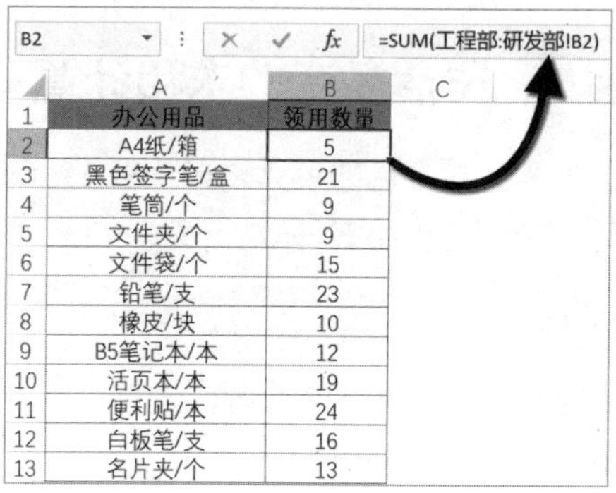

图 18-3　跨工作表求和

公式输入后会自动变成“=SUM(工程部 : 研发部 !B2)”。

“'*'!”表示工作簿中除当前工作表以外的其他所有工作表，所以公式表示对其他所有工作表的 B2 单元格进行求和。

如果需要对工作簿中的部分工作表进行汇总，可以手动输入工作表的名称以及单元格区域，如“=SUM(工程部 !B2, 销售部 !B2)”，表示仅针对“工程部”和“销售部”两个工作表的 B2 单元格进行汇总。同时如果汇总的工作表位置是连续的，则可以写作“=SUM(工程部 : 销售部 !B2)”，此时会自动对“工程部”和“销售部”两个工作表及之间所有工作表的 B2 单元格进行求和。

提 示

除 SUM 函数外，COUNT 函数、COUNTA 函数、AVERAGE 函数、MAX 函数、MIN 函数等也支持这种跨工作表的引用方式，使用时需要所有的表格格式完全一致。

233.3　使用快捷键快速求和

如图 18-4 所示，B2:F12 单元格区域为某公司全年各月各大区的销售量，需要分别按照月份和大区进行销量汇总求和。

选中 B2:G13 单元格区域，按 <Alt+=> 组合键，数据区域的最右侧的一列和最下方的一行被自动填充了 SUM 函数的求和公式。

需要注意的是，使用快捷键的求和方式，在选择单元格的时候，要按照从左到右、从上到下的顺序进行选择。如果需要将求和结果放在数据的左侧或上方则无法使用这种方式。同时选中的区域中的最后一行或者最后一列需要为空白，即选择的区域需包含最终求和结果存储的位置。例如在上述操作中，只选中“B2:G12”区域按下 <Alt+=> 组合键进行求和，则只针对行方向进行求和。

	A	B	C	D	E	F	G
1	月份	华东区	华北区	西南区	东南区	西北区	合计
2	1月	1629	2763	2099	1708	571	
3	2月	510	2135	1978	2013	1910	
4	3月	2399	2964	1544	1903	2016	
5	4月	2879	2775	1842	1118	1373	
6	5月	1031	2036	700	1619	694	
7	6月	2776	2378	1053	925	2636	
8	7月	2858	965	2560	1573	2507	
9	8月	2910	1466	2440	2805	1538	
10	9月	2846	1611	1897	1363	824	
11	10月	2158	2218	992	1268	2024	
12	11月	1305	1482	2176	2092	2854	
13	合计						

G2 =SUM(B2:F2)

	A	B	C	D	E	F	G
1	月份	华东区	华北区	西南区	东南区	西北区	合计
2	1月	1629	2763	2099	1708	571	8770
3	2月	510	2135	1978	2013	1910	8546
4	3月	2399	2964	1544	1903	2016	10826
5	4月	2879	2775	1842	1118	1373	9987
6	5月	1031	2036	700	1619	694	6080
7	6月	2776	2378	1053	925	2636	9768
8	7月	2858	965	2560	1573	2507	10463
9	8月	2910	1466	2440	2805	1538	11159
10	9月	2846	1611	1897	1363	824	8541
11	10月	2158	2218	992	1268	2024	8660
12	11月	1305	1482	2176	2092	2854	9909
13	合计	23301	22793	19281	18387	18947	102709

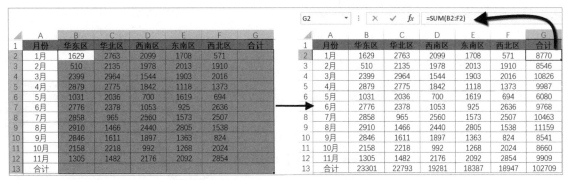

图 18-4　使用快捷键快速求和

技巧234 使用 SUMIF 函数对单字段进行条件求和

SUMIF 函数可以对区域中符合指定条件的单元格进行求和，函数语法如下。

```
SUMIF(range, criteria, [sum_range])
```

第 1 参数 range 为必需参数，表示要根据条件进行求和计算的单元格区域。

第 2 参数 criteria 为必需参数，用于确定进行求和的条件，其形式可以为数字、表达式、单元格引用或文本字符串。当第 1 参数是非数值内容时，第 2 参数可以使用通配符“*”和“?”。

第 3 参数 [sum_range] 为可选参数，为实际求和的单元格区域。如果省略，将对第 1 参数的单元格区域进行求和。

[sum_range] 参数与 range 参数的大小和形状可以不同。求和的实际单元格区域为 [sum_range] 参数中左上角的单元格为起始单元格，是与 range 参数大小和形状相同的单元格区域。

234.1　单字段单条件求和

如图 18-5 所示，A~C 列为某公司的部分销售数据，需要根据 E 列不同的“销售组”计算对应的销售额。在 F2 单元格中输入以下公式，向下复制到 F4 单元格。

```
=SUMIF($B$2:$B$11,E2,$C$2:$C$11)
```

F2 =SUMIF($B$2:$B$11,E2,$C$2:$C$11)

	A	B	C	D	E	F
1	订单号	销售组	销售额		销售组	销售额
2	20191229001	1组	9669		1组	45484
3	20191229002	1组	12795		2组	16173
4	20191229003	3组	19600		3组	38502
5	20191229004	2组	10978			
6	20191229005	3组	2979			
7	20191229006	1组	13665			
8	20191229007	2组	3231			
9	20191229008	1组	9355			
10	20191229009	3组	15923			
11	20191229010	2组	1964			

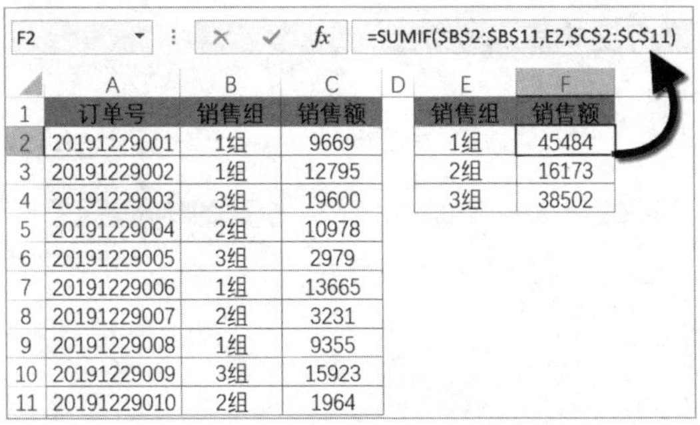

图 18-5　单字段单条件求和

公式中的“$B$2:$B$11”部分为条件区域，“E2”为求和条件“1 组”，“$C$2:$C$11”为求和区域。当 B 列的销售组等于“1 组”时，就对 C 列对应的销售额进行求和。

234.2 单字段多条件求和

如图 18-6 所示，A~C 列为某公司不同生产线一至四月的产量数据，需要计算“总装一生产线”和“总装二生产线”的总产量。在 F2 单元格中输入以下公式，计算结果为 81 498。

```
=SUM(SUMIF($B$2:$B$13,{"总装一生产线","总装二生产线"},$C$2:$C$13))
```

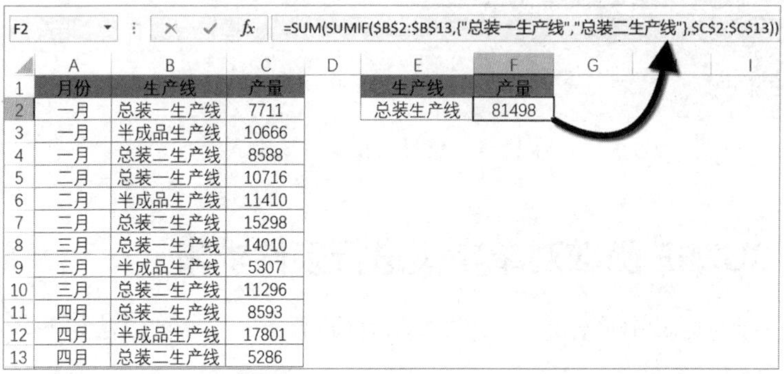

F2　=SUM(SUMIF($B$2:$B$13,{"总装一生产线","总装二生产线"},$C$2:$C$13))

	A	B	C	D	E	F
1	月份	生产线	产量		生产线	产量
2	一月	总装一生产线	7711		总装生产线	81498
3	一月	半成品生产线	10666			
4	一月	总装二生产线	8588			
5	二月	总装一生产线	10716			
6	二月	半成品生产线	11410			
7	二月	总装二生产线	15298			
8	三月	总装一生产线	14010			
9	三月	半成品生产线	5307			
10	三月	总装二生产线	11296			
11	四月	总装一生产线	8593			
12	四月	半成品生产线	17801			
13	四月	总装二生产线	5286			

图 18-6　单字段多个条件求和

公式中的“SUMIF($B$2:$B$13,{"总装一生产线","总装二生产线"},$C$2:$C$13)”部分，第 2 参数使用常量数组，表示当 B 列等于“总装一生产线”或“总装二生产线”时，分别对 C 列中的产量进行求和。返回的结果为内存数组：

```
{41030,40468}
```

内存数组中的两个元素分别表示“总装一生产线”的产量和为 41 030，“总装二生产线”的产量和为 40 468。再使用 SUM 函数对 SUMIF 函数得到的结果进行求和，将得到两条生产线总的产量之和。

234.3 含通配符的条件求和

如果 SUMIF 函数的求和条件为文本内容，则还可以在求和条件中使用通配符进行模糊条件的求和。如图 18-7 所示，作为条件区域的 B 列数据有明显的规律性，在统计总装生产线的产量时，可以使用通配符进行处理。在 F2 单元格输入以下公式。

```
=SUMIF($B$2:$B$13,"总装?生产线",$C$2:$C$13)
```

F2　=SUMIF($B$2:$B$13,"总装?生产线",$C$2:$C$13)

	A	B	C	D	E	F
1	月份	生产线	产量		生产线	产量
2	一月	总装一生产线	7711		总装生产线	81498
3	一月	半成品生产线	10666			
4	一月	总装二生产线	8588			
5	二月	总装一生产线	10716			
6	二月	半成品生产线	11410			
7	二月	总装二生产线	15298			
8	三月	总装一生产线	14010			
9	三月	半成品生产线	5307			
10	三月	总装二生产线	11296			
11	四月	总装一生产线	8593			
12	四月	半成品生产线	17801			
13	四月	总装二生产线	5286			

图 18-7　含通配符的条件求和

半角问号表示任意一个字符，本例公式中使用“"总装?生产线"”作为求和条件，表示在“总装”和“生产线”之间有任意的一个字符都符合条件。

注意

SUMIF 函数仅支持在文本内容中使用通配符，如果求和条件为非文本内容，则不能使用通配符进行条件求和。

234.4　二维区域条件求和

SUMIF 函数的参数，不仅可以是单行或单列，也可以是二维区域。如图 18-8 所示，有 3 个零件库房的库存数量，分散在 A~H 列的数据区域中。J 列包含所有的零件名称，需要计算每个零件在 3 个库房中的总库存数量。在 K3 单元格中输入以下公式，向下复制到 K11 单元格。

```
=SUMIF($A$3:$G$10,J3,$B$3:$H$10)
```

K3　　fx　=SUMIF($A$3:$G$10,J3,$B$3:$H$10)

	A	B	C	D	E	F	G	H	I	J	K
1	库房1			库房2			库房3			总计	
2	零件名称	库存		零件名称	库存		零件名称	库存		零件名称	库存
3	U型螺栓	128		U型螺栓	6536		不锈钢管塞	12630		U型螺栓	6664
4	不锈钢管塞	188		不锈钢管塞	3086		碳钢螺栓0528	26975		不锈钢管塞	15904
5	不锈钢螺栓0536	528		碳钢螺栓0528	3250		不锈钢螺栓0536	18626		碳钢螺栓0528	30225
6	碳钢管塞M20	763		碳钢管塞M20	7024		碳钢管塞M20	31843		不锈钢螺栓0536	19154
7	不锈钢管塞1/2NPT	607		不锈钢管塞1/2NPT	5803		不锈钢管塞1/2NPT	8601		碳钢管塞M20	39630
8	共平面法兰316不锈钢	785		共平面法兰316不锈钢	4674		共平面法兰304不锈钢	33080		不锈钢管塞1/2NPT	15011
9	不锈钢排气排液阀	430		共平面法兰304不锈钢	3967		不锈钢排气排液阀	37963		共平面法兰316不锈钢	5459
10				不锈钢排气排液阀	6018					共平面法兰304不锈钢	37047
11										不锈钢排气排液阀	44411

图 18-8　二维区域条件求和

通过观察可以发现，数据中的“库存”总是在“零件名称”的右侧，先选中所有包含“零件名称”的 $A$3:$G$10 单元格区域，作为第 1 参数条件区域。第 3 参数是 $B$3:$H$10 单元格区域，相当于将第 1 参数向右错开一列。

当第 1 参数的单元格区域中等于指定的零件名称时，就可以对第 2 参数相对行列位置相同的单元格进行求和。例如，J3 单元格指定的求和条件“U 型螺栓”分别位于第 1 参数 $A$3:$G$10 单元格区域中的第一行第一列（A3）和第一行第四列（D3）的位置，SUMIF 函数就对第 3 参数 $B$3:$H$10 单元格区域中第一行第一列（B3）和第一行第四列（E3）位置的数值进行求和。

技巧235　使用 SUMIFS 函数对多字段进行条件求和

SUMIFS 函数的作用是对区域中同时满足多个条件的单元格求和。函数语法如下。

```
SUMIFS(sum_range,criteria_range1,criteria1,[criteria_range2,criteria2],...)
```

第 1 参数 sum_range 为必需参数，是求和的区域。

第 2 参数 criteria_range1 为必需参数，是求和的条件区域。

第 3 参数 criteria1 为必需参数，是对第 2 参数进行约束的条件。可以是数字、文本、单元格引用或表达式。

后续参数为可选参数，是进行求和要求的其他条件区域及条件。每一个条件区域和条件需要成对出现，最多允许 127 个条件区域和条件对。

各条件区域都必须与参数 criteria_range1 具有相同的行数和列数，这些区域无须彼此相邻。

如图 18-9 所示，A~C 列为某公司的部分销售数据，需要计算每个销售组的单个订单销售额大于 10 000 的销售总额。在 F2 单元格中输入以下公式，向下复制到 F4 单元格。

```
=SUMIFS($C$2:$C$11,$B$2:$B$11,E2,$C$2:$C$11,">10000")
```

F2		:	×	√	f_x	=SUMIFS($C$2:$C$11,$B$2:$B$11,E2,$C$2:$C$11,">10000")	
	A	B	C	D	E	F	
1	订单号	销售组	销售额		销售组	单个订单大于10000的销售总额	
2	20191229001	1组	9669		1组	26460	
3	20191229002	1组	12795		2组	10978	
4	20191229003	3组	19600		3组	35523	
5	20191229004	2组	10978				
6	20191229005	3组	2979				
7	20191229006	1组	13665				
8	20191229007	2组	3231				
9	20191229008	1组	9355				
10	20191229009	3组	15923				
11	20191229010	2组	1964				

图 18-9　多字段条件求和

公式中第 1 参数"$C$2:$C$11"为求和区域，即每个订单的销售额。第 2 和第 3 参数为第一组条件区域与条件对，表示筛选 B 列中"销售组"为"1 组"的行。第 3 参数与第 4 参数是第二组条件区域与条件对，表示在第一组条件对筛选结果的基础上，继续筛选出 C 列"销售额"大于 10 000 的行。最后针对筛选出的同时满足两个条件的"销售额"进行求和。

> **提示**
>
> 条件参数如果是大于、小于或等于某个数值时，则可以使用比较运算符直接连接数字的模式，如">1 0000"。还可以使用单元格引用的模式，条件参数需要在比较运算符和单元格引用之间加上"&"符号。例如，在单元格 G2 中输入数字 10 000，条件参数应为"">"&G2"。

> **注意**
>
> SUMIFS 的求和区域为第 1 参数，而 SUMIF 函数的求和区域默认为第 3 参数，使用时应注意区分。

技巧 236 基础计数函数

Excel 中提供了多个计数函数，应用于不同的场景。COUNT 函数用于统计参数列表中数字的个数，COUNTA 函数用于统计参数列表中非空单元格的数量，COUNTBLANK 函数用于统计区域内空白单元格的数量。函数语法如下。

```
COUNT(value1, [value2], ...)
COUNTA(value1, [value2], ...)
COUNTBLANK(range)
```

COUNT 函数和 COUNTA 函数的第 1 参数 value1 和 range 为必需参数，是需要统计计数的区域或单元格引用，其余参数为可选参数，函数最多可以包含 255 个参数。

如图 18-10 所示，A2:A10 单元格区域为基础数据，其中 A5 单元格是没有输入任何数据的空白单元格，A7

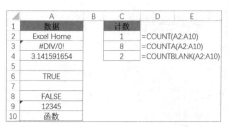

图 18-10　不同计数函数对比

单元格中是通过公式“=""”得到的空文本，A9 单元格是文本型数字。在 C 列分别应用 COUNT 函数、COUNTA 函数、COUNTBLANK 函数进行统计计数，将得到不同的结果。

C2 单元格中的 COUNT 函数仅统计数字的数量，数组或引用中的空白单元格、逻辑值、文本或错误值将不计算在内。此处仅有 A4 单元格中的“3.141591654”是数字，故返回结果 1。A9 单元格中“12345”是文本型数字，不在 COUNT 函数统计的范围内。

C3 单元格中的 COUNTA 函数统计所有非空单元格数量，区域中仅有 A5 单元格为真正的空白，故返回结果 8。

C4 单元格中的 COUNTBLANK 函数计算结果为 2，A5 单元格和 A7 单元格被统计在内，即无论是真正的空白单元格，还是由公式计算得到的空文本都统计在内。

技巧237 使用 COUNTIF 函数进行条件计数

COUNTIF 函数对区域中满足条件的单元格进行行计数。函数语法如下。

```
COUNTIF(range, criteria)
```

第 1 参数 range 为必需参数，表示要统计数量的单元格区域。

第 2 参数 criteria 为必需参数，用于指定要统计的条件，可以是数字、表达式、单元格引用或文本字符串。

237.1 按条件计数

如图 18-11 所示，A~B 列为某部门的员工工龄统计表，需要统计出工龄大于 10 年的员工人数。D2 单元格输入以下公式。

```
=COUNTIF(B2:B9,">10")
```

公式中的“B2:B9”部分为条件区域，“>10”为统计条件，即统计 B 列中大于 10 的单元格个数，得到结果为 3。

D2 =COUNTIF(B2:B9,">10")

	A	B	C	D
1	姓名	工龄/年		工龄大于10年的人数
2	李莉	16		3
3	颜子然	8		
4	孙玲	19		
5	罗黔云	4		
6	王学勇	10		
7	董继芬	20		
8	张文东	7		
9	唐桂春	4		

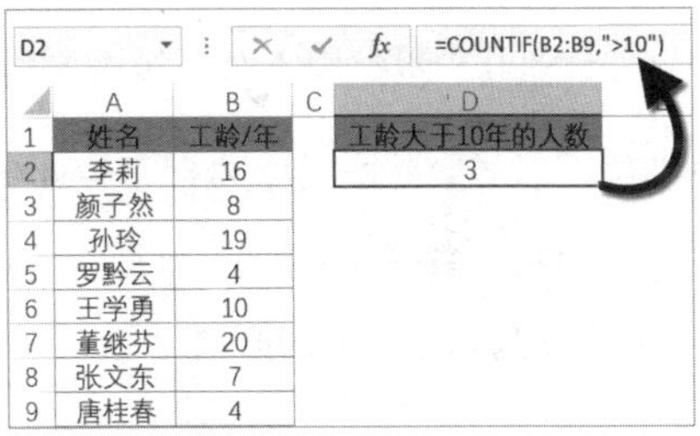

图 18-11 按条件计数

237.2 含通配符的统计

如图 18-12 所示，A~C 列为某学校运动会的报名信息。需要分别统计男子组和女子组的参赛人数。在 F2 单元格输入以下公式，向下复制到 F3 单元格。

```
=COUNTIF($B$2:$B$12, "*"&E2)
```

公式中的“$B$2:$B$12”为统计的条件区域。“"*"&E2”部分，使用通配符“*”连接 E2 单元格中已有的内容“男子组”作为统计条件，表示筛选出任何以“男子组”为结尾的字符串所在单元格，然后对其进行计数。

F2 =COUNTIF($B$2:$B$12, "*"&E2)

	A	B	C	D	E	F
1	姓名	组别	参赛内容		统计值	人数
2	高昕	初中男子组	跳绳		男子组	4
3	刘金福	高中男子组	踢毽子		女子组	7
4	徐惠萍	高中女子组	仰卧起坐			
5	刘洪生	高中男子组	俯卧撑			
6	王丽颖	初中女子组	仰卧起坐			
7	刘昆红	初中女子组	踢毽子			
8	严琛	初中男子组	俯卧撑			
9	谢玲钦	高中女子组	跳绳			
10	李林娜	初中女子组	跳绳			
11	孔敏	初中女子组	仰卧起坐			
12	余珊珊	高中女子组	踢毽子			

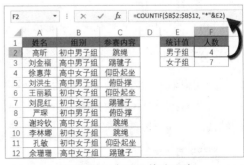

图 18-12 含通配符的统计

237.3　统计非重复值的数量

如图 18-13 所示,为某项体育比赛参赛人员名单,每个人可报名参加多个项目。需要统计所有

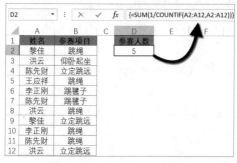

图 18-13　统计非重复值数量

的参赛人数,也就是 A 列中的不重复人数。在 D2 单元格中输入以下数组公式,按 <Ctrl+Shift+Enter> 组合键。

```
{=SUM(1/COUNTIF(A2:A12,A2:A12))}
```

公式中的"COUNTIF(A2：A12,A2：A12)"部分,首先依次统计 A2：A12 单元格区域中每个单元格的值在这个区域中的出现的次数,返回结果如下。

```
{2;3;3;1;2;3;3;2;2;3;3}
```

然后用数字 1 除以此数组中的每一个值,得到其倒数。

```
{1/2;1/3;1/3;1;1/2;1/3;1/3;1/2;1/2;1/3;1/3}
```

如果某单元格中的值在 A2：A12 区域中只出现了一次,则在此得到的结果是 1。如果出现的次数是 2,则在此步骤中得到的结果是两个 1/2,以此类推。即每个单元格出现次数对应的倒数相加后仍是 1。

最后用 SUM 函数进行求和,即每个姓名在此步骤中得到 1,求和的结果就是不重复的姓名数。

技巧 238　使用 COUNTIFS 函数多条件计数

COUNTIFS 函数用于对区域中同时满足多个条件的单元格进行计数,函数语法如下。

```
COUNTIFS(criteria_range1, criteria1, [criteria_range2, criteria2],…)
```

第 1 参数 criteria_range1 为必需参数,是统计计数的条件区域。

第 2 参数 criteria1 为必需参数,是对第 1 参数进行约束的条件,可以是数字、文本、单元格引用或表达式。

后续参数为可选参数,是进行计数要求的其他条件区域及条件,每一个条件区域和条件需要成对出现,最多允许 127 个条件区域和条件对。

各个条件区域都必须与参数 criteria_range1 具有相同的行数和列数,这些区域无须彼此相邻。如图 18-14 所示,A~C 列为公司部分的销售数据,需要计算每个销售组单个订单销售额大于 10 000 的订单数量。在 F2 单元格输入以下公式,向下复制到 F4 单元格。

```
=COUNTIFS($B$2:$B$11,E2,$C$2:$C$11,">10000")
```

公式中第 1 参数和第 2 参数为第一个条件区域与条件对,表示筛选 B 列中销售组为"1组"的行。第 2 参数与第 3 参数是第二个条件区域与条件对,表示在第一个条件对筛选结果的基础上,继续筛选出 C 列"销售额"大于 10 000 的行。最后对筛选出的同时满足两个条件的行进行计数。

> **提示**
>
> COUNTIF 函数和 COUNTIFS 函数的条件参数用法与 SUMIF 函数的参数用法相似。

F2 =COUNTIFS($B$2:$B$11,E2,$C$2:$C$11,">10000")

	A	B	C	D	E	F
1	订单号	销售组	销售额		销售组	销售额大于10000的订单数量
2	20191229001	1组	9669		1组	2
3	20191229002	1组	12795		2组	1
4	20191229003	3组	19600		3组	2
5	20191229004	2组	10978			
6	20191229005	3组	2979			
7	20191229006	1组	13665			
8	20191229007	2组	3231			
9	20191229008	1组	9355			
10	20191229009	3组	15923			
11	20191229010	2组	1964			

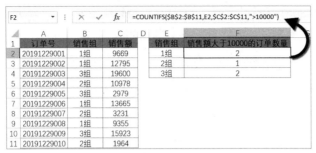

图 18-14　多字段条件计数

技巧239 SUMPRODUCT 函数计算乘积之和

SUMPRODUCT 函数返回对应的区域或数组的乘积之和。函数语法如下。

```
SUMPRODUCT (array1,[array2],[array3],...)
```

第 1 参数 array1 为必需参数，其相应元素需要进行相乘并求和的第一个数组参数。

[array2],[array3],……为可选参数，是 2 到 255 个数组参数，其相应元素需要进行相乘并求和。

数组参数必须具有相同的维数，否则 SUMPRODUCT 函数将返回错误值“#VALUE!”。例如，=SUMPRODUCT(C2:C10,D2:D5) 将返回错误，因为两个参数的范围大小不同。

SUMPRODUCT 将求和区域中的非数字数组条目视为零。

239.1 SUMPRODUCT 函数基础应用

如图 18-15 所示，A~C 列中为部分采购货物的单价和数量，需要统计所有货物的总价。在 F2 单元格输入以下公式，计算结果为 267 190。

```
=SUMPRODUCT(B2:B8,C2:C8)
```

公式先将第 1 参数与第 2 参数对应位置的元素分别相乘，最后再求和，也就是在分别得到每个货品的总价之后，再将所有货品总价进行加总。

239.2 多条件计数

如图 18-16 所示，A~C 列为公司部分的销售数据，需要计算每个的销售组单个订单销售额大于 10 000 的订单数量。在 F2 单元格中输入以下公式，向下复制到 F4 单元格。

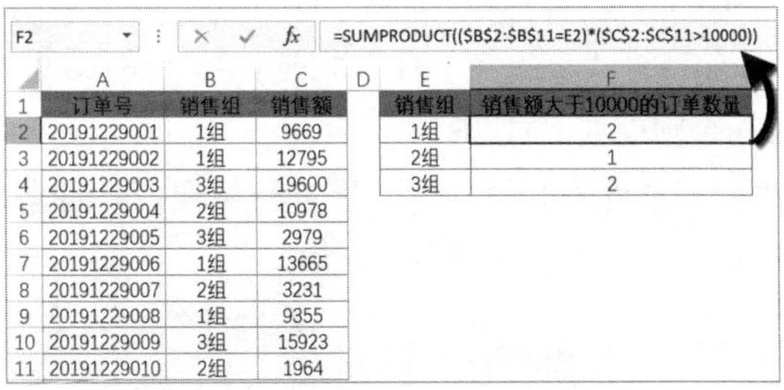

```
=SUMPRODUCT(($B$2:$B$11=E2)*($C$2:$C$11>10000))
```

E2 =SUMPRODUCT(B2:B8,C2:C8)

	A	B	C	D	E	F
1	品名	单价	数量		总价	
2	主机	5800	30		267190	
3	显示器	2300	30			
4	鼠标	120	50			
5	键盘	89	20			
6	音箱	580	12			
7	鼠标垫	15	30			
8	投影仪	1800	5			

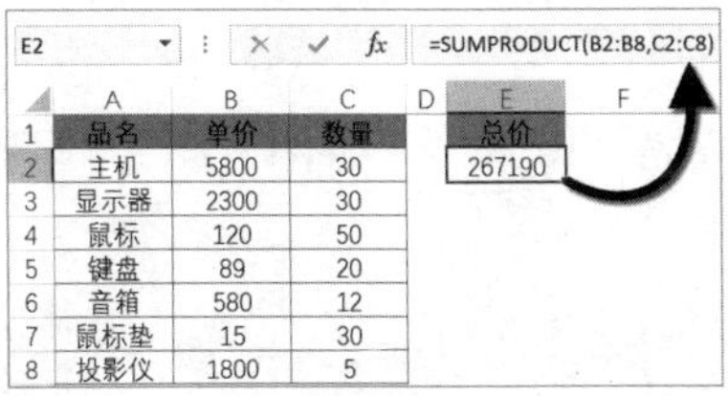

图 18-15　SUMPRODUCT 函数基础应用

F2 =SUMPRODUCT(($B$2:$B$11=E2)*($C$2:$C$11>10000))

	A	B	C	D	E	F
1	订单号	销售组	销售额		销售组	销售额大于10000的订单数量
2	20191229001	1组	9669		1组	2
3	20191229002	1组	12795		2组	1
4	20191229003	3组	19600		3组	2
5	20191229004	2组	10978			
6	20191229005	3组	2979			
7	20191229006	1组	13665			
8	20191229007	2组	3231			
9	20191229008	1组	9355			
10	20191229009	3组	15923			
11	20191229010	2组	1964			

图 18-16　SUMPRODUCT 函数多条件计数

公式中的“($B$2∶$B$11=E2)”部分，先将 B 列销售组分别与 E2 单元格指定的销售组进行比对，相同时返回 TRUE，否则返回 FALSE。得到的内存数组结果为：

```
{TRUE;TRUE;FALSE;……;TRUE;FALSE;FALSE}
```

“($C$2∶$C$11>10000)”部分，分别将 C 列中的销售额与数字 10 000 进行比较，大于 10 000 的返回 TRUE，其他部分返回 FALSE。得到的内存数组结果为：

```
{FALSE;TRUE;TRUE;……;FALSE;TRUE;FALSE}
```

再将上述两个内存数组进行相乘，得到新的内存数组结果为：

```
{0;1;0;0;0;1;0;0;0;0}
```

最后将得到的结果进行求和，结果就是符合两个条件的个数。

SUMPRODUCT 函数使用“条件＊条件”的方式，同时满足所有条件时相乘结果为 1，不能同时满足所有条件的行相乘为 0。最后再求和即得到所有符合条件的个数。此处的“条件”可以是 1 到多个。

由于乘法“*”的优先级大于“=”和“>”运算符，故需要在条件外加上括号，以避免出错。

239.3　多条件求和

如图 18-17 所示，A~C 列为每天不同零件在生产过程中的报废数量，需要计算不同月份每种零件的报废数量总和。在 G2 单元格中输入以下公式，向下复制到 G7 单元格。

```
=SUMPRODUCT(($B$2:$B$11=F2)*(MONTH($A$2:$A$11)&"月"=E2),$C$2:$C$11)
```

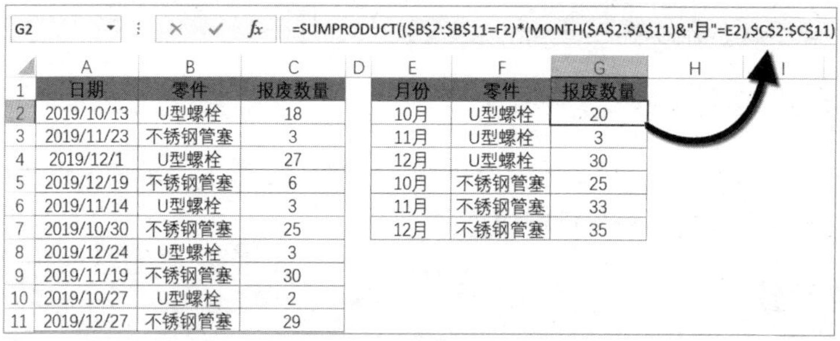
G2　=SUMPRODUCT(($B$2:$B$11=F2)*(MONTH($A$2:$A$11)&"月"=E2),$C$2:$C$11)

	A	B	C	D	E	F	G
1	日期	零件	报废数量		月份	零件	报废数量
2	2019/10/13	U型螺栓	18		10月	U型螺栓	20
3	2019/11/23	不锈钢管塞	3		11月	U型螺栓	3
4	2019/12/1	U型螺栓	27		12月	U型螺栓	30
5	2019/12/19	不锈钢管塞	6		10月	不锈钢管塞	25
6	2019/11/14	U型螺栓	3		11月	不锈钢管塞	33
7	2019/10/30	不锈钢管塞	25		12月	不锈钢管塞	35
8	2019/12/24	U型螺栓	3				
9	2019/11/19	不锈钢管塞	30				
10	2019/10/27	U型螺栓	2				
11	2019/12/27	不锈钢管塞	29				

图 18-17　SUMPRODUCT 函数多条件求和

公式中的“($B$2∶$B$11=F2)”部分，用于判断零件的名称是否等于 F2 单元格中的名称，相等则返回 TRUE，否则返回 FALSE。

“(MONTH($A$2∶$A$11)&"月"=E2)”部分，使用 MOUNTH 函数提取 A 列中日期的月份，再使用连接符“&”与“月”相连，得到的结果与 E2 单元格中的月份进行比较，相等则返回 TRUE，否则返回 FALSE。

用两个条件判断得到的结果进行相乘，同时满足“月份”是“10 月”，“零件”是“U 型螺栓”的，结果为 TRUE，否则为 FALSE。

```
{1;0;0;0;0;0;0;0;1;0}
```

得到的结果再与第 2 参数 "$C$2:$C$11" 对应地进行相乘，得到结果为：

```
{18;0;0;0;0;0;0;0;2;0}
```

最后再将上述结果进行相加，得到 "10 月""U 型螺栓" 的报废数量。

提示

本例中 G2 单元格的公式也可以写作：=SUMPRODUCT(($B$2:$B$11=F2)*(MONTH($A$2:$A$11)&"月"=E2)*$C$2:$C$11)，即 "求和条件" 与 "求和区域" 之间可以用乘号 (*) 代替逗号 (,)。但是需要注意，如果 "求和区域" 中包含有文本时，此处需要使用逗号 (,)，SUMPRODUCT 函数会将非数值当作 0 来处理。

239.4　计算加权平均数

如图 18-18 所示为某学校的部分学生成绩，其中总分的计算方法是取 "平时分""期中考试""期末考试" 三项成绩的加权平均值。三项的权重分别为 "20%""30%" 和 "50%"。在 E3 单元格中输入如下公式，向下复制到 E8 单元格。

```
=SUMPRODUCT($B$2:$D$2,B3:D3)
```

公式中的 "$B$2:$D$2" 部分采用绝对引用方式，向下复制时不会发生变化。每个学生的三项成绩分别与该区域进行对应相乘，求和后即可得到加权平均分。

SUMPRODUCT 函数的参数，不仅可以是列方向的，也可以是行方向的。只要参数具有相同的形状和大小，就可以进行对应位置数值相乘后求和。

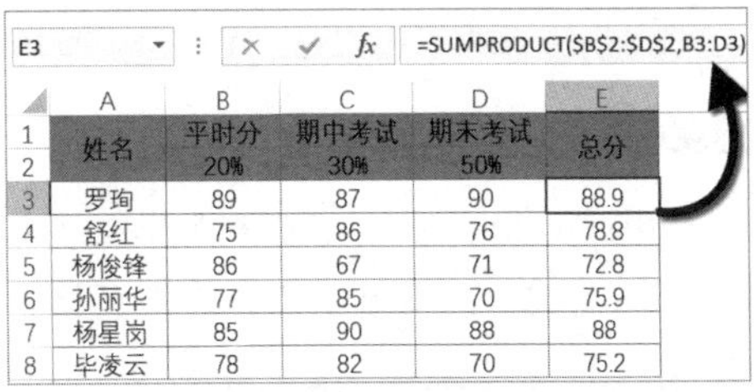

图 18-18　SUMPRODUCT 函数计算加权平均数

239.5　在多行多列的区域中查询订单数量

如图 18-19 所示，A2:F5 单元格区域是某公司各大区四个季度的订单数量，需要根据 C8 和 D8 单元格中指定的季度和大区，在上述区域中查询对应的订单数量。在 E8 单元格输入以下公式。

```
=SUMPRODUCT((A2:A5=C8)*(B1:F1=D8),B2:F5)
```

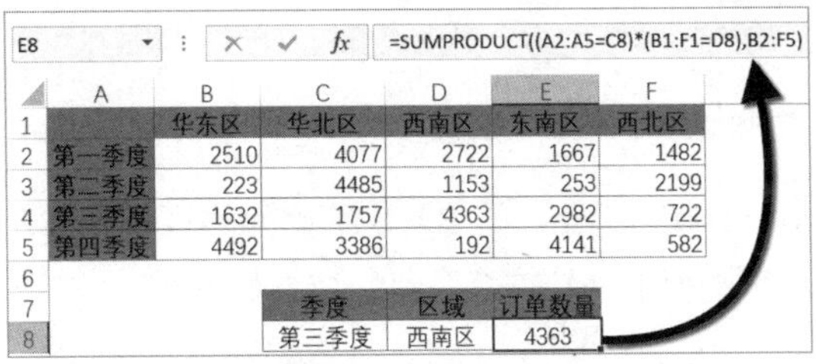

图 18-19　SUMPRODUCT 函数交叉查询

公式中的 "(A2:A5=C8)" 部分，是用于判断 A2:A5 是否与指定的 "季度" 相等，得到的结果是一个垂直方向的内存数组。

```
{FALSE;FALSE;TRUE;FALSE}
```

"(B1:F1=D8)"部分则用于判断 B1:F1 是否与指定的"区域"相等，得到的结果是一个水平方向的内存数组。

{FALSE,FALSE,TRUE,FALSE,FALSE}

将水平数组与垂直数组相乘后得到一个多行多列的新内存数组，如图 18-20 所示。

再将这个新内存数组与 SUMPRODUCT 函数的第 2 参数"B2:F5"区域相乘并将乘积相加，得到交叉查询结果 4 363。运算过程如图 18-21 所示。

0	0	0	0	0
0	0	0	0	0
0	0	1	0	0
0	0	0	0	0

图 18-20　水平数组与垂直数组相乘后的内存数组

0	0	0	0	0
0	0	0	0	0
0	0	1	0	0
0	0	0	0	0

×

2510	4077	2722	1667	1482
223	4485	1153	253	2199
1632	1757	4363	2982	722
4492	3386	192	4141	582

↓

0	0	0	0	0
0	0	0	0	0
0	0	4363	0	0
0	0	0	0	0

图 18-21　两个多行多列数组的相乘运算

239.6　分组排名

如图 18-22 所示，A~C 列为学校跳绳比赛的成绩，需要按照男女进行分组排序。在 D2 单元格输入以下公式，向下复制到 D11 单元格。

```
=SUMPRODUCT(($B$2:$B$11=B2)*($C$2:$C$11>C2))+1
```

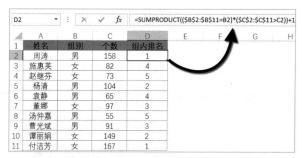

图 18-22　SUMPRODUCT 函数计算分组排名

公式中的"($B$2:$B$11=B2)"部分，将 B2:B11 单元格区域与 B2 单元格中的"男"分别进行比较，相同返回 TRUE，否则返回 FALSE，得到的结果如下。

{TRUE;FALSE;FALSE;TRUE;TRUE;FALSE;TRUE;TRUE;FALSE;FALSE}

"($C$2:$C$11>C2)"部分，将 C2:C11 列分别与 C2 单元格中的数量进行比较，大于 C2 单元格中的数量返回 TRUE，否则返回 FALSE。得到的结果如下。

{FALSE;FALSE;FALSE;FALSE;FALSE;FALSE;FALSE;FALSE;FALSE;TRUE}

将两个数组中的值分别相乘后再相加，得到同一组别中，"个数"大于 C2 值的数量。

“个数”最多的行，大于它的数量为 0，最后再加 1，得到组内排名 1。同理，组内排名第二的行，大于它的数量只有 1 个，再加上 1，得到组内排名为 2。以此类推，将得到各个值的组内排名。

技巧 240 LARGE 函数和 SMALL 函数的应用

LARGE 函数返回数据集中第 k 个最大值。函数语法如下。

```
LARGE(array,k)
```

SMALL 函数返回数据集中的第 k 个最小值。函数语法如下。

```
SMALL(array,k)
```

第 1 参数 array 为必需参数，是需要找到第 k 个最大 / 最小值的数组或数值数据区域。

第 2 参数 k 为必需参数，要返回的数据在数组或数据区域里的位置。LARGE 函数从大到小排列，SMALL 函数从小到大排列。

如图 18-23 所示，A~B 列为某学校考试成绩的部分记录，需要分别计算前三名和后五名的平均分。

在 E2 单元格中输入以下公式，计算前三名的平均分。

```
=AVERAGE(LARGE($B$2:$B$13,{1,2,3}))
```

在 E3 单元格中输入以下公式，计算后五名的平均分。

```
=AVERAGE(SMALL($B$2:$B$13,{1,2,3,4,5}))
```

	A	B	C	D	E	F
1	姓名	成绩		规则	平均分	公式
2	王雁	80		前三名	94.33	=AVERAGE(LARGE($B$2:$B$13,{1,2,3}))
3	白丽萍	88		后五名	58.40	=AVERAGE(SMALL($B$2:$B$13,{1,2,3,4,5}))
4	晏忠卫	75				
5	亢慧茹	64				
6	范江雪	52				
7	王国保	68				
8	李吉英	63				
9	李建华	99				
10	白燕	94				
11	傅国栋	60				
12	陆伟	53				
13	仇仁东	90				

图 18-23 计算前三名和后五名的平均分

以 E2 单元格公式为例，其中“$B$2:$B$13”是要进行统计计算的数据区域。第 2 参数使用常量数组“{1,2,3}”，LARGE 函数分别返回 B2:B13 单元格区域中的第 1、第 2 和第 3 大的值，即 99、94 和 90。最后再用 AVERAGE 函数计算这三个值的平均值，返回 94.33。

E3 单元格中的公式计算过程与之类似，不再赘述。

技巧 241 SUBTOTAL 函数进行隐藏和筛选状态下的汇总

SUBTOTAL 函数返回列表或数据库中的分类汇总，应用不同的第 1 参数，可以实现求和、计数、平均值、最大值、最小值、标准差及方差等多种统计需求。函数语法如下。

```
SUBTOTAL(function_num,ref1,[ref2],...)
```

第 1 参数 function_num 为必需参数，用一组数字指定要为分类汇总使用的函数类型。如果使用

1~11，将包括通过右击鼠标来隐藏的行，如果使用 101~111，则排除通过右击鼠标来隐藏的行。因此无论使用哪种参数，都始终排除已筛选掉的单元格。

SUBTOTAL 函数不同的第 1 参数说明如表 18-1 所示。

表 18-1 SUBTOTAL 函数不同的第 1 参数及作用

Function_num （包含隐藏值）	Function_num （忽略隐藏值）	函数	说明
1	101	AVERAGE	计算平均值
2	102	COUNT	计算数字的个数
3	103	COUNTA	计算非空单元格的个数
4	104	MAX	计算最大值
5	105	MIN	计算最小值
6	106	PRODUCT	计算数值的乘积
7	107	STDEV	计算样本的标准偏差
8	108	STDEVP	计算总体标准偏差
9	109	SUM	求和
10	110	VAR	计算样本的方差
11	111	VARP	计算总体方差

第 2 参数 ref1 为必需参数，是要执行分类汇总计算的第一个单元格区域。其他参数可选 ，用于指定要执行分类汇总计算的第 2 个至第 254 个单元格区域。

241.1 筛选状态下的统计

如图 18-24 所示，是某公司各部门物品领用部分记录，需要对 A 列"部门"筛选后，统计领用的数量。

如图 18-25 所示，对"部门"进行筛选，保留"人事部"和"销售部"。在 F 列中输入以下公式进行求和以及平均值。

```
=SUBTOTAL(9,C2:C13)
=SUBTOTAL(109,C2:C13)
=SUBTOTAL(1,C2:C13)
=SUBTOTAL(101,C2:C13)
```

	A	B	C
1	部门	品名	数量
2	人事部	鼠标	8
3	人事部	键盘	3
4	人事部	音箱	6
5	人事部	鼠标垫	7
6	市场部	鼠标	7
7	市场部	键盘	6
8	市场部	音箱	3
9	市场部	鼠标垫	1
10	销售部	鼠标	10
11	销售部	键盘	10
12	销售部	音箱	9
13	销售部	鼠标垫	9

图 18-24 原始数据

	A	B	C	D	E	F	G H I
1	部门	品名	数量		统计方式	统计结果	
2	人事部	鼠标	8		求和	62	=SUBTOTAL(9,C2:C13)
3	人事部	键盘	3		求和	62	=SUBTOTAL(109,C2:C13)
4	人事部	音箱	6		平均值	8	=SUBTOTAL(1,C2:C13)
5	人事部	鼠标垫	7		平均值	8	=SUBTOTAL(101,C2:C13)
10	销售部	鼠标	10				
11	销售部	键盘	10				
12	销售部	音箱	9				
13	销售部	鼠标垫	9				

图 18-25 SUBTOTAL 函数在筛选状态下的统计

可以看出，第 1 参数无论使用 9 或者 109，1 或者 101，两者的计算结果都是只计算筛选后的行，当在工作表通过右击鼠标隐藏部分行时，二者的计算结果才有差异。

241.2 筛选状态下生成连续序号

使用常规方法生成的序号，在筛选时会显示错乱，借助 SUBTOTAL 函数能够生成在筛选时始终保持连续的序号。如图 18-26 所示，在 D2 输入以下公式，向下复制到 D13 单元格。

```
=SUBTOTAL(103,$A$2:A2)*1
```

第 1 参数使用 103，表示使用 COUNTA 函数的计数规则，统计 A 列可见状态下的非空单元格数量。

直接使用 SUBTOTAL 函数时，Excel 会将数据最后一行当作汇总行，在筛选时始终处于显示状态。如果将 SUBTOTAL 函数的结果乘以 1，则能够避免筛选时最末行的序号出错。

如图 18-27 所示，在筛选了 A 列两个“部门”后，序号还是从 1 开始且保持连续。

D2 =SUBTOTAL(103,$A$2:A2)*1

	A	B	C	D
1	部门	品名	数量	序号
2	人事部	鼠标	8	1
3	人事部	键盘	3	2
4	人事部	音箱	6	3
5	人事部	鼠标垫	7	4
6	市场部	鼠标	7	5
7	市场部	键盘	6	6
8	市场部	音箱	3	7
9	市场部	鼠标垫	1	8
10	销售部	鼠标	10	9
11	销售部	键盘	10	10
12	销售部	音箱	9	11
13	销售部	鼠标垫	9	12

图 18-26 SUBTOTAL 生成序号

	A	B	C	D
1	部门	品名	数量	序号
6	市场部	鼠标	7	1
7	市场部	键盘	6	2
8	市场部	音箱	3	3
9	市场部	鼠标垫	1	4
10	销售部	鼠标	10	5
11	销售部	键盘	10	6
12	销售部	音箱	9	7
13	销售部	鼠标垫	9	8

图 18-27 筛选状态下的连续序号

241.3 隐藏行情况下的统计

如图 18-28 所示，首先对工作表 9~11 行进行手动隐藏，然后在 E 列输入以下两个公式，对处于显示状态的数量进行汇总求和。

```
=SUBTOTAL(9,C2:C13)
=SUBTOTAL(109,C2:C13)
```

	A	B	C	D	E	F
1	部门	品名	数量		领用数量之和	
2	人事部	鼠标	8		79	=SUBTOTAL(9,C2:C13)
3	人事部	键盘	3		58	=SUBTOTAL(109,C2:C13)
4	人事部	音箱	6			
5	人事部	鼠标垫	7			
6	市场部	鼠标	7			
7	市场部	键盘	6			
8	市场部	音箱	3			
12	销售部	音箱	9			
13	销售部	鼠标垫	9			

图 18-28 SUBTOTAL 隐藏状态下的统计

当第 1 参数为 1~11 时，手动隐藏行的数据将被统计在内。

当第 1 参数为 101~111 时，SUBTOTAL 函数不统计手动隐藏行的数据。

技巧 242 认识 AGGREGATE 函数

AGGREGATE 函数用法与 SUBTOTAL 函数类似，但在功能上比 SUBTOTAL 函数更加强大，不仅可以实现如 SUM、AVERAGE、COUNT、LARGE、MAX 等 19 个函数的功能，而且还可以忽略隐藏行、错误值、空值等，并且支持常量数组。该函数语法如下。

引用形式：

```
AGGREGATE(function_num, options, ref1, [ref2], ⋯)
```

数组形式：

```
AGGREGATE(function_num,options,array,[k])
```

第 1 参数是 1 到 19 之间的数字，用于指定要使用的汇总方式，如表 18-2 所示。

表 18-2　AGGREGATE 函数第 1 参数指定要使用的汇总方式

数字	对应函数	功能
1	AVERAGE	计算平均值
2	COUNT	计算参数中数字的个数
3	COUNTA	计算区域中非空单元格的个数
4	MAX	返回参数中的最大值
5	MIN	返回参数中的最小值
6	PRODUCT	返回所有参数的乘积
7	STDEV.S	基于样本估算标准偏差
8	STDEV.P	基于整个样本总体计算标准偏差
9	SUM	求和
10	VAR.S	基于样本估算方差
11	VAR.P	计算基于样本总体的方差
12	MEDIAN	返回给定数值的中值
13	MODE.SNGL	返回数组或区域中出现频率最多的数值
14	LARGE	返回数据集中第 k 个最大值
15	SMALL	返回数据集中的第 k 个最小值
16	PERCENTILE.INC	返回区域中数值的第 K($0 \leq k \leq 1$) 个百分点的值
17	QUARTILE.INC	返回数据集的四分位数（包含 0 和 1）
18	PERCENTILE.EXC	返回区域中数值的第 K（$0<k<1$）个百分点的值
19	QUARTILE.EXC	返回数据集的四分位数（不包括 0 和 1）

AGGREGATE 函数的第 2 参数是介于 0 到 7 之间的数字，用于指定在计算区域内要忽略哪些类型的值，如表 18-3 所示。

表 18-3　AGGREGATE 函数的第 2 参数指定要忽略哪些类型的值

数字	作用
0 或省略	忽略嵌套 SUBTOTAL 和 AGGREGATE 函数
1	忽略隐藏行、嵌套 SUBTOTAL 和 AGGREGATE 函数
2	忽略错误值、嵌套 SUBTOTAL 和 AGGREGATE 函数
3	忽略隐藏行、错误值、嵌套 SUBTOTAL 和 AGGREGATE 函数
4	忽略空值
5	忽略隐藏行
6	忽略错误值
7	忽略隐藏行和错误值

第 3 参数 ref1 为区域引用。第 4 参数 ref2 可选，要为其计算聚合值的 2 至 253 个数值参数。

对于使用数组的函数，ref1 既可以是一个数组或数组公式，也可以是对要为其计算聚合值的单元格区域的引用。ref2 是某些函数必需的第 2 个参数。以下函数支持 ref1 使用数组形式，并需要 ref2 参　数：LARGE、SMALL、PERCENTILE.INC、QUARTILE.INC、PERCENTILE.EXC 和 QUARTILE.EXC 函数。

242.1　筛选状态下忽略错误值汇总

如图 18-29 所示，是某公司上年度在不同销售区域的订单数量，其中有部分单元格中包含错误值。现在需要在筛选状态下，忽略错误值并对各区域不同月份的订单数量进行求和汇总。

在 B14 单元格输入以下公式，向右复制到 E14 单元格。

```
=AGGREGATE(9,7,B2:B7)
```

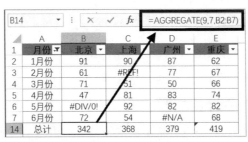

图 18-29　筛选状态下忽略错误值汇总

第 1 参数使用 9，表示使用的汇总方式为求和，第 2 参数使用 7，表示忽略隐藏行和错误值。

242.2　按条件统计最大值和最小值

如图 18-30 所示，是某公司各部门应知应会考核分数表的部分内容，需要根据 E 列指定的部门，统计各部门的最高和最低考核分数。

在 F5 单元格输入以下公式，向下复制到 F8 单元格，计算指定部门对应的最高考核分数。

```
=AGGREGATE(14,6,C$2:C$14/(A$2:A$14=E5),1)
```

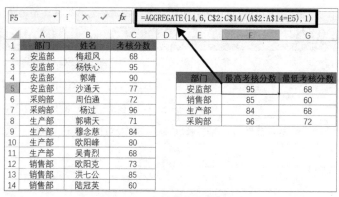

图 18-30 按条件统计最大值

公式中的第 1 参数使用 14，表示使用 LARGE 函数，第 2 参数使用 6，表示忽略错误值。要统计的区域是由 "C\$2:C\$14/(A\$2:A\$14=E5)" 部分得到的内存数组。

首先使用 "A\$2:A\$14=E5"，对比 A2:A14 单元格区域中的部门是不是等于 E5 单元格中指定的部门。如果 A2:A14 单元格区域中等于 "安监部"，就返回逻辑值 TRUE，否则返回逻辑值 FALSE。得到内存数组结果为：

```
{TRUE;TRUE;TRUE;TRUE;FALSE;……;FALSE;FALSE}
```

然后再用 C\$2:C\$14 中的考核分数与这个内存数组中的元素对应相除，得到新的内存数组结果为：

```
{68;95;90;77;#DIV/0!;……;#DIV/0!;#DIV/0!}
```

最后，AGGREGATE 函数忽略其中的错误值，得到第一个最大值。

在 G5 单元格输入以下公式，向下复制到 G8 单元格，计算指定部门对应的最低考核分数。

```
=AGGREGATE(15,6,(C$2:C$14)/(A$2:A$14=E5),1)
```

AGGREGATE 函数第 1 参数使用 15，表示使用 SMALL 函数，其他部分的计算过程与 F5 单元格中的公式相同，不再赘述。

242.3　统计同一单元格中的最大值

如图 18-31 所示，是某公司各部门员工考核成绩的部分内容，其中 B 列多人的考核情况被写到同一个单元格内，现在要统计其中的最大值。在 C2 单元格输入以下公式，向下复制到 C5 单元格。

```
=AGGREGATE(14,6,--MID(B2,ROW($1:$50),COLUMN(A:AZ)),1)
```

	C2		× ✓ *fx*	=AGGREGATE(14,6,--MID(B2,ROW($1:$50),COLUMN(A:AZ)),1)		
	A		B		C	D	E
1	部门		考核情况		最高分数		
2	销售一部	柯镇恶87；梅超风96；黄药师87；郭啸天79			96		
3	销售二部	马行空95；苗人凤92；胡一刀79			95		
4	销售三部	凤天南83；丘处机86；全真道人87			87		
5	销售四部	周伯通92；洪七公86			92		

图 18-31 统计同一单元格中的最大值

公式中的"ROW($1:$50)"部分，用于生成 1~50 的垂直方向的内存数组。"COLUMN(A:AZ)"部分，用于生成 1~52 的水平方向的内存数组。

"MID(B2,ROW($1:$50),COLUMN(A:AZ))"部分，使用 MID 函数依次从第 1~50 个字符处开始，分别提取长度为 1~52 的字符串，得到一个内存数组。再使用两个负号，把内存数组中的文本转换为错误值，而数值仍然是其本身的值。

AGGREGATE 函数第 1 参数使用 14，第 2 参数使用 6，第 4 参数使用 1，忽略内存数组中的错误值计算出其中的第一个最大值。

技巧 243 平均值计算

平均值也是统计计算中常用的统计方式之一，根据不同的统计需求，计算平均值可以采用不同的方式。

AVERAGE 函数用于计算参数的算术平均值，函数语法如下。

```
AVERAGE(number1, [number2], ...)
```

参数 number1 必需，后续参数可选，其是要计算平均值的数字、单元格引用或单元格区域，最多可包含 255 个参数。

如果区域或单元格引用参数中包含文本、逻辑值或空单元格，则这些值将被忽略，但包含零值的单元格将被计算在内。如果参数为错误值或为不能转换为数字的文本，将会导致错误。

将数字 1、2、3 和逻辑值 TRUE 分别输入到单元格 A1:A4 中，其中 A1:A2 以及 A4 为"常规"格式，A3 为"文本"格式，以下公式将返回 1.5。文本型数字及逻辑值不参与计算，分子是 1+2 得 3，分母是 2。

```
=AVERAGE(A1:A4)
```

AVERAGEA 函数计算参数列表中数值的算术平均值。函数语法与 AVERAGE 函数相同，但是计算规则有所差异。包含 TRUE 的参数作为 1 计算；包含 FALSE 的参数作为 0 计算。包含文本的数组或引用参数将作为 0 计算。

将数值 1、2、3 和逻辑值 TRUE 分别输入到单元格 A1:A4 中，其中 A1:A2 以及 A4 为"常规"格式，A3 为"文本"格式，以下公式将返回 1。文本型数字按 0 处理，逻辑值 TRUE 按 1 计算，分子是 1+2+0+1 得 4，分母是 4。

```
=AVERAGEA(A1:A4)
```

243.1　使用 AVERAGEIF 函数计算单字段条件平均值

AVERAGEIF 函数返回某个区域内满足给定条件的算术平均值。该函数语法如下。

```
AVERAGEIF(range, criteria, [average_range])
```

AVERAGEIF 函数的使用方法及参数设置规则与 SUMIF 函数基本一致。如果区域中没有满足条件的单元格，那么 AVERAGEIF 将返回错误值 #DIV/0!。

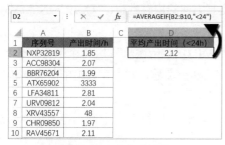

图 18-32　条件平均值

如图 18-32 所示，为某生产线部分产品的产出时间记录，需要计算各个产品的平均产出时间。其中"产出时间"大于或等于 24 小时的为系统错误，不计入平均值的计算当中。在 D2 单元格中输入以下公式，计算结果为 2.12。

```
=AVERAGEIF(B2:B10,"<24")
```

公式中"B2:B10"为条件区域，""<24""为应用于条件区域的计算条件。公式中省略第 3 参数，故对满足条件的第 1 参数区域计算算术平均值。

243.2　使用 AVERAGEIFS 计算多字段条件平均值

AVERAGEIFS 返回满足多个条件的算术平均值。该函数语法如下。

```
AVERAGEIFS(average_range, criteria_range1, criteria1, [criteria_range2,
criteria2], ...)
```

AVERAGEIFS 函数的使用方法及参数设置规则与 SUMIFS 函数基本一致。

如图 18-33 所示，为某生产线部分产品的产出时间记录，需要根据不同的"生产线"，分别计算"产出时间"小于 24 小时的平均产出时间。在 F2 单元格输入以下公式，向下复制到 F3 单元格。

```
=AVERAGEIFS($C$2:$C$10,$A$2:$A$10,E2,$C$2:$C$10,"<24")
```

图 18-33　AVERAGEIFS 计算多字段条件平均值

公式中的"$C$2:$C$10"部分为计算平均值的区域。"$A$2:$A$10"和"E2"是第一个条件区域与条件对，用于判断 A 列的"生产线"是否等于 E2 单元格指定的"生产线"。"$C$2:$C$10"和""<24""是第二个条件区域与条件对，用于判断"产出时间"是否满足小于 24 小时这个条件。

AVERAGEIFS 函数计算平均值的区域，如示例中的"产出时间"，即使与某个条件区域重合，也不可以省略。

243.3　使用 TRIMMEAN 函数计算内部平均值

TRIMMEAN 函数返回数据集的内部平均值，计算排除数据集顶部和底部尾数中数据点的百分比后取得的平均值。当需要从分析中排除无关的数据时，可以使用此函数。该函数语法如下。

```
TRIMMEAN(array, percent)
```

第 1 参数 array 为必需参数，是需要进行整理并求平均值的数组或数值区域。

第 2 参数 percent 为必需参数，是从计算中排除数据点的比例。例如，如果 percent=0.2，从 20 个数据点的数据集中剔除 20 x 0.2 共 4 个数据点，则剔除数据集顶部的 2 个数据点和数据集底部的 2 个数据点。如果 percent 小于 0 或大于 1，则返回错误值 #NUM!。

TRIMMEAN 函数将排除的数据点个数向下舍入到最接近的 2 的倍数。如果 percent = 0.1，则 30 个数据点的 10% 共有 3 个数据点。为了对称，TRIMMEAN 函数剔除数据集顶部和底部的各 1 个数据点。

如图 18-34 所示，是某学校舞蹈表演选手的部分得分，共有 10 位评委参与评分，需要去掉一个最高分和一个最低分后再计算平均分。在 L2 单元格中输入以下公式，向下复制到 L9 单元格中。

```
=TRIMMEAN(B2:K2,20%)
```

	A	B	C	D	E	F	G	H	I	J	K	L
1	选手	评委1	评委2	评委3	评委4	评委5	评委6	评委7	评委8	评委9	评委10	平均分
2	李正	4.49	4.64	8.44	8.07	8.55	6.57	7.15	6.75	6.68	5.16	6.68
3	李扬眉	6.80	2.13	8.96	4.42	8.87	2.64	4.89	8.17	2.44	6.53	5.59
4	刘茂春	6.96	7.87	3.11	3.90	9.89	4.66	2.05	8.65	8.27	2.35	5.72
5	常加元	5.85	2.45	9.04	8.37	7.64	6.05	5.20	7.90	7.49	7.63	7.02
6	果长礼	3.01	6.58	2.13	6.36	2.90	2.43	5.14	8.04	2.26	6.32	4.38
7	赵继红	9.45	2.20	5.75	8.88	9.74	3.17	6.56	3.16	4.74	4.54	5.78
8	段芳华	9.19	7.08	5.71	3.37	6.44	7.66	3.14	8.68	8.24	8.49	6.96
9	鲁华平	6.07	8.95	8.06	3.27	6.19	5.07	6.09	3.55	5.05	7.52	5.95

图 18-34　TRIMMEAN 计算内部平均数

公式中的"B2:K2"是计算平均值的区域，"20%"是要剔除的数据比例，由于原始数据是 10 个值，剔除 20% 就是剔除一个最大值和一个最小值再计算出平均值。

技巧 244 计算职工薪资的中位数

中位数，也称为中值，是指将数据按大小顺序排列起来形成一个数列，居于数列中间位置的数据。中位数不受分布数列的极大或极小值影响，从而在一定程度上提高了中位数对分布数列的代表性。MEDIAN 函数返回一组已知数字的中值，函数语法如下。

```
MEDIAN(number1, [number2], ...)
```

参数 number1 为必需参数，其余参数为可选参数，是要计算中位数的数字、数组或单元格引用，最多可允许 255 个参数。如果参数集合中包含奇数个数字，MEDIAN 函数将返回位于中间的数字。如果参数集合中包含偶数个数字，MEDIAN 函数将返回位于中间的两个数的平均值。

如图 18-35 所示，A~B 列为某公司员工的部分工资记录，需要计算该公司员工工资的平均水平。在 D2 单元格中输入以下公式，计算工资的算术平均值，返回结果为 34 521。

	A	B	C	D	E	F
1	姓名	工资		平均工资		
2	陈超	4500		34521	=AVERAGE(B2:B13)	
3	林勇	10547		9740	=MEDIAN(B2:B13)	
4	吴能	6023				
5	能绍祥	5040				
6	邓静华	140670				
7	李文昌	88901				
8	王健超	8932				
9	徐继红	71313				
10	孙娅	13134				
11	熊绍存	5892				
12	喻刚强	3088				
13	张新强	56210				

图 18-35　计算职工薪资的中位数

```
=AVERAGE(B2:B13)
```

在 D3 单元格中输入以下公式，计算工资的中位数，返回结果为 9 740。

```
=MEDIAN(B2:B13)
```

从结果中可以看出，同一组数据的中位数和算术平均值有很大的差距。这是由于算术平均值是将所有数值进行直接平均，如果有部分值远大于或远小于其他数值，则均值会受到较大影响。而中位数是将数值排序后取中间位置的数值，因此不会受偏大或偏小数值的影响。

技巧 245 了解众数

在一组数据中出现次数最多的数叫作这组数据的众数，一组数据中可能有多个众数，也可能没有众数。在 Excel 中计算众数的有 MODE.SNGL 函数和 MODE.MULT 函数。

MODE.SNGL 函数和 MODE.MULT 函数的语法如下。

```
MODE.SNGL(number1,[number2],...)
MODE.MULT(number1,[number2],...)
```

参数 number1 为必需参数，其余为可选参数。参数可以是数字或者是包含数字的名称、数组或引用，最多允许 254 个参数。

如果数组或引用参数包含文本、逻辑值或空白单元格，则这些值将被忽略，但包含零值的单元格将计算在内。如果参数为错误值或为不能转换为数字的文本，将会导致错误。

如果数据集不包含众数，则 MODE.MULT 函数返回错误值 #N/A。当有多个众数时，MODE.SNGL 函数返回第一个出现的众数。

	A	B	C	D	E
1	数据		众数		
2	2		2	=MODE.SNGL(A2:A11)	
3	3				
4	2		2	{=MODE.MULT(A2:A11)}	
5	4		3	{=MODE.MULT(A2:A11)}	
6	5		#N/A	{=MODE.MULT(A2:A11)}	
7	5				
8	1				
9	3				
10	2				
11	3				

图 18-36　众数的基础应用

如图 18-36 所示，A2:A11 单元格区域为需要统计众数的基础数据，在 C2 单元格中输入以下公式，得到众数 2。

```
=MODE.SNGL(A2:A11)
```

选中 C4:C6 单元格区域，输入以下数组公式，按 <Ctrl+Shift+Enter> 组合键。

```
{=MODE.MULT(A2:A11)}
```

在 A2:A11 单元格区域中，2 和 3 均为出现次数最多的数字，所以 MODE.MULT 函数得到一个数组结果 {2,3}。由于输入公式时选择的区域大于实际返回众数结果的数量，因此最后一个单元格返回错误值 #N/A。

技巧 246 使用 FREQUENCY 函数统计各分数段人数

FREQUENCY 函数计算数值在某个范围内出现的频率，然后返回一个垂直数组。该函数语法如下。

```
FREQUENCY(data_array, bins_array)
```

第 1 参数 data_array 为必需参数，是要对其频率进行计数的一组数值或对这组数值的引用，且忽略其中的空白单元格和文本。

第 2 参数 bins_array 为必需参数，用于指定计算频率时的间隔。如果 bins_array 中不包含任何数值，则 FREQUENCY 函数返回 data_array 中的元素个数。

FREQUENCY 函数将 data_array 中的数值以 bins_array 为间隔进行分组，计算数值在各个区域出现的频率，所以返回的数组中的元素比 bins_array 中的元素多一个。由于 FREQUENCY 函数返回的是一个数组，因此必须以数组公式的形式输入。

如图 18-37 所示，A~C 列为某公司员工的考核成绩的部分记录，需要根据 E~F 列的条件，计算各考核成绩区间的频率，即各成绩区间的人数。

选中 G2:G6 单元格，在编辑栏中输入以下数组公式，按 <Ctrl+Shift+Enter> 组合键。

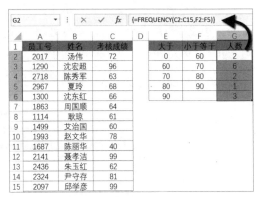

图 18-37　FREQUENCY 统计分数段

```
{=FREQUENCY(C2:C15,F2:F5)}
```

公式中的"C2:C15"部分是要计算频率的区域，"F2:F5"部分是频率计算的分隔条件，每个计算结果返回小于或等于当前分隔条件的频率。最后一个多出分隔条件的单元格，表示高出以上间隔条件的其他数值出现的频率。

FREQUENCY 函数统计均为"左开右闭"的区间，将每一个临界点的数字统计在靠下的一个区域中。公式计算的结果表示：

（1）小于等于 60 共有 2 人；

（2）大于 60 且小于等于 70 共有 6 人；

（3）大于 70 且小于等于 80 共有 2 人；

（4）大于 80 且小于等于 90 共有 1 人；

（5）大于 90 共有 3 人。

示例中 E 列的数据是为了介绍计算逻辑，实际并没有在公式中应用。

技巧 247　内插值计算

插值法又称"内插法"，主要包括线性插值、抛物线插值和拉格朗日插值等。其中的线性插值法是指使用连接两个已知量的直线，来确定在这两个已知量之间的一个未知量的值，相当于已知坐标（x0,y0）与（x1,y1），要得到 x0 至 x1 区间内某一位置 x 在直线上的值，如图 18-38 所示。

TREND 函数用于返回沿线性趋势的值，即找到适合已知数组 y 轴和 x 轴的直线(用最小二乘法)，并返回指定数组 new_x's 在直线上对应的 y 值。

函数语法如下。

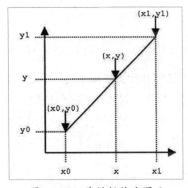

图 18-38　线性插值法图示

```
TREND(known_y's,[known_x's],[new_x's],[const])
```

第 1 参数表示已知关系 y=mx+b 中的 y 值集合。第 2 参数表示已知关系 y=mx+b 中可选的 x 值的集合。第 3 参数表示需要函数 TREND 返回对应 y 值的新 x 值。第 4 参数用逻辑值 TRUE 或 FALSE 指明是否将常量 b 强制为 0，如果该参数为 TRUE 或省略，则 b 将按正常计算。

247.1 简单的插值计算

如图 18-39 所示，是某公司员工销售任务表的部分内容，需要根据其中的达成率计算出对应的得分。达成率最高者得 2 分，最低者得 0 分，两者之间采用线性插值计算。

在 C2 单元格输入以下公式，向下复制到 C14 单元格。

```
=ROUND(TREND({0;2},CHOOSE({1;2},MIN(B$3:B$14),MAX(B$3:B$14)),B2),3)
```

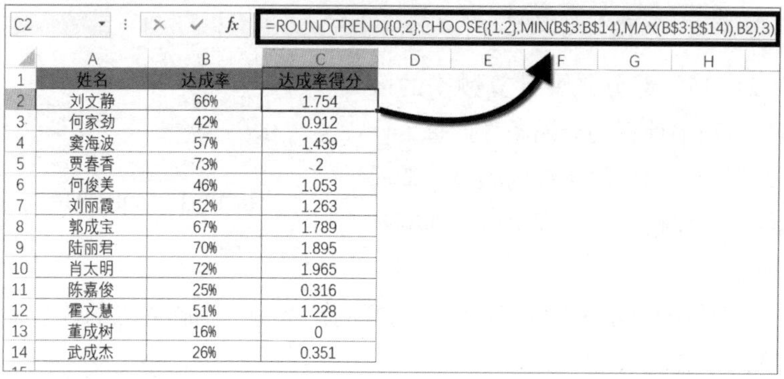
C2 =ROUND(TREND({0;2},CHOOSE({1;2},MIN(B$3:B$14),MAX(B$3:B$14)),B2),3)

	A	B	C
1	姓名	达成率	达成率得分
2	刘文静	66%	1.754
3	何家劲	42%	0.912
4	窦海波	57%	1.439
5	贾春香	73%	2
6	何俊美	46%	1.053
7	刘丽霞	52%	1.263
8	郭成宝	67%	1.789
9	陆丽君	70%	1.895
10	肖太明	72%	1.965
11	陈嘉俊	25%	0.316
12	霍文慧	51%	1.228
13	董成树	16%	0
14	武成杰	26%	0.351

图 18-39 简单的插值计算

公式中的“{0;2}”部分，使用常量数组作为 TREND 函数的第 1 参数，也就是已知关系 y=mx+b 中的 y 值集合。

MIN(B$3:B$14) 和 MAX(B$3:B$14) 部分，先分别计算出最小完成率 16% 和最大完成率 73%。再使用 CHOOSE 函数将这两个结果连接成为一个内存数组 {0.16;0.73}，以此作为 TREND 函数的第 2 参数，也就是已知关系 y=mx+b 中的 x 值集合。

TREND 函数的第 3 参数，也就是新 x 值为 B2 单元格中的达成率。在计算出插值结果后，使用 ROUND 函数将其修约保留 3 位小数。

本例还可以使用以下公式完成。

```
=ROUND(TREND({0;2},QUARTILE(B:B,{0;4}),B2),3)
```

QUARTILE 函数用于返回一组数据的四分位点。

第 1 参数是需要计算四分位数值的数组或数字型单元格区域。第 2 参数用于指定返回哪一个值。其等于 0 时返回最小值；等于 1 时返回第一个四分位数（第 25 个百分点值）；等于 2 时返回中分位数（第 50 个百分点值）；等于 3 时返回第三个四分位数（第 75 个百分点值）；等于 4 时返回最大值。

公式中，QUARTILE 函数的第 2 参数使用常量数组 {0;4}，表示分别返回 B 列中的最小值和最大值，以此作为 TREND 函数的第 2 参数。

提 示

如果新 x 值超出已知 x 值集合的范围，TREND 函数将返回错误值。

247.2 分段插值计算

在插值计算中，取样点越多，插值结果的误差越小。分段线性插值是先将与插值点靠近的两个数据点使用直线连接，然后在直线上选取对应插值点的数。实际工作中试验所取得的样本数据可能不完全符合线性规律，对于这种情况，就需要进行分段插值计算。

如图 18-40 所示，是不同温度时乙醇密度对照表的部分内容。需要根据 E2 单元格的已知温度，根据对照表中的数据，以插值法完成对应的密度测算。

在 F2 单元格输入以下公式，计算出已知温度为 9.3 时的密度测算结果 0.79847。

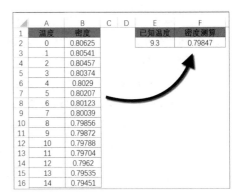

图 18-40　分段插值计算

```
=IF(E2=0,B2,TREND(OFFSET(B1,MATCH(E2-
1%,A2:A16),0,2),OFFSET(A1,MATCH(E2-
1%,A2:A16),0,2),E2))
```

公式中的"MATCH(E2-1%,A2:A16)"部分，先用 E2 单元格中的已知温度减去 1%，然后用 MATCH 函数以近似匹配方式，返回该数值在 A2:A16 中的位置 10。

再使用 OFFSET 函数，以 B1 为参照点，根据 MATCH 函数的计算结果向下偏移 10 行，向右偏移 0 列，新引用的行数为两行，得到对 B11 和 B12 单元格的引用 {0.79872;0.79788}。以此作为 TREND 函数的第 1 参数。

同理，OFFSET 函数以 A1 为参照点，向下偏移 10 行，向右偏移 0 列，新引用的行数为两行，得到对 A11 和 A12 单元格的引用 {9;10}。以此作为 TREND 函数的第 2 参数。

由于公式中使用了 E2-1% 作为 MATCH 函数的查询值，当 E2 单元格的已知温度等于 0 时，公式会返回错误值。因此使用 IF 函数进行判断，当 E2 单元格等于 0 时，指定返回 B2 单元格中的密度。

247.3　二维分段插值计算

在实际工作中，如果某项指标同时受两种因素的影响，还需要使用二维表格作为插值计算的对照表。在二维表中执行分段插值计算时，公式会相对比较复杂。

如图 18-41 所示，是某岩土工程勘察组的杆长、击数修正系数表，需要根据杆长和实测击数，用内插法计算对应的系数。

击数\杆长	5	10	15	20	25	30	35	40	50		杆长	实测击数	系数
2	1	1	1	1	1	1	1	1	1		5	10	
4	0.96	0.95	0.93	0.92	0.9	0.89	0.87	0.86	0.84		10	35	
6	0.93	0.9	0.88	0.85	0.83	0.81	0.79	0.78	0.75		8.7	8	
8	0.9	0.96	0.83	0.8	0.77	0.75	0.73	0.71	0.67		16	35	
10	0.88	0.83	0.79	0.75	0.72	0.69	0.67	0.64	0.61		5.4	7	
12	0.85	0.79	0.75	0.7	0.67	0.64	0.61	0.59	0.55		16	50	
14	0.82	0.76	0.71	0.66	0.62	0.58	0.56	0.53	0.5		11.6	8	
16	0.79	0.73	0.67	0.62	0.57	0.54	0.51	0.48	0.45		11.6	17	
18	0.77	0.7	0.63	0.57	0.53	0.49	0.46	0.43	0.4				
20	0.75	0.67	0.59	0.53	0.48	0.44	0.41	0.39	0.36				

杆长、击数修正系数表

图 18-41　二维分段插值计算

在 N3 单元格输入以下数组公式，按 <Ctrl+Shift+Enter> 组合键，将公式向下复制到 N10 单元格。

```
{=TREND(CHOOSE({1;2},TREND(OFFSET(A$2,MATCH(L3-1%,A$3:A$12),MATCH(M3-
```

1%,B$2:J$2),,2),OFFSET(A$2,,MATCH(M3-1%,B$2:J$2),,2),M3),TREND(OFFSET(A$2,MATCH
(TRUE,A$3:A$12>=L3,),MATCH(M3-1%,$B$2:$J$2),,2),OFFSET(A$2,,MATCH(M3-1%,B$2:J
$2),,2),M3)),OFFSET(A$2,MATCH(L3-1%,A$3:A$12),,2),L3)}

公式的计算思路是先使用两个 TREND 函数，根据 L3 和 M3 单元格的数值，在水平和垂直方向得到两个插值，然后使用 CHOOSE 函数将这两个插值构成一个内存数组 {0.95;0.9}。

再使用 OFFSET(A$2,MATCH(L3-1%,A$3：A$12),,2)，根据 L3 单元格的数值在 A 列的杆长区域得到与 L3 接近的两个单元格引用 {4;6}。

在此基础上，TREND 函数以内存数组 {0.95;0.9} 作为第 1 参数，以 {4;6} 作为第 2 参数，以 L3 单元格为第 3 参数，计算出对应的插值系数。

公式计算过程比较复杂，读者在实际应用时，可以将公式中的引用区域修改为实际的数据区域范围即可实现套用。注意数组公式修改后，需要按 <Ctrl+Shift+Enter> 组合键。

技巧 248 排名与百分比排名

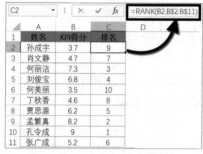

图 18-42　RANK 函数排名

在日常工作中，经常使用 RANK 函数实现数据的排名处理。如图 18-42 所示，是某公司员工 KPI 考核得分的部分内容，使用以下公式能够对 B 列的得分进行排名。

=RANK(B2,B$2:B$11)

RANK 函数用于返回一个数字在数字列表中的排位，如果多个值具有相同的排位，则返回该组数值的最高排位。该函数语法如下。

RANK(number,ref,[order])

第 1 参数 number，是需要进行排位的数字。第 2 参数 ref，是数字列表数组或对数字列表的引用，ref 中的非数值型值将被忽略。第 3 参数 order 可选，用数字指定排位的方式。如果为 0 或省略，则按照降序排列；如果不为 0，则按照升序排列。

RANK 函数的使用比较简单，但是在不知道数据的样本总量时，仅根据排名的结果意义不大，而使用百分比排位的方式，则能够比较直观地展示出该数据在总体样本中的实际水平。例如，有五名学生参加测验，使用 RANK 函数计算出小明考试成绩排名为第五，而使用百分比排位的方式，其排名结果为 0，表示小明的成绩高于 0% 的其他同学。

Excel 2016 中用于百分比排位的函数包括 PERCENTRANK.EXC 函数、PERCENTRANK.INC 函数和 PERCENTRANK 函数。

三个函数都用于返回某个数值在数据集中的百分比排位，区别在于 PERCENTRANK.EXC 函数返回的百分比值的范围不包含 0 和 1，PERCENTRANK.INC 函数返回的百分比值的范围包含 0 和 1。

PERCENTRANK.EXC 函数的计算规则相当于：

=（比此数据小的数据个数 +1）/（数据总个数 +1）

PERCENTRANK 函数与 PERCENTRANK.INC 函数的作用相同，保留 PERCENTRANK 函数是

为了保持与 Excel 早期版本的兼容性。两个函数的计算规则相当于：

```
=比此数据小的数据个数/(数据总个数-1)
```

函数语法如下。

```
PERCENTRANK.EXC(array,x,[significance])
PERCENTRANK.INC(array,x,[significance])
PERCENTRANK(array,x,[significance])
```

第 1 参数 array 是包含数值的数组或是一个数据区域。第 2 参数 x 是需要得到其排位的值。如果 x 超出数组中的数值范围，则会返回错误值 #N/A。如果 x 未超出数组中的数值范围，但是与任何一个值都不匹配，则以插值方式以返回正确的百分比排位。第 3 参数 significance 是可选参数，用于标识返回的百分比值的有效位数。如果省略该参数，则函数结果保留 3 位小数 (0.xxx)。如果该参数小于 1，将返回错误值 #NUM!。

如图 18-43 所示，在 D2 单元格输入以下公式，将公式向下复制到 D11 单元格，完成 KPI 的百分比排名。

```
=PERCENTRANK.INC(B$2:B$11,B2)
```

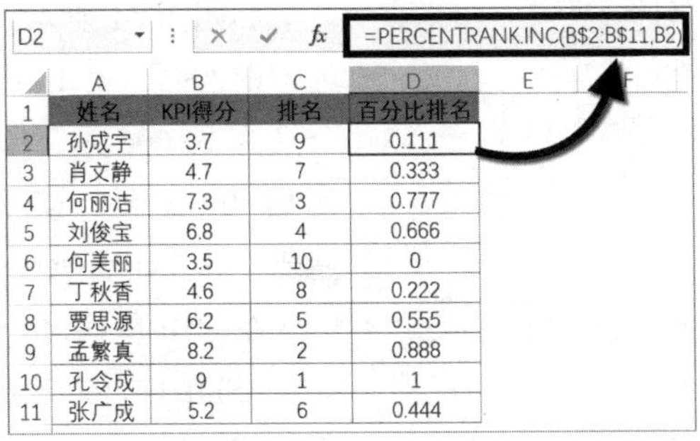

姓名	KPI得分	排名	百分比排名
孙成宇	3.7	9	0.111
肖文静	4.7	7	0.333
何丽洁	7.3	3	0.777
刘俊宝	6.8	4	0.666
何美丽	3.5	10	0
丁秋香	4.6	8	0.222
贾思源	6.2	5	0.555
孟繁真	8.2	2	0.888
孔令成	9	1	1
张广成	5.2	6	0.444

图 18-43　百分比排名

第 19 章 财务金融计算

Microsoft Excel 提供了丰富的财务函数，可以广泛地应用在社会经济生活中的诸多领域，小到计算个人理财收益、信用卡还款，大到评估企业价值、比较不同投资方案的优劣，财务函数为财务分析和金融计算提供了极大的便利。使用 Microsoft Excel 中的财务函数进行财务金融计算，只需要根据函数语法要求设置并引用正确的参数即可。Microsoft Excel 中的财务函数主要可以分为投资评价计算、折旧计算、有价证券相关计算等几个类型。本章主要介绍常用的财务函数及其应用方法。

技巧 249 固定收益率下不等额投资现金流终值计算

如果某项投资的收益率固定并且现金流是等额的，则可以直接按年金方式使用 FV 函数计算现金流的终值。在实际工作中，更为常见的是不等额的混合现金流终值计算问题。下面介绍如何利用财务函数中的 FV 函数计算固定收益率下不等额投资现金流的终值。

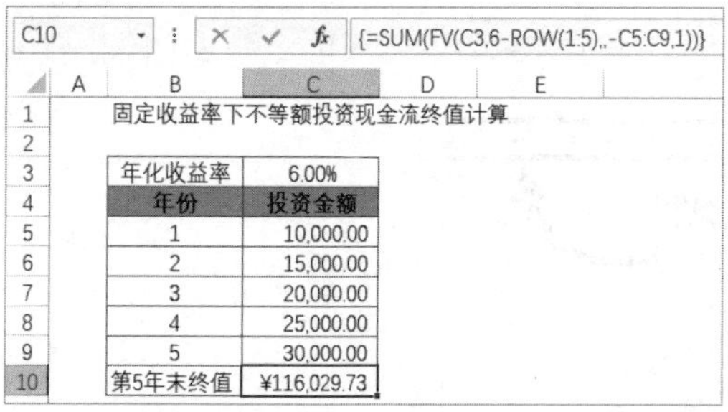

C10 {=SUM(FV(C3,6-ROW(1:5),,-C5:C9,1))}

	A	B	C	D	E
1		固定收益率下不等额投资现金流终值计算			
2					
3		年化收益率	6.00%		
4		年份	投资金额		
5		1	10,000.00		
6		2	15,000.00		
7		3	20,000.00		
8		4	25,000.00		
9		5	30,000.00		
10		第5年末终值	¥116,029.73		

图 19-1　固定收益率下不等额投资现金流终值计算

如图 19-1 所示，李华准备投资一项 5 年期的理财产品，第 1~5 年每年初需要支付的投资额分别为 10 000 元、15 000 元、20 000 元、25 000 元和 30 000 元，该理财产品年化收益率为 6%，需要计算 5 年后能获得的金额。

在 C10 单元格输入以下数组公式，按 <Ctrl+Shift+Enter> 组合键。

```
{=SUM(FV(C3,6-ROW(1:5),,-C5:C9,1))}
```

该公式使用 FV 函数逐年计算出各年投资额到第 5 年末的终值，计算结果为 {13382.255776;18937.1544;23820.32;28090;31800}，然后用 SUM 函数求和，得到第 5 年末的终值合计金额。

FV 函数用于根据固定利率计算投资的终值。该函数有 5 个参数：

第 1 个参数为各期利率，本例各年利率（收益率）为 6%。

第 2 个参数为总投资期或付款总期数。本例中使用 6-ROW(1:5) 生成的数组 {5;4;3;2;1} 作为第 2 个参数。

第 3 个参数为各期所应支付的金额，在整个年金期间保持不变，如果省略该参数则必须包括第 4 个参数，利用该参数可以进行等额年金终值计算，本例中省略该参数。

第 4 个参数为支出的现值或一系列未来付款的当前值的累积和。如果省略该参数则假定其值为 0，并且必须包括第 3 个参数。本例中第 4 个参数为 C5:C9 单元格的引用，代表 5 年中各年支付的投资金额。

第 5 个参数为数字 0 或 1，用以指定各期的付款时间是在期初还是期末，0 代表期末支付，1 代表期初支付。如果省略该参数则默认为 0，表示每期末支付。本例中投资款于每年初支付，因此使用 1。

技巧250 变动收益率下不等额投资现金流终值计算

FV 函数不仅可用于固定收益率下不等额投资现金流终值计算，也可应用于变动收益率下不等额投资现金流终值的计算。

如图 19-2 所示，第 1 年初投资的金额在 5 年内享有 6.20% 的年化收益率，第 2 年初投资的金额在剩余 4 年内享有 6.50% 的收益率，以此类推。要求计算第 5 年末投资到期时能收回多少金额。

D9 {=SUM(FV(D4:D8,6-ROW(1:5),,-C4:C8,1))}

	A	B	C	D
1		变动收益率下不等额投资现金流终值计算		
2				
3		年份	投资金额	年化收益率
4		1	10,000.00	6.20%
5		2	15,000.00	6.50%
6		3	20,000.00	6.80%
7		4	25,000.00	6.90%
8		5	30,000.00	7.20%
9		第5年末终值		¥117,898.73

图 19-2 变动收益率下不等额投资现金流终值计算

在 D9 单元格输入以下数组公式，按 <Ctrl+Shift+Enter> 组合键。

```
{=SUM(FV(D4:D8,6-ROW(1:5),,-C4:C8,1))}
```

该公式中 FV 函数的第 1 个参数引用 D4:D8 单元格区域中每年不同的收益率，然后利用 SUM 函数求和，得到各年投资额于第 5 年末的终值合计金额。

技巧251 用等额本息还款方式计算贷款还款额

等额本息是贷款还款方式之一，是指包括本金和利息在还款期内每月偿还相同数额。财务函数中的 PMT 函数、PPMT 函数和 IPMT 函数可分别计算等额本息还款方式下每期应还款总额、每期应还的本金和利息部分金额。

如图 19-3 所示，李华使用信用卡刷卡 12 000 元，采用等额本息还款方式每月还款，年利率为 6.5%，12 个月还清。需要计算每个月应还款总额，以及本金和利息各是多少。

在 E2 单元格输入以下公式，向下复制到 E13 单元格，计算每月应还款总额。

```
=PMT(B$1/B$2,B$2,B$3)
```

H17

	A	B	C	D	E	F	G
1	年利率	6.50%		期数	每期偿还本息和	偿还本金	偿还利息
2	期数	12		1	(¥1,035.56)	(¥970.56)	(¥65.00)
3	贷款总额	12,000.00		2	(¥1,035.56)	(¥975.81)	(¥59.74)
4				3	(¥1,035.56)	(¥981.10)	(¥54.46)
5				4	(¥1,035.56)	(¥986.41)	(¥49.14)
6				5	(¥1,035.56)	(¥991.76)	(¥43.80)
7				6	(¥1,035.56)	(¥997.13)	(¥38.43)
8				7	(¥1,035.56)	(¥1,002.53)	(¥33.03)
9				8	(¥1,035.56)	(¥1,007.96)	(¥27.60)
10				9	(¥1,035.56)	(¥1,013.42)	(¥22.14)
11				10	(¥1,035.56)	(¥1,018.91)	(¥16.65)
12				11	(¥1,035.56)	(¥1,024.43)	(¥11.13)
13				12	(¥1,035.56)	(¥1,029.98)	(¥5.58)

图 19-3 等额本息还款方式计算还款额

PMT 函数第 1 个参数为利率，因为是按月计算，所以利率为 B1 单元格年利率除以 12。第 2 个参数是贷款总期数，取 B2 单元格的 12。第 3 个参数为贷款的现值，取 B3 单元格的贷款金额 12 000 元。

在 F2 单元格输入以下公式，向下复制到 F13 单元格，计算每月应还本金金额。

```
=PPMT(B$1/B$2,D2,B$2,B$3,0)
```

PPMT 函数第 1 个参数为利率，因为是按月计算，所以利率为 B1 单元格年利率除以 12。第 2 个参数是要计算本金还款额的期数，取 D2 单元格的数字，公式向下复制时期数随之变化。第 3 个参数为贷款总期数，取 B2 单元格的 12。第 4 个参数为贷款的现值，取 B3 单元格的贷款金额 12 000 元。第 5 个参数 0 代表最后一次付款后贷款余额为 0。

在 G2 单元格输入以下公式，向下复制到 G13 单元格，计算每月应还利息金额。

```
=IPMT(B$1/B$2,D2,B$2,B$3,0)
```

IPMT 函数各参数与 PPMT 函数各参数含义一致。

信用卡贷款利率为年利率，除以期数 12 得到月利率。从计算结果中可以看出在等额本息还款方式中，每期还款金额中利息部分越来越少，本金越来越多。但两者合计金额始终等于每期的还款总额。

技巧252 现金流不定期条件下的决策分析

在进行投资决策分析时，往往假设现金流量定期发生在期初或期末，实际现金流的发生很多情况下不是定期的，运用 XNPV 函数可以实现现金流不定期条件下的净现值计算，运用 XIRR 函数可以实现现金流不定期条件下的内部收益率计算，从而满足投资决策分析的需要。

	A	B	C
1			
2	年利率		7.20%
3	说明	日期	金额（万元）
4	设备投资（万元）	2018/10/10	-350
5	产生的净现金流量（万元）	2018/12/28	30
6		2019/03/15	50
7		2019/05/30	75
8		2019/10/20	90
9		2019/12/19	80
10		2020/03/31	65
11		2020/06/10	50
12		2021/10/10	50

图 19-4 投资款及未来现金流量

如图 19-4 所示，某公司拟贷款 350 万元购买一台设备，年利率为 7.20%，预计投资后不同时期产生不等的现金流量。需要根据预测数据计算该项投资的净现值和内部收益率，以评估该项投资是否可行。

252.1 计算净现值

计算现金流不定期条件下的净现值需要使用 XNPV 函数，该函数的计算原理为：

$$XNPV=\sum_{i=1}^{n}\frac{P_i}{(1+RATE)^{\frac{d_i-d_1}{365}}}$$

该公式中 P_i 代表第 i 个或最后一个支付金额，d_i 代表第 i 个或最后一个支付日期，d_1 代表第 0 个支付日期，$RATE$ 为贴现率。

如图 19-5 所示，在 C13 单元格输入以下公式，结果为 101.05。

```
=ROUND(XNPV(C2,C4:C12,B4:B12),2)
```

C13 =ROUND(XNPV(C2,C4:C12,B4:B12),2)

	A	B	C	D
1				
2	年利率		7.20%	
3	说明	日期	金额（万元）	普通公式
4	设备投资（万元）	2018/10/10	-350	-350
5	产生的净现金流量（万元）	2018/12/28	30	29.55
6		2019/03/15	50	48.54
7		2019/05/30	75	71.76
8		2019/10/20	90	83.80
9		2019/12/19	80	73.64
10		2020/03/31	65	58.67
11		2020/06/10	50	44.52
12		2021/10/10	50	40.58
13	净现值		101.05	101.05

图 19-5 计算净现值

XNPV 函数返回一组不定期现金流的净现值，该函数有 3 个参数。

第 1 个参数为现金流的贴现率，本例中取 C2 单元格的 7.20%。

第 2 个参数是与第 3 个参数所表示的支付时间相对应的一系列现金流。首期支付是可选的，并与投资开始时的成本或支付有关。如果第一个值是成本或支付，则它必须是负值。所有后续支付都基于 365 天 / 年贴现。数值系列必须至少要包含一个正数和一个负数。本例中第 2 个参数为 C4:C12 单元格区域的引用。

第 3 个参数表示与现金流支付相对应的支付日期表。第一个支付日期代表支付表的开始日期。其他所有日期应晚于该日期，但可按任何顺序排列。本例中第3个参数为B4:B12单元格区域的引用。

XNPV 函数计算出净现值后，再使用 ROUND 函数保留两位小数，计算结果为 101.05（万元），如果净现值大于 0，则表明该项投资是可行的。

252.2 计算内部收益率

在投资评价中，另外一种经常采用的方法是内部收益率法。内部收益率是指使资金流入现值总额与资金流出现值总额相等、净现值等于零时的折现率，它是一项投资希望达到的报酬率，该指标越大越好。一般情况下，内部收益率大于等于基准收益率时，表示该投资是可行的。

利用 XIRR 函数可以很方便地实现现金流不定期条件下的内部收益率计算，该函数的计算原理为：

$$\sum_{i=1}^{n}\frac{P_i}{(1+RATE)^{\frac{d_i-d_1}{365}}}=0$$

该公式中 P_i 代表第 i 个或最后一个支付金额，d_i 代表第 i 个或最后一个支付日期，d_1 代表第 0 个支付日期，使等式成立的 RATE 即为要求的内部收益率。

如图 19-6 所示，在 C12 单元格输入以下公式，结果为 34.46%。

```
=XIRR(C3:C11,B3:B11)
```

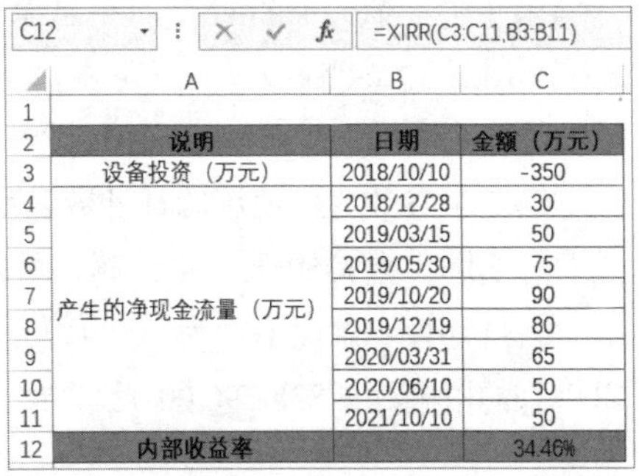

	A	B	C
1			
2	说明	日期	金额（万元）
3	设备投资（万元）	2018/10/10	-350
4	产生的净现金流量（万元）	2018/12/28	30
5		2019/03/15	50
6		2019/05/30	75
7		2019/10/20	90
8		2019/12/19	80
9		2020/03/31	65
10		2020/06/10	50
11		2021/10/10	50
12	内部收益率		34.46%

图 19-6　计算内部收益率

XIRR 函数返回一组不定期发生现金流的内部收益率，该函数有 3 个参数。

第 1 个参数表示与第 2 个参数所表示的支付时间相对应的一系列现金流。首期支付是可选的，并与投资开始时的成本或支付有关。如果第一个值是成本或支付，则它必须是负值。所有后续支付都基于 365 天 / 年贴现。系列中必须至少包含一个正值和一个负值。本例中第 1 个参数为 C3:C11 单元格区域引用。

第 2 个参数表示与现金流支付相对应的支付日期表。第一个支付日期代表支付表的开始日期。其他所有日期应晚于该日期，但可按任何顺序排列。本例中第 2 个参数为 B3:B11 单元格区域引用。

第3个参数为对XIRR函数计算结果的估计值。大多数情况下，不必为XIRR的计算提供估计值。如果省略，则估计值假定为 0.1（10%）。本例中省略第 3 个参数。

Excel 使用迭代法计算 XIRR，通过改变收益率，不断修正计算结果，直至其精度小于 0.000001%。如果 XIRR 运算 100 次未找到结果，则返回错误值 #NUM!。

本例中 XIRR 函数的计算结果为 34.46%，若大于基准收益率，则表明该项投资可行，反之则不可行。

技巧 253 计算银行承兑汇票贴现息

银行承兑汇票贴现是指贴现申请人由于资金需要，将未到期的银行承兑汇票转让于银行，银行按票面金额扣除贴现利息后，将余额付给持票人的一种融资行为。使用 ACCRINTM 函数可方便地计算出汇票贴现利息。

B8	▼ : ✕ ✓ fx	=ACCRINTM(B6,B5,B7,B3,2)
	A	B
1		
2	项目	计算结果
3	票面金额	7,000,000.00
4	出票日期	2019/06/30
5	到期日	2019/12/31
6	贴现日期	2019/08/06
7	贴现率（年）	5.64%
8	利息	161,210.00
9	实付贴现金额	6,838,790.00

图 19-7　计算银行承兑汇票贴现息

如图 19-7 所示，有一张金额为 700 万元的银行承兑汇票，出票日期为 2019 年 6 月 30 日，到期日为 2019 年 12 月 31 日。该银行承兑汇票于 2019 年 8 月 6 日交由银行进行贴现，贴现年利率为 5.64%，要求计算贴现利息和贴现后实际获得的金额各是多少。

在 B8 单元格输入以下公式计算贴现利息。

```
=ACCRINTM(B6,B5,B7,B3,2)
```

在 B9 单元格输入以下公式计算实付贴现金额。

```
=B3-B8
```

ACCRINTM 函数主要用于计算在到期日支付利息的有价证券的应计利息，该函数有 5 个参数。

第 1 个参数为有价证券的发行日。本例中使用贴现日期，即 B6 单元格中的"2019/08/06"。

第 2 个参数为有价证券的到期日。本例中使用汇票到期日，即 B5 单元格中的"2019/12/31"。

第 3 个参数为有价证券的年息票利率。本例中使用银行根据资金市场给出的贴现年利率，即 B7 单元格的 5.64%。

第 4 个参数为证券的票面值。本例中使用票面金额，即 B3 单元格的 7 000 000.00。

第 5 个参数为要使用的日计数基准类型。按照银行承兑汇票贴现日计算规定，贴现利率的转化是按"实际天数 /360 天"来计算，所以本例中使用了类型值"2"。

通过计算，票面金额为 700 万元的银行承兑汇票贴现利息为 161 210.00 元，扣除贴现利息后可以得到的资金为 6 838 790.00 元。

技巧 254 计算动态投资回收期

动态投资回收期是指把投资项目各年的净现金流量按折现率折算成现值之后，使净现金流量累计现值等于零时的年数。

动态投资回收期是考虑资金的时间价值时收回初始投资所需的时间，如果某项投资的动态投资回收期高于行业标准动态投资回收期，则一般认为该项目不可行。同时，如果收回初始投资所需的时间大于项目的经营期，则该项投资也不可行。

动态投资回收期计算公式为：

$$n = (Y_1 - 1) \times \frac{NPV_1}{NPV_2}$$

其中：

$n=$ 动态投资回收期的年数；

$Y_1=$ 累计净现金流量现值出现正值的年数；

$NPV_1=Y_1$ 年份前一年累计净现金流量现值的绝对值；

$NPV_2=Y_1$ 年份净现金流量的现值。

如图 19-8 所示，某公司拟进行一项固定资产投资，初始投资额为 10 万元，折现率使用 6.50%，建设期及后续 5 年经营期每年的净现金流如图中第 7 行所示。需要计算该固定资产投资的动态投资回收期。

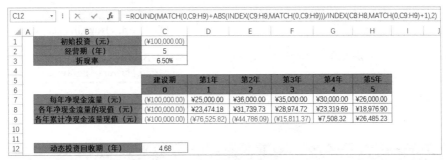

图 19-8　动态投资回收期计算

在 C8 单元格输入以下公式，向右复制到 H8 单元格，计算经营期内每年净现金流的现值。

```
=PV($C3,C6,0,-C7)
```

在 C9 单元格输入以下公式，向右复制到 H9 单元格，计算经营期内每年净现金流现值的累计金额。

```
=SUM($C8:C8)
```

在 C12 单元格输入以下公式，计算动态投资回收期年数。

```
=ROUND(MATCH(0,C9:H9)+ABS(INDEX(C9:H9,MATCH(0,C9:H9)))/INDEX(C8:H8,MATCH(0,C9
:H9)+1),2)
```

MATCH(0,C9:H9) 部分，返回最后一个小于等于 0 的累计净现值在 C9:H9 单元格区域中出现的位置，返回值为 4。

MATCH(0,C9:H9)+1 部分，返回第一个累计净现值大于 0 的位置，返回值为 5。

第一个 INDEX 函数，根据 MATCH 函数的返回值，提取出最后一个小于等于 0 的累计净现值，用 ABS 函数将该金额转化成正数。

第二个 INDEX 函数，根据 MATCH 函数的返回值 +1，提取出首个大于 0 的累计净现值所对应年份净现金流的现值。

根据动态投资回收期计算公式的逻辑和上述函数的返回值，最终计算出投资回收期的年数，并使用 ROUND 函数保留两位小数，结果为 4.68 年（含建设期）。

技巧 255 **折旧计算**

折旧是指在固定资产使用寿命内对应计折旧额进行分摊，将固定资产使用过程中的价值损耗转移到商品或费用中，分为直线折旧法和加速折旧法两类。

SLN 函数用于计算直线折旧法。用于加速折旧法计算的函数有 SYD 函数、DB 函数、DDB 函数和 VDB 函数。它们的功能与语法如表 19-1 所示。

表 19-1　折旧函数

函数	功能	语法
SLN	返回一个期间内的资产直线折旧	SLN(cost,salvage,life)
SYD	返回在指定期间内按年限总和折旧法计算的资产折旧	SYD(cost,salvage,life,per)
DB	使用固定余额递减法，计算资产在给定期间内的折旧值	DB(cost,salvage,life,period,[month])
DDB	用双倍余额递减法或其他指定方法，返回指定期间内资产的折旧值	DDB(cost,salvage,life,period,[factor])
VDB	使用双倍余额递减法或其他指定方法，返回资产在给定期间内的折旧值	VDB(cost,salvage,life,start_period,end_period,[factor],[no_switch])

以上函数中各参数的含义如表 19-2 所示。

表 19-2　折旧函数参数及含义

参数	含义
cost	资产原值
salvage	折旧末尾时的值，也称为资产残值
life	资产的折旧期数，也称作资产的使用寿命
per 或 period	计算折旧的时间区间
month	DB 函数的第一年的月份数。如果省略月份，则假定其值为 12
start_period	计算折旧的起始时期
end_period	计算折旧的终止时期
factor	余额递减速率，如果省略 factor，则其默认值为 2，即双倍余额递减法
no_switch	逻辑值，指定当折旧值大于余额递减计算值时，是否转用直线折旧法。值为 TRUE 则不转用直线折旧法，值为 FALSE 或省略则转用直线折旧法

直线折旧法：是指按固定资产的使用年限平均计提折旧的一种方法。Excel 中对应的计算函数为 SLN 函数。

年限总和折旧法：是以剩余年限除以年度数之和为折旧率，然后乘以固定资产原值扣减残值后的金额。Excel 中对应的计算函数为 SYD 函数。

固定余额递减法：以固定资产原值减去前期累计折旧后的金额，乘以 1 减去几何平均残值率得到的折旧率，再乘以当前会计年度实际需要计提折旧的月数除以 12，计算出对应会计年度的折旧额。Excel 中对应的计算函数为 DB 函数。

双倍余额递减法：用年限平均法折旧率的两倍作为固定的折旧率乘以逐年递减的固定资产期初净值，得出各年应提折旧额的方法，不考虑最后两年转直线法计算折旧的会计相关规定。Excel 中对应的计算函数为 DDB 函数。

如图 19-9 所示，假设某项固定资产原值为 5 万元，残值率为 10%，使用年限为 5 年，其中 B10:B14 单元格为设置了自定义单元格格式的数值 1~5。分别使用 5 个折旧函数来计算每年的折旧额，如图 19-9 所示。

	A	B	C	D	E	F	G
1							
2		固定资产原值	cost	50,000.00			
3		残值	salvage	5,000.00			
4		使用年限	life	5			
5		余额递减速率	factor	2			
6		不转直线折旧	no_switch	TRUE			
7							
8							
9		年度	SLN	SYD	DB	DDB	VDB
10		第1年	9,000.00	15,000.00	18,450.00	20,000.00	20,000.00
11		第2年	9,000.00	12,000.00	11,641.95	12,000.00	32,000.00
12		第3年	9,000.00	9,000.00	7,346.07	7,200.00	39,200.00
13		第4年	9,000.00	6,000.00	4,635.37	4,320.00	43,520.00
14		第5年	9,000.00	3,000.00	2,924.92	1,480.00	45,000.00

图 19-9　折旧计算

在 C10 单元格输入以下公式，向下复制到 C14 单元格。

```
=SLN($D$2,$D$3,$D$4)
```

在 D10 单元格输入以下公式，向下复制到 D14 单元格。

```
=SYD($D$2,$D$3,$D$4,B10)
```

在 E10 单元格输入以下公式，向下复制到 E14 单元格。

```
=DB($D$2,$D$3,$D$4,B10)
```

在 F10 单元格输入以下公式，向下复制到 F14 单元格。

```
=DDB($D$2,$D$3,$D$4,B10,$D$5)
```

在 G10 单元格输入以下公式，向下复制到 G14 单元格。

```
=VDB($D$2,$D$3,$D$4,0,B10,$D$5,$D$6)
```

通过以上计算结果可以看出，SLN 函数的折旧额每年都是相同的，这种直线折旧法是最简单、最普遍被使用的折旧方法。

VDB 函数的计算结果是返回一段期间内的累计折旧值，将函数的 start_period 设置为 0，以计算从开始截至到每一年的累计折旧值。这里将 VDB 的 factor 参数设置为 2，并且不转线性折旧，相当于 DDB 函数的计算。

SLN、SYD、DB、DDB 四个函数的净值（原值减累计折旧后的余额）变化曲线如图 19-10 所示，加速折旧法在初期折旧率较大，后期较小并趋于平稳。

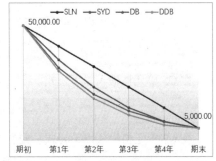

图 19-10　不同折旧方法年折旧额变化情况

技巧 256 现金流贴现法（DCF）评估企业价值

现金流贴现法评估的企业价值，是将企业预期自由现金流以其加权平均资本成本（WACC）为贴现率折现的现值，它与企业的财务决策密切相关，体现了企业资金的时间价值、风险以及持续发展能力。

企业自由现金流公式为：

企业自由现金流 = 息税前利润（EBIT）×（1- 税率）+ 折旧 - 运营资本的增加额 - 资本支出

在使用现金流贴现法估值模型时，需要考虑如下事项。

（1）由于预测时利润表数据一般都以营业收入的一定比例预测，因此 EBIT 可以采用与营业收入一样的增长率。

（2）未来现金流的预测期一般为 3~5 年，之后为永续增长期。预测期各年收入增长率根据实际情况预测，永续增长期采用固定增长率。

（3）加权平均资本成本（WACC）：可通过资本资产定价模型和债务成本计算得到。

（4）现金流现值要分预测期和永续增长期两部分计算。预测期第 n 年的现金流现值 = 预测期第 n 年的现金流金额 /(1+ 折现率)n，永续增长期预测现金流现值 = 永续增长期每年的现金流金额 /(折现率 - 永续增长率)/(1+ 折现率) 预测期年数。

图 19-11 为某企业现金流贴现法估值模型，估值模型中主要参数说明如下。

（1）预测期为 2020 年 ~2024 年，2025 年及以后为永续增长期。

（2）加权平均资本成本和营业收入增长率如 C2:H3 单元格区域所示。

（3）2019 年营业收入为 65 000 万元，EBIT 为 10 000 万元，各年适用所得税税率为 25%。

	B14		✗ ✓ fx	=SUM(C12:H12)				
	A	B	C	D	E	F	G	H
1	项目	预测时点	2020年	2021年	2022年	2023年	2024年	2025年
2	加权平均资本成本（WACC）		11%	11%	11%	11%	11%	10%
3	营业收入增长率		20%	17%	15%	12%	10%	7%
4	营业收入	65,000.00	78,000.00	91,260.00	104,949.00	117,542.88	129,297.17	138,347.97
5	息税前利润（EBIT）	10,000.00	12,000.00	14,040.00	16,146.00	18,083.52	19,891.87	21,284.30
6	税率	25%	25%	25%	25%	25%	25%	25%
7	EBIT(1-所得税税率)	7,500.00	9,000.00	10,530.00	12,109.50	13,562.64	14,918.90	15,963.23
8	加：折旧和摊销	4,000.00	4,800.00	5,616.00	6,458.40	7,233.41	7,956.75	8,513.72
9	减：运营资本增加额		3,330.00	3,696.30	4,102.89	4,554.21	5,055.17	3,707.13
10	减：资本支出		4,387.50	5,396.63	6,529.92	7,770.60	9,091.60	10,182.59
11	企业自由现金流		6,082.50	7,053.08	7,935.09	8,471.24	8,728.88	10,587.23
12	预测现金流现值		5,479.73	5,724.43	5,802.07	5,580.27	5,180.16	219,127.81
13								
14	企业价值：	246,894.47						

图 19-11　某企业现金流贴现法估值模型

在 C4 单元格输入以下公式，向右复制到 H4 单元格，计算各年营业收入。

```
=B4*(1+C3)
```

在 C5 单元格输入以下公式，向右复制到 H5 单元格，计算各年息税前利润。

```
=B5*(1+C3)
```

在 C7 单元格输入以下公式，向右复制到 H7 单元格，计算各年息前税后利润。

```
=C5*(1-C6)
```

在 C11 单元格输入以下公式，向右复制到 H11 单元格，计算各年企业自由现金流。

```
=C7+C8-C9-C10
```

在 C12 单元格输入以下公式，向右复制到 G12 单元格，计算预测期内的自由现金流现值。

```
=PV(C2,COLUMN(A1),,-C11)
```

在 H12 单元格输入以下公式，计算永续增长期自由现金流现值。

```
=PV(H2,COLUMN(E1),,-H11/(H2-H3))
```

在 B14 单元格输入以下公式，计算预测期和永续增长期的自由现金流现值合计。

```
=SUM(C12:H12)
```

PV 函数用于根据固定利率计算贷款或投资的现值，该函数有 5 个参数：

第 1 个参数为贴现率，本例中该参数取各年的加权平均资本成本；

第 2 个参数为年金的付款总期数，本例中该参数预测期取对应的年份 5；

第 3 个参数为每期的付款金额，如果省略第 3 个参数，则必须包括第 4 个参数；

第 4 个参数为终值，如果省略第 4 个参数则假定其值为 0，并且必须包括第 3 个参数。

本例中该参数预测期按各年的企业自由现金流金额，永续增长期企业自由现金流现值计算时，按永续增长期企业的自由现金流总额。用 SUM 函数将预测期和永续增长期企业自由现金流现值求和汇总，得到企业的估值为 246 894.47 万元。

技巧 257 债券摊余成本计算

摊余成本是金融资产或金融负债的后续计量方式之一，是用实际利率作计算利息的基础，投资成本减去利息后的金额。例如，发行的债券应在账面用摊余成本法后续计量并确认财务费用。

摊余成本实际上是一种价值，它是某个时点上未来现金流量的折现值。折现时使用的利率为实际利率，实际利率指将未来合同现金流量折现成初始确认金额的利率。

摊余成本的计算公式为：

摊余成本 = 初始确认金额 - 已偿还的本金 - 累计摊销额（按实际利率法确认的财务费用与实际支付利息的差额）- 减值损失（或无法收回的金额）

如图 19-12 所示，某公司 2019 年 6 月 15 日发行了三年期债券，票面年利率为 6%，每年 6 月 15 日和 12 月 15 日需付息 675 万元，到期一次性还本。债券票面金额合计 2.25 亿元，扣除相关费用 500 万元，实际获得资金 2.2 亿元（账面初始确认金额）。需要计算各期的摊余成本和利息调整摊销金额。

	A	B	C	D	E	F	G	H
1	期数	0年	1年	2年	3年	4年	5年	6年
2	各期现金流情况	220,000,000.00	-6,750,000.00	-6,750,000.00	-6,750,000.00	-6,750,000.00	-6,750,000.00	-231,750,000.00
3								
4	实际利率	3.42%						
5								
6	各期摊余成本计算表：							
7	时间	期初摊余成本	财务费用	支付利息	利息调整摊销	偿还本金	期末摊余成本	
8	2019-06-15						220,000,000.00	
9	2019-12-15	220,000,000.00	7,514,955.72	6,750,000.00	-764,955.72		220,764,955.72	
10	2020-06-15	220,764,955.72	7,541,085.76	6,750,000.00	-791,085.76		221,556,041.49	
11	2020-12-15	221,556,041.49	7,568,108.37	6,750,000.00	-818,108.37		222,374,149.86	
12	2021-06-15	222,374,149.86	7,596,054.05	6,750,000.00	-846,054.05		223,220,203.91	
13	2021-12-15	223,220,203.91	7,624,954.31	6,750,000.00	-874,954.31		224,095,158.22	
14	2022-06-15	224,095,158.22	7,654,841.78	6,750,000.00	-904,841.78	225,000,000.00		
15			45,500,000.00	40,500,000.00	-5,000,000.00	225,000,000.00		

图 19-12　债券摊余成本计算

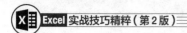

在 B4 单元格输入以下公式计算实际利率，结果为 3.42%。

```
=IRR(B2:H2)
```

H2 单元格的金额为最后一期期末需要支付的利息 675 万元和全部本金 2.25 亿元。

在 G8 单元格输入以下公式，计算发行日的初始入账价值。

```
=225000000-5000000
```

在 G9 单元格输入以下公式，向下复制到 G14 单元格，计算每期期末的摊余成本。

```
=B9+C9-D9-F9
```

在 B9 单元格输入以下公式，向下复制到 B14 单元格，计算每期期初的摊余成本。

```
=G8
```

在 C9 单元格输入以下公式，向下复制到 C14 单元格，计算每期按实际利率确认的财务费用金额。

```
=B9*$B$4
```

在 D9 单元格输入以下公式，向下复制到 D14 单元格，计算每期应支付的票面利息。

```
=225000000*0.06/2
```

在 E9 单元格输入以下公式，向下复制到 E14 单元格，计算每期的利息调整摊销金额。

```
=D9-C9
```

F9 输入数字 225 000 000，为最后一期期末应偿还的全部本金。

从制作的摊余成本计算表中可以看出，累计利息调整摊销金额就是票面金额 2.25 亿元与实际收到的现金 2.2 亿元（账面初始确认金额）之间的差额 500 万元。

IRR 函数返回由一系列现金流的内部收益率（本例中的实际利率）。这些现金流不必等同，因为它们可能作为年金。但是，现金流必须定期（如每月或每年）出现。内部收益率是针对包含付款（负值）和收入（正值）的定期投资收到的利率。IRR 函数有两个参数：

第 1 个参数为数组或单元格的引用，这些单元格包含用来计算内部收益率的数字，必须包含至少一个正值和一个负值，并应按照顺序输入支出值和收益值。

第 2 个参数为计算结果的估计值。Excel 使用迭代方法来计算 IRR。从估计值开始计算，直到结果在 0.00001% 范围内精确。如果 IRR 函数在尝试 20 次后找不到结果，则返回 #NUM! 错误值。多数情况下，不必为 IRR 计算提供估计值。但如果省略估计值，则假定它为 0.1（10%）。

第20章 函数与公式应用实例

使用函数与公式能够完成日常工作中很多的统计汇总等工作，本章将重点介绍函数与公式在一些典型应用中的解决方案，包括金额大写、金额分列、不重复项提取、工资条制作、个人所得税计算，以及一对多、多对多的数据查询等。通过本章学习，读者能够提升函数公式应用水平和工作效率。

技巧258 制作工资条

如图20-1所示，是某单位员工工资表的部分内容，需要以此来制作工资条，并且要求每条记录的上方带有标题，记录下方带有一个空行，以方便裁切。

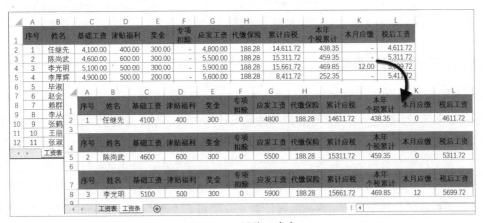

图20-1 制作工资条

其操作步骤如下。

步骤① 选中"工资表"工作表首行的列标题，按<Ctrl+C>组合键复制。切换到"工资条"工作表，单击A1单元格，按<Ctrl+V>组合键粘贴，然后适当调整列宽。

步骤② 在"工资条"工作表的A2单元格中输入序号1，在B2单元格输入以下公式，向右复制到L2单元格，如图20-2所示。

```
=IFERROR(VLOOKUP($A2,工资表!$A:$L,COLUMN(B1),0),"")
```

图20-2 输入公式

步骤③ 同时选中A1:L3单元格区域，拖动L3单元格右下角的填充柄向下复制，如图20-3所示。向下复制的行数可参考"工资表"中的最大序号乘以3，本例中"工资表"中的最大序号为 14，向下复制的行数则为 14×3=42。

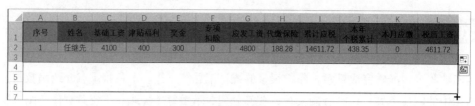

图 20-3　使用填充柄复制标题和公式

公式中的"$A2"和"工资表 !$A:$L"部分均使用列方向的绝对引用，在公式向右复制时，查找值和查找范围始终保持不变。

COLUMN(B1) 部分，用于生成从 2 开始的递增序列，以此作为 VLOOKUP 函数的第 3 参数，用于返回查询区域中不同列的内容。

同时选中三行向下填充时，首行的列标题和第三行的空白行将被复制，而第二行的序号则会自动递增填充，相当于为 VLOOKUP 函数设置了不同的查找值。

技巧259　计算个人所得税

企业有每月为职工代扣、代缴工资、薪金所得部分个人所得税的义务。新修订的个人所得税法规定，居民个人工资、薪金所得预扣预缴税款按照累计预扣法计算预扣税款，并按月办理扣缴申报。

累计预扣法，是指扣缴义务人在一个纳税年度内预扣预缴税款时，以纳税人在本单位截至本月取得工资、薪金所得累计收入减除累计免税收入、累计减除费用、累计专项扣除、累计专项附加扣除和累计依法确定的其他扣除后的余额，作为累计预扣预缴应纳税所得额。适用个人所得税预扣税率表，计算累计应预扣预缴税额，再减除累计减免税额和累计已预扣预缴税额，其余额为本期应预扣预缴税额。当余额为负值时，暂不退税。纳税年度终了后余额仍为负值时，由纳税人通过办理综合所得年度汇算清缴，税款多退少补。

具体计算规则为：

本期应预扣预缴税额＝（累计预扣预缴应纳税所得额 × 预扣率 - 速算扣除数）-
累计减免税额 - 累计已预扣预缴税额

累计预扣预缴应纳税所得额＝累计收入 - 累计免税收入 - 累计减除费用 -
累计专项扣除 - 累计专项附加扣除 -
累计依法确定的其他扣除

其中累计减除费用按照 5000 元/月，乘以纳税人当年截至本月在本单位的任职受雇月份数计算。

个人所得税预扣税率表（工资、薪金所得部分的个人所得税额）如表 20-1 所示。

表 20-1　个人所得税预扣税率表（工资、薪金所得部分的个人所得税额）

级数	累计预扣预缴应纳税所得额	预扣率（%）	速算扣除数
1	不超过 36000 元的部分	3	0
2	超过 36000 元至 144000 元的部分	10	2520

续表

级数	累计预扣预缴应纳税所得额	预扣率（%）	速算扣除数
3	超过 144000 元至 300000 元的部分	20	16920
4	超过 300000 元至 420000 元的部分	25	31920
5	超过 420000 元至 660000 元的部分	30	52920
6	超过 660000 元至 960000 元的部分	35	85920
7	超过 960000 元的部分	45	181920

如图 20-4 所示，是制作完成后的员工全年个人所得税计算表，在此表格中分别输入应发工资等基础信息，即可计算出该员工每个月的应缴个税金额和实发工资。

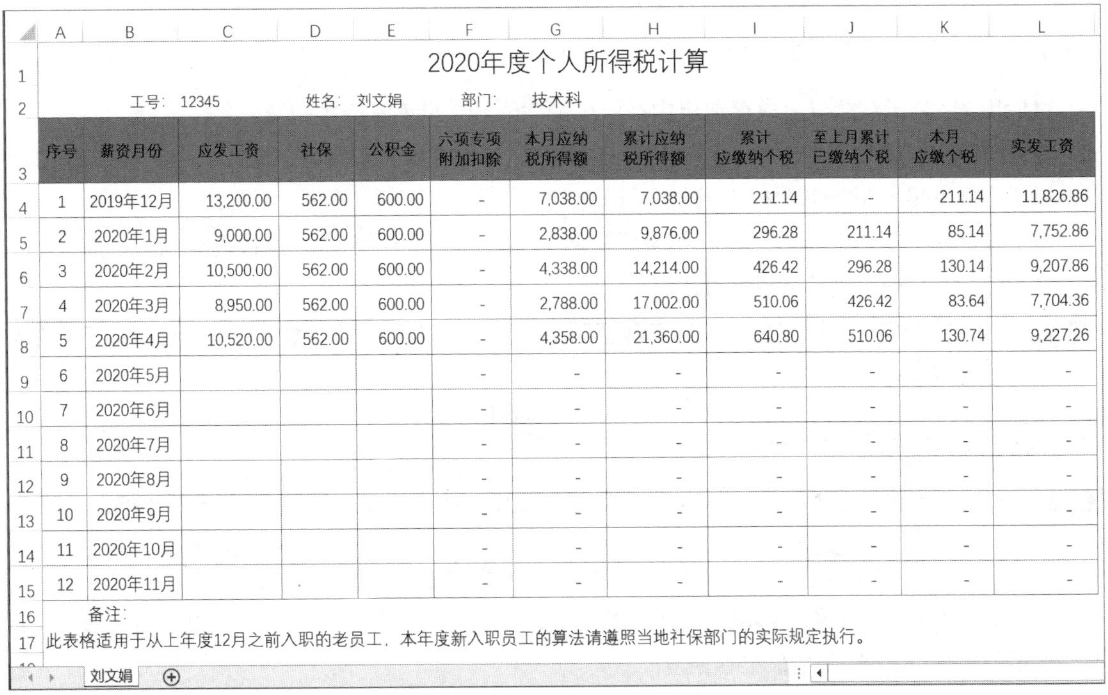

2020年度个人所得税计算

工号：12345　　姓名：刘文娟　　部门：技术科

序号	薪资月份	应发工资	社保	公积金	六项专项附加扣除	本月应纳税所得额	累计应纳税所得额	累计应缴纳个税	至上月累计已缴纳个税	本月应缴个税	实发工资
1	2019年12月	13,200.00	562.00	600.00	-	7,038.00	7,038.00	211.14	-	211.14	11,826.86
2	2020年1月	9,000.00	562.00	600.00	-	2,838.00	9,876.00	296.28	211.14	85.14	7,752.86
3	2020年2月	10,500.00	562.00	600.00	-	4,338.00	14,214.00	426.42	296.28	130.14	9,207.86
4	2020年3月	8,950.00	562.00	600.00	-	2,788.00	17,002.00	510.06	426.42	83.64	7,704.36
5	2020年4月	10,520.00	562.00	600.00	-	4,358.00	21,360.00	640.80	510.06	130.74	9,227.26
6	2020年5月				-	-	-	-	-	-	-
7	2020年6月				-	-	-	-	-	-	-
8	2020年7月				-	-	-	-	-	-	-
9	2020年8月				-	-	-	-	-	-	-
10	2020年9月				-	-	-	-	-	-	-
11	2020年10月				-	-	-	-	-	-	-
12	2020年11月				-	-	-	-	-	-	-

备注：

此表格适用于从上年度12月之前入职的老员工，本年度新入职员工的算法请遵照当地社保部门的实际规定执行。

刘文娟

图 20-4　全年个人所得税计算表

制作个人所得税计算表的操作步骤如下。

步骤 1 在 C2、E2、G2 单元格中分别输入工号、姓名和部门信息。在 B~F 列依次输入薪资月份、应发工资、社保、公积金和六项专项附加扣除数。

步骤 2 在 G4 单元格输入以下公式，计算出本月应纳税所得额。将公式向下复制到 G15 单元格。

```
=IF(C4="",0,C4-5000-D4-E4-F4)
```

公式使用 IF 函数判断，如果 C4 单元格的应发工资为空白时则返回 0，否则返回用 C4 单元格的应发工资分别减去本月减除数 5 000、社保、公积金和六项专项附加扣除后的剩余金额。

步骤 3 在 H4 单元格输入以下公式，计算出累计应纳税所得额。将公式向下复制到 H15 单元格。

```
=IF(C4="",0,SUM(G$4:G4))
```

步骤④ 在 I4 单元格输入以下公式，计算累计应缴纳个税金额。将公式向下复制到 I15 单元格。

```
=IF(C4="",0,ROUND(MAX
(H4*{3,10,20,25,30,35,45}%-{0,2520,16920,31920,52920,85920,181920},),2))
```

采用速算扣除数法计算超额累进税率的所得税计算模型为：

$$应纳税额 = 应纳税所得额 \times 预扣率 - 速算扣除数$$

公式中的"{3,10,20,25,30,35,45}%"部分，是不同区间的税率。"{0,2520,16920,31920,52920,85920,181920}"部分，是各区间的速算扣除数。

公式中的"H4*{3,10,20,25,30,35,45}%-{0,2520,16920,31920,52920,85920,181920}"部分，用应纳税所得额分别乘以各级预扣率，再分别减去各级速算扣除数，得到内存数组结果为：

```
{211.14,-1816.2,-15512.4,-30160.5,-50808.6,-83456.7,-178752.9}
```

然后用 MAX 函数从以上内存数组中提取出最大值，结果就是应纳税额。

如果应纳税所得额不足 5 000，结果会出现负数，因此在 MAX 函数中增加了一个参数 0，如果应纳税所得额不足 5 000 时，使应纳税额返回 0。

接下来使用 ROUND 函数对计算结果保留两位小数，最后再使用 IF 函数进行判断，如果 C 列的应发工资为空白时，则公式返回 0。

步骤⑤ 在 J4 单元格输入以下公式，计算截至到上个月的累计已缴纳个税金额。将公式向下复制到 J15 单元格。

```
=IF(C4="",0,MAX(I$3:I3))
```

步骤⑥ 在 K4 单元格输入以下公式，计算本月应缴个税。将公式向下复制到 K15 单元格。

```
=MAX(I4-J4,0)
```

公式用累计应缴纳个税金额减去至上月累计已缴纳的个税金额，得到本月应缴个税金额。当二者相减小于 0 时，MAX 函数最终返回 0。

步骤⑦ 在 L4 单元格输入以下公式，计算出实发工资。将公式向下复制到 L15 单元格。

```
=C4-D4-E4-K4
```

即应发工资 - 社保 - 公积金 - 本月应缴个税。

> **提 示**
>
> 此表格适用于上年度 12 月之前入职的老员工。由于个税申报系统中的减除费用是按照 5 000 元 / 月乘以纳税人当年截至本月在本单位的任职受雇月份数计算，因此在计算本年度新入职员工的减除费用时，需要结合员工入职时间和本单位的个税申报周期单独进行处理，实际操作时可以咨询当地社保部门，按规定执行。
>
> 使用此方法时，需要每个员工单独一个工作表。实际操作时可通过建立工作表副本的方法创建其他员工的个税计算表。在各工作表中的数据录入完整后，再使用公式完成汇总即可。读者可在本章示例文件中查看个人所得税汇总表的示例，限于篇幅，不再展开讲解。

技巧 260 一对多查询

一对多查询，是指数据表中有多个符合指定条件的内容时，需要提取出全部记录。如图 20-5 所示，数据表中的 A~E 列是一些员工信息，要根据 G2 单元格指定的学历，提取出所有学历为“本科”的员工姓名及隶属部门。

	A	B	C	D	E	F	G	H
1	工号	姓名	隶属部门	学历	年龄		学历	
2	068	魏靖晖	生产部	本科	30		本科	
3	014	虎必韧	生产部	专科	37			
4	055	杨丽萍	生产部	硕士	57		姓名	隶属部门
5	106	王晓燕	生产部	专科	48		魏靖晖	生产部
6	107	姜杏芳	销售部	本科	38		姜杏芳	销售部
7	114	金绍琼	销售部	本科	25		金绍琼	销售部
8	118	岳存友	行政部	专科	32		解文秀	行政部
9	069	解文秀	行政部	本科	24		彭淑慧	生产部
10	236	彭淑慧	生产部	本科	24		张文霞	生产部
11	237	杨莹妍	生产部	专科	44		郭志赟	生产部
12	238	周雾雯	生产部	高中	30			
13	239	杨秀明	生产部	高中	33			
14	240	张文霞	生产部	本科	29			
15	241	郭志赟	生产部	本科	35			
16	242	郑云霞	生产部	硕士	48			

图 20-5　一对多查询

在 G5 单元格输入以下数组公式，按 <Ctrl+Shift+Enter> 组合键，将公式复制到 G5:H11 单元格区域。

```
{=INDEX(B:B,SMALL(IF($D$2:$D$16=$G$2,ROW($2:$16),4^8),ROW(A1)))&""}
```

公式中的“IF($D$2:$D$16=$G$2,ROW($2:$16),4^8)”部分，使用 IF 函数判断指定的条件“$D$2:$D$16=$G$2”是否成立，如果条件成立，则公式返回第 2 参数“ROW($2:$16)”的结果，否则返回第 3 参数 4^8，即 65536。得到一个内存数组如下：

```
{2;65536;65536;65536;6;7;65536;9;10;65536;65536;65536;14;15;65536}
```

在该内存数组中，D 列等于“本科”的返回了对应的行号，其他则返回了一个较大的数值 65536，如图 20-6 所示。

	A	B	C	D	E	F
1	工号	姓名	隶属部门	学历	年龄	
2	068	魏靖晖	生产部	本科	30	2
3	014	虎必韧	生产部	专科	37	65536
4	055	杨丽萍	生产部	硕士	57	65536
5	106	王晓燕	生产部	专科	48	65536
6	107	姜杏芳	销售部	本科	38	6
7	114	金绍琼	销售部	本科	25	7
8	118	岳存友	行政部	专科	32	65536
9	069	解文秀	行政部	本科	24	9
10	236	彭淑慧	生产部	本科	24	10
11	237	杨莹妍	生产部	专科	44	65536
12	238	周雾雯	生产部	高中	30	65536
13	239	杨秀明	生产部	高中	33	65536
14	240	张文霞	生产部	本科	29	14
15	241	郭志赟	生产部	本科	35	15
16	242	郑云霞	生产部	硕士	48	65536

图 20-6　内存数组结果示意图

接下来再用 SMALL 函数，在这个内存数组中提取第 n 个最小值，这里的 n 由公式最后部分的 ROW(A1) 来指定。

ROW(A1) 的作用是返回 A1 单元格的行号，结果为 1。当公式向下复制时，会依次变成

ROW(A2)、ROW(A3)、……，也就是得到从 1 开始、依次递增的序号。最终目的是给 SMALL 函数一个动态的参数，并依次从内存数组中提取出第 1 至第 n 个最小值。

最后使用 INDEX 函数，根据 SMALL 函数提取到的行号信息，返回 B 列对应位置的姓名。随着公式不断向下复制，当所有符合指定条件的行号都提取完毕后，SMALL 函数会返回 65536，INDEX 函数最终根据这个行号信息，返回 B65536 单元格中的引用。

通常情况下，工作表中的数据不会达到 65536 行，也就是假定 B65536 是空白单元格。当 INDEX 函数引用空白单元格时，会返回一个无意义的 0，所以在公式的最后部分加上一个 &""，使无意义的 0 显示为空文本。

技巧 261 多对多查询

多对多查询通常分为两种情况：一是要提取同时符合多个条件的所有记录，二是要提取符合多个条件之一的所有记录。

261.1 提取同时符合多个条件的所有记录

如图 20-7 所示，需要在 A~E 列的员工信息表中，根据 G2 单元格指定的部门和 H2 单元格指定的学历，提取部门为“生产部”，并且学历为“本科”的所有员工姓名。

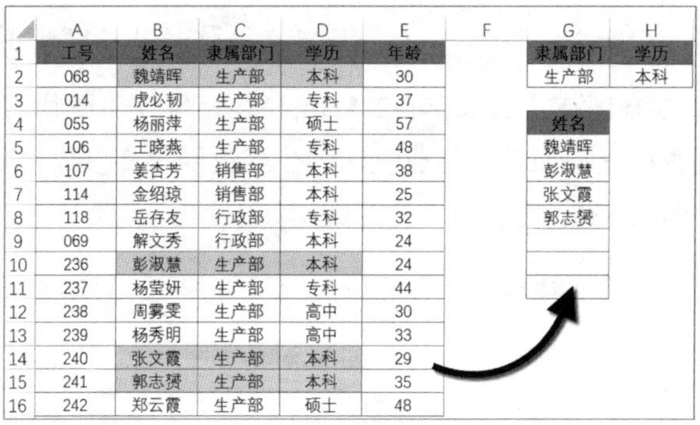

	A	B	C	D	E	F	G	H
1	工号	姓名	隶属部门	学历	年龄		隶属部门	学历
2	068	魏靖晖	生产部	本科	30		生产部	本科
3	014	虎必韧	生产部	专科	37			
4	055	杨丽萍	生产部	硕士	57		姓名	
5	106	王晓燕	生产部	专科	48		魏靖晖	
6	107	姜杏芳	销售部	本科	38		彭淑慧	
7	114	金绍琼	销售部	本科	25		张文霞	
8	118	岳存友	行政部	专科	32		郭志赟	
9	069	解文秀	行政部	本科	24			
10	236	彭淑慧	生产部	本科	24			
11	237	杨莹妍	生产部	专科	44			
12	238	周雾雯	生产部	高中	30			
13	239	杨秀明	生产部	高中	33			
14	240	张文霞	生产部	本科	29			
15	241	郭志赟	生产部	本科	35			
16	242	郑云霞	生产部	硕士	48			

图 20-7 提取同时符合多个条件的所有记录

在 G5 单元格输入以下数组公式，按 <Ctrl+Shift+Enter> 组合键，将公式向下复制到 G11 单元格。

```
{=INDEX(B:B,SMALL(IF(($C$2:$C$16=$G$2)*($D$2:$D$16=$H$2),ROW($2:$16),4^8),ROW
(A1)))&""}
```

此公式的思路与一对多查询的公式大致相同，不同部分在于多个判断条件的写法。公式中的“($C$2:$C$16=$G$2)*($D$2:$D$16=$H$2)”部分，先把两个判断条件分别写到不同的括号内，得到两个由逻辑值构成的内存数组：

```
{TRUE;TRUE;TRUE;TRUE;FALSE;……;TRUE;TRUE}
{TRUE;FALSE;FALSE;FALSE;TRUE;……;TRUE;FALSE}
```

再将两个数组中的元素对应相乘，TRUE 在四则运算中的作用相当于 1，FALSE 在四则运算中的作用相当于 0，也就是当两组条件同时符合时，对应相乘后的结果是 1，否则相乘后的结果是 0，如图 20-8 所示。

	A	B	C	D	E	F	G	H	I	J
1	工号	姓名	隶属部门	学历	年龄	部门判断		学历判断		结果
2	068	魏靖晖	生产部	本科	30	TRUE	×	TRUE	=	1
3	014	虎必韧	生产部	专科	37	TRUE	×	FALSE	=	0
4	055	杨丽萍	生产部	硕士	57	TRUE	×	FALSE	=	0
5	106	王晓燕	生产部	专科	48	TRUE	×	FALSE	=	0
6	107	姜杏芳	销售部	本科	38	FALSE	×	TRUE	=	0
7	114	金绍琼	销售部	本科	25	FALSE	×	TRUE	=	0
8	118	岳存友	行政部	专科	32	FALSE	×	FALSE	=	0
9	069	解文秀	行政部	本科	24	FALSE	×	TRUE	=	0
10	236	彭淑慧	生产部	本科	24	TRUE	×	TRUE	=	1
11	237	杨莹妍	生产部	专科	44	TRUE	×	FALSE	=	0
12	238	周雾雯	生产部	高中	30	TRUE	×	FALSE	=	0
13	239	杨秀明	生产部	高中	33	TRUE	×	FALSE	=	0
14	240	张文霞	生产部	本科	29	TRUE	×	TRUE	=	1
15	241	郭志赟	生产部	本科	35	TRUE	×	TRUE	=	1
16	242	郑云霞	生产部	硕士	48	TRUE	×	FALSE	=	0

图 20-8 多条件判断过程示意图

在 IF 函数的第 1 参数中，0 的作用相当于逻辑值 FALSE，不等于 0 的数值则相当于逻辑值 TRUE，也就是两个条件同时符合时返回对应的行号，否则返回 65536。接下来使用 SMALL 函数从小到大依次提取出行号，再用 INDEX 函数返回对应位置的内容。

261.2 提取符合多个条件之一的所有记录

如图 20-9 所示，需要在 A~E 列的员工信息表中，根据 G2 单元格指定的学历和 H2 单元格指定的年龄，提取出学历为“专科”，或者年龄大于等于 40 岁的所有员工姓名。

	A	B	C	D	E	F	G	H
1	工号	姓名	隶属部门	学历	年龄		学历	年龄
2	068	魏靖晖	生产部	本科	30		专科	40
3	014	虎必韧	生产部	专科	37			
4	055	杨丽萍	生产部	硕士	57		姓名	
5	106	王晓燕	生产部	专科	48		虎必韧	
6	107	姜杏芳	销售部	本科	38		杨丽萍	
7	114	金绍琼	销售部	本科	25		王晓燕	
8	118	岳存友	行政部	专科	32		岳存友	
9	069	解文秀	行政部	本科	24		杨莹妍	
10	236	彭淑慧	生产部	本科	24		郑云霞	
11	237	杨莹妍	生产部	专科	44			
12	238	周雾雯	生产部	高中	30			
13	239	杨秀明	生产部	高中	33			
14	240	张文霞	生产部	本科	29			
15	241	郭志赟	生产部	本科	35			
16	242	郑云霞	生产部	硕士	48			

图 20-9 提取符合多个条件之一的所有记录

在 G5 单元格输入以下数组公式，按 <Ctrl+Shift+Enter> 组合键，将公式向下复制到 G11 单元格。

```
{=INDEX(B:B,SMALL(IF(($D$2:$D$16=$G$2)+($E$2:$E$16>=$H$2),ROW($2:$16),4^8),ROW(A1)))&""}
```

公式先对“($D$2:$D$16=$G$2)”和“($E$2:$E$16>=$H$2)”两组条件进行判断，得到两个由逻辑值构成的内存数组。

然后将两个内存数组中的元素对应相加，已知逻辑值 TRUE 和 FALSE 在四则运算中的作用分别相当于 1 和 0，当两组条件都不符合时，对应相加（FALSE + FALSE）的结果是 0，否则相加后的结果将大于 0。

接下来使用 IF 函数进行判断，当两个条件符合其一时即返回对应的行号，否则返回 65536。最后使用 SMALL 函数从小到大依次提取出行号，再用 INDEX 函数返回对应位置的内容。

技巧 262 从单列中提取不重复内容

如图 20-10 所示，为某学校运动会的选手参赛信息。A 列中的参赛选手姓名存在重复信息，需要在 D 列提取不重复的参赛人员名单。

在 D2 单元格输入以下数组公式，按<Ctrl+Shfit+ Enter>组合键，将公式向下复制到 D12 单元格。

```
{=INDEX(A:A,SMALL(IF(MATCH($A$2:$A$12,$A$2:$A$12,0)=ROW($2:$12)-
1,ROW($2:$12),99),ROW(A1)))&""}
```

	A	B	C	D
1	姓名	参赛项目		参赛人员名单
2	洪云	仰卧起坐		洪云
3	陈先财	跳绳		陈先财
4	洪云	跳绳		黎佳
5	黎佳	跳绳		李正刚
6	李正刚	跳绳		王应祥
7	王应祥	跳绳		
8	陈先财	踢毽子		
9	李正刚	踢毽子		
10	陈先财	立定跳远		
11	洪云	立定跳远		
12	黎佳	立定跳远		

图 20-10 从单列中提取不重复内容

公式中“MATCH($A$2:$A$12,$A$2:$A$12,0)”部分，用于用于分别查找 A2:A12 单元格中的姓名在此区域中的位置。由于 MATCH 函数第 3 参数选的是 0，故只返回该姓名在此区域中第一次出现的位置。

```
{1;2;1;4;5;6;2;5;2;1;4}
```

“MATCH($A$2:$A$12,$A$2:$A$12,0)=ROW($2:$12)-1”部分，用于判断每个姓名第一次出现的位置是否与它的行号减去 1 的值相等，相等返回 TRUE，否则返回 FALSE。相等则说明该条记录是第一次出现。

```
{TRUE;TRUE;FALSE;TRUE;TRUE;TRUE;FALSE;FALSE;FALSE;FALSE;FALSE}
```

再使用 IF 函数对刚才的结果进行判断，将第一次出现的行返回其行号，重复出现的行则返回 99。99 在这里作为一个比较大的数，可以用任何远大于不重复项个数的数字来代替。

```
{2;3;99;5;6;7;99;99;99;99;99}
```

“ROW(A1)”返回结果为 1，以此作为 SMALL 函数的第 2 参数，从 IF 函数返回的结果中提取第 1 小的值，即 2。

最后使用 INDEX 函数从 A 列中检索第 2 行的值，返回结果“洪云”，提取出了第一个姓名。

随着公式向下复制，SMALL 函数的第 2 参数将变成 ROW(A2)、ROW(A3)……SMALL 函数返回第 2、第 3……小的值，即 3、5。随之对应的 INDEX 函数从 A 列中提取出第 3 行、第 5 行……的姓名，即“陈先财”“黎佳”……

INDEX 检索不到值时返回 0，公式的最后用“&”符号连接一个空文本“""”，将 0 值转变为空文本。

技巧 263 从多列中提取不重复内容

如图 20-11 所示，A~C 列中为 3 个库房存放的零件名称，需要在 E 列中统计出不重复的零件清单。

在 E2 单元格输入以下数组公式，按 <Ctrl+Shift+Enter> 组合键，将公式向下复制到 E13 单元格。

```
{=INDIRECT(TEXT(MIN(IF(COUNTIF($E$1:E1,$A$2:$C$7)=0,ROW($2:$7)*100+COLUMN($A:$C))),"R0C00"),0)&""}
```

E2 | fx {=INDIRECT(TEXT(MIN(IF(COUNTIF($E$1:E1,$A$2:$C$7)=0,ROW($2:$7)*100+COLUMN($A:$C))),"R0C00"),0)&"")}

	A	B	C	D	E	F
1	库房1	库房2	库房3		零件清单	
2	U型螺栓	U型螺栓	碳钢螺栓0528		U型螺栓	
3	不锈钢管塞	不锈钢管塞	不锈钢螺栓0536		碳钢螺栓0528	
4	不锈钢螺栓0536	碳钢螺栓0528	碳钢管塞M20		不锈钢管塞	
5	不锈钢管塞1/2NPT	碳钢管塞M20	不锈钢管塞1/2NPT		不锈钢螺栓0536	
6	共平面法兰316不锈钢	共平面法兰304不锈钢	共平面法兰304不锈钢		碳钢管塞M20	
7	不锈钢排气排液阀			不锈钢管塞1/2NPT	
8					共平面法兰316不锈钢	
9					共平面法兰304不锈钢	
10					不锈钢排气排液阀	
11					
12					
13					

图 20-11 多列中提取不重复值

公式中的"COUNTIF($E$1:E1,$A$2:$C$7)=0"部分，用于判断 A2:C7 单元格区域中的零件名称在 $E$1:E1 这个动态扩展的区域中出现的次数。等于 0 时返回 TRUE，否则返回 FALSE。"$E$1:E1"引用区域随着公式向下复制会逐渐增大，会将已经产生的公式结果作为后续公式的判断条件。

"IF(COUNTIF($E$1:E1,$A$2:$C$7)=0,ROW($2:$7)*100+COLUMN($A:$C))"部分，通过 IF 函数返回不重复值所在位置的行号放大 100 倍后和列号的组合。

```
{201,202,203;301,302,303;401,402,403;501,502,503;601,602,603;701,702,703}
```

然后用 MIN 函数取其最小值 201，再使用 TEXT 函数将数字 201 格式化为 R1C1 引用样式的字符串"R2C01"。最后使用 INDIRECT 函数将"R2C01"转变为真正的单元格引用。

公式在向下复制时，会再次判断 A2:C7 单元格中的零件名称在 E 列公式所在行之前出现的次数，将不存在的单元格依次提取到 E 列中来。

在公式后用"&"符号连接空文本""""可屏蔽 INDIRECT 函数返回的 0 值，将其变为空文本。

技巧 264 中国式排名

如图 20-12 所示，A~B 列是某单位员工考核成绩表的部分内容，C 列是使用 RANK 函数计算的考核排名。其特点为相同的成绩排名相同，但会占用后续的名次。如有两个第 2 名，则没有第 3 名，下一个排名为第 4 名。而中国式排名的特点为相同的成绩排名相同，但不占用后续的名次。无论有几个相同的成绩，后续排名序号始终是连续的。

	A	B	C	D
1	姓名	成绩	排名	中国式排名
2	甄颖	91	4	3
3	林江	90	6	4
4	牛建萍	91	4	3
5	李玉德	94	1	1
6	杨波	83	7	5
7	李洪英	93	2	2
8	杨彩芳	93	2	2
9	杨莲笙	76	8	6
10	张志明	76	8	6
11	胡国碧	75	10	7

图 20-12　中国式排名

在 D2 单元格中输入以下公式，向下复制到 D11 单元格，可计算出 B 列成绩的中国式排名。

```
=SUMPRODUCT(($B$2:$B$11>=B2)/COUNTIF($B$2:$B$11,$B$2:$B$11))
```

公式的过程相当于在B$2:B$11单元格区域中统计大于等于B2单元格数值，并且不重复的个数。

首先用“B$2:B$11>=B2”分别比较 B2:B11 每个单元格中的数值与 B2 单元格的大小，结果为：

```
{TRUE;FALSE;TRUE;TRUE;FALSE;TRUE;TRUE;FALSE;FALSE;FALSE}
```

在 EXCEL 运算中，逻辑值 TRUE 和 FALSE 分别相当于 1 和 0，因此该部分可以看作是 {1;0;1;1;0;1;1;0;0;0}。

“COUNTIF(B$2:B$11,B$2:B$11)”部分，分别统计 B2:B11 单元格区域中每个元素出现的次数，计算结果为 {1;2;2;1;2;2;1;2;2;1}。

用 {1;0;1;1;0;1;1;0;0;0} 除以 COUNTIF 函数返回的内存数组，也就是如果 B$2:B$11>=B2 的条件成立，就对该数组中对应的元素取倒数，得到新的数组结果为：

```
{0.5;0;0.5;1;0;0.5;0.5;0;0;0}
```

如果使用分数表示内存数组中的小数，则结果为：

```
{1/2;0;1/2;1;0;0;1/2;1/2;0;0}。
```

对照 B2:B11 单元格中的数值可以看出，如果数值小于 B2 单元格，则该部分的计算结果为 0。如果数值大于等于 B2，并且仅出现一次，则该部分计算结果为 1。如果数值大于等于 B2，并且出现了多次，则计算出现次数的倒数。（例如 93 出现了两次，则每个 93 对应的结果是 1/2，两个 1/2 合计起来还是 1）

最后使用 SUMPRODUCT 函数求和，得到中国式排名结果。

技巧 265 数字转人民币大写金额

在财务工作中时经常需要用到中文大写金额。如图 20-13 所示，使用公式能够将 A 列的小写金额转换为中文大写金额。

	A	B
1	小写金额	中文大写金额
2	62529.56	陆万贰仟伍佰贰拾玖元伍角陆分
3	3345.2	叁仟叁佰肆拾伍元贰角整
4	-1207.5	负壹仟贰佰零柒元伍角整
5	0.47	肆角柒分
6	1835	壹仟捌佰叁拾伍元整

图 20-13 生成大写金额

在 B2 单元格输入以下公式，向下复制到 B6 单元格。

```
=SUBSTITUTE(SUBSTITUTE(IF(-RMB(A2,2),TEXT(A2,";负")&TEXT(INT(ABS(A2)+0.5%),"[dbnum2]G/通用格式元;;")&TEXT(RIGHT(RMB(A2,2),2),"[dbnum2]0角0分;;整"),),"零角",IF(A2^2<1,,"零")),"零分","整")
```

公式中“RMB(A2,2)”的部分，作用是依照货币格式将数值四舍五入到两位小数并转换成文本。

首先使用 TEXT 函数分别将金额数值的整数部分和小数部分以及正负符号进行格式转换。

“TEXT(A2,";负")”部分，表示如果 A2 单元格的金额小于 0 则返回字符“负”，否则返回空白。

“TEXT(INT(ABS(A2)+0.5%),"[dbnum2]G/通用格式元;;")”部分，作用是将金额取绝对值后的整数部分转换为大写。+0.5% 的作用是为了避免在 0.999 元、1.999 元等情况下出现的计算错误。

“TEXT(RIGHT(RMB(A2,2),2),"[dbnum2]0角0分;;整")”部分，作用是将金额的小数部分转换为大写。

然后再使用连接符号 & 连接三个 TEXT 函数的结果。

通过 IF 函数对 -RMB(A2,2) 进行判断，如果金额大于等于 1 分，则返回连接 TEXT 函数的转换结果，否则返回空值。

最后使用两个 SUBSTITUTE 函数将“零角”替换为“零”或空值，将“零分”替换为“整”。

技巧 266 将收款凭证中的数字分列填写

在 Excel 中处理财务凭证时，经常需要对数字进行分列显示，也就是 1 位数字占用一格，同时还需要在金额前加上人民币符号（¥）。

图 20-14 是在 Excel 中模拟的收款凭证，其中 F 列为商品的合计金额，需要在 G~P 列用公式实现金额数值分列显示。

	A	B	C	D	E	F	G	H	I	J	K	L	M	N	O	P
1					收款凭证											
2		客户全称:										开票日期 2020年1月18日				
3		商品名称		单价	数量	合计	金 额									
4							千	百	十	万	千	百	十	元	角	分
5		电冰箱		4689	200	937,800.00		¥	9	3	7	8	0	0	0	0
6		微波炉		599	150	89,850.00			¥	8	9	8	5	0	0	0
7		洗衣机		2890	350	1,011,500.00	¥	1	0	1	1	5	0	0	0	0
8																
9																
10		合计人民币（大 写）	贰佰零叁万玖千壹佰伍拾元整			2,039,150.00	¥	2	0	3	9	1	5	0	0	0
11		制表人:			经办人:								单位名称（盖章）			

图 20-14 收款凭证中的数字分列填写

在 G5 单元格输入以下公式，将公式复制到 G5:P9 单元格区域。

```
=IF($F5,LEFT(RIGHT(" ￥"&$F5/1%,COLUMNS(G:$P))),"")
```

公式中使用 IF 函数进行判断，如果 F5 单元格不为 0，则返回 LEFT 函数提取的结果，否则返回空文本 ""。

LEFT 函数中仅有 RIGHT 函数一个参数，表示从 RIGHT 函数返回的结果中取值，且只取一个字符（第 2 参数省略，表示取左侧第一个字符）。

$F5/1% 部分，表示将 F5 单元格的数值放大 100 倍，转换为整数，也可以用 $F5*100 来代替。因为分列显示的金额中没有小数点，使用文本函数要对所有的数字包括"角"和"分"一起进行提取。再将字符串 " ￥"（注意人民币符号前有一个空格）与其连接，变成新的字符串 " ￥93780000"。

使用 RIGHT 函数在这个字符串的右侧开始取值，长度分别为 COLUMNS(G:$P) 部分的计算结果。COLUMNS(G:$P) 用于计算从公式当前列至 P 列的列数，计算结果为 10。

在公式向右复制时，COLUMNS 函数形成一个递减的自然数序列。即每向右一列，RIGHT 函数的取值长度减少 1。即 G5 单元格中公式 RIGHT 函数取值长度为 COLUMNS(G:$P)，结果为 10 位，H5 单元格为 COLUMNS(H:$P)，结果为 9 位。

如果 RIGHT 函数指定要截取的字符数超过字符串总长度，则结果仍为原字符串。RIGHT(" ￥93780000",10) 的结果为 " ￥93780000"，最后使用 LEFT 函数取得首字符，结果为空格。

人民币符号（￥）之前加空格是为了保证当截取字符数超过字符串总长度时，RIGHT 截取到的结果最左侧的字符为空格，这样所有未涉及金额的部分都将显示为空白。

其他单元格中的公式计算过程以此类推。

第 3 篇

数据可视化

大数据时代来临，如何将纷杂、枯燥的数据以图形的形式表现出来，并从不同的维度观察和分析显得尤为重要。本篇将重点介绍数据可视化技术中的条件格式、常用商务图表、交互式图表、非数据类图表与图形的处理。

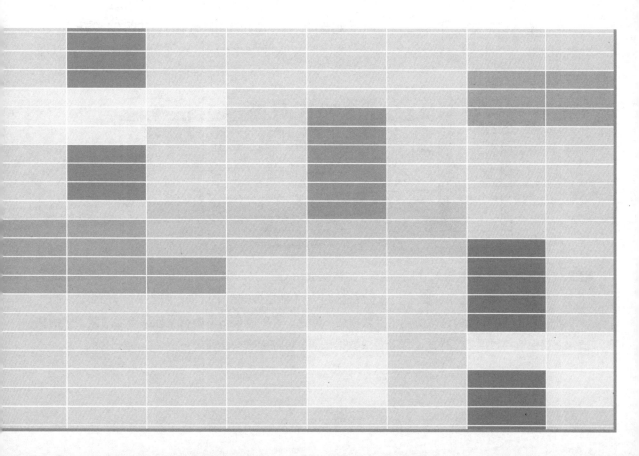

第21章 用条件格式标记数据

使用 Excel 的条件格式功能，可以预先设置单元格格式或图形效果，并在满足某种指定的条件时自动应用于目标单元格。如果单元格的值发生变化，则其对应的格式也会自动改变。本章主要讲述使用"数据条""色阶""图标集"等图形化功能来展示数据分析的结果，以及用预定义格式来快速标记包含重复值、特定日期提醒或特定文本的单元格。

技巧 267 用"数据条"样式展示产品盈利情况

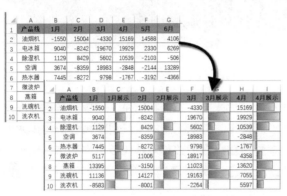

图 21-1　条件格式的"数据条"效果

如图 21-1 所示，左侧是一张普通的数据表格，右侧是其添加了条件格式"数据条"样式后的效果。使用"数据条"样式达到了简易图表的效果，将数据与条形分别在不同列中显示，使数据呈现更加直观。

操作步骤如下。

步骤① 单击 C 列列标选中 C 列整列，右击鼠标，在弹出的快捷菜单中单击【插入】命令，插入一个空白列。

步骤② 选中 C2:C10 单元格区域，在编辑栏中输入以下公式，按 <Ctrl+Enter> 组合键，在多单元格内同时输入，如图 21-2 所示。

```
=B2
```

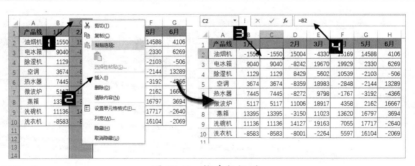

图 21-2　构建数据列

步骤③ 在 C1 单元格中输入"1月展示"，再次选中 C2:C10 单元格区域，然后在【开始】选项卡中依次单击【条件格式】→【数据条】→【蓝色数据条】选项，如图 21-3 所示。

此时 C2:C10 单元格区域应用了"数据条"样式，并同时保留有数值。如果需要隐藏其中的数值，而仅保留"数据条"样式，以及更改数据条颜色，需要进一步设置。

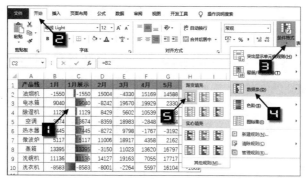

图 21-3　为数据表格添加"数据条"

步骤④ 保持 C2:C10 单元格处于选中状态，然后在【开始】选项卡中依次单击【条件格式】→【管理规则】选项，打开【条件格式规则管理器】对话框，在对话框中单击选中【蓝色数据条】的规则，单击【编辑规则】按钮，打开【编辑格式规则】对话框，如图 21-4 所示。

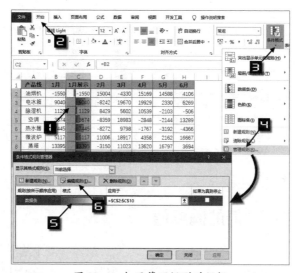

图 21-4　打开管理规则对话框

步骤⑤ 在【编辑格式规则】对话框中选中【仅显示数据条】复选框。单击【条形图外观】下的【颜色】选项按钮，设置颜色为"绿色"。单击【负值和坐标轴】按钮，打开【负值和坐标轴设置】对话框，单击【负值条形图颜色】下的【填充颜色】选项按钮，设置颜色为"粉红色"。同样的方法设置【边框颜色】为"粉红色"，最后依次单击【确定】按钮关闭所有对话框，如图 21-5 所示。

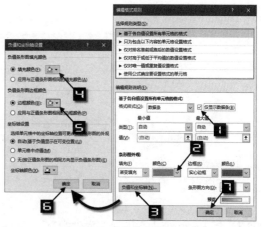

图 21-5　设置条件格式规则

此时，C2:C10 单元格区域的数值已不再显示，仅保留数据条样式，且按预先设置的颜色显示，其中绿色数据条代表正数，粉红色数据条代表负数。

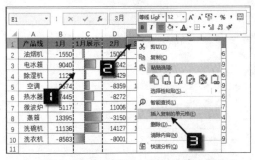

图 21-6　复制并插入复制的单元格

设置好 C 列数据格式后，需要复制 C 列并插入到每月数据列之后。

步骤⑥ 选中 C 列数据区域，按 <Ctrl+C> 组合键复制。然后单击 E1 单元格，右击鼠标，在弹出的快捷菜单中单击【插入复制的单元格】按钮，将 C 列的公式与数据条插入到 E 列之前。以此类推，完成其他月份的复制和插入，如图 21-6 所示。

步骤⑦ 同时选中 B1:C1 单元格，光标靠近 C1 单元格右下角，当光标呈"实心十字"状时，按住鼠标向右拖动，完成月份间的序号填充，如图 21-7 所示。

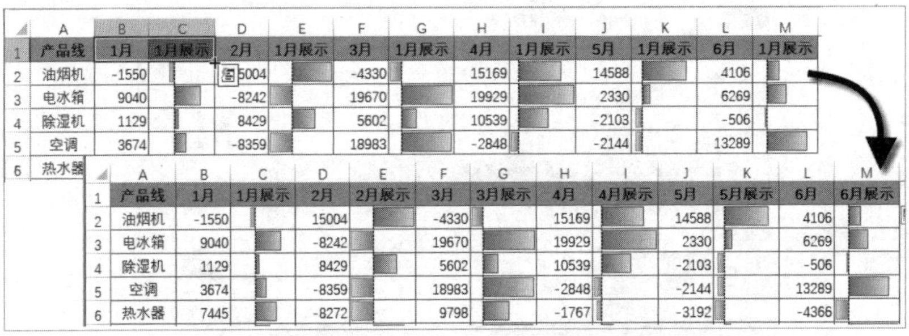

图 21-7　填充月份序号与效果图

技巧 268　双向标记与平均值的偏离值

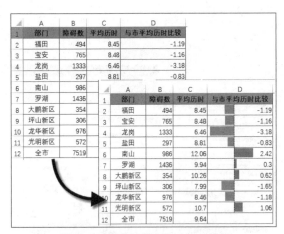

图 21-8　故障修复平均时长效果图

故障修复平均时长是考核一个网络服务提供商售后服务质量的重要指标。图 21-8 中的右图对"与市平均历时比较"字段使用了"数据条"样式，直观呈现了各部门与市平均历时之间的差距。

操作步骤如下。

步骤① 选中 D2:D11 单元格区域，在【开始】选项卡中依次单击【条件格式】→【新建规则】选项，打开【新建格式规则】对话框。

步骤② 选择【基于各自值设置所有单元格的格式】规则类型，然后在【格式样式】下拉列表中选择【数据条】选项。

步骤③ 将【最小值】类型设置为"数字"，值设置为"−3.5"。将【最大值】类型设置为"数字"，值设置为"5"。实际操作时，可根据数据范围灵活设置。

步骤④ 单击【条形图外观】下的【颜色】选项按钮，设置颜色为"绿色"。单击【负值和坐标轴】按钮。打开【负值和坐标轴设置】对话框，单击【负值条形图颜色】下的【填充颜色】选项按钮，设置颜色为"粉红色"。单击【确定】按钮关闭【负值和坐标轴设置】对话框。

步骤⑤ 在【条形图方向】下拉列表中选择【从左到右】选项，最后单击【确定】按钮关闭【新建格式规则】对话框，如图21-9所示。

提示

> 本例中，设置【最小值】和【最大值】的目的在于压缩数据条，将【最大值】设置为5，远大于实际的最大值2.42，于是为右侧数据的显示争取了空间。这样使D列单元格右侧显示数值，左侧显示正负数据条，数值与数据条之间互不干扰。

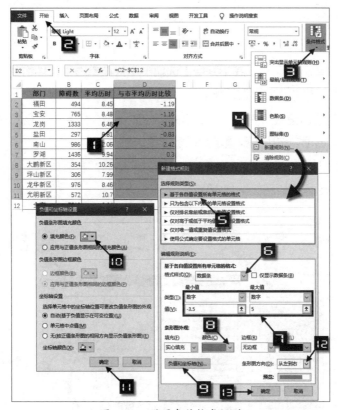

图21-9　设置条件格式规则

技巧 269 使用条件格式制作人口风暴图

很多时候，我们需要将数据做成图表展示，如图21-10所示，左侧是一张人口数据表格，右侧是添加条件格式"数据条"样式后的效果。使用"数据条"样式达到了金字塔图表的效果，使枯燥的数据更容易被读取。

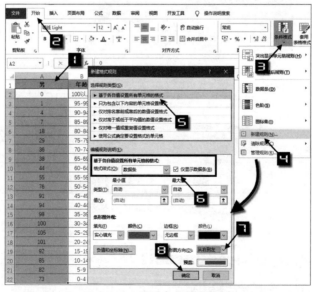

	A	B	C
1	男	年龄	女
2	0	100以上	2
3	1	95-99	5
4	4	90-94	10
5	7	85-89	16
6	18	80-84	23
7	29	75-79	33
8	36	70-74	38
9	38	65-69	42
10	44	60-64	48
11	55	55-59	52
12	76	50-54	69
13	91	45-49	83
14	94	40-44	92
15	98	35-39	97
16	100	30-34	100
17	105	25-29	105
18	101	20-24	99
19	92	15-19	85
20	85	10-14	80
21	82	5-9	79
22	73	0-4	68

图 21-10　人口数据展示图

操作步骤如下。

步骤① 选中 A2:A22 单元格区域，在【开始】选项卡中依次单击【条件格式】→【新建规则】选项，打开【新建格式规则】对话框。

步骤② 选择【基于各自值设置所有单元格的格式】规则类型，然后在【格式样式】下拉列表中选择【数据条】选项，选中【仅显示数据条】复选框。

步骤③ 在【条形图方向】下拉列表中选择【从右到左】选项，最后单击【确定】按钮关闭【新建格式规则】对话框，如图 21-11 所示。

图 21-11　设置条件格式规则

步骤④ 使用以上操作制作 C2:C22 单元格区域的"数据条"，单击【条形图外观】下的【颜色】选项按钮，设置颜色为"红色"。

步骤⑤ 在【条形图方向】下拉列表中选择【从左到右】选项，最后单击【确定】按钮关闭【新建格式规则】对话框。

提 示

此案例中男女年龄最大值都是 105，最小值也相差不大，所以不需要在规则中设置最小值与最大值。如果男女数据相差较大，想要更好的对比，应该在条件格式规则中将数据最小值、最大值设置为固定值，并且男女两边设置的数值应该一致。

技巧 270 用“色阶”制作热图

如图 21-12 所示，是某公司销售数据的部分记录。使用“色阶”样式后，数值的大小可以直接通过颜色呈现出来，用于标示各产品盈利情况处于警戒状态还是良好状态，既美观又直接。

图 21-12 销售数据

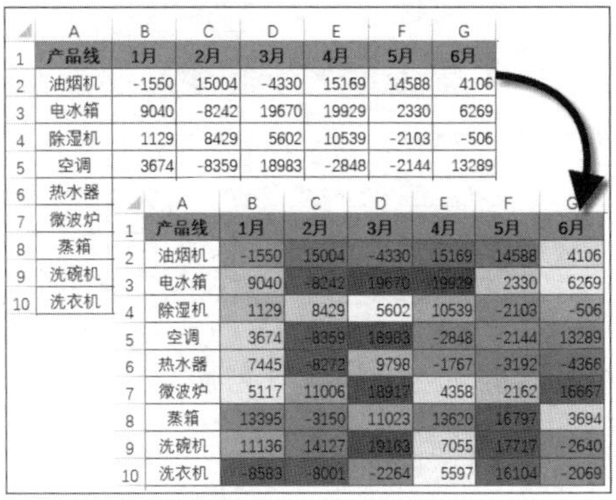

选中 B2:G10 单元格区域，在【开始】选项卡中依次单击【条件格式】→【色阶】→【蓝 - 白 - 红色阶】选项，如图 21-13 所示。

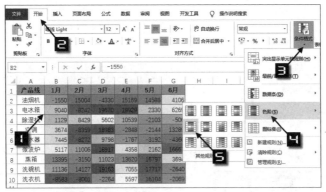

图 21-13 为表格设置“色阶”样式

“蓝 - 白 - 红色阶”样式，即数值大的显示蓝色，数值小的显示红色。

如果需要将应用“色阶”的单元格区域数值隐藏，只显示色阶，可对该区域设置单元格格式，具体操作如下。

选中 B2:G10 单元格区域，按 <Ctrl+1> 组合键调出【设置单元格格式】对话框，在【设置单元格格式】对话框中切换到【数字】选项卡下，选择【自定义】类别，然后在【类型】文本框中输入 3 个英文半角的分号“;;;”，最后单击【确定】按钮关闭对话框，如图 21-14 所示。

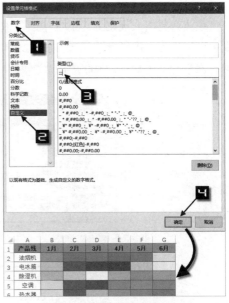

图 21-14 隐藏单元格数值

技巧 271 用"三色旗"指示财务数据状态

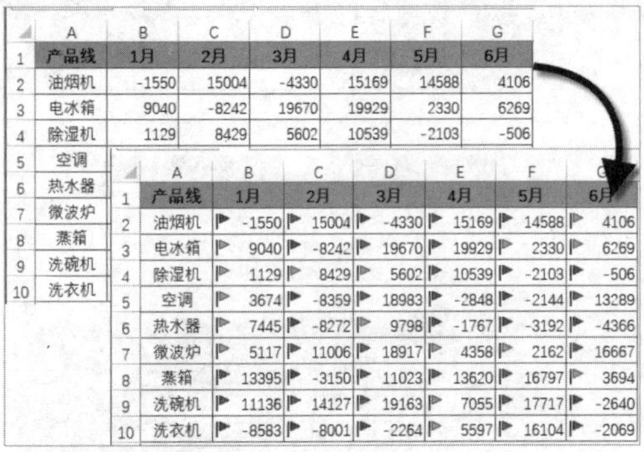

图 21-15 设置"三色旗"样式对比表

如图 21-15 所示,左侧是普通数据表格,右侧是应用"三色旗"图标集样式后的效果,规则是将大于等于 10 000 的数据标记为绿色旗,小于 10 000 且大于等于 0 的数据标记为黄色旗,小于 0 的数据标记为红色旗。这样借助不同颜色的旗子可以快速把握数据的整体统计特性,也能直观反映单个数据的指标高低。

操作步骤如下。

步骤① 选中 B2:G10 单元格区域,在【开始】选项卡中依次单击【条件格式】→【新建规则】选项,打开【新建格式规则】对话框。

步骤② 选择【基于各自值设置所有单元格的格式】规则类型,然后在【格式样式】下拉列表中选择【图标集】选项,在【图标样式】下拉列表中选择"三色旗"样式。

步骤③ 在对话框下方【根据以下规则显示各个图标】区域中设置规则,将【类型】设置为"数字",将逻辑设置为"当值是 >=10000 时显示绿色旗;当 <10000 且 >=0 时显示黄色旗;当 <0 时显示"红色旗"。

步骤④ 单击【确定】按钮关闭【新建格式规则】对话框,如图 21-16 所示。

图 21-16 设置条件格式规则

在【新建格式规则】对话框中的【根据以下规则显示各个图标】区域设置规则时,【值】编辑框中可以直接引用目标单元格。如图 21-17 所示,假设在【值】编辑框中直接引用了 L3、L4 单元格,那么修改 L3、L4 单元格的数字就能快速修改规则。

图 21-17 使用单元格作为条件格式规则

技巧 272 使用图标凸显数据极值

如图 21-18 所示，是某公司销售数据表的部分内容，应用"三色交通灯（无边框）"图标集样式后，将上半年总额中的最大值标记为绿色圆，最小值标记为红色圆，这样借助颜色可以快速查看数据极值。

操作步骤如下。

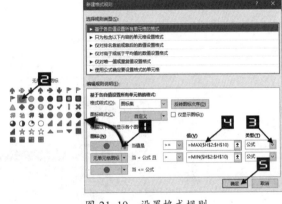

产品线	1月	2月	3月	4月	5月	6月	上半年总额
油烟机	-1550	15004	-4330	15169	14588	4106	42987
电冰箱	9040	-8242	19670	19929	2330	6269	48996
除湿机	1129	8429	5602	10539	-2103	-506	23090
空调	3674	-8359	18983	-2848	-2144	13289	22595
热水器	7445	-8272	9798	-1767	-3192	-4366	-354
微波炉	5117	11006	18917	4358	2162	16667	58227
蒸箱	13395	-3150	11023	13620	16797	3694	55379
洗碗机	11136	14127	19163	7055	17717	-2640	66558
洗衣机	-8583	-8001	-2264	5597	16104	-2069	784

图 21-18 凸显数据极值效果

步骤① 选中 H2:H10 单元格区域，在【开始】选项卡中依次单击【条件格式】→【新建规则】选项，打开【新建格式规则】对话框。

步骤② 选择【基于各自值设置所有单元格的格式】规则类型，然后在【格式样式】下拉列表中选择【图标集】选项，在【图标样式】下拉列表中选择"三色交通灯（无边框）"样式。

步骤③ 在对话框下方【根据以下规则显示各个图标】的区域设置规则，将【类型】设置为"公式"。

将条件设置为：

当值是 >= "=MAX($H$2:$H$10)"时显示"绿色圆"；

当 < 公式 "=MAX($H$2:$H$10)" 且 > 公式 "=MIN($H$2:$H$10)"时显示"无单元格图标"；

当 <= 公式 "=MIN($H$2:$H$10)"时显示"红色圆"。

步骤④ 单击【确定】按钮关闭【新建格式规则】对话框，如图 21-19 所示。

【新建格式规则】对话框的【根据以下规则显示各个图标】区域包含 3 条规则，处于上方的规则具有较高的优先级。

图 21-19 设置格式规则

```
=MAX($H$2:$H$10)
```

以上公式获取 H2:H10 单元格区域中的最大值，只要区域中的数据大于或等于最大值，则代当前值为最大值，所以显示"绿色圆"。

```
=MIN($H$2:$H$10)
```

以上公式获取 H2:H10 单元格区域中的最小值，只要区域中的数据小于最大值且大于最小值，则表示当前值不是最大值也不是最小值，所以不显示图标。

第三项规则只要区域中的数据小于或等于最小值，则代表当前值为最小值，所以显示"红色圆"。

> **提 示**
>
> 在设置逻辑过程中，公式中不能使用相对引用，所以如果有多列数据需要使用图标逐列凸显最大值最小值，则需要逐列更改公式引用区域。

技巧 273 超标数据预警

	A	B
1	客户经理	6月
2	范星	154843.00
3	黄家伟	31937.00
4	卓林林	140088.00
5	林芝林	152674.00
6	付情	45541.00
7	张明	21259.00
8	田伟	27410.00
9	陈意涵	72104.00
10	张玮玮	110812.00
11	姜子林	135322.00
12	刘龙	14210.00
13	梅花	54831.00
14	李莉莉	177534.00
15	赵婉英	35597.00
16	向天	154224.00
17	张志磊	123030.00
18	姚佩佩	22341.00
19	何威麟	49264.00
20	陈慈	66841.00
21	余小小	160269.00
22	康威	150126.00
23	曾秋	175248.00
24	徐见见	132704.00

图 21-20 突显创收排名前 5 的业务员

273.1 标记业务创收排名前 5 的业务员

图 21-20 展示了某公司 6 月份各客户经理的创收数据，使用条件格式可以标记创收排名前 5 的记录。

操作步骤如下。

步骤① 选中 B2:B24 单元格区域，在【开始】选项卡中依次单击【条件格式】→【最前 / 最后规则】→【前 10 项】选项，打开【前 10 项】对话框。

步骤② 在【为值最大的那些单元格设置格式：】中将数字"10"更改为"5"，保留【设置为】下拉列表中的默认格式【浅红填充色深红色文本】。单击【确定】按钮关闭【前 10 项】对话框，如图 21-21 所示。

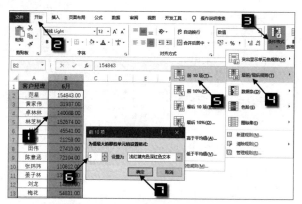

图 21-21 设置最前 / 最后规则

如需更改格式，可单击【设置为】下拉列表，在下拉列表中选择内置的格式效果，或是单击【自定义格式】命令，在打开的【设置单元格格式】对话框中进行更加个性化的设置，如图 21-22 所示。

如果需要在数据中同时突显创收排名后 5 的业务员，可再次选中 B2:B24 单元格区域，依次单击【条件格式】→【最前 / 最后规则】→【最后 10 项】命令，在【最后 10 项】对话框中将数字"10"更改为"5"，在【设置为】下拉列表中选择【绿填充色深绿色文本】，如图 21-23 所示。

图 21-22 设置不同格式效果

图 21-23 突显最后 5 名

273.2 标记业绩创收超过 10 万的业务员

图 21-24 展示了某公司 6 月份各业务员的创收数据，通过条件格式可以标记金额大于或等于 10 万的记录。

操作步骤如下。

步骤① 选中 B2:B24 单元格区域，在【开始】选项卡中依次单击【条件格式】→【新建规则】选项，打开【新建格式规则】对话框。

步骤② 选择【只为包含以下内容的单元格设置格式】规则类型，在【只为满足以下条件格式的单元格设置格式】下将逻辑设置为"单元格值大于或等于 100 000"。

步骤③ 单击【格式】按钮打开【设置单元格格式】对话框，在【设置单元格格式】对话框中切换到【填充】选项卡下，设置填充颜色为"绿色"，最后依次单击【确定】按钮关闭对话框，如图 21-25 所示。

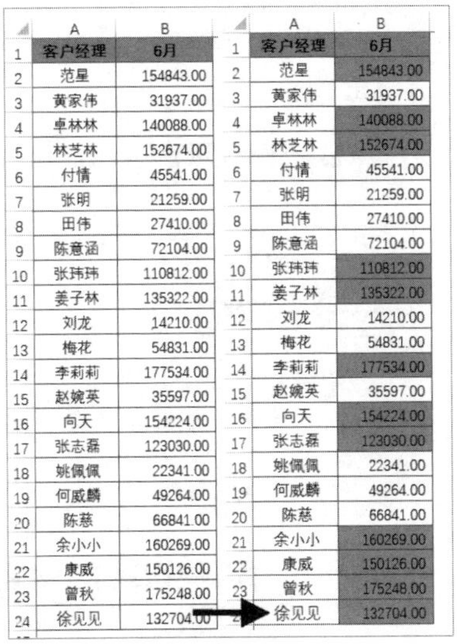

图 21-24 标记大于等于 10 万的记录

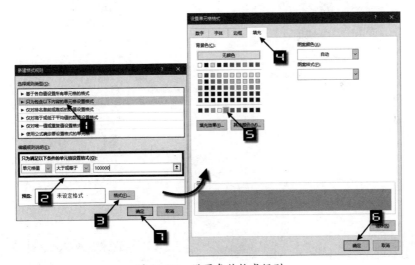

图 21-25 设置条件格式规则

> **提示**
>
> 在【只为满足以下条件的单元格设置格式】区域右侧的编辑框中，也可以使用单元格引用。

技巧 274 轻松屏蔽数据中的错误值

在使用公式过程中，会由于各种原因返回错误值。使用条件格式可以轻松屏蔽这些错误值，使工作表显示更加美观，效果如图 21-26 所示。

	A	B	C	D	E
1	客户经理	8月	业绩目标	完成率	入职时间
2	范星	154843.00	50000.00	309.69%	2019/2/16
3	黄家伟	31937.00	80000.00	39.92%	2018/2/7
4	卓林林	140088.00	80000.00	175.11%	2018/5/12
5	林芝林	152674.00	50000.00	305.35%	2019/2/6
6	付情	45541.00	50000.00	91.08%	2018/10/29
7	何威麟	49264.00	0.00	#DIV/0!	2019/8/1
8	张明	21259.00	25000.00	85.04%	2019/7/5
9	田伟	27410.00	0.00	#DIV/0!	#N/A
10	陈意涵				

	A	B	C	D	E
1	客户经理	8月	业绩目标	完成率	入职时间
2	范星	154843.00	50000.00	309.69%	2019/2/16
3	黄家伟	31937.00	80000.00	39.92%	2018/2/7
4	卓林林	140088.00	80000.00	175.11%	2018/5/12
5	林芝林	152674.00	50000.00	305.35%	2019/2/6
6	付情	45541.00	50000.00	91.08%	2018/10/29
7	何威麟	49264.00	0.00		2019/8/1
8	张明	21259.00	25000.00	85.04%	2019/7/5
9	田伟	27410.00	0.00		
10	陈意涵	72104.00	25000.00	288.42%	2019/6/5

图 21-26 使用条件格式屏蔽错误值

操作步骤如下。

步骤① 选中 D2:E24 单元格区域，在【开始】选项卡中依次单击【条件格式】→【新建规则】选项，打开【新建格式规则】对话框。

步骤② 选择【只为包含以下内容的单元格设置格式】规则类型，在【只为满足以下条件格式的单元格设置格式】下拉列表中选择【错误】。

步骤③ 单击【格式】按钮打开【设置单元格格式】对话框，在【设置单元格格式】对话框中切换到【字体】选项卡下，设置字体颜色与单元格背景一样的颜色"白色"，最后单击【确定】按钮关闭

对话框，如图 21-27 所示。

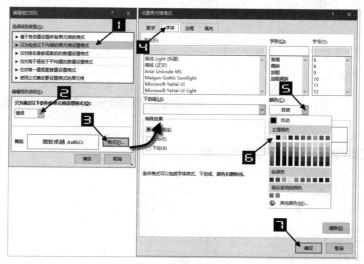

图 21-27 设置错误值显示格式

提示

本技巧的屏蔽效果仅仅是视觉上看不到单元格内容，并没有真正清除单元格中的错误值。

技巧275 标记下月生日的员工清单

	A	B	C	D
1	编号	姓名	生日	本年度生日
2	A001	范星	1993/9/21	2019/9/21
3	A002	黄家伟	1990/9/29	2019/9/29
4	A003	卓林林	1991/10/8	2019/10/8
5	A004	林芝林	1987/8/18	2019/8/18
6	A005	付情	1993/2/21	2019/2/21
7	A006	张明	1986/11/14	2019/11/14
8	A007	田伟	1992/9/18	2019/9/18
9	A008	陈意涵	1990/10/23	2019/10/23
10	A009	张玮玮	1993/7/16	2019/7/16

图 21-28 员工生日提醒

某公司在员工生日当月都会统一给员工准备小礼品。因此，行政部需要在每个月底之前做出下月生日的员工清单。通过条件格式可以动态标记下个月的日期数据，如图 21-28 所示。

操作步骤如下。

步骤① 在 D2 单元格输入以下公式，并拖动填充至 D24 单元格，从实际出生日期中获取今年的生日日期。

```
=--TEXT(C2,"m-d")
```

步骤② 选中 D2:D24 单元格区域，在【开始】选项卡中依次单击【条件格式】→【突出显示单元格规则】→【发生日期】选项，打开【发生日期】对话框。

步骤③ 在【为包含以下日期的单元格设置格式：】下拉列表中选择【下个月】，最后单击【确定】按钮完成设置，如图 21-29 所示。

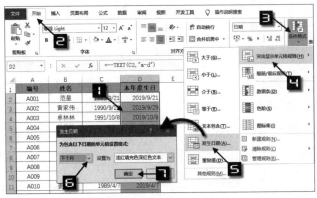

图 21-29 设置【发生日期】规则

提 示

在【发生日期】对话框中可以选择丰富的日期选项，如昨天、今天、明天、最近 7 天等，这些选项都会随系统日期动态更新。

技巧 276 自动标记带指定字符的记录

如图 21-30 所示是某公司各业务员所负责的省份城市，在 E2 单元格指定不同的省份时，对应的“负责区域”记录就会被标记浅红填充色。

图 21-30 标示指定“省份”的记录

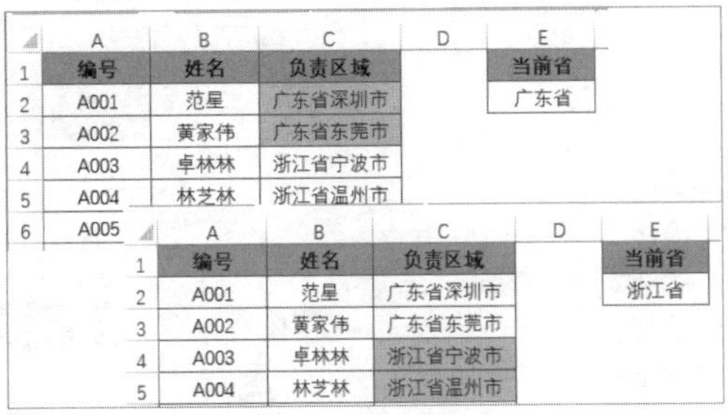

操作步骤如下。

步骤① 单击 E2 单元格，单击【数据】选项卡的【数据验证】按钮，打开【数据验证】对话框。

步骤② 在【设置】选项卡下的【允许】下拉列表中选择【序列】,【来源】区域选择 H2:H5 单元格区域。单击【确定】按钮关闭对话框，如图 21-31 所示。

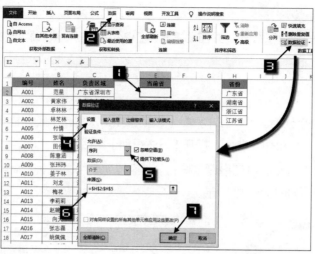

图 21-31　设置数据验证 - 序列

步骤③ 选中 C2:C24 单元格区域，在【开始】选项卡中依次单击【条件格式】→【突出显示单元格规则】→【文本包含】选项，打开【文本中包含】对话框。

步骤④ 进入【为包含以下文本的单元格设置格式：】下的输入框，再单击 E2 单元格，即可快速将 E2 单元格引用写入输入框中。然后在【设置为】下拉列表中选择【浅红色填充】。最后单击【确定】按钮完成设置，如图 21-32 所示。

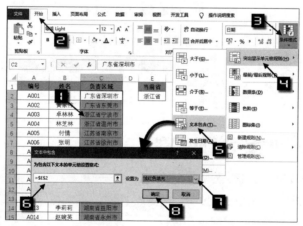

图 21-32　设置【文本包含】格式

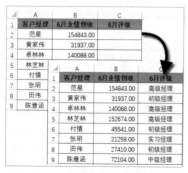

图 21-33　使用条件格式自动评级

技巧 277　利用条件格式识别客户经理级别

图 21-33 展示的是一份某公司 6 月份各业务员的业绩创收情况，需要根据 "6 月业绩创收" 自动评级。

操作步骤如下。

步骤① 选中 C2:C24 单元格区域，在编辑栏中输入公式 "=B2"，按 <Ctrl+Enter> 组合键在多单元格内同时输入。

步骤② 保持 C2:C24 单元格区域选中状态，在【开始】选项卡中依次单击【条件格式】→【管理规则】命令，打开【条件格式规则管理器】对话框，如图 21-34 所示。

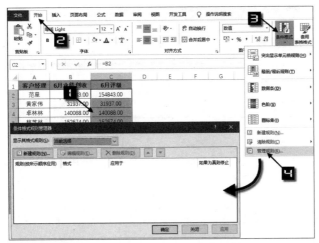

图 21-34　打开【条件格式规则管理器】对话框

步骤③ 单击【新建规则】按钮，打开【新建格式规则】对话框，选择【只为包含以下内容的单元格设置格式】规则类型，在【只为满足以下条件格式的单元格设置格式】下将逻辑设置为"单元格值大于或等于 0"。

步骤④ 单击【格式】按钮打开【设置单元格格式】对话框，在【设置单元格格式】对话框中切换到【数字】选项卡下，选择【自定义】类别，然后在【类型】文本框中输入对应的级别"实习经理"，单击【确定】按钮关闭【设置单元格格式】对话框，再次单击【确定】按钮关闭【新建格式规则】对话框，如图 21-35 所示。

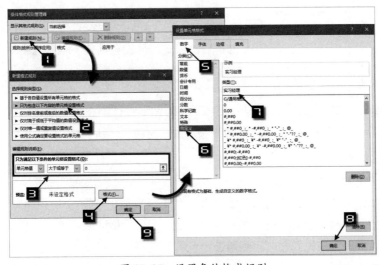

图 21-35　设置条件格式规则

步骤⑤ 重复操作步骤 3 和步骤 4，设置逻辑值与对应的单元格格式如下："单元格值大于或等于 25000"为"初级经理"；"单元格值大于或等于 50000"为"中级经理"；"单元格值大于或等于 80000" 为 "高级经理"。

步骤⑥ 规则设置完成后，单击【确定】按钮关闭【条件格式规则管理器】对话框，如图21-36所示。

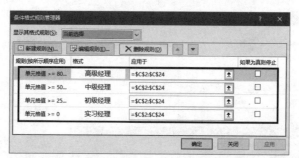

图 21-36　设置好规则后的【条件格式规则管理器】对话框

提 示

　　使用条件格式，能够在同一个单元格区域多次应用自定义数字格式，充分发挥了自定义数字格式的威力。需要注意的是，当多个逻辑需要设置规则时，应从小到大依次设置，则最后设置规则的为最高优先级。

技巧278 使用条件格式自动凸显双休日

	A	B	C
1	日期	在办事件	待办事件
2	2019/7/1		
3	2019/7/2		
4	2019/7/3		
5	2019/7/4		
6	2019/7/5		
7	2019/7/6		
8	2019/7/7		
9	2019/7/8		
10	2019/7/9		

图 21-37　条件格式自动凸显双休日

图 21-37 展示的是某公司 7 月份的日程表，右侧表格使用条件格式自动凸显双休日，使日程安排更灵活。

操作步骤如下。

步骤① 选中 A1:C32 单元格区域，在【开始】选项卡中依次单击【条件格式】→【新建规则】选项，打开【新建格式规则】对话框。

步骤② 选择【使用公式确定要设置格式的单元格】规则类型，在【为符合此公式的值设置格式】输入框中输入以下公式。

```
=WEEKDAY($A1,2)>5
```

步骤③ 单击【格式】按钮打开【设置单元格格式】对话框，在【设置单元格格式】对话框中切换到【填充】选项卡下，设置单元格填充颜色为 "蓝色"，最后单击【确定】按钮关闭对话框，如图 21-38 所示。

　　在条件格式中使用函数与公式时，如果公式返回的结果为 TRUE 或不等于 0 的任意数值，则应用预先设置的格式效果；如果公式返回的结果为FALSE或数值0，则不会应用预先设置的格式效果。

　　在条件格式中使用函数与公式时，如果选中的是一个单元格区域，可以以活动单元格作为参照编写公式，设置完成后，该规则会应用到所选中范围的全部单元格。

　　如果需要在公式中固定引用某一行或某一列，或者固定引用某个单元格的数值，需要特别注意选择不同引用方式，在条件格式的公式中选择不同引用方式时，可以理解为在所选区域的活动单元格中输入公式。

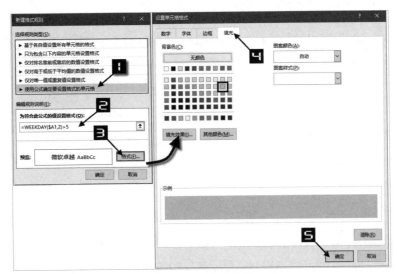

图 21-38　设置条件格式规则

如果选中的是一列多行的单元格区域，需要注意活动单元格中的公式在向下复制时引用范围的变化，也就是行方向的引用方式的变化。

如果选中的是一行多列的单元格区域，需要注意活动单元格中的公式在向右复制时引用范围的变化，也就是列方向的引用方式的变化。

如果选中的是多行多列的单元格区域，需要注意活动单元格中的公式在向下、向右复制时引用范围的变化，也就是要同时考虑行方向和列方向的引用方式的变化。

当条件格式中使用较为复杂的公式时，不利于在编辑框中编写，可以先在工作表中编写公式，然后复制到【为符合此公式的值设置格式】编辑框中。

技巧 279 根据控件选择自动凸显表格记录

图 21-39 展示的是一个动态图表，单击表格中的单选按钮，根据单击的选项自动凸显记录，并展示每条记录的趋势线，让数据展示更直观。

如图 21-40 所示，是已制作好的动态图表，现需要利用条件格式使表格也能跟着单选按钮选择而变化。

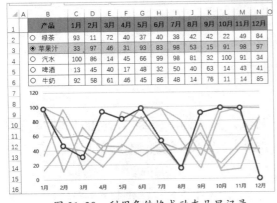

图 21-39　利用条件格式动态凸显记录

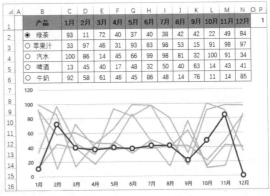

图 21-40　动态折线图

操作步骤如下。

步骤① 单击选中 B1 单元格，在键盘上按向下的方向键，可选中 B2 单元格。保持 B2 单元格选中状态，按 <Ctrl+Shift+ 向右的方向键 > 组合键可快速选中连续区域的一整行，再按 <Ctrl+Shift+ 向下的方向键 > 组合键可快速选中连续的单元格区域 B2:N6。

步骤② 保持 B2:N6 单元格区域选中状态，在【开始】选项卡中依次单击【条件格式】→【新建规则】选项，打开【新建格式规则】对话框。

步骤③ 选择【使用公式确定要设置格式的单元格】规则类型，在【为符合此公式的值设置格式】输入框中输入以下公式。

```
=ROW(A1)=$P$1
```

ROW 函数返回行序号，该函数不受所在列影响，所以公式中的 A1 使用相对引用即可，无须使用 $ 锁定行列标，但每个单元格所得到的行号都与 P1 单元格进行比较，所以 P1 单元格需要使用绝对引用，将行列标进行锁定。

步骤④ 单击【格式】按钮打开【设置单元格格式】对话框，在【设置单元格格式】对话框中设置单元格填充颜色为蓝色。

提 示

控件可在工作表中设置任意一个单元格为【单元格链接】，使用户选择控件时，对应的序号显示在指定的单元格中，此表格中的单选按钮链接了 P1 单元格，所以利用行号与 P1 单元格中的序号做对比，若相等，则该行显示蓝色背景。

技巧 280 使用条件格式制作项目进度图

图 21-41 为某单位的项目安排表，使用条件格式能够制作出类似进度图的效果，每一行中的填充颜色为浅黄色的表示已进行的天数，灰色填充颜色表示该项目剩余的天数，红色虚线表示当前日期。

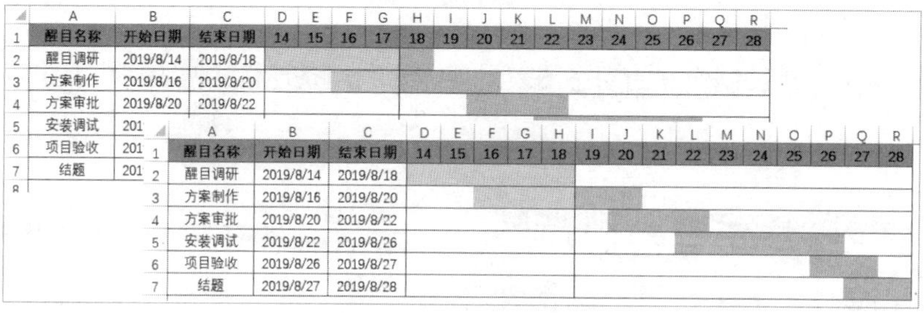

醒目名称	开始日期	结束日期	14	15	16	17	18	19	20	21	22	23	24	25	26	27	28
醒目调研	2019/8/14	2019/8/18															
方案制作	2019/8/16	2019/8/20															
方案审批	2019/8/20	2019/8/22															
安装调试	2019/8/22	2019/8/26															
项目验收	2019/8/26	2019/8/27															
结题	2019/8/27	2019/8/28															

图 21-41　项目进度图

具体操作步骤如下。

步骤① 设置好表格列宽与行高，选中 D1:R1 单元格区域，按 <Ctrl+1> 组合键调出【设置单元格格式】对话框，切换到【数字】选项卡下，选择【自定义】类别，然后在【类型】文本框中输入字母“d”。

步骤② 选中 D2:R7 单元格区域，在【开始】选项卡中依次单击【条件格式】→【新建规则】选项，打开【新建格式规则】对话框。

步骤③ 选择【使用公式确定要设置格式的单元格】规则类型，在【为符合此公式的值设置格式】输入框中输入以下公式。

```
=(D$1>=$B2)*(D$1<=TODAY())
```

步骤③ 单击【格式】按钮打开【设置单元格格式】对话框，在【设置单元格格式】对话框中【填充】选项卡下，设置单元格填充颜色为"浅黄色"，最后单击【确定】按钮关闭对话框。

步骤④ 保持 D2:R7 单元格区域选中状态，再次选择【开始】选项卡中依次单击【条件格式】→【新建规则】选项，打开【新建格式规则】对话框。

步骤⑤ 选择【使用公式确定要设置格式的单元格】规则类型，在【为符合此公式的值设置格式】输入框中输入以下公式。

```
=(D$1>=$B2)*(D$1<=TODAY())*(D$1<=$C2)
```

步骤⑥ 单击【格式】按钮打开【设置单元格格式】对话框，在【设置单元格格式】对话框中切换到【填充】选项卡下，设置单元格填充颜色为"浅灰色"，最后单击【确定】按钮关闭对话框。

步骤⑦ 继续保持 D2:R7 单元格区域选中状态，再次选择【开始】选项卡中依次单击【条件格式】→【新建规则】选项，打开【新建格式规则】对话框。

步骤⑧ 选择【使用公式确定要设置格式的单元格】规则类型，在【为符合此公式的值设置格式】输入框中输入以下公式。

```
=D$1=TODAY()
```

步骤⑨ 单击【格式】按钮打开【设置单元格格式】对话框，在【设置单元格格式】对话框中切换到【边框】选项卡下，在【样式】列表框中选中实线样式，然后单击【颜色】下拉按钮，选择红色，在【边框】选项区域单击右下角的右框线按钮。最后单击【确定】按钮关闭对话框，如图 21-42 所示。

第一个公式中用 D1 单元格中的日期分别与 B2 单元格的项目开始日期以及系统当前日期和 C2 单元格的项目结束日期进行比较，如果大于等于项目开始日期，并且小于等于当前日期以及小于等于结束日期，公式会返回 1，单元格中显示指定的格式效果。

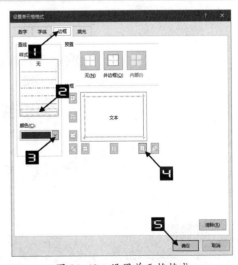

图 21-42 设置单元格格式

第二个公式中用 D1 单元格中的日期分别与系统当前日期和 B2 单元格的项目开始日期以及 C2 单元格的项目结束日期进行比较，如果大于系统当前日期，并且大于等于项目开始日期以及小于等于结束日期，公式会返回 1，单元格中显示指定的格式效果。

第三个公式中用 D1 单元格中的日期与系统当前日期进行比较，如果等于系统当前日期，就在该列单元格的右侧显示边框，突出显示当前日期在整个项目进度中的位置。

设置完成后，随着日期的变化，工作表中的进度颜色与"当前日期线"也会不断推进，能使用户更直观地查看每个项目的进度情况。

	A	B	C	D	E	F
1	部门	店长	门店创建时间	已绑定人数	已提单人数	已放款人数
2	东海	冼淑珍	2017/6/27	3	0	0
3	东海丽景	王丽娟	2016/11/10	4	5	5
4	东海国际	孙远清	2019/3/19	2	2	2
5	东郡	冼淑珍	2016/4/7	1	0	0
6	东郡花园	谢凯	2017/7/20	6	5	5
7	丰华苑	程玉虎	2015/7/3	1	0	0
8	丰泰	郑韬	2019/3/15	4	1	1
9	丽日君颐	涂国锋	2019/2/19	8	1	1
10	丽景城	郑韬	2015/2/13	8	2	2
11	中城天邑	申魁	2018/11/26	6	2	2
12	中央原著	胡强	2016/6/13	1	1	1
13	中央山	张时强	2015/6/19	0	0	0

	A	B	C	D	E	F
1	部门	店长	门店创建时间	已绑定人数	已提单人数	已放款人数
2	东海	冼淑珍	2017/6/27	3	0	0
3	东海丽景	王丽娟	2016/11/10	4	5	5
4	东海国际	孙远清	2019/3/19	2	2	2
5	东郡	冼淑珍	2016/4/7	1	0	0
6	东郡花园	谢凯	2017/7/20	6	5	5
7	丰华苑	程玉虎	2015/7/3	1	0	0
8	丰泰	郑韬	2019/3/15	4	1	1
9	丽日君颐	涂国锋	2019/2/19	8	1	1
10	丽景城	郑韬	2015/2/13	8	2	2
11	中城天邑	申魁	2018/11/26	6	2	2
12	中央原著	胡强	2016/6/13	1	1	1
13	中央山	张时强	2015/6/19	0	0	0

图 21-43　标记重复项的门店信息表

技巧 281　自动标记重复记录

图 21-43 展示了某公司各门店的信息，需要使用条件格式对 B 列重复的姓名进行标记。上方表格仅标记了"店长"字段，这可以通过预定义的命令快速实现。下方表格对整行进行了标记，这可以通过使用公式设定条件格式规则来实现。

281.1　使用内置规则

步骤① 选中 B2:B28 单元格区域，在【开始】选项卡中依次单击【条件格式】→【突出显示单元格规则】→【重复值】选项，打开【重复值】对话框。

步骤② 在【为包含以下类型的单元格设置格式：】下的【设置为】下拉列表中选择【浅红填充色深红色字体】。最后单击【确定】按钮关闭【重复值】对话框，如图 21-44 所示。

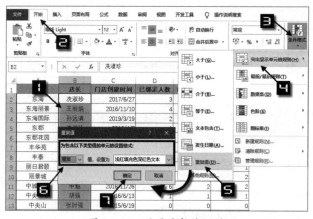

图 21-44　设置重复值规则

提　示

这种方式只能标记指定的字段，无法对整行记录进行标记。

281.2　使用公式标记整行

步骤① 选中 A2:F28 单元格区域，在【开始】选项卡中依次单击【条件格式】→【新建规则】选项，打开【新建格式规则】对话框。

步骤② 选择【使用公式确定要设置格式的单元格】规则类型，在【为符合此公式的值设置格式】输入框中输入以下公式。

```
=COUNTIFS($B:$B,$B2)>1
```

由于公式中所有引用的列标都带有 $ 符号，这意味着同一行中的单元格所对应的条件格式规则公式都是相同的。

步骤③ 单击【格式】按钮打开【设置单元格格式】对话框，在【设置单元格格式】对话框中切换到【填充】选项卡下，设置单元格填充颜色为"浅橙色"。最后单击【确定】按钮关闭【新建格式规则】对话框。

提 示

如果需要标记多字段多条件重复记录，可在 COUNTIFS 公式中继续增加条件。

技巧 282 清除条件格式

不再需要条件格式或不希望条件格式产生作用时，可以清除条件格式或屏蔽条件格式。

282.1 批量清除

如果要整体清除选中单元格区域或整个工作表中的条件格式，可以直接使用菜单命令实现。操作步骤如下。

选中目标单元格区域，然后在【开始】选项卡中依次单击【条件格式】→【清除规则】→【清除所选单元格的规则】选项，就可以快速清除所选单元格区域的条件格式。如果要清除整个工作表的条件格式，可以在最后一步选择【清除整个工作表的规则】命令，如图 21-45 所示。

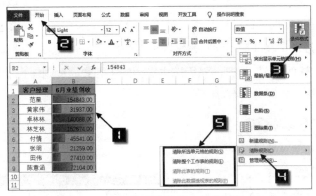

图 21-45　批量清除区域中的条件格式

282.2 清除指定的条件格式规则

如果在同一个单元格区域中设置了多种条件格式规则，可以根据需要消除指定的规则，如图 21-46 所示。

操作步骤如下。

步骤① 选中应用了【条件格式】的单元格区域，在【开始】选项卡中依次单击【条件格式】→【管理规则】选项，打开【条件格式规则管理器】对话框。

步骤② 在【条件格式规则管理器】对话框中选中要删除的规则。如应用于 B2:B9 单元格区域的"数据条"规则，单击【删除规则】按钮，最后单击【确定】按钮关闭对话框，如图 21-47 所示。

图 21-46　清除部分条件格式规则

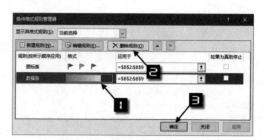

图 21-47　条件格式规则管理器

282.3　屏蔽条件格式规则

如果只是希望暂时屏蔽某个条件格式规则，那么无论是整体清除还是清除指定的条件格式规则，都不是最理想的。下面介绍一种屏蔽条件格式规则的巧妙方法，具体操作步骤如下。

步骤① 选中 B2:B9 单元格区域，然后在【开始】选项卡中依次单击【条件格式】→【新建规则】选项，打开【新建格式规则】对话框。

步骤② 选择规则类型为【使用公式确定要设置格式的单元格】，然后在【为符合此公式的值设置格式】编辑框中输入"=$D$1=1"。这里的 D1 可以是任意一个空白单元格。

步骤③ 保留默认的"未设定格式"状态，单击【确定】按钮关闭【新建格式规则】对话框，如图 21-48 所示。

步骤④ 保持 B2:B9 单元格区域的选中状态，在【开始】选项卡中依次单击【条件格式】→【管理规则】选项，打开【条件格式规则管理器】对话框。

步骤⑤ 选中"公式:=$D$1=1"规则，然后选中右侧的【如果为真则停止】复选框，单击【确定】按钮关闭对话框，如图 21-49 所示。

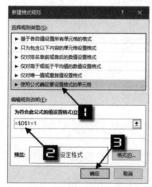

图 21-48　新建格式规则

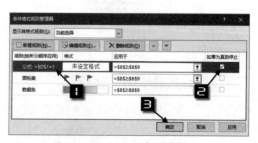

图 21-49　如果为真则停止

此时在 D1 单元格中输入 1，则 B2:B9 单元格区域的图标集和数据条规则不再执行。如果清除
D1 单元格中的 1，则再次显示图标集和数据条规则，如图 21-50 所示。

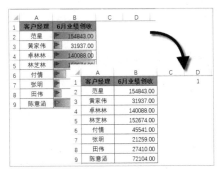

图 21-50　通过 D1 单元格数值改变条件格式显示效果

设置条件格式时，后设置的规则具有较高的优先级，并且在【条件格式规则管理器】对话框的
规则列表中处于顶部。通过单击【上移】和【下移】按钮，可以控制条件格式规则的优先级。如果
选中对应规则右侧的【如果为真则停止】复选框，当该规则符合时，将不再执行后面的其他规则。

同一个单元格区域中可以设置多项条件格式规则，但是各个规则之间不能相互冲突。例如，
先为 A1 单元格设置条件格式规则 1 为"=A1>0"时绿色填充，再设置条件格式规则 2 为"=A1=1"
时红色填充。当 A1 单元格中的数值为 1 时，同时符合规则 1 和规则 2，Excel 仅执行最后设置的条
件格式规则，如图 21-51 所示。

图 21-51　有冲突的条件格式规则

第22章 实用商务图表

数据是图表的基础，图表是数据的可视化表现形式。本章主要介绍在 Excel 2016 中绘制数据图表的各种常用技巧，包括图表格式、数据系列、坐标轴、趋势线等设置技巧，以及迷你图、透视图和常用图表的绘制技巧。

技巧283 选择合适的图表类型

Excel 2016图表设计有14种标准图表类型，包括柱形图、折线图、饼图、条形图、面积图、XY（散点图）、股价图、曲面图、雷达图、树状图、旭日图、直方图、箱形图和瀑布图。

柱形图是 Excel 2016 的默认图表类型，也是用户经常使用的一种图表类型。主要用于表现数据之间的差异。子图表类型堆积柱形图还可以表现数据构成明细，百分比堆积柱形图可以表现数据构成比例。柱形图旋转90度则为条形图，条形图主要按顺序显示数据的大小，并可以使用较长的分类标签。

折线图、面积图、XY 散点图均可表现数据的变化趋势，折线图向下填充即为面积图，XY 散点图可以灵活地显示数据的横向或纵向变化。柱形图和折线图一般可以互相转换展示，也可以在同一图表中组合展示。

饼图和圆环图都是展现数据构成比例的图表，不同的是圆环图在展示多组数据的时候更方便一些。

气泡图是 XY 散点图的扩展，它相当于在 XY 散点图的基础上增加了第三个变量，即气泡的尺寸。气泡图可以应用于分析更加复杂的数据关系。除描述两组数据之间的关系外，该图还可以描述数据本身的另一种指标。

瀑布图一般用于分类使用，便于反映各部分之间的差异。瀑布图是指通过巧妙的设置，使图表中数据点的排列形状看似瀑布。这种效果的图形能够在反映数据多少的同时，直观地反映出数据的增减变化，在工作中非常具有实用价值。

在雷达图中，每个分类都使用独立的由中心点向外辐射的数值轴，它们在同一系列中的值则是通过折线连接的。雷达图对采用多项指标全面分析目标情况有着重要的作用，是诸如企业经营分析等分析活动中十分有效的图表，具有完整、清晰和直观的特点。

树状图用于比较层级结构不同级别的值，以矩形显示层次结构级别中的比例。一般在数据按层次结构组织并具有较少类别时使用。

旭日图用于比较层级结构不同级别的值，以环形显示层次结构级别中的比例。一般在数据按层次结构组织并具有较多类别时使用。

直方图又称质量分布图，是一种统计报告图，由一系列高度不等的纵向条纹或线段表示数据分布的情况。一般用横轴表示数据类型，纵轴表示分布情况。

排列图又称帕累托图，排列图用双直角坐标系表示，左边纵坐标表示频数，右边纵坐标表示频率，分析线表示累积频率，横坐标表示影响质量的各项因素，按影响程度的大小（出现频数多少）

从左到右排列，通过对排列图的观察分析可以抓住影响质量的主要因素。

箱形图又称为盒须图、盒式图或箱线图，是一种用作显示一组数据分散情况资料的统计图。因形状如箱子而得名，在各种领域也经常被使用，常见于品质管理。它能提供有关数据位置和分散情况的关键信息，尤其在比较不同的母体数据时更可表现其差异。

随着扁平化设计风格的流行，三维立体图表的应用已越来越少。

根据不同的应用范围，建议采用的图表类型如图 22-1 所示。

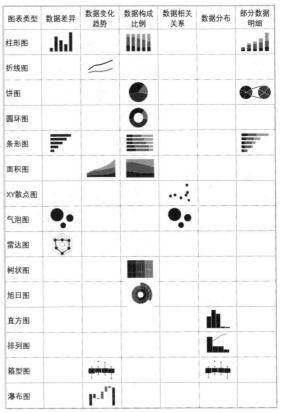

图 22-1　建议采用的图表类型

技巧 284　认识图表各元素

认识图表的各个组成，对于正确选择图表元素和设置图表元素格式来说是非常重要的。

如图 22-2 所示，Excel 图表由图表区、绘图区、标题、数据系列、图例和网格线等基本组成部分构成。

在 Excel 2016 中，选中图表时会在图表的右上方显示快捷选项按钮，非选中状态时则隐藏该按钮。

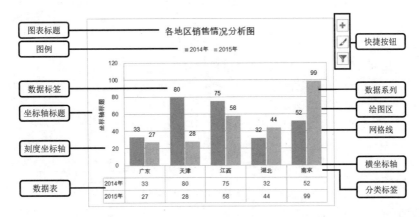

图 22-2　图表的组成

图表区是指图表的全部范围。绘图区是指图表区内的图形表示区域，即以四个坐标轴为边的长方形区域。标题包括图表标题和坐标轴标题。

图表标题只有一个，而坐标轴标题最多允许 4 个。图表标题的作用是对图表主要内容的说明。坐标轴标题的作用是对坐标轴的内容进行标示。一般坐标轴标题使用率较低。

数据系列是由数据点构成的，每个数据点对应于工作表中的某个单元格内的数据，数据系列对应于工作表中一行或者一列数据。数据系列在绘图区中表现为彩色的点、线、面等图形。

坐标轴可分为主要横坐标轴、主要纵坐标轴、次要横坐标轴和次要纵坐标轴4种。Excel默认显示的是绘图区左侧的主要纵坐标轴和底部的主要横坐标轴。坐标轴按引用数据类型不同可分为数据轴、分类轴、时间轴和序列轴4种。

图例由图例项和图例项标识组成。当图表只有一个数据系列时，默认不显示图例，当超过一个数据系列时，默认的图例则显示在绘图区下方。

数据表可以显示图表中所有数据系列的数据，对于设置了显示数据表的图表，数据表将固定显示在绘图区下方，如果图表中已经显示了数据表，则可不再显示图例与数据标签。

提示

图表中的元素可以通过设置填充、边框颜色、边框样式、阴影、发光和柔化边缘、三维格式等项目改变图表元素的外观。

快捷选项按钮共有3个，分别是图表元素、图表样式和图表筛选器，如图22-3所示。

● 图表元素快捷选项按钮：可以快速添加、删除或更改图表元素，如图表标题、图例、网格线和数据标签等。

● 图表样式快捷选项按钮：可以快速设置图表样式和配色方案。

● 图例筛选器快捷选项按钮：可以快速选择在图表上显示哪些数据系列（数据点）和名称。

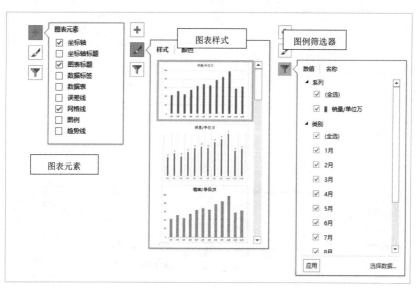

图 22-3　图表快捷选项按钮

技巧285 快速插入图表

根据表格数据，快速在工作表中插入图表进行展示，可参照以下操作。

285.1　嵌入式图表

如图22-4所示，需要以图表展示各产品在不同季度的销售情况。操作步骤如下。

选择 A1:E5 单元格区域，单击【插入】选项卡中的【插入柱形图或条形图】→【簇状柱形图】命令，即可在工作表中插入柱形图。

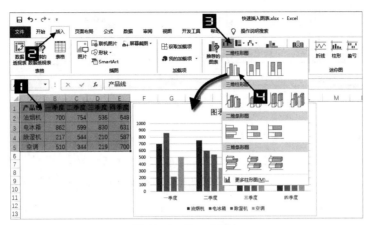

图 22-4 嵌入式图表

285.2 图表工作表

图表工作表是一种没有单元格的工作表，适合放置复杂的图表对象，以方便阅读。具体操作步骤如下。

选择 Sheet1 工作表中的 A1:E5 单元格区域，按 <F11> 键，即可在新建的图表工作表 Chart1 中创建一个柱形图，此方法插入的图表默认为柱形图，如图 22-5 所示。

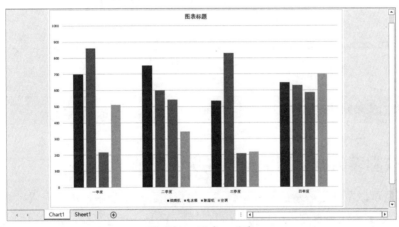

图 22-5 图表工作表

> **提示**
>
> 日常工作中常用的 Excel 图表即嵌入式图表，是嵌入在工作表单元格上层的图表对象，适合图文混排的编辑模式。

技巧 286 快速切换图表行／列

如图 22-6 所示，左图是直接选择数据之后插入图表所创建的，展示的是不同季度各产品线之间的趋势，右图所示的是不同产品线各季度之间的趋势。

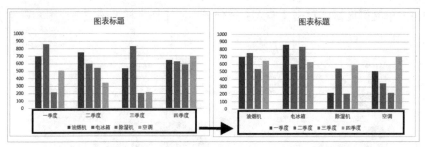

图 22-6　展示产品线各季度对比

想要实现右图效果，具体操作步骤如下。

单击选中图表，在【图表工具】的【设计】选项卡中单击【切换行/列】按钮，将所选图表的系列更换为分类，如图 22-7 所示。再次单击【切换行/列】按钮可恢复原有效果。

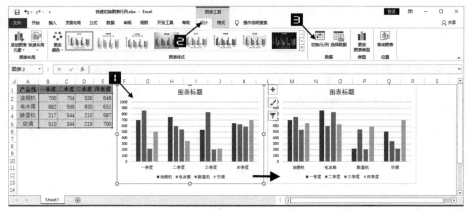

图 22-7　切换行/列

> **提示**
>
> 系列与分类的变化可看坐标轴与图例的变化。图例为系列，坐标轴标签为分类。

技巧 287　更改图表数据系列类型与主次坐标轴

如图 22-8 所示，左图中展示的是一个普通的柱形图，在图表中，由于完成率数值太小而无法正常显示，使读图者无法观察完成率趋势。而右图展示的是一个柱形图与折线图的组合图表，因完成率数据与其他数据量级不同，故将完成率与其他数据设置显示在不同坐标轴上，使完成率在图表中能正常显示趋势。

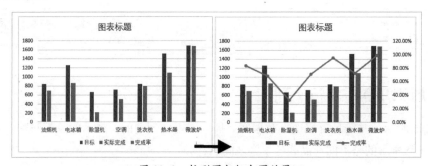

图 22-8　柱形图与组合图效果

具体操作步骤如下。

步骤① 单击图表中任意一个系列柱形，在【图表工具】的【设计】选项卡下单击【更改图表类型】按钮，打开【更改图表类型】对话框。

步骤② 在【所有图表】选项卡下【组合图】命令中的【为您的数据系列选择图表类型和轴】下，选中"完成率"系列，单击【图表类型】下拉按钮，在下拉列表中选择【带数据标记的折线图】，将"完成率"系列图表类型更改为带数据标记的折线图。

步骤③ 选中【次坐标轴】复选框，将"完成率"系列设置为次坐标轴。最后单击【确定】关闭【更改图表类型】对话框，如图 22-9 所示。

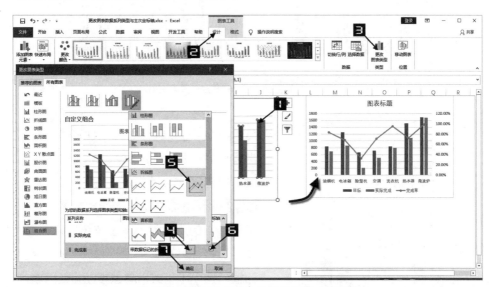

图 22-9　更改系列图表类型与设置次坐标轴

除在【更改图表类型】对话框中设置次坐标轴外，还可以单击选中要进行设置次坐标轴的数据系列，然后右击鼠标，在弹出的扩展菜单中选择【设置数据系列格式】命令，打开【设置数据系列格式】选项窗格。在【系列选项】下选中【次坐标轴】单选按钮，如图 22-10 所示。

图 22-10　鼠标右键设置次坐标轴

提 示

如需要对图表任意一个元素设置格式，可选中该元素后右击鼠标，在弹出的扩展菜单中单击对应的设置格式命令。也可按 <Cttrl+1> 组合键或者双击该元素调出对应的设置格式窗格。

技巧 288 快速复制图表格式

如图 22-11 所示，左图是经过设置格式后的图表，右图是默认格式的图表。想要实现快速将左图图表格式复制到右图图表中，可参考以下步骤。

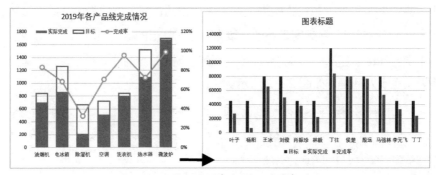

图 22-11 美化的图表与默认的图表对比

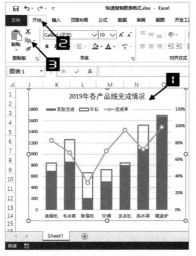

图 22-12 复制图表

步骤① 选择已设置好格式的柱形图，单击【开始】选项卡下的【复制】命令，或者按 <Cttrl+C> 组合键，如图 22-12 所示。

步骤② 选择需要应用格式的柱形图，单击【开始】选项卡下的【粘贴】下拉按钮，在下拉菜单中单击【选择性粘贴】命令，打开【选择性粘贴】对话框。选中【格式】单选按钮，最后单击【确定】按钮关闭【选择性粘贴】对话框，如图 22-13 所示。

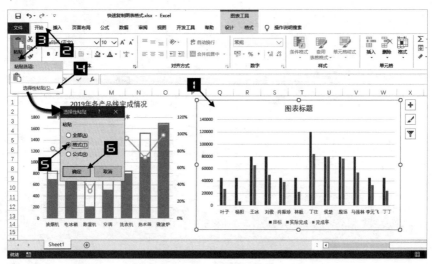

图 22-13 选择性粘贴

粘贴后的图表效果如图 22-14 所示。

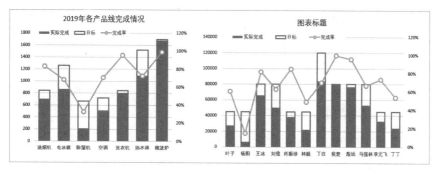

图 22-14　选择性粘贴后效果

在使用选择性粘贴的方法复制图表格式时，应注意两个图表的系列排列顺序。通过以下操作可查看图表系列的顺序与调整图表系列的顺序。

步骤① 单击选中图表，在【图表工具】的【设计】选项卡中单击【选择数据】按钮，打开【选择数据源】对话框。

步骤② 在【选择数据源】对话框中选择需要调整的系列名称，单击【上移】【下移】按钮，最后单击【确定】按钮关闭对话框，如图 22-15 所示。

在【选择数据源】对话框中除了可对系列进行上移、下移，还可添加系列、编辑系列、删除系列、切换行/列以及对水平（分类）轴标签进行编辑。

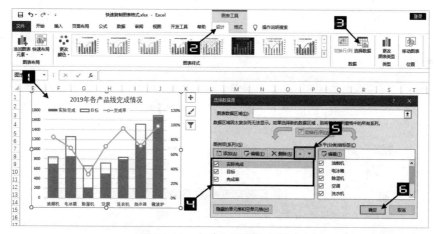

图 22-15　查看与调整系列顺序

提示

利用选择性粘贴的方法复制图表格式，一次只能设置一个图表，对于多个图表的格式复制，需要通过多次操作来完成。

技巧 289　借助图表模板快速创建个性化图表

在制作多个相同格式的图表时，除可以使用复制图表格式的方法外，还可以将图表另存为模板方便随时调用。

289.1 保存模板

将设置好的图表另存为模板的操作步骤如下。

步骤① 选中设置好的图表，在图表区的空白处右击鼠标，在弹出的扩展菜单中单击【另存为模板】命令，打开【保存图表模板】对话框。

步骤② 在【文件名】输入框中为模板文件设置一个文件名，如"图表 1.crtx"，路径与文件类型保持默认选项，最后单击【保存】按钮关闭【保存图表模板】对话框，如图 22-16 所示。

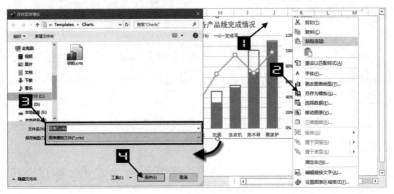

图 22-16 另存为模板

289.2 使用模板

把图表保存为模板后，可随时调用该模板快速创建相同格式的图表，具体操作步骤如下。

步骤① 选中 A1:D8 单元格区域，单击【插入】选项卡，单击图表工作组中的【查看所有图表】快速启动器按钮，打开【插入图表】对话框。

步骤② 切换到【所有图表】选项卡，单击【模板】选项，在【我的模板】中会出现所有保存的模板，单击要插入的模板类型，最后单击【确定】按钮关闭【插入图表】对话框，如图 22-17 所示。

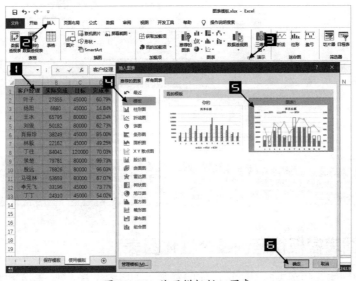

图 22-17 使用模板插入图表

插入后图表效果如图 22-18 所示。

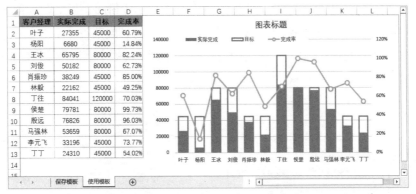

图 22-18 使用模板插入的图表效果

技巧 290 根据数据大小排序的条形图

图 22-19 展示了某金融公司在各地区放款的金额对比，使用【簇状条形图】制作而成。左图条形长度是乱序的，而右边条形长度是从大到小进行排序的，使图表对比更直观。可以用对数据源进行手动排序和使用公式排序两种方法实现右侧图表的效果。

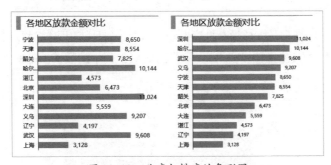

图 22-19 乱序与排序的条形图

290.1 手动排序

手动排序的操作步骤如下。

选中数据源中的任意单元格，如 B3，右击鼠标，在弹出的扩展菜单中单击【排序】→【升序】，如图 22-20 所示。

在 Excel 中创建条形图，默认的分类显示顺序与数据表格顺序相反，如图 22-21 中所示。所以想要条形图从大到小排序，需要设置数据表中的数据为【升序】排序。

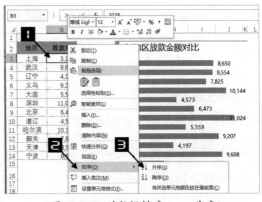

图 22-20 对数据排序——升序

如想要表格与图表显示顺序一致，可参考以下操作步骤。

步骤① 选中 B3 单元格，右击鼠标，在弹出的扩展菜单中单击【排序】→【降序】。

步骤② 单击选中条形图的"纵坐标轴"，右击鼠标，在弹出的扩展菜单中单击【设置坐标轴格式】命令，打开【设置坐标轴格式】选项窗格。在【坐标轴选项】下选中【逆序类别】复选框，如图 22-22 所示。

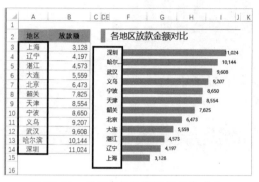

图 22-21　数据表格与条形图顺序对比

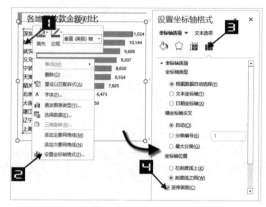

图 22-22　设置坐标轴格式——逆序类别

提示

对数据源手动排序后，如果数据有更改，则需要对数据源重新执行排序操作。

290.2　函数自动排序

如图 22-23 所示，A~B 列是默认没有排序的表格，E~F 列是使用函数对数据进行排序后的效果，使用 E2:F14 单元格区域的数据制作条形图，只要更改 A~B 列中的数字，图表会自动更新排序显示。

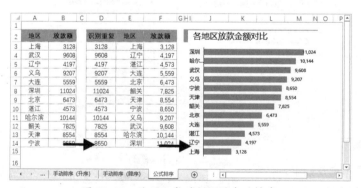

图 22-23　使用公式对数据源自动排序

具体操作步骤如下。

步骤① 在 D3 单元格中输入以下公式，将公式向下复制到 D14 单元格。

```
=B3+ROW()/100000
```

ROW() 返回当前公式所在单元格行号，目的是避免数据重复时导致获取分类名称错误，将 ROW()/100 000 得到一个很小的小数，利用不同的行号给"放款额"加上不同的小数来避免对重复数据识别错误。

步骤② 在 F3 单元格输入以下公式，将公式向下复制到 F14 单元格，对数据从小到大排序。

```
=SMALL($D$3:$D$14,ROW(A1))
```

步骤③ 在 E3 单元格输入以下公式，将公式向下复制到 E14 单元格。

```
=INDEX($A$3:$A$14,MATCH(F3,$D$3:$D$14,))
```

用MATCH函数查找排序后的数据在原始数据中的位置，再使用INDEX函数返回对应的分类名称。

步骤④ 选中条形图，在【图表工具】的【设计】选项卡中单击【选择数据】按钮，打开【选择数据源】对话框。

步骤⑤ 在【选择数据源】对话框中选中"放款额"系列，单击【编辑】按钮，打开【编辑数据系列】对话框。单击【系列值】文本框再拖动鼠标选择 F3:F14 单元格区域。单击【确定】按钮关闭【编辑数据系列】对话框。

步骤⑥ 单击【水平（分类）轴标签】下的【编辑】按钮打开【轴标签】对话框。单击【轴标签区域】文本框，再选择 E3:E14 单元格区域，单击【确定】按钮关闭【轴标签】对话框。最后单击【确定】按钮关闭【选择数据源】对话框，如图22-24所示。

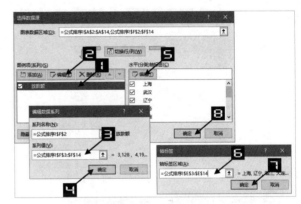

图 22-24　更改数据源

技巧291 凸显系列最大值最小值

如图 22-25 所示，左图是一个对数据源进行排序后创建的纯色条形图，而右图中的条形图，对最大值条形设置了粉色，对最小值设置了浅绿色，使图表数据展示更清晰。

具体操作步骤如下。

步骤① 单击选中条形图的数据系列，再次单击第一个条形可单独选中该数据点。然后右击鼠标，在弹出的扩展菜单中单击【设置数据点格式】命令，打开【设置数据点格式】选项窗格。

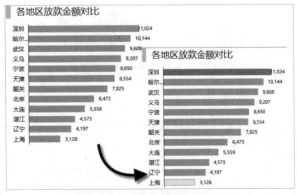

图 22-25　凸显系列最大值最小值

步骤② 在【设置数据点格式】窗格中切换到【填充与线条】选项卡，单击【填充】选项下的【颜色】下拉框，在【主题颜色】面板中选择颜色进行填充。

　　除使用【主题颜色】面板的颜色外，还可单击【其他颜色】按钮打开【颜色】对话框进行自定义设置，如图 22-26 所示。

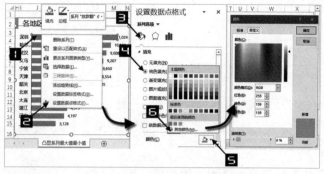

图 22-26　设置数据系列填充颜色

技巧 292　自动凸显系列最大值和最小值

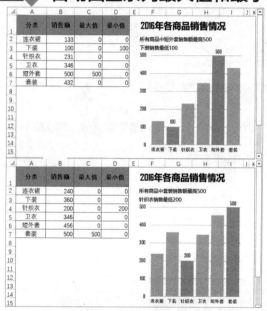

图 22-27　突出极值的柱形图

图 22-28　构建辅助列

　　若数据源是有序排列，可设置固定位置的数据点为特殊填充颜色，若数据源为乱序，需要自动突出最大值与最小值时，就需要利用函数自动获取数据中的最大值或最小值作为新系列，再设置系列颜色，更改数据源时，图表效果会自动变化，效果如图 22-27 所示。

　　具体操作步骤如下。

步骤①构建数据系列。在 C2 单元格输入以下公式，向下复制到 C7 单元格，用于生成最大值系列。

```
=IF(B2=MAX(B$2:B$7),B2,0)
```

步骤②在 D2 单元格输入以下公式，向下复制到 D7 单元格，用于生成最小值系列，如图 22-28 所示。

```
=IF(B2=MIN(B$2:B$7),B2,0)
```

步骤③选择 A1:D7 单元格区域，依次单击【插入】→【插入柱形图或条形图】→【簇状柱形图】命令，在工作表中插入柱形图。

步骤④双击图表数据系列，打开【设置数据系列格式】选项窗格。在【系列选项】选项卡下的【系列重叠】输入框中输入数字

"100%"，在【间隙宽度】输入框中输入数字"20%"，如图 22-29 所示。

步骤⑤ 选中图表中的"最大值"数据系列，右击鼠标，在扩展菜单中单击【添加数据标签】→【添加数据标签】命令。

用同样的方式添加"最小值"数据系列的数据标签。

步骤⑥ 单击图表"最大值"系列数据标签，在【设置数据标签格式】选项窗格中切换到【标签选项】选项卡，在【数字】选项下单击【类别】下拉选项按钮，在下拉列表中选择【自定义】，在【格式代码】文本框中输入"0;;;"，单击【添加】按钮，将系列中为 0 值的数据标签值隐藏，如图 22-30 所示。

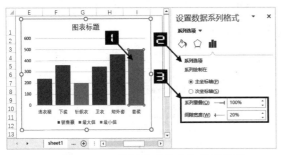
图 22-29　设置系列重叠与间隙宽度

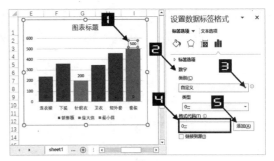
图 22-30　设置数据标签格式

用同样的方法设置最小值系列数据标签。

最后调整图表布局与说明文字即可。

> **提示**
>
> 折线图也可以使用同样的方式制作自动凸显最大值与最小值数据点，只是在制作最大值与最小值数据点辅助列时，需把公式中的 0 更改为 NA()，且无须设置数据标签自定义代码。例如，最大值系列公式为"=IF(B2=MAX(B$2:B$7),B2, NA())"。

技巧293 妙用坐标轴交叉点观察数据差异

图 22-31 所示中，左侧是一个对数据源进行排序后创建的常规条形图。而右侧的条形图中，绿色条形展示的是放款额超过 6000 万元的部分，红色条形展示的是与 6000 万元放款额的差距部分。使图表传达的信息更有价格，图表展示更直观。

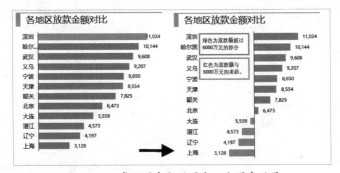
图 22-31　常规图表与设置交叉点图表效果

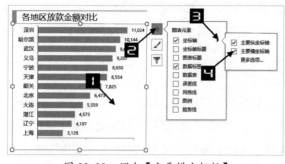

图 22-32　调出【主要横坐标轴】

具体操作步骤如下。

步骤① 单击图表绘图区，单击【图表元素】快速选项按钮，选中【坐标轴】选项中的【主要横坐标轴】复选框，如图 22-32 所示。

步骤② 单击选中图表横坐标轴，右击鼠标，在弹出的扩展菜单中单击【设置坐标轴格式】命令，打开【设置坐标轴格式】选项窗格。

步骤③ 切换到【坐标轴选项】选项卡，在【纵坐标轴交叉】下选中【坐标轴值】单选按钮，在【坐标轴值】文本框中输入数字"6000"，如图 22-33 所示。

图 22-33　设置纵坐标轴交叉

步骤④ 单击图表横坐标轴，按【Delete】键删除。

步骤⑤ 单击图表纵坐标轴，在【设置坐标轴格式】对话框中的【标签】选项下单击【标签位置】下拉按钮，在下拉列表中选择【低】选项，如图 22-34 所示。

步骤⑥ 单击选中条形图数据系列，在【设置数据系列格式】窗格中切换到【填充与线条】选项卡，单选中【填充】选项下的【纯色填充】单选按钮，再选中【以互补色代表负值】复选框，在【颜色】下拉框中分别选择颜色进行填充，如图 22-35 所示。

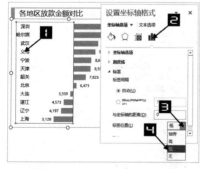

图 22-34　设置图表纵坐标轴

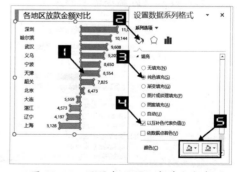

图 22-35　设置条形图正负填充颜色

技巧 294 在图表中插入说明文字

在图 22-31 所示的图表中，右侧图表有两处说明文字，分别说明图表颜色的区别。在图表中显示说明文字，可插入【文本框】来实现效果。具体操作如下。

步骤① 选中图表的图表区，单击【插入】选项卡下的【形状】→【文本框】命令，在图表中绘制一个文本框，如图 22-36 所示。绘制后直接在文本框中输入说明文字，并设置文字格式以达到所需效果。

步骤② 选中图表后插入的形状，为图表中的一个元素，与图表为一体，移动图表时，形状跟随移动。如果单击工作表任意单元格后插入形状，则为单独

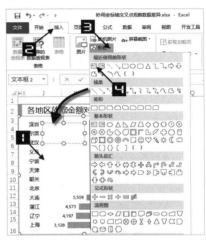

图 22-36　在图表中插入文本框

的对象，需要选中形状后，按住 <Ctrl> 键同时选中图表，单击【绘图工具】下的【格式】选项卡，依次单击【组合】→【组合】按钮完成组合，如图 22-37 所示。组合后图表与形状可同时移动，但在选择时应注意选择的是组合整体。

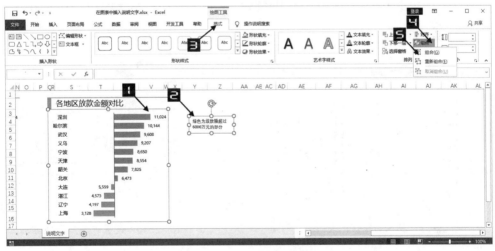

图 22-37　组合图表与形状

技巧 295 用图表凸显日期之间的间隔

若数据表中日期所在的单元格数字格式为日期，则以此为数据源的图表坐标轴自动设置为日期坐标轴，如图 22-38 所示，图表中没有放款额的日期均显示为空白。若单元格格式为文本，则图表

坐标轴也会自动设置为文本坐标轴，日期坐标轴可以转换为文本坐标轴，使图表中的数据系列连续排列，不再出现空白。

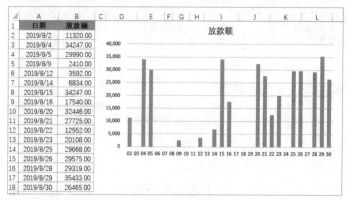

图 22-38　日期坐标轴图表效果

具体操作步骤如下。

步骤① 利用 A1:B18 区域的数据创建簇状柱形图，如图 22-39 所示。此时横坐标轴分类标签自动显示为日期样式，且日期为连续日期，即使数据源中没有的日期也会显示在图表中。此图中日期间隔天数默认为 2 天。

步骤② 选中图表横坐标轴，右击鼠标，在弹出的扩展菜单中单击【设置坐标轴格式】命令，打开【设置坐标轴格式】选项窗格，在【坐标轴选项】选项下的【单位】→【大】文本框中输入1，将日期间隔设置为 1 天。

步骤③ 在【数字】选项下的【类别】下拉列表中选择【自定义】，在【格式代码】文本框中输入代码"dd"，单击【添加】按钮。将日期设置为只显示天的格式，如图 22-40 所示。

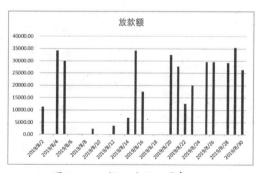

图 22-39　插入的默认图表

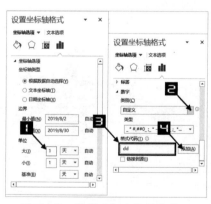

图 22-40　设置日期坐标轴格式

提示

图表中的标签均可设置【数字】格式，设置原理与【设置单元格格式】对话框中的【数字】格式一样。

若想图表坐标轴日期与数据源一一对应，可在【设置坐标轴格式】对话框中的【坐标轴选项】选项下选择【文本坐标轴】单选按钮，将日期坐标轴更改为文本坐标轴，如图 22-41 所示。

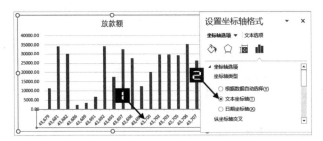

图 22-41　更改坐标轴类型

技巧 296 为堆积图表添加系列线

图 22-42 展示的是 1~3 月各区域放款数据的占比，利用【百分比堆积柱形图】制作而成。右侧图表中为各系列之间添加了系列线，以便于突出显示数据的变化方向。

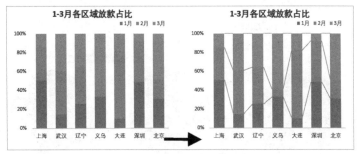

图 22-42　添加系列线效果对比图

具体操作步骤如下。

步骤① 单击选中图表，在【图表工具】下的【设计】选项卡中单击【添加图表元素】按钮，在下拉菜单中依次单击【线条】→【系列线】命令，如图 22-43 所示。

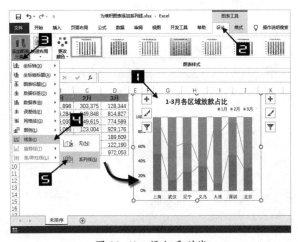

图 22-43　添加系列线

步骤② 选中系列线，右击鼠标，在弹出的扩展菜单中单击【设置系列线格式】命令，调出【设置系列线格式】窗格。

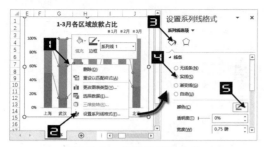

图 22-44　设置系列线格式

步骤③在【设置系列线格式】窗格中切换到【填充与线条】选项卡，选中【线条】选项下【实线】单选按钮，然后单击【颜色】下拉按钮，在【轮廓颜色】面板中选择一种颜色即可，如图 22-44 所示。

技巧297 解决占比项较多问题的子母饼图

　　图 22-45 展示的是某产品在不同地区销售占比的图表，左侧图表是利用【饼图】完成的，当系列较多或是有些数据点较小的时候，使用饼图的效果就难以满足需求。而右侧图表是使用【子母饼图】完成，将比较小的数据点统一移到第二饼图显示，在第一饼图中直接显示第二饼图的总计，使整个图表分类看起来更合理，占比更直观。

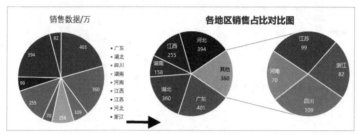

图 22-45　饼图与复合型饼图对比

　　具体操作步骤如下。

步骤① 选中 A1:B10 单元格区域，单击【插入】选项卡中的【插入饼图或圆环图】下拉按钮，在下拉列表中选择【子母饼图】，如图 22-46 所示。

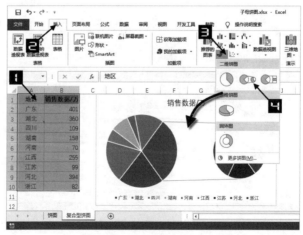

图 22-46　插入子母饼图

步骤② 单击图表数据系列，单击【图表元素】快速选项按钮，选中【数据标签】复选框，如图 22-47 所示。

步骤③ 单击选中系列数据标签，右击鼠标，在弹出的扩展菜单中单击【设置数据标签格式】，调出【设置数据标签格式】窗格。

步骤④ 在【设置数据标签格式】窗格中切换到【标签选项】选项卡，在【标签包含】中选中【类别名称】与【值】复选框。在【分隔符】下拉列表中选择【(新文本行)】

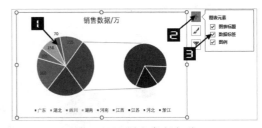

图 22-47　添加数据标签

选项。在【标签位置】中选中【数据标签内】单选按钮，如图 22-48 所示。

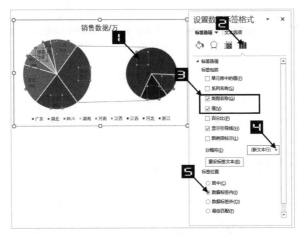

图 22-48　设置数据标签格式

步骤⑤ 将数据标签字体设置为【白色】。

步骤⑥ 单击复合饼图数据系列，在【设置数据系列格式】选项窗格中的【系列选项】选项卡下单击【系列分割依据】下拉选项，在下拉列表中选择【自定义】，在【第二绘图区大小】数值框中输入"100%"，如图 22-49 所示。

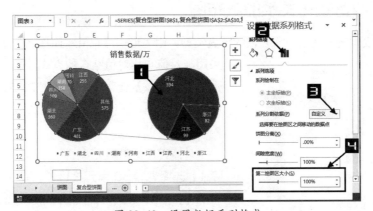

图 22-49　设置数据系列格式

步骤⑦ 单击选中图表数据系列，再次单击"四川"数据点，在【设置数据点格式】选项窗格中单击【系列选项】下的【点属于】下拉选项，在下拉列表中选择【第二绘图区】，如

图 22-50 所示。

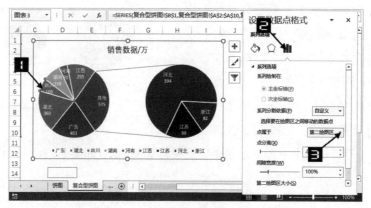

图 22-50 设置第二绘图区数据点

用同样的方式设置其他地区数据点的【点属于】方式。

最后调整图表布局与说明文字即可。

插入子母饼图时，默认以最后三项作为第二绘图区数据点，用户可以手动设置数据点显示在第一绘图区或第二绘图区中。

系列分隔依据分别为【位置】【值】【百分比值】和【自定义】：

● 位置：默认从数据区域后面数，用户可以设置"第二绘图区中的值"第 N 个。当数据为降序时比较合适。

● 值：用户可以指定数据源中"值小于"某个数字的数据点显示在第二绘图区中，当数据源为乱序时，使用这个选项更合适。

● 百分比值：与值类似，同样可以设置"值小于"某个百分比值，只不过需要把数值转换为百分比。

● 自定义：自定义比较灵活，可以设置任意数据点到第二绘图区或第一绘图区。

技巧 298 展示数量变化关系的瀑布图

瀑布图是由麦肯锡顾问公司所独创的图表类型，因为形似瀑布流水而称之为瀑布图。此种图表

图 22-51 瀑布图

采用绝对值与相对值结合的方式，适用于表达数个特定数值之间的数量变化关系，如图 22-51 所示。使用内置的瀑布图类型，不需要用户构建数据，直接选择数据插入瀑布图即可。

具体操作步骤如下。

步骤① 选择 A1:B8 单元格区域，单击【插入】选项卡中的【插入瀑布图、漏斗图、股价图、曲面图或雷达图】→【瀑布图】命令，在工作表中插入瀑布图，如图 22-52 所示。

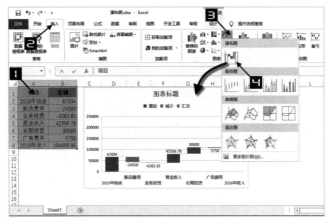

图 22-52 插入瀑布图

步骤② 单击瀑布图数据系列，在"2016 年收入"数据点上右击鼠标，在扩展菜单中单击【设置为汇总】选项，用同样的方式设置"2015 年结余"数据点，如图 22-53 所示。

步骤③ 双击瀑布图数据系列，调出【设置数据系列格式】选项窗格。单击图表数据点，在【设置数据点格式】选项窗格中切换

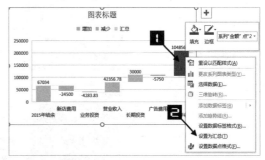

图 22-53 设置数据点为汇总

到【填充与线条】选项卡，依次单击【填充】→【纯色填充】→【颜色】命令，依次设置整个图表各个数据点的填充颜色。

在【系列选项】选项卡下的【显示连接符线条】复选框默认为选中状态，但连接符线条只有在设置柱形边框线条颜色后才会显示，如图 22-54 所示。

图 22-54 连接符线条

技巧 299 按层次展示数据比例的树状图

树状图适合展示数据的比例和数据的层次关系，可根据分类与数据快速完成占比展示，如图 22-55 所示。

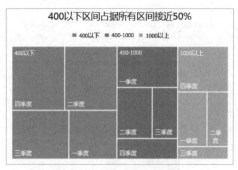

图 22-55　树状图

具体操作步骤如下。

步骤① 选择 A1:C13 单元格区域，单击【插入】选项卡中的【插入层次结构图表】→【树状图】命令，在工作表中插入树状图，如图 22-56 所示。

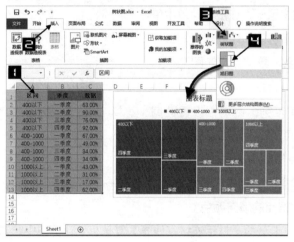

图 22-56　插入树状图

步骤② 双击树状图数据系列，调出【设置数据系列格式】选项窗格。单击图表数据点，在【设置数据点格式】选项窗格中切换到【填充与线条】选项卡，依次单击【填充】→【纯色填充】→【颜色】命令，分别设置图表数据点颜色。

技巧 300　用漂亮的旭日图展示多级数据占比

图 22-57　旭日图

旭日图类似于多个圆环的嵌套，每一个圆环代表了同一级别的比例数据，越接近内层的圆环级别越高，适合展示适合层级较多的比例数据关系，如图 22-57 所示。

具体操作步骤如下。

步骤① 选择 A1:D15 单元格区域，单击【插入】选项卡中的【插入层次结构图表】→【旭日图】命令，即可在工作表中插入旭日图，如图 22-58 所示。

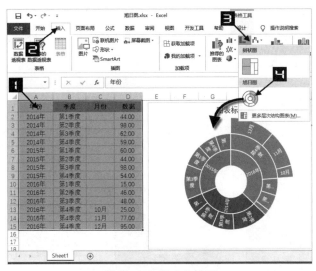

图 22-58　插入旭日图

步骤② 双击旭日图数据系列，调出【设置数据系列格式】选项窗格。单击图表数据点，在【设置数据点格式】选项窗格中切换到【填充与线条】选项卡，依次单击【填充】→【纯色填充】→【颜色】命令，分别设置图表的数据点颜色。

在此图表中，年份是一个层级，季度是中间层级。而在销量较高的第四季度，同时展示了下一个层级的月销量。

提 示

树状图与旭日图中，如想给每个数据点设置不同颜色，可根据当前数据点的层级单击多次后可单独选中数据点进行设置。

技巧 301 频次统计必用直方图

直方图又称质量分布图，是一种常用的统计报告图。一般用水平轴表示区间分布，垂直轴表示数据量的大小，如图 22-59 所示。

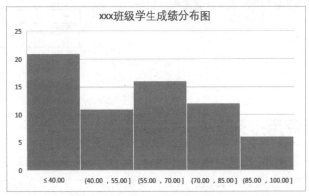

图 22-59　直方图

具体操作步骤如下。

步骤① 选择A1:B67单元格区域，单击【插入】选项卡中的【插入统计图表】→【直方图】命令，在工作表中插入直方图，如图22-60所示。

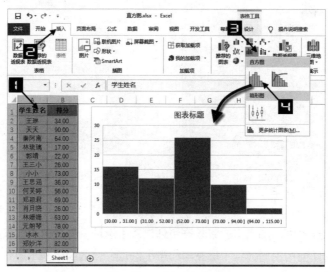

图 22-60 插入直方图

用户可以根据需要，调整默认的区间分类。

步骤② 双击横坐标轴，打开【设置坐标轴格式】窗格。单击【坐标轴选项】选项，在【坐标轴选项】选项卡下的【箱】功能组中有多种选项可以选择，例如。单击【箱数】选项，在右侧的编辑框中输入"5"。如果数据有极端值，还可以选中【溢出箱】或【下溢箱】的复选框，在输入框中输入相应数值，如图22-61所示。

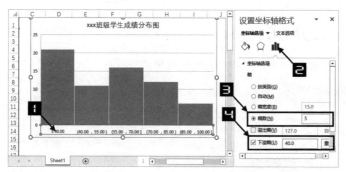

图 22-61 设置直方图箱数与溢值

技巧302 质量分析专用排列图——帕累托图

排列图也称为帕累托图，常用于分析质量问题，确定产生质量问题的主要因素。使用排列图，能够将出现的质量问题和质量改进项目按照重要程度依次排列，如图22-62所示。

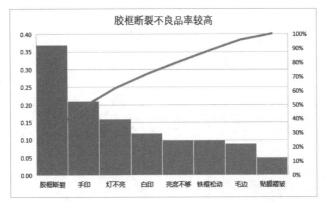

图 22-62　排列图

具体操作步骤如下。

选择 A1:B9 单元格区域，单击【插入】选项卡中的【插入统计图表】→【排列图】命令，在工作表中插入排列图，如图 22-63 所示。

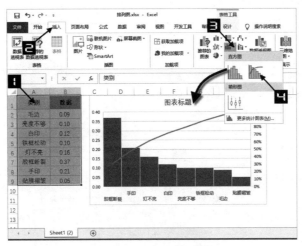

图 22-63　插入排列图

最后调整图表布局与说明文字即可。

提示

> 生成排列图时不需要对数据源进行排序，Excel 会根据数据对图表进行排序后展示。

技巧 303 借助箱形图展示数据分散情况

箱形图，也称箱须图，是一种用作显示数据分散情况资料的统计图，因形状如箱子而得名，适合将多组样本进行比较，常用于产品的品质管理。

箱形图主要包含上边缘、上四分位数 Q3、中位数、平均值、下四分位数 Q1、下边缘和异常值等元素。箱形图图解如图 22-64 所示。

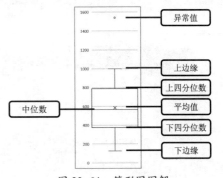

图 22-64　箱形图图解

具体操作步骤如下。

步骤① 选择 A1:D121 单元格区域，单击【插入】选项卡中的【插入统计图表】→【箱形图】命令，即可在工作表中插入箱形图，如图 22-65 所示。

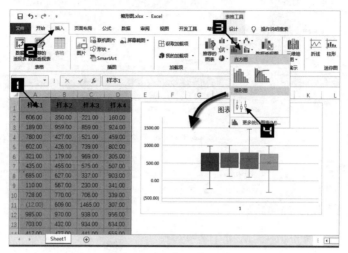

图 22-65 插入箱形图

步骤② 双击箱形图数据系列，调出【设置数据系列格式】选项窗格，切换到【系列选项】选项卡，设置【间隙宽度】为 0%，如图 22-66 所示。

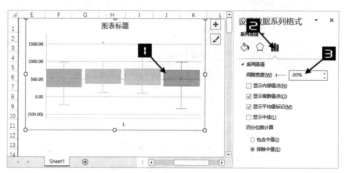

图 22-66 设置间隙宽度间隙宽度

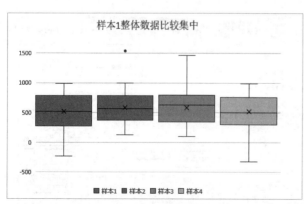

图 22-67 箱形图

最后调整图表布局与说明文字即可。

通过观察图表可以发现，样本 1 的中位数与平均值基本相等，均落在箱子的中间部分，基本呈正态分布，但是数据变异比样本 2 大，样本 2 之间的数据变异是最小的，但样本 2 中出现了异常值。样本 3 中位数相对比较高，最大值也比较大，样本 4 则跟样本 3 相反，如图 22-67 所示。

巧用错行错列数据表对图表进行分类

图 22-68 展示的是各季度产品线对比情况，左侧图表是插入的默认簇状柱形图，看起来比较杂乱。而右侧是经过对数据源进行重新排列后插入的簇状柱形图，看起来更简洁舒适，而且分类更清晰。

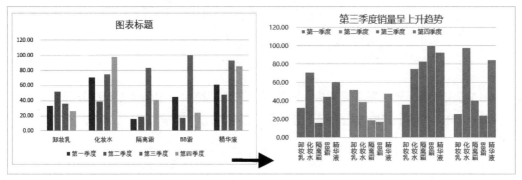

图 22-68　分类柱形图对比

具体操作步骤如下。

步骤① 如图 22-69 所示，将数据重新排列，使每个季度的数据错行显示，并且每个产品之间使用空行分隔。

	A	B	C	D	E	F	G	H	I	J	K
1	产品	第一季度	第二季度	第三季度	第四季度		产品	第一季度	第二季度	第三季度	第四季度
2	卸妆乳	33.00	52.00	36.00	26.00		卸妆乳	33.00			
3	化妆水	71.00	39.00	75.00	98.00		化妆水	71.00			
4	隔离霜	16.00	19.00	83.00	41.00		隔离霜	16.00			
5	BB霜	45.00	17.00	100.00	24.00		BB霜	45.00			
6	精华液	61.00	48.00	93.00	85.00		精华液	61.00			
7											
8							卸妆乳		52.00		
9							化妆水		39.00		
10							隔离霜		19.00		
11							BB霜		17.00		
12							精华液		48.00		
13											
14							卸妆乳			36.00	
15							化妆水			75.00	
16							隔离霜			83.00	
17							BB霜			100.00	
18							精华液			93.00	
19											
20							卸妆乳				26.00
21							化妆水				98.00
22							隔离霜				41.00
23							BB霜				24.00
24							精华液				85.00

纵向 | 横向

图 22-69　数据重新排列

步骤② 选择 G1:K24 单元格区域，在【插入】选项卡下单击【插入柱形图或条形图】→【簇状柱形图】命令，在工作表中插入柱形图。

步骤③ 单击选中图表数据系列，鼠标单击右键，在弹出的扩展菜单中选择【设置数据系列格式】命令，打开【设置数据系列格式】选项窗格，在【系列选项】选项卡中调整【系列重叠】选项为 100%，【间隙宽度间隙宽度】选项为 0%，完成柱形的大小与间距的调整，如图 22-70 所示。

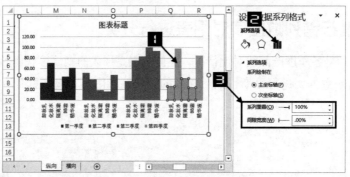

图 22-70　设置数据系列格式

步骤④ 单击图表横坐标轴，在【设置坐标轴格式】选项窗格中，切换到【大小与属性】选项卡，单击【文字方向】下拉按钮选择【竖排】，如图 22-71 所示。

图 22-71　设置横坐标轴格式

最后调整图表布局与说明文字即可。

重新排列后的数据源，空白区域为占位数据，作图时空白数据区域还是存在于图表系列中的，只不过数据源中没有数据，默认以 0 的高度显示数据点。用户可以在空白数据区域输入数值查看图表变化。如果需要对每个产品不同季度的数据进行分类，制作方法相同，只需在数据排列的时候改变数据排列的方式即可，如图 22-72 所示。

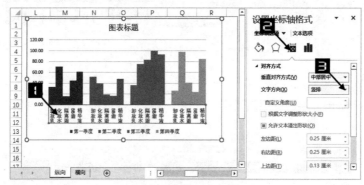

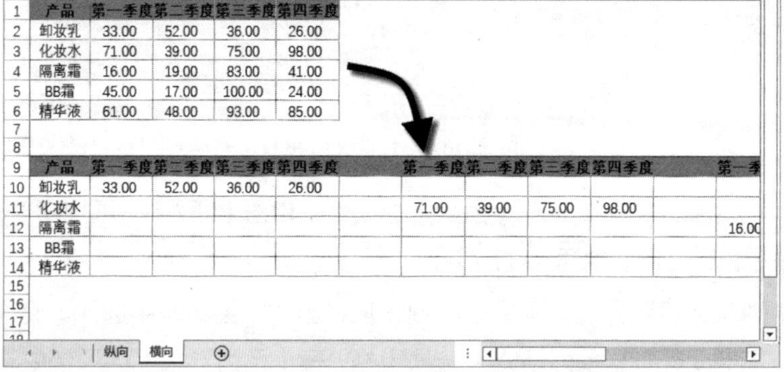

图 22-72　按产品分类

技巧 305 巧用错列制作折线图

图 22-73 展示的是各月份不同地区的销售趋势图，左侧图表中的线条较多，看起来比较杂乱，而右侧图表中对折线分别展示，看起来更直观，趋势表现更清晰。

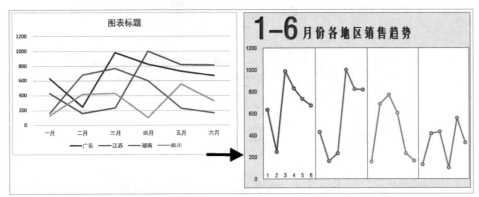

图 22-73 折线图

步骤① 如图 22-74 所示，将数据重新排列，使每个季度的数据都错行显示。

	月份	广东	江苏	湖南	四川		月份	广东	北京	天津	四川	
1	月份	广东	江苏	湖南	四川		月份	广东	北京	天津	四川	
2	一月	632	430	158	131		1	632				
3	二月	247	160	684	415		2	247				
4	三月	986	234	771	432		3	986				
5	四月	829	999	602	102		4	829				
6	五月	730	819	232	555		5	730				
7	六月	670	816	164	332		6	670				
8									430			
9									160			
10									234			
11									999			
12									819			
13									816			
14										158		
15										684		
16										771		
17										602		
18										232		
19										164		
20											131	
21											415	
22											432	
23											102	
24											555	
25											332	
26												

图 22-74 构建数据

步骤② 选择 H1:K25 单元格区域，在【插入】选项卡下单击【插入折线图或面积图】→【带数据标记的折线图】命令，在工作表中插入折线图。

步骤③ 单击选中图表区，在【图表工具】的【设计】选项卡中单击【选择数据】按钮，打开【选择数据源】对话框。

步骤④ 单击【水平（分类）轴标签】下的【编辑】按钮打开【轴标签】对话框，单击【轴标签区域】文本框，再选择 G2:G25 单元格区域。依次单击【确定】按钮关闭对话框，如图 22-75 所示。

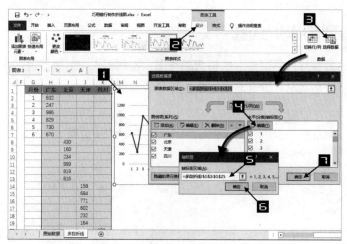

图 22-75　编辑水平分类轴标签

步骤⑤　单击图表横坐标轴，在【设置坐标轴格式】选项窗格中，切换到【坐标轴选项】选项卡，在【刻度线】选项下设置【刻度线间隔】为6。

步骤⑥　切换到【填充与线条】选项卡，在【线条】选项下选择【无线条】单选按钮，如图22-76所示。

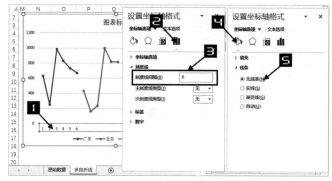

图 22-76　设置横坐标轴格式

步骤⑦　单击图表绘图区，在【设置绘图区格式】选项窗格的【填充与线条】选项卡中，选中【边框】选项下的【实线】单选按钮，在【轮廓颜色】中选择灰色。

步骤⑧　单击图表绘图区，单击【图表元素】快速选项按钮，选中【网格线】选项中的【主轴主要垂直网格线】复选框，如图22-77所示。

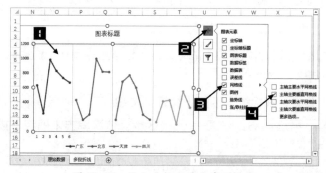

图 22-77　添加主轴主要垂直网格线

提示

　　设置【刻度线间隔】为 6 是为了在添加网格线时，网格线能够根据分类的间隔来显示。实际操作时，请根据实际数据的分类数量来设置。

步骤⑨ 单击图表纵坐标轴，在【设置坐标轴格式】选项窗格的【坐标轴选项】选项中，选中【横坐标轴交叉】下的【坐标轴值】单选按钮，在输入框中输入数字"100"，如图 22-78 所示。

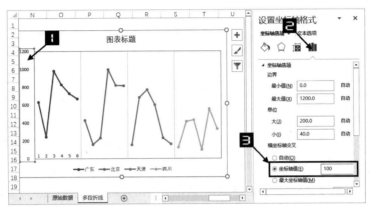

图 22-78　设置坐标轴格式

技巧306 为散点图添加指定数据标签

　　XY 散点图可以将两组数据绘制成 XY 坐标系中的一个数据系列，除可以显示数据的变化趋势以外，也可以用来描述数据之间的关系。图 22-79 即是用毛利率与库存率两组数据进行展示的比较效果。

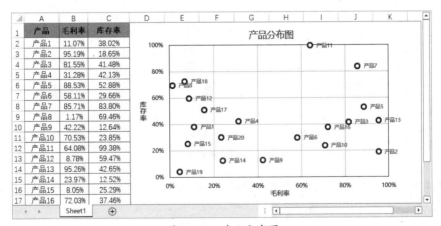

图 22-79　产品分布图

　　在 Excel 中，散点图与气泡图默认的标签均为数值，没有【类别名称】选项，如图 22-80 所示，若想在散点图中添加类别名称作为数据标签，可使用 2016 版中提供的新功能【单元格中的值】来完成。

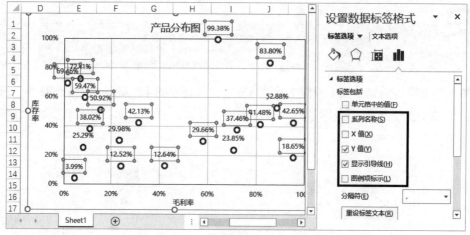

图 22-80　散点图数据标签选项

具体操作步骤如下。

步骤①　单击图表数据标签，在【设置数据标签格式】选项窗格中单击【标签选项】选项卡，选中【单元格中的值】复选框，此时会自动打开【数据标签区域】对话框，设置【选择数据标签区域】为 A2:A21 单元格区域，单击【确定】按钮关闭【数据标签区域】对话框。

步骤②　在【标签包括】选项中取消选中【Y 值】复选框。在【标签位置】选项中选中【靠右】单选按钮，如图 22-81 所示。

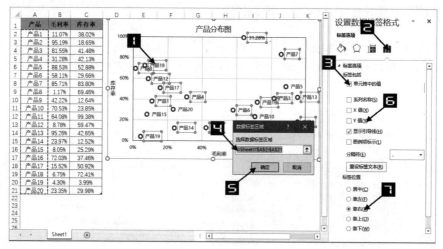

图 22-81　设置数据标签

使用【单元格中的值】虽然比较方便，但如果发送给低版本用户，数据标签显示将变成乱码，因此需将数据标签手动引用单元格。具体操作步骤如下。

单击图表数据标签，再次单击数据标签可单独选中其中一个数据标签，如"产品 11"，选中后在编辑栏输入等号"="，单击 A12 单元格，最后单击【输入】按钮完成引用，如图 22-82 所示。

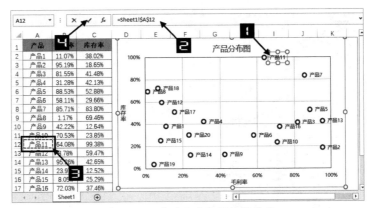

图 22-82 手动更改数据标签引用

巧用颜色与分区找出最优产品线

图 22-83 中右侧图表所展示的是技巧 306 中的产品分布图的改良版，使用线条将绘图区分为 4 个区域，不同区域设置不同的数据点颜色，使图表更清晰直观，方便更快速找出图中的最优产品与可改进产品。

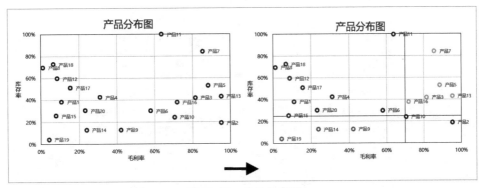

图 22-83 产品分布图

具体操作步骤如下。

步骤① 在工作表 E1:G6 单元格区域构建分隔数据点，竖线在毛利率为 70% 处设置分隔，横线在库存率为 25% 处设置分隔，如图 22-84 所示。

步骤② 选择 F2:G6 单元格区域，按 <Ctrl+C> 组合键复制。单击图表，在【开始】选项卡下依次单击【粘贴】→【选择性粘贴】命令打开【选择性粘贴】对话框。

	E	F	G
1		X	Y
2	竖线	70%	0%
3	竖线	70%	100%
4			
5	横线	0%	25%
6	横线	100%	25%
7			

图 22-84 分隔数据

步骤③ 在【选择性粘贴】对话框中依次选中【添加单元格为】→【新建系列】；【数值 (Y) 轴在】→【列】单选按钮，选中【首列为分类 X 值】复选框，单击【确定】关闭【选择性粘贴】对话框，如图 22-85 所示。

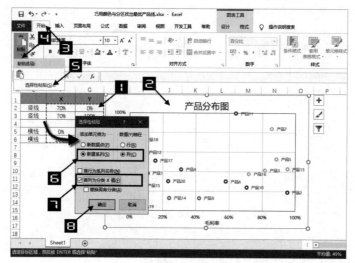

图 22-85 增加数据系列

步骤④ 选中散点图中的"系列 2"，单击【插入】选项卡中的【插入散点图（X，Y）或气泡图】→【带直线的散点图】命令，将"系列 2"的图表类型更改为带直线的散点图，如图 22-86 所示。

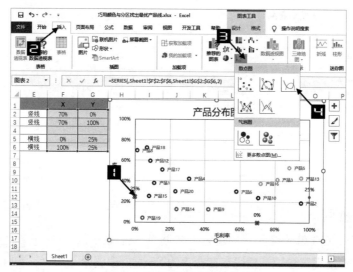

图 22-86 更改系列图表类型

步骤⑤ 双击散点图的"系列 2"，打开【设置数据系列格式】选项窗格，在【填充与线条】选项卡下依次单击【线条】→【实线】→【颜色】命令，设置颜色为黑色，将【宽度】设置为 1 磅。

步骤⑥ 选中散点图系列，再次单击选中数据点。在【设置数据点格式】选项窗格中单击【填充与线条】选项卡，依次单击【标记】→【边框】→【颜色】。依次设置每个数据点，将四个区域的数据点设置为不同颜色进行区分。

设置好一个数据点后，可单击选中另一个数据点后按【F4】键，快速将数据点设置成与上一个数据点一样的颜色，即重复上一次操作。

当使用鼠标无法选中图表元素进行设置格式时，可使用以下操作来选中需要选择的图表元素。

单击选中图表，在【图表工具】的【格式】选项卡中单击【在当前所选内容】命令组中的【图表元素】下拉按钮，下拉菜单中将显示现有散点图中的所有图表元素，选择需要设置格式的图表元素，如"系列 2"，单击【设置所选内容格式】命令，同样可以打开图表元素设置选项窗格进行格式设置，如图 22-87 所示。

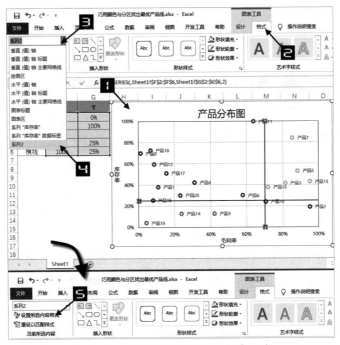

图 22-87　【格式】选项卡选择图表元素

技巧 308　柱状温度计对比图

当需要对比目标与完成、去年与今年的数据时，可以使用柱形图或者条形图来展示。如图 22-88 所示，左侧图表是一个默认的柱形图，而右侧图表是一个专业且美观的温度计形图表。

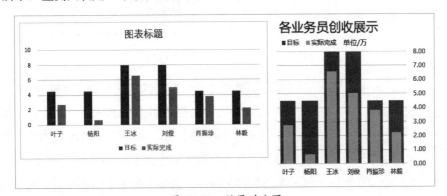

图 22-88　效果对比图

步骤① 选择 A1:C7 单元格区域，在【插入】选项卡下依次单击【插入柱形图或条形图】→【簇状柱形图】命令，在工作表中插入柱形图。

步骤② 双击柱形图中的"实际完成"数据系列，打开【设置数据系列格式】选项窗格。单击【系列选项】选项卡中的【系列绘制在】→【次坐标轴】单选按钮，在【间隙宽度】输入框中输入 120%。

步骤③ 切换到【填充与线条】选项卡，依次单击【填充】→【纯色填充】单选按钮，单击【颜色】下拉按钮，在颜色面板中选择绿色，如图 22-89 所示。

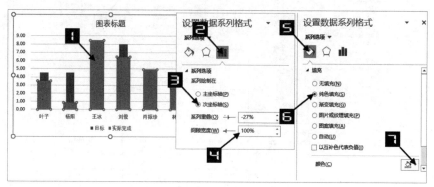

图 22-89　设置数据系列格式

步骤④ 用同样的方式将"目标"数据系列的【间隙宽度】设置为 40%，填充颜色设置为灰色。

步骤⑤ 单击柱形图右侧的"次要纵坐标轴"，在【设置坐标轴格式】选项窗格中单击【坐标轴选项】选项卡，在【边界】的【最小值】输入框中输入 0、【最大值】输入框中输入 8，在【单位】的【大】输入框中输入 1，如图 22-90 所示。

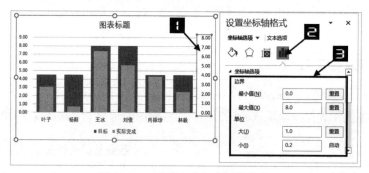

图 22-90　设置次要纵坐标轴格式

图 22-91　设置坐标轴【标签位置】

步骤⑥ 单击柱形图左侧的"主要纵坐标轴"，在【设置坐标轴格式】选项窗格中单击【坐标轴选项】选项卡，在【边界】的【最小值】输入框中输入 0、【最大值】输入框中输入 8，在【单位】的【大】输入框中输入 1。

步骤⑦ 在【标签】选项下单击【标签位置】的下拉按钮，在下拉列表中选择【无】，将主要纵坐标轴隐藏，如图 22-91 所示。

最后调整图表布局与说明文字即可。

提示

图表中包含两个系列或以上的图表，系列可分为主/次坐标轴，主/次坐标轴的刻度以及格式互不影响。柱形图与条形图只有设置主次坐标轴后才可单独设置【间隙宽度】。

需要注意的是，如果数据为同一量级，需把主次坐标轴的【边界】值设置一致，否则数据之间会有误导性。

技巧 309 设置柱形图中的参考线横跨绘图区

在展示数据量大小的柱形图中，可以增加一条平均值或者目标值作为参考线，而参考线的展示方法有很多。如图 22-92 所示，左侧图表是一个常规的柱形与折线的组合图，而右图虽然也是柱形与折线的组合图，但是折线图是横跨了整个绘图区，使参考线与柱形图的显示更加和谐。

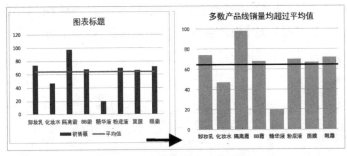

图 22-92 带参考线的柱形图

具体操作步骤如下。

步骤① 选择 A1:C9 单元格区域，单击【插入】选项卡中的【插入柱形图或条形图】→【簇状柱形图】命令，在工作表中生成一个柱形图。

步骤② 单击平均值数据系列，在【插入】选项卡中依次单击【插入折线图或面积图】→【折线图】命令，将平均值系列图表类型更改为【折线图】。

步骤③ 单击选中平均值折线系列，在【设置数据系列格式】选项窗格中的【系列选项】选项卡下，依次单击【系列绘制在】→【次坐标轴】单选按钮，如图 22-93 所示。

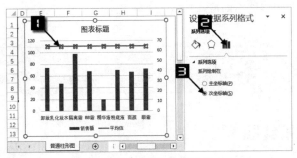

图 22-93 设置折线系列

步骤④ 单击图表绘图区，单击【图表元素】快速选项按钮，选中【坐标轴】选项中的【次要横坐标轴】的复选框，如图 22-94 所示。

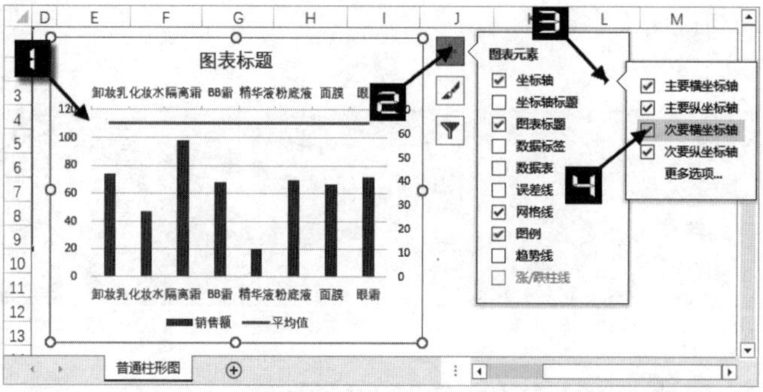

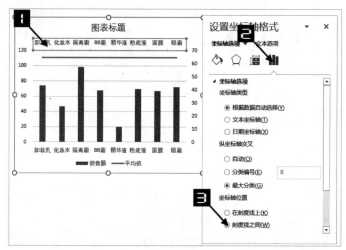

图 22-94　添加次要横坐标轴

提示

在默认设置次坐标轴时，只显示次要纵坐标轴，如果需要显示次要横坐标轴，需手动选择对应的选项。

步骤⑤ 单击选中图表次要横坐标轴，在【设置坐标轴格式】选项窗格的【坐标轴选项】选项卡下，依次单击【坐标轴位置】为【在刻度线上】单选按钮，如图 22-95 所示。

步骤⑥ 设置【标签】选项下的【标签位置】为【无】。

图 22-95　设置次要横坐标轴

最后调整图表布局与说明文字即可。

提示

Excel 折线图默认的数据点在刻度线之间，也就是折线的第一个数据点与纵坐标轴之间有 0.5 个数据系列的距离。设置了坐标轴位置在刻度线上后，不能直接按 <Delete> 键删除横坐标轴。

技巧 310　间隔填充折线图

如果需要展示数据随时间变化的趋势，除使用折线图之外，还可以使用折线图与面积图组合制作填充式趋势图，如图 22-96 所示。

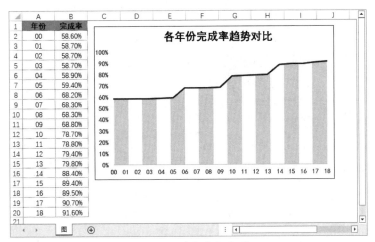

图 22-96 填充式折线图

具体操作步骤如下。

步骤① 选择 A1:B20 单元格区域，单击【插入】选项卡，依次单击【插入折线图或面积图】→【折线图】，在工作表中生成一个折线图。

步骤② 选择 B2:B20 单元格区域，按 <Ctrl+C> 组合键复制。单击图表，按 <Ctrl+V> 组合键粘贴，在图表中生成一个新系列。

这时图表中会有两个相同数据的系列，如图 22-97 所示。

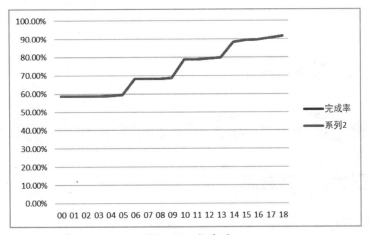

图 22-97 折线图

步骤③ 单击选中图表的任意一个数据系列，单击【插入】选项卡，依次单击【插入折线图或面积图】→【面积图】，将其中一个系列类型更改为面积图。

步骤④ 在工作表空白单元格区域中设置隔列填充颜色，如图 22-98 所示。

步骤⑤ 选择设置了填充颜色的 L1:Z14 单元格区域，按 <Ctrl+C> 组合键复制。双击图表中的面积图系列，打开【设置数据系列格式】选项窗格，切换到【填充与线条】选项卡，依次单击【填充】→【图片或纹理填充】→【剪贴板】命令，如图 22-99 所示。

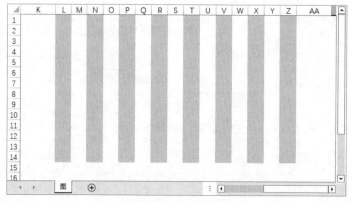

图 22-98　设置单元格填充颜色

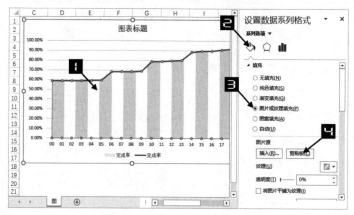

图 22-99　设置面积系列格式

最后调整图表布局与说明文字即可。

提　示

图表中的元素除线条、文本外，还可以使用形状、图片等进行填充以达到效果。

技巧 311　使用形状填充数据点

311.1　积木百分比图

图 22-100 展示的是一个百分比数据，重新构建数据之后，制作【簇状条形图】，再使用形状形成右侧图表效果，使图表看起来更新颖直观。

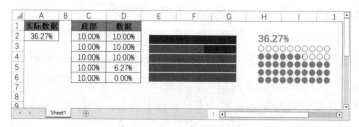

图 22-100　积木百分比图

具体操作步骤如下。

步骤① 选择 C1:D6 单元格区域，单击【插入】选项卡，依次单击【插入柱形图或条形图】→【簇状条形图】命令，在工作表中生成一个条形图。

步骤② 双击图表数据系列，打开【设置数据系列格式】选项窗格，在【系列选项】选项卡中，调整【系列重叠】选项为 100%，【间隙宽度】选项为 0%。

步骤③ 单击【插入】选项卡下的【形状】→【椭圆】命令，按住 <Shift> 键在工作表中绘制一个正圆形并设置格式。具体设置请参阅技巧 322。

步骤④ 选中形状，按 <Ctrl+C> 组合键复制，单击图表"底部"数据系列，按 <Ctrl+V> 组合键粘贴，将形状填充到系列中，如图 22-101 所示。

步骤⑤ 单击图表"底部"数据系列，在【设置数据系列格式】选项窗格中切换到【填充与线条】选项卡，单击【填充】选项下的【层叠并缩放】单选按钮，在【单位 / 图片】输入框中输入 0.01，表示在此图表中，一个圆形代表 0.01 的值，如图 22-102 所示。

图 22-101　填充形状的条形

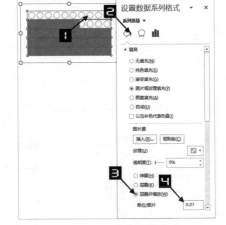

图 22-102　设置填充缩放

用同样的方式设置"数据"数据系列，最后调整图表布局、添加说明文字即可。

311.2　交叉柱形图

图 22-103 展示的是一个柱形图，使用形状填充为右侧图表效果，此类效果的图表在 PPT 或者仪表盘中使用较多。

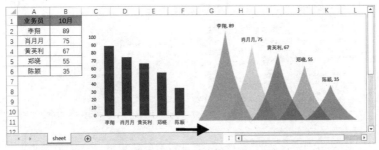

图 22-103　交叉柱形图

具体操作步骤下。

步骤① 选择 A1:B6 单元格区域，单击【插入】选项卡，依次单击【插入柱形图或条形图】→【簇状柱形图】命令，在工作表中生成一个柱形图。

步骤② 单击选中图表，在【图表工具】的【设计】选项卡中单击【切换行/列】按钮，将所选图表的系列更换为分类。

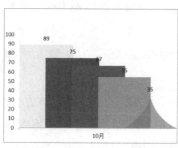

步骤③ 双击图表任意一个数据系列，打开【设置数据系列格式】选项窗格，在【系列选项】选项卡中调整【系列重叠】选项为 51%，【间隙宽度】选项为 0%。

步骤④ 选中绘制好的图形，按 <Ctrl+C> 组合键复制，单击图表，选中数据系列后按 <Ctrl+V> 组合键，将图形粘贴到图表柱形上，如图 22-104 所示。

图形制作详情请参阅技巧 323。

更改图形填充颜色后，依次填充图表中的其他数据系列。

图 22-104 改变柱形形状

注意

设置图形填充时，需设置填充颜色的【透明度】，才可在图表中直观地看出图表交叉。

折线图、散点图以及气泡图的数据标记点同样可以使用图形或图片进行填充，如图 22-105、图 22-106 所示都是填充数据点标记得到的效果。

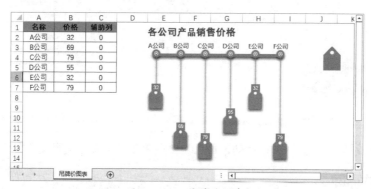

图 22-105 吊牌价图表

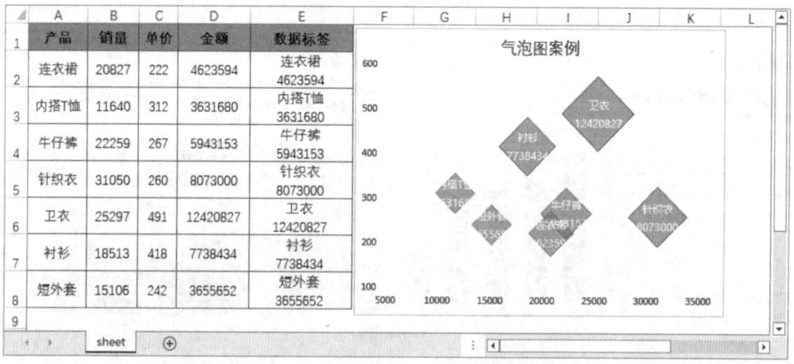

图 22-106 菱形气泡图

技巧 312 不同分类数量的组合图表

图 22-107 所示是一个柱形图与折线图的组合图表，当数据分类数量不同时，制作出来的图表效果如左侧所示，而右侧是经过设置后使图表数据正常显示的效果。

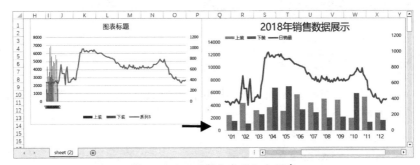

图 22-107 不同分类的组合图表

具体操作步骤如下。

步骤① 单击图表绘图区，单击【图表元素】快速选项按钮，选中【坐标轴】选项下的【次要横坐标轴】复选框，如图 22-108 所示。

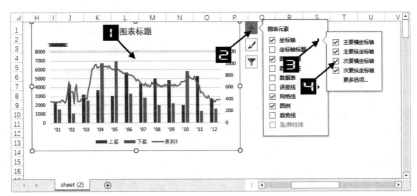

图 22-108 设置次横坐标轴

步骤② 双击图表"次要横坐标轴"，打开【设置坐标轴格式】选项窗格，在【标签】选项下单击【标签位置】下拉按钮，在下拉列表中选择【无】，如图 22-109 所示。

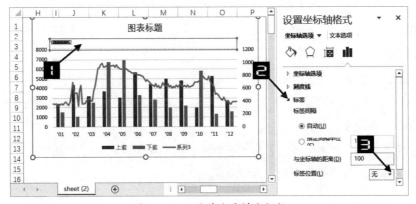

图 22-109 隐藏次要横坐标轴

最后调整图表布局与说明文字即可。

提示

> 当图表设置了其中一个或多个系列为"次坐标轴"后，图表最多可以有四个坐标轴，但当主/次坐标轴上的系列横轴均为分类轴时，默认只显示"主要横坐标轴"，也就是主/次坐标轴上的系列共用一个分类轴，所以如果需要将主/次分类轴分开显示，可按以上操作完成。

技巧 313 简易式滑珠图展示完成率

图 22-110 展示的是使用堆积条形图与散点图制作而成的组合图表，将散点标记绘制在条形图上，使图表更美观清晰。

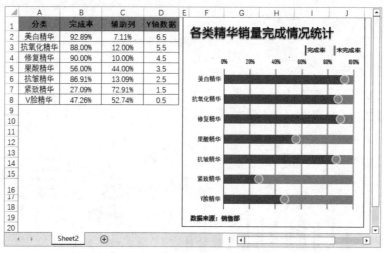

图 22-110　简易式滑珠图

具体操作步骤如下。

步骤① 选中 A1:C8 单元格区域，单击【插入】选项卡，依次单击【插入柱形图或条形图】→【堆积条形图】命令，在工作表中生成一个堆积条形图。

步骤② 双击图表纵坐标轴，打开【设置坐标轴格式】选项窗格，在【坐标轴选项】选项卡中选中【逆序类别】复选框。

步骤③ 选中 B2:B8 区域，按住 <Ctrl> 键不放，再选中 D2:D8 区域，按 <Ctrl+C> 组合键复制。单击图表，在【开始】选项卡下依次单击【粘贴】→【选择性粘贴】命令打开【选择性粘贴】对话框。

步骤⑤ 在【选择性粘贴】对话框中依次单击【添加单元格为】→【新建系列】；【数值（Y）轴在】→【列】命令，选中【首列为分类 X 值】复选框，单击【确定】关闭【选择性粘贴】对话框，如图 22-111 所示。

步骤⑥ 单击图表新系列，单击【插入】选项卡中的【插入散点图（X，Y）或气泡图】→【散点图】命令，将新系列的图表类型更改为散点图。

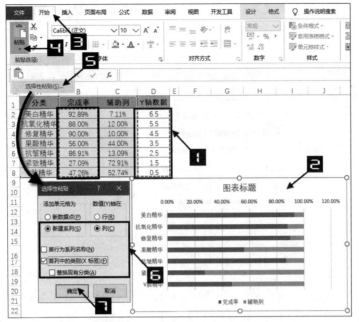

图 22-111　选择新粘贴添加新系列

步骤⑦ 双击图表次要纵坐标轴，打开【设置坐标轴格式】选项窗格，在【坐标轴】选项中的【边界】下设置【最小值】为 0，【最大值】为 7，如图 22-112 所示。

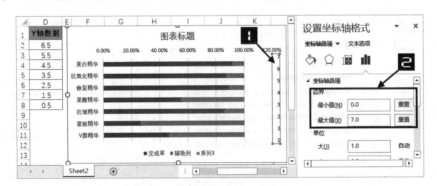

图 22-112　设置纵坐标轴【边界】

最后调整图表布局与说明文字即可。

图表中的文本分类轴的起始位置一般情况下为 0.5，即到第一个数据点的中心是 1，每个数据点的默认间隔也是 1，如图 22-113 所示。

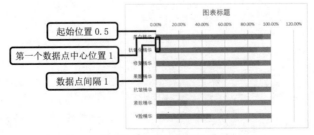

图 22-113　分类轴位置

当设置了【坐标轴位置】为【在刻度线上】时，该分类轴的起始位置就是1，也就是第一个数据点的中心就是分类坐标轴的起始位置，如图 22-114 所示。

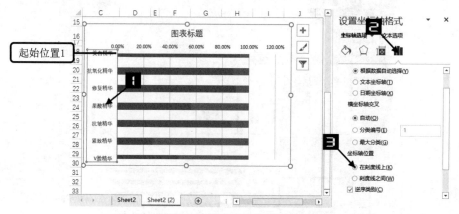

图 22-114　设置坐标轴位置后的效果

"Y 轴数据"从 0.5 开始，每个数据点间隔 1，以此类推，并且设置【次要纵坐标轴】的【边界】时应注意数据间的关系。【边界】中的【最小值】等于"Y 轴数据"的最小值减去 0.5，而【最大值】等于"Y 轴数据"的最大值加上 0.5，如图 22-115 所示。

数据为降序排序，是因为条形图设置了【逆序类别】选项，而在条形图中添加散点图，散点图默认就绘制在次坐标轴上，所以数据降序才可以跟条形图对应。

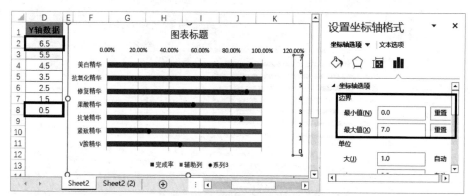

图 22-115　【边界】与数据源的关系

第23章 交互式图表与仪表板

动态图表是利用 Excel 的函数、名称、控件、VBA 等功能实现的交互展示图表。本章将通过多个实例技巧说明如何制作动态图表与仪表板。

技巧〈314〉自动筛选动态图

图 23-1 所示为使用一个简单柱形图展示的一份 2015 年至 2018 年各个月份的数值对比，如果需要从图表中筛选符合条件的数据进行展示，可以使用Excel的自动筛选功能，制作动态效果的图表。

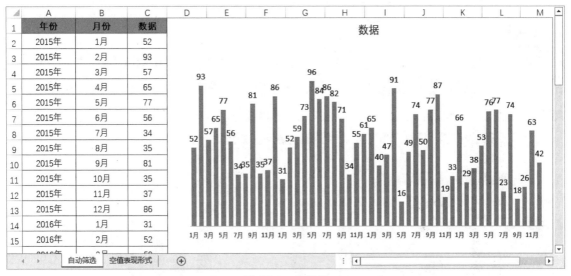

图 23-1　数据源

步骤① 选择 A1:C1 单元格区域，在【数据】选项卡中单击【筛选】按钮，添加筛选功能，如图 23-2 所示。

图 23-2　添加自动筛选

步骤② 双击柱形图图表区，打开【设置图表区格式】选项窗格。在【大小与属性】选项下依次单击【属性】→【不随单元格改变位置和大小】单选按钮，如图 23-3 所示。

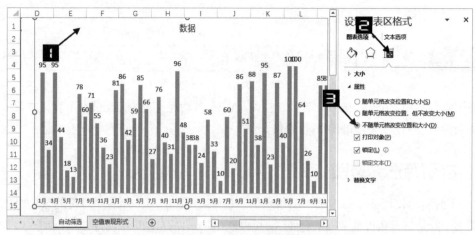

图 23-3　设置图表区格式

　　因筛选时部分数据行会被隐藏，图表【属性】设置为【大小和位置随单元格而变】时，如果隐藏数据行，图表也会跟着隐藏一部分，使得图表整体变短，甚至会完全隐藏。

步骤③　单击数据表字段名称右下角的筛选按钮，选择要显示的年份，最后单击【确定】按钮，可得到筛选后的数据源，图表效果也会随之更新，如图 23-4 所示。

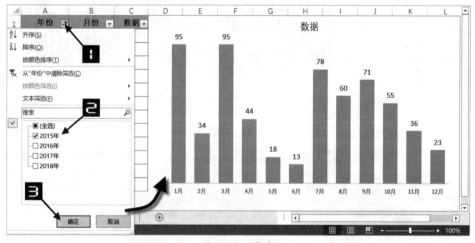

图 23-4　筛选

　　如果用户设置了【显示隐藏行列中的数据】命令，将会使图表不再随数据筛选而变化。

　　选中图表后，在【图表工具】下的【设计】选项卡中单击【选择数据】按钮，打开【选择数据源】对话框。

　　在【选择数据源】对话框中单击【隐藏的单元格和空单元格】，打开【隐藏和空单元设置】对话框，选中【显示隐藏行列中的数据】复选框，最后依次单击【确定】按钮对话框，如图 23-5 所示。

　　设置完成后，如果再筛选数据，图表中将始终显示全部数据。

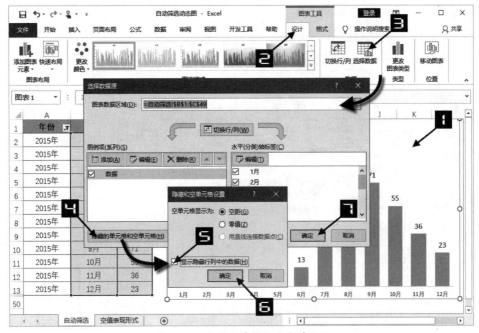

图 23-5　隐藏的单元格和空单元格

【隐藏和空单元格设置】对话框中的【空单元格显示为：】功能，在折线图与面积图中比较常用，三个选项分别为：空距、零值、用直线连接数据点。图 23-6 展示了三个不同设置的折线图表现方式。

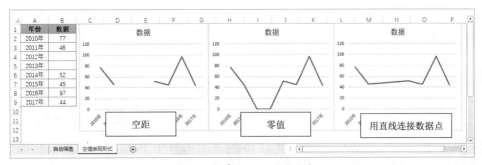

图 23-6　空单元格不同设置展示

技巧 315 切片器动态图表

Excel 除可以使用自动筛选进行数据筛选外，还可以使用切片器进行筛选，使筛选更加直观。

步骤① 单击 A1 单元格，在【插入】选项卡中单击【表格】按钮，打开【创建表】对话框，选中【表包含标题】的复选框，最后单击【确定】按钮，将数据表转换为"表格"形式，如图 23-7 所示。

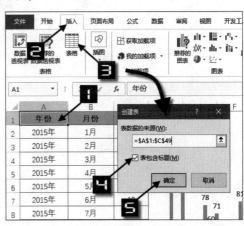

图 23-7　插入表格

步骤② 选择 A1 单元格，在【表格工具】下的【设计】选项卡中单击【插入切片器】按钮，打开【插入切片器】对话框。在【插入切片器】对话框中选中需要进行筛选的字段"年份"，单击【确定】按钮关闭【插入切片器】对话框，如图 23-8 所示。

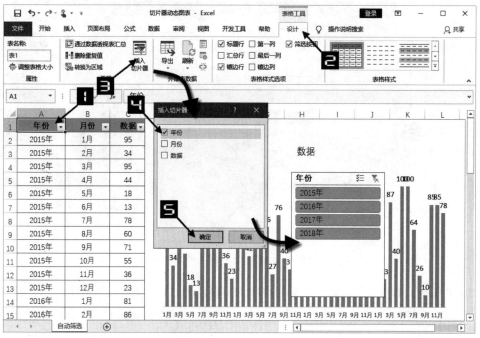

图 23-8　插入切片器

此时只需要在切片器中单击分类项进行选择，即可完成数据与图表的筛选，如图 23-9 所示。

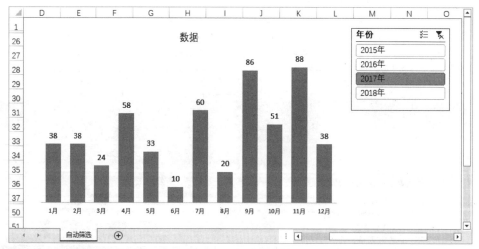

图 23-9　切片器筛选

如果需要选中多个年份，可以先单击切片器左上角的【多选】按钮，然后依次单击切片器中的年份进行选择。如果想释放筛选，单击切片器右上角的【清除筛选器】按钮即可，如图 23-10 所示。

图 23-10　多选和清除筛选器

技巧 316 **动态数据透视图表**

使用自动筛选或表格切片器实现数据动态展示，主要是为了更改数据源的显示，使不符合筛选条件的数据隐藏。而利用数据透视图可以在数据源不变的前提下，使图表能够动态展示，如图 23-11 所示。

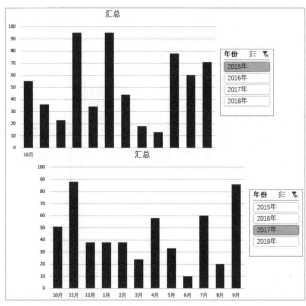

图 23-11　数据透视图表

具体操作步骤如下。

步骤 1　选择 A4 单元格，在【插入】选项卡中单击【数据透视图】按钮，打开【创建数据透视图】对话框。在【选择放置数据透视图的位置】下选中【现有工作表】单选按钮，单击【位置】输入框，再单击 E1 单元格指定存放单元格。最后单击【确定】按钮，如图 23-12 所示。

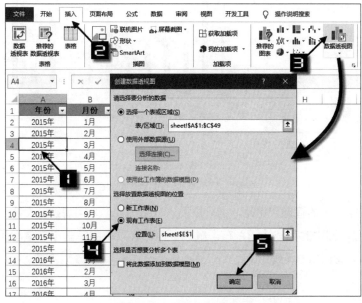

图 23-12　插入数据透视图

步骤② 单击数据透视图图表区，在【数据透视图字段】列表中依次将"年份"字段拖到【筛选】区域，将"月份"拖到【轴（类别）】区域，将"数量"拖到【值】区域，如图 23-13 所示。

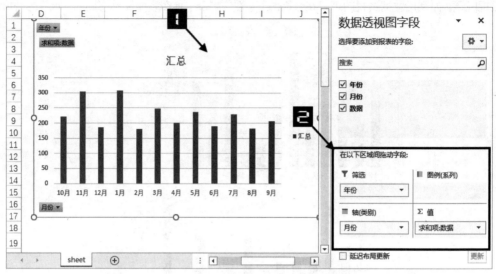

图 23-13 【数据透视图字段】

步骤③ 单击数据透视图图表区中的"年份"筛选按钮，在筛选下拉列表中单击"2017 年"，最后单击【确定】按钮，即可实现 2017 年的数据展示，如图 23-14 所示。

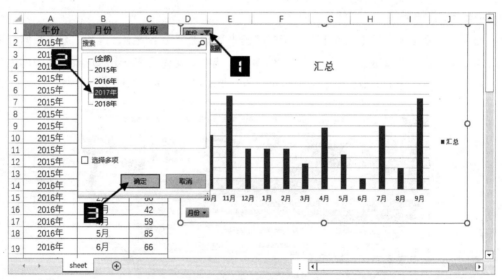

图 23-14 数据透视图筛选

除使用数据透视图中的筛选按钮外，也可以插入"切片器"来实现控制图表。具体操作如下。

步骤① 选择数据透视图中的筛选按钮，右击鼠标，在扩展菜单中单击【隐藏图表上的所有字段按钮】命令，如图 23-15 所示。

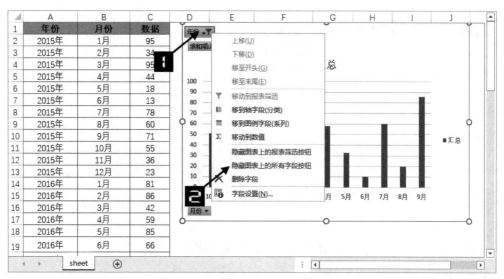

图 23-15　隐藏图表上的所有字段按钮

步骤② 单击数据透视图，在【数据透视图工具】下的【分析】选项卡中单击【插入切片器】按钮，打开【插入切片器】对话框。在【插入切片器】对话框中选中需要进行筛选的字段"年份"，单击【确定】按钮关闭【插入切片器】对话框，如图 23-16 所示。

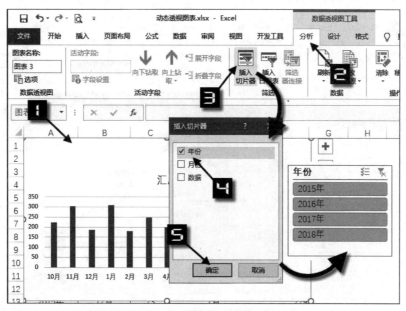

图 23-16　为数据透视图插入切片器

设置完成后，在切片器中选择不同的年份，即可查看对应年份的图表效果。

技巧 317　数据验证动态图表

如图 23-17 所示，借助数据验证和公式，也能够实现图表的动态展示。

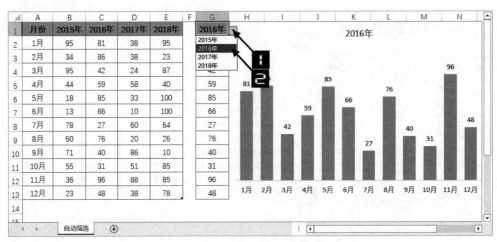

图 23-17　数据验证动态图表

具体操作步骤如下。

步骤① 单击 G1 单元格，依次单击【数据】→【数据验证】→【数据验证】命令，打开【数据验证】对话框。切换到【设置】选项卡，单击【允许】选项下拉按钮，在下拉列表中选择【序列】，在【来源】编辑框中选择 B1:E1 单元格区域，最后单击【确定】按钮关闭【数据验证】对话框，如图 23-18 所示。

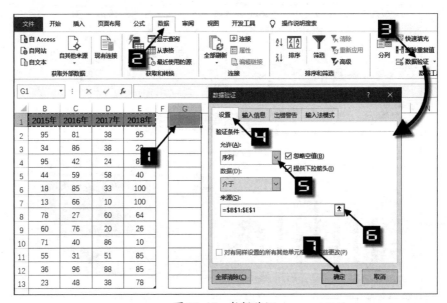

图 23-18　数据验证

步骤② 在 G2 单元格输入以下公式，将公式向下复制到 G13 单元格，如图 23-19 所示。

```
=HLOOKUP(G$1,B$1:E$13,ROW(A2),)
```

HLOOKUP 函数以 G$1 单元格中的内容为查找值，在 B$1:E$13 单元格区域的首行中找到与之相同的项目，并依次返回该项目下不同行的内容。

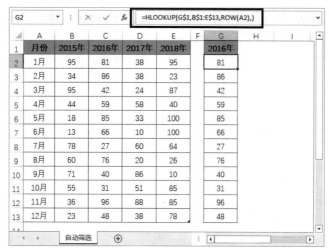

图 23-19 数据构建

步骤③ 选择 G1：G13 单元格区域，在【插入】选项卡中依次单击【插入柱形图或条形图】→【簇状柱形图】命令，生成一个柱形图。

最后设置图表格式并添加图表标题说明即可，单击 G1 单元格的下拉按钮，选择不同的年份，G2：G13 单元格区域的公式结果会随之更新，以此为数据源的图表也会随之变化。

技巧 318 控件动态折线图

图 23-20 展示的是某公司各产品全年销售情况的动态折线图。使用单选控件按钮与公式来制作折线图，在单击控件选择某一产品时，数据区域会自动突出显示，使图表展示更加直观。

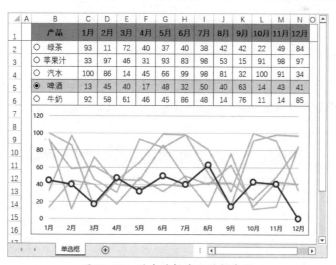

图 23-20 动态选择产品的折线图

操作步骤如下。

步骤① 单击【开发工具】选项卡中的【插入】下拉按钮，在下拉列表中单击【选项按钮（窗体控件）】按钮，拖动鼠标在工作表中绘制一个选项按钮，如图 23-21 所示。

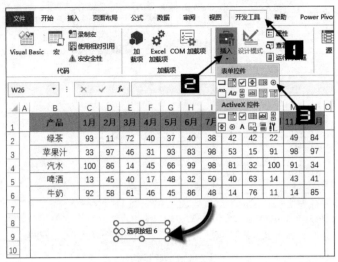

A	B	C	D	E	F	G	H	I	J	K	L	M	N
1	产品	1月	2月	3月	4月	5月	6月	7月				11月	12月
2	绿茶	93	11	72	40	37	40	38	42	42	22	49	84
3	苹果汁	33	97	46	31	93	83	98	53	15	91	98	97
4	汽水	100	86	14	45	66	99	98	81	32	100	91	34
5	啤酒	13	45	40	17	48	32	50	40	63	14	43	41
6	牛奶	92	58	61	46	45	86	48	14	76	11	14	85

图 23-21　插入选项按钮

步骤 2 右键单击选项按钮，在快捷菜单中选择“编辑文字”，将选项按钮中的文本按 <Delete> 键删除。

步骤 3 在选项按钮上右击鼠标，选中选项按钮，按住 <Alt> 键拖动到 B2 单元格，调整选项按钮大小与单元格对齐，如图 23-22 所示。

	B	C	D	E	F	G	H	I	J	K	L	M	N
1	产品	1月	2月	3月	4月	5月	6月	7月	8月	9月	10月	11月	12月
2	绿茶	93	11	72	40	37	40	38	42	42	22	49	84
3	苹果汁	33	97	46	31	93	83	98	53	15	91	98	97
4	汽水	100	86	14	45	66	99	98	81	32	100	91	34
5	啤酒	13	45	40	17	48	32	50	40	63	14	43	41
6	牛奶	92	58	61	46	45	86	48	14	76	11	14	85

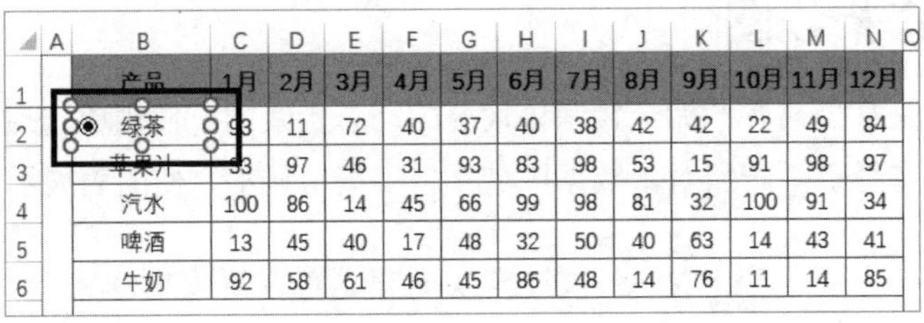

图 23-22　调整选项按钮位置与大小

步骤 4 在选项按钮上右击鼠标，选中选项按钮，按住 <Ctrl> 键拖动，复制选项按钮。根据产品的个数以及顺序复制选项按钮并对齐到不同单元格，效果如图 23-23 所示。

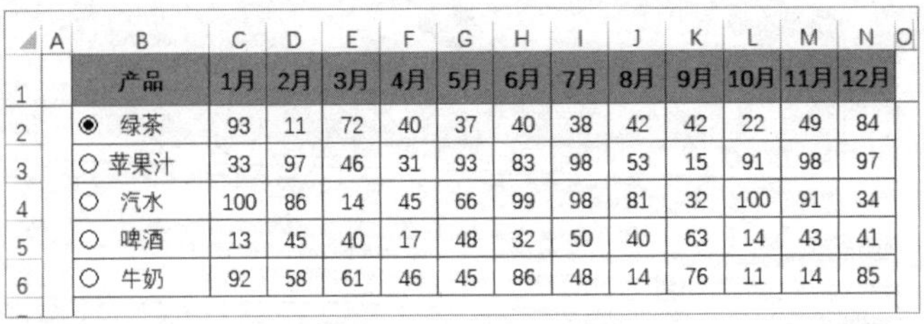

	B	C	D	E	F	G	H	I	J	K	L	M	N
1	产品	1月	2月	3月	4月	5月	6月	7月	8月	9月	10月	11月	12月
2	绿茶	93	11	72	40	37	40	38	42	42	22	49	84
3	苹果汁	33	97	46	31	93	83	98	53	15	91	98	97
4	汽水	100	86	14	45	66	99	98	81	32	100	91	34
5	啤酒	13	45	40	17	48	32	50	40	63	14	43	41
6	牛奶	92	58	61	46	45	86	48	14	76	11	14	85

图 23-23　选项按钮

步骤 5 在选项按钮上右击鼠标，然后在弹出的扩展菜单中单击【设置控件格式】命令，打开【设置控件格式】对话框。切换到【控制】选项卡，单击【单元格链接】输入框，再单击 P1 单元格指定要链接到的单元格，最后单击【确定】按钮关闭【设置控件格式】对话框，如图 23-24 所示。

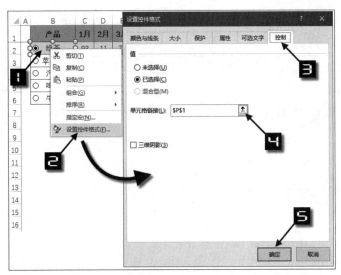

图 23-24 设置控件格式

步骤 6 在 C7 单元格输入以下公式，向右复制到 N7 单元格，构建一个新的图表系列，如图 23-25 所示。

```
=OFFSET(C1,$P$1,0)
```

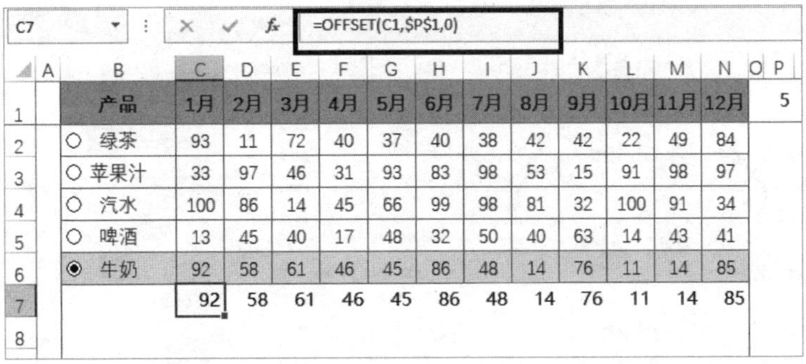

C7 =OFFSET(C1,$P$1,0)

	产品	1月	2月	3月	4月	5月	6月	7月	8月	9月	10月	11月	12月		5
○	绿茶	93	11	72	40	37	40	38	42	42	22	49	84		
○	苹果汁	33	97	46	31	93	83	98	53	15	91	98	97		
○	汽水	100	86	14	45	66	99	98	81	32	100	91	34		
○	啤酒	13	45	40	17	48	32	50	40	63	14	43	41		
◉	牛奶	92	58	61	46	45	86	48	14	76	11	14	85		
		92	58	61	46	45	86	48	14	76	11	14	85		

图 23-25 构建数据

步骤 7 选择 C1:N7 单元格区域，在【插入】选项卡下单击【插入折线图或面积图】→【折线图】命令，在工作表中插入折线图。

步骤 8 双击折线图系列，打开【设置数据系列格式】选项窗格。切换到【填充与线条】选项卡，在【线条】选项中单击【实线】单选按钮，设置【颜色】为灰色，如图 23-26 所示。

单击选中其他数据系列后，按 <F4> 功能键快速重复上一次操作。将系列 1 至系列 5 全部设置为灰色线条。

步骤 9 单击“系列 6”数据系列，在【线条】选项中单击【实线】单选按钮，设置【颜色】为蓝色，【宽度】为 2.25 磅。

步骤 10 在【标记】选项中设置【标记选项】为【内置】，【类型】为圆形，【大小】为 9。设置【填充】颜色为【纯色填充】，【颜色】为白色。设置【边框】为【实线】，【颜色】为蓝色，【宽度】为 2.25 磅，如图 23-27 所示。

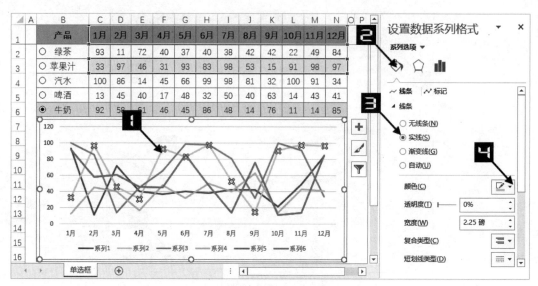

图 23-26　设置数据系列格式

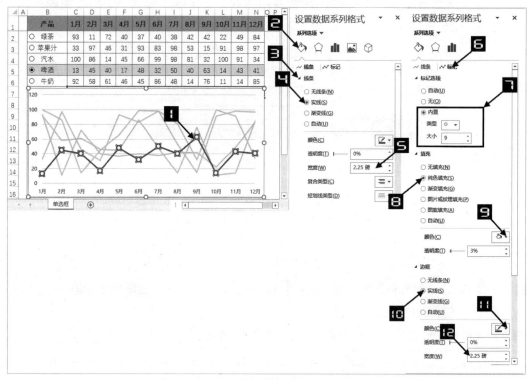

图 23-27　设置突出显示的数据系列格式

步骤⑪ 最后选中 B1:N6 单元格区域，依次单击【开始】→【条件格式】→【新建规则】命令，打开【新建格式规则】对话框。选中【使用公式确定要设置条件的单元格】选项，然后在"为符合此公式的值设置条件"编辑框中输入以下公式。

```
=ROW(A1)=$P$1
```

步骤12 单击【格式】按钮，在弹出的【设置单元格格式】对话框中切换到【填充】选项卡，选择一种填充颜色，最后依次单击【确定】按钮关闭对话框。设置完成后，会随着选项按钮的选择而突出显示当前行的记录，如图 23-28 所示。

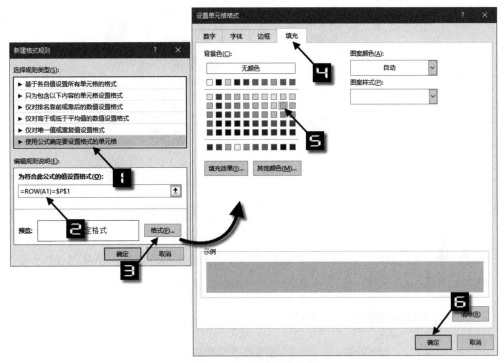

图 23-28　设置条件格式

技巧 319　动态盈亏平衡分析图

图 23-29 展示的是利用 Excel 折线图与控件绘制的盈亏平衡分析图，使用控件动态调整业务量，让图表展示不同业务量下的成本与收入的关系。

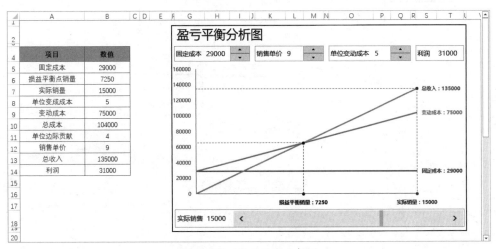

图 23-29　盈亏平衡分析图

步骤① 单击【开发工具】选项卡中的【插入】下拉按钮，在下拉列表中单击【数值调节钮（窗体控件）】按钮，在工作表中绘制一个数值调节按钮，如图 23-30 所示。

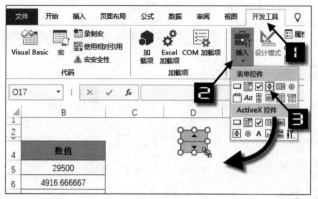

图 23-30 插入数值调节按钮

用同样的方式再插入两个数值调节按钮和 1 个滚动条，分别为固定成本、销售单价、单位变动成本、实际销售设置控件格式。

步骤② 选择控件后右击鼠标，在弹出的扩展菜单中单击【设置控件格式】命令，打开【设置控件格式】对话框，切换到【控制】选项卡，分别设置参数如图 23-31 所示。

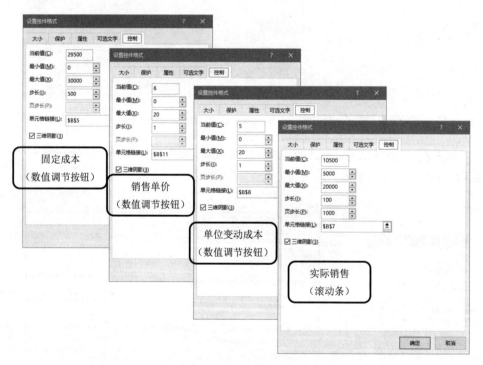

图 23-31 设置控件格式

步骤③ 分别在图 23-32 所示的单元格中输入对应的公式。

	A	B	C	D	E
4	项目	数值	B列公式		
5	固定成本	29000			
6	损益平衡点销量	7250	=B5/B11		
7	实际销量	15500			
8	单位变成成本	5			
9	变动成本	77500	=B8*B7		
10	总成本	106500	=B9+B5		
11	单位边际贡献	4			
12	销售单价	9	=B11+B8		
13	总收入	139500	=B7*B12		
14	利润	33000	=B13-B10		
15					
16	销量	固定成本	变动成本	总收入	
17	0	29000	29000	0	
18	15500	29000	106500	139500	
19	0	=B5	=A17*B8+B17	=A17*B12	17行公式
20	=IF(B7<B6,B6,B7)	=B5	=A18*B8+B18	=A18*B12	18行公式
21					
22	损益平衡销量X	损益平衡销量Y	实际销量X	实际销量Y	
23	0	65250	0	139500	
24	7250	65250	15500	139500	
25					
26	7250	65250	15500	139500	
27	7250	65250	15500	0	
28	0	=B6*B8+B5	0	=B13	23行公式
29	=B6	=B6*B8+B5	=B7	=B13	24行公式
30	=B6	=B6*B8+B5	=B7	=B13	25行公式
31	=A26	0	=C24	0	26行公式

图 23-32　计算各指标数据

损益平衡点销量 = 固定成本 / 单位边际贡献

变动成本 = 单位变动成本 * 实际销量

总成本 = 固定成本 + 变动成本

销售单价 = 单位变动成本 + 单位边际贡献

总收入 = 实际销量 * 销售单价

利润 = 总收入 – 总成本

步骤④ 选择 B16:D18 单元格区域，在【插入】选项卡下依次单击【插入折线图或面积图】→【带数据标记的折线图】命令，在工作表中插入折线图。

步骤⑤ 单击选中图表区，在【图表工具】的【设计】选项卡中单击【选择数据】按钮，打开【选择数据源】对话框。

步骤⑥ 单击【切换行/列】按钮调整图表布局。再单击【水平（分类）轴标签】下的【编辑】按钮打开【轴标签】对话框，单击【轴标签区域】文本框，选择 A17:A18 单元格区域。依次单击【确定】按钮关闭对话框。

图 23-33　设置坐标轴格式

步骤⑦ 选中图表横坐标轴，右击鼠标，在弹出的扩展菜单中单击【设置坐标轴格式】命令，打开【设置坐标轴格式】选项窗格。设备【坐标轴选项】选项下的【坐标轴类型】为【日期坐标轴】，【单位】→【基准】为【天】，如图 23-33 所示。

步骤⑧ 选择 A23:B24 单元格区域，按 <Ctrl+C> 组合键复制。单击图表，在【开始】选项卡下依次单击【粘贴】→【选择性粘贴】命令打开【选择性粘贴】对话框。

步骤⑨ 在【选择性粘贴】对话框中依次选中【添加单元格为】→【新建系列】；【数值 (Y) 轴在】→【列】单选按钮，选中【首列为分类 X 值】复选框，单击【确定】关闭【选择性粘贴】对话框。

步骤⑩ 选中新增的数据系列，单击【插入】选项卡中的【插入散点图（X,Y）或气泡图】→【带直线数据标记的散点图】命令，将新系列的图表类型更改为带直线数据标记的散点图。

用同样的步骤分别复制 A25:B26、C23:D24、C25:D26 单元格区域，选择性粘贴到图表中。效果如图 23-34 所示。

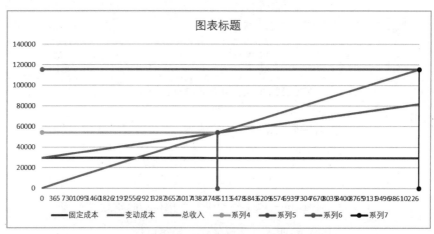

图 23-34　添加散点后的效果图

最后设置图表格式，完成图表的制作。调整各个控件，图表效果会随之发生改变。

技巧320 鼠标悬停的动态图表

利用函数结合 VBA 代码制作动态图表，当鼠标悬停在某一选项上时，图表能够自动展示对应的数据系列，如图 23-35 所示。

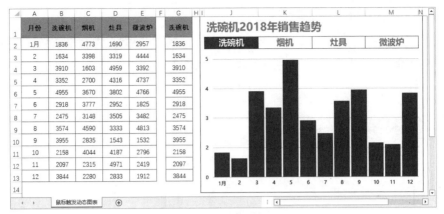

图 23-35　鼠标触发动态图表

操作步骤如下。

步骤① 按 <Alt+F11> 组合键打开 VBE 窗口，在 VBE 窗口中依次单击【插入】→【模块】，然后在模块代码窗口中输入以下代码，最后关闭 VBE 窗口，如图 23-36 所示。

```
Function techart(rng As Range)
    Sheets("鼠标触发动态图表").[g1] = rng.Value
End Function
```

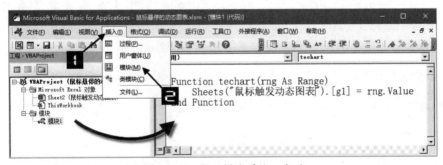

图 23-36　插入模块并输入代码

代码中的 "(" 鼠标触发动态图表 ").[g1]" 为当前工作表的 G1 单元格，用 G1 单元格获取触发后的分类，可根据实际表格情况设置单元格地址。

步骤② 在 G1 单元格中任意输入一个分类名称，如洗碗机，在 G2 单元格中输入以下公式，向下复制到 G13 单元格，如图 23-37 所示。

```
=HLOOKUP(G$1,B$1:E2,ROW(),)
```

步骤③ 选中 G1:G13 单元格区域，依次单击【插入】→【插入柱形图或条形图】→

	fx	=HLOOKUP(G$1,B$1:E2,ROW(),)

月份	洗碗机	烟机	灶具	微波炉	洗碗机
1月	1836	4773	1690	2957	1836
2	1634	3398	3319	4444	1634
3	3910	1603	4959	3392	3910
4	3352	2700	4316	4737	3352
5	4955	3670	3802	4766	4955
6	2918	3777	2952	1825	2918
7	2475	3148	3505	3482	2475
8	3574	4590	3333	4813	3574
9	3955	2835	1543	1532	3955
10	2158	4044	4187	2796	2158
11	2097	2315	4971	2419	2097
12	3844	2280	2833	1912	3844

鼠标触发动态图表

图 23-37　构建辅助列

【簇状柱形图】，生成一个簇状柱形图。

步骤④ 单击图表柱形系列，在编辑栏更改 SERIES 函数第 2 参数，也就是横坐标轴标签区域为 A2:A13 单元格，如图 23-38 所示，适当美化图表。

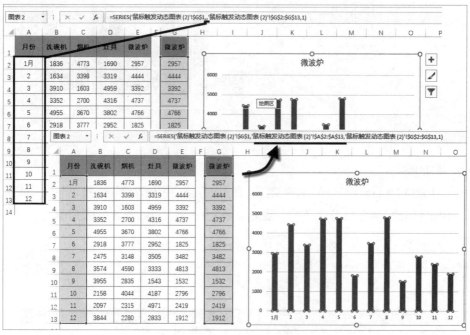

图 23-38　更改分类坐标轴引用

步骤⑤ 在 J2 单元格输入以下公式，将公式向右复制到 M2 单元格，如图 23-39 所示。

```
=IFERROR(HYPERLINK(techart(B1)),B1)
```

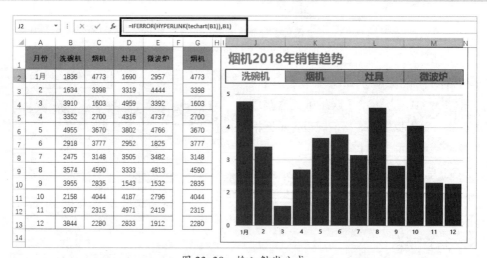

图 23-39　输入触发公式

公式中的 techart 函数，是之前在 VBA 代码中自定义的函数，将各产品的列标签单元格引用作自定义函数的参数。

用 HYPERLINK 函数创建一个超链接，当鼠标移动到超链接所在单元格时，会出现屏幕提示，同时鼠标指针由【正常选择】自动切换为【链接选择】，当鼠标悬停在超链接文本上时，超链接会读取 HYPERLINK 函数的第 1 参数返回的路径作为屏幕提示内容。此时，就会触发执行第 1 参数中的自定义函数。

由于 HYPERLINK 的结果会返回错误值，因此要使用 IFERROR 屏蔽错误值，将错误值显示为对应的产品名称。

步骤 6 选择 J2:M2 单元格区域，设置单元格【边框颜色】为紫色、字体为【微软雅黑】、字号为【16】、【字体颜色】为灰色。然后依次单击【开始】→【条件格式】→【新建规则】，打开【新建格式规则】对话框。单击【使用公式确定要设置格式的单元格】，然后在【为符合此公式的值设置格式】编辑框中输入以下公式。

```
=J2=$G$1
```

步骤 7 单击【格式】按钮打开【设置单元格格式】对话框。切换到【字体】选项卡下，设置字体【颜色】为白色。再切换到【填充】选项卡，设置【背景色】颜色为紫色，最后依次单击【确定】按钮关闭对话框。设置条件格式的作用是凸显当前触发的产品名称。

步骤 8 在 J1 单元格输入以下公式作为动态图表的标题。

```
=G1&"2018 年销售趋势"
```

由于使用了 VBA 代码，所以要将工作簿保存为“Excel 启用宏的工作簿 (*.xlsm)”格式。

技巧 321 动态仪表板

图 23-40 展示的是某公司 2018 年销售台账，根据此数据制作动态销售仪表板，使数据展示更直观清晰，如图 23-41 所示。

	A	B	C	D	E	F	G	H	I
1	客户姓名	签约机构	经办人	经办部门	推荐人	放款资金	创收资金	进单时间	月份
2	冯XX	超越小赢	黄X翔	业务四部		321800	12872	2018/1/2	1月
3	王XX	工商银行	黄X翔	业务四部	但XX	560100	15402.75	2018/1/2	1月
4	王XX	工商银行	李X勇	业务一部	张XX	6695700	73652.7	2018/1/2	1月
5	张XX	工商银行	李X勇	业务一部	范XX	1602700	35259.4	2018/1/2	1月
6	饶XX	工商银行	李X勇	业务一部	裴XX	999100	16485.15	2018/1/2	1月
7	曾XX	工商银行	肖X岳	业务三部	朱XX	513300	14115.75	2018/1/4	1月
8	李XX	江苏银行	黄X翔	业务四部		182400	5472	2018/1/4	1月
9	石XX	工商银行	肖X岳	业务三部	肖XX	261800	7199.5	2018/1/5	1月
10	张XX	工商银行	肖X岳	业务三部		6220700	248828	2018/1/5	1月
11	吴XX	工商银行	黄X翔	业务四部	温XX	8533900	93872.9	2018/1/5	1月
12	景XX	工商银行	唐X英	业务二部	周XX	676800	22334.4	2018/1/5	1月
13	潘XX	工商银行	肖X岳	业务三部		9778300	391132	2018/1/5	1月
14	张XX	建设银行	李X勇	业务一部	傅XX	3844500	21144.75	2018/1/7	1月
15	毕XX	友金普惠	黄X翔	业务四部		2330500	23305	2018/1/8	1月
16	李XX	工商银行	黄X翔	业务四部		5614200	224568	2018/1/10	1月
17	王XX	工商银行	肖X岳	业务三部	李XX	487700	13411.75	2018/1/10	1月
18	梁XX	工商银行	肖X岳	业务三部	李XX	204300	5618.25	2018/1/10	1月
19	陈XX	工商银行	肖X岳	业务三部	叶XX	9139900	50269.45	2018/1/10	1月
20	骆XX	工商银行	黄X翔	业务四部	马XX	3084800	50899.2	2018/1/11	1月
21	宋XX	工商银行	唐X英	业务二部	张XX	83100	2742.3	2018/1/15	1月

各业务员 | 各团队 | 完成率 | 看板 | 数据 ...

图 23-40 销售数据源

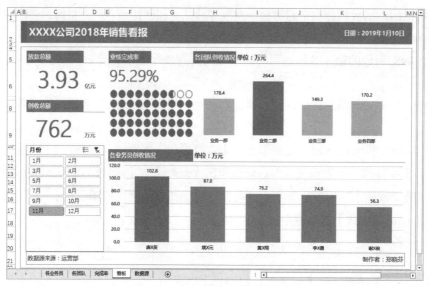

图 23-41　销售仪表板（1）

本例中分别用到数据透视表、切片器与定义名称等方法制作按照月份动态展示的图表，具体操作步骤如下。

首先制作完成率图表。

步骤①　切换到【数据源】工作表，选择 A1 单元格，在【插入】选项卡中单击【数据透视表】按钮，打开【创建数据透视表】对话框，在【选择放置数据透视表的位置】下单击【新工作表】单选按钮，单击【确定】按钮在新工作表中生成一个透视表。

步骤②　将工作表名称更改为"完成率"。单击数据透视表，在【数据透视表字段】列表中依次将"放款资金"和"创收资金"字段拖到【值】区域，如图 23-42 所示。

步骤③　在 C4 单元格中输入目标值，在 D4 单元格中输入以下公式。

```
=B4/C4
```

使用 D4 单元格的完成率制作图表，效果如图 23-43 所示，图表制作过程请参阅技巧 311。

图 23-42　设置完成率字段

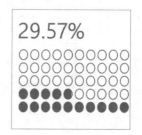

图 23-43　完成率百分比图

接下来制作各团队创收图表。

步骤④ 重复步骤 1 操作重新插入一个数据透视表。

步骤⑤ 将工作表名称更改为"各团队"。单击选择创建好的数据透视表，在【数据透视表字段】列表中依次将"经办部门"字段拖到【行】区域中，将"创收资金"拖到【值】区域，如图 23-44 所示。

步骤⑥ 在 C4 单元格输入以下公式，将公式向下复制到 C7 单元格，如图 23-45 所示。

```
=IF(B4=MAX($B$4:$B$7),B4,)
```

图 23-44 设置团队创收字段

图 23-45 创建辅助数据

步骤⑦ 选择任意空白单元格，如 F1，在【插入】选项卡中依次单击【插入柱形图或条形图】→【簇状柱形图】命令，在工作表中生成一个空白的柱形图。

步骤⑧ 单击选中图表，在【图表工具】的【设计】选项卡中单击【选择数据】按钮，打开【选择数据源】对话框。

步骤⑨ 在【选择数据源】对话框中单击【添加】按钮，打开【编辑数据系列】对话框。在【系列名称】中引用 B3 单元格，清除【系列值】中的默认内容，单击右侧折叠按钮选择 B4:B7 单元格区域，单击【确定】按钮关闭【编辑数据系列】对话框。

步骤⑩ 单击【水平（分类）轴标签】下的【编辑】按钮，打开【轴标签】对话框，在【轴标签区域】中引用 A4:A7 单元格区域，单击【确定】按钮关闭【轴标签】对话框。

步骤⑪ 用同样的方式添加"最大值"数据系列。最后单击【确定】按钮关闭【选择数据源】对话框，如图 23-46 所示。

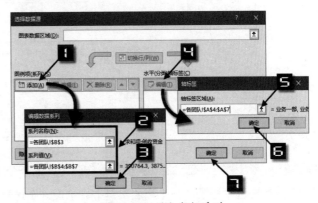

图 23-46 添加数据系列

最后美化图表格式，效果如图 23-47 所示，设置详情请参阅技巧 291。

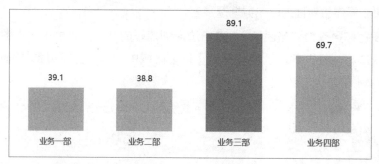

图 23-47　团队创收图表

以下来制作各业务员的创收图表。

步骤⑫ 重复步骤 1 操作重新插入一个数据透视表。

步骤⑬ 将工作表名称更改为"各业务员"。单击选择创建好的数据透视表，在【数据透视表字段】
列表中依次将"经办人"字段拖到【行】区域中，将"创收资金"拖到【值】区域。

步骤⑭ 在【公式】选项卡下单击【定义名称】按钮，打开【新建名称】对话框。在【名称】输入
框中输入"业务员创收"，在【引用位置】输入框中输入以下公式，单击【确定】按钮完成
名称定义，如图 23-48 所示。

```
=OFFSET( 各业务员 !$B$3,1,0,COUNTA( 各业务员 !$B:$B)-1)
```

用同样的方式定义"业务员分类"名称，公式如下。

```
=OFFSET( 各业务员 !$A$3,1,0,COUNTA( 各业务员 !$B:$B)-1)
```

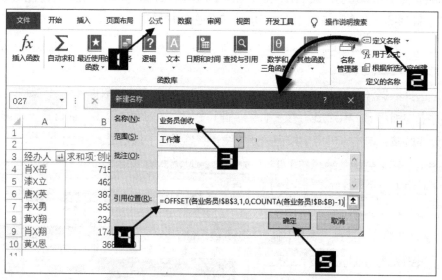

图 23-48　定义名称

步骤⑮ 参考步骤 7，在"各业务员"工作表中插入一个空白柱形图。

步骤⑯ 单击选中图表，在【图表工具】的【设计】选项卡中单击【选择数据】按钮，打开【选择

数据源】对话框。

步骤⑰ 在【选择数据源】对话框中单击【添加】按钮，打开【编辑数据系列】对话框，在【系列名称】中引用 B3 单元格，清除【系列值】中的默认内容，输入以下公式，单击【确定】按钮关闭【编辑数据系列】对话框。

= 各业务员 ! 业务员创收

步骤⑱ 单击【水平（分类）轴标签】下的【编辑】按钮，打开【轴标签】对话框，在【轴标签区域】中输入以下公式，单击【确定】按钮关闭【轴标签】对话框。

= 各业务员 ! 业务员分类

步骤⑲ 最后单击【确定】按钮关闭【选择数据源】对话框，如图 23-49 所示。

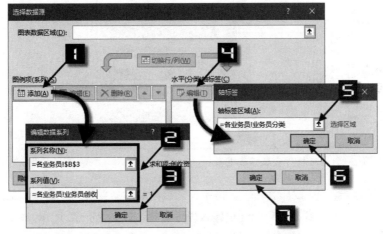

图 23-49　使用定义名称添加数据系列

提　示

在图表中使用定义名称作为系列时，输入名称时可单击工作表标签将工作表名称快速输入至引用框中。

最后美化图表格式，效果如图 23-50 所示。

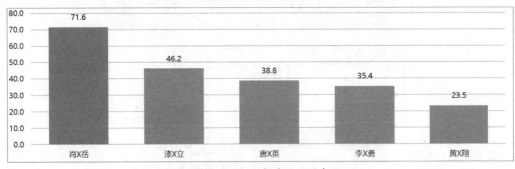

图 23-50　业务员创收图表

接下来插入切片器，用来控制数据透视表。

步骤⑳ 单击任意工作表中的数据透视表，在【数据透视表工具】下的【分析】选项卡中单击【插入切片器】按钮，打开【插入切片器】对话框，在【插入切片器】对话框中选中"月份"
字段，单击【确定】按钮关闭【插入切片器】对话框。

步骤㉑ 单击"月份"切片器，在【切片器工具】下的【选项】选项卡中单击【报表连接】按
钮，打开【数据透视表连接（月份）】对话框，选中所有数据透视表名称前的复选框，
如图 23-51 所示。

美化切片器样式，效果如图 23-52 所示。

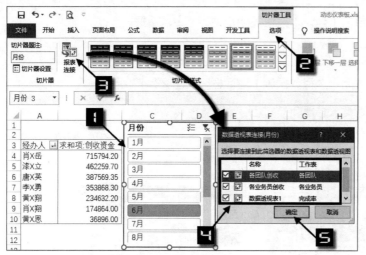

图 23-51　连接所有数据透视表

图 23-52　切片器

步骤㉒ 新建一个工作表，命名为"看板"。将所有图表与切片器复制到"看板"工作表中，美化并
排版整个页面。在 C6 与 C9 单元格输入以下公式，如图 23-53 所示。

```
=完成率!A4/100000000
=完成率!B4/10000
```

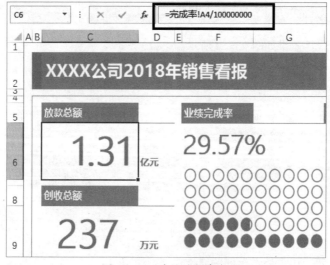

图 23-53　连接放款资金

完成后的效果如图 23-54 所示。

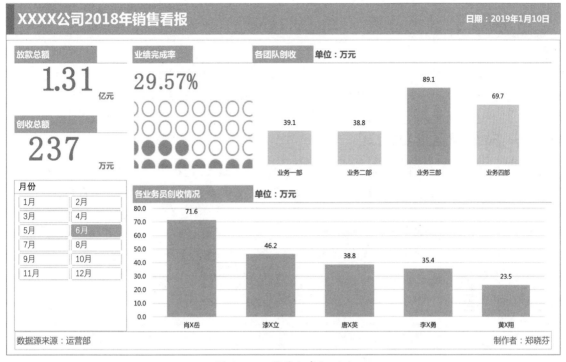

图 23-54　销售仪表板（2）

第24章 非数据类图表与图形处理

非数据类图表主要使用图形与图片传递信息和观点。本章介绍在 Excel 中使用形状、图片、SmartArt 图形、艺术字等绘制非数据类图表的技巧，以增强 Excel 报表的视觉效果。

技巧 322 快速设置形状格式

Excel 形状包括线条、矩形、基本形状、箭头总汇、公式形状、流程图、星与旗帜和标注 8 大类。如图 24-1 所示，利用【基本形状】中的"椭圆"形状改变图表显示属性，使图表更直观。

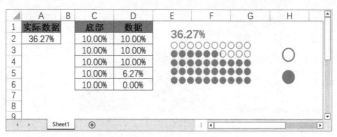

图 24-1 百分比图表

首先插入图形并设置格式，操作步骤如下。

步骤① 单击【插入】选项卡的【形状】下拉按钮，在下拉列表中单击【基本形状】下的"椭圆"，在工作表中拖动鼠标即可绘制一个椭圆形状，如果在拖动鼠标时同时按住 <Shift> 键，可绘制一个正圆形，如图 24-2 所示。

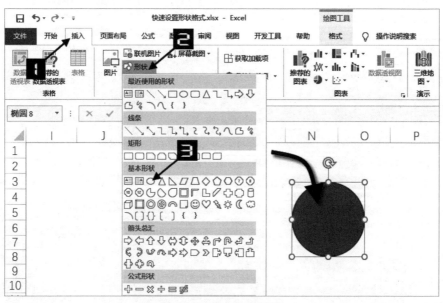

图 24-2 插入椭圆形状

提 示

插入线条时，如果同时按住 <Shift> 键，可以绘制按水平、垂直和 45° 角方向旋转的直线。如果同时按住 <Alt> 键，可以绘制终点在单元格角上的直线。

步骤② 单击选中形状，然后单击【绘图工具】的【格式】选项卡下，单击【形状填充】按钮，再颜色面板中选择要进行填充的颜色，如图 24-3 所示。

用同样的方式设置【形状轮廓】颜色。

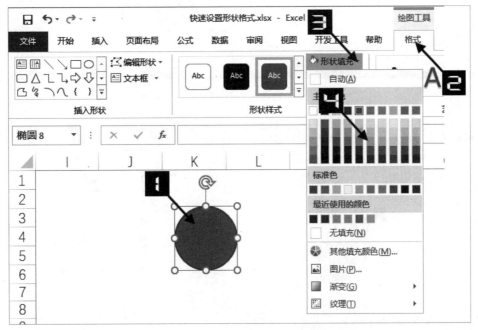

图 24-3　设置填充颜色

为了让图表中的圆形周围有间距，可以绘制一个比圆形大的矩形，并设置无填充无线条，与圆形对齐后组合。操作步骤如下。

步骤③ 依次单击【插入】→【形状】下拉按钮，在下拉列表中选择"矩形"，在工作表中拖动鼠标绘制矩形形状，如果拖动鼠标时同时按住 <Shift> 键，可绘制一个正方形。

步骤④ 单击选中形状，然后在【绘图工具】的【格式】选项卡下，单击【形状填充】按钮，在颜色中选择"无填充"，在【形状轮廓】下拉列表中选择"无轮廓"。

步骤⑤ 单击"椭圆"形状，按住 <Ctrl> 键再单击"矩形"形状，保持两个形状同时选中的状态，在【绘图工具】下的【格式】选项卡中单击【对齐】按钮，在下拉列表中依次单击【水平居中】和【垂直居中】命令，如图 24-4 所示。

步骤⑥ 保持两个形状同时选中的状态，在【绘图工具】的【格式】选项卡下单击【组合】按钮，在下拉列表中单击【组合】命令，如图 24-4 所示。

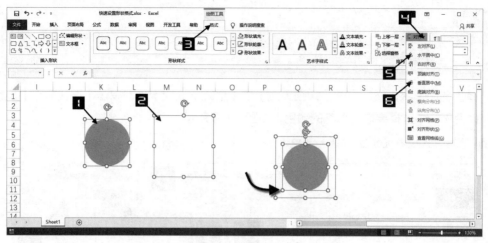

图 24-4　设置形状对齐

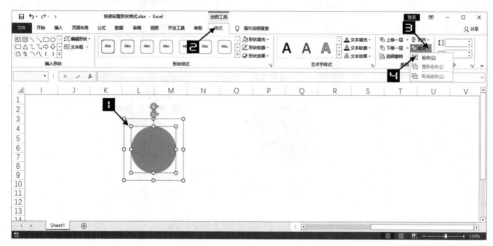

图 24-5　组合图形

技巧 323　灵活创建"新"形状

Excel 形状是由点、线、面组成的，通过拖放操作形状的顶点位置，可以对形状进行编辑。图 24-6 所示是利用形状编辑之后更改图表形状属性，这样图表看起来更美观。

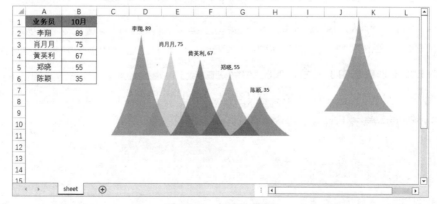

图 24-6　交叉柱形图

具体操作步骤如下。

步骤① 依次单击【插入】→【形状】下拉按钮，在下拉列表中选择"等腰三角形"，在工作表中拖动鼠标绘制一个三角形。

步骤② 单击选中形状，在【绘图工具】的【格式】选项卡下依次单击【编辑形状】→【编辑顶点】命令，使形状进入编辑状态，在图形上单击顶点，出现两侧调整点，拖动调整点即可改变图形形状，如图 24-7 所示。

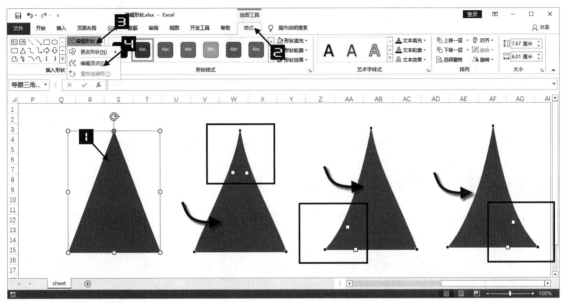

图 24-7　编辑形状顶点

单击顶点时，出现左右两个调整点，如果用户需要对顶点类型进行更改，可在顶点上右击鼠标，扩展菜单中有【添加顶点】【删除顶点】【开放路径】【关闭路径】【平滑顶点】【直线点】【角部顶点】【退出编辑顶点】等相应命令，如图 24-8 所示。

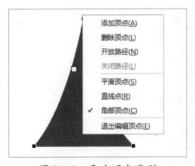

图 24-8　更改顶点类型

步骤③ 单击形状，按 <Ctrl+1> 组合键打开【设置形状格式】选项窗格，在【填充与线条】选项中设置【填充】为【纯色填充】，【颜色】为紫色，【透明度】为 50%，【线条】为【无线条】，如图 24-9 所示。

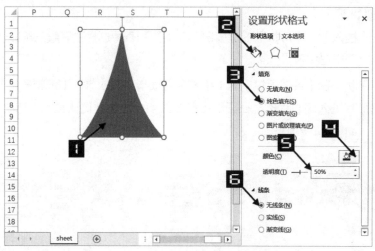

图 24-9　设置形状填充与线条

设置格式后，将图形粘贴到图表柱形中即可改变图表的显示效果。

技巧 324 删除图片背景与改变图片背景色

Excel 提供了实用的删除背景、裁剪和颜色填充等功能，能够快速处理图片，以适合文档或图表的使用。具体操作步骤如下。

步骤① 单击【插入】选项卡中的【图片】按钮，打开【插入图片】对话框，选择一个图片文件，单击【插入】按钮，将图片插入工作表中，如图 24-10 所示。

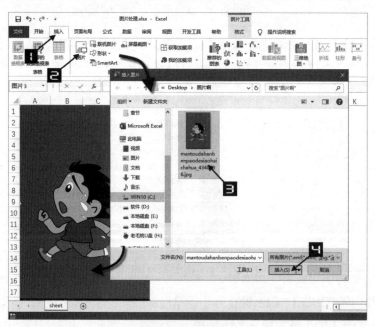

图 24-10　插入图片

步骤② 单击选中图片，然后在【图片工具】的【格式】选项卡下单击【删除背景】命令。此时单击图片背景区，图片背景变更为紫红色，在功能区显示【背景消除】选项卡，如图 24-11 所示。

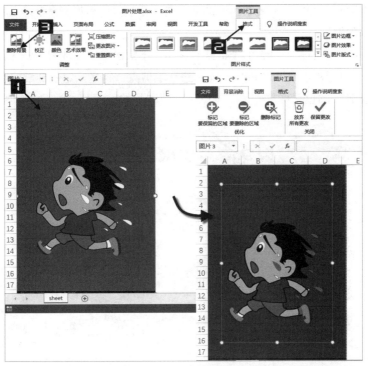

图 24-11　删除背景

步骤③ 调整图片内的 8 个控制点，将需要保留的图片设置在控制框内，部分深紫色区域如果不需要删除，可单击【背景消除】选项卡中的【标记要保留的区域】命令，再单击图片中要保留的区域，最后单击【保留更改】命令，或单击工作表中的任意单元格，将图片背景设置为透明色，如图 24-12 所示。

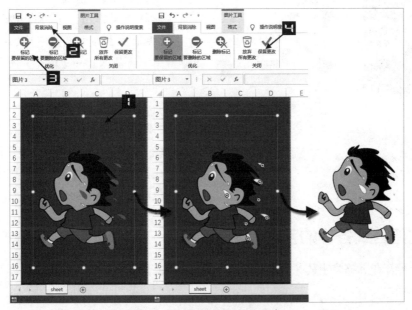

图 24-12　标记要保留的区域

裁剪图片可以删除图片中不需要的矩形部分，使用【裁剪为形状】命令可以将图片外形设置为任意形状。操作步骤如下。

单击选中图片，在【图片工具】的【格式】选项卡下依次单击【裁剪】→【裁剪】命令，在图片的 4 个角显示顶点裁剪点，4 个边的中点显示边线裁剪点。将光标定位到裁剪点上，按下鼠标左键不放，拖动鼠标到目的位置释放左键，可以裁剪掉图片的一部分，如图 24-13 所示。

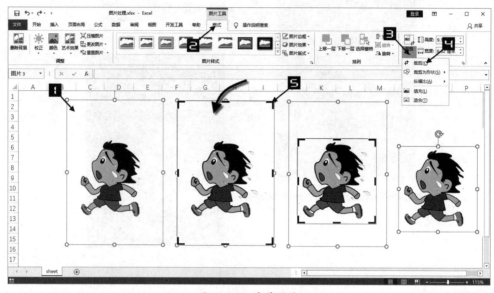

图 24-13　裁剪图片

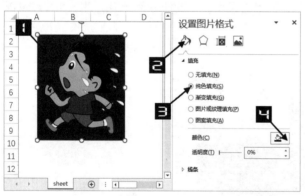

图 24-14　设置图片填充颜色

除此之外，还可以根据需要将图片裁剪为指定形状，单击【裁剪】→【裁剪为形状】命令，在【形状】列表中选择一种形状效果即可。也可以单击【裁剪】→【纵横比】命令调整图片的纵横比，或者单击【裁剪】→【填充】命令改变填充图片的大小。

选择图片，按 <Ctrl+1> 组合键调出【设置图片格式】选项窗格，在【填充与线条】选项卡下设置【填充】为【纯色填充】，【颜色】为蓝色，可更改图片背景颜色，如图 24-14 所示。

技巧 325　创建各式各样的艺术字

艺术字是浮于单元格之上的一种形状对象，通过形状、空心、阴影、镜像、立体等效果，为报表增加装饰作用。

325.1 插入艺术字

如需在工作表中插入艺术字，操作步骤如下。

单击【插入】选项卡中的【艺术字】按钮命令，打开【艺术字】样式列表，单击一种艺术字样式，在工作表中显示一个矩形框，矩形框中显示文本"请在此放置您的文字"，在文本框中输入文本如"Excel Home"，如图 24-15 所示。单击任意单元格，完成艺术字插入。

图 24-15　插入艺术字

325.2 艺术字转换

如需转换艺术字效果，可按以下步骤操作。

单击艺术字，在【绘图工具】下的【格式】选项卡中依次单击【文本效果】→【转换】→【跟随路径】→【拱形】，将艺术字排列转换为拱形。单击"艺术字"上的黄色控制点，可以调整"艺术字"的拱形状态，单击艺术字调整"艺术字"的八个控制点也可以调整拱形状态，如图 24-16 所示。

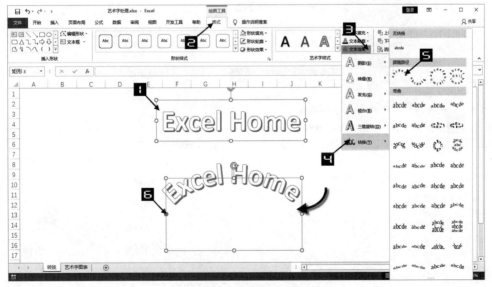

图 24-16　艺术字转换

325.3 艺术字图表

设置不同的艺术字立体效果，可以组合成艺术字柱形图，如图24-17所示。

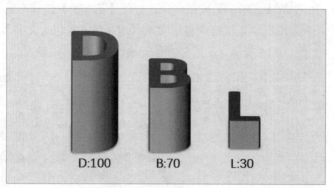

图 24-17 艺术字图表

具体操作步骤如下。

步骤① 单击【插入】选项卡中的【艺术字】按钮命令，打开【艺术字】样式列表，单击一种艺术字样式，在工作表中显示一个矩形框，在矩形框中输入文本"D"。

步骤② 单击艺术字，按 <Ctrl+1> 组合键调出【设置形状格式】选项窗格，切换到【文本选项】选项卡，在【文本填充与轮廓】选项中设置【文本填充】为【纯色填充】,【颜色】为深绿色。

步骤③ 切换到【文字效果】选项卡，在【三维格式】选项中设置【深度】为浅绿色，【大小】为100磅。在【三维旋转】选项中设置【Y旋转】为300°，如图24-18所示。

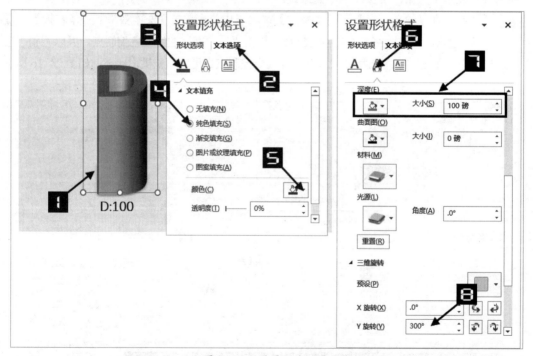

图 24-18 设置立体效果

步骤④ 选中艺术字，按住 <Ctrl> 键不放，拖动鼠标复制两个艺术字，分别修改文字为"B"和
"L"，在选项窗格的【文本填充与轮廓】选项中设置【文本填充】为【纯色填充】，【颜色】
分别为深红色和深蓝色。再切换到【文字效果】选项卡，在【三维格式】选项中设置【深
度】分别为浅红色和浅蓝色，【大小】分别为 70 磅和 30 磅。

技巧 326 用 SmartArt 图形快速创建组织结构图

SmartArt 图形是信息和观点的视觉表现形式，包括列表、流程、循环、层次结构、关系、矩阵
和棱锥图等多种逻辑图示。

326.1 插入 SmartArt

单击【插入】选项卡中的【SmartArt】按钮，打开【选择 SmartArt 图形】对话框，切换到【关
系】选项卡，一直选择一种图示样式，如【齿轮】，最后单击【确定】按钮在工作表中插入一个关
系图示，如图 24-19 所示。

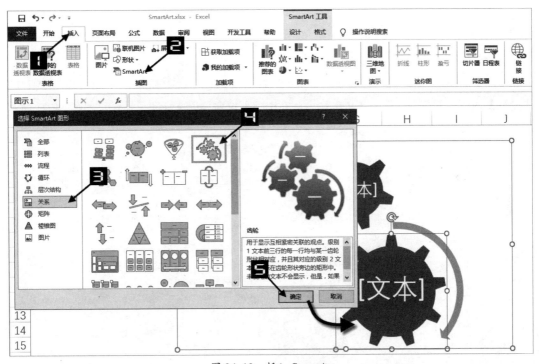

图 24-19　插入 SmartArt

326.2 插入文字

在 SmartArt 图形中添加文字，能够对流程进行必要的说明。

选择 SmartArt 图形，在【SmartArt 工具】的【设计】选项卡下单击【文本窗格】命令，打开
【在此处键入文字】对话框，在对话框中逐行输入说明文本即可，如图 24-20 所示。

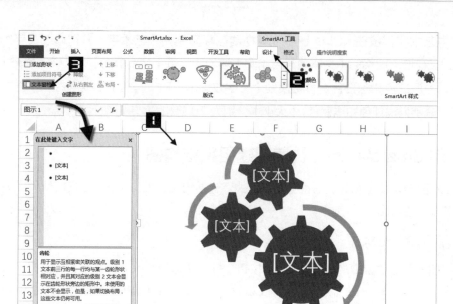

图 24-20　输入文字

326.3　更改 SmartArt 颜色

除了默认的颜色效果，还可以设置自定义的 SmartArt 颜色。选中 SmartArt，在【SmartArt 工具】的【设计】选项卡下单击【更改颜色】命令，在选项下拉列表中选择颜色样式，如图 24-21 所示。

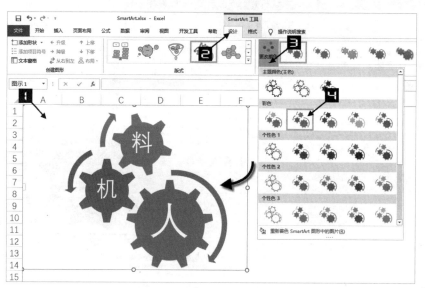

图 24-21　设置 SmartArt 格式

326.4　SmartArt 组织结构图

SmartArt 组织结构图是最常用的层次结构图形之一，插入组织结构图的具体操作步骤如下。

步骤① 依次单击【插入】→【SmartArt】按钮，打开【选择 SmartArt 图形】对话框，切换到【层次结构图】选项卡，选择【组织结构图】样式，单击【确定】按钮在工作表中插入一个组织结构，如图 24-22 所示。

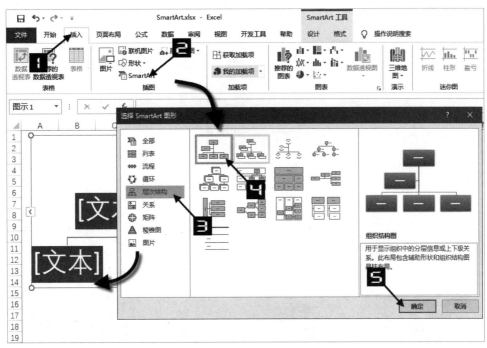

图 24-22　插入组织结构图

步骤② 单击选中 SmartArt 图形，在【SmartArt 工具】的【设计】选项卡下单击【文本窗格】命令，打开【在此处键入文字】窗格。

步骤③ 在需要添加下属部门的文字输入框中，按 <Enter> 键将新增一个同级别的文本框，再按 <Tab> 键可以"降级"成为下属部门，如图 24-23 所示。

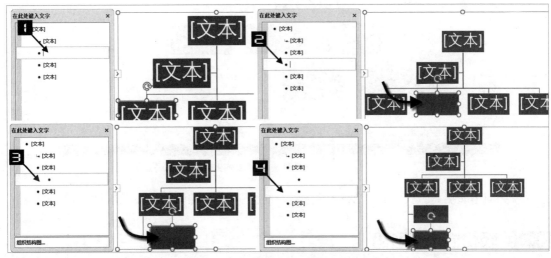

图 24-23　设置组织结构图级别

也可以在文字输入框上右击鼠标，然后在弹出的扩展菜单中对级别进行调整，如图 24-24 所示。

图 24-24　文本框调整

步骤④ 在【SmartArt 工具】的【设计】选项卡下依次单击【布局】→【标准】命令，可以改变下属部门排列的位置，如图 24-25 所示。

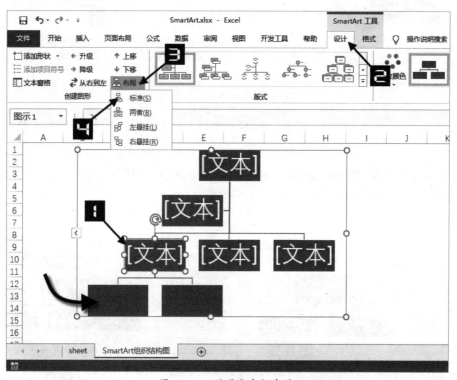

图 24-25　设置文本框布局

最后在【在此处键入文字】对话框中输入对应的级别名称，并设置组织结构图的颜色样式即可。

技巧327 轻松搞定条形码

电脑中安装了 Microsoft Office 2016 中的 Access 组件后，便可以在 Excel 中使用条形码了。Microsoft Office 提供包括 EAN-13、Code-39 和 Code-128 等 11 种类型的条形码。

插入条形码的操作步骤如下。

步骤① 依次单击【开发工具】→【插入】→【其他控件】命令，打开【其他控件】对话框。在控件列表中选择"Microsoft BarCode Control 16.0"，单击【确定】按钮，在工作表中拖动鼠标，得到一个条形码图形，如图 24-26 所示。

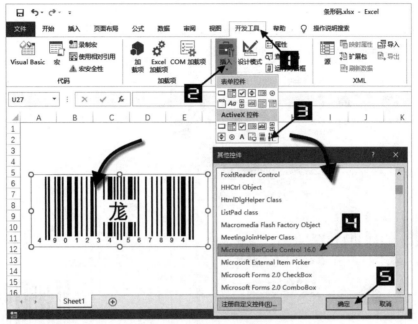

图 24-26　插入其他控件

步骤② 右键单击条形码图形，在弹出的右键菜单中依次单击【Microsoft BarCode Control 16.0 对象】→【属性】命令，打开【Microsoft BarCode Control 16.0 属性】对话框。设置条形码【样式】为【7-Code-128】，单击【确定】按钮关闭对话框，如图 24-27 所示。

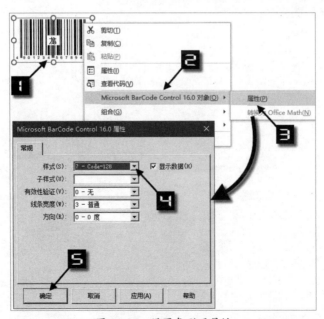

图 24-27　设置条形码属性

步骤③ 依次单击【开发工具】→【设计模式】按钮，然后单击选中控件，再依次单击【开发工具】→
【属性】按钮，打开【属性】对话框。设置【LinkedCell】属性为"A1"，单击"关闭"按
钮关闭【属性】对话框。最后依次单击【开发工具】→【设计模式】命令退出设计模式。
如图 24-28 所示。

设置完成后，条形码与 A1 单元格建立链接，只需在 A1 单元格中输入字母或数字，A1 单元格
中的字母和数字就会显示在条形码中，如图 24-29 所示。

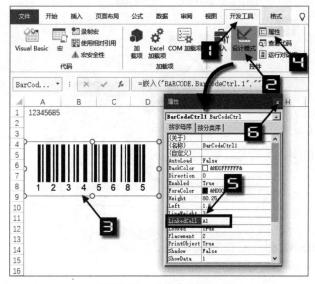

图 24-28　设置条形码链接

图 24-29　条形码与单元格内容联动

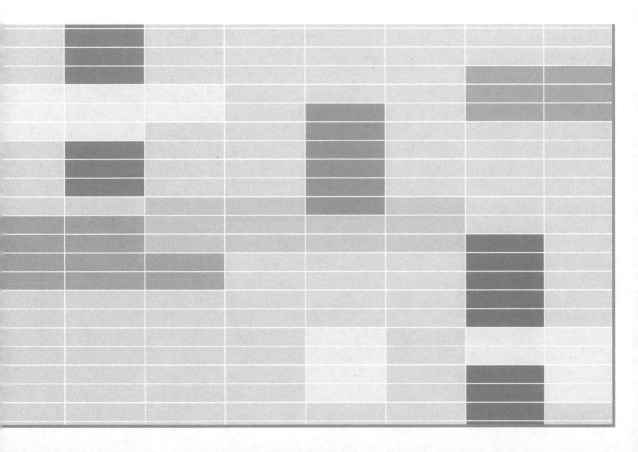

第4篇

VBA 实例与技巧

VBA（Visual Basic for Applications）为广大用户提供了对 Excel 功能进行二次开发的平台。用户借助 VBA 可以完成许多仅凭基本操作和公式无法或者很难实现的功能，并且可以实现工作自动化，提高工作效率。本篇将介绍 VBA 和宏的使用环境和使用方法，并且结合一些具体实例，讲解如何通过 VBA 来控制 Excel 的方法。通过本篇的学习，可以使读者对 VBA 和宏的使用有初步的了解和认识，并为进一步学习 VBA 开发打下一定的基础。

第 25 章 借助 VBA 提高工作效率

本章从认识 VBA 操作界面开始，对 VBA 编程环境和常用基础语法，以及对象的操作、与其他程序的交互使用等都进行了详细介绍。通过学习本章内容，能够快速掌握 VBA 编程的常用知识点，进一步提高 VBA 应用水平。

技巧 328 全面掌握 Excel 2016 中的 VBA 工作环境

俗话说"工欲善其事，必先利其器"，只有先充分掌握如何使用 Excel 2016 中的 VBA 工作环境，才能为日后的学习和应用 VBA 奠定良好的基础。以下介绍如何使用 Excel 2016 中与 VBA 相关的设置。

328.1 【开发工具】选项卡

利用【开发工具】选项卡提供的相关功能，可以非常方便地使用与宏相关的功能。然而在 Excel 2016 的默认设置中，功能区中并不显示【开发工具】选项卡。

在功能区中显示【开发工具】选项卡的步骤如下。

步骤① 单击【文件】选项卡中的【选项】命令打开【Excel 选项】对话框。

步骤② 在【Excel 选项】对话框中单击【自定义功能区】选项卡。在右侧列表框中选中【开发工具】复选框，单击【确定】按钮，关闭【Excel 选项】对话框。此时功能区中即可显示【开发工具】选项卡，如图 25-1 所示。

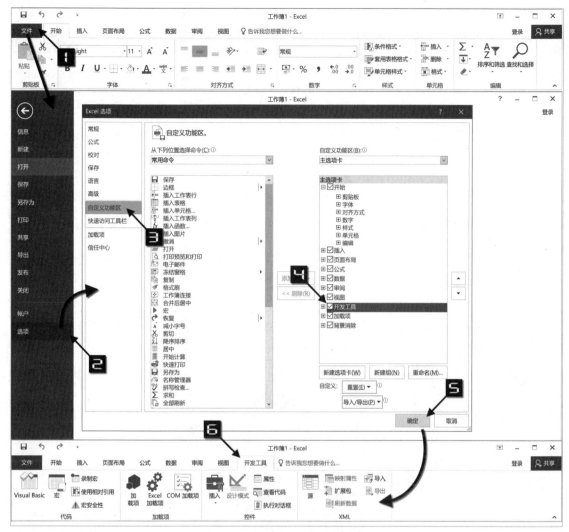

图 25-1　显示【开发工具】选项卡

【开发工具】选项卡中各个命令按钮的功能如表 25-1 所示。

表 25-1　【开发工具】选项卡按钮功能

命令组	按钮名称	按钮功能
代码	Visual Basic	打开 Visual Basic 编辑器
	宏	查看宏列表，可在该列表中运行、创建或者删除宏
	录制宏	开始录制新的宏
	使用相对引用	录制宏时切换单元格引用方式（绝对引用 / 相对引用）
	宏安全性	自定义宏安全性设置
加载项	加载项	管理可用于此文件的 Office 应用商店加载项
	Excel 加载项	管理可用于此文件的 Excel 加载项
	COM 加载项	管理可用的 COM 加载项

续表

命令组	按钮名称	按钮功能
控件	插入	在工作表中插入表单控件或者 ActiveX 控件
	设计模式	启用或者退出设计模式
	属性	查看和修改所选控件属性
	查看代码	编辑处于设计模式的控件或者活动工作表对象的 Visual Basic 代码
	执行对话框	执行自定义对话框
XML	源	打开【XML 源】任务窗格
	映射属性	查看或修改 XML 映射属性
	扩展包	管理附加到此文档的 XML 扩展包，或者附加新的扩展包
	刷新数据	属性工作簿中的 XML 数据
	导入	导入 XML 数据文件
	导出	导出 XML 数据文件

在开始录制宏之后,【代码】组中的【录制宏】按钮将变为【停止录制】按钮,如图 25-2 所示。

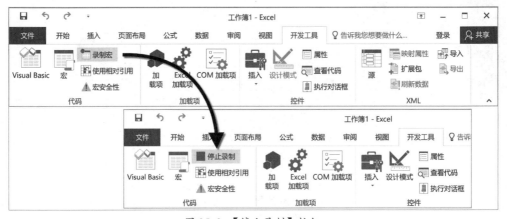

图 25-2 【停止录制】按钮

【XML】组提供了在 Excel 中操作 XML 文件的相关功能,使用这部分功能需要具备一定的 XML 基础知识,限于篇幅,本书不对此部分内容进行讲解。

提 示

在 Excel 2016 中可以使用组合键来提高与宏相关的操作效率。例如,按 <Alt+F8> 组合键显示【宏】对话框,按 <Alt+F11> 组合键打开 VBA 编辑器窗口等。

328.2 【视图】选项卡中的【宏】按钮

对于【开发工具】选项卡【代码】组中【宏】【录制宏】和【使用相对引用】按钮所实现的功能,在【视图】选项卡中也提供了相同功能的命令。在【视图】选项卡中单击【宏】下拉按钮,弹出的下拉列表如图 25-3 所示。

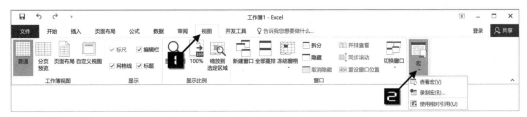

图 25-3 【视图】选项卡中的【宏】按钮

在开始录制宏之后,下拉列表中的【录制宏】命令将变为【停止录制】命令,如图 25-5 所示。

图 25-4 【视图】选项卡中的【停止录制】命令

> **注 意**
>
> 由于【开发工具】选项卡提供了更全面的与宏相关的功能,因此本章后续章节的操作均使用【开发工具】选项卡。

328.3 状态栏上的【宏录制】按钮

位于 Excel 窗口底部的状态栏对于广大用户来说并不陌生,Excel 2016 状态栏的左侧提供了一个【宏录制】按钮。单击【宏录制】按钮,将弹出【宏录制】对话框,此时状态栏上的按钮变为【停止录制】按钮,如图 25-5 所示。

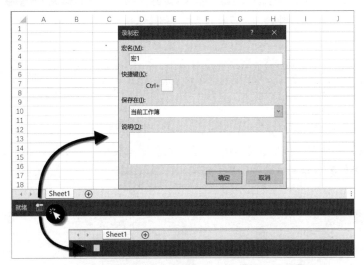

图 25-5 状态栏上的【宏录制】按钮和【停止录制】按钮

如果 Excel 2016 窗口状态栏左部没有【宏录制】按钮,可以按照下述操作步骤使其显示在状态栏上。

步骤① 在 Excel 窗口的状态栏上右击鼠标，在弹出的【自定义状态栏】菜单上选中【宏录制（M）】。

步骤② 单击 Excel 窗口中的任意位置关闭快捷菜单。

此时，【宏录制】按钮将显示在状态栏左侧，如图 25-6 所示。

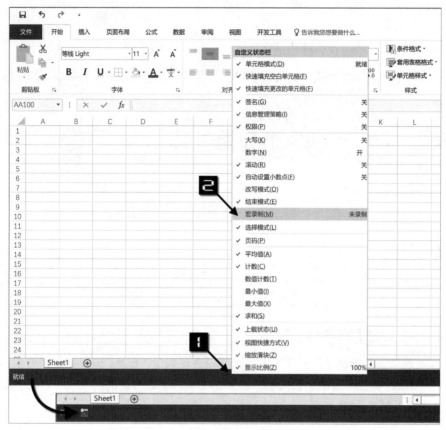

图 25-6　启用状态条上的【宏录制】按钮

提示

本章后续讲解中将使用【开发工具】选项卡下的【录制宏】按钮进行相关操作。

328.4　控件

在【开发工具】选项卡【控件组】中单击【插入】下拉按钮，弹出的下拉列表中包括【表单控件】和【ActiveX 控件】两部分，如图 25-7 所示。

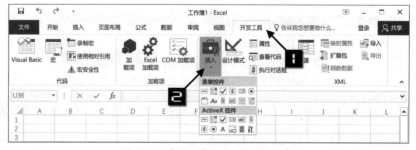

图 25-7　【插入】按钮的下拉列表

328.5 宏安全性设置

宏在为 Excel 用户带来极大便利的同时，也带来了潜在的安全风险。这是由于宏的功能并不仅仅局限于在 Excel 中进行操作，而且可以控制或者运行电脑中的其他命令和应用程序，此特性可以被用来制作计算机病毒或恶意功能。因此，用户非常有必要了解 Excel 中的宏安全性设置，合理使用这些设置可以帮助用户有效地降低使用宏的安全风险。

设置宏安全性的操作步骤如下。

步骤① 单击【开发工具】选项卡中的【宏安全性】按钮，或者在【文件】选项卡中依次单击【选项】→【信任中心】→【信任中心设置】→【宏设置】命令，打开【信任中心】对话框。

步骤② 在【宏设置】选项卡中选中【禁用所有宏，并发出通知】单选按钮。

步骤③ 单击【确定】按钮关闭【信任中心】对话框，如图 25-8 所示。

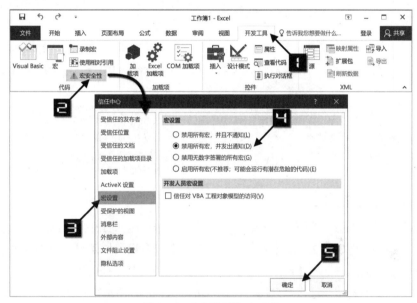

图 25-8 【宏设置】选项卡

一般情况下，推荐使用"禁用所有宏，并发出通知"选项。启用该选项后，打开保存在非受信任位置的包含宏的工作簿时，在 Excel 功能区下方将显示"安全警告"消息栏，告知用户工作簿中的宏已经被禁用，具体使用方法请参阅 328.7。

328.6 文件格式

Excel 2016 的文件存储格式包括 *.xlsx, *.xlsm 等，在众多的文件格式之中，二进制工作簿和扩展名以字母"m"结尾的文件格式才可以用于保存 VBA 代码和 Excel 4.0 宏工作表（宏表）。可以用于保存宏代码的文件类型请参见表 25-2。

表 25-2 支持宏的文件类型

扩展名	文件类型
xlsm	启用宏的工作簿
xlsb	二进制工作簿

续表

扩展名	文件类型
xltm	启用宏的模板
xlam	加载宏

在 Excel 2016 中，为了兼容 Excel 2003 或者更早版本而保留的文件格式（*.xls，*.xla 和 *.xlt）仍然可以用于保存 VBA 代码和 Excel 4.0 宏工作表。

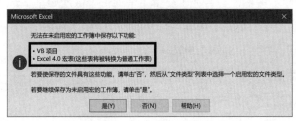

图 25-9　保存工作簿时的提示信息

如果用户试图将包含 VBA 代码或者 Excel 4.0 宏工作表的工作簿保存为某种无法支持宏功能的文件类型，Excel 将显示如图 25-9 所示的提示对话框。在对话框中可以看出将要保存的工作簿中既有 VBA 代码也有 Excel 4.0 宏表。

此时如果单击【是】按钮，工作簿将被保存为用户选择的文件类型，工作簿中 VBA 代码将被删除，Excel 4.0 宏表将被转换为普通的工作表。

注 意

> 如果用户意外地将文件保存为某种无法支持宏功能的文件类型，在关闭该工作簿之前，仍然可以将该工作簿另存为支持宏代码的文件格式，此时工作簿中 VBA 代码和 Excel 4.0 宏表并不会丢失。但是如果用户已经关闭被保存的工作簿，重新打开该工作簿后，将无法恢复原工作簿中的 VBA 代码和 Excel 4.0 宏表。

328.7　启用工作簿中的宏

在宏安全性设置中选用"禁用所有宏，并发出通知"选项后，打开包含代码的工作簿时，在功能区和编辑栏之间将出现如图 25-10 所示的【安全警告】消息栏。如果用户信任该文件的来源，可以单击【安全警告】消息栏上的【启用内容】按钮，【安全警告】消息栏将自动关闭，如图 25-10 所示。此时，工作簿的宏功能已经被启用，用户将可以运行工作簿的宏代码。

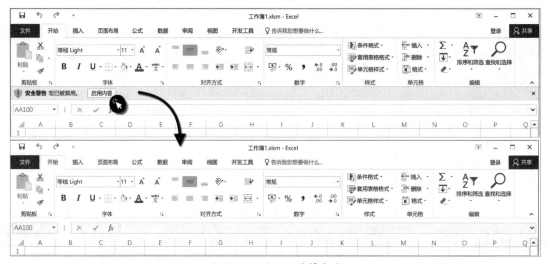

图 25-10　启用工作簿中宏

> **提示**
>
> Excel 窗口中出现【安全警告】消息栏时,用户的某些操作(如添加一个新的工作表)将导致该消息栏的自动关闭,此时 Excel 已经禁用了工作簿中的宏。在此之后,如果用户希望运行该工作簿中的宏代码,只能先关闭该工作簿,然后再次打开该工作簿,并单击【安全警告】消息栏上的【启用内容】按钮。

上述操作之后,该文档将成为受信任的文档。在 Excel 再次打开该文件时,将不再显示【安全警告】消息栏。值得注意的是,Excel 的这个功能可能会给用户带来潜在的危害。如果有恶意代码被人为地添加到这些受信任的文档中,并且原有文件名保持不变,那么当用户再次打开该文档时将不会出现任何

安全警示,而直接激活其中包含恶意代码的宏程序,这将对计算机安全造成危害。因此,如果需要进一步提高文档的安全性,可以考虑为文档添加数字签名和证书,或按照如下步骤禁用"受信任文档"功能。

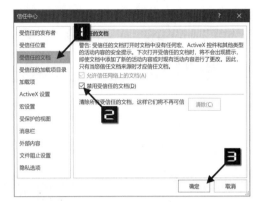

步骤① 单击【开发工具】选项卡中的【宏安全性】按钮,打开【信任中心】对话框,激活【受信任的文档】选项卡。

步骤② 选中【禁用受信任的文档】复选框,单击【确定】按钮关闭【信任中心】对话框,如图 25-11 所示。

图 25-11 【受信任的文档】选项卡

如果用户在打开包含宏代码的工作簿之前已经打开了 VBA 编辑器窗口,那么 Excel 将显示如图 25-12 所示的【Microsoft Excel 安全声明】对话框,用户可以单击【启用宏】按钮启用工作簿中的宏。

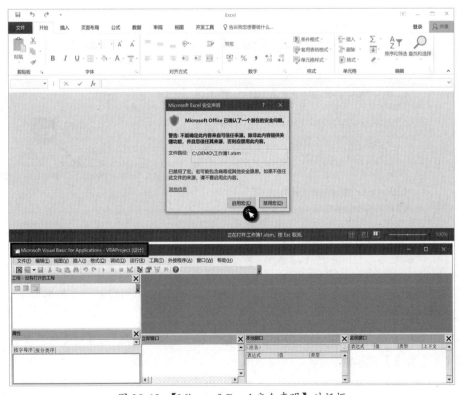

图 25-12 【Microsoft Excel 安全声明】对话框

328.8 受信任位置

对于广大 Excel 用户来说，为了提高安全性，打开任何包含宏的工作簿都需要手工启用宏，这个过程确实有些烦琐。利用 Excel 2016 中的"受信任位置"功能将可以在不修改安全性设置的前提下，方便快捷地打开文件并启用工作簿的宏，操作步骤如下。

步骤① 打开【信任中心】对话框，具体步骤请参考 328.4。

步骤② 单击选中【受信任位置】选项卡，单击【添加新位置】按钮。在弹出的【Microsoft Office 受信任位置】对话框中输入路径，或者使用【浏览】按钮选择要添加的目录。

步骤③ 选中【同时信任此位置的子文件夹】复选框。在【说明】文本框中输入说明信息，此步骤也可以省略。单击【确定】按钮关闭对话框，如图 25-13 所示。

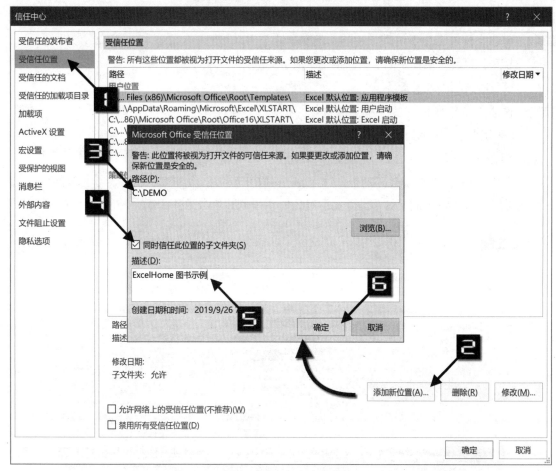

图 25-13 添加用户自定义的"受信任位置"

步骤④ 返回【信任中心】对话框，在右侧列表框中可以看到新添加的受信任位置，单击【确定】按钮关闭对话框，如图 25-14 所示。

此后打开保存于受信任位置（C:\DEMO）中包含宏的任何工作簿时，Excel 将自动启用宏，而不再显示【安全警告】提示消息栏。

图 25-14　用户自定义受信任位置

　　如果在如图 25-14 所示【信任中心】对话框的【受信任位置】选项卡中选中了【禁用所有受信任位置】复选框，那么所有的受信任位置都将失效。

328.9　VBA 编辑环境的设置

　　在 Excel 窗口中按 <Alt+F11> 组合键将打开 VBA 编辑器窗口（VBE 窗口），在 VBE 窗口中依次单击菜单【工具】→【选项】，将弹出【选项】对话框，其中有 4 个选项卡，如图 25-15 所示。

1.【编辑器】选项卡

　　【编辑器】选项卡用于指定【代码】窗口的相关设置，如图 25-16 所示。

　　选中【要求声明变量】复选框将会在任何一个新建模块的开始处添加 Option Explicit 语句，此语句要求该模块中的所有变量在使用前都必须加以声明。

图 25-15 【选项】对话框

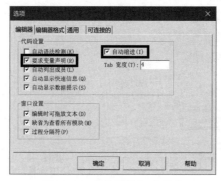

图 25-16 【编辑器】选项卡

选中【自动缩进】复选框后，则新代码行的定位点与其相邻的上面一句代码相同，即新代码行与其之上的代码保持相同的缩进量。如果新的一行代码需要增加缩进量，如图 25-17 中的"If .Count=1 Then"，自动缩进功能并不能自动识别代码的逻辑关系而增加缩进量，此时仍需要手工按 <Tab> 键增加缩进量。

图 25-17 使用缩进格式的代码

使用缩进格式的好处并不仅仅局限于代码外观的漂亮，更重要的意义在于缩进格式有助于调试和维护代码。对于如图 25-17 所示的使用缩进格式的代码，大家将会比较容易发现代码的配对错误，如 If 判断语句缺少 End If。如果代码并未使用缩进格式，那么定位错误代码可能要花费较长时间。

2.【编辑器格式】选项卡

【编辑器格式】选项卡用于指定 VBA 代码的外观，如图 25-18 所示。

3.【通用】选项卡

【通用】选项卡指定当前 VBA 工程的设置、错误处理及编译设置，如图 25-19 所示。

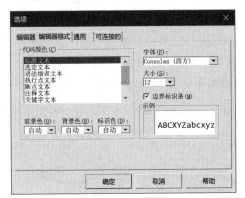

图 25-18 【编辑器格式】选项卡

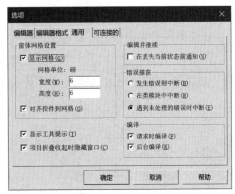

图 25-19 【通用】选项卡

4.【可连接的】选项卡

【可连接的】选项卡用于指定要连接的窗口。当窗口移动到其他可连接窗口或应用程序窗口的边缘时窗口将自动连接，通过这个功能可以将多个窗口完美地平铺在 VBE 窗口中，而不会杂乱地重叠在一起，如图 25-20 所示。

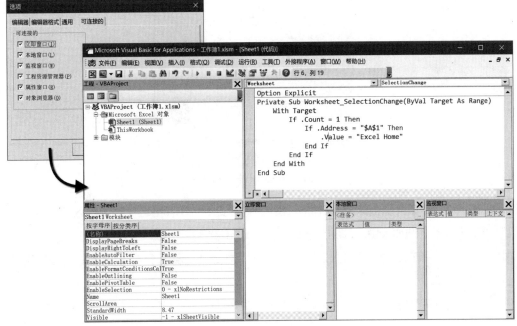

图 25-20 【可连接的】选项卡

限于篇幅，本节只讲解了几个最常用的设置，在 Excel 联机帮助中读者可以查阅其他设置选项的具体使用方法。

技巧 329 快速学会录制宏和运行宏

329.1 录制新宏

对于 VBA 初学者来说，最困难的事情往往是想要实现一个功能，却不知道代码从何写起，录制宏可以很好地帮助大家。录制宏作为 Excel 中一个非常实用的功能，对于新用户来说是不可多得的学习帮手。

在日常工作中大家经常需要在 Excel 中重复执行某个任务，这时可以通过录制一个宏来快速地自动执行这些任务。按照如下步骤操作，将在 Excel 2016 中开始录制一个新宏。

步骤① 单击【开发工具】选项卡中【代码】组的【录制宏】按钮开始录制新宏，在弹出的【录制宏】对话框中可以设置宏名，如"FormatTitle"，设置快捷键 <<Ctrl+Shift+W>>，同时设置保存位置和添加说明，最后单击【确定】按钮关闭【录制宏】对话框，如图 25-21 所示。

此时，录制宏正式开始，用户在 Excel 中的绝大部分操作将被记录为 VBA 代码。

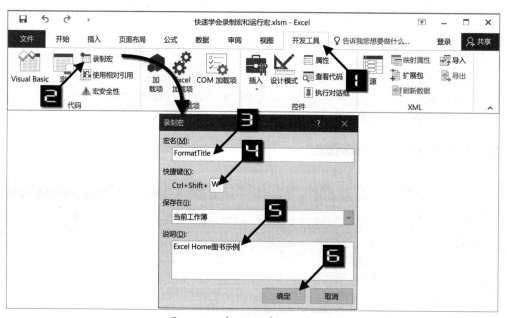

图 25-21 在 Excel 中开始录制宏

步骤② 单击选中 A1 单元格，保持 <Shift> 键按下再单击 H1 单元格选中标题行区域。

步骤③ 单击【开始】选项卡中"加粗"按钮设置标题行字形为加粗。

步骤④ 依次单击【填充颜色】下拉按钮→【蓝色，个性色1，淡色60%】设置单元格填充颜色，如图 25-22 所示。

步骤⑤ 单击【停止录制】按钮，完成本次录制宏，如图 25-23 所示。

图 25-22　设置标题行格式

图 25-23　停止录制宏

录制宏时 Excel 提供的默认名称为"宏"加数字序号的形式（在 Excel 英文版本中为"Macro"加数字序号），如"宏 1""宏 2"等，其中的数字序号由 Excel 自动生成。

宏的名称可以包含英文字母、中文字符、数字和下画线，但是第一个字符必须是英文字母或者中文字符，如"1Macro"不是合法的宏名称。为了使宏代码具有更好的通用性，大家尽量不要在宏名称中使用中文字符，否则在非中文版本的 Excel 中应用该宏代码时，可能会出现兼容性问题。除此之外，大家还应该尽量使用能够代表代码功能的宏名称，这样将便于日后的使用维护与升级。

单击【开发工具】选项卡【代码】组中的【Visual Basic】按钮或者直接按 <Alt+F11> 组合键将打开 VBE（Visual Basic Editor，VBA 集成开发环境）窗口，在【代码】窗口中可以查看刚才录制的宏代码。大多数录制的宏代码，功能都比较简单，甚至比较"傻"，需要经过必要的修改才得到更高效、更智能、更通用的代码。但是，这并不妨碍录制的宏马上就可以投入实际使用，提升工作效率。

329.2　运行宏

在 Excel 中可采用多种方法运行宏，这些宏可以是在录制宏时由 Excel 生成的代码，也可以是由 VBA 开发人员编写的代码。

1. 快捷键

步骤① 打开示例文件，单击工作表标签选择"快捷键"工作表。

步骤② 按快捷键 <Ctrl+Shift+W> 运行宏，设置标题行效果如图 25-24 所示。

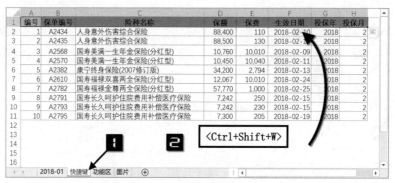

图 25-24 使用快捷键运行宏

本章将使用多种方法调用执行相同的宏代码，因此后续几种方法不再提供代码运行效果截图。

2. 功能区按钮

步骤① 打开示例文件，单击工作表标签选择"功能区"工作表。

步骤② 单击【开发工具】选项卡中的【宏】按钮，在弹出【宏】对话框中单击选中"FormatTitle"，再单击【执行】按钮运行宏。

步骤③ 单击【取消】按钮关闭【宏】对话框，如图 25-25 所示。

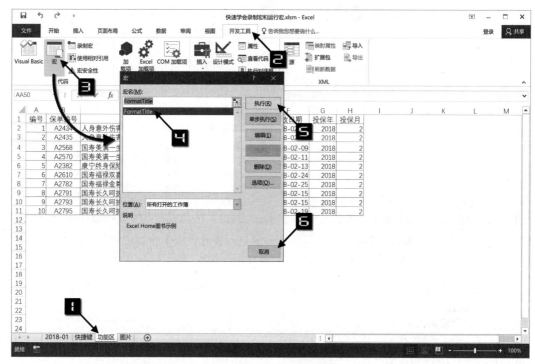

图 25-25 使用功能区按钮运行宏

3. 图片

步骤① 打开示例文件，单击工作表标签选择"图片"工作表。

步骤② 单击【插入】选项卡中的【图片】按钮,在弹出的【插入图片】对话框中,浏览选中图片文件"logo.png",单击【插入】按钮,如图 25-26 所示。

图 25-26　在工作表中插入图片

步骤③ 在图片上右击鼠标,然后在弹出的快捷菜单中选择【指定宏】命令。

步骤④ 在弹出的【指定宏】对话框中,单击选中"FormatTitle",单击【确定】按钮关闭对话框,如图 25-27 所示。

步骤⑤ 在工作表中单击新插入的图片将运行 FormatTitle 代码过程设置标题行格式。

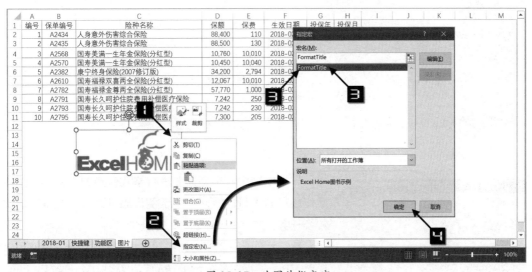

图 25-27　为图片指定宏

在工作表中使用"形状"（【插入】选项卡中的【形状】下拉按钮）或者"按钮（窗体控件）"（【开发工具】选项卡中的【插入】下拉按钮）也可以实现类似的关联运行宏代码的效果。

技巧〈330〉 批量转换 2003 工作簿为新格式文件

从 Office 2007 开始微软使用了基于 XML 的压缩文件格式取代以前版本的默认文件格式。Excel 新文件格式具有诸多优点，如占用硬盘空间更小，单个工作表支持更多的单元格等。

按照如下步骤操作可以在 Excel 2016 中将已经打开的扩展名为 xls 的工作簿文件转换为 xlsx 文件。

步骤① 依次单击【文件】选项卡中的【另存为】命令。

步骤② 单击当前文件夹，在弹出的【另存为】对话框的【保存类型】下拉列表中选择"Excel 工作簿（*.xlsx）"。单击【保存】按钮关闭对话框，如图 25-28 所示。

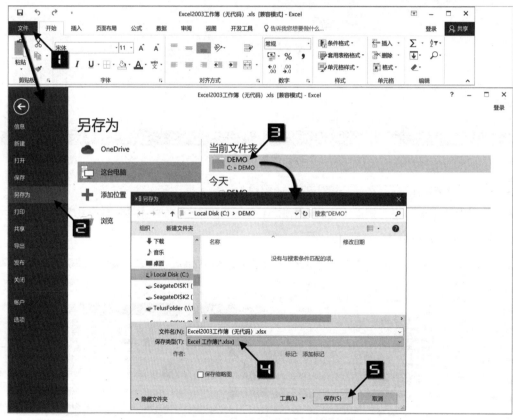

图 25-28　另存为 xlsx 文件

图 25-29　运行时错误

如果电脑中有很多需要进行格式转换的文件，上述手工操作将耗费大量的时间。本示例代码可以自动批量完成文件转换任务。

运行示例代码之前，请按照如下步骤在 Excel 中启用"信任对 VBA 工程对象模型的访问"，否则 fWorkbookWithCode 函数将产生运行时错误 1004，如图 25-29 所示。

步骤① 单击【开发工具】选项卡中的【宏安全性】按钮，打开【信任中心】对话框。

步骤② 在【宏设置】选项卡中选中【信任对 VBA 工程对象模型的访问】复选框。单击【确定】按钮关闭【信任中心】对话框，如图 25-30 所示。

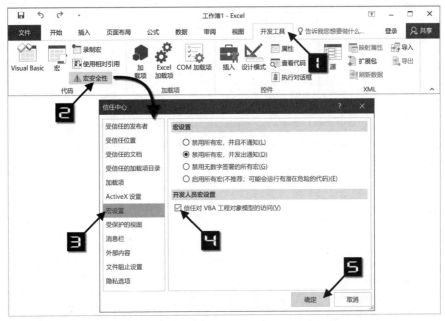

图 25-30　选中【信任对 VBA 工程对象模型的访问】

转换文件的操作步骤如下。

步骤① 打开示例文件，运行 sConvertXLS 过程。

步骤② 在弹出的【浏览】对话框中指定查找文件的目录，如 "C:\DEMO\Excel2003" 目录。单击【确定】按钮关闭【浏览】对话框，文件转换完成后将显示提示消息框，如图25-31 所示。

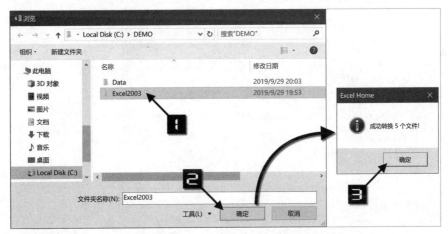

图 25-31　选择文件目录

转换完成后目录中的文件列表如图 25-32 所示。

图 25-32　文件列表

示例文件中代码如下。

```
#001    Sub sConvertXLS()
#002        Dim sPath As String
#003        Dim sName As String
#004        Dim sFile As String
#005        Dim sExt As String
#006        Dim sNewExt As String
#007        Dim sFirstFile As String
#008        Dim objWorkbook As Workbook
#009        Dim iFormat As Integer
#010        Dim lFileCount As Long
#011        With Application.FileDialog(msoFileDialogFolderPicker)
#012            .Show
#013            If .SelectedItems.Count = 0 Then
#014                MsgBox "请选择文件目录!", vbInformation, "Excel Home"
#015                Exit Sub
#016            End If
#017            sPath = .SelectedItems(1) & "\"
#018        End With
#019        sName = Dir(sPath & "*.xl*")
#020        If Len(sName) > 0 Then
#021            Application.DisplayAlerts = False
#022            Application.ScreenUpdating = False
#023            sFirstFile = sName
#024            Do
#025                sExt = UCase(Right(sName, 4))
#026                Select Case sExt
#027                Case ".XLS", ".XLA", ".XLT"
#028                    Set objWorkbook = Workbooks.Open(sPath & sName)
#029                    sFile = Left(sName, Len(sName)-4)
#030                    Select Case sExt
```

```
#031                    Case ".XLS"
#032                        If fWorkbookWithCode(objWorkbook) Then
#033                            sNewExt = ".xlsm"
#034                            iFormat = xlOpenXMLWorkbookMacroEnabled
#035                        Else
#036                            sNewExt = ".xlsx"
#037                            iFormat = xlOpenXMLWorkbook
#038                        End If
#039                    Case ".XLA"
#040                        sNewExt = ".xlam"
#041                        iFormat = xlOpenXMLAddIn
#042                    Case ".XLT"
#043                        If fWorkbookWithCode(objWorkbook) Then
#044                            sNewExt = ".xltm"
#045                            iFormat = xlOpenXMLTemplateMacroEnabled
#046                        Else
#047                            sNewExt = ".xltx"
#048                            iFormat = xlOpenXMLTemplate
#049                        End If
#050                    End Select
#051                    If Not objWorkbook Is Nothing Then
#052                        With objWorkbook
#053                            .SaveAs sPath & sFile & sNewExt, iFormat
#054                            .Close
#055                            lFileCount = lFileCount + 1
#056                        End With
#057                    End If
#058                    Set objWorkbook = Nothing
#059                End Select
#060                sName = Dir
#061            Loop While Len(sName) > 0 And sName <> sFirstFile
#062            Application.DisplayAlerts = True
#063            Application.ScreenUpdating = True
#064            If lFileCount > 0 Then
#065                MsgBox "成功转换 " & lFileCount & " 个文件!", _
                          vbInformation, "Excel Home"
#066            Else
#067                MsgBox "没有需要转换的文件!", vbInformation, "Excel Home"
#068            End If
#069        Else
#070            MsgBox "没有Excel文件!", vbInformation, "Excel Home"
#071        End If
#072        Set objWorkbook = Nothing
#073    End Sub
#074    Function fWorkbookWithCode(objWb As Workbook) As Boolean
#075        Dim objVBC As Object
#076        Dim lCodeLines As Long
#077        For Each objVBC In objWb.VBProject.VBComponents
```

```
#078          With objVBC.CodeModule
#079              If Not (.CountOfLines = .CountOfDeclarationLines _
                  And .CountOfLines = 2) Then
#080                  lCodeLines = lCodeLines + _
                              objVBC.CodeModule.CountOfLines
#081              End If
#082          End With
#083      Next objVBC
#084      fWorkbookWithCode = (lCodeLines > 0)
#085  End Function
```

代码解析如下。

第 1~73 行代码是 sConvertXLS 过程，用于转换文件格式。

第 2~10 行代码声明变量。

第 12 行代码显示【浏览】对话框。

第 13 行代码根据 SelectedItems.Count 判断用户是否已经选中某个目录。如果用户直接单击【取消】按钮关闭【浏览】对话框，则返回值为 0，那么第 14 行代码将显示如图 25-33 所示的消息对话框，第 15 行代码结束代码的执行。

图 25-33　消息对话框

第 17 行代码中使用 SelectedItems(1) 获取用户选中的目录，并在目录字符串最后附加目录分隔符 "\"。

第 19 行代码使用 Dir 函数查找扩展名为 "xl*" 的文件。

第 20 行代码判断 Dir 函数返回结果是否为空。

第 21 行代码禁止显示警告和消息，避免代码执行被中断。

第 22 行代码禁止屏幕刷新，提升代码执行效率。

第 23 行将 Dir 函数查找到的首个文件名保存在变量 sFirstFile 中。

第 24~61 行代码使用 Do…Loop 循环遍历所有文件。

第 25 行代码获取文件名右侧 4 个字符，并转换为大写字母。

第 27 行代码 Case 语句匹配 3 种 Excel 2003 文件扩展名：xls，xla 和 xlt。

第 28 行代码打开 Excel 2003 工作簿文件。

第 29 行代码获取文件名（不包含扩展名）保存在变量 sFile 中。

第 30~50 行代码使用 Select Case 结构，根据不同文件类型设置相关格式转换参数。

第 32~38 行代码利用 fWorkbookWithCode 函数判断 xls 文件中是否包含代码。对于包含代码的文件，将执行第 33 行代码设置新文件扩展名为 "xlsm"，否则扩展名为 "xlsx"。

对于 xla 文件，第 40 行代码设置新文件扩展名 "xlam"。

第 43~49 行代码利用 fWorkbookWithCode 函数判断 xlt 文件中是否包含代码。对于包含代码的文件，将执行第 44 行代码设置新文件扩展名为 "xltm"，否则扩展名为 "xltx"。

第 34 行、第 37 代码、第 41 行、第 45 行和第 48 行代码分别设置新文件的格式，用于指定 SaveAs 方法的 FileFormat 参数值。

第 53 行代码使用 SaveAs 方法将文件另存为新格式的文件。

第 54 行代码关闭工作簿文件。

第 55 行代码中文件计数变量 lFileCount 加 1，记录已经转换的文件个数。

第 60 行代码再次调用 Dir 函数查找下一个文件。

第 61 行代码设置 Do…Loop 循环的条件。

第 62 行和第 63 行代码恢复系统设置。

第 64~68 行代码根据变量 lFileCount 的值显示相应的消息对话框。如果 lFileCount 值为 0 说明没有转换任何文件。

第 72 行代码释放对象变量所占用的系统资源 objWorkbook。

第 74~85 行代码是 fWorkbookWithCode 函数，用于判断工作簿中是否包含代码。

第 77~83 行代码使用 For Each 循环统计工作簿文件全部模块中代码总行数。

第 79 行代码中 CountOfLines 属性返回指定代码模块中代码的总行数，CountOfDeclarationLines 属性返回指定代码模块中声明部分代码的总行数。通常情况下，包含 VBA 代码的模块，其 CountOfLines 属性返回值将大于 CountOfDeclarationLines 属性返回值。

如果在 VBE 中启用了 "要求变量声明" 选项，那么打开 Excel 文件的任意模块时，即使是无法保存 VBA 代码的文件格式（如 xlsx 文件），Excel 都会自动在【代码】窗口中插入两行代码，其中第一行代码为 Option Explicit，第二行代码为空行，如图 25-34 所示。此时 CountOfLines 属性和 CountOfDeclarationLines 属性返回值均为 2，第 79 行代码利用这个特征，判断模块中是否包含用户代码。

图 25-34 【要求变量声明】自动插入代码

技巧 **331** **合并多个工作簿中的工作表**

在日常工作中经常创建多个 Excel 工作簿文件保存数据，然而一段时间之后，可能就需要将这些独立的工作簿文件合并在一起，以便于查找和汇总。例如，每个月创建一个销售数据工作簿文件，年底需要将这些工作簿文件合并为该年份的销售数据表。手工合并既慢又易错，利用 VBA 代码可以快速准确地完成。

Data 目录中有 12 个工作簿文件，分别是 2018 年的月度销售数据，如图 25-35 所示。

图 25-35　2018 年月度销售数据

操作步骤如下。

步骤① 打开示例文件，运行 sMergeWorkBook 过程。

步骤② 在弹出的【浏览】对话框中指定查找文件的目录，如"C:\DEMO\Data"目录，单击【确定】按钮关闭【浏览】对话框。

步骤③ 在弹出的【Excel Home】对话框中输入合并方式"1"，单击【确定】按钮关闭对话框。

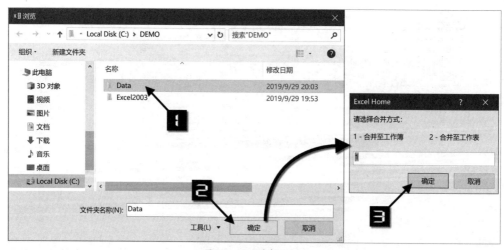

图 25-36　选择目录

"1"代表将多个工作簿中的工作表合并到一个工作簿中，合并结果如图 25-37 所示。

"2"代表将多个工作簿中的数据合并到一个工作表中，结果如图 25-38 所示。

	A	B	C	D	E	F	G	H
1	编号	保单编号	险种名称	保额	保费	生效日期	投保年	投保月
2	1	A2764	国寿综合意外伤害保险	63,500	130	2018-12-21	2018	12
3	2	A2767	国寿综合意外伤害保险	63,400	130	2018-12-21	2018	12
4	3	A2642	国寿福禄满堂养老年金保险(分红型)	9,830	100	2018-12-02	2018	12
5	4	A2760	国寿综合意外伤害保险	63,200	120	2018-12-02	2018	12
6	5	A2648	国寿学生儿童意外伤害保险	10,200	50	2018-12-10	2018	12
7	6	A2688	国寿附加学生儿童住院费用补偿医疗保险(A款)	15,200	70	2018-12-10	2018	12
8	7	A2708	国寿附加学生儿童意外伤害费用补偿医疗保险(A款)	3,100	20	2018-12-10	2018	12
9	8	A2413	国寿长久呵护住院费用补偿医疗保险	6,033	310	2018-12-20	2018	12
10	9	A2759	国寿综合意外伤害保险	63,400	130	2018-12-02	2018	12
11	10	A2761	国寿综合意外伤害保险	63,300	110	2018-12-02	2018	12
12	11	A2762	国寿综合意外伤害保险	63,200	140	2018-12-03	2018	12
13	12	A2763	国寿综合意外伤害保险	63,400	130	2018-12-21	2018	12
14	13	A2769	国寿综合意外伤害保险	63,300	150	2018-12-21	2018	12
15	14	A2765	国寿综合意外伤害保险	63,500	110	2018-12-21	2018	12

2018-12 | 2018-11 | 2018-10 | 2018-09 | 2018-08 | 2018-07 | 2018-06 | 2018-05 | 2018-04 | 2018-03 | 2018-02 | 2018-01

图 25-37　合并至工作簿

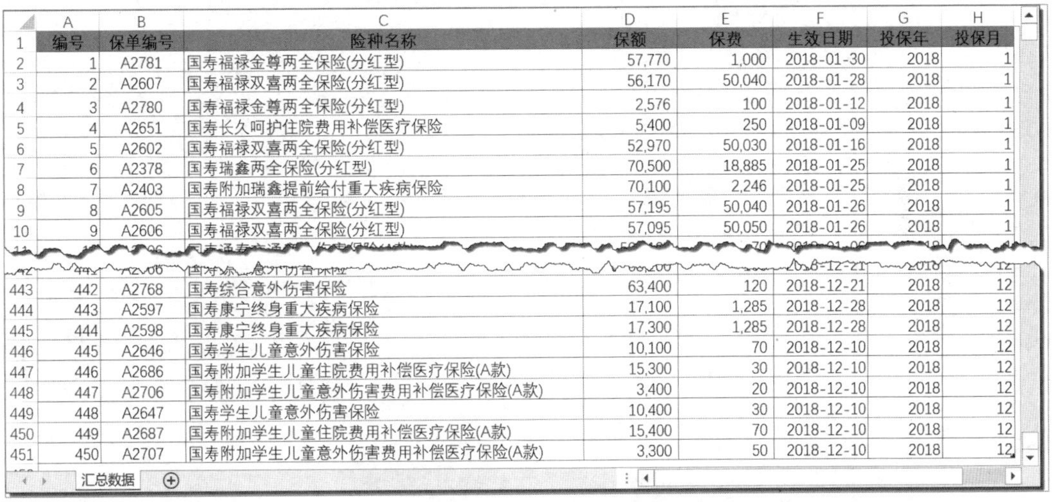

	A	B	C	D	E	F	G	H
1	编号	保单编号	险种名称	保额	保费	生效日期	投保年	投保月
2	1	A2781	国寿福禄金尊两全保险(分红型)	57,770	1,000	2018-01-30	2018	1
3	2	A2607	国寿福禄双喜两全保险(分红型)	56,170	50,040	2018-01-28	2018	1
4	3	A2780	国寿福禄金尊两全保险(分红型)	2,576	100	2018-01-12	2018	1
5	4	A2651	国寿长久呵护住院费用补偿医疗保险	5,400	250	2018-01-09	2018	1
6	5	A2602	国寿福禄双喜两全保险(分红型)	52,970	50,030	2018-01-16	2018	1
7	6	A2378	国寿瑞鑫两全保险(分红型)	70,500	18,885	2018-01-25	2018	1
8	7	A2403	国寿附加瑞鑫提前给付重大疾病保险	70,100	2,246	2018-01-25	2018	1
9	8	A2605	国寿福禄双喜两全保险(分红型)	57,195	50,040	2018-01-26	2018	1
10	9	A2606	国寿福禄双喜两全保险(分红型)	57,095	50,050	2018-01-26	2018	1
443	442	A2768	国寿综合意外伤害保险	63,400	120	2018-12-21	2018	12
444	443	A2597	国寿康宁终身重大疾病保险	17,100	1,285	2018-12-28	2018	12
445	444	A2598	国寿康宁终身重大疾病保险	17,300	1,285	2018-12-28	2018	12
446	445	A2646	国寿学生儿童意外伤害保险	10,100	70	2018-12-10	2018	12
447	446	A2686	国寿附加学生儿童住院费用补偿医疗保险(A款)	15,300	30	2018-12-10	2018	12
448	447	A2706	国寿附加学生儿童意外伤害费用补偿医疗保险(A款)	3,400	20	2018-12-10	2018	12
449	448	A2647	国寿学生儿童意外伤害保险	10,400	30	2018-12-10	2018	12
450	449	A2687	国寿附加学生儿童住院费用补偿医疗保险(A款)	15,400	70	2018-12-10	2018	12
451	450	A2707	国寿附加学生儿童意外伤害费用补偿医疗保险(A款)	3,300	50	2018-12-10	2018	12

汇总数据

图 25-38　合并至工作表

示例文件中代码如下。

```
#001   Sub sMergeWorkBook()
#002       Dim sPath As String
#003       Dim sName As String
#004       Dim sMsg As String
#005       Dim sMode As String
#006       Dim sFirstFile As String
#007       Dim lFileCount As Long
#008       Dim lRow As Long
#009       Dim iCol As Integer
#010       Dim objWorkbook As Workbook
#011       Dim objSumWk As Workbook
#012       Dim objSumSht As Worksheet
#013       Dim objRng As Range
#014       With Application.FileDialog(msoFileDialogFolderPicker)
#015           .Show
#016           If .SelectedItems.Count = 0 Then
#017               MsgBox "请选择文件目录!", vbInformation, "Excel Home"
```

```
#018              Exit Sub
#019          End If
#020          sPath = .SelectedItems(1) & "\"
#021      End With
#022      Application.DisplayAlerts = False
#023      If Len(Dir(sPath & "Summary.xlsx")) > 0 Then
#024          Kill sPath & "Summary.xlsx"
#025      End If
#026      Application.DisplayAlerts = True
#027      sName = Dir(sPath & "*.xlsx")
#028      If Len(sName) > 0 Then
#029          sMsg = "请选择合并方式: " & vbNewLine & vbNewLine & _
                     "1- 合并至工作簿 " & vbTab & _
                     "2- 合并至工作表 " & vbNewLine & vbNewLine
#030          sMode = Application.InputBox(sMsg, "Excel Home", "1")
#031          If Not (sMode = "1" Or sMode = "2") Then
#032              MsgBox " 合并方式错误! ", vbInformation, "Excel Home"
#033              Exit Sub
#034          End If
#035          Application.ScreenUpdating = False
#036          sFirstFile = sName
#037          Do
#038              lFileCount = lFileCount + 1
#039              Set objWorkbook = Workbooks.Open(sPath & sName)
#040              If objSumWk Is Nothing Then
#041                  objWorkbook.ActiveSheet.Copy
#042                  Set objSumWk = ActiveWorkbook
#043                  If sMode = "2" Then
#044                      Set objSumSht = objSumWk.ActiveSheet
#045                      objSumSht.Name = " 汇总数据 "
#046                  End If
#047              Else
#048                  If sMode = "1" Then
#049          objWorkbook.ActiveSheet.Copy before:=objSumWk.Sheets(1)
#050                  Else
#051                      With objWorkbook.ActiveSheet
#052                          lRow = .Cells(1048576, 1).End(xlUp).Row
#053                          iCol = .Cells(1, 16384).End(xlToLeft).Column
#054                          If lRow > 1 Then
#055                              .Cells(2, 1).Resize(lRow-1, iCol).Copy _
                     objSumSht.Cells(1048576, 1).End(xlUp).Offset(1, 0)
#056                              Application.CutCopyMode = False
#057                          End If
#058                      End With
#059                  End If
#060              End If
#061              objWorkbook.Close False
#062              sName = Dir
```

```
#063              Loop While Len(sName) > 0 And sName <> sFirstFile
#064              If Not objSumWk Is Nothing Then
#065                  With objSumWk
#066                      If sMode = "2" Then
#067                          With objSumSht
#068                              lRow = .Cells(1048576, 1).End(xlUp).Row
#069                              Set objRng = .Cells(2, 1).Resize(lRow-1, 1)
#070                          End With
#071                          objRng.Formula = "=ROW()-1"
#072                          objRng.Formula = objRng.Value
#073                      End If
#074                      .SaveAs sPath & "Summary.xlsx"
#075                      .Close
#076                  End With
#077              End If
#078              Application.ScreenUpdating = True
#079              If lFileCount > 0 Then
#080                  MsgBox "成功合并 " & lFileCount & " 个数据文件!", _
                            vbInformation, "Excel Home"
#081              End If
#082          Else
#083              MsgBox "没有Excel文件!", vbInformation, "Excel Home"
#084          End If
#085          Set objRng = Nothing
#086          Set objSumSht = Nothing
#087          Set objWorkbook = Nothing
#088          Set objSumWk = Nothing
#089  End Sub
```

代码解析如下。

第 2~13 行代码声明变量。

第 4~21 行代码使用【浏览】对话框选择文件目录，代码讲解请参见技巧 330。

第 23 行代码使用 Dir 函数，判断在指定目录中是否已经存在文件名为"Summary.xlsx"的工作簿，数据合并结果将保持在汇总工作簿 Summary.xlsx 中。如果文件已经存在，第 24 行代码将删除此文件。

第 27 行代码使用 Dir 函数查找指定目录中的 xlsx 文件。

第 29~31 行代码使用 InputBox 函数获取用户输入，选择文件合并方式。

第 31 行代码判断用户的输入合法性，如果用户输入内容不是"1"或者"2"，则第 33 行代码结束整个过程的执行。

第 35 行代码禁止屏幕更新以提升代码运行效率。

第 37~63 行代码使用 Do…Loop 循环处理指定目录中的 xlsx 文件。

第 38 行代码使用变量 lFileCount 记录被合并的工作簿个数。

第 39 行代码打开被合并的工作簿文件（以下简称数据工作簿）。

第 40 行代码判断汇总工作簿是否已经存在，如果不存在则执行第 41~46 行代码，创建汇总工作簿。

第 41 行和第 42 行代码将数据工作簿活动工作表复制到一个新的工作簿中（汇总工作簿），并将新建工作簿的引用保存在对象变量 objSumWk 中。

如果用户选择的合作模式为"2"，第 44 行代码将汇总工作簿中活动工作表的引用保存在对象变量 objSumSht 中，第 45 行代码修改活动工作表的名称为"汇总数据"。

如果汇总工作簿对象（objSumWk 代表的对象）已经存在，则执行第 48~59 行代码将数据文件合并至汇总工作簿。

如果使用的是"合并至工作簿"模式，第 49 行代码将数据工作簿的活动工作表拷贝到汇总工作簿中。

如果使用的是"合并至工作表"模式，则执行第 51~58 行代码将数据文件内容合并至汇总工作簿的活动工作表中。

第 52 行和第 53 行代码获取数据区域的行数和列数，并分别保存在变量 lRow 和 lCol 中。

如果 lRow 大于 1 说明工作表中包含数据记录，第 55 行代码将数据区域（不包含标题行）拷贝到汇总工作簿活动工作表中的已有数据区域之下。

第 56 行代码取消粘贴或复制模式。

第 61 行代码不保存并且关闭数据工作簿。

第 62 行代码再次调用 Dir 函数查找数据文件。

第 63 行代码设置循环条件为如果 Dir 函数返回的文件名不为空，并且该文件名不等于首个被查找到的文件名。第二个判断条件是为了避免数据工作簿被多次合并而产生重复数据。

如果使用"合并至工作簿"模式，第 64 行和第 76 行代码将更新汇总工作簿中第一列的序号。

第 68 行代码获取汇总工作表最后数据行的行号。

第 69 行代码将数据区域的第一列赋值给对象变量 objRng。

第 70 行代码设置第一列的公式。

第 71 行代码将第一列的公式转换为静态数据。

第 74 行代码将汇总工作簿保存在数据文件所在目录中，文件名称为"Summary.xlsx"。

第 75 行代码关闭汇总工作簿文件。

第 78 行代码恢复屏幕更新。

第 79 行和第 81 行代码根据变量 lFileCount 的值显示消息对话框，如图 25-39 所示。如果 lFileCount 值为 0 说明没有合并任何文件。

第 85~88 行代码释放对象变量所占用的系统资源。

图 25-39　消息框显示汇总结果

技巧 332 自动用邮件发送数据报告

Excel 是非常优秀的数据分析和制作数据报告的工具，邮件发送是报告制作完成之后进行分享的必要步骤。通常的做法是：打开邮件客户端程序，填写收件人和邮件标题，撰写正文，添加附件并发送邮件。如果有大量的邮件需要发送，就不得不多次重复这个操作过程。

如果邮件的内容不复杂，并且不需要添加附件的话，借助 Word 邮件合并功能也可以完成批量邮件发送的任务。但是，使用 VBA 代码，则可以更加灵活地实现复杂内容的邮件发送任务。

如下代码利用工作簿对象的 SendMail 方法直接发送邮件。

```
ActiveWorkbook.SendMail "Excel@126.com", "xx 公司销售统计 (SendMail)"
```

SendMail 方法的语法格式如下。

```
SendMail(Recipients, Subject, ReturnReceipt)
```

其中参数 Recipients 必须至少指定一个收件人,参数值以文本形式指定收件人电子邮箱地址,如果有多个收件人,则以文本字符串数组的形式指定此参数。

参数 Subject 指定邮件主题,如果省略此参数,则使用文档名称作为邮件主题。

如果参数 ReturnReceipt 为 True,则请求邮件回执,默认值为 False。

SendMail 方法发送邮件时将出弹出如图 25-40 所示的安全警告对话框,点击【允许】按钮才能发送邮件,而且此方法只能简单地设置文件标题,如果借助 Outlook 对象模型,就可以对邮件进行更多的个性化操作。

打开示例文件,邮件列表如图 25-41 所示。

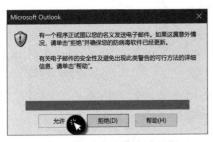

图 25-40 安全警告对话框

图 25-41 邮件列表

运行 sExcel2Outlook 过程,用户收到的邮件如图 25-42 所示。

注 意

在运行代码之前必须在 VBE 中引用"Microsoft Outlook 16.0 Object Library",否则将出现如图 25-43 所示的编译错误消息框。

图 25-42 邮件截图

图 25-43 编译错误消息框

在 VBE 中引用"Microsoft Outlook 16.0 Object Library"的步骤如下。

步骤① 在 VBE 窗口中依次单击【工具】→【引用】命令。

步骤② 在弹出的【引用 – VBAProject】对话框中，选中【可以使用的引用】列表框中的"Microsoft Outlook 16.0 Object Library"，单击【确定】按钮关闭对话框，如图 25-44 所示。

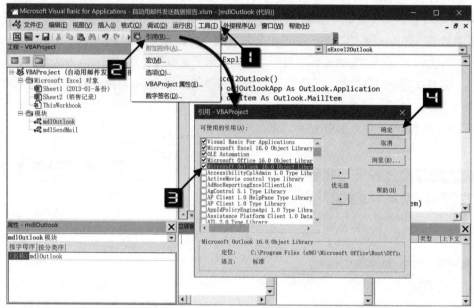

图 25-44　添加 Microsoft Outlook 16.0 Object Library 引用

示例文件中代码如下。

```
#001    Sub sExcel2Outlook()
#002        Dim objOutlookApp As Outlook.Application
#003        Dim objItem As Outlook.MailItem
#004        Dim objAttach As Outlook.Attachments
#005        Dim strExcel As String
#006        Dim lngRow As Long
#007        strExcel = Replace(ThisWorkbook.FullName, _
                            "xlsm", "xlsx")
#008        ActiveSheet.Copy
#009        Application.DisplayAlerts = False
#010        On Error Resume Next
#011        Kill strExcel
#012        On Error GoTo 0
#013        Application.DisplayAlerts = True
#014        With ActiveWorkbook
#015            .SaveAs strExcel
#016            .Close
#017        End With
#018        Set objOutlookApp = New Outlook.Application
```

```
#019        With ThisWorkbook.Sheets(" 邮件列表 ")
#020            For lngRow = 2 To .Cells(1, 1).End(xlDown).Row
#021                Set objItem = objOutlookApp.CreateItem(olMailItem)
#022                With objItem
#023                    .Subject = "xx 公司销售统计 "
#024                    .Body = "Excel 统计报表作为附件发送 "
#025                    .To = ThisWorkbook.Sheets(" 邮件列表 ").Cells(lngRow, 2)
#026                    Set objAttach = .Attachments
#027                    objAttach.Add strExcel, olByValue, 1
#028                    .Send
#029                End With
#030            Next lngRow
#031        End With
#032        objOutlookApp.Quit
#033        Kill strExcel
#034        Set objAttach = Nothing
#035        Set objItem = Nothing
#036        Set objOutlookApp = Nothing
#037    End Sub
```

代码解析如下。

第 2~6 行代码声明变量。

第 7 行代码将文件名字符串中的扩展名替换为 "xlsx"，并保存在变量 strExcel 中，将其作为邮件附件的文件名。

第 8 行代码复制活动工作表到新的工作簿。

第 10~13 行代码用于删除临时文件。

第 9 行代码禁止显示错误提示，第 10 行代码忽略运行时错误继续执行代码，如果临时文件不存在，第 11 行删除文件的代码将不会中断程序的执行。

第 12 行和 13 行代码恢复系统设置。

第 15 行和第 16 行代码保存并关闭新建工作簿（邮件附件）。

第 18 行代码使用关键字 New 新建一个 Outlook 对象。

第 20~30 行代码使用 For…Next 循环结构读取 "邮件列表" 工作表中的邮箱。

第 20 行代码中 .Cells(1, 1).End(xlDown).Row 获取 "邮件列表" 工作表 A 列的数据行数。

第 21 行代码新建一个邮件。

第 23 行代码设置邮件标题为 "xx 公司销售统计"。

第 24 行代码设置邮件正文内容。

第 25 行代码设置收件人邮箱。

第 26 行和第 27 行代码添加 Excel 文件作为附件。

第 28 行代码发送邮件。

第 32 行代码关闭 Outlook 应用程序。

第 33 行代码删除作为邮件附件的临时工作簿文件。

第 34~36 行代码释放对象变量所占用的系统资源。

技巧 333 自动将数据输出到 Word 文档

Word 和 Excel 是 Microsoft Office 中较为常用的两个组件，二者各有特色。Word 作为当前最流行的文字处理程序，是创建和制作精美的专业文档必不可少的软件。在 Word 文档中经常会使用 Excel 数据和图表作为内容，本示例使用 VBA 代码自动将 Excel 中的数据输出到 Word 文档中。

打开示例文件，运行 sExcel2Word 过程，结果如图 25-45 所示。

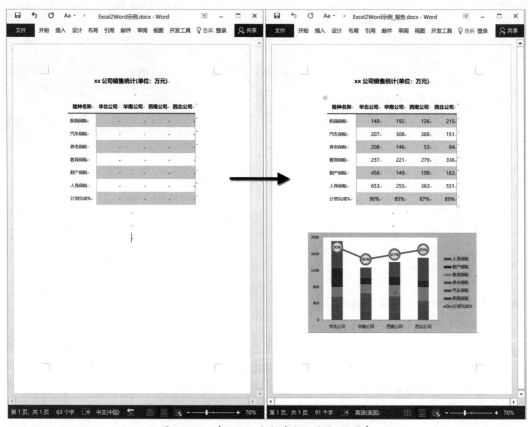

图 25-45　在 Word 文档中插入数据和图表

需要注意，在运行代码之前必须在 VBE 中引用"Microsoft Word 16.0 Object Library"。

示例文件中代码如下。

```
#001   Sub sExcel2Word()
#002       Dim objWordApp As Word.Application
#003       Dim objDoc As Word.Document
#004       Dim objRange As Word.Range
#005       Dim c As Range
#006       Dim i As Integer
#007       Dim strWord As String
#008       strWord = ThisWorkbook.Path & "\Excel2Word示例.docx"
#009       Set objWordApp = New Word.Application
#010       objWordApp.Visible = True
#011       Set objDoc = objWordApp.Documents.Open(strWord)
```

```
#012        Set objRange = objDoc.Tables(1).Range
#013        i = 1
#014        For Each c In Worksheets("销售记录").[a1].CurrentRegion
#015            objRange.Cells(i).Range.Text = c.Text
#016            i = i + 1
#017        Next
#018        Worksheets("销售记录").ChartObjects(1).Copy
#019        With objDoc
#020            .Range(.Content.End-1, .Content.End-1).Paste
#021            .Save
#022        End With
#023        objWordApp.Quit
#024        Set objRange = Nothing
#025        Set objDoc = Nothing
#026        Set objWordApp = Nothing
#027    End Sub
```

代码解析如下。

第 2~7 行代码声明变量。

注意：第 4 行代码声明的是 Word 中的 Range 对象，而第 5 行代码声明的是 Excel 中的 Range 对象。

第 8 行代码将 Word 文件的目录名和文件名的字符串保存在变量 strWord 中。

第 9 行代码使用关键字 New 新建一个 Word 对象。

第 10 行代码设置 Word 对象可见，在默认情况下新建的 Word 对象处于隐藏状态。此代码只是为了在调试代码过程中，可以查看 Word 文档内容的变化。正式发布代码时，可以将此代码变为注释行，这样可以提高代码的运行效率。

第 11 行代码打开 Word 文件"Excel2Word 示例 .docx"。

第 12 行代码将 Word 文件中第一个表格的 Range 对象赋值给对象变量 objRange。

第 14~16 行代码循环遍历"销售记录"工作表的数据区域。

第 14 行代码中 [a1].CurrentRegion 代表 A1 单元格开始的连续单元格区域。

第 15 行代码将 Excel 工作表单元格内容写入 Word 表格单元格中。

第 16 行代码中变量 i 用于指定被更新的 Word 表格单元格的序号。

第 18 行代码拷贝"销售记录"工作表中的图表。

第 20 行代码将图表粘贴到 Word 文档的最后位置，其中 Range(.Content.End-1, .Content.End-1) 用于定位文档的末尾。

第 21 行代码保存 Word 文档。

第 23 行代码关闭 Word 应用程序。

第 24~26 行代码释放对象变量所占用的系统资源。

技巧 334 自动将数据报表输出到 PowerPoint

PowerPoint 是工作中常用的演示文稿软件之一，幻灯片文档不仅可以在投影仪上进行演示，也可以将演示文稿打印出来，以便于应用到其他领域中。本示例使用 VBA 代码自动将 Excel 中的数据输出到 PowerPoint 幻灯片文档中。

打开示例文件，运行 sExcel2PPT 过程，结果如图 25-46 所示。

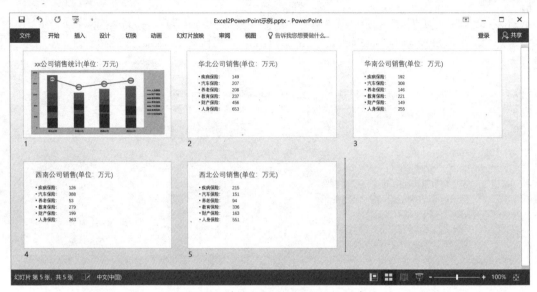

图 25-46　在幻灯片中插入数据和图表

需要注意，在运行代码之前必须在 VBE 中引用 "Microsoft PowerPoint 16.0 Object Library"。
示例文件中代码如下。

```
#001    Sub sExcel2PPT()
#002        Dim objWsh As Worksheet
#003        Dim objPptApp As PowerPoint.Application
#004        Dim objPres As PowerPoint.Presentation
#005        Dim i As Integer
#006        Dim j As Integer
#007        Dim aData
#008        Dim strTxt As String
#009        Dim strPpt As String
#010        Dim strGIF As String
#011        strPpt = ThisWorkbook.Path & "\Excel2PowerPoint 示例 .pptx"
#012        strGIF = ThisWorkbook.Path & "\Chart.GIF"
#013        Set objWsh = Worksheets(" 销售记录 ")
#014        aData = objWsh.[a1].CurrentRegion.Value
#015        Set objPptApp = New PowerPoint.Application
#016        Set objPres = objPptApp.Presentations.Add
#017        With objPres
#018            Application.CutCopyMode = False
#019            objWsh.ChartObjects(1).Select
#020            ActiveChart.Export strGIF, "GIF"
#021            .Slides.Add(Index:=1, Layout:=ppLayoutText).Shapes _
                    .Title.TextFrame.TextRange = "xx 公司销售统计（单位：万元)"
#022            objPptApp.ActiveWindow.Selection.SlideRange.Shapes. _
                    AddPicture(strGIF, 0,-1, 50, 120, 870, 400).Select
#023        For i = 1 To 4
#024            For j = 1 To 6
```

```
#025                        strTxt = strTxt & vbNewLine & aData(j + 1, 1) & _
                                ": " & vbTab & aData(j + 1, i + 1)
#026            Next j
#027            With .Slides.Add(Index:=i + 1, _
                                Layout:=ppLayoutText).Shapes
#028                .Title.TextFrame.TextRange = aData(1, i + 1) & _
                                " 销售（单位：万元）"
#029                .Range(2).TextFrame.TextRange = Mid$(strTxt, 3)
#030            End With
#031            strTxt = ""
#032        Next i
#033        .SaveAs strPpt
#034        .Close
#035    End With
#036    objPptApp.Quit
#037    Kill strGIF
#038    Set objPres = Nothing
#039    Set objPptApp = Nothing
#040    Set objWsh = Nothing
#041  End Sub
```

代码解析如下。

第 2~10 行代码声明变量。

第 11 行代码将 PowerPoint 文件的目录名和文件名字符串保存在变量 strPpt 中。

第 12 行代码将 GIF 文件的目录名和文件名字符串保存在变量 strGIF 中。

第 13 行代码将 "销售记录" 工作表 A1 单元格开始的连续单元格区域内容读入数组 aData 中。

第 15 行代码使用关键字 New 新建一个 PowerPoint 对象。

第 16 行代码新建一个幻灯片文档。

第 19 行和第 20 行代码选中工作表中的图表，并导出为 GIF 图片。

第 21 行代码新建一张幻灯片，并设置标题文字为 "xx 公司销售统计（单位：万元）"。

第 22 行代码将 GIF 图片插入到第一张幻灯片中。

第 23~32 行代码循环创建 4 张幻灯片。

第 24~26 行代码将某个公司（如华北公司）的数据组合成为一个字符串，其中 vbNewLine 代表换行，vbTab 代表制表符。

第 27 行代码新建一张幻灯片。

第 28 行代码设置幻灯片标题文字。

第 29 行代码将公司的销售数据字符串写入幻灯片的文本框中，使用 Mid 函数可以剔除变量 strTxt 开始位置处的换行符。

第 31 行代码初始化字符变量 strTxt。

第 33 行和第 34 行代码保存并关闭 PowerPoint 文档。

第 36 行代码关闭 PowerPoint 应用程序。

第 37 行代码删除 GIF 图片临时文件。

第 38~40 行代码释放对象变量所占用的系统资源。

用户可以将代码生成的 PPT 文件继续完善或美化，比如应用主题，或者复制到其他的 PPT 文件中，从而快速完成 PPT 制作。

快速创建文件列表

很多 VBA 开发者已经习惯使用 FileSearch 功能查找文件，但是在 Excel 2016 VBA 中不再支持 FileSearch。组合使用 Dir 函数和 FileSysteObject 对象（FSO 对象）同样可以实现遍历查找文件的功能。

在示例文件中按照以下步骤可以快速创建文件列表。

步骤① 打开示例文件，单击"文件列表"工作表中的【演示】按钮。

步骤② 在弹出的【浏览】对话框中指定查找文件的目录，例如"C:\DEMO\Data"目录。单击【确定】按钮，关闭【浏览】对话框。

步骤③ 在弹出的【文件类型】对话框中输入希望搜索的文件类型，默认文件类型为"*.*"，即搜索全部文件。单击【确定】按钮关闭对话框，如图 25-47 所示。

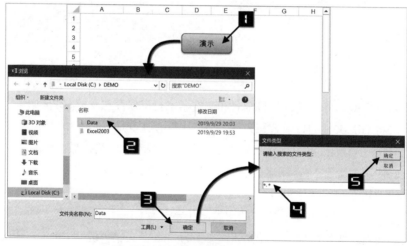

图 25-47 选择目录并输入文件类型

在"文件列表"工作表的 A 列中将罗列出指定目录中的全部文件，并添加了相应的超链接。当鼠标悬停在单元格上时，将显示提示信息框如图 25-48 所示。单击单元格中的超链接，将在 Excel 中打开相应文件。

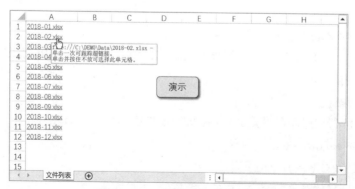

图 25-48 工作表中的文件列表

需要注意，在运行代码之前必须在 VBE 中引用 "Microsoft Scripting Runtime"。
示例文件中代码如下。

```
#001   Dim Fso As New FileSystemObject
#002   Dim Fld As Folder
#003   Dim sRow As Single
#004   Sub FileSearchTools()
#005       Dim SrchDir As String, SrchString As String
#006       Dim fDialog As FileDialog
#007       sRow = 0
#008       Set fDialog = Application.FileDialog( _
                       msoFileDialogFolderPicker)
#009       If fDialog.Show =-1 Then
#010           SrchDir = fDialog.SelectedItems(1)
#011       Else
#012           MsgBox " 没有选择任何目标文件夹！ ", _
                   vbCritical, " 文件搜索工具 "
#013           Exit Sub
#014       End If
#015       SrchString = InputBox(" 请输入搜索的文件类型： ", _
                           " 文件类型 ", "*.*")
#016       If Len(SrchString) = 0 Then SrchString = "*.*"
#017       With ActiveSheet.Columns(1)
#018           .Cells.Clear
#019           Call FileFind(SrchDir, SrchString)
#020           .AutoFit
#021       End With
#022   End Sub
#023   Private Sub FileFind(ByVal SrchFld As String, _
                       SrchFile As String, _
                       Optional SrchDir As Boolean = True)
#024       Dim tFld As Folder
#025       Dim dirFName As String
#026       On Error GoTo ErrHandle
#027       Set Fld = Fso.GetFolder(SrchFld)
#028       dirFName = Dir(Fso.BuildPath(Fld.Path, SrchFile), _
                   vbNormal Or vbHidden Or vbSystem Or vbReadOnly)
#029       While Len(dirFName) <> 0
#030           sRow = sRow + 1
#031           With ActiveSheet
#032               .Hyperlinks.Add Anchor:=.Cells(sRow, 1), _
                   Address:=Fso.BuildPath(Fld.Path, dirFName), _
                   TextToDisplay:=dirFName
#033           End With
#034           dirFName = Dir()
#035       Wend
#036       If Fld.SubFolders.Count > 0 And SrchDir Then
#037           For Each tFld In Fld.SubFolders
```

```
#038                Call FileFind(tFld.Path, SrchFile)
#039          Next
#040        End If
#041        Exit Sub
#042  ErrHandle:
#043        MsgBox "运行错误!", vbCritical, "文件搜索工具"
#044  End Sub
```

代码解析如下。

第1行代码到第3行代码用于声明模块级别变量。

第4行代码到第22行代码为 FileSearchTools 过程。

第7行代码设置变量 sRow 的初始值为 0。

第8行代码将 FileDialog 对象赋值给对象变量 fDialog。

第9行代码到第14行代码用于选取查找文件的目标文件夹。

如果用户选中某个文件夹，并单击【确定】按钮，则 FileDialog 对象的返回值为 -1，将执行第 10 行代码把目标文件夹路径保存在变量 SrchDir 中。

如果用户单击【确定】按钮之前并没有选中任何文件夹，或者用户单击【取消】按钮关闭【浏览】对话框，将执行第 12 行代码和第 13 行代码。

第12行代码显示如图 25-49 所示的错误提示消息框。

图 25-49　错误提示消息框

第13行代码将结束程序的执行。

第15行代码显示【文件类型】输入对话框，并将用户输入的字符串保存在变量 SrchString 中。

第16行代码用于处理用户没有任何输入字符的情况，此时将使用"*.*"作为文件类型字符串，即搜索全部文件。

第18行代码清空活动工作表的第1列单元格。

第19行代码调用 FileFind 过程。

第20行代码调整活动工作表中第1列单元格的列宽以达到最佳匹配。

第23行代码到第44行代码为 FileFind 过程，用于实现文件查找功能。此过程具有如下3个参数：

必选参数 SrchFld 为目标文件夹名称；

必选参数 SrchFile 为将要搜索的文件类型；

可选参数 SrchDir 为标志变量，其值为 True 时将搜索目标文件夹中的全部子目录，否则只搜索目标文件夹下的文件。

第26行代码设置错误处理程序，如果程序运行过程中出现错误将跳转到 ErrHandle。

第27行代码使用 GetFolder 方法返回 SrchFld 中文件夹路径相对应的 Folder 对象。

第28行代码使用 Dir 函数查找目标文件夹下的指定类型文件。其中 BuildPath 方法将追加

SrchFile 到 Fld 对象的目录，在本示例中其返回值为 "E:\ExcelHome\2016JC\Data*.*"。

Dir 函数的第 2 个参数值的含义如表 25-3 所示。

表 25-3　Dir 函数的参数值

常数	含义
vbNormal	没有属性的文件。
vbReadOnly	无属性的只读文件
vbHidden	无属性的隐藏文件
VbSystem	无属性的系统文件

第 29 行代码到第 35 行代码使用 While 循环查找目录下的全部文件，并将查找结果保存在活动工作表中。

第 29 行代码使用 Len 函数判断变量 dirFName 的字符串长度，如果长度为 0，说明目标目录下没有任何文件。

注 意

> 目录中不包含任何文件，并不一定是空目录，该目录中可能会有子目录。

第 30 行代码将变量 sRow 加 1，用于指定活动工作表中用于保存数据的单元格的行号。

第 32 行代码在相应单元格添加文件的超链接，其中参数 Anchor 指定超链接在工作表中单元格的位置，参数 Address 设置超链接的地址，参数 TextToDisplay 为显示在单元格中的超链接文本。

第 34 行代码将查找下一个符合条件的文件。

第 36 行代码中 SubFolders.Count 可以返回 Folder 对象的子目录个数，布尔变量 SrchDir 用于标识是否搜索子目录。

第 37 行代码到第 39 行代码使用 For Each 循环遍历 Fld 对象的子目录，第 38 行代码将再次调用 FileFind 过程搜索相应子目录下的指定类型文件。

注 意

> 　FileFind 过程是一个递归调用过程，这是编程中一种特殊的嵌套调用方式，过程中包含再次调用自身过程的代码。如果读者希望学习更多的关于递归调用的知识，请参考相关编程书籍。

图 25-50　错误提示消息框

第 42 行代码为错误处理程序的行号标识。

第 43 行代码将显示如图 25-50 所示的错误提示消息框。

技巧 336 自动定时读取数据库

虽然 Excel 2016 单个工作表能够支持的单元格数量巨大，但是当数据量较大时，Excel 的处理效率会明显下降。通常企业会将业务系统产生的大量数据保存在数据库中，再使用 Excel 读取数据库中的关键数据，并进行分析和报表展现。随着数据库中的数据经常被刷新，使用 Excel 获取数据也成为一项重复的任务。本示例使用 VBA 实现自动定时读取数据库。

Access 示例数据库（"保险销售数据库"）中的销售数据如图 25-51 所示。

图 25-51　保险销售数据库

其中"数据批次"字段用于模拟业务系统在不同时间段写入数据库的数据记录，如第一次写入数据库的数据记录（前5行记录），其数据批次字段都为1。为了实现增量读取数据，使用"读取标识"字段标记数据记录是否已经被读取过，以确保数据读取"不重不漏"，数据行被读取之后"0读取标识"字段将被设置为-1。

打开示例文件，运行"sAutoGetData"过程，每隔10秒钟Excel将会把最新的Access数据导入示例文件中，如图25-52所示。

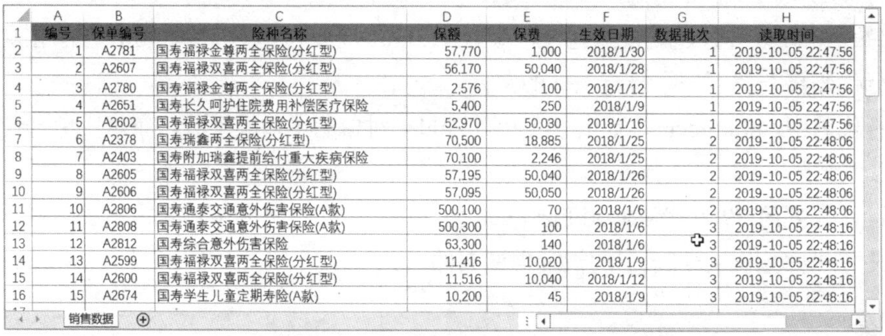

图 25-52　数据导入 Excel

为了便于查看演示效果，这里使用较短的数据刷新周期，在示例代码中可以修改此时间间隔。运行 sCancalTimer 过程可以停止自动读取数据任务。

需要注意，在运行代码之前必须在 VBE 中引用"Microsoft ActiveX Data Objects 2.7 Library"。

示例文件中代码如下。

```
#001    Public dTime As Date
#002    Sub sGetMdbData()
#003        Dim objConn As New ADODB.Connection
#004        Dim objRst As New ADODB.Recordset
#005        Dim strPath As String
#006        Dim strSQL As String
#007        Dim lRow As Long
#008        strPath = ThisWorkbook.Path & "\ 保险销售数据库 .accdb"
#009        objConn.Open "Provider=Microsoft.ACE.OLEDB.12.0;" & _
```

```
                              "Data Source=" & strPath
#010        strSQL = "SELECT * FROM data " & _
                      "WHERE 数据批次 = ( " & _
                      "SELECT min( 数据批次 ) FROM data " & _
                      "WHERE 读取标识 = 0); "
#011        objRst.Open strSQL, objConn, adOpenKeyset, adLockOptimistic
#012        If objRst.RecordCount = 0 Then
#013            MsgBox " 没有新数据！ ", , "Excel Home"
#014        Else
#015            With Sheets(" 销售数据 ")
#016                lRow = .Cells(2 ^ 20, 1).End(xlUp).Row
#017                .Cells(lRow + 1, 1).CopyFromRecordset objRst
#018                .Cells(lRow + 1, 8).Resize(objRst.RecordCount, 1) _
                                      .Value = Now()
#019            End With
#020            objRst.Close
#021            strSQL = "UPDATE Data SET 读取标识 =-1 " & _
                          "WHERE 数据批次 = ( " & _
                          "SELECT min( 数据批次 ) FROM data " & _
                          "WHERE 读取标识 = 0);"
#022            objConn.Execute strSQL
#023        End If
#024        objConn.Close
#025        Set objRst = Nothing
#026        Set objConn = Nothing
#027    End Sub
#028    Sub sAutoGetData()
#029        Call sGetMdbData
#030        dTime = Now + TimeValue("00:00:10")
#031        Application.OnTime dTime, "sAutoGetData"
#032    End Sub
#033    Sub sCancalTimer()
#034        On Error Resume Next
#035        Application.OnTime dTime, "sAutoGetData", , False
#036        On Error GoTo 0
#037    End Sub
#038    Sub sReset()
#039        Dim objConn As New ADODB.Connection
#040        Dim objRst As New ADODB.Recordset
#041        Dim strPath As String
#042        Dim strSQL As String
#043        Application.DisplayAlerts = False
#044        On Error Resume Next
#045        strPath = ThisWorkbook.Path & "\ 保险销售数据库 .accdb"
#046        objConn.Open "Provider=Microsoft.ACE.OLEDB.12.0;" & _
                        "Data Source=" & strPath
#047        strSQL = "UPDATE Data SET 读取标识 = 0;"
#048        objConn.Execute strSQL
```

```
#049        objConn.Close
#050        Set objConn = Nothing
#051        Sheets(" 销售数据 ").[a1].CurrentRegion.Offset(1, 0).ClearContents
#052        On Error GoTo 0
#053        Application.DisplayAlerts = True
#054  End Sub
```

代码解析如下。

第 1 行代码声明模块级别公用变量保存 sGetMdbData 过程被执行的时间点。

第 2~27 行代码为 sGetMdbData 过程，用于读取 Access 数据库文件，并写入 Excel 工作表。

第 3~7 行代码声明变量。

第 8 行代码将示例数据库的目录名和文件名保存在变量中。

第 9 行代码使用 ACE 引擎连接 Access 示例数据库。

第 10 行代码生成 ADO 查询语句字符串，读取新数据记录中"数据批次"字段值最小的记录。"读取标识"字段为 0，代表该数据记录尚未被读取到 Excel 中。限于篇幅，SQL 查询语言的具体含义和用法不进行详细讲解，感兴趣的读者可以参考相关资料。

第 11 行代码将数据集读取到对象变量 objRst 中。

第 12 行代码判断 ADO 查询返回数据集的记录数量。如果为 0，则给出"没有新数据"的提示消息框。

第 16 行代码获取工作表中 A 列最后一个非空单元格的行号。

第 17 行代码将 ADO 查询返回的数据集写入工作表中。

第 18 行代码将数据读取时间写入工作表，替换数据记录中的"读取标识"字段。

第 20 行代码关闭数据记录集。

第 21 行代码生成 ADO 查询语句字符串，在 Access 数据库中将已经被读取数据记录的"读取标识"更新为 -1，避免下次被重复读取。

第 22 行代码执行 SQL 语句更新数据库。

第 25 行和 26 行代码释放系统变量。

第 28 行到 32 行代码为 sAutoGetData 过程，实现自动定时读取数据。

第 29 行代码调用 sGetMdbData 过程读取数据并写入 Excel 工作表中。

第 30 行代码设置下次读取数据的时间点，其中 Now 代表运行代码时的系统时间，TimeValue("00：00：10") 代表 10 秒钟。

第 31 行代码使用 OnTime 方法设置在 dTime 时间点运行 sAutoGetData 过程代码，实现的效果是等待 10 秒钟后再次进行数据读取。

第 33 行到 37 行代码为 sCancalTimer 过程，用于取消自动定时读取数据。

第 35 行代码取消最后一次尚未执行的任务，此代码与第 31 行代码的区别在于将 Schedule 参数设置为 False。

第 38~54 行代码为 sReset 过程，用于重置 Access 数据库，并且清除 Excel 工作表中的数据。

第 47 行代码生成更新数据库的 ADO 查询语句字符串。

第 48 行代码执行 SQL 语句更新数据库，设置"读取标识"字段为 0。

第 51 行代码清除 Excel 工作表中的数据。

技巧 337 Power Query 自适应目录导入数据

利用 Power Query 可以轻松实现汇总某个目录中的多个数据文件，但是如果电脑中保存数据文件的目录发生变化（如保存目录变更为 "C:\DEMO\ 各公司上半年凭证记录"），那么 Power Query 将无法刷新导入数据。

打开示例文件 "各公司上半年凭证记录 .xlsx"，依次单击【数据】选项卡→【显示查询】按钮，打开【工作簿查询】窗格。

单击【全部刷新】按钮，在【工作簿查询】窗格显示 "1 个错误"，工作表中数据也被清空，说明数据无法正常刷新，如图 25-53 所示。

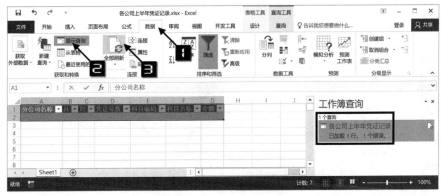

图 25-53　刷新数据错误

将鼠标悬停在【工作簿查询】窗格中的 "查询" 上，可以查看详细错误信息，如图 25-54 所示。

图 25-54　错误详情

通过手工修改 Power Query 公式可以实现自适应目录导入数据，但是这个操作对于多数 Excel 用户来说还是有些复杂，而且若稍有不慎输入错误字符，将导致 Power Query 公式错误，进而无法导入数据。

　　使用 VBA 代码可以更新工作簿文件中 Power Query 公式，那么打开汇总工作簿文件时利用 VBA 自动更新 Power Query 公式将可以实现自适应目录导入数据。

　　操作步骤如下。

步骤① 打开示例文件"各公司上半年凭证记录 .xlsx"，单击【文件】选项卡中的【另存为】命令。

步骤② 单击当前文件夹，在弹出的【另存为】对话框中的【保存类型】下拉列表中选择"Excel 启用宏的工作簿（*.xlsm）"，在【文件名】文本框中输入"Power Query 自适应目录导入数据"作为文件名称。单击【保存】按钮关闭【另存为】对话框，如图 25-55 所示。

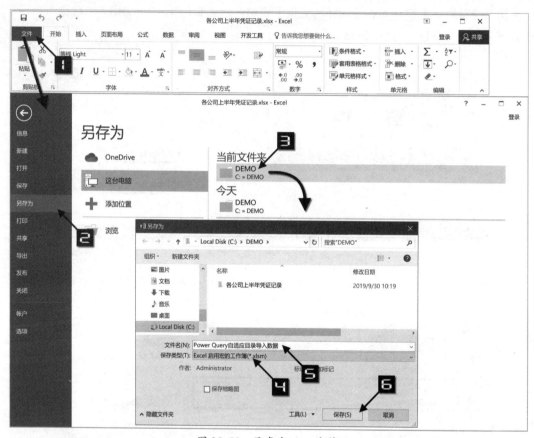

图 25-55　另存为 xlsm 文件

步骤③ 按 <Alt+F11> 组合键打开 VBA 编辑器，在【工程 -VBAProject】窗口中双击 "ThisWorkbook"打开【代码】窗口。

步骤④ 在右侧的【代码】窗口中输入 VBA 代码，如图 25-56 所示。

步骤⑤ 返回 Excel 界面，在 Excel 窗口按 <Alt+F4> 组合键关闭示例文件。

步骤⑥ 重新打开示例文件"Power Query 自适应目录导入数据 .xlsm"，单击【启用内容】按钮。

步骤⑦ 单击选中数据区域中任意单元格如 A1，单击【查询】选项卡的【刷新】按钮将可以正常刷新数据，如图 25-57 所示。

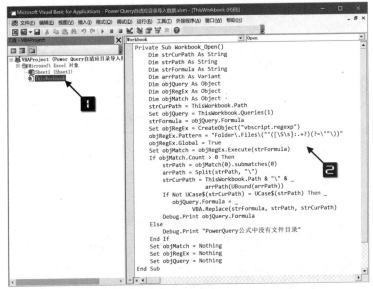

图 25-56 在【代码】窗口中输入代码

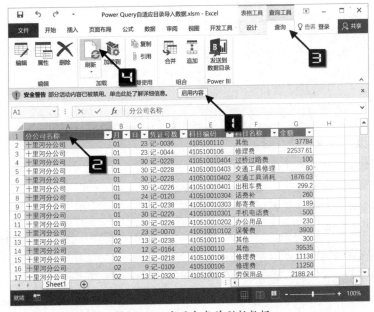

图 25-57 启用内容并刷新数据

ThisWorkbook 中的 VBA 代码如下。

```
#001    Private Sub Workbook_Open()
#002        Dim strCurPath As String
#003        Dim strPath As String
#004        Dim strFormula As String
#005        Dim arrPath As Variant
#006        Dim objQuery As Object
#007        Dim objRegEx As Object
#008        Dim objMatch As Object
```

```
#009        strCurPath = ThisWorkbook.Path
#010        Set objQuery = ThisWorkbook.Queries(1)
#011        strFormula = objQuery.Formula
#012        Set objRegEx = CreateObject("vbscript.regexp")
#013        objRegEx.Pattern = " Folder\.Files\(""([\S\s]:.+?)(?=\""\))"
#014        objRegEx.Global = True
#015        Set objMatch = objRegEx.Execute(strFormula)
#016        If objMatch.Count > 0 Then
#017            strPath = objMatch(0).submatches(0)
#018            arrPath = Split(strPath, "\")
#019            strCurPath = ThisWorkbook.Path & "\" & _
                            arrPath(UBound(arrPath))
#020            If Not UCase$(strCurPath) = UCase$(strPath) Then _
                   objQuery.Formula = _
                        VBA.Replace(strFormula, strPath, strCurPath)
#021            Debug.Print objQuery.Formula
#022        Else
#023            Debug.Print "PowerQuery 公式中没有文件目录"
#024        End If
#025        Set objMatch = Nothing
#026        Set objRegEx = Nothing
#027        Set objQuery = Nothing
#028    End Sub
```

代码解析如下。

VBA 代码为工作簿的 Open 事件代码，工作簿打开时将自动执行此过程。

第 9 行代码获取示例文件所在目录。

第 10 行代码获取示例文件中的查询对象。

第 11 行代码获取查询的公式，即 Power Query 公式。

第 12 行代码创建正则表达式对象。

第 13 行代码指定正则匹配模式字符串，用于提取 Power Query 公式中的目录名和文件名。

第 14 行代码设置正则匹配为全局模式。

第 15 行代码对 Power Query 公式进行正则匹配。

如果匹配成功，那么第 17 行代码获取匹配字符组，在本示例中结果为 "C:\Users\Administrator\Documents\ 各公司上半年凭证记录"。

第 18 行代码将目录名和文件名使用 "\" 作为分隔符拆分为数组。

第 19 行代码构建新的目录名和文件名，其中 arrPath(UBound(arrPath)) 为新的目录名称。

第 20 行判断新目录与原目录是否一致，如果发生了变化，则更新 Power Query 公式。

第 21 行代码在【立即】窗口中输出更新后的 Power Query 公式。

如果正则表达式无法成功匹配 Power Query 公式中目录字符串，那么第 23 行代码在【立即】窗口中输出提示信息。

附录 A Excel 2016 规范与限制

附表 A-1　工作表和工作簿规范

功能	最大限制
打开的工作簿个数	受可用内存和系统资源的限制
工作表大小	1 048 576 行×16 384 列
列宽	255 个字符
行高	409 磅
分页符个数	水平方向和垂直方向各 1 026 个
单元格可以包含的字符总数	32 767 个字符。单元格中能显示的字符个数由单元格大小与字符的字体决定；而编辑栏中可以显示全部字符
工作簿中的工作表个数	受可用内存的限制（默认值为 1 个工作表）
工作簿中的颜色数	1600 万种颜色（32 位，具有到 24 位色谱的完整通道）
唯一单元格格式个数 / 单元格样式个数	64 000
填充样式个数	256
线条粗细和样式个数	256
唯一字型个数	1 024 个全局字体可供使用；每个工作簿 512 个
工作簿中的数字格式数	200 和 250 之间，取决于所安装的 Excel 的语言版本
工作簿中的命名视图个数	受可用内存限制
自定义数字格式种类	200 和 250 之间，取决于所安装的 Excel 的语言版本
工作簿中的名称个数	受可用内存限制
工作簿中的窗口个数	受可用内存限制
窗口中的窗格个数	4
链接的工作表个数	受可用内存限制
方案个数	受可用内存的限制；汇总报表只显示前 251 个方案
方案中的可变单元格个数	32
规划求解中的可调单元格个数	200
筛选下拉列表中项目数	10 000
自定义函数个数	受可用内存限制
缩放范围	10% 到 400%
报表个数	受可用内存限制

续表

功能	最大限制
排序关键字个数	单个排序中为 64。如果使用连续排序，则没有限制
条件格式包含条件数	64
撤销次数	100
页眉或页脚中的字符数	255
数据窗体中的字段个数	32
工作簿参数个数	每个工作簿 255 个参数
可选的非连续单元格个数	2 147 483 648 个单元格
数据模型工作簿的内存存储和文件大小的最大限制	32 位环境限制为同一进程内运行的 Excel、工作簿和加载项最多共用 2 千兆字节（GB）虚拟地址空间。数据模型的地址空间共享可能最多运行 500~700 MB，如果加载其他数据模型和加载项则可能会减少。64 位环境对文件大小不作硬性限制。工作簿大小仅受可用内存和系统资源的限制

附表 A-2　共享工作簿规范与限制

功能	最大限制
共享工作簿的同时使用用户数	256
共享工作簿中的个人视图个数	受可用内存限制
修订记录保留的天数	32 767（默认为 30 天）
可一次合并的工作簿个数	受可用内存限制
共享工作簿中突出显示的单元格数	32 767
标识不同用户所作修订的颜色种类	32（每个用户用一种颜色标识。当前用户所做的更改用深蓝色突出显示）
共享工作簿中的 Excel 表格	0（含有一个或多个 Excel 表格的工作簿无法共享）

附表 A-3　计算规范和限制

功能	最大限制
数字精度	15 位
最大正数	9.99999999999999E+307
最小正数	2.2251E-308
最小负数	-2.2251E-308
最大负数	-9.99999999999999E+307
公式允许的最大正数	1.7976931348623158E+308
公式允许的最大负数	-1.7976931348623158E+308
公式内容的长度	8 192 个字符
公式的内部长度	16 384 个字节
迭代次数	32 767
工作表数组个数	受可用内存限制

功能	最大限制
选定区域个数	2 048
函数的参数个数	255
函数的嵌套层数	64
数组公式中引用的行数	无限制
自定义函数类别个数	255
操作数堆栈的大小	1 024
交叉工作表相关性	64 000 个可以引用其他工作表的工作表
交叉工作表数组公式相关性	受可用内存限制
区域相关性	受可用内存限制
每个工作表的区域相关性	受可用内存限制
对单个单元格的依赖性	40 亿个可以依赖单个单元格的公式
已关闭的工作簿中的链接单元格内容长度	32 767
计算允许的最早日期	1900 年 1 月 1 日（如果使用 1904 年日期系统，则为 1904 年 1 月 1 日）
计算允许的最晚日期	9999 年 12 月 31 日
可以输入的最长时间	9999:59:59

附表 A-4　数据透视表规范和限制

功能	最大限制
数据透视表中的页字段个数	256（可能会受可用内存的限制）
数据透视表中的数值字段个数	256
工作表上的数据透视表个数	受可用内存限制
每个字段中唯一项的个数	1 048 576
数据透视表中的个数	受可用内存限制
数据透视表中的报表过滤器个数	256（可能会受可用内存的限制）
数据透视表中的数值字段个数	256
数据透视表中的计算项公式个数	受可用内存限制
数据透视图中的报表筛选个数	256（可能会受可用内存的限制）
数据透视图中的数值字段个数	256
数据透视图中的计算项公式个数	受可用内存限制
数据透视表项目的 MDX 名称的长度	32 767
关系数据透视表字符串的长度	32 767
筛选下拉列表中显示的项目个数	10 000

附表 A-5 图表规范和限制

功能	最大限制
与工作表链接的图表个数	受可用内存限制
图表引用的工作表个数	255
图表中的数据系列个数	255
二维图表的数据系列中数据点个数	受可用内存限制
三维图表的数据系列中数据点个数	受可用内存限制
图表中所有数据系列的数据点个数	受可用内存限制

附录 B Excel 2016 常用快捷键

序号	执行操作	快捷键组合
	在工作表中移动和滚动	
1	向上、下、左或右移动单元格	箭头键
2	移动到当前数据区域的边缘	Ctrl+ 箭头键
3	移动到行首	Home
4	移动到窗口左上角的单元格	Ctrl+Home
5	移动到工作表的最后一个单元格	Ctrl+End
6	向下移动一屏	Page Down
7	向上移动一屏	Page Up
8	向右移动一屏	Alt+Page Down
9	向左移动一屏	Alt+Page Up
10	移动到工作簿中下一个工作表	Ctrl+Page Down
11	移动到工作簿中前一个工作表	Ctrl+Page Up
12	移动到下一工作簿或窗口	Ctrl+F6 或 Ctrl+Tab
13	移动到前一工作簿或窗口	Ctrl+Shift+F6
14	移动到已拆分工作簿中的下一个窗格	F6
15	移动到被拆分的工作簿中的上一个窗格	Shift+F6
16	滚动并显示活动单元格	Ctrl+BackSpace
17	显示"定位"对话框	F5
18	显示"查找"对话框	Shift+F5
19	重复上一次"查找"操作	Shift+F4
20	在保护工作表中的非锁定单元格之间移动	Tab
21	最小化窗口	Ctrl+F9
22	最大化窗口	Ctrl+F10
	处于"结束模式"时在工作表中移动	
23	打开或关闭"结束模式"	End
24	在一行或列内以数据块为单位移动	End, 箭头键
25	移动到工作表的最后一个单元格	End, Home
26	在当前行中向右移动到最后一个非空白单元格	End, Enter

续表

序号	执行操作	快捷键组合
处于"滚动锁定"模式时在工作表中移动		
27	打开或关闭"滚动锁定"模式	Scroll Lock
28	移动到窗口中左上角处的单元格	Home
29	移动到窗口中右下角处的单元格	End
30	向上或向下滚动一行	上箭头键或下箭头键
31	向左或向右滚动一列	左箭头键或右箭头键
预览和打印文档		
32	显示"打印内容"对话框	Ctrl+P
在打印预览中时		
33	当放大显示时，在文档中移动	箭头键
34	当缩小显示时，在文档中每次滚动一页	Page UP
35	当缩小显示时，滚动到第一页	Ctrl+ 上箭头键
36	当缩小显示时，滚动到最后一页	Ctrl+ 下箭头键
工作表、图表和宏		
37	插入新工作表	Shift+F11
38	创建使用当前区域数据的图表	F11 或 Alt+F1
39	显示"宏"对话框	Alt+F8
40	显示"Visual Basic 编辑器"	Alt+F11
41	插入 Microsoft Excel 4.0 宏工作表	Ctrl+F11
42	移动到工作簿中的下一个工作表	Ctrl+Page Down
43	移动到工作簿中的上一个工作表	Ctrl+Page UP
44	选择工作簿中当前和下一个工作表	Shift+Ctrl+Page Down
45	选择当前工作簿或上一个工作簿	Shift+Ctrl+Page Up
在工作表中输入数据		
46	完成单元格输入并在选定区域中下移	Enter
47	在单元格中换行	Alt+Enter
48	用当前输入项填充选定的单元格区域	Ctrl+Enter
49	完成单元格输入并在选定区域中上移	Shift+Enter
50	完成单元格输入并在选定区域中右移	Tab
51	完成单元格输入并在选定区域中左移	Shift+Tab
52	取消单元格输入	Esc

序号	执行操作	快捷键组合
53	删除插入点左边的字符，或删除选定区域	BackSpace
54	删除插入点右边的字符，或删除选定区域	Delete
55	删除插入点到行末的文本	Ctrl+Delete
56	向上下左右移动一个字符	箭头键
57	移到行首	Home
58	重复最后一次操作	F4 或 Ctrl+Y
59	编辑单元格批注	Shift+F2
60	由行或列标志创建名称	Ctrl+Shift+F3
61	向下填充	Ctrl+D
62	向右填充	Ctrl+R
63	定义名称	Ctrl+F3
设置数据格式		
64	显示"样式"对话框	Alt+'（撇号）
65	显示"单元格格式"对话框	Ctrl+1
66	应用"常规"数字格式	Ctrl+Shift+~
67	应用带两个小数位的"货币"格式	Ctrl+Shift+$
68	应用不带小数位的"百分比"格式	Ctrl+Shift+%
69	应用带两个小数位的"科学记数"数字格式	Ctrl+Shift+^
70	应用年月日"日期"格式	Ctrl+Shift+#
71	应用小时和分钟"时间"格式，并标明上午或下午	Ctrl+Shift+@
72	应用具有千位分隔符且负数用负号（-）表示	Ctrl+Shift+!
73	应用外边框	Ctrl+Shift+&
74	删除外边框	Ctrl+Shift+_
75	应用或取消字体加粗格式	Ctrl+B
76	应用或取消字体倾斜格式	Ctrl+I
77	应用或取消下画线格式	Ctrl+U
78	应用或取消删除线格式	Ctrl+5
79	隐藏行	Ctrl+9
80	取消隐藏行	Ctrl+Shift+9
81	隐藏列	Ctrl+0（零）
82	取消隐藏列	Ctrl+Shift+0

序号	执行操作	快捷键组合
	编辑数据	
83	编辑活动单元格，并将插入点移至单元格内容末尾	F2
84	取消单元格或编辑栏中的输入项	Esc
85	编辑活动单元格并清除其中原有的内容	BackSpace
86	将定义的名称粘贴到公式中	F3
87	完成单元格输入	Enter
88	将公式作为数组公式输入	Ctrl+Shift+Enter
89	在公式中键入函数名之后，显示公式选项板	Ctrl+A
90	在公式中键入函数名后为该函数插入变量名和括号	Ctrl+Shift+A
91	显示"拼写检查"对话框	F7
	插入、删除和复制选中区域	
92	复制选定区域	Ctrl+C
93	剪切选定区域	Ctrl+X
94	粘贴选定区域	Ctrl+V
95	清除选定区域的内容	Delete
96	删除选定区域	Ctrl+-（短横线）
97	撤销最后一次操作	Ctrl+Z
98	插入空白单元格	Ctrl+Shift+=
	在选中区域内移动	
99	在选定区域内由上往下移动	Enter
100	在选定区域内由下往上移动	Shift+Enter
101	在选定区域内由左往右移动	Tab
102	在选定区域内由右往左移动	Shift+Tab
103	按顺时针方向移动到选定区域的下一个角	Ctrl+.（句号）
104	右移到非相邻的选定区域	Ctrl+Alt+ 右箭头键
105	左移到非相邻的选定区域	Ctrl+Alt+ 左箭头键
	选择单元格、列或行	
106	选定当前单元格周围的区域	Ctrl+Shift+*（星号）
107	将选定区域扩展一个单元格宽度	Shift+ 箭头键
108	选定区域扩展到单元格同行同列的最后非空单元格	Ctrl+Shift+ 箭头键
109	将选定区域扩展到行首	Shift+Home
110	将选定区域扩展到工作表的开始	Ctrl+Shift+Home
111	将选定区域扩展到工作表的最后一个使用的单元格	Ctrl+Shift+End

续表

序号	执行操作	快捷键组合
112	选定整列	Ctrl+ 空格
113	选定整行	Shift+ 空格
114	选定活动单元格所在的当前区域	Ctrl+A
115	如果选定了多个单元格则只选定其中的活动单元格	Shift+BackSpace
116	将选定区域向下扩展一屏	Shift+Page Down
117	将选定区域向上扩展一屏	Shift+Page Up
118	选定了一个对象，选定工作表上的所有对象	Ctrl+Shift+ 空格
119	在隐藏对象、显示对象之间切换	Ctrl+6
120	使用箭头键启动扩展选中区域的功能	F8
121	将其他区域中的单元格添加到选中区域中	Shift+F8
122	将选定区域扩展到窗口左上角的单元格	ScrollLock, Shift+Home
123	将选定区域扩展到窗口右下角的单元格	ScrollLock, Shift+End
处于"结束模式"时扩展选中区域		
124	打开或关闭"结束模式"	End
125	将选定区域扩展到单元格同列同行的最后非空单元格	End, Shift+ 箭头键
126	将选定区域扩展到工作表上包含数据的最后一个单元格	End, Shift+Home
127	将选定区域扩展到当前行中的最后一个单元格	End, Shift+Enter
128	选中活动单元格周围的当前区域	Ctrl+Shift+*（星号）
129	选中当前数组，此数组是活动单元格所属的数组	Ctrl+/
130	选定所有带批注的单元格	Ctrl+Shift+O（字母O）
131	选择行中不与该行内活动单元格的值相匹配的单元格	Ctrl+\
132	选中列中不与该列内活动单元格的值相匹配的单元格	Ctrl+Shift+|（竖线）
133	选定当前选定区域中公式的直接引用单元格	Ctrl+[（左方括号）
134	选定当前选定区域中公式直接或间接引用的所有单元格	Ctrl+Shift+{ （左大括号）
135	只选定直接引用当前单元格的公式所在的单元格	Ctrl+]（右方括号）
136	选定所有带有公式的单元格，这些公式直接或间接引用当前单元格	Ctrl+Shift+} （右大括号）
137	只选定当前选定区域中的可视单元格	Alt+;（分号）

注意

部分组合键可能与 Windows 系统快捷键或其他常用软件快捷键（如输入法）冲突，如果遇到无法使用某组合键的情况，需要调整 Windows 系统快捷键或其他常用软件快捷键。

附录 C Excel 2016 简繁英文词汇对照表

简体中文	繁體中文	English
工作表标签	索引標籤	Tab
帮助	說明	Help
边框	外框	Border
编辑	編緝	Edit
变量	變數	Variable
标签	標籤	Label
标准	標準	General
表达式	陳述式	Statement
参数	引數 / 參數	Parameter
插入	插入	Insert
查看	檢視	View
查询	查詢	Query
常数	常數	Constant
超链接	超連結	Hyperlink
成员	成員	Member
程序	程式	Program
窗口	視窗	Window
窗体	表單	Form
从属	從屬	Dependent
粗体	粗體	Bold
倾斜	斜體	Italic
代码	程式碼	Code
单击	按一下	Single-click (on mouse)
双击	按兩下	Double-click (on mouse)
单精度浮点数	單精度浮點數	Single
单元格	儲存格	Cell
地址	位址	Address
电子邮件	電郵 / 電子郵件	Electronic Mail / Email
对话框	對話方塊	Dialog Box
对象	物件	Object
对象浏览器	瀏覽物件	Object Browser
方法	方法	Method

续表

简体中文	繁體中文	English
高级	進階	Advanced
格式	格式	Format
工程	專案	Project
工具	工具	Tools
工具栏	工作列	Toolbar
工作表	工作表	Worksheet
工作簿	活頁簿	Workbook
功能区	功能區	Ribbon
行	列	Row
列	欄	Column
滚动条	捲軸	Scroll Bar
过程	程序	Program/Subroutine
函数	函數	Function
宏	巨集	Macro
活动单元格	現存儲存格	Active Cell
加载项	增益集	Add-in
监视	監看式	Watch
剪切	剪下	Cut
复制	複製	copy
绝对引用	絕對參照	Absolute Referencing
相对引用	相對參照	Relative Referencing
立即窗口	即時運算視窗	Immediate Window
链接	連結	Link
路径	路徑	Path
模板	範本	Template
模块	模組	Module
模拟分析	模擬分析	What-If Analysis
规划求解	規劃求解	Solver
数据验证	資料驗證	Data Validation
快速分析	快速分析	Quick Analysis
快速填充	快速填入	Flash Fill
批注	註解	Comment
趋势线	趨勢線	Trendline

续表

简体中文	繁體中文	English
饼图	圓形圖	Pie Chart
散点图	散佈圖	Scatter Chart
条形图	橫條圖	Bar Chart
柱形图	直條圖	Column Chart
折线图	折線圖	Line Chart
色阶	色階	Color Scales
数据条	資料橫條	Data Bars
图标集	圖示集	Icon Sets
迷你图	走勢圖	Sparklines
盈亏	輸贏分析	Win/Loss
切片器	交叉分析篩選器	Slicer
日程表	時間表	Timeline
筛选	篩選	Filter
排序	排序	Sort
删除线	刪除線	Strikethrough Line
上标	上標	Superscript
下标	下標	Subscript
缩进	縮排	Indent
填充	填滿	Fill
下划线	底線	Underline
审核	稽核	Audit
Visual Basic 编辑器	Visual Basic 編輯器	Visual Basic Editor
声明	宣告	Declare
调试	偵錯	Debug
视图	檢視	View
属性	屬性	Property
光标	游標	Cursor
数据	數據 / 資料	Data
数据类型	資料類型	Data Type
数据透视表	樞紐分析表	PivotTable
数字格式	數值格式	Number Format
数组	陣列	Array
数组公式	陣列公式	Array Formula

续表

简体中文	繁體中文	English
条件	條件	Condition
通配符	萬用字元	Wildcards
拖曳	拖曳	Drag
文本	文字	Text
文件	檔案	File
信息	資訊	Info
选项	選項	Options
选择	選取	Select
循环引用	循環參照	Circular Reference
页边距	邊界	Margins
页脚	頁尾	Footer
页眉	頁首	Header
粘贴	貼上	Paste
指针	浮標	Cursor
注释	註解	Comment
转置	轉置	Transpose
屏幕截图	螢幕擷取畫面	Screenshot
签名行	簽名欄	Signature Line
艺术字	文字藝術師	WordArt
主题	佈景主題	Themes
背景	背景	Background
连接	連線	Connections
删除重复值	移除重複	Remove Duplicates
合并计算	合併彙算	Consolidate
冻结窗格	凍結窗格	Freeze Panes
数据模型	資料模型	Data Model
向上钻取	向上切入	Drill Up
向下钻取	向下切入	Drill Down
镶边行	帶狀列	Banded Rows
镶边列	帶狀欄	Banded Columns
条件格式	設定格式化的條件	Conditional Formatting

附录 Ⓓ 高效办公必备工具——Excel 易用宝

尽管 Excel 的功能无比强大，但是在很多常见的数据处理和分析工作中，需要灵活地组合使用包含函数、VBA 等高级功能才能完成任务，这对于很多人而言是个艰难的学习和使用过程。

因此，ExcelHome 为广大 Excel 用户度身定做了一款 Excel 功能扩展工具软件，中文名为"Excel 易用宝"，以提升 Excel 的操作效率为宗旨。针对 Excel 用户在数据处理与分析过程中的多项常用需求，Excel 易用宝集成了数十个功能模块，从而让烦琐或难以实现的操作变得简单可行，甚至能够一键完成。

Excel 易用宝永久免费，适用于 Windows 各平台。经典版（V1.1）支持 32 位的 Excel 2003/2007/2010，最新版（V2.1）支持 32 位及 64 位的 Excel 2007/2010/2013/2016/2019、Office 365 和 WPS。

经过简单的安装操作后，Excel 易用宝会显示在 Excel 功能区独立的选项卡上，如下图所示。

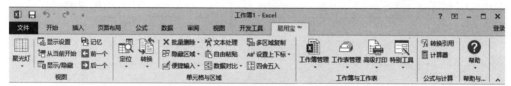

例如，在浏览超出屏幕范围的大数据表时，如何准确无误地查看对应的行表头和列表头，一直是许多 Excel 用户烦恼的事情。这时候，只要单击一下 Excel 易用宝"聚光灯"按钮，就可以用自己喜欢的颜色高亮显示选中单元格／区域所在的行和列，效果如下图所示。

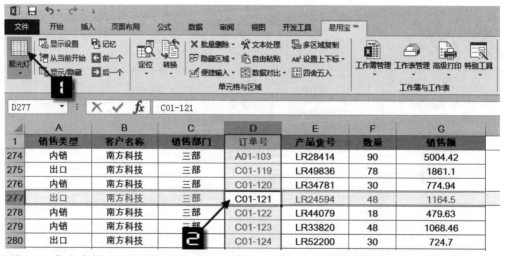

再如，工作表合并也是日常工作中常见的需要，但如果自己不懂编程的话，这一定是一项"不可能完成"的任务。Excel 易用宝可以让这项工作变得轻而易举，它能批量合并某个文件夹中任意多个文件中的数据，如下图所示。

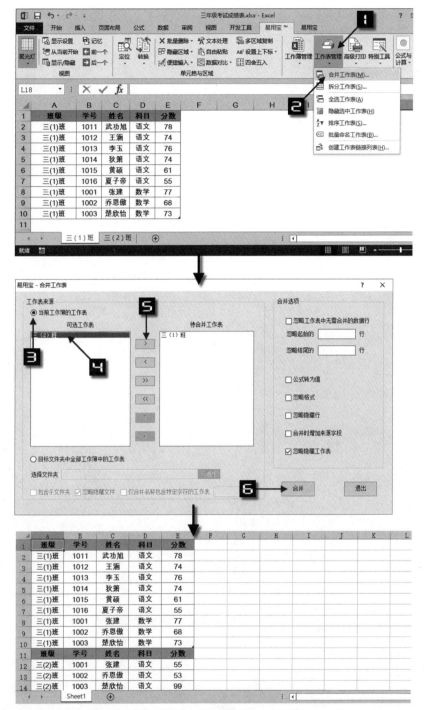

更多实用功能，欢迎您亲身体验，学习与下载网址为 http://yyb.excelhome.net/。

如果您有非常好的功能需求，可以通过软件内置的联系方式提交给我们，可能很快就能在新版本中看到了哦。